现代大型预焙铝电解槽仿真优化与实践

张红亮　李　劼　编著

中南大学出版社
www.csupress.com.cn
·长沙·

内容简介

本书分为铝电解工业的发展概况、铝电解槽数值仿真原理与方法、现代大型预焙铝电解槽仿真优化工业实践三篇，共20章，对现代大型预焙铝电解槽的结构及数值仿真技术进行了系统归纳与总结。在介绍电解槽结构及功能的同时，强调了我国铝电解工业借助现代铝电解槽仿真系列技术成功跻身世界前列的相关技术，并分别从电解槽槽体、阳极系统、阴极系统、内衬系统、阴极母线、焙烧启动、氧化铝浓度、炉帮行为等角度介绍计算机仿真方法与电解槽的实际应用，同时还对惰性电极电解槽及铝电解槽物理场与控制综合优化等特色内容进行了重点阐述。

图书在版编目（CIP）数据

现代大型预焙铝电解槽仿真优化与实践／张红亮，李劼编著. —长沙：中南大学出版社，2019.12
ISBN 978 - 7 - 5487 - 3829 - 9

Ⅰ.①现… Ⅱ.①张… ②李… Ⅲ.①氧化铝电解—电解槽—计算机仿真—研究 Ⅳ.①TF821.032 - 39

中国版本图书馆 CIP 数据核字（2019）第 253439 号

现代大型预焙铝电解槽仿真优化与实践
XIANDAI DAXING YUBEI LÜDIANJIECAO FANGZHEN YOUHUA YU SHIJIAN

张红亮 李 劼 编著

□责任编辑	史海燕	
□责任印制	易红卫	
□出版发行	中南大学出版社	
	社址：长沙市麓山南路	邮编：410083
	发行科电话：0731 - 88876770	传真：0731 - 88710482
□印　　装	长沙市宏发印刷有限公司	

□开　　本	710 mm×1000 mm 1/16	□印张 27	□字数 543 千字
□版　　次	2020 年 1 月第 1 版	□2020 年 1 月第 1 次印刷	
□书　　号	ISBN 978 - 7 - 5487 - 3829 - 9		
□定　　价	188.00 元		

图书出现印装问题，请与经销商调换

前 言

　　进入21世纪后，伴随着中国经济的高速发展，我国电解铝工业的发展势不可挡。2018年，我国的原铝产、销量均超过3000万吨，占世界总量的一半以上，尤其是我国电解槽大型化技术发展迅猛，目前主流设计槽型均为400 kA级以上槽型，全球最大的工业化600 kA生产系列全部在我国设计、建造及运行，这一切的发展离不开铝电解槽物理场技术的高速发展及不断成熟。因此，我国铝电解工业欣欣向荣发展的同时，对阐述先进物理场技术及其在铝电解中应用的相关专著产生了迫切的需求。

　　本书在吸收国内外已有的铝电解及冶金反应器仿真方面专著精华的基础上，结合编者在铝电解物理场仿真领域的基础知识及其应用实践，以科学性、严谨性为总体指导，所有取材内容力图具备工程实用性。

　　第一篇铝电解工业的发展概况，主要叙述了我国铝电解工业的发展状况，及现代大型预焙铝电解槽的上部结构、阴极结构、母线结构、电气绝缘的主要特征，最后针对当前的主流大型槽体的结构进行了量化分析对比。

　　第二篇铝电解槽数值仿真原理与方法，基于作者多年来针对铝电解槽物理场建模仿真的探索及总结，较为系统地阐述了铝电解槽仿真的基本概念、铝电解槽多物理场建模原理及数学模型、铝电解槽多物理场仿真流程与求解方法，最后以某大型铝电解槽物理场的计算为实例进行详细介绍。

　　第三篇现代大型预焙铝电解槽仿真优化工业实践，基于作者及其所在团队多年的研究成果，首先分别叙述了铝电解槽长宽比、阴极系统、内衬系统、阴极母线等结构方面的多物理场仿真与优化实践；进而对氧化铝浓度与下料点优化、焙烧启动的热应力场及升温制度优化设计、铝电解槽三维全槽炉帮与流场优化进行阐述；最后，对惰性电极铝电解槽、异常槽况下的物理场优化、物理场的测试及物理场与控制优化进行详细叙述。

本书适用于铝电解领域的大学生、研究生、教师及工程技术人员阅读，也适用于与铝电解业务相关的人员参考。

编著本书的主要人员为张红亮（第 6～18 章、第 20 章），李劼（第 1～5 章，第 19 章）；全书由张红亮负责定稿；李劼对全书进行了校阅；邓星球、刘伟、张钦菘、伍玉云、刘杰、徐宇杰、崔喜风、杨帅、张翱辉、尹诚刚、宗传鑫、梁金鼎、冉岭等研究生参加了相关仿真实践、资料收集与书稿整理。

编著者

2019 年 6 月

目 录

>>>

第一篇 铝电解工业的发展概况

第1章 铝电解工业发展概况 ……………………………………………… (3)

第2章 现代大型预焙铝电解槽结构简介 ……………………………… (6)
　　2.1 上部结构 ……………………………………………………… (6)
　　2.2 阴极结构 ……………………………………………………… (11)
　　2.3 母线结构 ……………………………………………………… (14)
　　2.4 电解槽电气绝缘 ……………………………………………… (15)
　　2.5 国内主流大型铝电解槽槽体结构剖析 ……………………… (16)

第3章 我国铝电解槽槽型发展所面临的挑战 ………………………… (18)

第二篇 铝电解槽数值仿真原理与方法

第4章 铝电解槽仿真基本概念 ………………………………………… (25)
　　4.1 物理场仿真概念及进展 ……………………………………… (25)
　　4.2 物理场仿真平台介绍 ………………………………………… (27)
　　4.3 铝电解槽多相多场耦合的概念 ……………………………… (32)

第5章 铝电解槽多物理场建模原理及数学模型 ……………………… (37)
　　5.1 电场模型 ……………………………………………………… (37)
　　5.2 磁场模型 ……………………………………………………… (39)
　　5.3 流场模型 ……………………………………………………… (43)

5.4 磁流体稳定性模型 ……………………………… (51)

5.5 热场模型 …………………………………………… (56)

5.6 应力场模型 ………………………………………… (59)

5.7 氧化铝输运模型 …………………………………… (61)

第6章 铝电解槽多物理场仿真流程与求解方法 ……… (65)

6.1 铝电解多物理场仿真流程 ……………………… (65)

6.2 结构及物理性质参数的确定 …………………… (67)

6.3 实体及有限元模型的建立 ……………………… (73)

6.4 求解器的设置及模型求解 ……………………… (92)

6.5 结果导出及后处理 ……………………………… (96)

第7章 大型铝电解槽物理场仿真实例 ………………… (99)

7.1 稳态电场 ………………………………………… (99)

7.2 稳态磁场 ………………………………………… (101)

7.3 稳态流场 ………………………………………… (104)

7.4 磁流体稳定性 …………………………………… (104)

7.5 热场 ……………………………………………… (106)

7.6 应力场 …………………………………………… (109)

7.7 瞬态流场 ………………………………………… (111)

7.8 氧化铝浓度场 …………………………………… (120)

第三篇　现代大型预焙铝电解槽仿真优化工业实践

第8章 槽体结构(长宽比)的仿真与优化 …………… (125)

8.1 长宽比概念 ……………………………………… (125)

8.2 长宽比定义及优化方案 ………………………… (126)

8.3 长宽比与物理场分布的关系研究 ……………… (128)

8.4 长宽比优化判据 ………………………………… (135)

第9章 阳极系统的仿真与优化 ………………………… (137)

9.1 阳极尺寸与电解槽关系分析 …………………… (137)

9.2 阳极开槽的计算模型 …………………………… (141)

9.3 阳极长度方向开槽分析 ………………………… (142)

9.4 阳极宽度方向开槽分析 ………………………… (146)

9.5 阳极竖直方向开槽分析 ………………………… (148)

9.6 阳极结构开槽优化的建议 ······ (149)

第10章 阴极系统的仿真与优化 (152)

10.1 导流型阴极 ······ (152)
10.2 曲面阴极 ······ (157)
10.3 异形阴极 ······ (158)
10.4 底部出电阴极 ······ (161)
10.5 加高型异形钢棒阴极 ······ (167)
10.6 几类双钢棒的对比 ······ (174)
10.7 异型阴极炭块与钢棒优缺点剖析 ······ (181)

第11章 内衬结构的仿真与优化 ······ (184)

11.1 传统铝电解槽的内衬结构 ······ (185)
11.2 高效节能型铝电解槽的内衬结构 ······ (186)
11.3 铝电解槽可压缩内衬结构及新型抗渗材料研究 ······ (188)
11.4 某500 kA 特大型铝电解槽的内衬与热场仿真 ······ (196)
11.5 某600 kA 铝电解槽的内衬热应力计算与优化 ······ (198)

第12章 阴极母线系统的仿真与优化 ······ (202)

12.1 母线设计理念及其变更 ······ (203)
12.2 母线优化设计方法 ······ (207)
12.3 母线优化设计步骤 ······ (218)

第13章 焙烧启动过程的仿真与优化 ······ (222)

13.1 焙烧启动过程对铝电解槽早期破损的影响 ······ (222)
13.2 焙烧启动过程的物理模型 ······ (223)
13.3 焙烧启动过程的仿真分析 ······ (227)
13.4 焙烧工艺温度场的仿真优化 ······ (231)
13.5 焙烧启动方案优化建议 ······ (235)

第14章 氧化铝浓度仿真与下料系统的优化 ······ (237)

14.1 引言 ······ (237)
14.2 基于氧化铝输运模型的下料点配置仿真对比研究 ······ (239)
14.3 应用实例 ······ (240)
14.4 下料系统配置对400 kA 级电解槽内氧化铝浓度分布的影响 ······ (245)
14.5 大型铝电解槽内氧化铝下料点配置的设计准则 ······ (254)

第 15 章　预焙铝电解槽在线仿真模型开发 ……………………………… （257）

　　15.1　基于最优化原理的迭代方法简介 ……………………………… （258）

　　15.2　槽帮形状的二分法和黄金分割法迭代计算 …………………… （260）

　　15.3　电 - 热场模型的选取及热交换处理 …………………………… （266）

　　15.4　不同阳极电流下铝电解槽电 - 热场的仿真计算 ……………… （268）

　　15.5　铝电解槽在线仿真的建议 ……………………………………… （274）

第 16 章　惰性电极铝电解槽的仿真优化 ……………………………… （276）

　　16.1　惰性电极铝电解槽结构 ………………………………………… （276）

　　16.2　20 kA 级惰性电极铝电解槽电热场仿真优化 ………………… （281）

　　16.3　20 kA 级惰性电极铝电解槽热应力仿真研究 ………………… （287）

　　16.4　20 kA 级惰性电极铝电解槽电磁流场仿真研究 ……………… （294）

　　16.5　惰性电极槽优化建议 …………………………………………… （301）

第 17 章　大型铝电解槽三维全槽炉帮技术与影响因素分析 ………… （304）

　　17.1　模型建立的实例 ………………………………………………… （306）

　　17.2　基于热 - 流强耦合的全槽三维槽帮形状仿真 ………………… （313）

　　17.3　不同流场因素对传热过程及全槽槽帮形状的影响研究 ……… （331）

第 18 章　大型预焙铝电解槽物理场测试 ……………………………… （350）

　　18.1　大型铝电解槽物理场测试方法与原理 ………………………… （350）

　　18.2　大型铝电解物理场测试案例 …………………………………… （356）

第 19 章　大型预焙铝电解槽物理场与控制优化的工业实践 ………… （370）

　　19.1　铝电解槽结构、工艺与控制器综合仿真优化方法研究 ……… （370）

　　19.2　铝电解低电压高效节能新工艺与控制参数的研究 …………… （372）

　　19.3　临界稳定控制模型与算法及新一代控制系统开发 …………… （374）

　　19.4　基于云架构、以数据为中心的全分布式铝电解控制系统 …… （378）

第 20 章　异常槽况下的物理场仿真优化 ……………………………… （380）

　　20.1　铝电解槽换极的物理场仿真研究 ……………………………… （381）

　　20.2　槽底沉淀时的物理场仿真研究 ………………………………… （390）

　　20.3　铝电解槽系列电流波动过程的物理场仿真研究 ……………… （395）

附录　彩图 ………………………………………………………………… （405）

第一篇

铝电解工业的发展概况

第1章　铝电解工业发展概况

　　铝是地壳中最丰富的金属元素。金属铝具有优良的物理化学性质，其用途十分广泛，目前产业关联度已经超过90%，是产量最大、最重要的有色金属，在国民经济中占有重要地位。

　　自然界中的铝元素均以化合态存在，其中的铝和氧结合十分牢固，常规化学方法难以实现金属铝的提取，导致工业化生产金属铝的时间比金属铜和铁晚了2000多年。直到1886年，美国人霍尔(Hall)和法国人埃鲁特(Héroult)各自独立发明了冰晶石－氧化铝熔盐电解炼铝法，揭开了铝电解工业发展的序幕。霍尔－埃鲁特电解铝工艺以来自氧化铝工业的产品 Al_2O_3 颗粒为原料，采用 Na_3AlF_6 熔盐为电解质，炭素材料作为阳极和阴极，在直流电的作用下，在950 ℃的高温下，铝在阴极析出，而氧则与阳极反应而产生 CO_2 和 CO 气体。霍尔－埃鲁特炼铝法是迄今工业生产金属铝的唯一方法，诞生100多年来，在技术水平和生产工艺上都有了长足进步，并仍在不断发展之中。

　　铝电解槽是霍尔－埃鲁特法的核心设备，其发展与进步代表了电解铝工艺的革新。当前工业铝电解槽的结构先后经历了小型预焙槽、侧部导电自焙槽、上部导电自焙槽、大型不连续预焙及连续预焙槽、中间下料预焙槽几个发展阶段。预焙阳极电解槽上部结构简单、轻便，具有单位容量投资低、易于实现机械化和自动化、能耗低以及易于解决环保问题等优点，而大型预焙槽(如图1－1所示)的出现也标志着铝电解技术迈进了向大型化、现代化发展的新阶段，已成为目前工业中普遍采用的结构。

　　按照电解槽的槽型、电流强度、工艺技术指标，现代工业铝电解技术的发展可分为以下几个重要阶段：

　　第一阶段，自1980年开始，通过母线结构设计优化技术，再配合以点式下料及电阻跟踪的过程控制技术，铝电解系列电流强度突破175 kA的壁垒，电解槽能在更合理的氧化铝浓度范围内工作，实现电解温度的降低，为最终获得高电流效率和低电耗创造了条件。

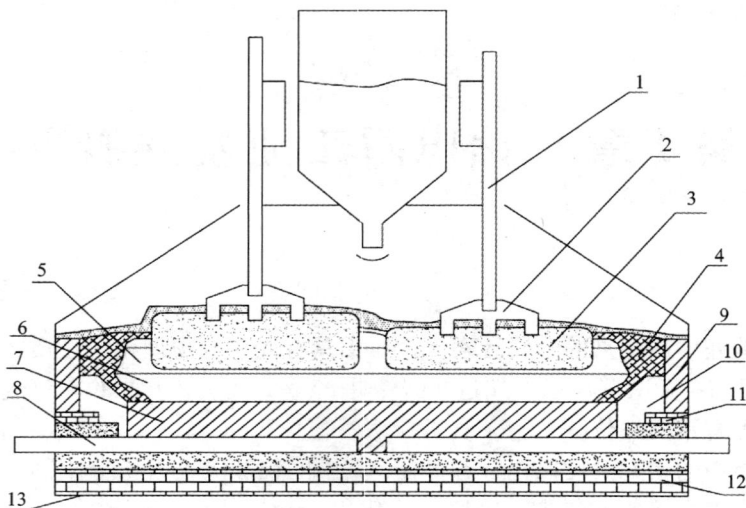

图 1-1　大型预焙阳极铝电解槽结构示意图

1—铝导杆；2—钢爪；3—阳极炭块；4—炉帮；5—电解质；6—铝液；7—阴极炭块
8—阴极钢棒；9—侧部块；10—周围糊；11—耐火砖；12—保温砖；13—钢壳

第二阶段，自 20 世纪 80 年代中叶起，电解槽更加大型化，点式下料可达到 2 kg/次，采用单个或多个废气的捕集系统，并应用微机的过程控制系统，对电解槽能量参数每 5 s 进行一次采样，通过自动供料系统，减少了灰尘对环境的影响。进入 90 年代，电解槽容量进一步增大，吨铝投资较之前更节省，然而大型槽（特别是超过 300 kA 的电解槽）能耗并不低于 80 年代初期较小的电解槽，这是由于大型槽采取较高的阳极电流密度，槽内由于混合效率不高而存在氧化铝的浓度梯度，增加了阴极的腐蚀，同时槽底沉淀增多，槽的寿命也有所降低。尽管如此，总的经济状况还是良好的。

第三阶段，自 20 世纪 90 年代至今，电解槽的技术发展日渐繁荣，主要特点表现在：高电流效率、低能耗（电解过程的能量效率接近 50%，其余的能量成为电解槽的热损失而耗散）、长寿命及高稳定性。

与欧美发达国家相比，我国电解铝工业起步晚、基础薄弱，一度处于相对落后地位。我国的电解铝工业可自 1954 年第一家铝电解厂（抚顺铝厂）投产算起，而 20 世纪 80 年代，贵州铝厂从日本引进全套 160 kA 中间下料预焙铝电解技术给我国铝工业的发展带来了新机遇，可视为我国现代铝电解技术的起点。此后，我国在电解槽物理场模拟技术、电解工艺、自动控制系统、材料及设计配套技术等方面展开了广泛而深入的研究，相继研制成功了 180 kA、280 kA、320 kA、

350 kA、400 kA、420 kA、500 kA、600 kA、660 kA 级容量的预焙阳极铝电解槽以及相应的配套工程设施，包括炭素厂、原料运送、干法净化与环保工程等。自 2004 年起开始向国外作铝电解全套工程技术出口，现已经成功打开伊朗、马来西亚、哈萨克斯坦等国铝电解槽设计与运营管理市场。

同时，我国是全球最大的原铝生产国，原铝生产和消费量稳居全球第一，已有和在建铝电解槽为 30000 多台，2015 年中国原铝产量达到 3200 万 t，同比增加 10.6%，约占全球原铝总产量的 56.7%。2015 年我国全年铝电解工业电耗达 4378 亿 kW·h，占全社会用电总量(55500 亿 kW·h)的 7.9%。可见，我国铝电解工业产能基数大，能耗高，面临巨大的节能压力。虽然我国铝电解技术投资成本低，吨铝投资仅为 8000~12000 元，但铝厂在规模效益、运营成本、劳动生产率、产品利润等方面竞争力不足。近几年，铝电解工业大力挖掘节能减排潜力，开展各种技术改造，已把电流效率提高至 92%~94%，直流电耗降至 12500 kW·h/t-Al 以下。而且在《国家中长期科学和技术发展规划纲要(2006—2020)》中提出，能源、环境和制造业三大重点领域是优先发展的主题。电解铝是加快我国建设小康社会不可或缺的重要基础原材料。我国铝电解工业无论生产规模还是生产工艺技术水平都取得了突飞猛进的发展，部分电解铝企业跨入了世界先进行列，电解铝已成为我国有色金属的支柱产业。

综上可见，我国目前仍属原铝工业大国，而非强国。如何解决市场需求、企业竞争力与能源紧张三者之间的矛盾是铝电解行业所面临的难题。从铝电解技术的角度看，开发新型电解质体系及惰性电极材料，开展多物理场仿真研究，改进过程控制系统，逐步开发推广高效率、低能耗与长寿命的先进槽型是未来发展的主要趋势。

第 2 章　现代大型预焙铝电解槽结构简介

铝电解反应是在铝电解槽(见图 1 - 1)中进行的,电解所用的原料为氧化铝,电解质为熔融的冰晶石,采用炭素阳极,反应温度为 920 ~ 970℃。由于熔融铝的密度大于电解质(冰晶石熔体),因而沉在电解质下部的炭素阴极上。熔融铝定期用真空抬包从槽中抽吸出来,装有金属铝的抬包运往铸造车间,在那里倒入混合炉,进行成分的调配,或者配制合金,或者经过除气和排杂质等净化作业后进行铸锭。槽内排出的气体,通过槽上集气系统送往干式清洗器中进行处理,达到环保要求后再排放到大气中去。

从整流所供给的直流电流通过槽上的炭阳极,流经熔融电解质,进入铝液层熔池和炭块阴极。铝液层熔池同炭块阴极联合组成了阴极,铝液的表面为阴极表面。阴极炭块内的钢棒汇集了电流,再由地沟母线导向下一台电解槽的阳极母线。操作良好的电解槽处于热平衡之中,此时在槽炭素侧壁形成了凝固的电解质,即所谓的"炉帮"。

氧化铝由浓相输送系统供应到槽上料箱,按计算机控制的速率通过点式下料器经打壳下料加入电解质中。炭阳极的消耗约为 450 kg/t - Al,已消耗的炭阳极需定时用新组装好的阳极更换,约每 4 周 1 次,更换频率由阳极的设计规程和电解槽的操作规程确定。残极送往阳极准备车间处理。

现代铝工业已基本淘汰了自焙阳极铝电解槽,我国新设计电解槽均为 400 kA 级以上的大型电解槽,尽管如此,电解槽的结构基本未发生根本性变革,均由上部结构、阴极结构、母线结构和绝缘结构四大部分组成,作为后续结构优化的基础,本章主要以大型预焙槽为例来讨论电解槽的结构。图 2 - 1 为我国某大型预焙铝电解槽纵向结构示意图。

2.1　上部结构

一般将电解槽槽体(金属槽壳)之上的结构部分统称为上部结构,它又包括承重桁架、阳极提升装置、打壳下料装置、阳极母线和阳极组、集气和排烟装置等。

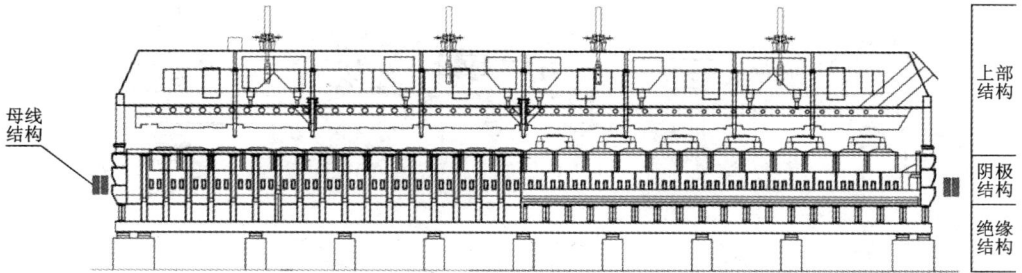

图 2 - 1　大型预焙铝电解槽纵向结构示意图

2.1.1　承重桁架与集气和排烟装置

以本章开头部分所介绍的某大型预焙铝电解槽为例,其承重桁架如图 2 - 2 所示。下部为门式支架,上部为桁架,整体用铰链连接在槽壳上,桁架起着支承上部结构的其他部分和全部重量的作用。随着现代电解槽上部结构的发展,上部集气和排烟装置趋向于共同设计,构成一个整体,而且随着电解槽向大容量与超大容量的方向发展,上部结构所承载的重量也在不断增加,该部分的力学性能设计对于电解槽的安全同样起着重要的作用。

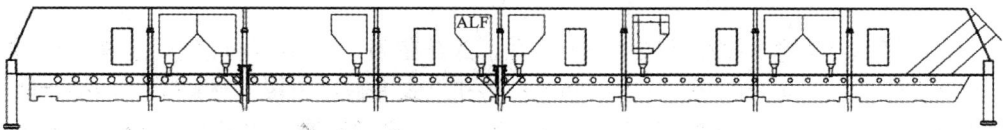

图 2 - 2　大型预焙铝电解槽桁架结构图

2.1.2　阳极提升装置

阳极提升装置为螺旋起重器升降机构,它由螺旋起重机、减速箱、传动机构和马达组成(见图 2 - 3)。4 个螺旋起重机与阳极大母线相连,由传动轴带动起重机,传动轴与减速箱齿轮通过联轴节相连,减速箱由马达带动。当马达转动时便通过传动机构带动螺旋起重机升降阳极大母线,固定在大母线上的阳极随之升降。提升装置安装在上部结构的桁架上,其行程为 400 mm,在门式架上装有与电机转动有关的回转计,可以精确显示阳极母线的行程值。随着电解槽容量增大,螺旋起重机数量相应增加。例如,400 kA 级铝电解槽需选用 8 ~ 12 个螺旋起重机(相当于 8 ~ 12 个蜗轮减速机),在每个传动轴(共 2 ~ 3 个)上分别安装 4 个。

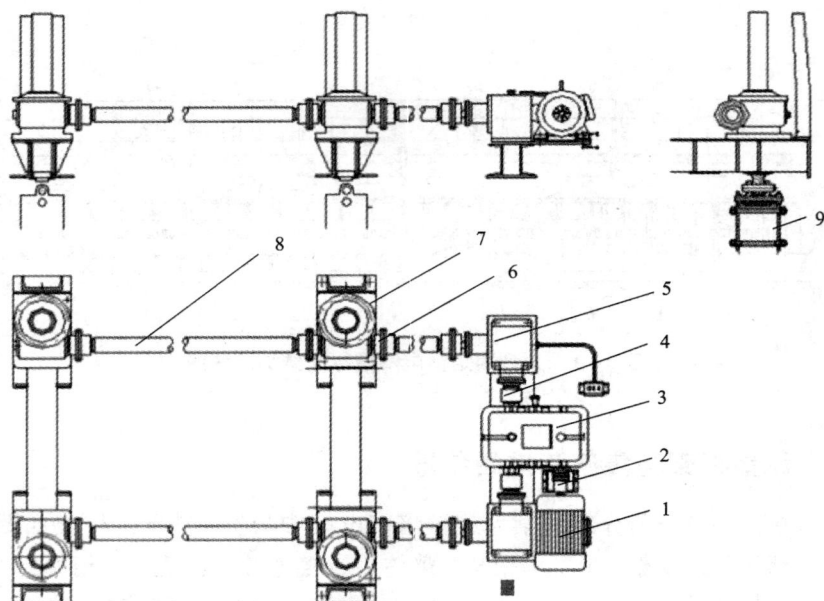

图 2 – 3　大型预焙铝电解槽阳极提升机构部分示意图

1—马达；2—联轴节；3—减速箱；4—齿条联轴节；5—换向器；6—联轴节；7—螺旋起重机；
8—传动轴；9—阳极大母线悬挂架

2.1.3　打壳下料装置

目前预焙铝电解槽所采用的下料系统，都是在 21 世纪 80 年代发展起来的点式下料系统基础上演变而来，一般由槽上料箱和点式下料器组成。料箱上部与槽上风动溜槽或原料输送管相通，原料通过现代的气力输送系统可以从料仓直达槽上料箱。点式下料器安装在料箱的下侧部。点式下料器由打壳装置和下料装置两个部分组成，或者是将打壳与下料集合在一起的"二合一"装置，其中打壳装置实现在电解槽结壳表面上打开一个孔穴，下料装置实现将其定容室中的氧化铝通过打开的孔穴卸入电解质中。点式下料器动作一次向电解槽添加少量(且通过定容来定量)的氧化铝，每个定容器典型加料量为 0.5 ~ 3 kg(视定容器的定容而定)。

每台电解槽安装一定数量的点式下料器后，便可以通过理论计算确定正常的下料间隔时间。一般地，正常下料间隔时间为 1.5 ~ 3 min。由于下料间隔如此之短，点下料技术常被称为"准连续"或"半连续"下料技术。点式下料系统与现代先进的计算机控制系统相结合，可以通过由控制系统自动调整下料间隔来调整下料量，从而形成多种准连续"按需下料"技术，满足现代铝电解工艺对氧化铝浓度控制的要求。

合理地选择每台电解槽安装点式下料器的个数、定容规格和安装位置是相当重要的：要考虑下料点所对应区域的电解质有较好的流动性；考虑氧化铝的溶解度及溶解与分布速度，避免造成电解槽内的浓度差；有合适的正常下料间隔时间以及发生阳极效应时能够快速加入足量的氧化铝。事实上，下料器的个数在一定程度上取决于电解槽容量，有一种说法是大约每 50 kA 电流需安装一个下料器[1-2]。法国普基涅铝业公司的 AP18 预焙槽(180 kA) 和 AP30 预焙槽(300 kA) 均设计为 4 个下料器。我国预焙槽的下料器个数为：系列电流在 60 ~ 100 kA 则每槽安装 2 个；160 ~ 300 kA 安装 4 个；320 ~350 kA 安装 5 个；在 400 kA 以上，则安装 7 ~ 8 个下料器，如图 2 – 1 所示。有的电解工艺采用交替下料方式(如编号按顺序为 1 ~ 4 的 4 个下料器按照 1、3 与 2、4 两两交替下料)，而有的采用每次全部同时下料的方式。发生阳极效应时均采用全部下料器同时下料的方式，一般动作 4 ~ 5 次，即可满足熄灭阳极效应的下料要求。下料器的最佳安装位置是靠近阳极角部的中缝处[3]，下料器的锤头尺寸较小为好，使在壳面上打开的下料孔较小。最好向洞中央低速下料，而不应成堆卸料，因为氧化铝需要迅速扩散，以防止沉淀形成。结壳上的洞最好保持敞开，以减小掉入电解质中的结壳量。

目前，我国普遍使用的点式下料器为筒式下料器。图 2 – 4 所示的为前文所述 400 kA 电解槽上使用的一种筒式下料器的安装示意图。其打壳装置由打壳气缸和打击头组成，打击头为一长方形(或圆形)钢锤头，通过锤头杆与气缸活塞相连，当气缸充气活塞运动时，便带动锤头上、下运动而打击熔池表面结壳；其下料装置由一气缸带动一个在钢筒中的透气钢丝活塞及下端装有钟罩的密封钢管组成。钟罩与透气活塞将钢筒的下部隔成一个定容空间，定容空间的上端开有充料口。当气缸活塞运动到上端时，便带动钟罩封住钢筒的下端，透气活塞移动到充料口上端，即充料口打开，料箱中被流化的氧化铝立即充满下料器的定容室。当接到下料命令时，气缸活塞被驱动向下

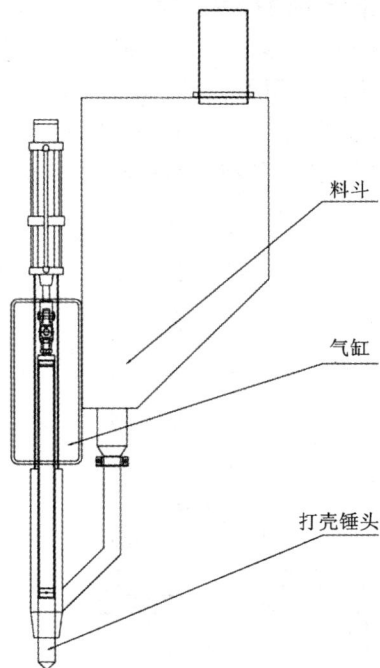

料斗

气缸

打壳锤头

图 2 – 4　大型预焙铝电解槽打壳下料器示意图

运动，便带动连在活塞杆上的透气活塞和钟罩向下运动，此时，透气活塞挡住了充料口，阻止料流向定容室，而定容室中的料却随着钟罩向下运动而卸入槽中。

这种加料装置具有运动可靠、下料精确、使用寿命长等优点。目前国内已开发出
1.2~4.5 L级别的多种筒式定容下料器,并有下料与打壳分离式和下料与打壳二
合一式两种类型。

下料器的自动控制是通过计算机控制系统控制电磁阀来实现的(也可以手动
控制)。通过几个电磁阀的组合,可以按照一定的程序向打壳气缸和定容下料气
缸提供压缩空气,完成各种动作的顺序控制。这部分的控制精度直接关系氧化铝
浓度的受控程度,因此对于当前电解槽自动化控制来说至关重要。

2.1.4 阳极母线和阳极组

1. 阳极大母线

阳极大母线既具有导电功能,又起着承担阳极重量的作用。电解槽有两条阳
极大母线,其两端和中间进电点用铝板重叠焊接在一起,形成一个母线框,悬挂
在阳极升降机构的丝杆(吊杆)上。阳极组通过小盒卡具和大母线上的挂钩卡紧
在大母线上。

2. 阳极组的基本结构

阳极组由炭块、钢爪和铝导杆组成,炭块有单块组和双块组之分,按钢爪数量
分为四爪和三爪两种。图2-5所示的是前文所述的大型电解槽所采用"双块组-四
爪"阳极组的结构示意图。钢爪与炭块用磷生铁浇注连接,与铝导杆一般采用铝-
钢爆炸焊连接。与单块组不同的是,双块组使用一根铝导杆连接着两块阳极。

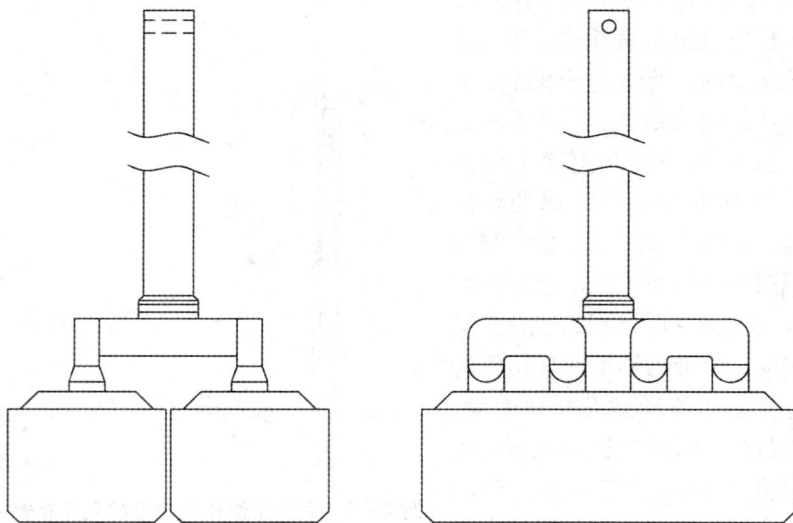

图2-5 大型预焙铝电解槽"双块组-四爪"阳极组结构示意图

　　阳极炭块被称为铝电解槽的"心脏"，由于其直接参与反应且属于用量大的消耗原料，其质量及尺寸的设计直接关系电解槽的能耗指标及各项技术经济指标。

2.2　阴极结构

　　电解铝工业阴极结构中的阴极，是指盛装电解熔体(包括熔融电解质与铝液)的容器，由槽壳及其所包含的内衬组成。其中，内衬包括与熔体直接接触的底部炭素(阴极炭块为主体)与侧衬材料、阴极炭块中的导电棒、底部炭素以下的耐火材料与保温材料。

　　阴极的设计与施工建造的好坏对电解槽的技术经济指标(包括槽寿命)产生决定性的作用。因此，阴极设计与槽母线结构设计一道被视为现代铝电解槽(尤其是大型预焙槽)计算机仿真设计中最重要、最关键的内容。对现代铝电解槽设计而言，计算机仿真的主要任务是，通过对铝电解槽的主要物理场(包括电场、磁场、热场、熔体流动场、阴极应力场与氧化铝浓度场等)进行数值仿真计算，获得能使这些物理场分布达到最佳状态的阴极、阳极和槽母线配置方案，并确定相应的最佳工艺技术参数，而阴极的设计与构造涉及上述的各种物理场，特别是它对电解槽的热场分布和槽膛内形具有决定性的作用，从而对铝电解槽热平衡特性具有决定性的作用。

2.2.1　槽壳结构

　　槽壳为内衬砌体外部的钢壳和加固结构，它不仅是盛装内衬砌体的容器，而且还起着支承电解槽重量，克服内衬材料在高温下产生热应力和化学应力迫使槽壳变形的作用，所以槽壳必须具有较大的刚度和强度。

　　传统中小容量电解槽通常使用框式槽壳结构，即钢壳外部的加固结构为一型钢制作的框，这种槽壳的缺点是钢材用量大，变形程度大，未能很好地满足强度要求。大型预焙槽采用刚性极大的摇篮式槽壳。摇篮式结构是用40a工字钢焊成若干组"凵"型的约束架，即摇篮架，紧紧地卡住槽体，最外侧的两组与槽体焊成一体，其余用螺栓与槽壳第二层围板连接成一体(见图2-6)。

槽中心线

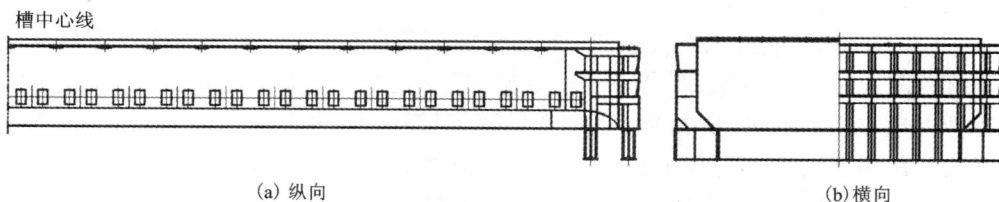

(a) 纵向　　　　　　　　　　　　　　　　(b) 横向

图2-6　大型预焙铝电解槽槽壳结构图

现代大型预焙槽槽壳设计利用先进的数学模型和计算机软件对槽壳的受力、强度、应力集中点、局部变形进行分析和相应的处理，使槽壳的变形很小，同时还加强槽壳侧部的散热以利于形成槽膛。例如某设计研究院设计的 SY350 型 350 kA 预焙槽的槽壳设计为：大摇篮架结构（摇篮架通长至槽沿板，采用较大的篮架间隔）；槽壳端部三层围板加垂直筋板；大面采用船形结构以减少垂直直角的应力集中；大面采用单围带（取消腰带钢板与其间的筋板），并在摇篮架之间的槽壳上焊有散热片以增大散热面积；摇篮架与槽体之间隔开，使摇篮架在 300℃ 以下工作。

对槽寿命要求的提高体现在在电解槽大修中，就是对槽壳变形修复要求的提高。不仅要修理槽壳的外形尺寸，而且要定期对槽壳的结构进行更新，对产生了蠕变和钢材永久性变形的槽壳实施报废制度，更新整个槽壳。某大型电解槽摇篮架如图 2-7 所示。

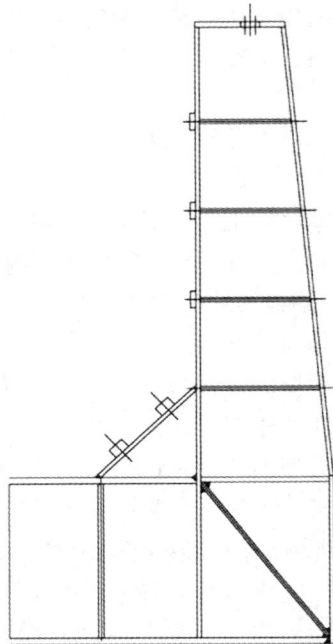

图 2-7　400 kA 级大型预焙铝电解槽摇篮架示意图

2.2.2　内衬结构

内衬是电解槽设计与建造中最重要的部分，主要因为内衬设计不但直接影响电解槽寿命，还会在很大程度上决定电解槽的热平衡及工艺条件的组合。根据施工工艺分类，现有内衬可分为整体捣固型、半整体捣固型与砌筑型三大类。

（1）整体捣固型：内衬的全部炭素体使用塑性炭糊就地捣固而成，其下部是作为保温与耐火材料的氧化铝，或者是耐火砖与保温砖。

（2）半整体捣固型：底部炭素体为阴极炭块砌筑，侧部用塑性炭糊就地捣固而成，下部保温及耐火材料与整体捣固型的类似。

（3）砌筑型：底部用炭块砌筑，侧部用炭块或碳化硅等材料制成的板块砌筑，下部为耐火砖与保温砖及其他耐火、保温和防渗材料。根据底部炭块及其周边间缝隙处理方式的不同，砌筑型又分为"捣固糊接缝"和"黏结"两种类型。前一种类型是在底部炭块砌筑时相互之间及在其与侧块之间留出缝隙，然后用糊料捣固；后一种类型则不留缝隙，块用炭胶糊黏结。

工业实践证明上述的整体捣固型槽与半整体捣固型槽寿命不高，加之电解槽焙烧时排出大量焦油烟气和多环芳香族碳氢化合物，污染环境，因此已被淘汰。砌筑型则被工业广泛应用。砌筑型中的黏结型降低了"间缝"这一薄弱环节，在国外一些铝厂实践中能获得很高的槽寿命，但对设计和材质的要求高。因为电解槽在焙烧启动过程中，没有间缝中的炭素为炭块的膨胀提高缓冲（捣固糊在碳化过程中会收缩），因此若设计不合理或者炭块的热膨胀与吸钠膨胀太大，便容易造成严重的阴极变形或开裂。

内衬的基本类型确定后，具体的结构将按最佳物理场分布原则进行设计。当容量、材料性能以及工艺要求不同时，所设计出来的内衬结构便应该不同，但一旦阴极结构设计的大方案确定（例如选用"捣固糊接缝的砌筑型"），则不论是小型槽还是大型槽，其内衬的基本结构方案可以是相似的。区别往往体现在具体的结构参数上，而对于同等槽型和容量的电解槽，结构参数上的区别往往由设计理念、物理场优化设计工具和筑槽材料性能上的差异引起。

我国工业铝电解槽全部采用捣固糊接缝的砌筑型，图 2-8 是我国大型预焙铝电解槽内衬基本结构方案的典型案例。

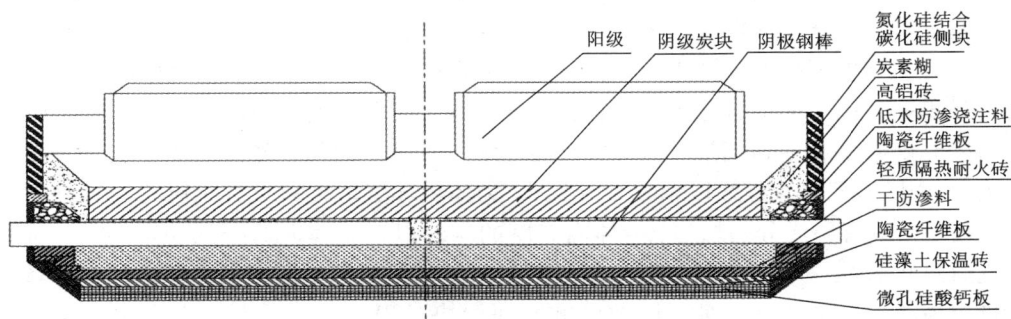

图 2-8 大型预焙阳极铝电解槽内衬结构图

传统大型中间下料预焙槽从工艺上要求底部应有良好的保温性能，以利于炉底洁净；侧部应有较好的散热性能，以促成自然形成炉膛。侧部炭块下的浇注料（或耐火砖砌）做成阶梯形，以抑制"伸腿"。

当前国内铝电解槽在追求节能技术过程中，发现传统电解槽内衬的保温能力不足以维持低电压下电解槽的稳定性，因此，在传统电解槽内衬已经无法改变的情况下，部分设计采取外保温的方式，例如在电解槽四个角部用保温砖将槽壳封住，以保证电解槽角部的温度，而对于新设计的电解槽，则多采取适当加强侧下部保温的方式，工业试验亦验证了这一设计观点的正确性。

2.3　母线结构

整流后的直流电通过铝母线引入电解槽，槽与槽之间通过铝母线串联而成，所以，电解槽有阳极母线、阴极母线、立柱母线和软带母线，槽与槽之间、厂房与厂房之间还有联络母线。阳极母线属于上部结构中的一部分，阴极母线排布在槽壳周围或底部，阳极母线与阴极母线之间通过联络母线、立柱母线和软带母线连接，这样将电解槽一个一个地串联起来，构成一个系列。

铝母线有压延母线和铸造母线两种，为了降低母线电流密度，减少母线电压降，降低造价，大容量电解槽均采用大断面的铸造铝母线，只在软带和少数异型连接处采用压延铝板焊接。由于用于母线的投资占电解槽总造价的 40% 左右（大型铝电解槽阴极母线用铝量可达 60 t／槽），因此，从降低母线购置费（降低投资）角度，应该减小母线截面尺寸，提高导电母线的电流密度，但母线截面尺寸的减小会增大导电母线的电阻，使生产运行过程中的电耗增高。在母线装置的设计中应该确定能使建设期投资与运行期能耗总和为最小的经济断面，在该断面下的电流密度称为经济电流密度。关于经济电流密度的计算，可参见文献。

在大型电解槽的设计中，母线不仅是系列电流的导体，更是电解槽磁场调节的最重要手段。铝电解过程由于存在强大电流，从而产生了强磁场。铝电解槽中熔融态电解质和金属铝是电磁导体，强磁场和大电流的相互作用产生电磁力，在力的作用下槽内熔体产生运动。一方面，熔体循环流动有利于氧化铝的均匀分布和溶解、电解质成分的均匀、熔体内温度的均匀以及熔体向炉帮的稳定传热，对电解过程有利；另一方面，熔体波动使沉积的金属铝向电解质中的扩散加速，降低电流效率，同时铝液对阴极的机械冲蚀加快了阴极破损。电解生产实践还表明，电 - 磁 - 流场不仅影响技术经济指标，而且会导致生产过程中非正常现象，如滚铝、短路及漏炉的发生，所以电 - 磁 - 流场耦合计算是现代大型预焙槽设计的关键技术之一。

因此，现代化大型电解槽在设计电解槽结构和母线系统时，力图优化磁场的分布，使设计的铝液表面限制在阳极投影面积之内。近十几年来，国际上把电解槽磁场设计和磁流体动力学设计作为开发大型电解槽的基础，也是铝电解槽物理场仿真与优化设计的主要内容之一，并由此产生了多种多样的进电方式和母线配置方案。以下就几种母线的进电方式做一个简单的介绍，而有关母线进电侧电流补偿配置方式，将在本书第 12 章"阴极母线系统的仿真与优化"中介绍。

在电解槽母线结构进化过程中，主要有端部进电、大面进电等几种模式，如图 2 - 9 所示。其中，82 kA 铝电解槽的排列方式为纵排三点进电，即两端进电方式，一端采用两点进电，而另一端的进电母线主要用于对磁场起补偿作用，如图 2 -

9(a)所示；154 kA 铝电解槽的排列方式为横排两端进电方式，如图 2 - 9(b)所示；
200 ~ 240 kA 铝电解槽的排列方式为横排大面四点进电方式，如图 2 - 9(c)所示；
280 ~ 320 kA 铝电解槽的部分排列为横排大面五点进电方式，如图 2 - 9(d)所示；
320 ~ 500 kA 铝电解槽的排列为横排大面六点进电方式，如图 2 - 9(e)。

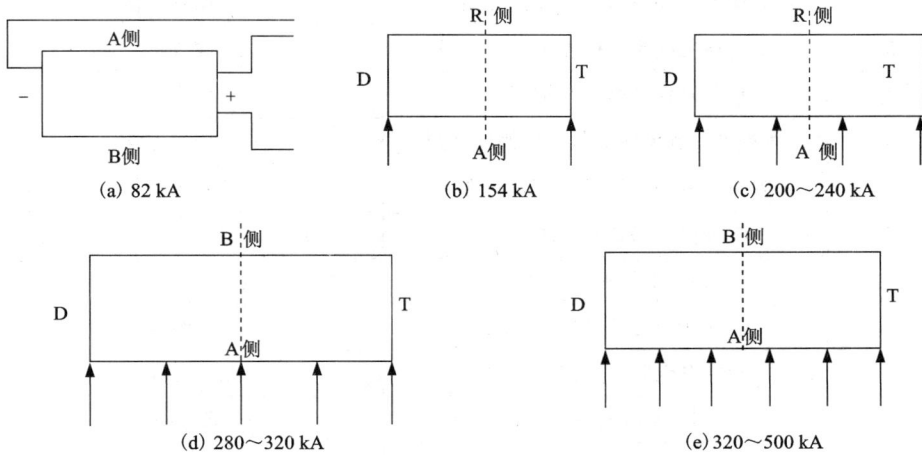

图 2 - 9　几种槽型铝电解槽的母线配置示意图

2.4　电解槽电气绝缘

在电解槽系列上，系列电压达数百伏至上千伏。尽管人们把零电压设在系列
中点，但系列两端对地电压仍高达 500 V 左右，一旦短路，易出现人身和设备事
故。而且，电解用直流电，槽上电气设备用交流电，若直流电窜入交流系统，会
引起设备事故，需进行交、直流隔离。因此，电解槽许多部位须进行绝缘。某种
大型电解槽绝缘部位和绝缘物见表 2 - 1。

表 2 - 1　400 kA 级电解槽电气绝缘表

序号	绝缘部位	绝缘物
1	母线与母线墩之间	石棉水泥板
2	槽底支承钢梁与支柱之间	石棉水泥板

续表 2 - 1

序号	绝缘部位	绝缘物
3	槽壳与摇篮架之间	石棉板
4	支烟管与主烟道之间	玻璃钢管
5	槽上风动溜槽与主溜槽之间	玻璃钢型槽
6	槽前空气配管与槽上部结构之间	橡胶管
7	槽前操作风格板与槽壳之间	石棉水泥板
8	端头槽外侧风格板与厂房地坪之间	石棉水泥板
9	阳极提升马达与槽上部结构之间	胶木绝缘板
10	阳极提升马达与传动轴之间	环氧酚醛层压玻璃连接套
11	螺旋起重机与大母线之间	环氧酚醛层压玻璃布板
12	回转计与上部结构之间	胶木绝缘板
13	脉冲发生器与上部结构之间	胶木绝缘板
14	门式支柱与槽壳之间	石棉板
15	打壳气缸与上部结构之间	石棉布
16	打壳出头与集气罩之间	石棉布
17	阳极导杆与上部结构之间	石棉布
18	槽罩与上部结构、槽壳之间	石棉布
19	短路口螺杆与母线之间	环氧酚醛层压玻璃导管

2.5 国内主流大型铝电解槽槽体结构剖析

目前，我国400 kA级铝电解槽成套技术已十分成熟，成为新设计的电解槽的主流槽型，因此本节将目前国内几种典型400 kA级的电解槽的结构参数进行简单的对比分析，分别记为结构一至结构四。主要从其电解槽整体结构、母线配置方面，对其结构进行初步剖析。

电解槽槽体结构对于电解槽物理场及经济技术指标有较大影响，表2 - 2列出了上述四种电解槽主要的参数，包括电流强度、电解槽尺寸、槽膛尺寸、长宽比、阴阳极尺寸及大小面加工距离等。

表 2 - 2　国内几种主流 400 kA 级预焙铝电解槽结构参数

名称	结构一	结构二	结构三	结构四
电流强度/kA	420	400	400	400
电解槽尺寸/ (mm × mm × mm)	17780 × 4320 × 1422	17800 × 4120 × 1414	19184 × 4300 × 4716	19480 × 4120 × 1377
槽膛尺寸/ (mm × mm × mm)	17540 × 4140 × 560	17600 × 3920 × 550	18320 × 4080 × 600	19130 × 3880 × 500
长宽比	4.12	4.32	4.46	4.82
阴极炭块尺寸/ (mm × mm × mm)	3680 × 665 × 485	3390 × 660 × 450	3600 × 600 × 450	3360 × 515 × 450
阴极钢棒尺寸/ (mm × mm × mm)	2200 × 200 × 100	2050 × 180 × 90	2100 × 180 × 90	2215 × 180 × 65
钢棒是否通长	否	否	否	否
阳极尺寸/ (mm × mm × mm)	1700 × 660 × 635	1550 × 660 × 620	1550 × 740 × 560	1550 × 740 × 560
阴极炭块个数	24	24	28	34
阳极数量/个	48	48	24 × 2	24 × 2
阴极钢棒数量/个	24 × 2	24 × 2	28 × 2	34 × 2
大面加工距离/mm	280	300	300	300
小面加工距离/mm	390	420	430	430

从表 2 - 2 可以看出，各类型 400 kA 级电解槽在总体尺寸上基本是相似的，电解槽长度都为 17～19 m、宽度为 4.1～4.4 m、槽膛深度为 500～600 mm，所采用的基本都是双钢棒。但同时，一些参数，如阴（阳）极具体尺寸、阴（阳）极块数等还是有些差异，主要表现在以下几点：①在槽体基本尺寸上，结构一与结构二风格相近，而结构三与结构四相近，后者稍显狭长；②结构一的长宽比最小，但所有槽型的长宽比都维持在 4～5；③结构一使用的阳极长度最长（1700 mm），这对阳极的制作及上部结构等都有较高的要求，而在阳极宽度和高度方面，几类槽型基本相似；④阴极炭块的宽度方面，结构一与结构二较为接近，而结构四则最窄，这也表明了现代电解槽阴极炭块设计逐渐向更宽的阴极靠拢的趋势。

参考文献

[1]霍庆发.电解铝工业技术与装备[M].沈阳：辽海出版社，2002.
[2]刘业翔，李劼.现代铝电解[M].北京：冶金工业出版社，2008.
[3]程迎军.铝电解槽阳极 - 熔体电热场及惰性阳极热应力的计算机仿真与优化[D].长沙：中南大学，2003.

第3章 我国铝电解槽槽型发展所面临的挑战

受制于我国铝电解工业巨大的能耗以及昂贵的能源价格，我国铝电解工业近年来开展了全行业节能的技术革新，使得当前主要铝电解槽向低电压、大容量方向迅猛发展。目前我国原铝的生产和消费量均超过全球一半，连续十几年保持世界第一。更令人振奋的是，我国铝电解工业走的是一条自主研发的道路，在电解槽设计、建造与施工、电解槽控制与管理等方面，形成了一系列令世界铝业界瞩目的成果，其中，电解槽成套大型化技术与铝电解节能系列技术都处于国际领先水平。尤其是已经拥有了设计、建造、施工及管理等全套技术，如我国自主设计制造的世界首条 600 kA 特大型铝电解生产系列已于 2014 年 12 月顺利投产运行。

尽管发展迅猛，我国铝行业却也暴露出了深层次矛盾，即庞大的产业规模（产能过剩）与全行业微利乃至亏损的矛盾，该矛盾在短时间内难以调和，这是我国铝电解工业所面临的最大挑战。同时其可持续发展须应对资源、能源和环保等方面的重大难题。

第一，铝土矿、石油焦（石油提炼后的残渣）等资源紧缺且来源复杂。近年来，随着优质铝土矿资源的枯竭，我国不得不越来越多地开采利用品质较差的铝土矿，尽管如此还是不能满足我国铝行业的巨大需求，我国已成为最大的铝土矿进口国，对国外资源的依赖度越来越大，矿产资源进口率呈不断上升趋势。此外，由于我国石油进口的来源多样化且石油整体品质逐年下降，加之石油提炼水平不断提高，炭素阳极生产所需石油焦的质量不断下降且来源复杂化。资源紧缺与来源复杂化的局限对铝电解生产的不利影响越来越大。

第二，铝电解能源消耗总量巨大且能源价格高、地区差异大。目前，我国铝电解总能耗约占全国总发电量的 6%。同时，由于体制方面的原因及能源地域分配不平衡等原因，我国铝电解企业的用电价格差异很大，这成为影响企业竞争力的一个重大因素。更严重的是，整体而言，我国铝电解用电价格远高于国外平均水平，目前我国平均电价约为 7.6 美分/(kW·h)，即使是电价最低的西北地区实际结算电网电价也达到 4.5 美分/(kW·h)，而国外铝电解工业电价仅为 2.5 ~

3.0美分/(kW·h)，因此中国用全球最贵的电价生产了最多的电解铝，这直接导致了我国电解铝的能源费用在生产成本中的比重高达40%~50%，使得我国铝电解的整体生产成本远远高于国际平均水平，严重影响我国铝电解企业的国际竞争力。

第三，环保要求越来越严格。铝电解生产过程会排放大量的温室效应气体（如CO_2、过氟化物等）及其他废弃物，吨铝所产生的CO_2是吨钢的7~9倍。随着铝厂污染物排放标准日趋严格，现代铝工业在环保方面面临着更为严格的要求。由于铝电解生产系列的产能规模和企业规模越来越大，加之低品质原料的应用，过去不太严重或不太受关注的污染物排放问题（例如使用高硫焦制备炭素阳极引起的SO_2排放问题）如今成为影响大型企业进行技术、生产与营销方案选择的重大问题之一。

随着我国铝电解工业近三十年跨越式的发展，特别是近几年国内外经济形势不断变化及环保要求日益严格，我国铝电解工业发展呈现非常鲜明的特色与发展趋势。首先，我国铝电解工业起步虽晚但发展迅猛，目前整体装备世界领先。其次，受到高能源价格和高环保要求下的节能减排和降本需求驱动，我国铝电解技术经济指标一直在不断优化，目前能耗指标世界领先，同时产业布局不断优化。最后也是最重要的发展趋势是，为了应对资源、能源、环境和产能过剩的问题，铝电解企业都朝着大规模、集团化方向发展，产业集中度在快速提高。目前铝电解产业一方面产能过剩30%以上，另一方面，一些企业集团依仗自己在资源、能源、投资与人力成本方面的比较优势以及新建生产系列先进装备所带来的技术优势，还在不断扩张产能，这加速了全行业的集中化进程。据工业和信息化部公布的符合《铝行业规范条件》的信息显示，全国现有电解铝企业集团31家，其中，生产能力最大的魏桥集团达到402万t，全国单厂平均生产能力为32万t，而十多年前，中国电解铝企业数量最多时为147家，但单厂产能仅为6万t。

我国铝电解工业之所以能够在短时间内赶超世界先进水平，其重要原因之一在于物理场仿真技术的发展，其为大型铝电解槽的设计优化与稳定生产提供了基础理论与技术支持。但随着新的环境压力、资源压力与能源压力不断增大，已有的技术体系亟须革新，主要原因分析如下：

（1）由于已有研究和计算手段的局限性，长期以来对场-相的研究大都是将其分割（或部分分割）开来进行研究（解析），在各种假设条件下得到每种场的特性和规律。目前主要考虑"三场"（即电、磁、热场），并均在假设"三场"为稳态的条件下对各场进行独立求解，只可满足在理想条件下的电解槽物理场计算的要求，与实际相差较大。

（2）对于大容量电解槽（400~600 kA），物理场进一步得到强化，电-磁-流场之间的耦合作用更为强烈，同时低电压生产条件决定了电解槽处于临界稳定状态(临界极距)，磁流体稳定性问题尤为突出，这就须对电解槽内电、磁、流等物理场分布及磁流体特性做高度优化，而已有基础理论和研究方法不足以支撑这种新一代电解槽的开发和设计。例如，已有的铝电解槽磁流体研究中，电场、磁场和流场这三者之间的强耦合关系并未在计算模型中完整引入，而只是考虑了一种"弱耦合"关系（即先假定一个不考虑流场的初始态，进行电解槽的电磁场稳态计算，将计算所得电磁场结果用于流场建模及计算，从而获得流场结果，因为在此过程中所考察的大多是沿电－磁－流方向的单向作用关系，故可认为在建模时只引入了三场间的一种弱耦合关系），并且基于电－磁－流场"弱耦合"计算的磁流体分析多采用稳态研究，尽管有瞬态研究的模型与算法，但过于简化且尚不成熟。虽然采用已有的方法通过稳态建模计算（或简化的瞬态建模计算）可以获得槽内熔体的基本运动形态及分布，但无法准确分析流场的瞬时演变及铝液－电解质界面的瞬态波动情况，故不能提供可靠的磁流体稳定性直接分析与研究方法。

近几年我国在基于现有的理论体系和计算方法进行大容量铝电解槽及低电压运行工艺设计时，发现出现了许多异常结果，并发现实际运行情况与设计计算值之间产生了较大偏差。其主要原因有：大容量铝电解槽中区域不均匀性大幅增加，且单位能量密度增大，各相之间的作用机理与关系不清；常规的设计计算仅考虑"三场"，且为独立稳态弱耦合计算，而实际上，这些物理场之间的耦合十分复杂（电－磁－流为强耦合、电－热－应力为强耦合、电－热－流为弱耦合），且都为瞬态过程。

（3）为了改善磁流体稳定性，近些年来我国涌现了多种新型结构铝电解槽，其共同特点是将传统的"平底"铝电解槽改换成"非平底"的铝电解槽。例如"异形阴极"铝电解槽技术基于的一种主要思路是：异型阴极可对磁流体的运动形成阻滞作用，从而提高磁流体稳定性，进而为降低槽电压（减小极距）创造条件。各类"非平底"阴极被采用后，传统的基于二维浅水模型的流场计算和磁流体分析方法不再适应这种新的研究对象，这是因为"非平底"阴极的上表面高度在槽内不同区域有陡变，槽内流体体系成为变深度体系，浅水模型不再适用，故必须采用能反映实际复杂槽结构的三维瞬态模型进行研究。

铝电解槽的各种物理场分布特性及流体稳定性不仅取决于电解槽的结构参数和筑槽材料的物理性质参数，而且与电解槽的工艺参数密切相关，因此传统设计优化、工艺优化和控制优化脱节的问题影响了整体优化结果。以热场为例，其特性一方面取决于电解槽保温结构设计参数的选择（"先天因素"），另一方面取决于多种工艺参数的选择（"后天因素"）。例如，槽电压、电解质组成、氧化铝浓度等工艺参数的变化不仅直接引起热场分布的变化，而且通过"连锁反应"方式引起其他物理场分布变化并最终又传递到热场分布的变化中来。最明显的"连锁反应"方式有：工艺参数变化引起的热场分布、热平衡及电解质过热度的变化会引起槽膛(厚度与形状)变化,槽膛变化一方面直接引起热场分布变化,另一方面通过引起电场、磁场和流场等其他物理场分布的变化而引起热场分布的变化。由于影响电解槽特性的"先天因素"不同,"后天因素"的作用强度与结果便不同,因此有必要针对大型铝电解槽多种工艺参数和结构设计参数均对多相-多场分布特性产生重大影响并形成复杂耦合关系的特点,建立起计算机综合仿真优化平台。通过应用该综合仿真优化平台进行大量仿真研究并结合现场试验,发现并建立可使大型铝电解槽在 3.7 ~ 3.9 V 的低工作电压下实现高效、低电耗、稳定运行的状态空间及其配套条件,并据此建立低电压高效节能新工艺。

对于现代大容量铝电解槽及其所处的苛刻运行工艺条件,铝电解槽内多场作用下各相间相互作用愈显突出,关键物质的输运及物理场分布已成为电解槽能否稳定运行的决定因素。尽管铝电解槽物理场仿真技术能够提供基本解决方案,但为了下一代超大容量节能铝电解槽结构与工艺设计的重大突破,为了占据铝电解行业技术的制高点,现有仿真技术仍需不断地发展与革新。

第二篇

铝电解槽数值仿真原理与方法

第4章 铝电解槽仿真基本概念

4.1 物理场仿真概念及进展

仿真是对现实系统的某一层次抽象属性的模仿。自然界广泛存在着四种物理场：位移（应力应变）场、电磁场、温度场和流场，对这些自然界的各种现象用最基本的物理、化学和数学等理论来描述，利用模型复现实际系统中发生的本质过程，并通过对系统模型的实验来研究存在的或设计中的系统，就是物理场仿真，又称为物理场模拟[1]。

仿真可以按不同原则分类：

（1）按所用模型的类型（物理模型、数学模型、物理－数学模型）分为物理仿真、计算机仿真（数学仿真）、半实物仿真；

（2）按所用计算机的类型（模拟计算机、数字计算机、混合计算机）分为模拟仿真、数字仿真和混合仿真；

（3）按仿真对象中的信号流（连续的、离散的）分为连续系统仿真和离散系统仿真；

（4）按仿真时间与实际时间的比例关系分为实时仿真（仿真时间标尺等于自然时间标尺）、超实时仿真（仿真时间标尺小于自然时间标尺）和亚实时仿真（仿真时间标尺大于自然时间标尺）；

（5）按对象的性质分为宇宙飞船仿真、化工系统仿真、冶金系统仿真和经济系统仿真等。

这里所指的模型包括物理模型和数学模型、静态模型和动态模型、连续模型和离散模型各种模型。所指的系统也很广泛，包括电气、机械、化工、冶金、水力和热力等系统。当所研究的系统造价昂贵、实验的危险性大或需要很长的时间才能了解系统参数变化所引起的后果时，仿真是一种特别有效的研究手段。仿真的重要工具是计算机，计算机仿真是一种非实物仿真方法，通过建立数学模型、编制计算机程序实现对真实系统的模拟，从而了解系统随时间变化的行为或特性，以评价或预测一个系统的行为效果，为决策提供信息的一种方法。它是解决较复杂的实际问题的一条有效途径。尤其是对于如下问题，计算机仿真是一种具有较大优势的研究手段：

（1）难以用数学公式表示的系统，或者没有建立和求解数学模型的有效方法；

（2）虽然可以用解析的方法解决问题，但数学的分析与计算过于复杂，这时计算机仿真可能提供简单可行的求解方法；

（3）希望能在较短的时间内观察到系统发展的全过程，以估计某些参数对系统行为的影响；

（4）难以在实际环境中进行实验和观察时，计算机仿真是唯一可行的方法，例如太空飞行的研究；

（5）需要对系统或过程进行长期运行比较，从大量方案中寻找最优方案。

因此，计算机仿真具有很多独特的优点。首先，便于重复进行试验，便于控制参数，时间短，代价小；其次，可以在真实系统建立起来之前，预测其行为效果，从而可以从不同结构或不同参数的模型的结果比较之中，选择最佳模型；最后，对于缺少解析表示的系统，或虽有解析表示但无法精确求解的系统，可以通过仿真获得系统运行的数值结果。

由于上述的诸多优点，计算机仿真技术得到了迅猛发展并带来了巨大社会经济效益。20世纪初仿真技术已得到应用，例如在实验室中建立水利模型，进行水利学方面的研究，但早期仿真技术的发展十分缓慢。直到20世纪40年代电子计算机的发明给仿真技术的腾飞插上了翅膀，随后计算机仿真的发展与电脑本身的迅速发展变得密不可分。计算机仿真的首次大规模开发是著名的曼哈顿计划中的一个重要部分，即在第二次世界大战中，为了模拟核爆炸的过程，人们应用蒙特·卡罗方法用12个坚球模型进行了模拟。计算机模拟最初被作为其他方面研究的补充，但当人们发现它的重要性之后，它便作为一门单独的课题获得了相当广泛的使用。随后，20世纪40—50年代航空、航天和原子能技术的发展推动了仿真技术的进步。20世纪60年代现代计算机技术的突飞猛进，为仿真技术提供了先进的工具，加速了仿真技术的发展。20世纪50年代和60年代仿真主要应用于航空、航天、电力、化工以及其他工业过程控制等工程技术领域。在航空工业方面：采用仿真技术使大型客机的设计和研制周期缩短了20%；利用飞行仿真器在地面训练飞行员，不仅节省大量燃料和经费（其经费仅为空中飞行训练的十分之一），而且不受气象条件和场地的限制；在飞行仿真器上可以设置一些在空中训练时无法设置的故障，培养飞行员应对故障的能力；训练仿真器所特有的安全性也是仿真技术的一个重要优点。在航天工业方面，采用仿真实验代替实弹试验可使实弹试验的次数减少80%。在电力工业方面，采用仿真系统对核电站进行调试、维护和排除故障，一年即可收回建造仿真系统的成本。现代仿真技术不仅应用于传统的工程领域，而且日益广泛地应用于社会、经济、生物等领域，如交通控制、城市规划、资源利用、环境污染防治、生产管理、市场预测、世界经济的分析和预测、人口控制等。尤其是对于社会经济等系统，很难在真实的系统上进行实验，因此，利用仿真技术来研究这些系统就具有更为重要的意义。

20 世纪 50 年代的仿真机大部分是以电子模拟计算机为主机实现的，在部分特殊应用领域内也有以液压机、气压机或阻抗网络作为主要模拟设备的。由于电子模拟计算机的精度较差等缺点，从 70 年代初开始，数字模拟混合仿真机得到发展。从 70 年代末起，以数字机为主机的各种各样专用和通用仿真机得到普及和推广。由于高性能工作站、巨型机、小型机、软件技术和人工智能技术取得令人瞩目的进展，在 80 年代内人们对智能化的仿真机寄予希望，也在综合集成数字仿真和模拟仿真的优势的基础上，设计出在更高层次上的数字模拟混合仿真机，在一些特定的仿真领域内，这种智能仿真机和高层次的数字模拟仿真机都取得令人鼓舞的结果。

随着计算机技术的飞速发展，在仿真机中也出现了一批很有特色的仿真工作站、小巨型机式的仿真机、巨型机式的仿真计算机。20 世纪 80 年代初推出的一些仿真计算机，如 SYSTEM10 和 SYSTEM100 就是这类计算机的代表。20 世纪 90 年代以后，随着超大规模集成电路的广泛使用，计算机变得小型化、低功耗、低成本和高性能，并促进了超级并行计算机技术、高速网络技术、多媒体技术和人工智能技术等相互渗透，改变了人们使用计算机的方式，从而使计算机几乎渗透到人类生产和生活的各个领域，也使计算机仿真技术进入了空前的繁荣发展阶段，研究领域得到扩展，对各行各业都产生了极其重要的影响。进入 21 世纪以来，由数百数千甚至更多的处理器(机)组成的计算机登上了历史舞台，能计算普通 PC 机和服务器不能完成的大型复杂物理场仿真课题并大大缩短计算耗时。

自 2009 年起，在国家高技术研究发展计划(863 计划)的资助下，经科技部批准，我国先后在天津、深圳、长沙和济南等地建设了运算速度在 1 千万亿次/s 以上的国家超级计算机中心，标志着中国成为继美国、日本之后能够采用自主 CPU 构建千万亿次计算机的国家。超级计算机代表了当代信息技术的最高水平，是一个国家科技实力的重要标志，也是服务于大系统、大工程、大科学的一个必不可少的工具，广泛应用于科学研究、工业创新、商业金融、社会公共服务和国家安全等方面，也为我国各行各业的计算机仿真课题提供了强有力的支撑。

4.2 物理场仿真平台介绍

为了建立一个有效的物理场仿真系统，一般都要经历建立模型、仿真实验、数据处理和分析验证等步骤，这些步骤的完成依赖于仿真平台。计算机物理场仿真平台主要包括仿真硬件和仿真软件这两大部分。仿真硬件中最主要的是计算机。用于仿真的计算机有三种类型：模拟计算机、数字计算机和混合计算机，而数字计算机还可分为通用数字计算机和专用的数字计算机。早期人们采用模拟计算机主要用于连续系统的仿真，称为模拟仿真。在进行模拟仿真时，依据仿真模型将各运算放大器按要求连接起来，并调整有关的系数；改变运算放大器的连接形式和各系数的调定值，就可修改模型，仿真结果可连续输出。因此，模拟计算机的人机交互性好，适合于实时仿真。改变时间比例尺还可实现超实时的仿真。20 世纪 60 年代前的数字计算机由于运算速度低和人机交互性差，在仿真中应用受到限制，但现代的数字计算机已具有很高的速度，某些专用的数字计算机的速度更高，已能满足大部分系统的实时仿真的要求，由于软件、接口和终端技术的发展，人机交互性也已有很大提高。因此数字计算机已成为现代物理场仿真的主要工具。混合计算机则把模拟计算机和数字计算机联合在一起工作，充分发挥模拟计算机的高速度和数字计算机的高精度、逻辑运算和存储能力强的优点。但这种系统造价较高，只宜在一些要求严格的系统仿真中使用。除计算机外，物理场仿真的硬件系统还包括一些专用的物理仿真器，如运动仿真器、目标仿真器、负载仿真器和环境仿真器等，同时还需要配备控制和显示设备。

物理场仿真软件包括为仿真服务的仿真程序、仿真程序包、仿真语言和以数据库为核心的仿真软件系统，与计算机仿真硬件同为仿真的技术工具。仿真软件的种类很多，最早的仿真软件是从 20 世纪 50 年代中期开始发展起来的。它的发展与仿真应用、算法、计算机和建模等技术的发展相辅相成。1984 年出现了第一个以数据库为核心的仿真软件系统，此后又出现采用人工智能技术(专家系统)的仿真软件系统。这个发展趋势将使仿真软件具有更强、更灵活的功能、能面向更广泛的用户。

在铝电解槽物理场仿真领域，国内外广泛使用的软件平台主要包括美国的 ANSYS(针对电、磁、热和应力场)、CFX(针对流场和浓度场)、Fluent(针对流场)及少量自编程序代码等。以下对主要商业平台分别进行详细介绍。

4.2.1 ANSYS 平台

ANSYS 软件是融结构、流体、电场、磁场、声场分析于一体的大型通用有限元分析软件，由世界上最大的有限元分析软件公司之一的美国 ANSYS Inc. 公司开发，它能与多数 CAD 软件接口，实现数据的共享和交换，如 Pro/Engineer，SolidWorks，NASTRAN，Alogor 和 AutoCAD 等，是现代产品设计中的高级计算机仿真(CAE)工具之一[2]。ANSYS 软件的诞生可追溯至 1963 年，由任职于美国宾州匹兹堡西屋公司太空核子实验室的 John Swanson 博士开发，并于 1970 年公开发布正式的商业版，截至目前 ANSYS 软件已经发展至最新版本 ANSYS 19.0。

　　CAE 的技术种类有很多，主要包括有限元法（FEM，即 finite element method）、边界元法（BEM，即 boundary element method）和有限差分法（FDM，即 finite difference element method）等。每一种方法各有其应用的领域，而其中有限元法应用的领域越来越广，现已应用于结构力学、结构动力学、热力学、流体力学、电路学、电磁学等。ANSYS 有限元软件包是一个多用途的有限元法计算机设计程序，可以用来求解结构、流体、电力、电磁场及碰撞等问题。因此它可应用于以下工业领域：航空航天、汽车工业、生物医学、桥梁、建筑、电子产品、重型机械、微机电系统、运动器械和化工冶金等。

　　ANSYS 软件主要包括三个部分：前处理模块，分析计算模块和后处理模块。前处理模块提供了一个强大的实体建模及网格划分工具，用户可以方便地构造有限元模型；分析计算模块包括结构分析（可进行线性分析、非线性分析和高度非线性分析）、流体动力学分析、电磁场分析、声场分析、压电分析以及多物理场的耦合分析，可模拟多种物理介质的相互作用，具有灵敏度分析及优化分析能力；后处理模块则可将计算结果以彩色等值线显示、梯度显示、矢量显示、粒子流迹显示、立体切片显示、透明及半透明显示（可看到结构内部）等图形方式显示出来，也可将计算结果以图表、曲线形式显示或输出。

　　ANSYS 软件提供了 100 种以上的单元类型，用来模拟工程中的各种结构和材料。该软件有多种不同版本，可以运行在从个人机到大型机的多种计算机设备上，如 PC，SGI，HP，SUN，DEC，IBM 和 CRAY 等。软件主要由下述几大模块组成：

　　（1）Structural：通用结构力学分析模块，包括静力/动力、线性/非线性、疲劳、断裂、复合材料、优化设计等所有结构力学分析功能；

　　（2）Thermal：结构热分析模块，包稳态/瞬态、线性/非线性、传导/对流/辐射/相变等所有热分析功能；

　　（3）Flotran：常规流体分析模块，基于有限元方法，涵盖层流/湍流、不可压缩流/可压缩流、牛顿流/非牛顿流等常规流体计算功能；

　　（4）EMAG：电磁场分析模块，基于有限元方法，包括低频电磁场（静态、谐波和瞬态）、低频场路耦合、高频电磁场（时谐分析、模式分析）、高频电路和电磁场耦合等功能；

　　（5）ANSYS Fluid：包括声学分析、静流体分析功能；

　　（6）Multi – Field Solver：在 Multiphysics 下运行，可以求解诸如 MEMS 激励（静电/结构耦合）、机电（磁/热/结构耦合）、焦耳热（热/电/结构）、感应热（谐波电磁/热耦合）、感应激励（谐波电磁/热/流体耦合）、RF 热（高频电磁/热/结构耦合）、热应力（热/结构耦合）、流固耦合分析（流体/结构耦合）等耦合场问题；

　　（7）MFX – ANSYS/CFX：与 CFX 进行双向流固耦合分析。

通过选择相应的物理场仿真模块，ANSYS 软件可实现对诸多物理场仿真模型的精确高效求解，具体而言可概括为以下 9 类物理场仿真问题：

1. 结构静力分析

用来求解外载荷引起的位移、应力和力。静力分析很适合求解惯性和阻尼对结构的影响并不显著的问题。ANSYS 程序中的静力分析不仅可以进行线性分析，而且也可以进行非线性分析，如塑性、蠕变、膨胀、大变形、大应变及接触分析。

2. 结构动力学分析

结构动力学分析用来求解随时间变化的载荷对结构或部件的影响。与静力分析不同，动力分析要考虑随时间变化的力载荷以及它对阻尼和惯性的影响。ANSYS 可进行的结构动力学分析类型包括：瞬态动力学分析、模态分析、谐波响应分析及随机振动响应分析。

3. 结构非线性分析

结构非线性导致结构或部件的响应随外载荷不成比例变化。ANSYS 程序可求解静态和瞬态非线性问题，包括材料非线性、几何非线性和单元非线性三种。

4. 动力学分析

ANSYS 程序可以分析大型三维柔体运动。当运动的积累影响起主要作用时，可使用这些功能分析复杂结构在空间中的运动特性，并确定结构中由此产生的应力、应变和变形。

5. 热分析

程序可处理热传递的三种基本类型：传导、对流和辐射。热传递的三种类型均可进行稳态和瞬态、线性和非线性分析。热分析还具有可以模拟材料固化和熔解过程的相变分析能力以及模拟热与结构应力之间的热 – 结构耦合分析能力。

6. 电磁场分析

电磁场分析主要用于电磁场问题的分析，如电感、电容、磁通量密度、涡流、电场分布、磁力线分布、力、运动效应、电路和能量损失等，还可用于螺线管、调节器、发电机、变换器、磁体、加速器、电解槽及无损检测装置等的设计和分析领域。

7. 流体动力学分析

ANSYS 流体单元能进行流体动力学分析，分析类型可以为瞬态或稳态。分析结果可以是每个节点的压力和通过每个单元的流率，并且可以利用后处理功能产生压力、流率和温度分布的图形显示。另外，还可以使用三维表面效应单元和热 – 流管单元模拟结构的流体绕流并包括对流换热效应。

8. 声场分析

程序的声学功能用来研究在含有流体的介质中声波的传播，或分析浸在流体中的固体结构的动态特性。这些功能可用来确定音响话筒的频率响应，研究音乐大厅的声场强度分布,或预测水流对振动船体的阻尼效应。

9. 压电分析

用于分析二维或三维结构对 AC(交流)、DC(直流)或任意随时间变化的电流或机械载荷的响应。这种分析类型可用于换热器、振荡器、谐振器、麦克风等部件及其他电子设备的结构动态性能分析。可进行四种类型的分析:静态分析、模态分析、谐波响应分析、瞬态响应分析。

4.2.2 CFX 平台

CFX 是美国 ANSYS Inc. 公司旗下的一款大型商业计算流体力学软件,并被 ANSYS 公司集成在 ANSYS Workbench 平台,其前身可以追溯到英国 AEA Technology 公司开发的 CFX – TASC Flow 软件[3]。由于自身强大的耦合求解功能、丰富的物理模型和高效的数值计算能力,CFX 成为全球第一个通过 ISO9001 质量认证的 CFD 软件包,可以精确求解湍流、相变、多相流、传热、化学动力学、燃烧和磁流体动力学等多种复杂体系的流场问题,并被广泛用于航空航天、矿业、能源、冶金、化工、生物医药和水处理等多个工业领域。CFX 主要包括前处理模块(CFX – Pre)、求解器模块(CFX – Solver)和后处理模块(CFX – Post)这三个组成部分,依次完成网格和计算模型的设置、数值计算与计算结果的观察分析等任务。此外,CFX 还可以根据用户需要,与 ANSYS Workbench 平台上的其他软件双向耦合,完成结构与电磁等问题的分析。

有限体积法(finite volume method)是目前商业 CFX 软件普遍采用的数值求解方法,其基本思想是将求解的流体区域划分为一系列不重复的控制体积,并保证每个网格节点周围有一个控制体积;将待解的微分方程对每一个控制体积积分,从而将其离散化,离散方程中的未知项是网格节点上的因变量的取值;通过求解离散方程组并对控制体积进行积分,便得到了温度、压力和速度等变量的变化规律。除了有限体积法外,CFX 还可进一步使用基于有限元的有限体积法,即对网格进行更多点的插值,并使用全隐式多网格耦合求解技术同时求解动量方程和连续性方程,从而在满足有限体积的守恒特性基础上,尽可能地吸收有限元法的数值精确性特点并提高数值计算的速度和稳定性。

4.2.3 Fluent 平台

Fluent 是目前国际上比较流行的商用 CFD 软件包,用来模拟从不可压缩到高度可压缩范围内的复杂流动,凡是和流体、热传递和化学反应等有关的工业均可使用[4]。它具有丰富的物理模型、先进的数值方法和强大的前后处理功能,并采用了多种求解方法和多重网格加速收敛技术以达到最佳的收敛速度和求解精度,故在航空航天、汽车设计、石油天然气和涡轮机设计等方面都有着广泛的应用。

与其他 CFD 软件相比，Fluent 软件主要具有如下三个方面的优势：

第一，具有强大的网格支持能力，支持界面不连续的网格、混合网格、动/变形网格以及滑动网格等。此外，Fluent 软件还拥有多种基于解的网格的自适应、动态自适应技术以及动网格与网格动态自适应相结合的技术。

第二，丰富而高效的求解算法。Fluent 软件包含三种算法：非耦合隐式算法、耦合显式算法、耦合隐式算法，是商用软件中算法最多的。

第三，丰富而先进的物理模型。Fluent 软件包含丰富而先进的物理模型，使得用户能够精确地模拟无黏流、层流、湍流。湍流模型包含 Spalart – Allmaras 模型、$k-\omega$ 模型组、$k-\varepsilon$ 模型组、雷诺应力模型（RSM）组、大涡模拟模型（LES）组以及最新的分离涡模拟（DES）和 VOF 模型等。另外用户还可以定制或添加自己的湍流模型。

4.3　铝电解槽多相多场耦合的概念

铝电解槽物理场仿真技术起源于 20 世纪 70 年代，至今已有近 50 年历史[5,6]。铝电解槽仿真技术诞生之前，铝电解的研究主要集中在电解过程方面，如电极反应、阳极效应机理、电解质组成及其物理化学性质、影响电流效率的因素等。客观条件的制约使得电解槽的设计基本停留在经验设计阶段。尽管在电解槽的结构、技术经济指标等方面都取得了很大的进展，但未能有根本性的突破。在这一阶段已有人开始研究磁场等对电解过程的影响，但未引起足够的重视。

从降低投资和提高劳动生产率角度考虑，增大电解槽容量是经济的。在扩大容量的过程中，一些过去不被重视的物理场对电解过程的影响愈来愈大，甚至到了使电解槽无法增大容量和无法正常运行的程度。因此，从 20 世纪后期开始，国际上许多大的铝业公司、研究所及高等院校相继投入了较大的人力物力开展相关的研究工作。在这一阶段，计算机技术的广泛应用和计算机容量的不断扩大为物理场的研究提供了有力的工具。尽管各自的研究方法和路线不同，但均以母线配置和电流分布为基础，采用数学物理的模拟方法，结合原型工业试验的结果，建立起一整套关于电解槽电、磁、热场、流体流动场及其与电解过程电流效率之间关系的数学模型、计算机程序。利用现代计算机仿真方法对电解槽物理场分布及其变化规律的模拟分析技术称为物理场的计算机仿真技术。

物理场仿真的研究成果使电解槽的设计由纯经验型转向计算机辅助优化设计，并使人们对电解过程有了更深入的了解。这些研究成果体现在 20 世纪 80 年代初国际上投产了一批 180 kA 级的高效能工业电解槽上，随后更大容量的高效能电解槽不断出现，直至目前出现了 600 kA 的大型预焙槽。

我国的物理场研究工作是从 20 世纪 80 年代以消化引进"日轻"技术为起点

的。20 世纪 70 年代末期，当时我国从日本轻金属株式会社引进了全套 160 kA 中间下料预焙槽技术并用于贵州铝厂的建设。在引进的技术资料中，有一套在当时对我们来说还比较陌生的计算机设计软件，即磁场计算程序，阴、阳极热解析程序，槽壳应力分布计算程序。在消化和开发这套软件技术时，为了方便，将它们称为"三场"（磁场、热场和应力场）技术。随着研究和开发过程的深入，人们发现铝电解槽中影响电解过程的物理场远非这三种，但作为人们广泛接受的名词，"三场"如今被沿用下来，泛指物理场。

从 20 世纪 90 年代以来，我国已成功地应用物理场技术设计和优化 180 kA 级以上的预焙槽。到目前，我国自行开发的物理场技术已达到或接近国际先进水平，并成功地应用于 180 ~ 500 kA 预焙槽的开发中。多年来的实践证明，铝电解物理场仿真技术在铝电解的槽型设计和工艺优化过程中发挥了重要作用，对铝电解技术的进步乃至整个铝工业的发展都起到了重要的推动作用，并逐渐成为电解槽优化及新型槽开发过程中必不可缺的研究手段。从简单的 1D 模型到复杂的 3D 模型，从单一的物理场到多场耦合仿真，从单相流到多相流，从自行开发软件到应用大型商业软件，在短短的几十年中，铝电解仿真技术迅速发展，取得了十分显著的进步，其中最突出的标志便是铝电解槽多相多场耦合仿真技术的提出与开发。

铝电解槽内存在着多种物理场，包括电场、磁场、热场、流场、浓度场和应力场等，它们相互作用相互影响，非常复杂。高强直流电通过铝电解槽是铝生产的能量基础，并形成了铝电解槽的电场，成为其他各物理场形成的根源。电流产生磁场，电场与磁场相互作用产生的电磁力及电解反应产生的气体共同作用，推动电解质与铝液的运动，它们的运动促使 Al_2O_3 和金属的扩散与溶解，同时对周围槽膛的冲刷影响槽帮的形成；电流的热效应产生热场，温度场的分布决定了槽帮形状，又反过来影响到电流的分布；电解槽内的温度梯度产生热应力，致使电解槽发生变形，熔体内的温度分布对熔体的运动及物质扩散也产生影响。铝电解槽内各物理场的相互耦合关系如图 4 – 1 所示。上述物理场的综合作用决定了电解槽的电流效率、直流能耗和槽寿命等关键技术经济指标，因此利用仿真技术对铝电解槽的物理场分布规律进行研究具有重要的理论及现实意义。

在铝电解槽内，多场耦合关系主要表现为量间耦合、源项耦合以及参数耦合。量间耦合的作用关系最为直接，例如电场通过磁效应和热效应直接决定了磁场分布与温度分布。源项耦合体现了场间的间接作用关系，例如电场和磁场相互作用产生的电磁力作用于熔体的流场，而熔体的流速通过对流源项影响熔体的温度分布和质量传递。参数耦合体现了场量变化对物理性质参数的影响程度，例如导热系数与温度之间的关系、弹性模量与温度之间的关系等。

而根据图 4 – 1 可知，铝电解槽内主要存在电、磁、流、热、力和浓度等物理

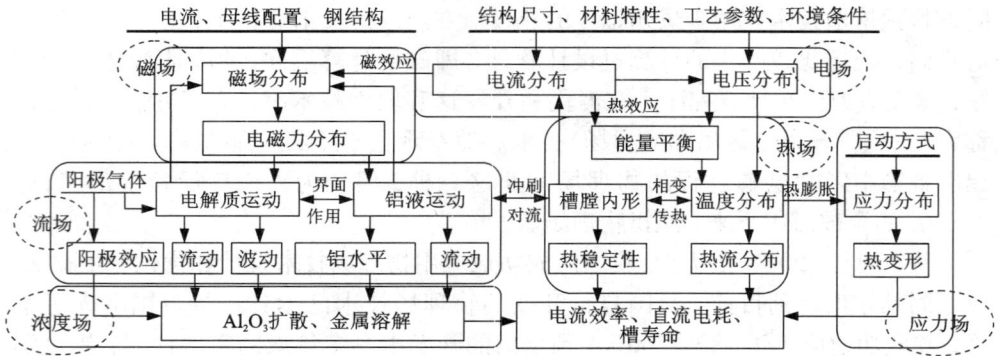

图 4 - 1　铝电解槽内多物理场耦合示意图

场。这些物理场的量间耦合与源项耦合关系可以通过控制方程体现出来。需要指出，五个物理场之间的耦合关系十分复杂，电解过程中物理场的演变规律受各种因素的影响复杂，如槽膛内形、槽底沉淀、电解质成分、温度分布等，使得目前考虑所有场在内的全息求解无论在计算方法还是在计算资源上都无法实现。故图 4 - 1 所示铝电解槽内多物理场之间的耦合关系，可以概括地总结为"电 - 磁 - 流"耦合以及"电 - 热 - 应力"耦合这两条主线，分别研究可以降低数学模型的建立和求解难度。

　　对于"电 - 磁 - 流"场之间的耦合关系，可以从图 4 - 1 中分析发现，铝电解过程存在强大电流，从而产生强磁场。铝电解槽中熔融态电解质和金属铝是电磁导体，强磁场和大电流的相互作用产生电磁力，在力的作用下槽内熔体发生运动。一方面，熔体循环流动有利于氧化铝的均匀分布和溶解、电解质成分的均匀、熔体内温度的均匀以及熔体向炉帮的稳定传热，对电解过程有利；另一方面，熔体波动使沉积的金属铝向电解质中的扩散加速，降低电流效率，同时铝液对阴极的机械冲蚀加快了阴极破损。大量电解生产实践表明，"电 - 磁 - 流"场不仅影响技术经济指标，而且会导致生产过程中非正常现象，如滚铝、短路及漏炉的发生，所以电 - 磁 - 流场耦合计算是现代大型预焙槽设计的关键技术之一。

　　关于"电 - 热 - 应力"的物理场耦合方面，考虑到铝电解槽不仅是一个电化学装置，同时也是一个发热装置，输入的电能用于维持电化学反应和电解过程的高温环境。因此在槽内不同部位存在的温度梯度，以及高温熔盐中钠离子析出后在炭素阴极内的膨胀使整个槽体发生结构变化。当电解槽达到良好电热平衡时，槽膛内形规整，水平电流小，电流效率高；反之则出现冷行程或热行程，影响正常生产，严重者引发事故。预热启动是新电解槽投产前的必要步骤，在这个阶段槽体受热膨胀、钠膨胀的作用不断发生结构变形，加之炭糊质筑炉材料在升温焦化过程中排放挥发分导致内衬出现不同程度的裂缝，从而造成了阴极炭块早期缺陷，严重影响电解槽使用寿命。

从流场的角度来分析，铝电解槽内分布着熔融电解质和铝液两种熔体，因密度差异分置上下两层（上层为电解质，下层为铝液）。电解生产过程中，电流经母线传导通过阳极进入槽内熔体，再经阴极由钢棒导出汇集至母线进入下一槽。高强度的电流产生相应的磁场，分布于熔体区域的磁场与电场相互作用形成电磁力场驱动熔体运动，同时，在阳极表面由电化学反应产生大量阳极气泡，气泡受浮力作用上升逸出电解质上表面，在这个过程中也进一步搅动电解质。因此，对于正常运行下的电解槽，从驱动力角度看，铝液区域主要受电磁力作用，而电解质区域受电磁力和气泡搅动的共同作用；从多相流动的角度分析，在忽略少量氧化铝颗粒的前提下，该体系属于电磁力作用下的铝液－电解质－气泡三相流体系。

铝电解槽内熔体的运动形态对工业铝电解生产影响重大。熔体的运动关系传质和传热过程，尤其是电解质流场直接影响到氧化铝颗粒的输运、分布及溶解；铝液－电解质界面的分布及波动决定了槽内极距的分布及波动，该界面变形程度过大，会造成槽内电流分布的严重不均，造成局部阳极电流密度过大、槽电压升高及热应力集中等问题，在某些情况下，该界面剧烈波动，甚至出现局部短路现象，直接影响整个生产的稳定性；熔体的运动（尤其是铝液－电解质界面附近的流动特性）亦在一定程度上影响电流效率及其在槽内的分布；此外，熔体流动会冲刷槽膛内壁和阴极炭块，改变槽帮形状，影响槽寿命等。因此，随着人们对铝电解槽大型化、电解过程高效节能化要求的进一步提高，槽内流体问题越来越受到广泛重视，铝电解槽多相流场的研究目前已成为工业铝电解领域涉及核心技术的一大研究热点。

铝电解槽多物理场的计算机仿真的实质是数学模拟与数值解析。因为各个物理场都遵循已知的物理学规律，所以运用计算机就能求解方程组的数值解，然后利用计算机的图形处理能力，便可以图形方式输出计算结果。然而，由于铝电解槽内多相多场现象十分复杂，这也在很大程度上给相应的物理场计算机仿真模型的开发与求解带来了不少难点。在铝电解槽中，存在数十种介质材料，而不同介质的参数耦合情况差异显著。例如：炭素阳极具有固体的导电、导热性质，但不具有流体的流动性质；侧部炭块等内衬保温材料可以导热导磁，但不能导电；电解质和铝液属于熔体，同时具有导热导电的性质，且其导热能力与流动状况密切相关。由此可见，物理场的作用范围是不同的。在进行铝电解槽多物理场的仿真研究时，需要根据物理场的具体作用范围，确定合理的求解域，这是铝电解槽仿真研究的难点之一。由于铝电解槽的材料种类多和结构复杂，单场、两场及三场耦合仿真涉及的求解域往往大不相同，由此产生的问题是为了实现电解槽内多物理场求解计算，必须不断改变求解域，这样会导致数值计算的准备工作（网格划分、边界条件施加等)十分繁杂。

可以预想,随着模型的逐步完善及计算机软件硬件的逐步升级,铝电解槽多相多场仿真技术也将得到不断地发展,其仿真结果必将越来越真实地反映电解槽内的实际情况,为铝电解的技术进步奠定坚实的理论基础,而物理场仿真技术也将成为铝电解行业不可代替的核心技术,从而发挥越来越显著的作用。

参考文献

[1]王正中. 系统仿真技术[M]. 北京:科学出版社,1986.

[2]关于 ANSYS[EB/OL]. [2019 - 03 - 31]. https://www.ansys.com/zh - cn/about - ansys.

[3]谢龙汉,赵新宇,张炯明. ANSYS CFX 流体分析及仿真[M]. 北京:电子工业出版社,2012.

[4]王福军. 计算流体动力学分析——CFD 软件原理与应用 [M]. 北京:清华大学出版社,2004.

[5]刘业翔,李劼. 现代铝电解[M]. 北京:冶金工业出版社,2008.

[6]Thonstad J. Aluminum Electrolysis[M]. 3rd edition. Dusseldoff:Aluminium - Verlag,2001.

第 5 章　铝电解槽多物理场建模原理及数学模型

工业铝电解生产中，存在于电解槽内及槽周围的电、磁、流、热、力等物理现象对生产过程有着十分突出的影响，各项生产技术经济指标在很大程度上取决于各个物理场分布的合理性。对铝电解槽进行多物理场建模与计算是现代铝电解不可或缺的技术环节，而物理场建模计算的准确性首先由所采用的物理学原理及数学模型是否可靠和适宜这一点决定。本章将分别对电解槽电场、热场、磁场、流场、应力场及槽内氧化铝输运过程建模所基于的物理学原理及数学模型进行系统介绍。

5.1　电场模型

铝电解槽中电流通过母线从阳极导入，通过电解质和铝液到阴极炭块再由阴极钢棒导出。电场(电流与电压分布)是铝电解槽运行的能量基础，是其他各物理场形成的根源。因此，铝电解槽的电场分布好坏对铝电解生产而言至关重要。铝电解槽的电场计算通常是指对整个电解槽(包括母线、阳极、熔体和阴极)进行稳态电场计算，电场分布满足物理学上稳态电场的基本定律。

5.1.1　母线等效电阻模型

对于电解槽的母线部分，我们通常只需获悉各支路的电流分配及电压降情况，其内部的电场分布通常不是计算和分析的重点，故在电场建模计算中，可将母线部分简化为等效电阻网络，电流和电压降可根据基尔霍夫定律和欧姆定律进行计算：

$$\sum_j \boldsymbol{I}_j = 0 \tag{5-1}$$

$$U = \boldsymbol{I} \cdot R \tag{5-2}$$

式中：j 为电流支路；U 为电压降，V；$\boldsymbol{I}$ 为电流，A；R 为电阻，Ω。

图 5-1 是某种槽型的导电段等效电阻网络模型示意图，计算时将母线段都

用等效电阻代替，然后根据总电流及各母线段的串并联关系，绘制电路网络图，由式(5-1)和式(5-2)解出各节点的电位及通过各母线段的电流。

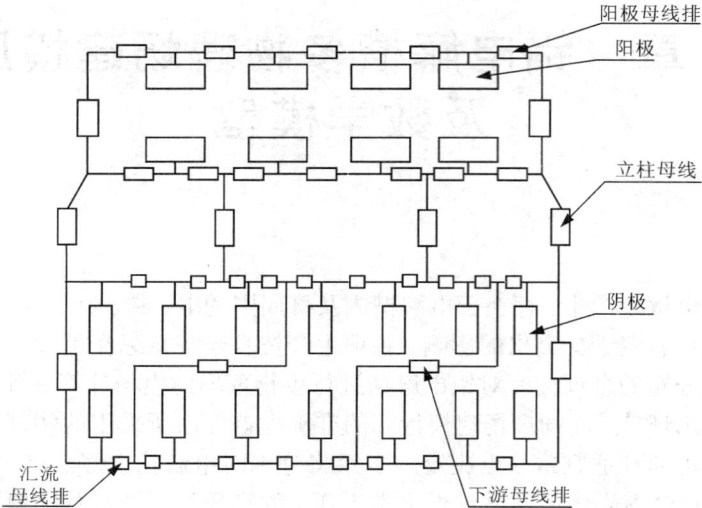

图5-1 母线段等效电阻网络模型示意图

5.1.2 槽内导体电场模型

对于槽内的阳极、熔体(电解质和铝液)、阴极等导体部分，可根据稳恒电场的电流守恒定律以及欧姆定律(微分形式)对其内部的电压和电流分布进行计算：

$$\nabla \cdot \boldsymbol{J} = 0 \tag{5-3}$$

$$\boldsymbol{J} = -\sigma \nabla \varphi \tag{5-4}$$

式中：$\boldsymbol{J}$ 为电流密度，A/m^2；φ 为标量电位，V；σ 为电导率，$\Omega^{-1} \cdot m^{-1}$。

应当注意的是，对于电解槽内某些导电部件(比如阴极炭块)，其生产加工方式导致了材料在各个方向上的不均匀性，使得其电导率呈现各向异性，此时，σ 应为一个张量，可表示为 $\begin{bmatrix} \sigma_x & 0 & 0 \\ 0 & \sigma_y & 0 \\ 0 & 0 & \sigma_z \end{bmatrix}$。

对于槽内导体电场模型，可采用多种数值计算方法进行求解，例如有限差分法、有限元法、电荷模拟法、表面电荷法等，其中有限元法是目前使用较为广泛的数值计算方法，其原理将在下一章中进行介绍。

5.1.3 电接触

"电接触"是指两个导体之间相互接触并通过接触界面实现电流传递的一种物理现象,电接触会产生相应的接触压降。电接触现象在铝电解槽体系中广泛存在,尤其对于阳极部分和阴极部分而言,钢爪与炭素阳极连接处的接触压降以及钢棒与炭素阴极连接处的接触压降分别在阳极压降和阴极压降中占重要比例,在电场建模分析中应予以考虑。在不考虑电接触的情况下,接触压降这一电解槽压降的重要组成部分将被忽略,同时还可能导致电磁场计算结果的整体性变化。比如,若不考虑阴极部分的钢棒与炭素材料之间的接触压降,将使得电流从铝液流到阴极炭块的阻力变小,电流更易从槽中心向阴极钢棒外端部方向偏流,造成铝液层中水平电流增大,垂直磁场相应增大。

在铝电解槽电场建模中,可引入式(5 - 5)对电接触进行描述:

$$J = \rho_e \times (\varphi_t - \varphi_c) \qquad (5 - 5)$$

式中:J 为通过接触面的电流密度;ρ_e 为接触电阻率;φ_t 和 φ_c 分别为两个接触面对应的电势。

接触电阻率 ρ_e 与温度、压强、接触材料及其表面性质等多个因素有关,可通过实测获得,亦可通过相关理论或经验公式计算。表5 - 1中列出了部分接触电阻率数据。

表 5 - 1 接触电阻率   Ω · m

炭 - 钢	炭 - 糊	糊 - 钢
8×10^{-6} ~ 7×10^{-4}	1×10^{-5}	3×10^{-6}

5.1.4 铝电解槽电场综合计算模型及其边界条件

将母线等效电阻模型与槽内导体电场模型(引入电接触)进行有效组合,构成电流的完整通路,即建立起了铝电解槽电场综合计算模型。在确定各导电部件的材料属性及相关参数的前提下,可设定如下边界条件实现求解:将进电侧母线端头设为零电位,在出电侧母线端头的外法线方向施加电流,其余边界设为绝缘。

5.2 磁场模型

铝电解生产过程中,通过母线和电解槽的高强度直流电引起强磁场,磁场和电场共同作用产生的电磁力场在很大程度上决定了槽内熔体(尤其是铝液)的流场，进而对电解槽的工作性能产生影响。铝电解槽磁场计算通常是指基于稳态电场计算结果对电解槽内的磁场分布（尤其是熔体区）进行稳态计算。

鉴于在磁导率上的显著差异，铝电解槽内外涉及的材料可以分为铁磁材料和非铁磁材料两类。其中，钢爪、阴极钢棒、钢壳、钢支撑梁是铁磁材料，其余都被认为是非铁磁材料。铁的强磁性随温度上升而减弱，在某一转变温度时消失，这个转变温度称为居里温度或居里点。纯铁的居里点为770℃。根据铝电解槽中的温度分布特点，阴极炭块内部的钢棒通常超过该温度，可能出现小部分低于该温度，但是温度也较高，可认为其磁性已经较弱，而对于伸出阴极炭块外的钢棒，由于其离熔体区较远，影响已十分有限，故在建模时可近似将阴极钢棒归至非铁磁材料。另外，相关研究表明，钢支撑梁、钢爪对槽内磁场的贡献很小，可在磁场分析中忽略。

电解槽内磁场主要由两部分磁场叠加形成，一部分来自通电母线的磁场，另一部分为槽内电流本身产生的磁场，两者都须计算。在任一部分磁场计算中，槽壳的磁屏蔽作用都不能忽略。槽体磁场计算域 Ω 可依据有无电流通过及导磁性差异划分为3个子域：槽体导电区域 Ω_1（阳极、熔体、阴极炭块及钢棒）；槽钢壳区域 Ω_2；槽体其他不导电部分及槽周空气区域 Ω_3。对于这三个子域，可应用不同模型进行计算。

5.2.1 母线磁场计算模型

铝电解槽的母线分为斜立母线和平行轴线母线，其中平行轴线母线又可分为串接母线和非串接母线。计算母线电流产生的磁场采用均匀分布的有限长矩形母线来计算槽内的磁场，亦称为矩形母线模型。

设矩形母线与 z 轴平行，母线截面的边长分别 $2a$ 和 $2b$，如图5-2所示。母线长度为 $z_2 - z_1$，通过母线的电流为 I，电流沿 z 轴方向流通。取一截面为 $dx'dy'$ 的细丝形成一平行 z 轴的线形电流，长度为 l，线电流为 I'，并将坐标原点取在母线断面的中心。根据毕奥-萨伐尔定律：

$$dB = \frac{\mu_0 I'}{4\pi} \frac{dz \times r_0}{r^2} \tag{5-6}$$

式中：B 为磁感应强度；r_0 为 P' 点指向 P 点的矢径 r 方向上的单位矢量；μ_0 为真空中的磁导率，$\mu_0 = 4\pi \times 10^{-7}$ H/m。

$$dB = \frac{\mu_0 I'}{4\pi} \frac{dz \times (r_p - r_{p'})}{r^3} \tag{5-7}$$

由于：

$$r = \sqrt{R^2 + z^2},\ R = \sqrt{(x'-x)^2 + (y'-y)^2},\ \sin(z, r_0) = R/r$$
$$\tag{5-8}$$

因此线电流 I' 在 $P(x, y, 0)$ 点产生的磁感应强度为：

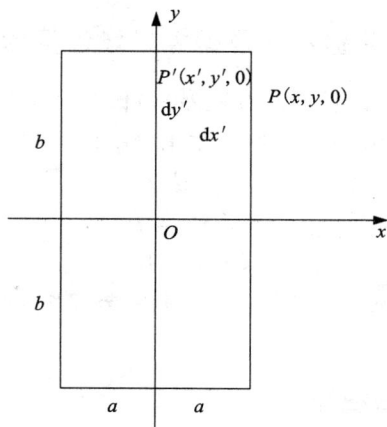

图 5 - 2　矩形载流母线磁场计算示意图

$$B' = \frac{\mu_0 I'}{4\pi} \int_l \frac{\sin(z, r_0)}{R^2 + z^2} \mathrm{d}z = \frac{\mu_0 I'}{4\pi} \frac{1}{\sqrt{(x'-x)^2 + (y'-y)^2}} \times$$

$$\left(\frac{z_2}{\sqrt{(x'-x)^2 + (y'-y)^2 + z_2^2}} - \frac{z_1}{\sqrt{(x'-x)^2 + (y'-y)^2 + z_1^2}} \right) \quad (5-9)$$

载流母线可视为由有限根细丝线形电流所组成，因此矩形母线所产生的磁场为各线形电流产生的磁场的叠加。线形电流为：

$$I' = \frac{I}{4ab} \mathrm{d}x' \mathrm{d}y' \quad (5-10)$$

将 I' 代入式(5-9)并对之积分，即得 P 点的磁感应强度为：

$$B = \int_{-a}^{a} \int_{-b}^{b} \frac{\mu_0 \mathrm{d}x' \mathrm{d}y'}{16ab\pi} \frac{1}{\sqrt{(x'-x)^2 + (y'-y)^2}} \times$$

$$\left(\frac{z_2}{\sqrt{(x'-x)^2 + (y'-y)^2 + z_2^2}} - \frac{z_1}{\sqrt{(x'-x)^2 + (y'-y)^2 + z_1^2}} \right) \mathrm{d}x \mathrm{d}y$$

$$(5-11)$$

采用数值积分求得上式的结果后，再利用 $\mathrm{d}z \times \mathrm{d}r_0$ 的方向余弦，求得三个分量 B_x，B_y，B_z。当计算槽内任一点 $P(x, y, z)$ 的磁感应强度时，首先进行坐标变换，将坐标原点沿 z 轴向上移动 z，变换坐标后 P 的坐标为 $P(x, y, 0)$，利用上面的方法即可得到载流母线的磁场。

5.2.2　阳极、熔体、阴极炭块及钢棒磁场计算模型

Ω_1 区域的特点是有电流且不涉及铁磁材料,将电解槽电场计算所得的电流分布作为该区域磁场计算的电流源,然后应用静磁场的基本物理方程进行计算:

$$B = \mu H \tag{5-12}$$

$$\nabla \times H = J \tag{5-13}$$

$$\nabla \cdot B = 0 \tag{5-14}$$

式中:H 为磁场强度;J 为电流密度;μ 为磁导率,该区域磁导率可近似采用真空中的磁导率代替。

5.2.3　槽壳磁场计算模型

槽壳内的磁场计算需考虑铁磁性介质的磁化:

$$B = \mu H = \mu_0 (H + M) \tag{5-15}$$

$$M = \left(\frac{\mu}{\mu_0} - 1 \right) H \tag{5-16}$$

其中:M 为磁化强度,铁磁性介质的 M 和 H 并不是线性关系,即磁导率 μ 不是一个常数,计算中需先确定 $B-H$ 曲线(磁化曲线)。

由于槽壳区域没有电流,因此:

$$\nabla \times H = 0 \tag{5-17}$$

由此可定义标量磁位 φ 满足:

$$H = -\nabla \varphi \tag{5-18}$$

将式(5-15)和式(5-18)代入式(5-14)得:

$$\nabla^2 \varphi = \nabla \cdot M \tag{5-19}$$

5.2.4　槽体不导电部分及槽周空气磁场计算模型

区域 Ω_3 中无电流,且非铁磁性介质,故计算模型转变为:

$$B = \mu H \tag{5-20}$$

$$\nabla \times H = 0 \tag{5-21}$$

$$\nabla^2 \varphi = 0 \tag{5-22}$$

对于该区域,磁导率 μ 可近似取真空磁导率。

5.2.5　磁场边界条件及计算方法

铝电解槽磁场求解本身属于开域问题,以假设所建模型的有限槽周空气包的外表面处于无限远处为前提,可在空气包外表面处设定零标量磁位以作为磁场计算的边界条件,即:

$$\varphi_{\partial\Omega} = 0 \tag{5-23}$$

理论上所建模型的外边界应与中心电解槽的距离尽可能地远，但槽周空气包达到一定尺寸后，进一步增大空气包对计算结果的影响很小。

铝电解槽的磁场问题是基于复杂电流分布且涉及铁磁性介质的多连通区域问题，目前，由 Gyimesi[1] 提出的 $GP\psi-DP$ 标量磁位法正适合于这类问题的求解，求解过程将在第 6 章中进行介绍。

5.2.6　熔体电磁力场计算模型

电磁力是铝电解槽熔体运动的主要驱动力之一，在对铝电解的电场和磁场进行建模计算的基础上，可进一步根据式 (5 - 24) 获得电磁力场：

$$F_{EM} = J \times B \tag{5-24}$$

其中：F_{EM} 为电磁力密度，N/m^3；J 为电流密度，A/m^2；B 为磁感应强度，T。

5.3　流场模型

铝电解槽内的铝液和熔融电解质是较为典型的不可压缩黏性牛顿流体，在电磁力驱动下（电解质同时受到阳极气泡的搅动）槽内流体做湍流运动，流体行为对电解槽的工作性能（包括电流效率、氧化铝分散、稳定性等）有重要影响，改善槽内流体行为是电场优化的目的之一，是磁场优化的主要目的。

对于槽内流体行为，最需要关注的是两个方面：一个方面是铝液和电解质的流动场；另一个方面是铝液 - 电解质界面的瞬态波动。前一方面反映了熔体的基本流动形态（与槽内的传热传质过程息息相关）和两连续相界面分布整体特征；后一方面则直接反映了电解槽的磁流体稳定性状况。需要指出的是，这两个方面并非彼此独立，而是相互之间存在一定的内在关联，但由于在分析侧重点上的差异，且受到建模方法的限制，这两方面研究工作往往独立开展，前者多属于稳态研究，后者则属于瞬态研究。随着理论和技术的发展，铝电解槽流体研究正趋向于通过复杂建模实现槽内流体各种行为的全面解析。由于两方面研究有各自的技术发展历程，本章将两方面的建模原理分开介绍，本节介绍基于稳态建模的流场模型，而基于瞬态建模的磁流体稳定性模型将在下一节中进行介绍。

在对槽内流场进行建模研究时，从简化模型的角度出发，通常忽略熔体的温度梯度和浓度梯度，即将电解质和铝液视为均匀介质且不考虑由区域间温度差引起的对流，铝液和电解质互不相溶，分层良好，铝液 - 电解质界面视为自由面，铝液区主要受电磁力驱动，电解质区则除受电磁力作用外，还受到运动阳极气泡的诱导。此外，熔体边界多视为不可渗透壁面。对于已建立的铝电解槽流场模型，一般采用有限体积法或有限元法进行数值求解。

5.3.1　稳态单相流计算模型

在忽略电解质流场对铝液流场影响的前提下，可应用稳态单相流模型对铝液流场进行分析，铝液流动行为可用时均 Navier – Stokes 方程组进行描述：

$$\nabla \cdot \boldsymbol{U} = 0 \tag{5-25}$$

$$\left(\frac{\partial}{\partial t} + \boldsymbol{U} \cdot \nabla \right) \boldsymbol{U} = -\nabla \left(\frac{p}{\rho} - f \right) + \nu_{\text{eff}} \nabla^2 \boldsymbol{U} \tag{5-26}$$

式中：$\boldsymbol{U}$ 为流速；p 为压强；ρ 为密度；f 为作用于流体上的体积力（主要为电磁力 F_{EM} 和重力）；ν_{eff} 为有效黏度（分子黏度 ν 与湍流黏度 ν_{t} 之和）；t 为时间，由于是稳态研究，方程中的时间相关项可以省略。

湍流黏度 ν_{t} 可表示为

$$\nu_{\text{t}} = c_{\mu} \frac{k^2}{\varepsilon} \tag{5-27}$$

式中：k 是湍动能；ε 是湍流耗散率。

对于 ν_{t}，一般多使用各种湍流模型进行求解，应用较为广泛的为标准 $k - \varepsilon$ 双方程模型，但也有相关研究指出对于铝电解熔体体系，湍流黏度更为适宜。

标准 $k - \varepsilon$ 双方程模型如下：

$$\frac{\partial k}{\partial t} + (\boldsymbol{U} \cdot \nabla) k = \nabla \cdot \left[\left(\nu + \frac{\nu_{\text{t}}}{\sigma_{\text{k}}} \right) \nabla k \right] + \frac{G_{\text{k}}}{\rho} - \varepsilon \tag{5-28}$$

$$\frac{\partial \varepsilon}{\partial t} + (\boldsymbol{U} \cdot \nabla) \varepsilon = \nabla \cdot \left[\left(\nu + \frac{\nu_{\text{t}}}{\sigma_{\varepsilon}} \right) \nabla \varepsilon \right] + \frac{C_1 \varepsilon}{\rho k} G_{\text{k}} - C_2 \frac{\varepsilon^2}{k} \tag{5-29}$$

其中：

$$G_{\text{k}} = \nu_{\text{t}} \nabla \boldsymbol{U} \cdot (\nabla \boldsymbol{U} + \nabla \boldsymbol{U}^{\text{T}}) \tag{5-30}$$

式（5 – 28）～式（5 – 30）中经验常数 $c_{\mu} = 0.09$、$C_1 = 1.44$、$C_2 = 1.92$、$\sigma_{\text{k}} = 1.0$、$\sigma_{\varepsilon} = 1.3$。

以铝液流场计算所得的压强分布为基础，根据简单的静力平衡以及铝液与电解质界面处压强连续的基本原理可近似计算铝液 – 电解质界面的形状分布，相应的表达式为：

$$h = \frac{p_{\text{b}} - p_{\text{m}}}{g(\rho_{\text{m}} - \rho_{\text{b}})} \tag{5-31}$$

式中：h 为相对于初始位置电解质 – 铝液界面的隆起高度，下标 b、m 分别表示电解质和铝液。

根据前面对铝液流动的物理模型的简化，铝液表面为自由表面，即为等压面，p_{m} 为常数，则上式可表示为：

$$h = \frac{p_{\text{b}}}{g(\rho_{\text{m}} - \rho_{\text{b}})} - h_0 \tag{5-32}$$

式中：h_0 为常数。该常数可根据铝液体积不变的原则来确定。即：

$$h_0 = \frac{1}{S_0} \iint \frac{p_b}{g(\rho_m - \rho_b)} \mathrm{d}x\mathrm{d}y \qquad (5-33)$$

式中：S_0 为铝液界面的面积。

在获悉电解质中压强分布或者对其做出某些假定的前提下，可以通过式(5-32)~式(5-33)近似计算得到铝液-电解质界面形状分布。但在只用单相流模型对铝液流场进行计算的情况下，通常无法获得电解质中压强分布，且该方法未考虑铝液和电解质的相间作用，故在实际应用中易产生较大偏差。

5.3.2 稳态两相流模型

稳态两相流模型可以用于电解质-气泡稳态两相流计算，也可以用于铝液-电解质稳态两相流计算，前者是在忽略铝液相影响的情况下，对电解质流场进行建模研究，后者是在忽略气泡相影响的情况下，对铝液及电解质流场进行建模研究。

多相流模型可以分为非均相模型和均相模型两类。后者假定相间曳力足够大，认为计算区域内除温度场和各相体积分数外，所有相的速度场、压力场和其他标量场均一致，实际上是对前者的简化处理。对于铝电解槽流体体系而言，非均相模型的可靠性优于均相模型。

1. 非均相模型

（1）多相流相间作用力。

相间作用力决定了流体内各相运动的相互联系主要由相间作用力决定，而相间作用力的主要部分为相间曳力。多相流中运动颗粒对连续相的曳力大小可以用无量纲曳力系数 C_D 来表征：

$$C_D = \frac{D}{\frac{1}{2}\rho_\alpha(U_\beta - U_\alpha)^2 A} \qquad (5-34)$$

式中：下标 α，β 分别表示连续相和离散相；D 为曳力；A 为颗粒在流动方向上的投影面积。

假设颗粒的当量直径为 d，则单个颗粒在流动方向上的投影面积 A_p、单个颗粒的体积 V_p、单位体积颗粒数 n_p 分别为：

$$A_p = \frac{\pi d^2}{4} \quad V_p = \frac{\pi d^3}{6} \quad n_p = \frac{r_\beta}{V_p} = \frac{6r_\beta}{\pi d^3} \qquad (5-35)$$

式中：r_β 表示离散相的体积分数，则单个颗粒施加在连续相上的曳力 D_p 为：

$$D_p = \frac{1}{2}C_D\rho_\alpha A_p|U_\beta - U_\alpha|(U_\beta - U_\alpha) \qquad (5-36)$$

式中：ρ_α 表示连续相的密度，U_α，U_β 分别代表连续相和离散相的速度，则单位体积内作用在连续相上的曳力为：

$$D_{\alpha\beta} = n_p D_p = \frac{3}{4} \frac{C_D}{d} r_\beta \rho_\alpha |U_\beta - U_\alpha| (U_\beta - U_\alpha) \tag{5-37}$$

对于在牛顿不可压缩流体中运动的给定形状的颗粒，无量纲曳力系数 C_D 只与颗粒雷诺数 Re_p 有关：

$$Re_p = \frac{\rho_\alpha |U_\beta - U_\alpha| d}{\mu_\alpha} \tag{5-38}$$

函数 $C_D(Re_p)$ 可以由经验公式确定，称为曳力曲线。对于固体颗粒，根据颗粒雷诺数的不同，曳力曲线分为以下几个区域：

①Stokes 区（stokes region），$0 \le Re_p \le 0.2$。

曳力系数可以由 Stokes 定律得到：

$$C_{D,\text{stokes}} = \frac{24}{Re_p} \tag{5-39}$$

② 黏性区（viscous region），$0.2 \le Re_p \le (500 \sim 1000)$。

在这个区域内，曳力系数随颗粒雷诺数的增大而单调递减。目前使用较多的有以下几个关系式：

$$C_{D,\text{visc}} = \frac{24}{Re_p}(1 + 0.15 Re_p^{0.687}) \tag{5-40}$$

$$C_{D,\text{visc}} = \frac{24}{Re_p}(1 + 0.1 Re_p^{0.75}) \tag{5-41}$$

$$C_{D,\text{visc}} = \frac{24}{Re_p} + 5.48 Re_p^{-0.573} + 0.36 \tag{5-42}$$

具体计算过程中，可根据对象的特性自行选择。

③ 惯性区（inertial region），$1000 \le Re_p \le [(1 \sim 2) \times 10^5]$。

曳力系数与颗粒雷诺数无关，为一常数：

$$C_{D,\text{ine}} = 0.44 \tag{5-43}$$

以上曳力系数的关系式是针对固体颗粒的，而非流体颗粒（液滴或气泡）。对于流体颗粒（液滴或气泡），当颗粒雷诺数足够小时（处于 Stokes 区和黏性区），表面张力可以忽略，流体颗粒基本上为球形，可以使用固体颗粒的曳力系数关系式。当颗粒雷诺数足够大时（处于惯性区或变形颗粒区），表面张力起着很重要的作用，流体颗粒会发生变形，由球形变为椭球形（ellipse），直至变为球帽形（spherical cap）。

在变形颗粒区，曳力系数与颗粒雷诺数无关，但与颗粒的形状有关，可用 Ishii - Zuber 关系式进行修正：

$$C_{D,\text{dist}} = \frac{2}{3} Eo^{\frac{1}{2}} \tag{5-44}$$

式中：Eo 为 Eotvos 数，$Eo = \dfrac{g(\rho_\alpha - \rho_\beta)d^2}{\sigma}$，其中，$\rho_\beta$ 表示离散相的密度，σ 为表

面张力系数。

对于球帽形气泡，曳力系数变为常数：

$$C_{D, \text{cap}} = \frac{8}{3} \tag{5-45}$$

颗粒浓度较大时，还必须考虑颗粒间的相互作用，对曳力系数进行浓相修正。铝电解阳极气泡在熔体中的浓度通常较小，属于稀释相，故一般不须修正。

相间作用力除曳力外，还有非曳力存在。非曳力主要有虚拟质量力、提升力、壁面润滑力和湍流耗散力。在多数情况下，相间非曳力不是十分重要。

（2）电解质 – 气泡模型。

电解质 – 气泡两相流除考虑相间作用力外，还需考虑电解质所受的电磁力（电磁场引起）和气泡受到的浮力（重力场引起），其稳态非均相模型的控制方程如下：

$$\nabla \cdot (r_p \boldsymbol{U}_p) = 0 \tag{5-46}$$

$$\begin{aligned} &\nabla \cdot [r_p(\rho_p \boldsymbol{U}_p \times \boldsymbol{U}_p)] \\ &= -r_p \nabla p_p + \nabla \cdot \{r_p \nu_{p, \text{eff}}[\nabla \boldsymbol{U}_p + (\nabla \boldsymbol{U}_p)T]\} + r_p(\rho_p - \rho_b)g + f_{p, b} \end{aligned} \tag{5-47}$$

$$\nabla \cdot (r_b \boldsymbol{U}_b) = 0 \tag{5-48}$$

$$\nabla \cdot [r_b(\rho_b \boldsymbol{U}_b \times \boldsymbol{U}_b)] = -r_b \nabla p_b + \nabla \cdot \{r_b \nu_{b, \text{eff}}[\nabla \boldsymbol{U}_b + (\nabla \boldsymbol{U}_b)T]\} + r_b \boldsymbol{F}_{\text{EM}} + f_{b, p} \tag{5-49}$$

$$r_p + r_b = 1 \tag{5-50}$$

式中：下标 b 和 p 分别表示电解质和气泡；r 表示体积分数；g 为重力加速度；$\boldsymbol{F}_{\text{EM}}$ 为电磁力，$\boldsymbol{f}_{p, b}$（或 $\boldsymbol{f}_{b, p}$）表示气泡和电解质两相的相间曳力，可由式（5-51）计算：

$$\boldsymbol{f}_{p, b} = C_{p, b}(\boldsymbol{U}_b - \boldsymbol{U}_p) = -\boldsymbol{f}_{b, p} \tag{5-51}$$

其中：

$$C_{b, p} = \frac{3}{4} \frac{C_D}{d} r_p \rho_b |\boldsymbol{U}_p - \boldsymbol{U}_b| \tag{5-52}$$

曳力系数 C_D 的计算须考虑曳力分区机制和阳极气泡变形，计算可根据前述理论及数学模型进行。比如，在采用 Ishii – Zuber 关系式的情况下，曳力系数为：

$$\begin{aligned} C_{D, \text{sph}} &= \max\left[\frac{24}{Re_p}(1 + 0.1Re_p^{0.75}), \, 0.44\right] \\ C_{D, \text{dist}} &= \min\left(\frac{2}{3}Eo^{1/2}, \, \frac{8}{3}\right) \\ C_D &= \max(C_{D, \text{sph}}, \, C_{D, \text{dist}}) \end{aligned} \tag{5-53}$$

非均相模型的湍流黏度可应用均相湍流模型或非均相湍流模型进行计算，但采用均相湍流模型更为普遍。均相湍流模型将流体中的所有流动相在一个湍动场下计算，而不是对不同相分别计算，这样能节约计算资源，提高计算效率。均相湍流模型将在两相流均相模型中进行介绍。

（3）铝液 – 电解质模型。

铝液 – 电解质两相流出除分别考虑铝液及电解质所受外力以外（电磁力和重力），还需引入两连续相的相间作用力，其稳态非均相模型的控制方程如下：

$$\nabla \cdot (r_m U_m) = 0 \tag{5-54}$$

$$\nabla \cdot [r_m(\rho_m U_m \times U_m)]$$
$$= -r_m \nabla p_m + \nabla \cdot \{r_m \nu_{m,\,eff}[\nabla U_m + (\nabla U_m)T]\} + r_m(\rho_m - \rho_b)g + r_m F_{EM} + f_{m,\,b} \tag{5-55}$$

$$\nabla \cdot (r_b U_m) = 0 \tag{5-56}$$

$$\nabla \cdot [r_b(\rho_b U_b \times U_b)] = -r_b \nabla p_b + \nabla \cdot \{r_b \nu_{b,\,eff}[\nabla U_b + (\nabla U_b)T]\} + r_b F_{EM} + f_{b,\,m} \tag{5-57}$$

$$r_m + r_b = 1 \tag{5-58}$$

式中：下标 b 和 m 分别表示电解质和铝液；r 表示体积分数；g 为重力加速度；F_{EM} 为电磁力；$f_{m,\,b}$（或 $f_{b,\,m}$）表示铝液和电解质两相的相间曳力，可由式（5 – 59）计算：

$$f_{m,\,b} = C_{m,\,b}(U_b - U_m) = -f_{b,\,m} \tag{5-59}$$

铝液 – 电解质界面应视为自由面，$C_{b,\,m}$ 可应用式（5 – 60）计算：

$$C_{b,\,m} = C_D \rho_{b,\,m} A_{b,\,m} |U_b - U_m| \tag{5-60}$$

其中：

$$\rho_{b,\,m} = r_b \rho_b + r_m \rho_m \tag{5-61}$$

$$A_{b,\,m} = \frac{2|\nabla r_b||\nabla r_m|}{|\nabla r_b| + |\nabla r_m|} \tag{5-62}$$

式（5 – 60）中的 C_D 为铝液、电解质间的曳力系数，目前尚无研究对该系数值进行准确测定。由于工业生产中铝液 – 电解质界面附近熔体湍动剧烈，流动以惯性力为主导，其特征与颗粒两相流的惯性区机制有相似之处，故有研究将该系数近似取为 0.44。

对于非均相模型而言，铝液 – 电解质界面分布可根据计算所得两相体积分数分布获得，通常将满足 $r_b = r_m = 0.5$ 的面视为铝液 – 电解质界面。

2. 均相模型

均相模型在统一速度场及压力场下对多相流进行计算，其控制方程与单相流整体上一致：

$$\nabla \cdot U = 0 \tag{5-63}$$

$$(U \cdot \nabla)U = -\nabla \left(\frac{p}{\rho} - f\right) + \nu_{eff} \nabla^2 U \tag{5-64}$$

式中：f 为单位体积所受的外力（主要为电磁力和重力），ρ 为密度，ν_{eff} 为有效黏度（分子黏度 ν 与湍流黏度 ν_t 之和），值得注意的是此处的 ρ 和 ν 并不是任何一相的密度和黏度，而是两相混合密度和黏度，由下式定义：

$$\rho = \sum_{\alpha=1}^{2} r_\alpha \rho_\alpha \tag{5-65}$$

$$\nu = \sum_{\alpha=1}^{2} r_\alpha \nu_\alpha \tag{5-66}$$

式中：r_α 为体积分数。

湍流黏度 ν_t 通常采用均相湍流模型计算获得，以标准 $k-\varepsilon$ 模型为例，方程如下：

$$\nu_t = c_\mu \frac{k^2}{\varepsilon} \tag{5-67}$$

$$\frac{\partial \rho k}{\partial t} + \nabla \cdot (\rho U k) = \nabla \cdot \left[(\mu + \frac{\nu_t}{\sigma_k}) \nabla k \right] + G_k - \rho\varepsilon \tag{5-68}$$

$$\frac{\partial \rho \varepsilon}{\partial t} + \nabla \cdot (\rho U \varepsilon) = \nabla \cdot \left[(\mu + \frac{\nu_t}{\sigma_\varepsilon}) \nabla \varepsilon \right] + \frac{\varepsilon}{k}(C_1 G_k - C_2 \rho\varepsilon) \tag{5-69}$$

其中：

$$G_k = \nu_t \nabla U \cdot (\nabla U + \nabla U^T) \tag{5-70}$$

式（5-67）～式（5-70）中，k 和 ε 分别为湍动能和湍动能耗散率；经验常数 $c_\mu = 0.09$，$C_1 = 1.44$，$C_2 = 1.92$，$\sigma_k = 1.0$，$\sigma_\varepsilon = 1.3$。

对于均相模型，需要通过额外构造一个函数来跟踪某一相在每个计算单元内的体积分数，进而获得两相界面（自由面）的分布，这一点通常采用 VOF 法来实现，其原理如下：

在计算域内每一点上定义一个函数 $f = f(x, y, z, t)$，当该点被某一流体相质点占据时，此点的 $f = 1$，否则 $f = 0$。在计算域的空间离散为计算单元后，令 F 为一个单元内的某一相流体所占据体积与该单元体体积之比，即：

$$F(x, y, t) = \frac{1}{\Delta V} \iiint_V f(x, y, z, t) \mathrm{d}x\mathrm{d}y\mathrm{d}z \tag{5-71}$$

如果 $F = 1$，该单元内充满该相流体；如果 $F = 0$，该单元内不含该相流体；如果 F 的值在 0 与 1 之间，则该单元内含两相界面。

F 是空间与时间的函数，可以理解为着色在某一流体相质点上并随该流体相质点一起运动的没有质量和黏性的物理量，其运动方程为

$$\frac{\partial F}{\partial t} + U \cdot \nabla F = 0 \tag{5-72}$$

均相模型通过结合 VOF 法可以获得铝液 – 电解质或者电解质 – 气泡的两相界面分布。

5.3.3 稳态三相流模型

在稳态两相流模型的基础上，可以进一步建立稳态铝液－电解质－气泡三相流模型，三相模型可以从流体运动的整体性出发，全面考察铝电解槽内三个主要流体相（铝液、电解质和气泡）的相互作用关系，从而进一步提高流场建模研究的可靠性。

三相流非均相模型的时均 Navier－Stokes 方程组可表述为：

$$\frac{\partial}{\partial t}(r_\alpha \rho_\alpha) + \nabla \cdot (r_\alpha \rho_\alpha \boldsymbol{U}_\alpha) = 0 \tag{5-73}$$

$$\frac{\partial}{\partial t}(r_\alpha \rho_\alpha \boldsymbol{U}_\alpha) + \nabla \cdot [r_\alpha(\rho_\alpha \boldsymbol{U}_\alpha \times \boldsymbol{U}_\alpha)] \\ = -r_\alpha \nabla \rho_\alpha + \nabla \cdot \{r_\alpha \mu_{\alpha eff}[\nabla \boldsymbol{U}_\alpha + (\nabla \boldsymbol{U}_\alpha)T]\} + \boldsymbol{S}_{M\alpha} + \boldsymbol{M}_\alpha \tag{5-74}$$

式中：$\boldsymbol{U}_\alpha$、r_α 和 ρ_α 分别为 α 相的流速、体积分数和密度；$\mu_{\alpha eff}$ 为 α 相的有效黏度，其物理意义为分子黏度 μ_α 和湍流黏度 μ_t 之和；$\boldsymbol{M}_\alpha$ 表示其他流动相对 α 相的内部表面作用力；$\boldsymbol{S}_{M\alpha}$ 表示作用于 α 相的外部体积力。此外，还应满足体积守恒方程，即：

$$\sum_{\alpha=1}^{3} r_\alpha = 1 \tag{5-75}$$

各相动量守恒方程中相关源项的具体表述如表 5-2 所示。表中的 $C_{b,m}$、$C_{b,p}$ 和 ν_t 的计算方法已在上一小节中介绍。

在涉及气泡的多相流计算中，还需要确定单位时间内进入计算域的气泡量，阳极表面释放的气泡主要成分为 CO_2 和 CO，假定 CO_2 和 CO 的摩尔分数分别为 a 和 b(%)，在不考虑电流效率的情况下，气泡局部质量生成率 $m_{loc}[kg/(s \cdot m^2)]$ 可由下式表示：

$$m_{loc} = \frac{J_a}{10^3 F} \frac{22a + 14b}{2a + b} \tag{5-76}$$

式(5-76)中：J_a 为阳极表面的局部电流密度，A/m^2；F 为法拉第常数。

表 5-2　各相动量守恒方程中的相关源项

相	$\mu_{\alpha eff}$	$\boldsymbol{S}_{M\alpha}$	$\boldsymbol{M}_\alpha$
电解质	$\mu_b + \mu_t$	$r_b \boldsymbol{F}_{EM}$	$C_{b,m}(\boldsymbol{U}_m - \boldsymbol{U}_b) + C_{b,p}(\boldsymbol{U}_p - \boldsymbol{U}_b)$
铝液	$\nu_m + \nu_t$	$r_m(\rho_m - \rho_b)g + r_m \boldsymbol{F}_{EM}$	$C_{m,b}(\boldsymbol{U}_b - \boldsymbol{U}_m)$
气泡	$\nu_p + \nu_t$	$r_p(\rho_p - \rho_b)g$	$C_{b,p}(\boldsymbol{U}_b - \boldsymbol{U}_p)$

5.4　磁流体稳定性模型

　　铝电解槽磁流体稳定性研究针对的是电解生产中槽内流体波动引起的不稳定现象。在铝液 – 电解质界面剧烈波动(或者波动随时间增大)的情况下,槽电压相应大幅波动,生产难以稳定进行,甚至出现短路的情况。

　　工业铝电解槽是一长方体容器,槽内电解质层及铝液层厚度与电解槽水平尺寸及流体波动的波长的比值很小,体系近似于四周封闭的浅水薄层,符合浅水模型应用的特征条件,故而磁流体稳定性研究通常基于二维浅水模型进行。在铝电解槽磁流体稳定性研究的发展过程中,先后出现了线性浅水模型和非线性浅水模型,本节将分别对这两类模型进行介绍。

5.4.1　线性浅水模型

1. 数学模型

　　基于线性模型的磁流体稳定性研究认为铝电解槽内铝液 – 电解质界面的不稳定波动是重力波受电磁力作用形成。流体的重力波本身是稳定的,其自然频率为一组实数,但在电磁力的作用下,两个频率相近的重力波模态可能相互靠拢,直至重叠,对应的两个重力波频率也同时由实数转化为一对共轭复数,复数的实部为新的自然频率,虚部的绝对值为波动增长率,波幅随时间增长,从而产生了波动的不稳定现象。另外,早期的研究认为波动由一组相互独立的不同频率(可能为复数)的模态线性组合而成,但随着研究的深入,发现各模态并非相互独立,电磁力的频谱特征可使能量在不同模态间相互传递,需考虑各模态间的全面耦合。

　　线性模型通常由波动方程和扰动电势方程组成,其实质是分析由铝液 – 电解质界面波动引起的扰动电磁力对磁流体稳定性的影响,控制方程如下:

$$(\rho_1/h_1 + \rho_2/h_2)\partial_u\zeta = \delta(\partial_{xx} + \partial_{yy})\zeta - \mathrm{div}_2 f \tag{5-77}$$

$$(\partial_{xx} + \partial_{yy})\varphi = -\boldsymbol{J}\zeta/(h_1 h_2) \tag{5-78}$$

其中:

$$\boldsymbol{j}_x = -\partial_x\varphi$$

$$\boldsymbol{j}_y = -\partial_y\varphi$$

$$\mathrm{div}_2 f = \boldsymbol{j}_y\partial_x B_z - \boldsymbol{j}_x\partial_y B_z$$

$$\delta = (\rho_2 - \rho_1)g$$

模型的边界条件为:

$$\delta\partial_n\zeta = (n_x\boldsymbol{j}_y - n_y\boldsymbol{j}_x)B_z \tag{5-79}$$

$$\partial_n\varphi = 0 \tag{5-80}$$

式中:x 和 y 分别表示电解槽的长度和宽度方向;ζ 表示垂直波动量;φ 是扰动电

势；ρ_1 和 ρ_2 分别为电解质密度和铝液密度；h_1 和 h_2 分别为极距和铝液层厚度；J 是槽内电流密度；B_z 是稳态磁场垂直分量；∂_{tt} 表示关于时间的二阶偏导；n 表示边界外法线方向。显然，要求解以上方程须先获得稳态磁场垂直分量分布。

2. 模型的求解

对上述模型的求解可应用傅里叶级数法来实现[2]。设定铝电解槽的长为 a，宽为 b，相应的 x 和 y 的定义域分别为 $[0, a]$ 和 $[0, b]$。

首先定义傅里叶组分：

$$\varphi_{m, n} = \varepsilon_m \varepsilon_n \cos(m\pi x/a) \cos(n\pi y/b) \qquad (5-81)$$

其中：$\varepsilon_0 = \sqrt{2}/2$，$\varepsilon_1 = 1$，$\varepsilon_2 = 1$，$\varepsilon_3 = 1$，$\cdots$

$\varphi_{m, n}$ 满足正交归一性，即：

$$<\varphi_{m, n}, \varphi_{m'n'}> = \begin{cases} 1, & (m, n) = (m', n') \\ 0, & (m, n) \neq (m', n') \end{cases} \qquad (5-82)$$

（注：$<p, q> = \iint_\Omega p \cdot g \mathrm{d}x\mathrm{d}y$）

ζ 和 φ 可展开为傅里叶级数形式：

$$\zeta(x, y, t) = \sum_{k, j} \varphi_k \zeta_{k, j} \mathrm{e}^{i\omega_j t} = \sum_j \zeta_j(x, y, t) \qquad (5-83)$$

$$\varphi(x, y, t) = \sum_{k, j} \varphi_k \varphi_{k, j} \mathrm{e}^{i\omega_j t} = \sum_j \varphi_j(x, y, t) \qquad (5-84)$$

其中：

$k = (m, n)m, n = 0, 1, 2, 3, \cdots$

$\zeta_j = \sum_k \varphi_k \zeta_{k, j} \mathrm{e}^{i\omega_j t}$

$\varphi_j = \sum_k \varphi_k \varphi_{k, j} \mathrm{e}^{i\omega_j t}$

此处 $\zeta_{k, j}$ 和 $\varphi_{k, j}$ 分别表示 ζ 和 φ 在频率 ω_j 下的模态 k 分量。由于式(5 - 77) ~ 式(5 - 80)为齐次线性方程，所以将式(5 - 76) ~ 式(5 - 79)中 ζ 和 φ 替换为 ζ_j 和 φ_j 仍成立。

φ_k 满足边界条件式(5 - 79)，式(5 - 76)可直接求解得：

$$\varphi_{k, j} = \zeta_{k, j}\beta/\Delta_k \qquad (5-85)$$

其中：$\Delta_k = \pi^2 [(m/a)^2 + (n/b)^2]$

$\beta = J/(h_1 \cdot h_2)$

则得：

$$\varphi_j = \beta \sum_k (1/\Delta_k) \varphi_k \zeta_{k, j} \mathrm{e}^{i\omega_j t} \qquad (5-86)$$

φ_k 不满足边界条件式(5 - 77)，应用伽辽金法求解式(5 - 75)，选取 φ_k 为试函数，则：

$$<\varphi_k, M\partial_{tt}\zeta_j> = <\varphi_k, \delta(\partial_{xx} + \partial_{yy})\zeta_j> - <\varphi_k, \mathrm{div}_2 f_j> \qquad (5-87)$$

其中：

$$M = \rho_1/h_1 + \rho_2/h_2$$

$$\boldsymbol{j}_{x,j} = -\partial_x\varphi_j,\ \boldsymbol{j}_{y,j} = -\partial_y\varphi_j$$

$$\text{div}_2 f_j = \boldsymbol{j}_{y,j}\partial_x\boldsymbol{B}_z - \boldsymbol{j}_{x,j}\partial_y\boldsymbol{B}_z$$

应用 Green 公式处理式（5-85）的右侧，可得：

$$\begin{aligned}
<\varphi_k,\ M\partial_u\zeta_j> &= \delta<(\partial_{xx}+\partial_{yy})\varphi_k,\ \zeta_j>\\
&+ \oint_{\partial\Omega}\{\varphi_k[\delta\partial_n\zeta_j - (n_x\boldsymbol{j}_{y,j} - n_y\boldsymbol{j}_{x,j})\boldsymbol{B}_z]\}\text{d}s\\
&+ <\partial_x\varphi_k,\ \boldsymbol{B}_z\boldsymbol{j}_{y,j}> - <\partial_y\varphi_k,\ \boldsymbol{B}\boldsymbol{j}_{x,j}>
\end{aligned} \tag{5-88}$$

式中：Ω 表示定义域；$\partial\Omega$ 表示其边界。

结合式（5-79）、式（5-82）、式（5-86）得到：

$$(M\omega_j^2 - \delta\Delta_k)\zeta_{k,j} - \beta\sum_{k'}S_{k,k'}(1/\Delta_{k'})\zeta_{k',j} = 0 \tag{5-89}$$

其中：

$$S_{k,k'} = <\partial_x\varphi_k,\ \boldsymbol{B}_z\partial_y\varphi_{k'}> - <\partial_y\varphi_k,\ \boldsymbol{B}_z\partial_x\varphi_{k'}> \tag{5-90}$$

根据式（5-89）求解特征值 ω_j 即得到磁流体波动的特征频率。$S_{k,k'}$ 反映了模态 k 和 k' 的耦合程度，$S_{k,k'}$ 越大，耦合程度越大，波动趋于不稳定的可能性越大。由式（5-89）可知在模态 $(m,0)$ 和 $(m',0)$ 之间或者 $(0,n)$ 和 $(0,n')$ 之间不发生耦合；$S_{k,k'}$ 与 B_z 的分布密切相关。

3. 磁流体稳定性影响因素

基于线性模型的磁流体稳定性研究衍生了若干稳定性评价指标或准则，这些由不同研究者提出的指标或准则并不统一，且通常需要在解析重力波模态及模态间相互作用的基础上才能采用，故实际应用中并不方便。但通过线性建模及基于线性模型的准则研究，可以获悉以下几个已达成共识的影响稳定性的主要因素：

（1）极距、铝液的厚度越大，电解槽越稳定，反之越不稳定。

（2）稳态磁场垂直分量 B_z 或其水平梯度 $\nabla_\perp B_z$ 越小，电解槽越稳定，反之越不稳定。

（3）铝液中的水平电流越小，电解槽越稳定，反之越不稳定。

（4）电解槽的长宽比的设计，使得重力波的自然频率之间的间隔越大，电解槽越稳定，反之越不稳定。

5.4.2　非线性浅水模型

1. 数学模型

如前所述，线性模型主要分析的是重力波受扰动电磁力作用而出现的不稳定现象，但并没有考虑基于其他机理的不稳定因素，比如熔体的水平流动及形成的流场。在随后的发展中，研究者们开展了非线性建模研究。非线性模型可以同时

解析铝液 – 电解质界面的瞬态波动行为和流体水平流场的演变，控制方程如下：

$$\frac{\partial \boldsymbol{U}^{\mathrm{a}}}{\partial t} + (\boldsymbol{U}^{\mathrm{a}} \cdot \nabla)\boldsymbol{U}^{\mathrm{a}} = -\frac{1}{\rho_{\mathrm{a}}}\nabla P - g\,\nabla\zeta + \frac{1}{\rho_{\mathrm{a}}}\boldsymbol{F}^{\mathrm{a}} + \nu_{e}^{\mathrm{a}}\,\nabla^{2}\boldsymbol{U}^{\mathrm{a}} - \kappa_{\mathrm{a}}\boldsymbol{U}^{\mathrm{a}} \quad (5-91)$$

$$\frac{\partial \boldsymbol{U}^{\mathrm{c}}}{\partial t} + (\boldsymbol{U}^{\mathrm{c}} \cdot \nabla)\boldsymbol{U}^{\mathrm{c}} = -\frac{1}{\rho_{\mathrm{c}}}\nabla P - g\,\nabla\zeta + \frac{1}{\rho_{\mathrm{c}}}\boldsymbol{F}^{\mathrm{c}} + \nu_{e}^{\mathrm{c}}\,\nabla^{2}\boldsymbol{U}^{\mathrm{c}} - \kappa_{\mathrm{c}}\boldsymbol{U}^{\mathrm{c}} \quad (5-92)$$

$$\frac{\partial \zeta}{\partial t} = -\nabla\cdot\left[(H+\zeta)\boldsymbol{U}^{\mathrm{a}}\right] \quad (5-93)$$

$$\nabla\cdot\left[(H+\zeta)\boldsymbol{U}^{\mathrm{a}} + (h-\zeta)\boldsymbol{U}^{\mathrm{c}}\right] = 0 \quad (5-94)$$

式中：U、P 和 ρ 分别为流速、热力学压强以及密度；t 和 g 分别为时间和重力加速度；ζ 为铝液 – 电解质界面垂直波动量（偏离初始位置的距离）；上标"a"和"c"分别指铝液和电解质。

控制方程采用线性模型描述熔体流动所受的摩擦阻力，κ 为摩擦系数，方程中同时保留了黏性力项（有些非线性模型中没有这一项，将黏性力归到线性摩擦力中），ν_e 为有效运动黏度，对铝电解槽内的熔体而言，其物理黏度远小于湍流黏度（相差 $2 \sim 3$ 个数量级），故可用湍流黏度近似代替有效黏度（可采用常湍流黏度）。另外，需指出的是控制方程中相关物理量的值为其垂直方向上的均值，如铝液流速 U^{a} 可由式(5-95)描述：

$$\boldsymbol{U}^{\mathrm{a}} = \frac{1}{H+\zeta}\int_{-H}^{\zeta}u^{\mathrm{a}}\mathrm{d}z \quad (5-95)$$

式中：u^{a} 为槽内实际铝液流速。

该模型只需要流速边界条件，设定槽周为光滑无渗透壁面，即：

$$(\boldsymbol{U}\cdot\boldsymbol{n})_{\mathrm{sidewall}} = 0 \quad (5-96)$$

式中：n 为边界外法线方向。

对于非线性模型的机理可描述为：上层电解质和下层铝液在电磁力（非扰动部分）的驱动下湍流流动，导致流体内部压强改变，使得铝液 – 电解质界面变形，槽内电磁场分布相应改变，产生了额外的电磁力（扰动部分），扰动电磁力进一步改变流体的流动并影响铝液 – 电解质界面的波动，在这个过程中可能产生波动的不稳定分量，如果摩擦阻力无法有效抑制，则波幅不断增大，即出现磁流体不稳定现象。

2. 电磁力计算模型

电磁力是槽内熔体运动的主要驱动力，将铝液 – 电解质界面未变形前提下流体区域分布的电磁力定义为 F_0，将由界面变形引起的作用于流体的电磁力定义为 f，则某一时刻铝液所受电磁力 F^{a} 和电解质所受电磁力 F^{c} 可分别由式(5-97)和式(5-98)表示：

$$\boldsymbol{F}^{\mathrm{a}} = \boldsymbol{F}_0^{\mathrm{a}} + \boldsymbol{f}^{\mathrm{a}} \quad (5-97)$$

$$\boldsymbol{F}^{\mathrm{c}} = \boldsymbol{F}_0^{\mathrm{c}} + \boldsymbol{f}^{\mathrm{c}} \quad (5-98)$$

（1）非扰动电磁力。

F_0^a 和 F_0^c 分别根据式（5 – 99）及式（5 – 100）计算获得：

$$\boldsymbol{F}_0^a = (\boldsymbol{J}^a \times \boldsymbol{B}^a)_\perp \tag{5 – 99}$$

$$\boldsymbol{F}_0^c = (\boldsymbol{J}^c \times \boldsymbol{B}^c)_\perp \tag{5 – 100}$$

式中：$\boldsymbol{J}$ 和 $\boldsymbol{B}$ 分别为电流密度和磁感应强度，"⊥"表示垂直分量。稳态电磁场分布可基于电磁场建模计算获得。

（2）扰动电磁力。

为计算扰动电磁力，先对槽内电磁特性进行讨论。铝液电导率 σ_a、电解质电导率 σ_c 和阴极炭块电导率 σ_t 满足如下关系：

$$\sigma_c \ll \sigma_t \ll \sigma_a \tag{5 – 101}$$

当铝液 – 电解质界面发生变形，电解质层局部阻抗改变，产生扰动电流，扰动电流又诱发相应的扰动磁场。由于电解质的导电性差，电流尽可能以最短路径通过电解质层，故而该层中的扰动电流主要是垂直方向上的；铝液的导电性远优于电解质及阴极炭块，扰动电流在铝液层中封闭，故而铝液层中的扰动电流主要是水平方向上的。槽内扰动电流及扰动磁场分布如图5 – 3所示。

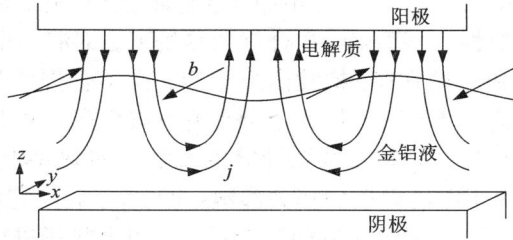

图5 – 3　槽内扰动电流及扰动磁场

在以上讨论的基础上，推导出铝液层水平电流与垂直磁场作用产生的电磁力是唯一有重要影响的扰动电磁力组分。据此，可以得到以下结论：

$$\boldsymbol{f}^a \approx \boldsymbol{j}_\perp^a \times \boldsymbol{B}_z^a e_z, \ \boldsymbol{f}^c \approx 0 \tag{5 – 102}$$

式中：下标"z"表示电解槽高度方向。

由于电解质层中的电流基本上是垂直的，故可将铝液上表面视为等势面，并设定：

$$\varphi_{z=\zeta} = 0 \tag{5 – 103}$$

在此基础上得到阳极底面处的电势为：

$$\varphi_{z=h} = \sigma_c^{-1} J_z^c h \tag{5 – 104}$$

假设阳极底面处的电势相等，则可得：

$$\overset{\cdot}{j}_z^c = J_z^c \frac{\zeta}{h - \zeta} \tag{5 – 105}$$

根据上述扰动电流的特征，应用泊松方程计算铝液中的水平电流：

$$\Delta_\perp \psi = \frac{\partial^2 \psi}{\partial x^2} + \frac{\partial^2 \psi}{\partial y^2} = -j_z^c \tag{5-106}$$

$$(j_x^a, j_y^a) = \frac{1}{H+\zeta}\left(\frac{\partial \psi}{\partial x}, \frac{\partial \psi}{\partial y}\right) \tag{5-107}$$

其中 ψ 为电流势,扰动电流模型的边界条件为:

$$\frac{\partial \psi}{\partial n} = 0 \ \text{at} \ \partial\Omega, \ \Omega = (0, L_x) \times (0, L_y) \tag{5-108}$$

应用式(5-102)~式(5-108),扰动电磁力可获得有效求解。

5.5 热场模型

电流通过有一定阻抗的铝电解槽产生热,从而形成热场。热场对铝电解生产的重要性不言而喻,在合理的热场下,铝液和电解质维持在适宜的温度,槽帮的厚度和形状适宜,槽膛内形稳定,而不合理的热场会导致熔体温度过高或过低、槽膛内形不合理,从而直接影响电解生产过程和各项技术经济指标。铝电解槽热场计算通常是指在电场计算的基础上对热平衡状态下的电解槽进行稳态热场计算,由于电场模型的相关参数(电导率)在一定程度上受温度影响,故而在实际建模中,往往建立电-热耦合模型,对电热场进行耦合计算。电场计算模型已在前面介绍过,本节只介绍热场计算模型。

5.5.1 控制方程

在铝电解槽内部,除熔体区域存在热对流外,其他区域主要的传热方式是热传导,由于熔体作较为剧烈的湍流运动,故可将其近似视为等温(实际熔体中不同区域可能存在微小温差)。在做此简化的基础上,铝电解槽稳态热场计算的主要控制方程即为稳态热传导方程:

$$\frac{\partial}{\partial x}\left(k_x \frac{\partial T}{\partial x}\right) + \frac{\partial}{\partial y}\left(k_y \frac{\partial T}{\partial y}\right) + \frac{\partial}{\partial z}\left(k_z \frac{\partial T}{\partial z}\right) + q_s = 0 \tag{5-109}$$

式中: k_x, k_y, k_z 为导热系数,W/(m·℃$^{-1}$); T 为温度,℃; ρ 为密度,kg/m^3; q_s 为热源强度(单位体积热产生率),W/m^3。

在铝电解槽的各个区域,主要存在以下热源(生成源或消耗源):

1. 导电区电流产生的焦耳热

$$q_s = \sigma |\nabla\varphi|^2 \tag{5-110}$$

式中: σ 为电导率,$\Omega^{-1} \cdot m^{-1}$; φ 为电势,V。

2. 电解质区加热物料消耗的热量

加热的物料主要为参与反应的氧化铝和炭,设定氧化铝及炭由室温(25℃)加热到电解温度,热焓分别增加 ΔH_1 J/mol 和 ΔH_2 J/mol,则生产 1 mol 铝,加热物

料需要的热量为 $(0.5\Delta H_1 + 0.75\Delta H_2)$ J，据此，可以计算得到：

$$q_s = \frac{I \cdot (0.5\Delta H_1 + 0.75\Delta H_2)}{3F \cdot V_h} \quad (5-111)$$

式中：I 为通过电解槽的电流，A；F 为法拉第常数，C/mol；V_h 为物料加热区域的体积，m^3。

3. 反应区内电化学反应吸收的热量

槽内发生的主体反应（$Al_2O_{3\,(固)} + 1.5C_{(固)} = 2Al_{(液)} + 1.5CO_{2\,(气)}$）是吸热反应，设通过该反应生成 1 mol Al 需向环境吸热 ΔH_0（CO_2 的温度取其离开电解槽时的温度，其他反应物及生成物温度取电解温度），则该项单位体积热吸收率为

$$q_s = \frac{I \cdot \eta \cdot \Delta H_0}{3F \cdot V_r} \quad (5-112)$$

式中：η 为电流效率；V_r 为反应吸热区域的体积，m^3。

5.5.2 熔体与槽帮界面问题

铝电解生产中，熔体须维持一定的过热度，而槽帮表面温度可近似视为电解质的初晶温度，熔体温度与槽帮表面温度不连续（也有研究认为两者间存在黏稠过渡层），两者之间主要通过对流换热。槽帮–熔体界面是一个动态演变的界面，槽内温度升高，表面槽帮会熔化为电解质，槽内温度降低，槽帮表面附近的熔体会凝固，槽帮–电解质界面因相变而发生移动，则界面上的能量方程可表示为：

$$k_s \frac{\partial T_s(x, y, t)}{\partial n} - k_L \frac{\partial T_L(x, y, t)}{\partial n} = \rho L v \cdot n \quad (5-113)$$

式中：$T_s(x, y, t)$ 和 $T_L(x, y, t)$ 分别为 t 时刻界面上点 (x, y) 两侧槽帮和熔体的温度；k_s 为槽帮的导热系数；k_L 为熔体的等效导热系数（需要考虑熔体运动）；n 为界面 $\partial\Omega_L(t)$ 在 (x, y) 处的指向熔体区的单位法向量；v 为界面上点 (x, y) 的速度矢量；L 为相变潜热；ρ 为密度（相变点附近熔体与槽帮密度视为一致）。

理论上，基于瞬态热场建模并结合界面能量方程可以获得熔体–槽帮界面演变过程。但是熔体–槽帮界面演变过程十分缓慢，在多数情况下，只需基于稳态热场建模来获悉稳定状态下的槽帮形状。在进行稳态建模计算时，可以通过反复修正槽帮形状并进行迭代计算求得槽帮表面各点温度恰为电解质初晶度的稳态解，从而在确定槽帮形状的同时获悉电解槽的热场分布。此方法需要定义熔体与槽帮之间的对流传热系数 $h_E[kJ/(m^2 \cdot s \cdot \text{℃})]$ 来描述单位时间单位界面上的换热量 $Q[kJ/(m^2 \cdot s)]$：

$$Q = h_E \cdot (T_L - T_s) \quad (5-114)$$

对流传热系数 h_E 与熔体热容、槽帮表面附近熔体流速和流体边界层厚度等因素存在关联，对于不同容量的铝电解槽，该系数有较大变化。通常情况下，随着电解槽容量增大，槽内熔体流速会相应增大，槽帮和熔体间的对流换热系数也

会有所增大。

5.5.3 模型边界条件

铝电解槽外表面与周围环境的换热有热对流和热辐射两种方式。对流热损失 $Q_{对}[J/(m^2 \cdot s)]$ 的计算公式为：

$$Q_{对} = \alpha_{对}(t_1 - t_0)A \tag{5-115}$$

式中：$\alpha_{对}$ 为对流换热系数，$J/(m^2 \cdot s \cdot ℃)$；t_1 为槽外壁温度，$℃$；t_0 为环境温度，$℃$；A 为散热面积，m^2。

对流换热系数 $\alpha_{对}$ 的取值与周围空气的温度、流动状态及槽壁的配置形状有关，可以由无量纲数努塞尔数 Nu 表征：

$$\alpha_{对} = \frac{kNu}{L} \tag{5-116}$$

式中：k 为流体的导热系数；L 为表面区域的特征尺寸。

在自然对流的情况下，对于上部覆盖料表面、底部槽壳表面以及侧部垂直壁面，努塞尔数 Nu 与雷诺数 Ra 存在以下关联：

（1）上部覆盖料表面：

$$\begin{aligned} Nu &= 0.54(Ra)^{1/4} & 10^5 < Ra < 2 \times 10^7 \\ Nu &= 0.14(Ra)^{1/42} & 10^7 < Ra < 3 \times 10^{10} \end{aligned} \tag{5-117}$$

（2）底部槽壳表面：

$$Nu = 0.27(Ra)^{1/43} \qquad 10^5 < Ra < 3 \times 10^{10} \tag{5-118}$$

（3）侧部垂直壁面：

$$\begin{aligned} Nu &= 0.59(Ra)^{1/4} & 10^4 < Ra < 2 \times 10^9 \\ Nu &= 0.13(Ra)^{1/4} & 10^9 < Ra < 2 \times 10^{12} \end{aligned} \tag{5-119}$$

雷诺数 Ra 为普朗特数 Pr 和格拉斯霍夫数 Gr 的乘积：

$$Ra = Pr \cdot Gr \tag{5-120}$$

$$Pr = \frac{\mu C_p}{k} \tag{5-121}$$

$$Gr = \frac{g\beta\rho^2(t_1 - t_0)L^3}{\mu^2} \tag{5-122}$$

式中：μ 为流体的动力黏度；C_p 为流体的比热；g 为重力加速度；β 为流体的膨胀系数；ρ 为流体的密度。

另外，对于底部和上部，表面特征尺寸 L 可以按下式计算：

$$L = \frac{A_p}{P} \tag{5-123}$$

式中：A_p 为对流换热面面积；P 为换热面周长；对于侧部垂直壁面 L 可以取壁面高度。

槽表面辐射热损失 $Q_辐[\mathrm{J}/(\mathrm{m}^2 \cdot \mathrm{s})]$ 计算式如下：

$$Q_辐 = \varepsilon \sigma \varphi [(t_1 + 273)^4 - (t_0 + 273)^4]A \qquad (5-124)$$

式中：ε 为辐射物体的黑度；σ 为斯蒂芬 - 玻尔兹曼常数，$5.67 \times 10^{-8} \mathrm{W}/(\mathrm{m}^2 \cdot \mathrm{k}^4)$；$\varphi$ 为辐射表面与相邻表面相互辐射角度系数；t_1 和 t_0 分别为辐射物体壁面温度和周围环境温度，$^\circ\mathrm{C}$；A 为辐射物体的辐射表面积，m^2。

对于铝电解槽，在计算辐射热损失时，较为困难的任务是确定 ε 和 φ。黑度 ε 与物体的性质、表面状况和温度等因素有关，是物体本身的固有特性，与外界环境情况无关，对铝电解槽表面而言，槽壳为粗糙的氧化了的钢，黑度可取0.8，槽体上部覆盖料可取0.4，铝导杆取0.07。角度系数的确定，在最简单情况下，即一壁向无限大的空间进行热辐射时，角度系数取为1，但针对铝电解槽，有的可以近似处理，如阳极上盖板的辐射角度系数，而有些则不行。角度系数取值可考虑取值为：上部氧化铝面取0.45，而其他部位简化均取值为0.5。

将辐射散热等效为对流换热，其等效换热系数为：

$$\alpha_辐 = \varepsilon \sigma \varphi [(t_1 + 273)^4 - (t_0 + 273)^4]/(t_1 - t_0) \qquad (5-125)$$

槽外综合散热系数为：

$$\alpha_综 = \alpha_对 + \alpha_辐 \qquad (5-126)$$

铝电解槽环境温度为车间实际温度，上部氧化铝覆盖料的环境温度为烟气温度，均为可测定的值。槽各部位由对流换热和辐射散热折合的综合换热系数均与槽壁表面温度 t_1 有关，根据式$(5-116)$ ～ 式$(5-123)$ 和式$(5-125)$ ～ 式$(5-126)$ 可以计算出不同电解槽表面温度下的综合对流换热系数。在槽外施加随温度变化的对流换热系数值，可更准确地计算电解槽的温度场分布情况。

5.6　应力场模型

运行中的铝电解槽的各区域在高温下发生膨胀，这种膨胀会受到约束，从而在电解槽内部产生热应力。同时，钠渗透造成阴极炭块膨胀，也会导致阴极内部出现应力。热应力和钠膨胀应力共同构成了铝电解槽的应力场，应力场大小及分布对铝电解槽的寿命有直接影响，本节将对应力场计算模型进行介绍。

5.6.1　热应力模型

在将铝电解槽涉及材料均近似视为各向同性的弹性材料的情况下，热应力计算可基于下列方程组进行：

微分平衡方程

$$\left.\begin{array}{l} \dfrac{\partial \sigma_x}{\partial x} + \dfrac{\partial \tau_{yx}}{\partial y} + \dfrac{\partial \tau_{zx}}{\partial z} + \boldsymbol{F}_x = 0 \\[3mm] \dfrac{\partial \tau_{xy}}{\partial x} + \dfrac{\partial \sigma_y}{\partial y} + \dfrac{\partial \tau_{zy}}{\partial z} + \boldsymbol{F}_y = 0 \\[3mm] \dfrac{\partial \tau_{xz}}{\partial x} + \dfrac{\partial \tau_{yz}}{\partial y} + \dfrac{\partial \sigma_z}{\partial z} + \boldsymbol{F}_z = 0 \end{array}\right\} \tag{5-127}$$

式中：σ_x、σ_y、σ_z 为正应力分量；τ_{xy}、τ_{xz}，τ_{yx}、τ_{yz}，τ_{zx}、τ_{zy} 为剪应力分量；$\boldsymbol{F}_x$、$\boldsymbol{F}_y$、$\boldsymbol{F}_z$ 为体积力在 x、y、z 方向上的分量（对于电解槽来说所受的主要体积力为重力）。

几何方程

$$\left.\begin{array}{ll} \varepsilon_x = \dfrac{\partial u}{\partial x} & \gamma_{yz} = \dfrac{\partial w}{\partial y} + \dfrac{\partial v}{\partial z} \\[3mm] \varepsilon_y = \dfrac{\partial v}{\partial y} & \gamma_{xz} = \dfrac{\partial w}{\partial x} + \dfrac{\partial u}{\partial z} \\[3mm] \varepsilon_z = \dfrac{\partial w}{\partial y} & \gamma_{xy} = \dfrac{\partial u}{\partial y} + \dfrac{\partial v}{\partial x} \end{array}\right\} \tag{5-128}$$

式中：ε_x、ε_y、ε_z 为正应变；γ_{yz}、γ_{xz}、γ_{xy} 为剪应变，u、v、w 为位移分量。

物理方程

$$\left.\begin{array}{l} \varepsilon_x = \dfrac{1}{E}\left[\sigma_x - \mu(\sigma_y + \sigma_z)\right] + \alpha_x \Delta T \\[3mm] \varepsilon_y = \dfrac{1}{E}\left[\sigma_y - \mu(\sigma_x + \sigma_z)\right] + \alpha_y \Delta T \\[3mm] \varepsilon_z = \dfrac{1}{E}\left[\sigma_z - \mu(\sigma_x + \sigma_y)\right] + \alpha_z \Delta T \\[3mm] \gamma_{yz} = \dfrac{2(1+\mu)}{E}\tau_{yz} \\[3mm] \gamma_{xz} = \dfrac{2(1+\mu)}{E}\tau_{xz} \\[3mm] \gamma_{xy} = \dfrac{2(1+\mu)}{E}\tau_{xy} \end{array}\right\} \tag{5-129}$$

式中：E 为弹性模量；μ 为泊松比；∂_x、∂_y、∂_z 分别为 x，y，z 三个方向上的热膨胀系数；ΔT 为温度变化。

5.6.2 钠膨胀应力模型

在电解槽阴极炭块内部，同时存在着热膨胀和钠膨胀，在同时考虑两种膨胀作用的情况下，正应力 – 正应变方程可以表示如下：

$$\left. \begin{array}{l} \varepsilon_x = \dfrac{1}{E_x}\sigma_x - \dfrac{\mu}{E_x}(\sigma_y + \sigma_z) + \alpha_x \Delta T + \beta_x \Delta C \\[3mm] \varepsilon_y = \dfrac{1}{E_y}\sigma_y - \dfrac{\mu}{E_y}(\sigma_x + \sigma_z) + \alpha_y \Delta T + \beta_y \Delta C \\[3mm] \varepsilon_z = \dfrac{1}{E_z}\sigma_z - \dfrac{\mu}{E_z}(\sigma_x + \sigma_y) + \alpha_z \Delta T + \beta_z \Delta C \end{array} \right\} \qquad (5-130)$$

式中：E_x，E_y，E_z 为弹性模量；μ 为泊松比；α_x，α_y，α_z 为热膨胀系数；β_x，β_y，β_z 为钠膨胀系数；ΔT 为温度变化；ΔC 为钠浓度变化。

其他计算方程与只考虑热应力时一致。

铝电解槽应力场模型的边界条件为：槽底与底部绝缘支柱的接触面在垂直方向的位移为零，在选取 1/4 槽进行应力场研究的情况下，电解槽长轴和短轴中心面设为对称面。

5.7　氧化铝输运模型

电解质的局部过热度和电导率与局部氧化铝浓度密切相关，获得均匀的氧化铝浓度分布对提高电流效率、减少阳极效应、降低槽电压波动等有重要意义，建模研究氧化铝在电解质中的输运过程是十分必要的。氧化铝输运过程可以通过建立瞬态多相多组分流场模型模拟，本节将对该模型进行系统介绍。

5.7.1　控制方程

通过建立瞬态两相流（电解质 – 阳极气泡）非均相模型来模拟电解质流场，其质量守恒方程和动量守恒方程分别如下：

$$\frac{\partial}{\partial t}(r_\alpha \rho_\alpha) + \nabla \cdot (r_\alpha \rho_\alpha \boldsymbol{U}_\alpha) = 0 \qquad (5-131)$$

$$\begin{aligned} &\frac{\partial}{\partial t}(r_\alpha \rho_\alpha \boldsymbol{U}_\alpha) + \nabla \cdot [r_\alpha(\rho_\alpha \boldsymbol{U}_\alpha \times \boldsymbol{U}_\alpha)] \\ &= -r_\alpha \nabla p_\alpha + \nabla \cdot \{r_\alpha \mu_{\alpha\mathrm{eff}}[\nabla \boldsymbol{U}_\alpha + (\nabla \boldsymbol{U}_\alpha)T]\} + S_{\mathrm{M}\alpha} + M_\alpha \end{aligned} \qquad (5-132)$$

式中：t 表示时间，其他物理量见 5.3 节。

规定电解质相为第 1 相，而氧化铝和冰晶石分别为电解质相中的 A 组分和 B 组分，则对电解质相还需要增加组分守恒方程，亦即氧化铝的质量输运方程：

$$\frac{\partial}{\partial t}(r_1 \rho_1 Y_{i1}) + \nabla \cdot \{r_1 [\rho_1 \boldsymbol{U}_1 Y_{i1} - r_1 D_{i1}(\nabla Y_{i1})]\} = S_{i1} \qquad (5-133)$$

式（5-133）中从左至右分别为 i 组分的质量变化项、对流项、扩散项和源项。r_1、ρ_1 和 $\boldsymbol{U}_1$ 分别为电解质相的体积分数、密度和速度；Y_{i1}、D_{i1} 和 S_{i1} 则分别为电解质相中 i 组分的质量分数、扩散系数和质量源项。

同时，同一相中各组分的质量分数之和恒为 1：

$$Y_{A1} + Y_{B1} = 1 \qquad (5-134)$$

对于多组分流的数值求解，一般的处理方法是将各种组分所处的流体相作为一个整体来求解主体流动过程的速度、压力、温度和湍动强度等参数；而多组分对流场的影响主要通过所处流动相属性的变化体现，而该流动相的属性则受各组分之间的属性差异影响。各组分均服从自身的质量守恒方程，因此，对式（5-133）进行雷诺平均处理后可将其写成如下张量形式：

$$\frac{\partial \tilde{\rho}_i}{\partial t} + \frac{\partial (\tilde{\rho}_i U_j)}{\partial x_j} = -\frac{\partial}{\partial x_j} \left[\rho_i (U_{ij} - U_j) - \overline{\rho_i'' U_j''} \right] + S_i \qquad (5-135)$$

式中：$\tilde{\rho}_i$ 为相中组分 i 的质量平均后的密度，亦即流体相中单位体积内组分 i 的质量；U_{ij} 为组分 i 的质量平均后的速度；$\rho_i(U_{ij} - U_j)$ 为组分 i 的相对质量流量；S_i 为组分 i 的质量源项，主要包括因化学反应的质量减少或增加量；U_j 为该流动相的质量平均后的速度场，即：

$$U_j = \frac{\sum (\tilde{\rho}_i U_{ij})}{\overline{\rho}} \qquad (5-136)$$

由于同一流体相内一种组分的增加必然意味着另一组分的减少，故各组分的质量源项 S_i 之和必然为 0，故式（5-135）可写成标准的连续性方程形式：

$$\frac{\partial \overline{\rho}}{\partial t} + \frac{\partial (\tilde{\rho} U_j)}{\partial x_j} = 0 \qquad (5-137)$$

相对质量流量代表着各组分之间的流动差异性，其影响因素较为复杂，包括浓度梯度、压强梯度、外部作用力和温度梯度等的影响。其中，浓度梯度的影响往往是最为显著的，并可写成如下形式：

$$\rho_i(U_{ij} - U_j) = -\frac{\Gamma_i}{\overline{\rho}} \frac{\partial \tilde{\rho}_i}{\partial x_j} \qquad (5-138)$$

其中，Γ_i 为组分 i 的分子扩散系数，其定义为密度与组分 i 扩散系数的乘积：

$$\Gamma_i = \rho D_i \qquad (5-139)$$

此外，定义组分 i 的质量分数为：

$$\tilde{Y}_i = \frac{\tilde{\rho}_i}{\overline{\rho}} \qquad (5-140)$$

考虑到同一流体相中各组分的质量分数之和恒为 1，将式（5-138）和式（5-140）代入式（5-135）中可得到：

$$\frac{\partial (\rho \tilde{Y}_i)}{\partial t} + \frac{\partial (\rho U_j \tilde{Y}_i)}{\partial x_j} = \frac{\partial}{\partial x_j} \left(\Gamma_i \frac{\partial \tilde{Y}_i}{\partial x_j} \right) - \frac{\partial}{\partial x_j} (\rho Y_i'' U_j'') + S_i \qquad (5-141)$$

基于涡耗散模型，可将湍流质量通量写成如下表达式：

$$-\rho Y_i'' U_j'' = \frac{\mu_t}{Sc_t} \frac{\partial \tilde{Y}_i}{\partial x_j} \qquad (5-142)$$

式(5 - 142)中，Sc_t 为湍流 Schmidt 数。

将式(5 - 142)代入式(5 - 141)可以得到：

$$\frac{\partial(\rho\,\widetilde{Y}_i)}{\partial t} + \frac{\partial(\rho\boldsymbol{U}_j\,\widetilde{Y}_i)}{\partial x_j} = \frac{\partial}{\partial x_j}\Big(\varGamma_{ieff}\,\frac{\partial Y_i}{\partial x_j}\Big) + S_i \qquad (5 - 143)$$

其中：

$$\varGamma_{ieff} = \varGamma_i + \frac{\mu_t}{Sc_t} \qquad (5 - 144)$$

式(5 - 144)即为多组分流通用的对流扩散方程，这简化了计算中各组分质量分数的求解过程。

5.7.2 氧化铝消耗与下料过程的质量源项

对于氧化铝的消耗与下料过程，可使用质量源项函数来加以描述。近似认为氧化铝全部在电解质 - 铝液界面（阴极表面）还原，则可定义一个位于界面上的消耗函数。下料过程则涉及一个与下料时间间隔相关的瞬态周期性函数。以下分别予以介绍。

1. 氧化铝电解消耗过程的质量源项

根据法拉第定律，铝电解槽内的产铝量可以表示为：

$$P = CI\tau\eta \times 10^{-3} \qquad (5 - 145)$$

式中：P 为产铝量，kg；C 为铝的电化学当量，0.3356 g/(A·h)；τ 为电解时间，h；η 为电流效率。

根据式 Al 和 Al_2O_3 之间的质量守恒关系，可由式(5 - 145)推出氧化铝的质量消耗速率公式：

$$m_{loc} = \frac{17}{32400} \cdot CJ_b\eta \qquad (5 - 146)$$

式中：m_{loc} 为氧化铝的局部消耗速率，kg/(s·m²)；J_b 为电解质底面的电流密度分布，A/m²。

2. 氧化铝下料过程的质量源项

我国工业铝电解槽普遍使用的点式下料器为筒式下料器，按照一定的工艺进行间歇式下料，即每隔一段时间，铝电解槽计算机控制系统根据需要控制电磁阀的开闭，向打壳气缸和定容下料气缸提供压缩空气，并先后完成打壳与下料动作。每次下料量由定容气缸设定好，而下料时间间隔则由控制系统根据槽电压信号等进行判定，通常是以理论计算得到的标准下料间隔为主，并根据槽况变化情况适当延长或缩短。根据现场观察，氧化铝颗粒下料后首先是形成一个料堆漂浮在电解质表面，随后被阳极气泡击碎搅动，逐渐分散没入电解质中。基于此，可认为氧化铝并非在下料的瞬间就进入电解质主体，而是有一定的时间滞后性，且其逐渐溶解进入电解质相的过程亦需要一定的时间，故提出氧化铝下料过程的质量源项时变函数为：

$$f(t) = \frac{T_0 \, m_0}{n\delta} \cdot \text{step}\{\sin[\omega(t + q - \tau)] - \sin(\omega q)\} \qquad (5-147)$$

式中：T_0 为铝电解槽的基准下料周期，为理论计算得到的固定值；m_0 为全槽氧化铝的消耗速率，kg/s；n 为下料点的数目；τ 为从下料时刻到氧化铝开始进入电解质主体时刻的时间滞后量；δ 为氧化铝溶解进入氧化铝相所需的时间；ω 和 q 分别为与单个下料间隔 T 有关的频率与函数左移量：

$$\omega = \frac{2\pi}{T} \qquad (5-148)$$

$$q = \frac{T}{4} - \frac{\delta}{2} \qquad (5-149)$$

式（5-148）和式（5-149）中的下料间隔 T 不同于式（5-147）中固定不变的基准下料周期 T_0，而是由铝电解槽控制系统决定，可根据需要而调整。对正常的基准下料，$T = T_0$；对过料下料，则间隔缩短，$T < T_0$；对欠料下料，则周期延长，$T > T_0$。

式（5-147）中的 step 为单位跃阶函数，其定义为：

$$\text{step}(x) = \begin{cases} 1, & \text{当 } x \geqslant 0 \text{ 时} \\ 0, & \text{当 } x < 0 \text{ 时} \end{cases} \qquad (5-150)$$

参考文献

[1] Gyimesi M, Lavers J D. Generalized potential formulation for 3-D magnetostatic problems[J]. IEEE Transactions on Magnetics, 1992, 28(4): 1924-1929.

[2] 李劼, 徐宇杰, 刘伟. 基于波动模态耦合的铝电解槽磁流体稳定性傅里叶级数法分析[J]. 计算力学学报, 2010, 27(2): 213-217.

第6章　铝电解槽多物理场仿真流程与求解方法

随着铝电解技术的发展，作为炼铝核心的铝电解槽的容量越来越大，结构日趋复杂，对仿真的要求也越来越高[1]，而为了高效准确地进行铝电解仿真，就必须按照规范的流程来完成数值计算模型的建立与求解。同时，尽管常用的铝电解多物理场仿真过程基本在 ANSYS 平台上进行，其模型建立、求解器设置及结果导出与处理仍需要一定的技巧。

6.1　铝电解多物理场仿真流程

本书作者及其团队通过多年的实践和经验，提出的铝电解槽电－磁－流场和电－热－应力场耦合求解流程分别如图 6－1 和图 6－2 所示[2-7]。

通过对上述物理场求解流程进行分析，通常的建模过程应该遵循以下步骤：

（1）开始确定分析方案。在开始进入 ANSYS 之前，首先确定分析目标，决定模型采取什么样的基本形式，选择合适的单元类型，并考虑如何能建立适当的网格密度。

（2）进入前处理（PREP7）开始建立模型。多数情况下，将利用实体建模创建模型。

（3）建立工作平面。

（4）利用几何元素和布尔运算操作生成基本的几何形状。

（5）激活适当的坐标系。

（6）用自底向上方法生成其他实体，即先定义关键点，然后再生成线、面和体。

（7）用布尔运算或编号控制将各个独立的实体模型域适当地连接在一起。

（8）生成单元属性表（单元类型、实常数、材料属性和单元坐标系）。

（9）设置网格划分控制以建立想要的网格密度，通常需要设置一个合适的全局网格尺寸，并对某些复杂区域（如铝电解槽的角部）或需要着重考虑的区域（如

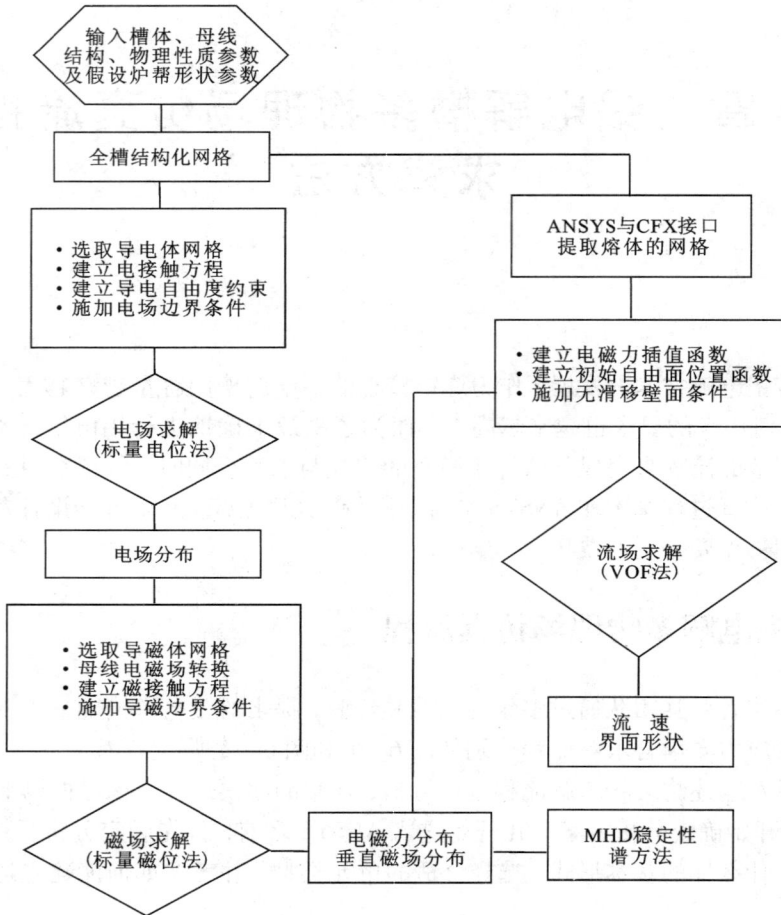

图 6 - 1　铝电解槽电 - 磁 - 流场耦合求解流程图

槽帮和伸腿等)进行更为细致的网格尺寸设定。

(10)通过对实体模型划分网格来生成节点和单元。

(11)在生成节点和单元之后,再定义面对面的接触单元,自由度耦合及约束方程等。

(12)退出前处理,进行载荷的加载并求解。

(13)求解完毕后进入后处理,并导出需要的计算结果。

尽管上述仿真流程较为复杂,但总的来说可以按照仿真研究的先后顺序大致分为结构及物理性质参数的确定、实体及有限元模型的建立、求解器的设置及模型求解和结果导出及后处理等四个主要步骤,以下分别加以介绍。

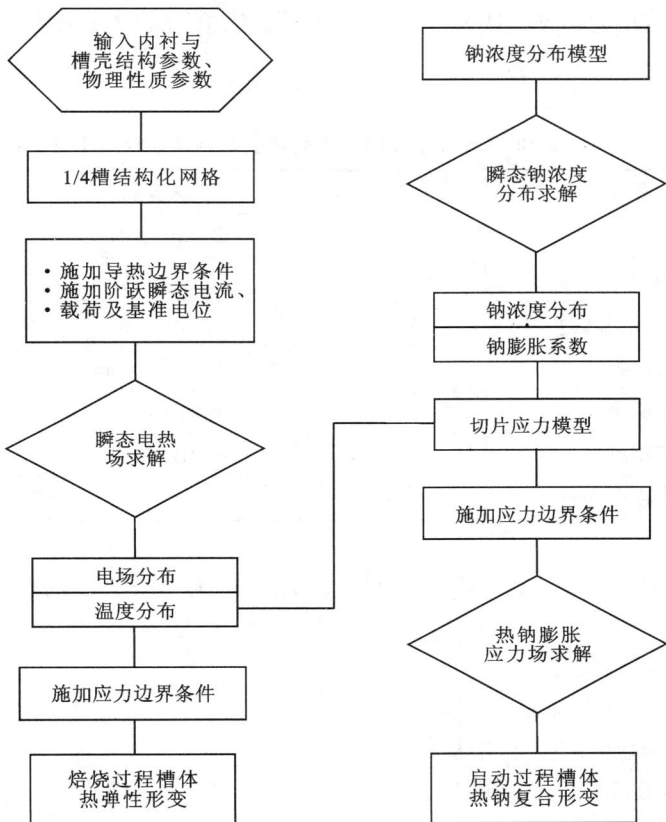

图 6 – 2 铝电解槽电 – 热 – 应力场求解流程图

6.2 结构及物理性质参数的确定

铝电解槽物理场仿真的第一步是对槽型结构的确定，这是后续仿真流程的基本前提。其主要操作是利用 APDL 语言将设计人员得到的铝电解槽的结构与工艺参数进行参数化建模，转变为仿真程序的变量，这既有助于程序设计过程中参数的集中化管理，又方便修改以对比不同设计方案的仿真结果。APDL 语言又称 ANSYS 参数化设计语言，其英文全称是 ANSYS Parametric Design Language，可用来完成一些通用性强的仿真任务，也可以用于建立铝电解槽模型。因此 APDL 不但是结构确定和物理性质参数选取的实现基础，而且也为后续的仿真操作提供优化设计和自适应网格划分等 ANSYS 经典特性的实现基础，也为日常分析提供了便利[8]。

以某 300 kA 大型预焙阳极铝电解槽为例,该槽型的主要结构与工艺参数如表 6 – 1 所示。

表 6 – 1 某 300 kA 大型预焙铝电解槽基本结构设计与工艺参数

设计参数	数值	工艺参数	数值
电流强度/kA	300	电解温度/℃	950
阳极电流密度/(A·cm^{-2})	0.710	过热度/℃	8 ~ 12
阳极数目(单阳极)	40	极距/mm	45
阴极炭块数目	26	电解质水平/mm	230
侧部炭块厚度/mm	120	铝水平/mm	210
大面加工距离/mm	280	氧化铝浓度/%	2.0 ~ 3.5
小面加工距离/mm	420		

将上述结构与工艺参数使用 APDL 语言转化为 ANSYS 软件中的程序语言如下:

! 阳极方面参数
And_num = 40 ! 阳极总数量
And_lg = 1600e – 3   ! 阳极长度
And_wd = 660e – 3   ! 阳极宽度
And_hg = 550e – 3   ! 阳极高度

! 阴极方面参数
Cat_num = 26 ! 阴极炭块数
Cat_blgth = 520e – 3 ! 阴极炭块长
Cat_blw = 3440e – 3   ! 阴极炭块宽
Cat_blh = 450e – 3   ! 阴极炭块高

! 内衬方面参数
Cat_wd = 520e – 3   ! 侧部炭块厚度
Dmjg_dst = 280e – 3   ! 大面加工距离
Xmjg_dst = 420e – 3   ! 小面加工距离

! 工艺方面参数

Curr_strth = 300000　！电流强度

ACD = 45e − 3　！极距

Ele_dp = 230e − 3　！电解质水平

Alu_dp = 210e − 3　！铝水平

Tb = 950　！电解温度

以上"！"后为注释说明。对各个变量进行命名时应该遵循简明扼要的原则，并使其具有通用性，同时进行一定的注释说明以增加仿真程序的可读性和移植性。

确定铝电解槽的各项结构与工艺参数之后，就需要根据设计方案中对各种结构的材料要求赋予不同材料以相应的物理性质参数。铝电解槽中多达数十种不同的材料，而每种材料又具有各种电、热、磁和结构等方面的参数，且往往具有一定的温度非线性特点，即物理性质参数可随温度的改变而变化。本书所用到的铝电解槽内主要材料的各种物理性质参数，分别如表6−2～表6−6所示[7]。

表6−2　材料的电阻率　　　　　μΩ·m

温度/℃ 材料	100	200	300	400	500	600	700	800	900	1000
钢棒	0.226	0.296	0.385	0.493	0.62	0.776	0.931	1.115	1.318	1.54
钢壳	0.226	0.296	0.385	0.493	0.62	0.776	0.931	1.115	1.318	1.54
钢爪	0.226	0.296	0.385	0.493	0.62	0.776	0.931	1.115	1.318	1.54
铝导杆	0.041	0.053	0.064	0.076	0.092	0.108	0.165	0.222	0.238	0.25

表6−3　材料的导热系数　　　　　W/(m·℃)

温度/℃ 材料	100	200	300	400	500	600	700	800	900	1000
钢棒	57.0	53.0	49.3	45.5	41.0	37.0	33.0	28.5	28.0	27.50
焦粒	3.88	3.88	3.88	3.88	3.88	3.88	3.88	3.88	3.88	3.88
冰晶石	1.07	1.09	1.10	1.11	1.13	1.14	1.15	1.16	1.18	1.19
耐火颗粒	0.4	0.4	0.4	0.4	0.4	0.4	0.4	0.4	0.4	0.4
混凝土	0.24	0.24	0.24	0.27	0.7	0.27	0.34	0.34	0.34	0.34
钢壳	57	53	49	45.5	41	37	33	28.5	28	27.5
钢爪	56.68	53.0	49.32	45.63	41.32	37.0	32.75	28.5	28.0	27.5
磷生铁	51.25	51.25	51.25	51.25	51.25	51.25	51.25	51.25	51.25	51.25
铝导杆	206.0	213	229	248.0	268.0	287.0	104.0	122.0	140.0	158.0

表6-4 不同炭块在不同钠浓度下的钠膨胀系数

钠浓度 w/%	1	2	3	4	5
无烟煤炭块钠膨胀系数/10^{-6}	1.83	3.67	5.50	7.34	9.17
半石墨质炭块钠膨胀系数/10^{-6}	1.09	2.18	3.28	4.37	5.46
半石墨化炭块钠膨胀系数/10^{-6}	0.65	1.30	1.95	2.6	3.25
石墨化炭块钠膨胀系数/10^{-6}	0.11	0.20	0.31	0.41	0.54

表6-5 几种阴极炭块的电热及结构相关性质

炭块类型		无烟煤	半石墨质	半石墨化	石墨化
热膨胀系数 /($10^{-6} \cdot ℃^{-1}$)	M	2.6	2.8	2.8	2.5
	P	3.4	3.5	3.3	3.0
弹性模量/GPa	M	10	8	8	7
	P	7	6	6	5
电阻率/($\mu\Omega \cdot m$)	20℃ M	34	24	18	10.5
	20℃ P	48	32	23	12.5
	1000℃ M	25	18	16	10
	1000℃ P	35	26	20	12
导热系数 /($W \cdot m^{-1} \cdot K^{-1}$)	30℃ M	9	18	27	125
	30℃ P	7	14	22	100
	1000℃ M	12	14	22	50
	1000℃ P	11	13	18	40
密度/($g \cdot cm^{-3}$)		1.53	1.56	1.59	1.62
钠扩散系数 /($10^{-9} m^2 \cdot s^{-1}$)[10]		4.0	2.85	2.35	0.55

注：P代表垂直方向，M代表挤压方向。

表6-6 电解槽内衬材料的物理性质参数

材料	密度 /(10^3 kg $\cdot$ m^{-3})	比热 /(J $\cdot$ kg^{-1} $\cdot$ K^{-1})	弹性模量 /GPa	热膨胀系数 /($10^{-6} \cdot$ K^{-1})	泊松比
阴极炭块	—	1672	—	—	0.27
侧部炭块	1.52	1700	8	2	0.27
捣固糊	1.44	1289	0.6	2	0.25
阴极钢棒	7.85	465	200	12	0.26

续表 6-6

材料	密度 /(10^3 kg·m^{-3})	比热 /(J·kg^{-1}·K^{-1})	弹性模量 /GPa	热膨胀系数 /(10^{-6}·K^{-1})	泊松比
耐火砖	2.1	1443	36.8	5.2	0.25
焦粒	1.56	1500	8	7.08	0.2
冰晶石	2.7085	1644	8		0.2
底部 Al$_2$O$_3$ 粉	2.2	1220	20		0.2
保温层	0.5	1086	80	6.54	0.22
硅酸钙板	0.22	1000	80	6.54	0.2
耐火颗粒	1.1	900	80	7.08	0.16
混凝土	1.2	920	23	10	0.2
上部结壳	1.3	1315	80	4	0.2
钢壳	7.85	500	800	30	0.3
钢爪	8.0	500	800	20	0.29
磷生铁	7.085	544	179	15	0.29
铝导杆	2.7	900	70	23.6	0.29
阳极炭块	1.6	1354	4.8	1.67	0.2

　　ANSYS 将每一种材料赋予一个专有的材料参考号。与物理性质参数组对应的材料参考号表称为材料表。在一个分析中，可能有多个材料特性组（对应的模型中有多种材料）。ANSYS 通过独特的参考号来识别每个材料特性组。如以表 6-2 中钢棒为例，将其设置为 1 号材料，则通过 ANSYS 界面操作（GUI）"Main Menu > Preprocessor > Material Props ＞ Material Models"，添加其具有温度非线性的电导率，如图 6-3 所示。

　　可通过"Graph"功能对钢棒电阻率的温度非线性作图，以温度为横坐标，电阻率为纵坐标，得到钢棒电阻率随温度的变化情况如图 6-4 所示。

　　此外，使用 ANSYS-CFX 软件进行铝电解槽流体动力学分析时，还应对槽内的流体赋予相应的流体物理性质参数，主要包括铝液、电解质和阳极气泡的密度和黏度等物理性质参数，如表 6-7 所示[2]：

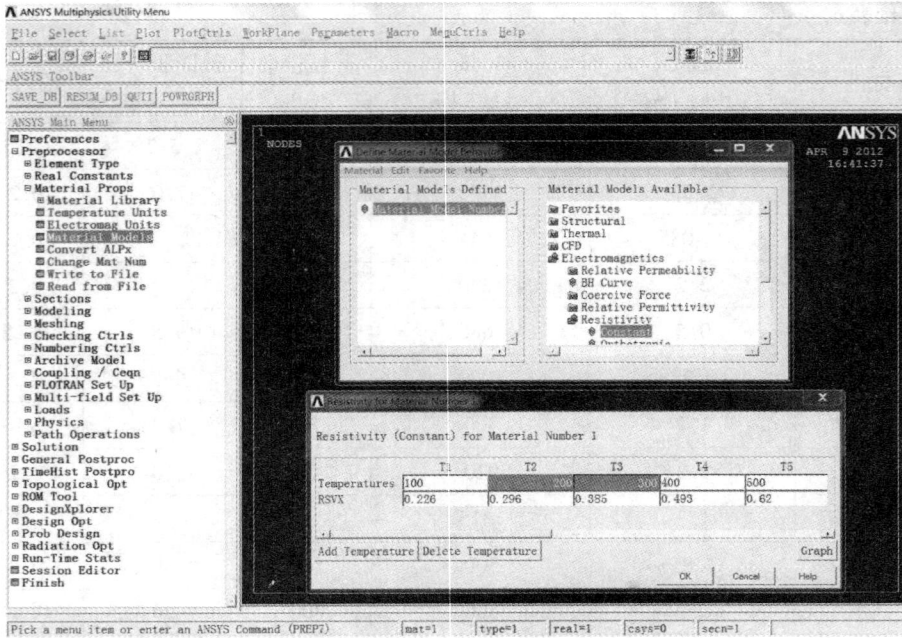

图 6 - 3　钢棒电阻率属性的添加

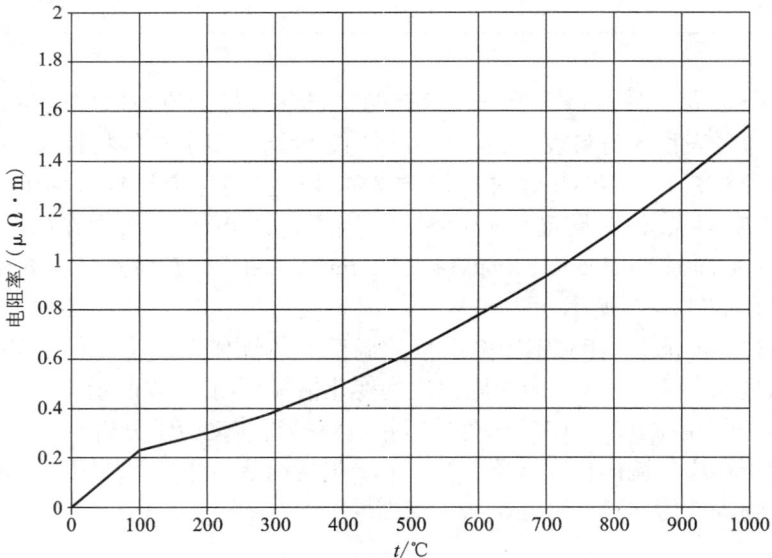

图 6 - 4　钢棒电阻率的温度非线性关系图

表 6 − 7　主要流体的物理性质参数

参数	铝液	电解质	气泡
密度/$(kg \cdot m^{-3})$	2270	2130	0.398
黏度/$(kg \cdot m^{-1} \cdot s^{-1})$	1.18×10^{-3}	2.513×10^{-3}	5.055×10^{-5}

6.3　实体及有限元模型的建立

6.3.1　实体模型的建立

ANSYS 软件提供了两种实体的建模方法：自顶向下与自底向上。自顶向下进行实体建模时，用户定义一个模型的最高级图元，如球、棱柱，称为基元，程序则自动定义相关的面、线及关键点。用户利用这些高级图元直接构造几何模型，如二维的圆和矩形以及三维的块、球、锥和柱。无论使用自顶向下还是自底向上方法建模，用户均能使用用布尔运算来组合数据集，从而"雕塑"出一个实体模型。ANSYS 程序提供了完整的布尔运算，诸如相加、相减、相交、分割、黏结和重叠。在创建复杂实体模型时，对线、面、体、基元的布尔操作能减少相当可观的建模工作量。ANSYS 程序还提供了拖拉、延伸、旋转、移动和拷贝实体模型图元的功能[8]。附加的功能还包括圆弧构造、切线构造、通过拖拉与旋转生成面和体、线与面的自动相交运算、自动倒角生成、用于网格划分的硬点的建立、移动、拷贝和删除。自底向上进行实体建模时，用户则从最低级的图元向上构造模型，即：用户首先定义关键点，然后依次是相关的线、面、体。

下面分别对点、线、面、体、体素的建立及相关布尔操作进行介绍。

1. 关键点的创建

ANSYS 程序提供了多种定义关键点的方法，可采取如下方式定义单个关键点：

（1）在坐标系里面通过坐标命令创建点：

命令：K

GUI：Main Menu > Preprocessor > Create > Keypoints > In Active CS

（2）在已知线上给定位置定义关键点：

命令：KL

GUI：Main Menu > Preprocessor > Create > Keypoints > On Line

（3）在已有两关键点之间生成关键点：

命令：KBETW

GUI：Main Menu > Preprocessor > Create > Keypoints > KP between KPs

（4）在两关键点之间生成关键点：

命令：KFILL

GUI：Main Menu > Preprocessor > Create > Keypoints > Fill between KPs

（5）在由三点定义的圆弧的中心生成一个关键点：

命令：KCENTER

GUI：Main Menu > Preprocessor > Create > Keypoints > KP at Center

（6）由一种模式的关键点生成另外的关键点：

命令：KGEN

GUI：Main Menu > Preprocessor > Copy > Keypoints

（7）通过映像产生关键点：

命令：KSYMM

GUI：Main Menu > Preprocessor > Reflect > Keypoints

（8）将一种模式的关键点转到另外一个坐标系中：

命令：KTRAN

GUI：Main Menu > Preprocessor > Move /Modify > TransferCoord > Keypoints

（9）计算并移动一个关键点到一个交点上：

命令：KMOVE

GUI：Main Menu > Preprocessor > Move /Modify > To Intersect

（10）在已有节点处定义一个关键点：

命令：KNODE

GUI：Main Menu > Preprocessor > Create > Keypoints > On Node

2. 线的创建

线主要用于表示物体的边。像关键点一样，线是在当前激活的坐标系内定义的。不需要每次都明确地定义所有的线，因为 ANSYS 程序在定义面和体时，会自动地生成相关的线。但想通过线来定义面时，就需要定义线，如铝电解槽中的槽帮往往十分不规则，故在建模中常通过确定槽帮的轮廓线来确定槽帮表面并最终通过面的组合来生成体。可以通过以下方法生成空间线：

（1）在两指定关键点之间生成直线或三次曲线：

命令：L

GUI：Main Menu > Preprocessor > Create > Lines > In Active Coord

（2）通过三个关键点或两个关键点外加一个半径生成一条弧线：

命令：LARC

GUI：Main Menu > Preprocessor > Create > Arcs > By EndKPs & Rad

Main Menu > Preprocessor > Create > Arcs > Through 3 KPs

（3）生成一条由若干个关键点通过样条拟合的三次曲线：

命令：BSPLIN

GUI：Main Menu > Preprocessor > Create > Splines > Spline thruKPs

Main Menu > Preprocessor > Create > Splines > Spline thruLocs

Main Menu > Preprocessor > Create > Splines > With Options > Spline thruKPs

Main Menu > Preprocessor > Create > Splines > With Options > Spline thruLocs

（4）生成圆弧线：

命令：CIRCLE

GUI：Main Menu > Preprocessor > Create > Arcs > By Cent & Radius

Main Menu > Preprocessor > Create > Arcs > Full Circle

（5）生成通过一系列关键点的多义线：

命令：SPLINE

GUI：Main Menu > Preprocessor > Create > Splines > Segmented Spline

Main Menu > Preprocessor > Create > Splines > With Options > Segmented Spline

（6）生成与一条线成一定角度的一条直线：

命令：LANG

GUI：Main Menu > Preprocessor > Create > Lines > At Angle to Line

Main Menu > Preprocessor > Create > Lines > Normal to Line

（7）生成与已有两条线成一定角度的线：

命令：L2ANG

GUI：Main Menu > Preprocessor > Create > Lines > Angle to 2 Lines

Main Menu > Preprocessor > Create > Lines > Norm to 2 Lines

（8）生成一条与已有线共终点且相切的线：

命令：LTAN

GUI：Main Menu > Preprocessor > Create > Lines > Tangent to Line

（9）生成一条与两条线相切的线：

命令：L2TAN

GUI：Main Menu > Preprocessor > Create > Lines > Tan to 2 Lines

（10）生成在一个面上两关键点之间最短的线：

命令：LAREA

GUI：Main Menu > Preprocessor > Create > Lines > Overlaid on Area

（11）通过一个关键点按一定路径拖拉生成线：

命令：LDRAG

GUI：Main Menu > Preprocessor > Operate > Extrude /Sweep > Along Lines

（12）使一关键点按一条轴旋转生成弧线：

命令：LROTAT

GUI：Main Menu > Preprocessor > Operate > Extrude /Sweep > About Axis

（13）在两相交线之间生成倒角线：

命令：LFILLT

GUI：Main Menu > Preprocessor > Create > Line Fillet

对于生成直线的命令，线的实际形状与当前激活的坐标系有关，具体可有以下方法：

（1）不管激活的是何种坐标系都生成直线，用下列方法：

命令：LSTR

GUI：Main Menu > Preprocessor > Create > Lines > Straight Line

（2）通过已有线生成新线：

命令：LGEN

GUI：Main Menu > Preprocessor > Copy > Lines

Main Menu > Preprocessor > Move /Modify > Lines

（3）从已有线对称映像生成新线：

命令：LSYMM

GUI：Main Menu > Preprocessor > Reflect > Lines

（4）将已有线转到另一个坐标系：

命令：LTRAN

GUI：Main Menu > Preprocessor > Move /Modify > TransferCoord > Lines

3. 面的创建

平面可以表示二维实体（如平板或轴对称实体）。曲面和平面都可表示三维的面，如壳、三维实体的面等。用到面单元或由面生成体时，才需定义面。生成面的命令也将自动地生成依附于该面的线和关键点；同样，面也可在定义体时自动生成。

如明确地定义一个面，可适当选用下列命令：

（1）通过顶点定义一个面（即通过关键点）：

命令：A

GUI：Main Menu > Preprocessor > Create > Arbitrary > ThroughKPs

（2）通过其边界线定义一个面（即通过一系列线定义周边）：

命令：AL

GUI：Main Menu > Preprocessor > Create > Arbitrary > By Lines

（3）沿一定路径扫掠一条线生成面：

命令：ADRAG

GUI：Main Menu > Preprocessor > Operate > Extrude /Sweep > Along Lines

（4）沿一轴旋转一条线生成面：

命令：AROTAT

GUI：Main Menu > Preprocessor > Operate > Extrude /Sweep > About Axis

（5）在两面之间生成一个倒角面：

命令：AFILLT

GUI：Main Menu > Preprocessor > Create > Area Fillet

（6）通过引导线由蒙皮生成光滑曲面：

命令：ASKIN

GUI：Main Menu > Preprocessor > Create > Arbitrary > By Skinning

（7）通过偏移一个已有面生成面（这种偏移面与气球充气和放气的情景很类似）：

命令：AOFFST

GUI：Main Menu > Preprocessor > Create > Arbitrary > By Offset

若需生成的偏移面曲率半径大于或等于最小许可曲率半径时，这个操作失败，用户将收到一个警告信息。

也可以通过已有面生成面，即利用下列方法可将已有面拷贝而生成另外的面：

（1）通过已有面生成另外的面：

命令：AGEN

GUI：Main Menu > Preprocessor > Copy > Areas

Main Menu > Preprocessor > Move /Modify > Areas

（2）通过对称映像一个面生成面：

命令：ARSYM

GUI：Main Menu > Preprocessor > Reflect > Areas

（3）将一个面转移到另一个坐标系中去：

命令：ATRAN

GUI：Main Menu > Preprocessor > Move /Modify > TransferCoord > Areas

（4）拷贝面的一部分：

命令：ASUB

GUI：Main Menu > Preprocessor > Create > Arbitrary > Overlaid on Area

建模的过程中经常需要查看、选择和删除面，可用下列方法进行面的操作：

（1）对已定义的面列表：

命令：ALIST

GUI：Utility Menu > List > Areas

Utility Menu > List > Picked Entities > Areas

（2）显示面：

命令：APLOT

GUI：Utility Menu > Plot > Areas

Utility Menu > Plot > Specified Entities > Areas

（3）选择面：

命令：ASEL

GUI：Utility Menu > Select > Entities

（4）删除未划分网格的面：

命令：ADELE

GUI：Main Menu > Preprocessor > Delete > Area and Below

Main Menu > Preprocessor > Delete > Areas Only

如果键入了适当的/PNUM，AREA，1（Utility Menu > PlotCtrls > Numbering）命令，用 VPLOT 命令显示体时，同时会标出面号。

4. 体的创建

体用于描述三维实体，仅当需要用体单元的才必须建立体。生成体的命令自动生成低级的图元。

一般地，可利用下列方法定义体：

（1）通过顶点定义体（即用关键点）：

命令：V

GUI：Main Menu > Preprocessor > Create > Arbitrary > ThroughKPs

（2）通过边界定义体（即用一系列面定义体）：

命令：VA

GUI：Main Menu > Preprocessor > Create > Arbitrary > By Areas

（3）将面沿某个路径扫掠生成体：

命令：VDRAG

GUI：Main Menu > Preprocessor > Operate > Extrude /Sweep > Along Lines

（4）将面沿某个轴旋转生成体：

命令：VROTAT

GUI：Main Menu > Preprocessor > Operate > Extrude /Sweep > About Axis

（5）将面沿其垂直正方向偏移生成体：

命令：VOFFST

GUI：Main Menu > Preprocessor > Operate > Extrude / Sweep > Along Normal

（6）在激活坐标系下对面进行拉延和缩放来生成体：

命令：VEXT

GUI：Main Menu > Preprocessor > Operate > Extrude / Sweep > By XYZ Offset

（7）由一种模式的体生成另外的体：

命令：VGEN

GUI：Main Menu > Preprocessor > Copy > Volumes

Main Menu > Preprocessor > Move / Modify > Volumes

（8）由一体模型通过对称映像生成体：

命令：VSYMM

GUI：Main Menu > Preprocessor > Reflect > Volumes

（9）将一种模式的体转到另外一坐标系：

命令：VTRAN

GUI：Main Menu > Preprocessor > Move / Modify > TransferCoord > Volumes

（10）体的列表：

命令：VLIST

GUI：Utility Menu > List > Picked Entities > Volumes

Utility Menu > List > Volumes

（11）显示体：

命令：VPLOT

GUI：Utility Menu > Plot > Specified Entities > Volumes

Utility Menu > Plot > Volumes

（12）选择体：

命令：VSEL

GUI：Utility Menu > Select > Entities

（13）删除体：

命令：VDELE

GUI：Main Menu > Preprocessor > Delete > Volume and Below

Main Menu > Preprocessor > Delete > VolumesOnl

体的列表表明体是由许多外壳组成的。外壳是体的等效封闭圈，定义一个连续封闭边界的图元集。

5. 体素

几何体素是可用单个 ANSYS 命令来创建的常用的实体建模的形状(如一个球体或正棱柱),因为体素是高级图元,可不用首先定义任何关键点而形成,利用体素进行模型生成有时指自上向下建模。当生成一个体素时,ANSYSY 程序会自动生成所有必要的低级图元,包括关键点。几何体素是在工作平面内生成的。常用的体素主要包括面体素和体体素,前者包括矩形、圆形和正多边形等,后者则包括长方体、圆柱体、棱柱体、球体、锥体和环体等。

利用下列方法可生成矩形:

(1)在工作平面上任意位置生成一个长方形区域:

命令:RECTNG

GUI:Main Menu > Preprocessor > Create > Rectangle > By Dimensions

(2)通过角点生成一个长方形区域:

命令:BLC4

GUI:Main Menu > Preprocessor > Create > Rectangle > By 2 Corners

(3)通过中心和角点生成一个长方形区域:

命令:BLC5

GUI:Main Menu > Preprocessor > Create > Rectangle > By Centr & Cornr

利用如下命令可生成圆或部分圆环:

(1)生成以工作平面原点为圆心的环形区域:

命令:PCIRC

GUI:Main Menu > Preprocessor > Create > Circle > By Dimensions

(2)在工作平面的任意位置生成一个环形区域:

命令:CYL4

GUI:Main Menu > Preprocessor > Create > Circle > Annulus

Main Menu > Preprocessor > Create > Circle > Partial Annulus

Main Menu > Preprocessor > Create > Circle > Solid Circle

(3)通过端点生成一个环形区域:

命令:CYL5

GUI:Main Menu > Preprocessor > Create > Circle > By End Points

利用下列方法生成一个正多边形:

(1)以工作平面的原点为中心生成一个正多边形区域:

命令:RPOLY

GUI:Main Menu > Preprocessor > Create > Polygon > By Circumscr Rad

Main Menu > Preprocessor > Create > Polygon > By Inscribed Rad

Main Menu > Preprocessor > Create > Polygon > By Side Length

（2）在工作平面的任意位置处生成一个正多边形区域：

命令：RPR4

GUI：Main Menu > Preprocessor > Create > Polygon > Hexagon

Main Menu > Preprocessor > Create > Polygon > Octagon

Main Menu > Preprocessor > Create > Polygon > Pentagon

Main Menu > Preprocessor > Create > Polygon > Septagon

Main Menu > Preprocessor > Create > Polygon > Square

Main Menu > Preprocessor > Create > Polygon > Triangle

除以上的正多边形外，用户还可以用 POLY 命令基于工作平面坐标对生成任意多边形区域。POLY 命令必须跟随 PTXY 命令之后使用（在 GUI 中没有与 POLY 相应的途径）。

用面体素工作时应该注意如下两点：

第一，由命令或 GUI 途径生成的面位于工作平面上，方向由工作平面坐标系而定。且必须注意，面体素的面积必须大于零，即不能用退化面定义线。

第二，在有限元模型中，两个相接触的面体素之间会产生一条不连续的接缝，只有用诸如 NUMMRG、AADD 或 AGLUE 等命令来"焊接"才能将接缝除去。

相应地，对于三维的实体体素，ANSYS 也提供了简单快捷的生产方法。

可用下列方法生成长方体：

（1）在基于工作平面坐标上生成长方体：

命令：BLOCK

GUI：Main Menu > Preprocessor > Create > Block > By Dimensions

（2）通过角点生成一个长方体：

命令：BLC4

GUI：Main Menu > Preprocessor > Create > Block > By 2 Corners & Z

（3）通过中心及角点生成一个长方体：

命令：BLC5

GUI：Main Menu > Preprocessor > Create > Block > By Centr, Cornr, Z

利用下列方法可生成端面为圆或圆环区域的直棱柱体（如圆柱）：

（1）以工作平面原点为圆心生成一个圆柱体：

命令：CYLIND

GUI：Main Menu > Preprocessor > Create > Cylinder > By Dimensions

（2）在工作平面的任意处生成圆柱体：

命令：CYL4

GUI：Main Menu > Preprocessor > Create > Cylinder > Hollow Cylinder

Main Menu > Preprocessor > Create > Cylinder > Partial Cylinder

Main Menu > Preprocessor > Create > Cylinder > Solid Cylinder

（3）通过端点生成圆柱体：

命令：CYL5

GUI：Main Menu > Preprocessor > Create > Cylinder > By End Pts & Z

可用下列方法生成正棱柱体：

（1）以工作平面的原点为圆心生成一个正棱柱体：

命令：RPRISM

GUI：Main Menu > Preprocessor > Create > Prism > By Circumscr Rad

Main Menu > Preprocessor > Create > Prism > By Inscribed Rad

Main Menu > Preprocessor > Create > Prism > By Side Length

（2）在工作平面的任意位置处生成多棱柱体：

命令：RPR4

GUI：Main Menu > Preprocessor > Create > Prism > Hexagonal

Main Menu > Preprocessor > Create > Prism > Octagonal

Main Menu > Preprocessor > Create > Prism > Pentagonal

Main Menu > Preprocessor > Create > Prism > Septagonal

Main Menu > Preprocessor > Create > Prism > Square

Main Menu > Preprocessor > Create > Prism > Triangular

若要生成基于工作平面坐标对的任意多棱柱体，使用 PRISM 命令，PRISM 命令必须跟随在 PTXY 命令之后（在 GUI 中没有与 PRISM 命令相应的途径）。

利用下列方法可以生成球体或部分球体：

（1）以工作平面原点为中心生成球体：

命令：SPHERE

GUI：Main Menu > Preprocessor > Create > Sphere > By Dimensions

（2）在工作平面的任意位置处生成球体：

命令：SPH4

GUI：Main Menu > Preprocessor > Create > Sphere > Hollow Sphere

Main Menu > Preprocessor > Create > Sphere > Solid Sphere

（3）以直径的端点生成球体：

命令：SPH5

GUI：Main Menu > Preprocessor > Create > Sphere > By End Points

利用以下方法可以生成锥或截锥：

（1）以工作平面的原点为中心生成锥体：

命令：CONE

GUI：Main Menu > Preprocessor > Create > Cone > By Dimensions

（2）在工作平面的任意位置处生成锥体：

命令：CON4

GUI：Main Menu > Preprocessor > Create > Cone > By Picking

（3）若要生成环体可采用以下方法：

命令：TORUS

GUI：Main Menu > Preprocessor > Create > Torus

可用 TORUS、RAD1、RAD2、RAD3、THEAT1、THETA2 命令生成环体或部分环体。

若要生成环体，不必给 THETA1 或 THETA2 赋值，但必须指定用于定义环的三个半径值（RAD1、RAD2 和 RAD3）。可以任意顺序指定半径，最小的值是内部半径，中间值为外部半径，最大值为主半径（有一个例外需指定半径值的顺序：如果想生成一个实心环体，内部半径指定为零或空，这种情况下零或空必须占据 RAD1 或 RAD2 的位置）。至少其中的两个值必须指定为正值，它们用来定义外面半径和主半径。

当用体体素时应当注意以下两点：

第一，几乎所有命令定义的体都是相对于工作平面。

第二，在有限元模型中，两个相接触的体素间会生成一个不连续的接缝，只有用诸如 NUMMRG、VGLUE 和 VADD 命令"焊接"才能将此接缝除去。

6. 布尔操作

在布尔代数中，对一组数据可用诸如交、并、减等逻辑运算处理。ANSYS 程序也允许用户对实体模型进行同样的布尔运算。这样修改实体模型就更加容易了。

几乎可以对任何实体模型进行布尔运算操作，无论是自上向下还是自下向上构造的。例外是通过搭接生成的图元对布尔运算无效，对退化的图元也不能进行某些布尔运算。完成布尔运算之后，紧接着就是实体模型的加载和单元属性的定义。如果用布尔运算修改了已有的模型，应该注意的是重新进行单元属性和加载的定义。布尔运算主要包括交、并、交运算。

交运算的结果是由每个初始图元的共同部分形成一个新图元。也就是说，交表示两个或多个图元的重复区域。这个新的图元可能与原始的图元有相同的维数，也可能低于原始图元的维数。例如两条的交可能只是一个关键点（或关键点的集合），也可能是一条线（或线的集合）。布尔交命令有如下形式：

（1）生成线的交：

命令：LINL

GUI：Main Menu > Preprocessor > Operate > Intersect > － Common － Lines

（2）生成面的交：

命令：AINA

GUI：Main Menu > Preprocessor > Operate > Intersect > － Common － Areas

（3）生成体的交：

命令：VINV

GUI：Main Menu > Preprocessor > Operate > Intersect > － Common － Volumes

（4）生成线与面的交：

命令：LINA

GUI：Main Menu > Preprocessor > Operate > Intersect > Line with Area

（5）生成面与体的交：

命令：AINV

GUI：Main Menu > Preprocessor > Operate > Intersect > Area with Volume

（6）生成线与体的交：

命令：LINV

GUI：Main Menu > Preprocessor > Operate > Intersect > Line with Volume

7. 加运算

加运算的结果是得到一个包含各个原始图元所有部分的新图元（这种运算也可称为并、连接或和）。这样形成的新图元是一个单一的整体，没有接缝（实际上，加运算形成的图元在网格划分时常不如搭接形成的图元好）。在 ANSYS 程序中只能对三维实体或二维共面的面进行加操作。面相加可以包含有面内的孔，即内环。布尔加命令如下：

（1）将分开的面相加生成一个面：

命令：AADD

GUI：Main Menu > Preprocessor > Operate > Add > Areas

（2）将分开的体相加生成一个体：

命令：VADD

GUI：Main Menu > Preprocessor > Operate > Add > Volumes

8.减运算

如果从某个图元(E1)减去另一个图元(E2),其结果可能有两种情况:一是生成一个或多个新图元 E3(E1－E2≥E3),E3 与 E1 有同样的维数,且与 E2 无搭接部分。另一种情况是 E1 与 E2 的搭接部分是个低维的实体。这时,结果为将 E1 分成两个或多个新的实体(E1－E2≥E3,E4)。

如果减命令的 SEPO 命令域置空(缺省),图元的减运算会产生带有公共端点的线,或带有公共边界线的面,或带有公共边界的体。命令域置为"SEPO",结果图元将不再有公共的边界而是有不同但重合的边界。后一个操作如果图元的搭接部分不能将输入图元中的一个分成至少两个不同的线、面或体,则该运算无效。布尔减命令(及相应的 GUI 途径)如下:

(1)从线中减去线:

命令:LSBL

GUI:Main Menu > Preprocessor > Operate > Subtract > Lines

Main Menu > Preprocessor > Operate > Subtract > With Options > Lines

Main Menu > Preprocessor > Operate > Divide > Line by Line

Main Menu > Preprocessor > Operate > Divide > With Options > Line by Line

(2)从面中减去面:

命令:ASBA

GUI:Main Menu > Preprocessor > Operate > Subtract > Areas

Main Menu > Preprocessor > Operate > Subtract > With Options > Areas

Main Menu > Preprocessor > Operate > Divide > Area by Area

Main Menu > Preprocessor > Operate > Divide > With Options > Area by Area

(3)从体中减去体:

命令:VSBV

GUI:Main Menu > Preprocessor > Operate > Subtract > Volumes

Main Menu > Preprocessor > Operate > Subtract > With Options > Volumes

(4)从线中减去面:

命令:LSBA

GUI:Main Menu > Preprocessor > Operate > Divide > Line by Area

Main Menu > Preprocessor > Operate > Divide > With Options > Line by Area

(5)从线中减去体:

命令:LSBV

GUI:Main Menu > Preprocessor > Operate > Divide > Line by Volume

Main Menu > Preprocessor > Operate > Divide > With Options > Line by Volume

(6)从面中减去体:

命令：ASBV

GUI：Main Menu > Preprocessor > Operate > Divide > Area by Volume

Main Menu > Preprocessor > Operate > Divide > With Options > Area by Volume

（7）从面中减去线：

命令：ASBL

GUI：Main Menu > Preprocessor > Operate > Divide > Area by Line

Main Menu > Preprocessor > Operate > Divide > With Options > Area by Line

注意：使用 ASBL 命令时不出现 SEPO 域。

（8）从体中减去面：

命令：VSBA

GUI：Main Menu > Preprocessor > Operate > Divide > Volume by Area

Main Menu > Preprocessor > Operate > Divide > With Options > Volume by Area

9. 搭接运算

搭接命令用于连接两个或多个图元，以生成三个或更多的新的图元的集合。搭接命令除了在搭接域周围生成了多个边界外，与加运算非常类似。也就是说，搭接操作生成的是多个相对简单的区域，加运算生成一个相对复杂的区域。因而，搭接生成的图元比加运算生成的图元更容易划分网格。

搭接区域必须与原始图元有相同的维数。布尔搭接命令（及其相应的 GUI 途径）如下：

（1）搭接线：

命令：LOVLAP

GUI：Main Menu > Preprocessor > Operate > Overlap > Lines

（2）搭接面：

命令：AOVLAP

GUI：Main Menu > Preprocessor > Operate > Overlap > Areas

（3）搭接体：

命令：VOVLAP

GUI：Main Menu > Preprocessor > Operate > Overlap > Volumes

10. 黏结运算

黏结命令与搭接命令类似，只是图元之间仅在公共边界处相关，且公共边界的维数低于原始图元一维。这些图元间仍然相互独立，只在边界上连接（它们相互对话）。布尔黏结命令（及与之相应的 GUI 途径）如下：

（1）通过黏结线生成新线：

命令：LGLUE

GUI：Main Menu > Preprocessor > Operate > Glue > Lines

（2）通过黏结面生成新的面：

命令：AGLUE

GUI：Main Menu > Preprocessor > Operate > Glue > Areas

（3）通过黏结体生成新的体：

命令：VGLUE

GUI：Main Menu > Preprocessor > Operate > Glue > Volumes

　　由于铝电解槽自身结构的复杂性和相关实体的不规则性，需要综合使用自顶向下和自底向上的实体建模技术。即对于大部分槽内实体的建模应该以自顶向下为主，但对于槽帮和伸腿等具有特殊曲面的不规则实体，则需要先定义出关键的点并连成曲线构造曲面，最后则由面组合成实体。按照这种方法，得到某 400 kA 铝电解槽的实体建模如图 6－5 所示。

图 6－5　某 400 kA 预焙铝电解槽的实体模型

6.3.2　有限元网格的划分

　　使用有限元法进行铝电解槽物理场仿真的理论基础是变分原理和加权余量法，其基本求解思想是需要把计算域划分为有限个互不重叠的单元，在每个单元内，选择一些合适的节点作为求解函数的插值点，将微分方程中的变量改写成由各变量或其导数的节点值与所选用的插值函数组成的线性表达式，借助于变分原理或加权余量法，将微分方程离散求解。因此，当铝电解槽的实体模型建立之后便需要设置各实体的材料属性并进行网格的划分，以得到由多个网格和节点组成的计算域。网格划分通常占据有限元分析一半以上的工作量，其划分好坏与求解速度、精度和稳定性密切相关。

ANSYS 软件平台可根据用户的分析类型需要提供一百多种不同的单元类型，而在铝电解物理场仿真通常只使用约十种的单元类型，如表 6 - 8 所示。

表中的单元类型可搭配使用，以共同完成物理场分析任务。如进行铝电解槽电热场分析时，将既导电又导热的阳极、熔体、阴极和钢棒等部分划分为 Solid69 单元，而不导电但导热的槽帮、伸腿、结壳、内衬和氧化铝上部覆盖料等则划分为 Solid70 单元，Plane55 单元则用于简化的二维热分析模型计算；在电磁场分析时，电解槽槽体各部分用 Solid5 单元划分（若复杂体无法划分为 Solid5 则改用 Solid98 单元划分为四面体），阳极导杆和复杂的母线系统则可以视为三维线段分别划分为 Sourc36 和 Link68 单元，Mesh200 单元则用于在槽体外表面划分面网格再经拖拉操作生成体网格以代表空气包。此外，为了考虑铝电解槽中阴极钢棒和阴极炭块之间的接触现象，还可分别对目标和接触面使用 Targe170 和 Conta173 单元进行划分，并在二者之间施加接触热导率及接触电导率。

表 6 - 8   铝电解槽物理场仿真研究常用单元类型

名称	实体维数	节点数与形状	退化形式	用途
Solid5	三维	八节点六面体	六节点三棱柱	电磁耦合场
Sourc36	三维	三节点线状	不可退化	磁场的电流源
Solid45	三维	八节点六面体	六节点三棱柱	结构分析
Plane55	二维	四节点四边形	三节点三角形	二维热场
Link68	三维	两节点线段	不可退化	电热线单元
Solid69	三维	八节点六面体	六节点三棱柱	电热耦合场
Solid70	三维	八节点六面体	六节点三棱柱	热场
Solid98	三维	四节点四面体	不可退化	电磁耦合场
Targe170	三维	三节点曲面	不可退化	目标单元
Conta173	三维	六节点曲面	不可退化	接触单元
Mesh200	二维	四节点四边形	三节点三角形	面网格划分

ANSYS 软件可提供便捷地、高质量地对 CAD 模型进行网格划分的功能[10]。包括四种网格划分方法：延伸划分、映像划分、自由划分和自适应划分。延伸网格划分可将一个二维网格延伸成一个三维网格。映像网格划分允许用户将几何模型分解成简单的几部分，然后选择合适的单元属性和网格控制，生成映像网格。ANSYS 程序的自由网格划分器功能是十分强大的，可对复杂模型直接划分，避免了用户对各个部分分别划分然后进行组装时各部分网格不匹配带来的麻烦。自适

应网格划分是在生成了具有边界条件的实体模型以后，用户指示程序自动地生成有限元网格，分析、估计网格的离散误差，然后重新定义网格大小，再次分析计算、估计网格的离散误差，直至误差低于用户定义的值或达到用户定义的求解次数。对图 6 - 5 中的铝电解槽实体模型以 Solid69 和 Solid70 单元划分网格，得到其网格模型如图 6 - 6 所示。

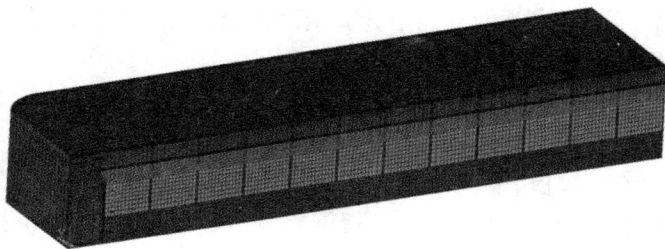

图 6 - 6　某 400 kA 铝电解槽的网格模型

网格划分密度很重要。如果网格过于粗糙，那么结果可能包含严重的错误，如果网格过于细致，将花费过多的计算时间，浪费计算机资源，而且模型可能过大有可能导致不能在计算机系统上运行。为避免这类问题的出现，在生成模型前应当考虑网格密度问题。在有限元方法中，在每个单元内选择基函数，用单元基函数的线

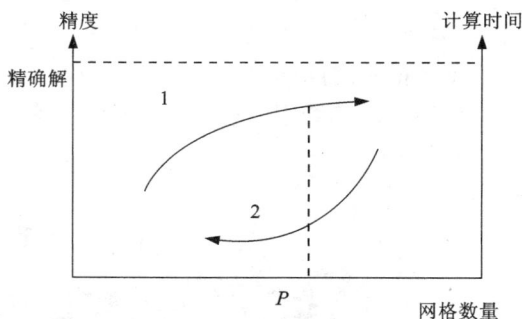

图 6 - 7　计算精度与计算时间随网格数量的变化

形组合来逼近单元中的真解，整个计算域上总体的基函数可以认为是由每个单元基函数组成的，因此整个计算域内的解可以看作是由所有单元上的近似解构成。由此可见，单元尺寸越小，计算结果越精确。计算精度与计算时间随网格数量的变化如图 6 - 7 所示。当网格数量增加到一定程度后，再继续细化网格精度提高甚微，而计算时间却大幅度增加。因此应注意增加网格数量的经济性。实际应用时可以比较两种网格划分的计算结果，如果两次计算结果相差较大，可以继续增加网格，相反则停止计算。

铝电解槽熔体温度高达 960℃，腐蚀性强，很难进行温度和电流分布情况的

测定。随着现代数学物理理论、数值模拟方法、计算机技术的发展，有限元计算方法以其适用于求解具有复杂几何形状和复杂边界条件的问题而得到迅速发展，目前在铝电解槽多物理场仿真计算中具有广泛的应用。采用不同的单元尺寸，同一模型的计算结果也有一定的差异，一般而言，网格密度越大，这种误差越小，但计算时间大幅增加，特别针对大型预焙铝电解槽这种大型模型，单元数高达百万数量级，很容易造成单元数超过硬件甚至软件的处理能力而无法计算。因此，在现有计算条件下，寻求既能够满足计算精度要求，又能够保证计算经济性的网格划分策略，显得尤为重要。

以某 300 kA 预焙铝电解槽为研究对象[10]，该槽长 7.536 m，宽 2.036 m，高 1.465 m，初始模型单元尺寸为 0.07 m 时模型的网格划分图如图 6 - 8 所示。电解槽导电导热结构：阳极、电解质熔体、铝液、阴极和钢棒等，采用具有电压、温度两个自由度的 8 节点 Solid69 单元进行网格划分；其他仅导热部分如氧化铝覆盖料、电解质结壳、侧部炭块、槽帮伸腿、底部保温材料以及槽壳等不导电部分用仅有一个温度自由度的 8 节点 Solid70 单元进行网格划分。阳极钢爪和阳极导杆结构简单，直接采用 Link68 线单元建立。定义 Link68 单元和炭阳极 Solid69 单元间的电约束方程，以连接两种以不同方式建立的结构，实现电流的连续流动。为考虑电热场结果的准确性，通过目标单元 Target170 和接触单元 Contact173 分别定义熔体与槽帮之间的热接触以及阴极炭块与钢棒之间的电接触，并定义了阴极炭块与钢棒间的热约束方程，实现温度的连续分布。

图 6 - 8　模型网格划分图

本模型将铝电解槽自上至下分为：氧化铝覆盖料层（含阳极），电解质结壳层（含阳极），含阳极电解质层，极间电解质层，铝液层，阴极炭块不含钢棒层，阴极炭块含钢棒层以及底部保温结构层，如图 6 - 9 所示。划分网格时，定义单元尺寸，按照一定的顺序调用 ANSYS 结构化设计语言，自上往下分层划分网格。大部分体均可划分为 6 面体网格，极少部分形状不规则体无法扫过，则划分为四面体网格。

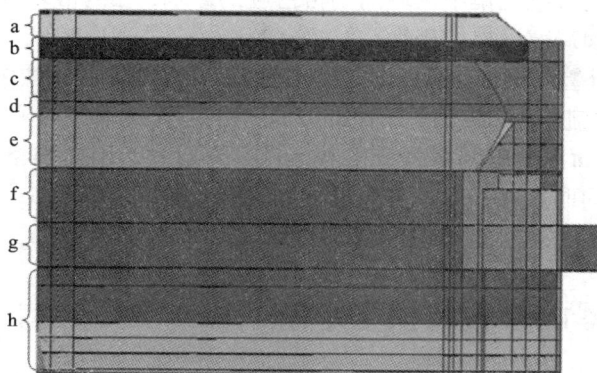

a：氧化铝覆盖料层；b：电解质结壳层；c：含阳极电解质层；d：极间电解质层；
e：铝液层；f：阴极炭块无钢棒层；g：阴极炭块含钢棒层；h：底部保温结构层

图 6 - 9　模型分层示意图

分别考察整体网格尺寸为 0.07 m、0.06 m、0.05 m、0.04 m、0.035 m 和 0.03 m，计算得到的熔体温度和槽电压(槽内欧姆压降)以及计算时间如表 6 - 9 所示。

表 6 - 9　采用不同全局网格尺寸的计算结果比较

单元尺寸/m	单元数/个	熔体温度/℃	槽电压/V	计算时间/min
0.07	149222	890	2.416	7
0.06	231593	912	2.536	10
0.05	315301	906	2.493	72
0.04	518048	938	2.695	206
0.035	751477	956	2.785	234

从计算效率的角度出发，由表 6 - 9 可大致确定铝电解槽的整体网格尺寸控制在 0.05 ~ 0.07 m 时较为合适。同时，为了提高计算精度，需要对局部进行网格细化，主要途径是控制相应区域各方向上的单元尺寸。

通过不同网格划分策略下铝电解槽电热场计算结果的比较，以及局部网格密度与仿真精度的关系研究，我们最终得出如下结论：温度梯度比较大的各部分保温结构，以及电势梯度比较大的极间电解质层，网格划分尺寸的大小对计算结果影响较小，考虑到计算时间的经济性，无须划分过密的网格；而电流密度比较大的部位则受网格密度的影响很大，如钢爪与阳极的接合部位，此时，为获得准确的计算结果，应提高该部位的网格密度。因此，对于铝电解槽电热场计算，其计算精度主要受到其电流集中区域的网格密度的影响，在网格划分上可遵循该思路适当调整全局和局部网格的密度。

对于上述计算算例，上部氧化铝层处于阳极钢爪与阳极炭块的体单元的过渡区域，有很大的电流集中，故细化了该部分的网格，其 X、Y 方向单元尺寸取 0.03 m，Z 方向取 0.04 m。由于网格划分的继承性，为划分六面体网格，其他部分 X、Y 方向单元尺寸均取 0.03 m，Z 方向尺寸则可取 0.07 m，此时，在保证了计算精度的前提下，迭代次数最少，计算时间最短。

6.4　求解器的设置及模型求解

针对铝电解槽的三维实体划分有限元网格后便进入求解步骤，需要根据电解槽的实际工况施加各种载荷。

在 ANSYS 软件中，载荷包括边界条件和外部或内部作用力函数，在不同的分析领域中有不同的表征，但基本上可以分为 6 大类：自由度约束、力（集中载荷）、面载荷、体载荷、惯性载荷以及耦合场载荷。

（1）自由度约束（DOF constraints）：将给定的自由度用已知量表示。例如在结构分析中约束是指位移和对称边界条件，而在热分析中则指的是温度和热通量平行的边界条件，各种分析类型的自由度约束见表 6 – 10。

表 6 – 10　各种物理场分析中可用的自由度约束

分析类型	自由度	ANSYS 标识符
应力场分析	平移	UX, UY, UZ
	旋转	ROTX, ROTY, ROTZ
热场分析	温度	TEMP
磁场分析	矢量势	AX, AY, AZ
	标量势	MAG
电场分析	电压	VOLT
流场分析	速度	VX, VY, VZ
	压力	PRES
	紊流动能	ENKE
	紊流扩散速率	ENDS

（2）力（集中载荷）（force）：指施加于模型节点上的集中载荷或者施加于实体模型边界上的载荷。例如应力场分析中的力和力矩，热场分析中的热流速度，如表 6 - 11 所示。

（3）面载荷（surface load）：指施加于某个面上的分布载荷。例如结构分析中的压力，热力学分析中的对流和热通量。

表 6 - 11　各种物理场分析中可用的面载荷

学科	表面载荷	ANSYS 标识符
结构分析	压力	PRES1
热场分析	对流	CONV
	热通量	HFLUX
	无限表面	INF
磁场分析	麦克斯韦表面	MXWF
	无限表面	INF
电场分析	麦克斯韦表面	MXWF
	表面电荷密度	CHRGS
	无限表面	INF
流场分析	流体结构界面	FSI
	阻抗	IMPD
所有学科	超级单元载荷矢	SELV

（4）体载荷（body load）：指体积或场载荷。例如需要考虑的重力和热力分析中的热生成速率等，如表 6 - 12 所示。

表 6 - 12　各种物理场分析中可用的体载荷

学科	表面载荷	ANSYS 标识符
应力场分析	力、力矩	F、M
热场分析	热生成速率	HGEN
	温度	TEMP
磁场分析	磁场密度	JS
	虚位移	MVDI
	电压降	VLTG
电场分析	温度	TEMP 1
	体积电荷密度	CHRGD
流场分析	力密度	FORC

（5）惯性载荷（inertia loads）：指由物体的惯性而引起的载荷。例如重力加速度、角速度、角加速度引起的惯性力。

（6）耦合场载荷（coupled - field loads）：它是一种特殊的载荷，是考虑到一种分析的结果，并将该结果作为另外一个分析的载荷。例如在铝电解槽的电磁场分析中，常将电场分析中计算得到的电势分布作为磁场分析中的电载荷；而热－应力分析中，需要将热场分析中获得的温度分布作为应力场分析中的热载荷。

上述载荷通常可施加到铝电解槽的实体模型（关键点、线和面）或有限元模型（节点和单元）上，这两种方式各有其自身的优缺点。

对于实体模型加载的方式，其优点主要是实体模型载荷独立于有限元网格，即可以改变单元网格而不影响施加的载荷，允许在仿真试验中更改网格并进行网格敏感性研究而不必每次重新施加载荷。此外，与有限元模型相比，实体模型通常包括较少的实体。因此，选择实体模型并在这些实体上施加载荷要容易得多，尤其是通过图形拾取时。

而在有限元网格上加载载荷则比较直接，可以根据需要灵活选取相应的单元与节点进行加载。但任何有限元网格的修改都将使载荷无效，需要删除先前的载荷并在新网格上重新施加载荷，这就给日常的仿真分析带来了更大的工作量，且有时候会出现难以方便地拾取相应网格的问题。

此外，考虑到铝电解槽的结构对称性，为减少建模的复杂程度并提高仿真效率，在进行电热场和应力场分析时一般选取四分之一铝电解槽进行研究，这就还需要在对称面上施加对称边界条件。

当所有载荷施加完毕后，就可以进行模型的求解。ANSYS 软件具有强大的求解能力，内嵌了多种类型的求解器，如表 6 - 13 所示，可根据需要灵活选取。

表 6 - 13　求解器类型及其选择准则

解法	典型应用场合	模型尺寸	内存占用	硬盘占用
正向直接解法	要求稳定性（非线性分析）或内存受限制时	低于 50000 自由度	低	高
稀疏矩阵直接解法	要求稳定性和求解速度（非线性分析）；线性分析时迭代法收敛很慢时（尤其对病态矩阵，如形状不好的单元）	自由度为 100000 ~ 500000	中	高
雅可比共轭梯度法	在单场问题（如热、磁、声、多物理问题）中求解速度很重要时	自由度为 500000 ~ 1000000	中	低

续表 6 − 13

解法	典型应用场合	模型尺寸	内存占用	硬盘占用
不完全乔类斯基共轭梯度法	在多物理模型应用中求解速度很重要时,处理其他迭代法很难收敛的模型(几乎是无穷矩阵)	自由度为 50000 ~ 1000000	高	低
预条件共轭梯度法	当求解速度很重要时(大型模型的线性分析)尤其适合实体单元的大型模型	自由度为 50000 ~ 1000000	高	低
代数多栅求解器	与预条件共轭梯度法相同,可以在共享存储器的并行机上升级到八处理器	自由度为 50000 ~ 1000000	高	低
分布式求解器	将物理模型分解至网格中的数个处理器中分别同步求解	自由度为 100000 ~ 1000000	高	低

如果不能确定求解任务所需的最佳求解器,则可由 ANSYS 软件进行自动选取,即程序根据对求解类型、计算量的大小和收敛程度的判断自动选择和变更求解器。

下面以铝电解槽的磁场求解为例对载荷的加载与求解进行简要介绍。

磁场边界条件如下:铝电解槽磁场求解属于开域问题,假设有限空气的外表面处于无限远处,在模型边界的节点上施加零磁标量位(MAG = 0),即 Dirichlet 边界条件。采用全标量法(GSP)求解,主要求解命令如下[6]:

```
! * * * * * * * * * * * * * * * * * * * * * * * * * * * * * *
* * * * * * * * * * * * * * * * * * * *
/solu
! 选取空气边界上的节点,设置 MAG = 0
alls
nsel, s, loc, y, Ymax
nsel, a, loc, y, Ymin
nsel, a, loc, z, Zmax
nsel, a, loc, z, Zmin
nsel, a, loc, x, Xmax
nsel, a, loc, x, Xmin
D, all, MAG, 0,
alls
! Biot − Savart 积分预估磁场
```

```
biot, new
finish
! 设置处理器个数，可选项
/CONFIG, NPROC, n

/solu                        ! gsp
magopt, 1                    ! Partial solution in iron
cnvtol, flux, , 1e - 3       ! Set convergence criteria
outres, all, none            ! Do not store results
nropt, full, , on            ! Full Newton - Raphson, adaptive descent
solve                        ! Solve
magopt, 2                    ! Partial solution in air
solve                        ! Solve
magopt, 3                    ! Final solution
outres, all, last            ! Store converged solution
solve                        ! Solve
finish
! * * * * * * * * * * * * * * * * * * * * * * * * * * * * * * * * * *
```

6.5 结果导出及后处理

建立铝电解槽有限元模型并获得解后，就想要得到一些关键问题答案：该槽型设计投入使用时，是否真的可行？某个区域的应力有多大？内衬结构的温度分布如何？电解槽各区域散热比例是否合适？通过某个电解槽表面区域的热损失有多少？电解槽的磁场分布是否适当？电解质和铝液的流动速度和形态是否适宜？这些问题的回答都需要导出计算结构并进行相应的后处理，将计算结果以彩色等值线显示、梯度显示、矢量显示、粒子流迹显示、立体切片显示和三维云图等图形方式显示出来，也可将计算结果以图表、曲线形式显示或输出。

求解阶段的计算将产生两种类型的结果数据：

（1）基本数据：包含每个节点计算自由度解，如结构分析的位移、热力学分析的温度、磁场分析的磁势等，这些被称为节点解数据；

（2）派生数据：即为由基本数据计算得到的数据，如结构分析中的应力和应变；热力学分析中的热梯度和热流量；磁场分析中的磁通量等。对每个单元，通常计算这些数据，可以是下列位置的数据：每个单元的所有节，每个单元的所有积分点或每个单元的质心。派生数据也称为单元解数据。在这些情况下，它们成为节点解数据。

对不同物理场产生的上述两种结果数据类型总结如表 6 – 14 所示。

表 6 – 14　不同物理场分析的基本数据和派生数据

学科	基本数据	派生数据
结构分析	位移	应力，应变，反作用力等
热力分析	温度	热流量，热梯度等
磁场分析	磁势	磁流量，磁流密度等
电场分析	标量电势	电场，电流密度等
流体分析	速度，压力	压力梯度，热流量等

一旦完成计算并确定好所需的数据类型，就可通过 ANSYS 后处理器查看结果。可使用两个后处理器：POST1 和 POST26。

POST1 为通用后处理器，可用于查看整个模型或选定的部分模型在某一子步（时间步）的结果。键入 POST1 的命令为/POST1（Main Menu > General Postproc），仅在开始阶段有效。可获得等值线显示、变形形状以及检查和解释分析的结果的列表。POST1 提供了许多其他功能，包括误差估计、载荷工况组合、结果数据的计算和路径操作。

POST26 为时间历程后处理器，用于查看模型的特定点在所有时间步内的结果。键入 POST26 的命令为/POST26（Main Menu > TimeHist Postpro），仅在开始阶段有效。可获得结果数据对时间（或频率）的关系的图形曲线及列表。POST26 的其他功能还包括算术计算和复数等。

参考文献

[1]刘业翔，李劼，等. 现代铝电解[M]. 北京：冶金工业出版社，2008.

[2]徐宇杰. 铝电解槽内熔体运动数学建模及应用研究[D]. 长沙：中南大学，2010.

[3]周正明，周乃君，姜昌伟. 铝电解槽电、磁、流数值计算方法的进展[J]. 甘肃冶金，2003，25(4)：1 – 5.

[4]周萍，周乃君，梅炽，等. 铝电解槽内铝液电磁搅拌流动的数值模拟[J]. 过程工程学报，2003，3(4)：295 – 301.

[5]周萍. 铝电解槽内电磁流动模型及铝液流动数值仿真的研究[D]. 长沙：中南大学，2002.

[6]刘伟. 铝电解槽多物理场数学建模及应用研究[D]. 长沙：中南大学，2008.

[7]伍玉云. 300 kA 铝电解槽电热应力及钠膨胀应力的仿真优化研究[D]. 长沙：中南大学，2007.

[8]唐兴伦，范群波，张朝晖，等. ANSYS 工程应用教程——热与电磁学篇[M]. 北京：中国铁道出版社，2003.

[9]崔喜风. 20 kA 级惰性电极铝电解槽多物理场仿真及结构优化[D]. 长沙：中南大学，2011.

第7章　大型铝电解槽物理场仿真实例

7.1　稳态电场

铝电解槽多物理场耦合涉及电场、热场、磁场、流场、应力和浓度等多个方面，物理场之间相互作用，彼此互为因果，形成闭环。电流是电解槽物理场发生、发展的根源。下文将以某 400 kA 级电解槽为例，分析其电场仿真结果。

7.1.1　电压平衡方程

铝电解槽槽平均电压 V_{ave} 由下列几个部分组成：反电动势（$Bemf$）、电解质电压降（ΔV_b）、阳极电压降（ΔV_a）、阴极电压降（ΔV_c）、母线电压降（ΔV_{bus}）和气膜电压降（ΔV_g）即：

$$V_{ave} = Bemf + \Delta V_b + \Delta V_a + \Delta V_c + \Delta V_{bus} + \Delta V_g \tag{7-1}$$

其中：反电动势 $Bemf$ 取值 1.700 V；ΔV_g 取经验值 100 mV；其余的 ΔV_b、ΔV_a、ΔV_c 及 ΔV_{bus} 则根据电场模型计算得到。

7.1.2　电压降分析

应用电热耦合计算模型，对电热场进行计算，将电场的有限元模型及全槽欧姆压降结果列入图 7-1 及彩图 I-1。

图 7-1　电场计算模型

根据电压降计算结果可列出电压平衡表,如表 7 - 1 所示。

表 7 - 1 电压平衡表

项　　目	电压降/mV
阳极部分 ΔV_a	321
电解质及铝液 ΔV_b	1290
阴极部分 ΔV_c	327
反电动势 $Bemf$	1723
气膜压降 ΔV_g	30
母线压降 ΔV_b	243
效应分摊电压 ΔV_{AE}	10
总压降	3944

由于采用了开槽阳极、斜捣固糊等措施,再结合理想的磁场及磁流体稳定性设计,极距还可以进一步降低,电压完全可以保持在 3.94 V 以下。

7.1.3　阴极钢棒电流分布

进出电两侧每组钢棒电流分布见图 7 - 2。进电侧电流合计 203674 A,占总电流的 48.5%,最大值 9157 A。出电侧电流合计 216326 A,占总电流的 51.5%,最大值 9487 A。从分布趋势上看,每侧的阴极钢棒内电流分布不是很理想,且两侧电流总量有偏差。总体趋势如下:①A 侧电流总量略小于 B 侧电流总量;②阴极钢棒载流量与理论载流量有些差异,最大的超过 8%。

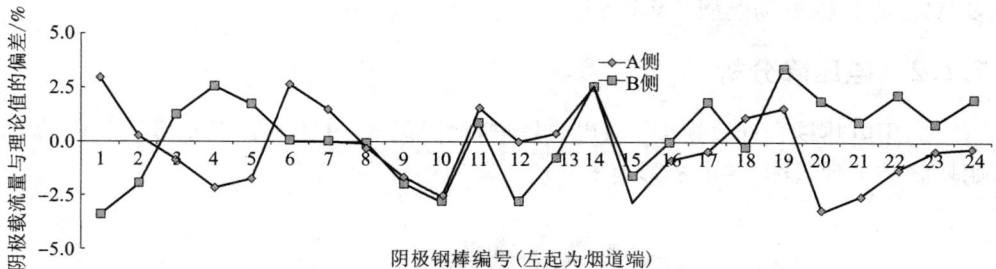

图 7 - 2　目标槽阴极钢棒组(软母线)载流量与理论偏差

目标槽的立柱母线载流量如图 7 - 3 所示。可以看出,立柱 1 及立柱 6 所流经的电流量偏低,立柱 3 及立柱 4 较高,立柱 2 与立柱 5 较为合理。总体来说,在最外面两个端部的载流量低于理论值。

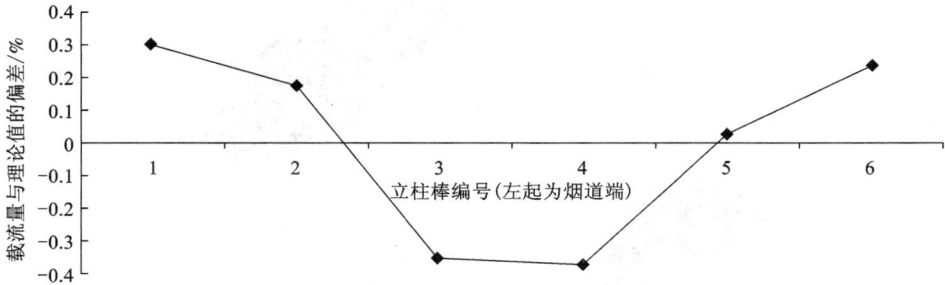

图 7 - 3 阳极立柱母线载流量与理论偏差

从以上计算结果可知，根据前文所述的计算方法，可分析阴极钢棒载流量分布，从而了解各阴极钢棒组的载流量及立柱母线的载流量与理论的偏差，再据此对母线的电阻平衡进行优化。

7.2 稳态磁场

在电场计算的基础上，根据双标量法计算磁场的原理和步骤，建立该铝电解槽磁场的三维仿真计算模型，并进行磁场的计算。在计算过程中，考虑前后各有 6 台电解槽，并同时考虑了铁磁物质和相邻列电解槽的影响，使用 Newton - Raphson 求解器，设置磁通量收敛残差为 1.0×10^{-3}，计算了槽内三维磁感应强度，现给出铝液层的三维磁感应强度分布计算结果。

图 7 - 4(b) 是槽内铝液中部磁场在 X 方向上的磁感应强度 B_x 的分布；图 7 - 4(c) 是槽内铝液中部磁场在 Y 方向上的磁感应强度 B_y 的分布；图 7 - 4(d) 是槽内铝液中部磁场在 Z 方向上的磁感应强度 B_z 的分布。

可以看出，水平磁场 B_x 的范围为 $-217.64 \sim 149.4$ Gs；水平磁场 B_y 的范围为 $-36.09 \sim 37.13$ Gs；垂直磁场 B_z 的范围为 $-38.27 \sim 33.91$ Gs。三个方向的平均值分别为：74.05 Gs、5.83 Gs、4.52Gs。其中 1 T = 10^4 Gs。最后，将 B_z 磁场最大值、平均值及四个象限平均值列入表 7 - 2，其中，象限分布如图 7 - 5 所示。

(a)

$A=-0.019837$ $B=-0.015779$ $C=-0.01172$ $D=-0.007662$ $E=-0.003603$ $F=0.455E-03$ $G=0.004513$ $H=0.008572$ $I=0.01263$

(b)

$A=-0.003223$ $B=-0.002402$ $C=-0.001581$ $D=-0.760E-03$ $E=0.609E-04$ $F=0.882E-03$ $G=0.001703$ $H=0.002524$ $I=0.003345$

(c)

$A=-0.003087$ $B=-0.002411$ $C=-0.001735$ $D=-0.001059$ $E=-0.383E-03$ $F=0.293E-03$ $G=0.969E-03$ $H=0.001645$ $I=0.00232$

(d)

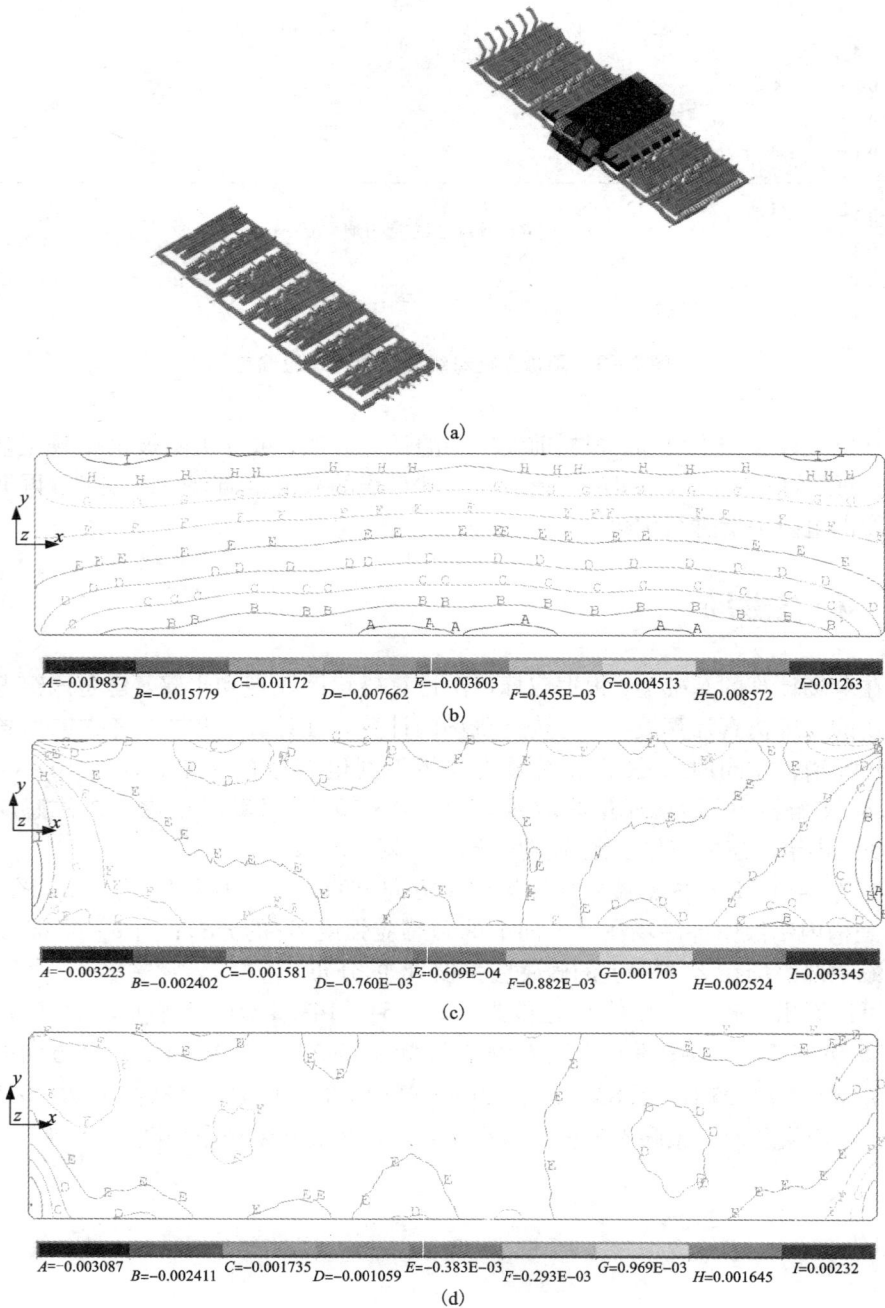

图 7-4 磁场计算模型与结果分布/T：

(a)磁场计算模型；(b)B_x 分布；(c)B_y 分布；(d)B_z 分布

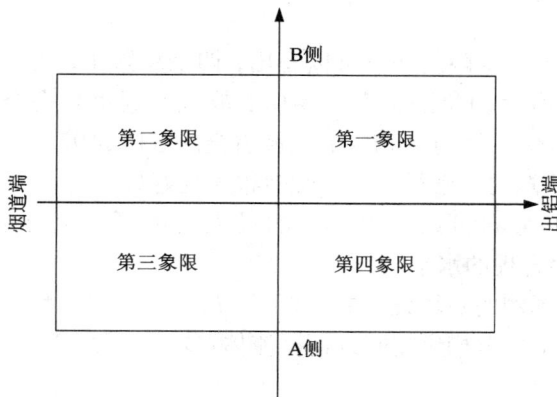

图 7-5　磁场分析的坐标系

表 7-2　B_z 磁场的计算结果

	第一象限	第二象限	第三象限	第四象限	最大值	整体均值
B_z 磁场值/Gs	4.93	3.45	3.88	5.83	38.27	4.52
$B_z < 5$ Gs 比例/%	62.99					
$B_z < 10$ Gs 比例/%	92.75					

目前国内外在大型预焙铝电解槽的磁场设计上，一般已形成较为统一的意见，即磁场需要满足如下要求：①磁场垂直分量 B_z 较小，磁场最大值的区域不宜过大，且最大值不宜分布在阳极正投影下方；②B_z 磁场整体平均值满足磁流体稳定判据；③磁场四个象限均值都应在 5 Gs 左右且阳极投影 $B_z \leqslant$ 平均值的区域尽可能大；④水平分量 B_y 尽量小。

基于以上几点，我们对旗能 420 kA 电解槽的磁场分析如下：

首先，从垂直磁场最大值分析，旗能 420 kA 电解槽 B_z 最大值为 38.27 Gs，小于 40 Gs，该极值属于理想的范围，而且该区域面积非常小，基本位于进电侧靠近烟道端部分极小的区域，对于整体稳定性影响不大；

其次，从磁场整体均值大小的角度分析，垂直磁场的绝对值的平均值为 4.52 Gs，应用磁流体稳定判据：

$$|B_z| < \frac{L_{Al} \cdot ACD}{0.05 \cdot I} \tag{7-2}$$

其中：B_z 为垂直磁场绝对值的平均值，Gs；L_{Al} 为铝水平，取 22 cm；ACD 为平均极距，取 4.5 cm；I 为平均电流密度，取 420 kA。可计算得到 B_z 的绝对平均值应小于 4.71 Gs，前文计算的磁场平均值(4.52 Gs)小于该值，因此由此判据可以证明电解槽能维持稳定。

再次，由磁场四个象限的均值可以看出，四个象限中，第一至第三项象限均值都小于 5 Gs，只有第四象限稍大于 5 Gs，故该判据也是完全满足要求的。而且，在阳极正投区域下，小于 10 Gs 的区域占全部区域的 92.75%，表明绝大部分区域都小于 10 Gs，这对电解槽的稳定性有很大的好处。

最后，从 B_y 的分布可以看出，B_y 的最大值和平均值分别为 37.13 Gs 及 5.83 Gs，都处于很合理的水平。

总体来说，该算例的磁场设计非常理想，B_z 的最大值、均值及各象限均值都在理想范围，能保证电解槽维持较好的磁流体稳定。

7.3　稳态流场

通过提取电磁模型中电流密度与磁感应强度，将两者叉乘后获得电磁力，将电磁力及相应的流场计算网格导入至 ANSYS - CFX 中，进行计算，收敛后，得到铝液的流速及铝液波动的数据。图 7 - 6(a)为流场计算的网格，图 7 - 6(b)为铝液中截面水平速度分布图，图 7 - 6(c)为电解质中截面速度分布图，图 7 - 6(d)为铝液电解质界面变形图。

从图 7 - 4 ~ 图 7 - 6 可以直接得到：

(1)铝液流场整体趋势约呈现两个相对较大的旋涡，最大流速为 41.77 cm/s，出现在电解槽烟道端侧的大旋涡外侧，计算得到的铝液平均流速为 11.76 cm/s；

(2)电解质流场分布与铝液较为类似，其流速最大值为 27.17 cm/s，平均流速为 10.42 cm/s。

7.4　磁流体稳定性

根据以上建立的数学模型，应用有限元法对某 420 kA 电解槽进行磁流体动力学计算，极距 h 和铝水平 H 分别取 5 cm 和 22 cm。应用非线性动力学模型对该槽在不同极距下运行的磁流体稳定性进行了计算和分析。图 7 - 7(a) ~ (d)分别为计算所得的极距为 5 cm、4.7 cm、4.4 cm 和 4.3 cm 下的铝液 - 电解质界面波动曲线，图中横坐标为时间，纵坐标为 ξ_{mean}/h，ξ_{mean} 表征了界面的整体变形状况，其定义如式(7 - 3)所示：

$$\xi_{mean} = [<\xi^2>/(L_x \times L_y)]^{1/2} \tag{7-3}$$

式中：$< >$ 表示定义域内积分。

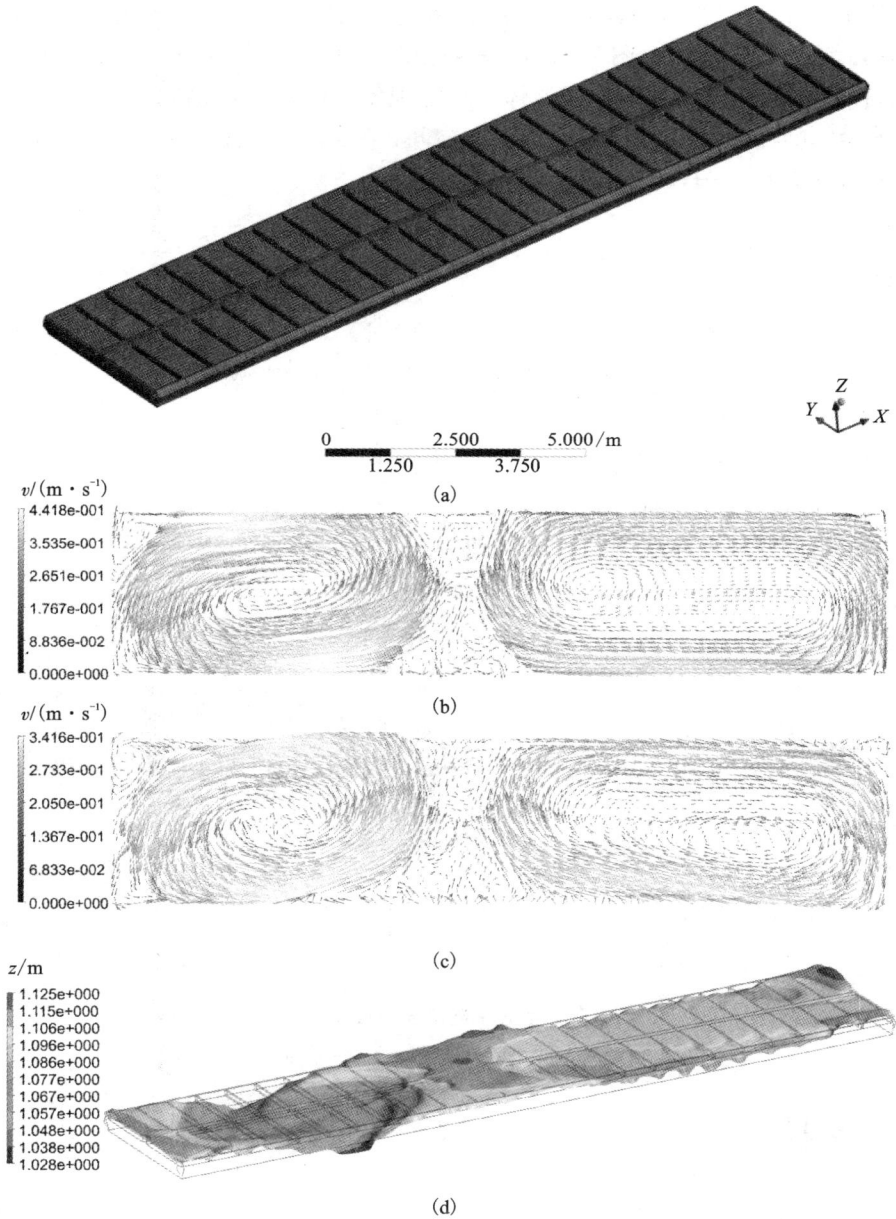

图 7 - 6　流场计算结果

(a)流场计算模型；(b)铝液中截面流速场；(c)电解质中截面流速场；(d)铝液 - 电解质稳态界面变形

图 7 - 7(a)~(c)表明在前三个极距下磁流体都是稳定的,但可以看出随着极距值的减小,稳定的趋势随之减弱,达到稳定所需的时间明显增加,稳定后界面的相对变形程度增大。图 7 - 7(d)表明极距为 4.3 cm 下铝液 - 电解质界面波动随时间不断放大,即出现了磁流体不稳定现象。可见,从磁流体稳定性角度出发,该槽的临界极距应在 4.3 至 4.4 cm 之间,在实际工业生产中,该电解槽的极距维持在 4.5 cm 左右。

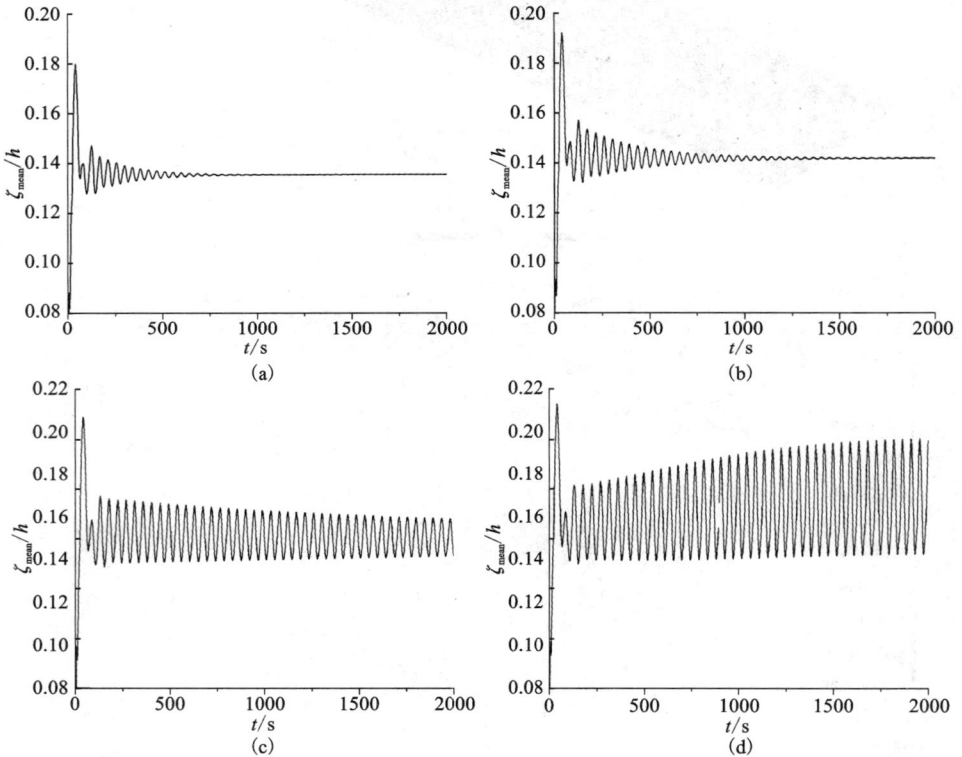

图 7 - 7 铝液 - 电解质界面波动曲线

(a)$h = 0.05$ m;(b)$h = 0.047$ m;(c)$h = 0.044$ m;(d)$h = 0.043$ m

7.5 热场

7.5.1 阴极切片温度分布结果

原始设计下的切片模型、温度分布如彩图 I - 2 所示,相应的炉帮形状如图 7 - 8 所示。由彩图 I - 2 可知,整体而言,电解槽的保温效果较为理想。初晶温度分布线（红色部分）基本没有处在阴极炭块以下，这在防止渗入阴极炭块的电解质凝结而破坏炭块上不能起到很好的效果。阴极炭块靠近端头部位的温度较低，但基本全部都处于800℃等温线内，并且大部分都处于900℃以上，故整体上阴极结构保温尚可。但是可以预计，随着阴极使用过程逐步石墨化，阴极导热性能变好，电解质初晶温度线将会下移，因电解质凝结造成的炭块破坏因素将会大幅度减少。从内衬结构温度分布来看，内衬中等温线分布较为合理，体现出侧部陡峭、底部较平滑的总体特点，这有助于槽帮和伸腿的形成与维持。

由图7-8可知，在正常的电解温度下电解槽侧部都能形成稳固的槽帮，厚度适中。在覆盖料为150 mm的厚度情况下，电解槽保温达到12.5℃的过热度，此时伸腿长到阳极底掌以下投影区以内为41 mm。

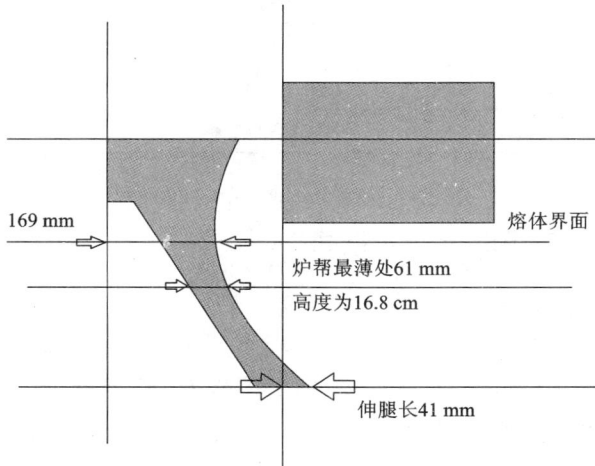

169 mm

熔体界面

炉帮最薄处61 mm

高度为16.8 cm

伸腿长41 mm

图7-8 槽帮形状分布

在正常的电解温度下电解槽侧部都能形成稳固的槽帮，并且厚度合理，电解槽的过热度为12℃左右，处于较好的电解保温状态，伸腿进入阳极投影为20 mm，属于理想的范围。

7.5.2 散热分布结果

统计切片外表面各部分区域的散热量并计算其比例，得到散热分布见表7-3，表中在进行热场计算时选取的电流效率为94%。从各部分散热量分布比例来看，散热分布较为合理。底部保温好，散热比例仅为4.34%，上部散热占54.9%，使得通过调节上部氧化铝覆盖率厚度这一手段来维持热平衡的作用效果较为明显，在进一步实现节能条件下，通过增高覆盖料的厚度可以减少电解槽的热损失，仍能实现较好的热平衡。由于底部具有良好的保温性能，可以为保持干净的炉底创造良好的先天条件，若配合使用具有良好控制效率的饥渴式下料控制系统，维持熔体中较低的氧化铝浓度，可以使得炉底干净，具有进一步节能的潜力。

表 7 - 3　阴极切片模型散热分布

部位	散热量/kW	散热比例/%
槽上部覆盖料	4.7222	32.96
钢爪及导杆	3.1433	21.94
熔体区	2.6419	18.44
阴极区	1.7966	12.54
钢棒区	0.6820	4.76
保温区	0.7192	5.02
槽底部	0.6218	4.34
总散热	14.327	—

7.5.3　1/4 槽电热场温度分布结果

1/4 槽温度场模型及计算结果如彩图 I -3 所示，槽温为 962℃，各部分温度分布与切片模型计算结果一致。由图 7 -9 所示的槽壳表面温度分布可见，熔体区大面槽壳表面温度部分超过 385℃，表明该区域散热量稍大，这与使用导热性较好的调整炭块取代捣固糊有关。整体而言，槽温及温度场分布较为合理。

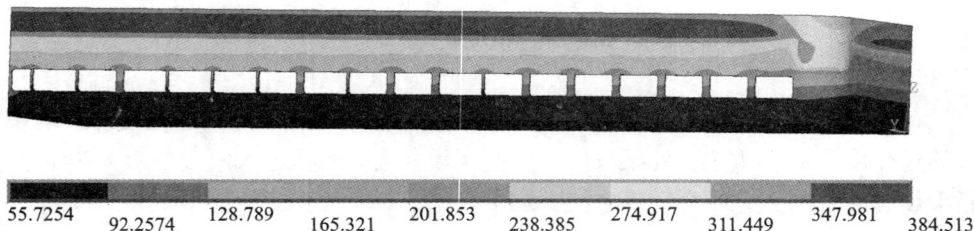

55.7254　92.2574　128.789　165.321　201.853　238.385　274.917　311.449　347.981　384.513

图 7 -9　1/4 槽的槽壳表面温度分布/℃

7.5.4　热场结果综合分析

该内衬设计可使该电解槽在上述技术条件下达到相对合适的热平衡状态，槽帮形状和槽温分布较为合理。由于侧面采用了一种相对偏散热的内衬设计，故整体上侧面的散热比例较大，在生产过程中可维持较高的覆盖料厚度以保证电解质具有足够的过热度。这种相对散热的内衬设计也为以后提高电流强度、增加产能留下了空间。

7.6　应力场

7.6.1　焙烧结束后电解槽位移结果分析

焙烧结束后，电解槽存在一个温度梯度，阴极表面温度达到900℃以上，电解槽各种材料存在着热膨胀，热膨胀产生位移。当电解槽焙烧结束时电解槽的位移如图 7-10 所示，值得一提的是，阴极应力模型与前述热场模型一致，故在此未再列出。图 7-10(a) 表示 X 方向的位移云图，其中 X 方向的最大位移为8.84 mm，位于电解槽大面两侧槽沿板上面，电解槽由于热膨胀向两侧扩张；图 7-10(b) 表示电解槽 Y 方向的位移，由图可以看出，电解槽 Y 方向位移的最大值位于电解槽中心阴极炭块的表面，为4.29 mm，Y 方向的位移使得电解槽阴极炭块上抬。电解槽总位移最大值为8.99 mm，位于槽的两侧。Z 方向的位移为7.35 mm。

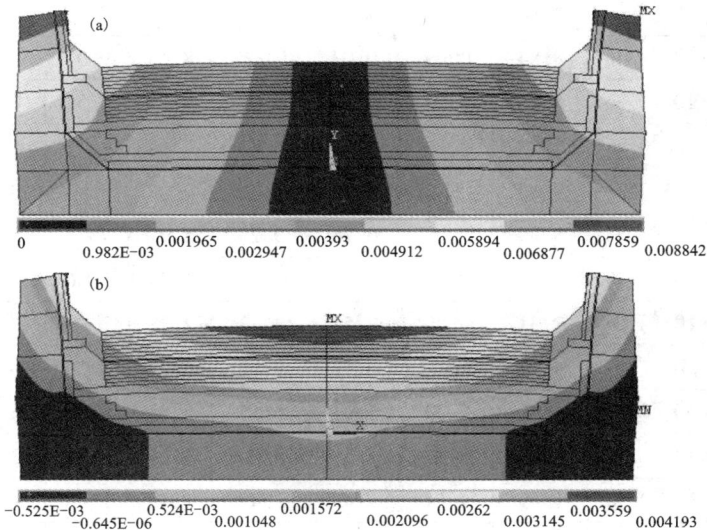

图 7-10　焙烧结束后电解槽位移分布情况

(a)X方向；(b)Y方向

根据对 180 kA 电解槽在焦粒焙烧过程中的槽壳位移进行的测试，测得的 A、B 侧大面槽壳 X 方向的最大位移量为 6.59 mm 和 6.75 mm，实际也观察到焙烧过程中槽壳易发生壳壁外鼓，角部开裂，槽底上抬。

7.6.2 启动一个月后电解槽位移分析

当该电解槽启动一个月后,电解槽的位移情况如表7-4所示。由表可知,无论是 X 方向的位移、Y 方向的位移还是电解槽的总位移都有所增大,各个方向的位移最大值的位置都未发生变化,X 方向的最大位移为11.64 mm,比启动前增加了31.6%,Y 方向的最大位移为7.78 mm,比启动前增加了81.7%,总位移最大值为11.65 mm,比启动前增加了29.6%。其中 Y 方向的位移增加幅度最大,说明电解槽运行一个月后由于钠的渗透,使得中心阴极炭块上抬趋势加大,阴极炭块的上抬是造成阴极炭块开裂和剥皮分层的重要原因,从破损电解槽炭块分析可知,电解槽中心部位阴极炭块破损最为严重,由于炭块的开裂,金属钠和电解质浸入炭块内部,加剧了阴极炭块的破损。

表7-4 有无钠膨胀时电解槽的位移分布结果

炭块种类		无烟煤		半石墨质		半石墨化		石墨化	
		无钠膨胀	有钠膨胀	无钠膨胀	有钠膨胀	无钠膨胀	有钠膨胀	无钠膨胀	有钠膨胀
电解槽	$U_x(\times10^{-3})$/m	8.84	11.64	9.03	10.20	8.88	9.91	8.74	8.83
	$U_y(\times10^{-3})$/m	4.85	6.91	4.45	5.92	4.25	5.56	4.05	4.28
	$U_z(\times10^{-3})$/m	2.23	4.39	2.57	3.73	2.15	3.41	2.03	2.24
	$U_{sum}(\times10^{-3})$/m	9.00	11.65	9.15	10.21	9.03	9.93	8.91	8.99
阴极炭块	$U_x(\times10^{-3})$/m	5.39	11.03	6.16	9.27	5.97	7.81	5.78	5.91
	$U_y(\times10^{-3})$/m	3.93	7.78	4.45	6.65	4.25	5.56	4.05	4.28
	$U_z(\times10^{-3})$/m	2.31	4.39	2.57	3.73	2.28	3.01	2.00	2.09
	$U_{sum}(\times10^{-3})$/m	5.77	11.41	6.57	9.67	6.37	8.20	6.18	6.31
阴极钢棒	$U_x(\times10^{-3})$/m	5.81	7.34	5.91	6.85	5.83	6.39	5.75	5.80
	$U_y(\times10^{-3})$/m	3.12	3.97	3.19	3.70	3.14	3.45	3.09	3.12
	$U_z(\times10^{-3})$/m	1.49	1.51	1.45	1.49	1.45	1.48	1.44	1.49
	$U_{sum}(\times10^{-3})$/m	5.81	7.50	5.92	6.93	5.83	6.42	5.75	5.80

7.6.3 电解槽阴极炭块热应力结果分析

无烟煤炭块焙烧结束后热应力分布情况如图7-11所示。

由图看出,炭块中的温度梯度使得 X,Y,Z 三个方向都存在较大的热应力分

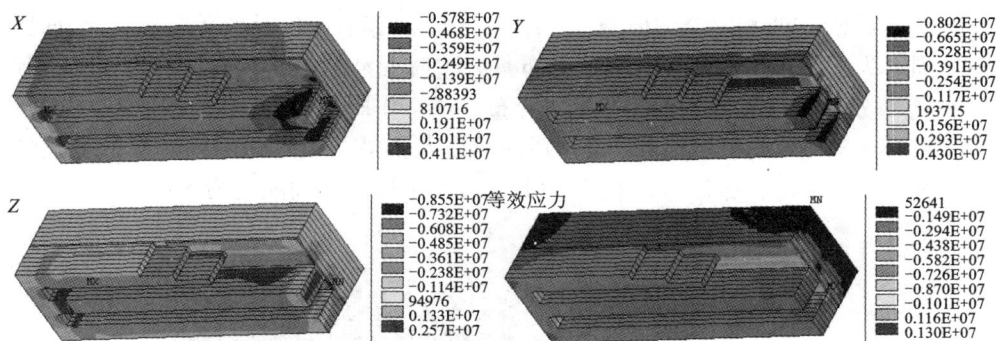

图 7 - 11　无烟煤炭块热应力分布

布，X 方向压应力最大值为 5.78 MPa，位于炭块端部燕尾槽的两侧，最大拉应力位于炭块中部阴极钢棒的端部，其值为 4.21 MPa；Y 方向最大压应力为 8.02 MPa，位于炭块端部燕尾槽的两侧，最大拉应力为 4.30 MPa，位于炭块燕尾槽的顶部；Z 方向炭块中最大拉应力和最大压应力位于炭块燕尾槽周围，最大压应力为 2.57 MPa，位于炭块燕尾槽的两侧，最大压应力位于燕尾槽的顶部和端部，其值为 8.55 MPa；阴极炭块应力集中的位置位于燕尾槽，等效应力最大值为 13.0 MPa。因此电解槽焙烧后，炭块内的热应力主要集中在燕尾槽周围。

7.7　瞬态流场

7.7.1　瞬态两相流

建立瞬态三维铝液 - 电解质两相磁流体模型，对该 420 kA 铝电解槽的熔体运动进行瞬态计算。计算以静止状态为初始条件，为保证计算的收敛性，时间步长设定为 0.1 s。鉴于多场耦合三维瞬态模型的计算量十分庞大，对硬件资源要求高且计算周期长，本章将计算时间步数设定为有限的 4000 步，即对槽内磁流体在 400 s 内的行为进行计算，整个计算过程耗时约 25 天。

槽内铝液 - 电解质界面的扰动状况是磁流体分析的一个主要关注点，两相磁流体模型计算所得的 420 kA 槽在 0 ~ 400 s 的界面瞬时扰动情况如图 7 - 12 所示，图中界面平均垂向偏移量 ζ_{mean} 表征了界面的整体扰动幅度。由图 7 - 12 可以看出，在不考虑阳极气泡的情况下，界面扰动呈现较明显的周期性，且周期较长（50 ~ 70 s），这与传统的基于浅水模型的界面波动研究得出的基本规律相一致；随着时间的推移，界面扰动整体上有减弱的趋势，表明在本计算所采用的工艺条件下该槽的界面扰动行为逐渐趋于平稳，未出现磁流体不稳定现象。

为了将瞬态两相磁流体模型计算结果与稳态两相流模型计算结果进行全面比较，同时为了阐述槽内流场及界面分布具有瞬时变动特征，本节给出两相瞬态计算所得部分时间点流场及界面的具体分布。该 420 kA 槽在某 45 s 内(对应图 7 - 12 中 315 ~ 360 s)的铝液流场、电解质流场以及铝液 - 电解质界面分布的变化情况分别见图 7 - 13、图 7 - 14 和图 7 - 15，各图采样时间间隔均为 5 s。

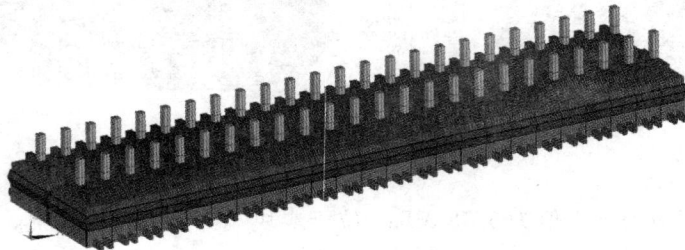

(a)

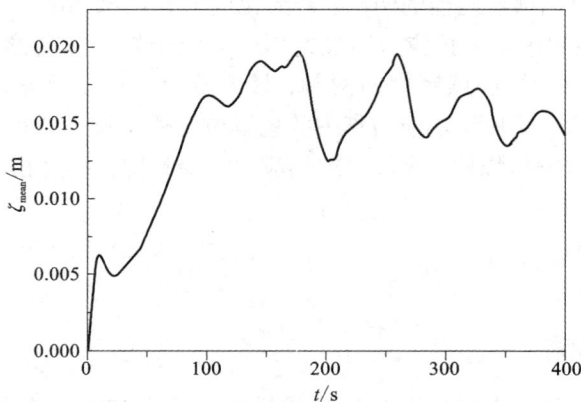

(b)

图 7 - 12   瞬态两相磁流体模型计算所得 420 kA 槽铝液 - 电解液界面平均扰动量随时间的变化

(a)瞬态两相磁流体模型；(b)420 kA 槽铝液 - 电解液界面平均扰动量随时间的变化

由图 7 - 13 可知，在所选取的时间段内，铝液流场的基本形态未发生显著变化，铝液流场已处于相对稳定状态，但不同时间点的流动形态与流速大小分布存在差异，表明流场会随时间不断发生演变；铝液流场主体上为非对称两涡流，但与稳态两相模型计算所得结果不同，覆盖面积较大的涡位于左侧，而出现的流速极值区则主要位于右侧涡，这与瞬态磁流体模型考虑了由界面波动引起的电场变化有关。两相瞬态计算获得的 300 ~ 400 s 内(该时间段流场已趋于相对稳定)铝液层中截面平均流速为 0.178 m/s，该值大于稳态两相流计算所得值。

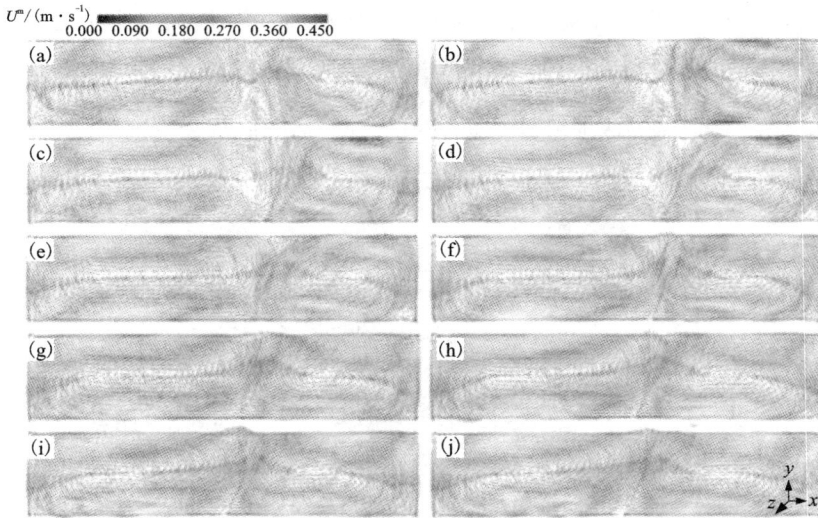

图 7 - 13 瞬态两相磁流体模型计算所得某 45 s 内 420 kA 槽铝液中截面流场变化
(a) 0 s；(b) 5 s；(c) 10 s；(d) 15 s；(e) 20 s；(f) 25 s；(g) 30 s；(h) 35 s；(i) 40 s；(j) 45 s

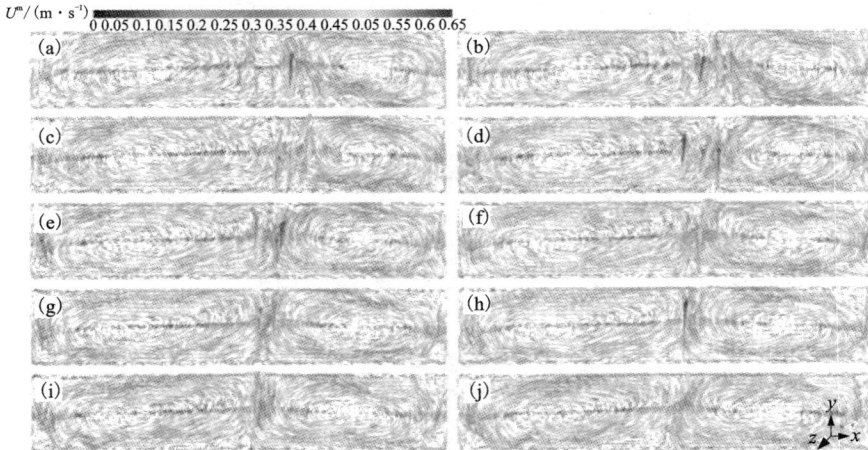

图 7 - 14 瞬态两相磁流体模型计算所得某 45 s 内 420 kA 槽电解质中截面流场变化
(a) 0 s；(b) 5 s；(c) 10 s；(d) 15 s；(e) 20 s；(f) 25 s；(g) 30 s；(h) 35 s；(i) 40 s；(j) 45 s

　　从图 7 - 14 可以看出，瞬态两相磁流体模型计算所得的电解质流场主体形态与铝液流场一致，呈现左右两个大涡，部分时间点两涡交界处出现大幅高于平均流速的局部流速（最大流速达到 0.65 m/s），这与铝液 - 电解质界面瞬时扰动使得极距出现较大的区域性差异进而造成电解质中电流局部集中存在较大关联；与铝液流场相同，电解质流场随时间推移发生变化，表明其具有非稳态特征。瞬态计算获得的 300 ~ 400 s 内电解质中截面平均流速为 0.157 m/s，该值也大于稳态两相流计算所得值。

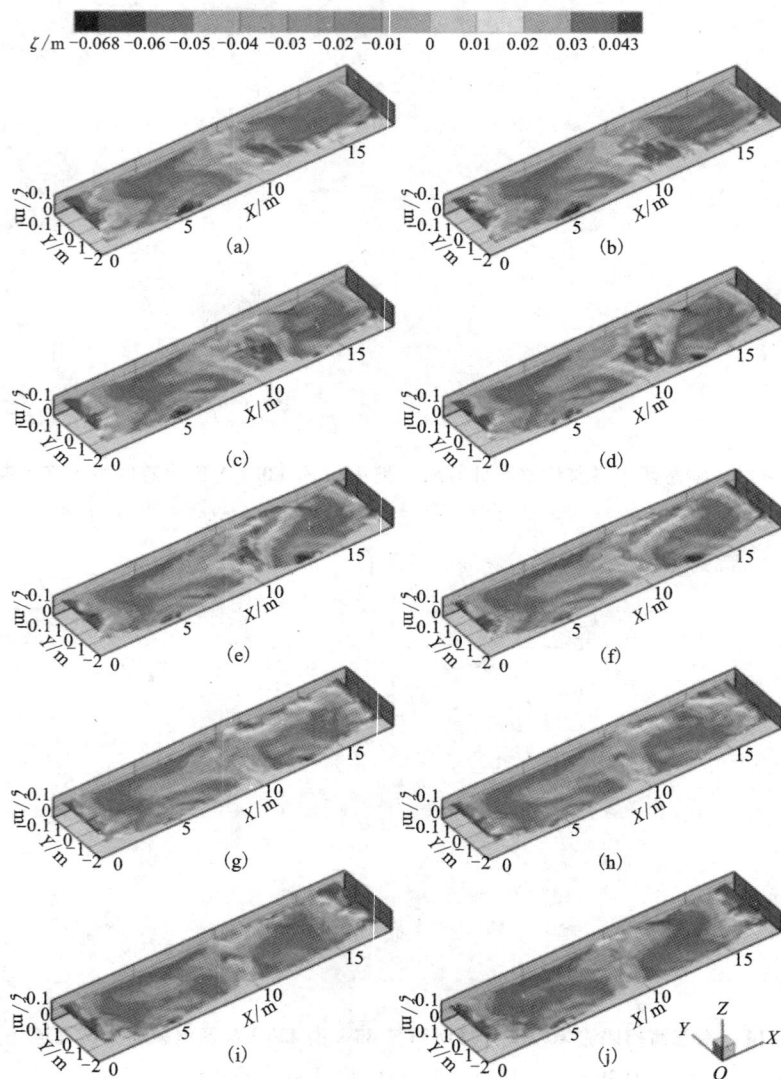

图 7 – 15　瞬态两相磁流体模型计算所得某 45 s 内 420 kA 槽铝液 – 电解质界面分布变化

(a) 0 s；(b) 5 s；(c) 10 s；(d) 15 s；(e) 20 s；(f) 25 s；(g) 30 s；(h) 35 s；(i) 40 s；(j) 45 s

从图 7 – 15 可以看出，瞬态两相磁流体模型计算所得铝液 – 电解质界面呈现出槽中部与两个端部凸起、其余区域下凹的整体分布特征，这与稳态两相流模型计算所得有较大差异；由于界面处于不间断波动状态，界面上各区域高度相对于其初始高度的偏移量随时间发生变化，显示了波峰在槽中部与端部之间的移动过程，在该过程中，槽中部界面凸起高度有所减小，端部凸起高度有所增大；在某些时间点，界面最大正向偏移量已接近极距值，但区域较小，且主要出现在端部非阳极投影区，界面中部局部位置波幅较大，可能对电解生产形成影响。

导电熔体在磁场中运动可产生磁感应电流，本模型包含了对感应电流的计算。图 7-16 为瞬态两相磁流体模型计算所得某时刻铝液中截面的各向电流密度分布，图 7-17 为计算所得同一时刻铝液中截面的各向磁感应电流密度分布。

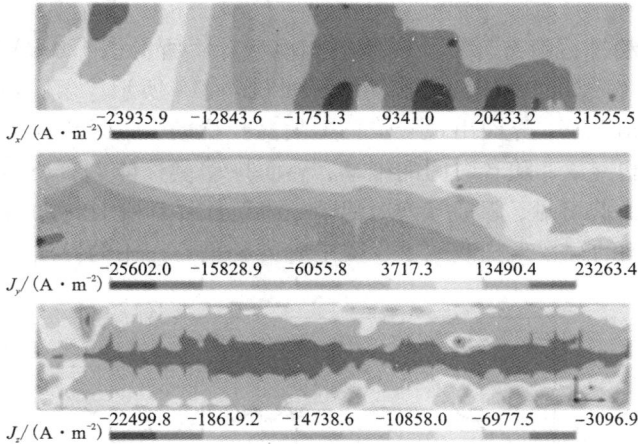

$J_x/(\text{A} \cdot \text{m}^{-2})$　-23935.9　-12843.6　-1751.3　9341.0　20433.2　31525.5

$J_y/(\text{A} \cdot \text{m}^{-2})$　-25602.0　-15828.9　-6055.8　3717.3　13490.4　23263.4

$J_z/(\text{A} \cdot \text{m}^{-2})$　-22499.8　-18619.2　-14738.6　-10858.0　-6977.5　-3096.9

图 7-16　瞬态两相磁流体模型计算所得某时刻铝液中截面各向电流密度分布

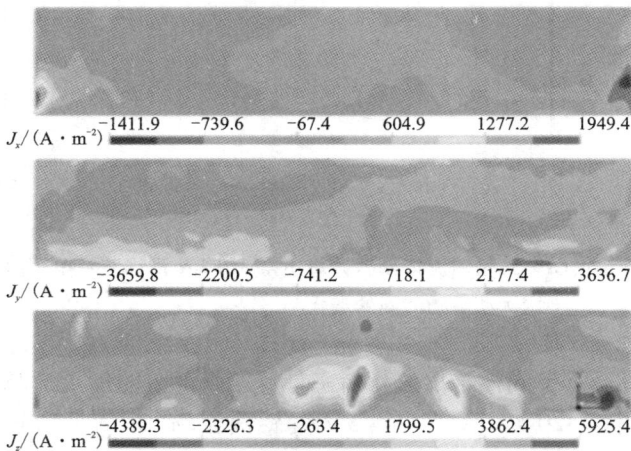

$J_x/(\text{A} \cdot \text{m}^{-2})$　-1411.9　-739.6　-67.4　604.9　1277.2　1949.4

$J_y/(\text{A} \cdot \text{m}^{-2})$　-3659.8　-2200.5　-741.2　718.1　2177.4　3636.7

$J_z/(\text{A} \cdot \text{m}^{-2})$　-4389.3　-2326.3　-263.4　1799.5　3862.4　5925.4

图 7-17　瞬态两相磁流体模型计算所得某时刻铝液中截面各向磁感应电流密度分布

比较可以发现，铝液中磁感应电流密度总体上远小于总电流密度，对铝液层整体电流分布的影响有限，但是在高流速和强磁场的共同作用下，局部区域可能出现较大感应电流，对局部电流分布造成干扰。另值得注意的是，铝液在分布着水平磁场的空间内做水平运动可产生垂直向上的感应电流，即感应电流方向是可与直流电主体方向相反的；实际电解槽内的瞬时电流分布远较稳态电场计算获得的电流分布复杂，忽略界面扰动影响的情况下求得的水平电流极值较小。

7.7.2 瞬态三相磁流

应用前文所建三维瞬态铝液 – 电解质 – 气泡三相磁流体模型对 420 kA 铝电解槽的熔体运动进行瞬态计算。瞬态三相模型计算所得该 420 kA 槽在 0 ~ 400 s 内的铝液 – 电解质界面整体瞬时扰动情况如图 7 – 18 所示。由图可知，在考虑阳极气泡作用的情况下，界面出现一定程度的高频扰动，周期性较明显的具有长波特征的扰动不再显著；随着时间的推移，界面扰动量整体上有所减小，并有趋于稳定的迹象。由此可见，阳极气泡对铝液 – 电解质界面瞬时扰动行为有十分重要的影响，气泡相的存在大幅改变了仅受电磁力和重力作用的界面扰动状态。

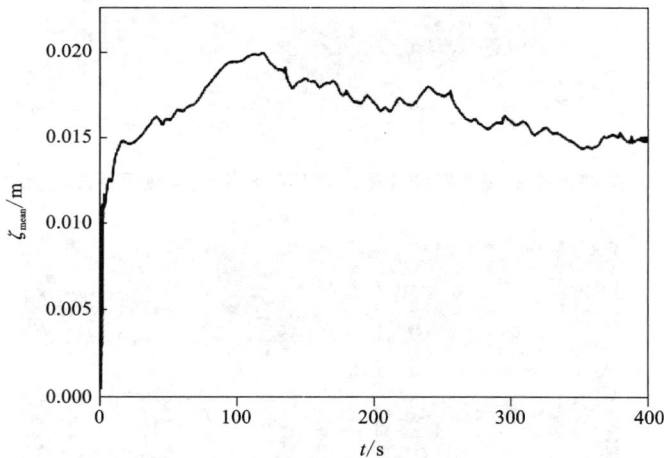

图 7 – 18 瞬态三相磁流体模型计算所得 420 kA 槽铝液 – 电解质界面
平均扰动量随时间的变化

为进行对比，本节同样给出三相瞬态计算所得部分时间点流场及界面的具体分布。计算所得该 420 kA 槽在某 45 s 内的铝液流场、电解质流场以及铝液 – 电解质界面分布的变化情况分别见图 7 – 19、图 7 – 20 和图 7 – 21，各图采样时间间隔均为 5 s。

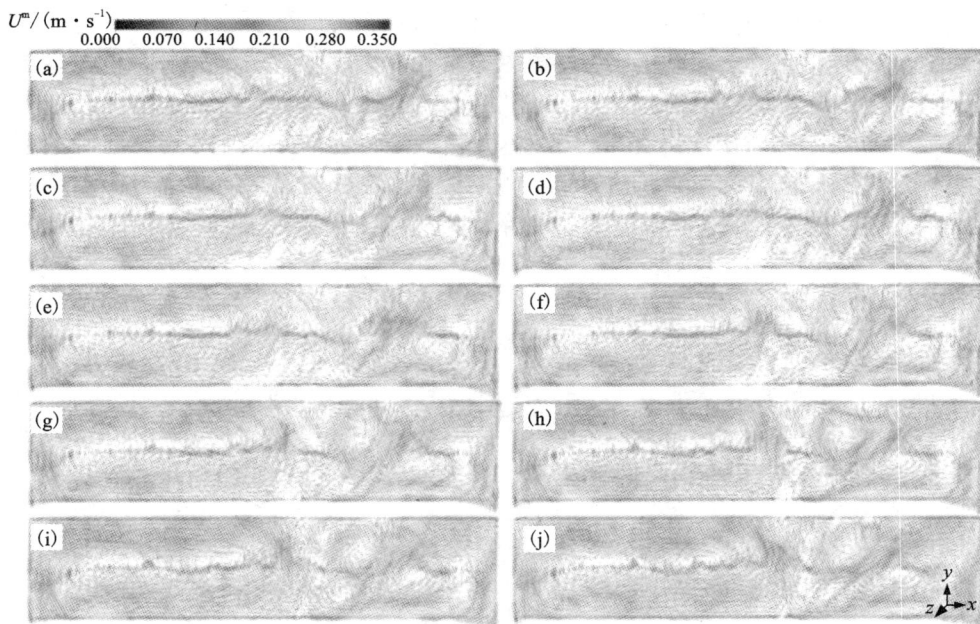

$U^m/(\mathrm{m \cdot s^{-1}})$
0.000　0.070　0.140　0.210　0.280　0.350

图7-19　瞬态三相磁流体模型计算所得某45 s内420 kA槽铝液中截面流场变化
(a) 0 s；(b) 5 s；(c) 10 s；(d) 15 s；(e) 20 s；(f) 25 s；(g) 30 s；(h) 35 s；(i) 40 s；(j) 45 s

由图7-19可以看出，在考虑气泡作用的情况下，瞬态磁流体模型计算所得铝液流场呈现出不同的分布特征，左右两侧的大涡依然存在，但在两个大涡之间分布着数个小涡，其中一个小涡流速较大。在所选取的时间内，铝液流场的主体形态维持相对稳态，但具体流速分布随时间推移不断发生变化，这体现了流场的非稳态特征。可见，考虑气泡的模型计算得到的铝液最大流速较小、高流速区所占面积也较小。此外，三相瞬态计算获得的300~400 s内铝液层中截面平均流速为0.11 m/s，该值也大幅低于两相瞬态计算所得对应值。上述比较表明，阳极气泡对铝液流场的影响在瞬态磁流体计算结果中有重要体现，在忽略气泡的情况下，计算所得的铝液流速可偏大。图7-19所示铝液流场也与图7-7所示稳态三相模型所得铝液流场有显著差异，这证明了稳态模型的固有缺陷可使其计算结果偏离实际情况。

如图7-20所示，三相瞬态磁流体模型与两相瞬态磁流体模型计算所得的电解质流场差异显著。在阳极气泡的诱导作用下，由电磁力驱动的流场形态被大幅改变，尽管在流场分布中仍可观察到大范围的环流，但其流速大幅下降，由于气泡围绕各自所属的阳极运动，各阳极下的电解质的运动方式在一定程度上呈现出相似的局部独立性，故电解质流场显现了以阳极为单位的分布特征。瞬态三相计算所得 300~400 s 内电解质平均流速为 0.082 m/s,大幅小于瞬态两相计算所得相应值。上述结果均表明,相比于受电磁力单独作用,在电磁力与阳极气泡共同作用下,电解质流动整体减弱。另比较图 2-21 和图 2-10 可看出,阳极气泡作用在瞬态计算结果中体现得更为明显,这是由气泡行为具有很强的瞬时性所决定的,稳定建模包含了对气泡运动的稳态假设,而这种严格意义的稳定态在实际中是不存在的,此外,稳态建模也未考虑瞬时气泡局部生成量与瞬时电场的联系。

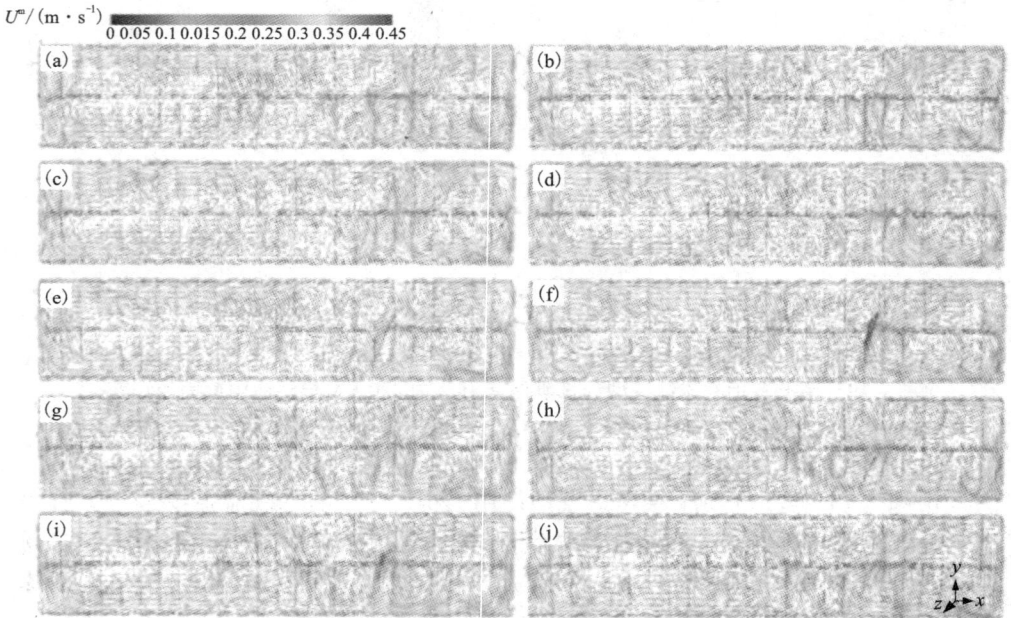

图 7-20 瞬态三相磁流体模型计算所得某 45 s 内 420 kA 槽电解质中截面流场变化
(a) 0 s; (b) 5 s; (c) 10 s; (d) 15 s; (e) 20 s; (f) 25 s; (g) 30 s; (h) 35 s; (i) 40 s; (j) 45 s

从图 7-21 所示的各铝液-电解质界面瞬时分布形态中,可清晰地观察到阳极底面投影,这也在稳态三相流计算结果中有所呈现。铝液-电解质界面形状随时间发生变化,但阳极底面投影在界面上始终可见。靠近出电侧的两个角部界面凸起高度较大(一部分区域凸起高度在 3 cm 以上,阳极投影区外某些位置凸起高度达到了最大值 4.3 cm),界面中部存在一个垂向扰动幅度较大的区域,这可能对电解生产造成一些影响。

图 7-22 和图 7-23 分别为瞬态三相磁流体模型计算所得某时刻铝液中截面的各向电流密度分布和各向磁感应电流密度分布,对两者进行比较,可得出与两相磁流体计算相同的结论,即铝液中磁感应电流对铝液整体电流分布的影响较为

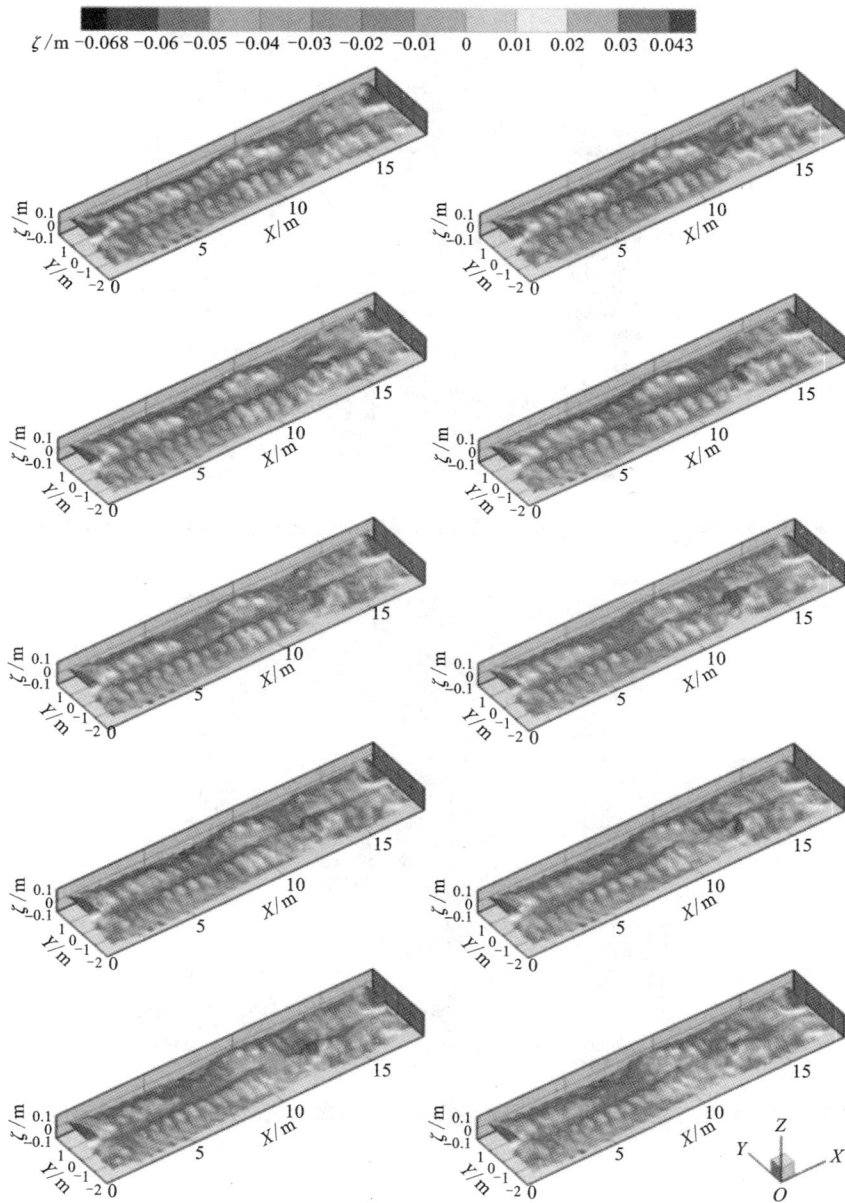

图7-21　瞬态三相磁流体模型计算所得某45 s内420 kA槽铝液-电解质界面分布形态

(a) 0 s; (b) 5 s; (c) 10 s; (d) 15 s; (e) 20 s; (f) 25 s; (g) 30 s; (h) 35 s; (i) 40 s; (j) 45 s

有限,可知,气泡通过改变电解质流场与界面分布使铝液中电流分布发生了较大变化。

$J_x/(\mathrm{A \cdot m^{-2}})$ -43142.3   -30050.6   -16958.9   -3867.1   9224.6   22316.3

$J_y/(\mathrm{A \cdot m^{-2}})$ -33781.3   -22131.6   -10482.0   1167.7   12817.4   24467.1

$J_z/(\mathrm{A \cdot m^{-2}})$ -31193.6   -25149.6   -19105.7   -13061.8   -7017.8   -973.9

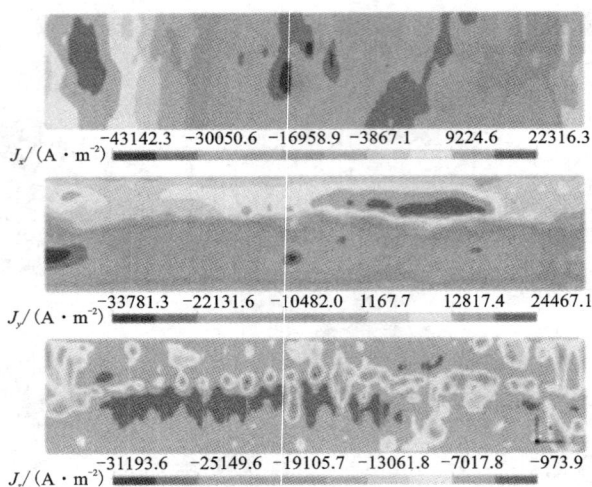

图 7-22   瞬态三相磁流体模型计算所得某时刻铝液中截面各向电流密度分布

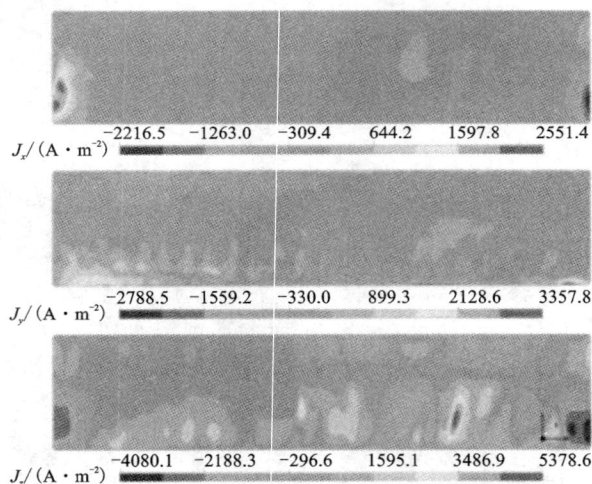

$J_x/(\mathrm{A \cdot m^{-2}})$ -2216.5   -1263.0   -309.4   644.2   1597.8   2551.4

$J_y/(\mathrm{A \cdot m^{-2}})$ -2788.5   -1559.2   -330.0   899.3   2128.6   3357.8

$J_z/(\mathrm{A \cdot m^{-2}})$ -4080.1   -2188.3   -296.6   1595.1   3486.9   5378.6

图 7-23   瞬态三相磁流体模型计算所得某时刻铝液中截面各向感应电流密度分布

7.8 氧化铝浓度场

对于氧化铝在电解质中的输运，已有相关的研究证明电磁力与气泡起着不同但都极为重要的作用，其实质是氧化铝在电解质中随电解质的流动进行分散，最后形成浓度的不均匀分布。本章所述及的 420 kA 电解槽稳态的电解质流场及各下料点处的大致流动方向如彩图Ⅰ-4所示，其在6点同时下料的第一个周期内的氧化铝分布情况以及1360 s的极间浓度分布如彩图Ⅰ-5及彩图Ⅰ-6所示。值得一提的是，氧化铝浓度场仿真所用的模型与7.3节中的稳态流场模型一致，在此不再赘述。

由彩图Ⅰ-4可以看出，槽内电解质水平流动可以分为两个大的旋涡，其中靠近烟道端的旋涡范围略小但其流动速度要稍快一些；从下料点的位置来说，4、6号下料点处在旋涡边缘流速较快的区域内，1、3号下料点均处在旋涡边缘偏内的位置，电解质流速略低，而2、5号下料点则均处于大旋涡的中部位置，电解质的流速很低。参考彩图Ⅰ-5所示的第一个周期内的氧化铝浓度分布图可以看到，氧化铝物料的输运方向正是朝着电解质的流动方向进行的，如彩图Ⅰ-5(b)~(e)所示的第1、6号下料点所添加的物料随着电解质的大旋涡流动流向进电端，第3、4号下料点所添加的物料随着电解质的大旋涡流动流向出电端。

对比彩图Ⅰ-6和彩图Ⅰ-4可以发现，在电解质的旺盛流动区也即大旋涡的边部区域，氧化铝浓度的分布较为均匀，而在其旋涡的中心位置，氧化铝浓度偏高并且存在与边部较大的浓度梯度。这是由于4、6号下料点处于旋涡边缘流速较快的区域，所添加的氧化铝可以在电解质的流动下沿着流动方向进行快速输运，在输运过程中通过切向的速度分量向旋涡边缘的两侧分散，因此对于这两个下料点来说，所添加的氧化铝可以随着大旋涡的边缘流动而输送到较远的距离上，实现快速和较大面积的分散，因此其流动范围内的氧化铝分布相对比较均匀；同样的1、3号下料点也处于旋涡的边缘，其氧化铝的输送也存在类似的规律。而对于2、5号下料点来说，由于处于旋涡环流的中心位置，其流动速度很小并且流动范围也很小，同时由于流动速度很小缺乏切向的速度矢量，这些区域的氧化铝很难通过切向运动到达旋涡的边部区域实现快速均匀分散，因此氧化铝在其很小的流动区域内累积，使得其区域内部氧化铝浓度明显偏高、浓度梯度偏大，如彩图Ⅰ-6中的B所标识的小区域所示。

对于彩图Ⅰ-6中的A所标识的浓度较低的区域，由于处于大旋涡的外部，因此其所能从大旋涡流动中获得的氧化铝输运很少，加之从流动的方向来看，A区域氧化铝的输送来源主要是4号下料点所添加物料以及5号下料点通过切向运动而分散来的少量物料，又由于4号下料点距离较远，造成该区域的氧化铝补充较少、浓度偏低，不受大旋涡环流影响。此外，彩图Ⅰ-6的C所标识的区域类似于A，但其浓度略低的形成原因更多的是受制于3号下料点的位置虽然处于旋涡边缘但更偏向于边缘的内部，致使氧化铝随着大旋涡环流较为缺乏切向速度而向该区域输运较少的缘故。而对于D所标识的区域来说，其浓度略高的原因则可能是由于1号和2号下料点的物料流动路径在大旋涡的边缘上有所重合，造成两者氧化铝输运过程中产生叠加，使得该区域浓度略高。

　　总的来说，电解质的流动是促进氧化铝在槽内输运的最直接因素，下料控制对于氧化铝浓度分布的影响主要是通过所添加物料在电解质环流旋涡的位置以及流速产生的；电解质的大旋涡流动影响区域较大，所处旋涡边缘的物料可以随着电解质的流动在整个旋涡的范围内进行快速输运，获得较为均匀的浓度分布，而处于旋涡中心位置的物料则只能在较小的范围内以较慢的速度输运，从而在其范围内造成较高的浓度以及旋涡轴向上的高浓度梯度；处于旋涡外部的区域则由于流速较慢、氧化铝来源较少的缘故浓度偏低。

第三篇

现代大型预焙铝电解槽仿真
优化工业实践

第8章　槽体结构(长宽比)的仿真与优化

　　开发大型铝电解槽的目的是在保持电解槽较高能量效率、电流效率、稳定性与槽寿命的前提下,降低电解槽能耗、提高劳动效率和企业竞争力。自本章开始,本书就大型电解槽设计开发必须解决的物理场场设计与优化问题进行阐述,分别从电解槽的总体平面布局(长宽比)、阳极系统、阴极系统、内衬系统、阴极母线系统、焙烧启动、氧化铝下料点配置及新结构电解槽等方面进行论述,为大型、新型铝电解槽的物理场与结构优化设计提供思路。

　　首先需要考虑的便是电解槽的空间尺寸,即长宽比,该参数是铝电解槽的关键设计参数,对铝电解槽物理场分布具有重要影响。本章给出了长宽比的定义,设计了多种研究方案。利用前文所建立的电－磁－流场模型及磁流体稳定性分析模型讨论了不同长宽比下的物理场分布规律,最后定性分析了长宽比对热稳定性的影响。

8.1　长宽比概念

　　空间尺寸是铝电解槽的关键设计参数,对铝电解槽物理场分布具有重要影响,例如电磁场分布、流场分布、MHD 稳定性、热场稳定性及应力场分布。同时空间尺寸的变化也要求筑炉结构与工艺进行相应的改变。与高度相比,电解槽的长度和宽度更重要。长宽比与电流密度是一对紧密相关的参数,两者共同决定了电解槽的各项经济技术指标。正因为如此,本章将二者放在一起进行讨论。

　　Sneyd 等[1]应用模态耦合法研究了电解槽的稳定性问题,认为如果两个模态的自然频率非常接近,则可能在较小的外磁场作用下发生共振现象,从而导致系统不稳定。Sneyd 的计算结果表明,长宽比约为 2.57 时重力波自然频率相距最远,在电磁力的干扰下发生不稳定现象的可能性较小,但也指出重力波自然频率相距较近的不稳共振并不都导致电解槽不稳定现象的发生。Ziegler[2]以美国铝业 P－225 型槽为对象研究 K－H 不稳定性与临界流速(critical velocity,数值越大稳定性越好)的关系时指出,电解槽长度、宽度对关键流速的计算有重要影响,但在计算中固定了 P – 225 型槽长度、宽度分别为 11.30 m、3.08 m，没有就长度、宽度对关键流速和稳定性的影响进一步讨论。国内部分早期 320 kA 槽阳极总面积长宽比为 4.33，比 AP – 30 的 4.46 小，但与国外设计的 400 kA、500 kA 槽相比，其长度略为长了一些，如将阳极尺寸改为 1.60 m × 0.80 m，其稳定性可能会更好。可见，空间尺寸是非常重要的设计参数，但现有的研究和讨论还很少。

铝电解槽的空间结构变化十分复杂。一旦长宽比发生变化，会引起整个铝电解槽的结构发生变化，并最终导致多物理场的求解域发生改变。就现有电解槽场域划分技术来说，实现大幅度宽范围结构变化上的多物理场仿真研究十分困难。这是目前长宽比研究实施较少的一个重要原因。此外，多物理场耦合求解本身的难度（如求解方法、收敛性等）也限制了长宽比研究的发展。基于第 5 章的全槽结构化单元剖分方法，形成了一套针对宽阈长宽比的铝电解槽多物理场快速建模优化方法，用以研究长宽比对铝电解槽物理场变化的影响。

8.2 长宽比定义及优化方案

本书把铝电解槽长宽比（aspect ratio，AR）定义为：

$$AR = \frac{L}{W} \tag{8-1}$$

$$L = w_a \times n + g_a \times (n-1) \tag{8-2}$$

$$W = l_a \times 2 + g_c \tag{8-3}$$

式中：L 为电解槽总长度；W 为电解槽总宽度；w_a 为单块阳极宽度；g_a 为两块阳极之间的缝宽；n 为阳极总数量的 1/2；l_a 为单块阳极长度；g_c 为两排阳极之间的通道宽。

表 8 – 1 列举了国内外几种典型 300 kA 铝电解槽的结构参数。

表 8 – 1 几种 300 kA 铝电解槽的结构设计参数

参数	Alcoa – 817	AP – 30	VAW – 300	SY – 350	GY – 320	GP – 320	QY – 300
电流/kA	320	320	300	350	320	320	300
电流密度 /(A·cm^{-2})	0.843	0.821	0.732	0.707	0.714	0.697	0.733
阳极数/个	32	40	32	24	40	48	40
阳极长/m	1.625	1.500	1.600	1.550	1.600	1.450	1.550
阳极宽/m	0.730	0.650	0.800	1.330	0.700	0.660	0.660
间缝/m	28	40	40	40	40	40	40

续表 8 – 1

参数	Alcoa – 817	AP – 30	VAW – 300	SY – 350	GY – 320	GP – 320	QY – 300
中缝/m	150	80	180	180	180	180	180
L/m	12.100	13.760	13.400	16.400	14.760	16.760	13.960
W/m	3.400	3.080	3.380	3.280	3.380	3.080	3.280
AR	3.56	4.46	3.96	5	4.36	5.44	4.256

可以看出，300 kA 电解槽的电流密度为 0.73 ~ 0.82 A/cm^2，长宽比为 3.96 ~ 4.26；320 kA 电解槽的电流密度为 0.70 ~ 0.84 A/cm^2，长宽比为 3.56 ~ 5.44；350 kA 电解槽的电流密度为 0.71 A/cm^2，长宽比为 5；400 kA 型电解槽的电流密度为 0.82 A/cm^2，长宽比为 4.02。可见，不同容量电解槽空间尺寸的设计值存在较大差异，在相同容量下，国内铝电解槽的电流密度低于国外水平。

具体说来，可以将长宽比的讨论分为三种情况：①长宽比相同，电流密度变化；②电流密度相同，长宽比变化；③电流密度不同，长宽比亦不同。在不同情况下，长宽比将改变电磁场的分布规律，进而影响磁流体稳定性，而且也会改变槽腔对车间环境的换热面积，进而影响热平衡稳定性，所以长宽比的确定需要从这两个方面出发进行讨论。本书把讨论重点放在长宽比对电磁流场的影响上，仅定性分析长宽比对热平衡的影响。

针对以下几种情况分布进行计算：①选择 320 kA、0.71 A/cm^2 的电解槽，分析长宽比为 3.2 ~ 5.4 的电 – 磁 – 流场分布特征；②选择 320 kA 电解槽，分析长宽比为 3.67 ~ 4.37 的电 – 磁 – 流场分布特征；③定性分析长宽比对热平衡的影响。相应的结构参数见表 8 – 2。

如前文所述，每种结构电解槽可能有多种多样的母线配置方案，甚至这些方案之间差别很大，因此存在两方面的问题：一是难以确定哪种母线配置是最优的，二是建模工作本身耗费大量时间。相对而言，槽内导体引起的电场、磁场分布特征类似，建模简单，具有很强的可比性，因此本章只考虑槽内导电体这一个因素，暂不考虑母线的影响。利用第 5 章开发的电 – 磁 – 流场计算模型，研究长宽比对磁场、稳态流速及磁流体稳定性的影响。当然，运用第 5 章和第 6 章开发的计算模型完全可以进行槽内导体和槽外母线两个因素条件下的长宽比研究。

表 8 - 2 不同长宽比的电解槽结构参数(系列电流 320 kA)

参数	AAR1	AAR2	AAR3	AAR4	AAR5	AAR6	AAR7	AAR8	AAR9	AAR10
电流密度 /(A·cm⁻²)	0.714	0.714	0.714	0.714	0.714	0.714	0.714	0.840	0.801	0.756
阳极数/个	32	36	40	40	40	44	48	28	32	36
阳极长/m	1.868	1.776	1.620	1.600	1.580	1.570	1.430	1.600	1.600	1.600
阳极宽/m	0.750	0.700	0.691	0.700	0.709	0.648	0.650	0.850	0.780	0.735
间缝/m	40	40	40	40	40	40	40	40	40	40
中缝/m	180	180	180	180	180	180	180	180	180	180
阴极数/个	21	23	27	27	27	27	31	23	25	25
阴极长/m	0.565	0.540	0.515	0.515	0.517	0.525	0.505	0.510	0.500	0.525
阴极宽/m	3.956	3.772	3.460	3.420	3.380	3.360	3.080	3.420	3.420	3.420
阴极缝/m	39	41	28	35	40	37	30	34	26	35
大面加工距离/m	280	280	280	280	280	280	280	280	280	280
小面加工距离/m	390	390	390	390	390	390	390	390	390	390
L/m	12.600	13.280	14.580	14.760	14.940	15.096	16.520	12.420	13.080	13.910
W/m	3.916	3.732	3.420	3.380	3.340	3.320	3.040	3.380	3.380	3.380
AR	3.22	3.56	4.26	4.37	4.47	4.55	5.43	3.67	3.87	4.12

8.3 长宽比与物理场分布的关系研究

(1)电场分布结果。

彩图Ⅱ-1~彩图Ⅱ-2电势分布结果,图8-1为在电流强度相同条件下,体系压降及阳极压降、阴极压降随长宽比和电流密度的变化情况,可以看出各项随长宽比的增加和电流密度的降低而降低。

(2)磁场分布结果。

图8-2为磁场最大值随长宽比的变化情况,可以看出,电流密度相同,各个磁场分量及总磁场随长宽比的增加而减小,近似沿直线变化。需要指出,当电流密度升高同时长宽比增加,则磁场变化趋势会因不同的长宽比而增加或减小。例如 $AR = 3.56$ 的电解槽磁场就大于 $AR = 4.11$ 的磁场,此外,各长宽比条件下的垂直磁场分布相似,在此不再赘述。

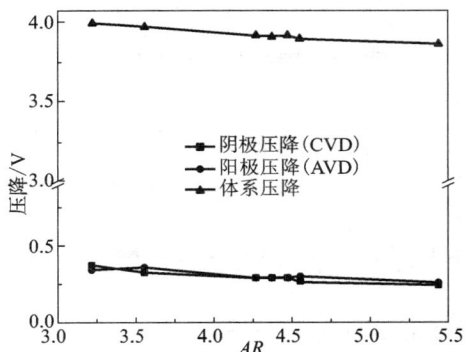

图 8-1　电压随长宽比的变化趋势

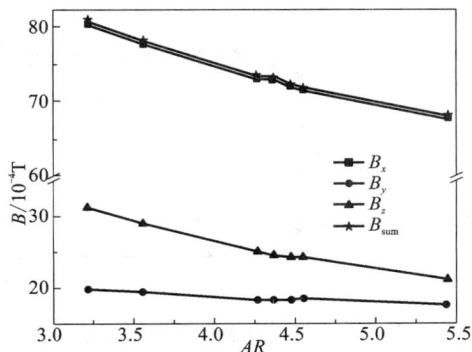

图 8-2　磁场最大值随长宽比的变化情况

（3）流速分布。

图 8-3 ～ 图 8-5 分别为 AAR1、AAR2、AAR7 槽铝液中心面（$Z = 0.927$ m）的水平流场分布图。可以看出，两相流体在对称电磁力的带动下形成了四个旋涡的分布形态，由于槽大面的电磁力大于端部的电磁力，这就造成了熔体中部流速小、端部流速大以及角部四个旋涡的出现。在电流密度相同的条件下，AAR1、AAR2、AAR4、AAR7 四槽流速的最大值分别为 13.11 cm/s、11.31 cm/s、9.76 cm/s 及 6.16 cm/s，平均值分别为 3.04 cm/s、2.39 cm/s、1.94 cm/s 及 1.12 cm/s。可见，流速随长宽比的增加而减小。

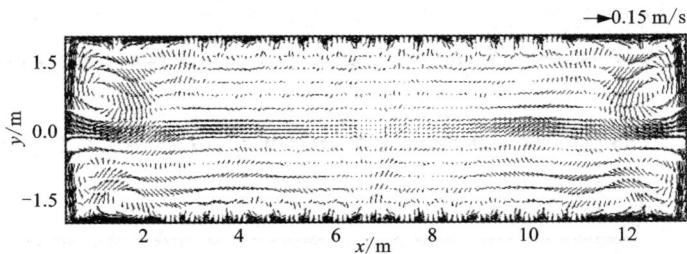

图 8-3　AAR1 槽铝液中心面流场（最大流速 13.11 cm/s，平均流速 3.04 cm/s）

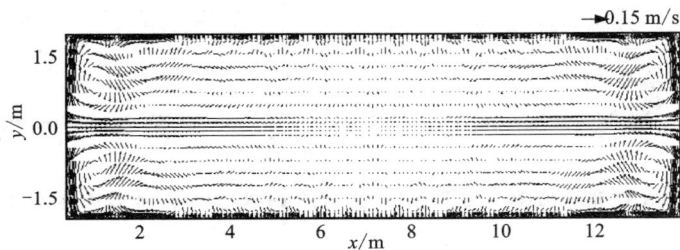

图 8-4　AAR2 槽铝液中心面流场（最大流速 11.31 cm/s，平均流速 2.39 cm/s）

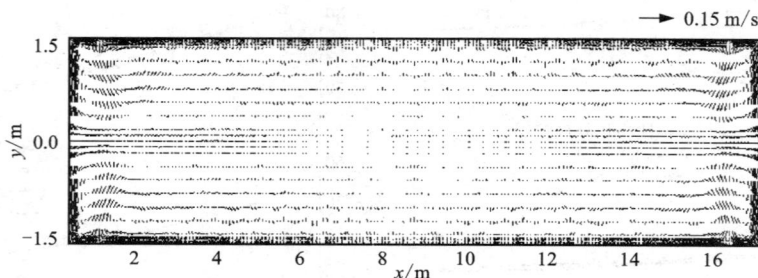

图 8 – 5   AAR7 槽铝液中心面流场（最大流速 6.16 cm/s，平均流速 1.12 cm/s）

图 8 – 6 ~ 图 8 – 8 分别为 AAR8、AAR9、AAR10 槽铝液中心面（$Z = 0.927$ m）的水平流场分布图。AAR8、AAR9、AAR10 槽流速最大值分别为10.94 cm/s、10.40 cm/s、9.57 cm/s，平均流速为2.32 cm/s、2.15 cm/s、1.94 cm/s。从数值上看，流场趋势变化存在突变。

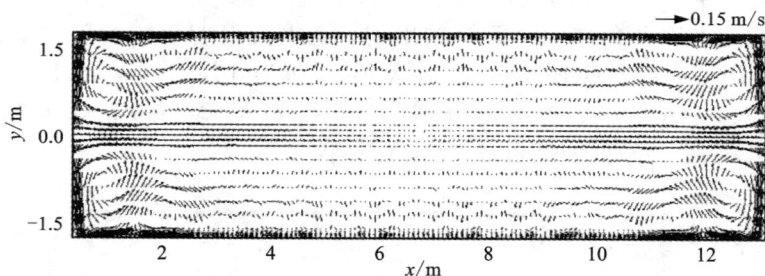

图 8 – 6   AAR8 槽铝液中心面流场（最大流速 10.94 cm/s，平均流速 2.32 cm/s）

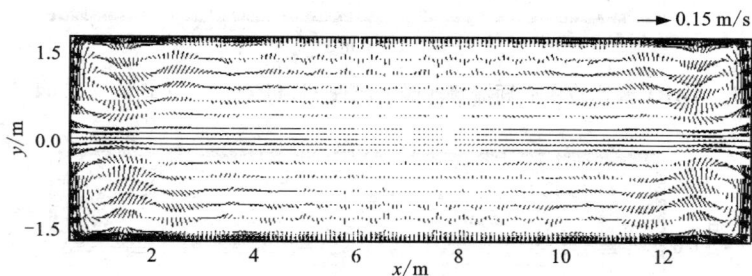

图 8 – 7   AAR9 槽铝液中心面流场（最大流速 10.40 cm/s，平均流速 2.15 cm/s）

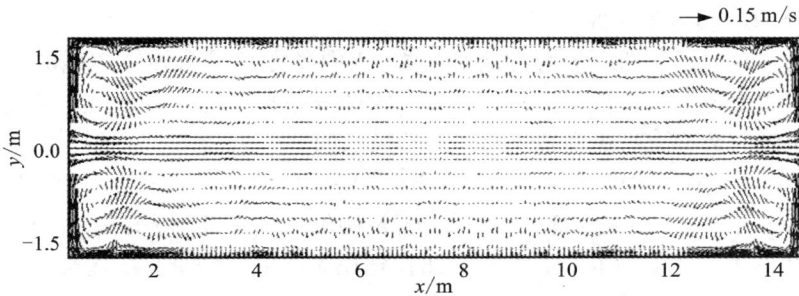

图 8 – 8　AAR10 槽铝液中心面流场（最大流速 9. 57 cm/s，平均流速 1. 94 cm/s）

从能量密度的观点出发，AAR10 槽的能量密度高于 AAR4 槽，反映在流体力学上，AAR10 槽流场应强于 AAR4 槽。受分析面选取限制，即 $Z = 0.927$ m，出现了 AAR10 槽流速比 AAR4 槽稍低的"假象"。而以整个求解域流场为分析目标，AAR10 槽流速最大值、平均值分别为 10. 77 cm/s 和 2. 58 cm/s，而 AAR4 槽流速最大值、平均值分别为 10. 33 cm/s 和 2. 49 cm/s，其余两槽整个求解域的计算结果维持原序位不变。可见，能量密度与场强具有对应关系，能量密度大的电解槽流速较大。

用 AAR1、AAR2、AAR4、AAR7～AAR10 七槽的实际长宽比除电流获得电流密度，将流速随电流密度的变化绘于图 8 – 9。可见，长宽比对流场状态的调节胜于电流密度对流场的调节。该结论对电解槽设计具有指导意义。

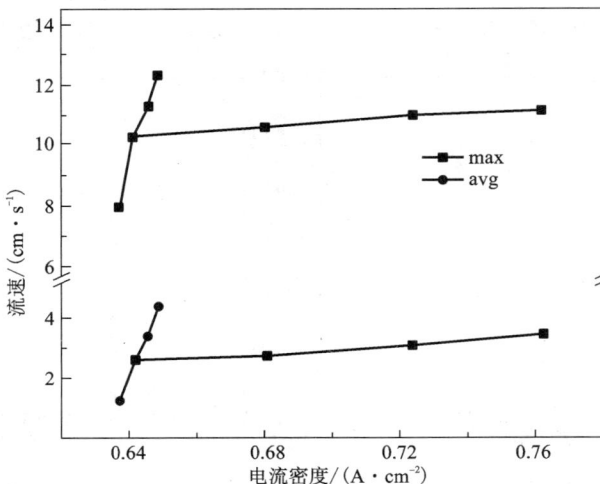

图 8 – 9　流速随电流密度的变化

（4）MHD 稳定性分析。

利用垂直磁场的曲面拟合方法对表 8 - 2 中各方案槽内导体产生的垂直磁场分布进行曲面拟合。在拟合过程中发现，磁场分布越杂乱，拟合误差越大。但拟合精度较低的数据点所占数量不多，且是局部的。

图 8 - 10 ~ 图 8 - 19 分别给出了 AAR1 ~ AAR10 槽的波动增长率随自然频率的变化趋势。可以看出，随长宽比增大，电解槽的波动稳定性趋好。由于 AAR1 ~ AAR10 槽的垂直磁场分布规律相似，而长宽比大的电解槽垂直磁场分量较小，这与稳定性计算结果相对应。

图 8 - 10 中纵坐标 $y = 0$ 处的三角形符号代表的是重力波自然频率。可见，重力波引起的波动是稳定的。图 8 - 11 ~ 图 8 - 19 与图 8 - 10 具有相同的重力波自然频率分布，因此未给出。

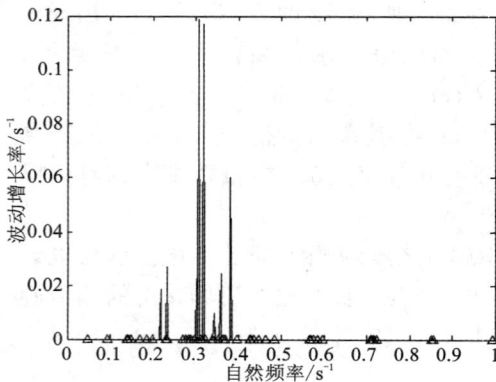

图 8 - 10　ARR1 槽波动频谱图

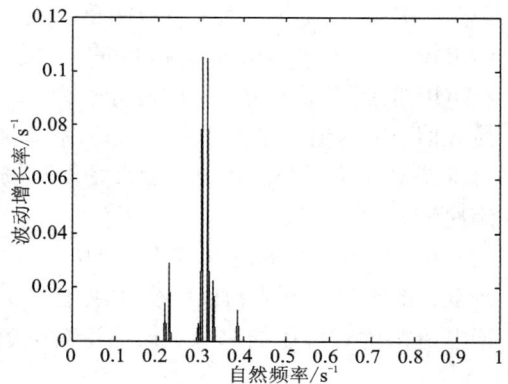

图 8 - 11　ARR2 槽波动频谱图

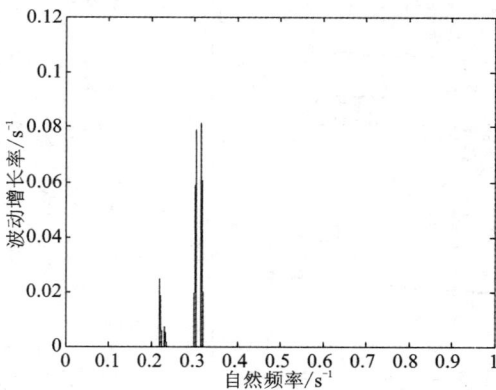

图 8 - 12　ARR3 槽波动频谱图

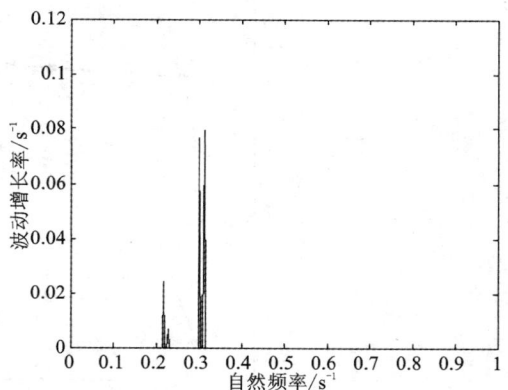

图 8 - 13　ARR4 槽波动频谱图

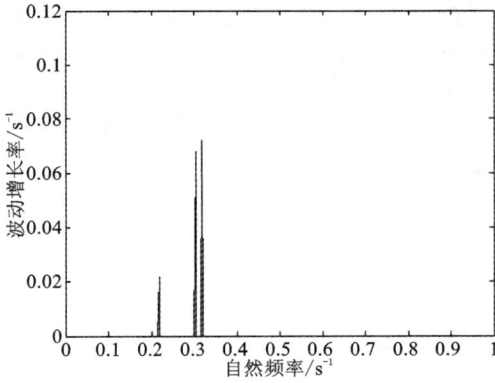

图 8－14　ARR5 槽波动频谱图

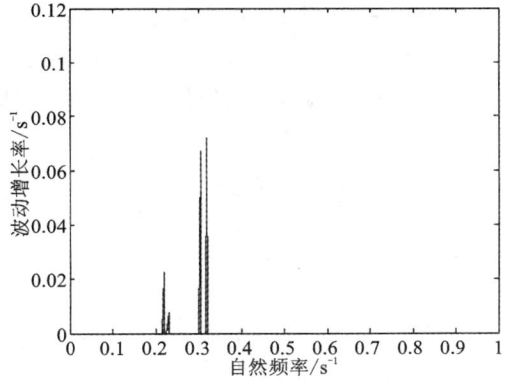

图 8－15　ARR6 槽波动频谱图

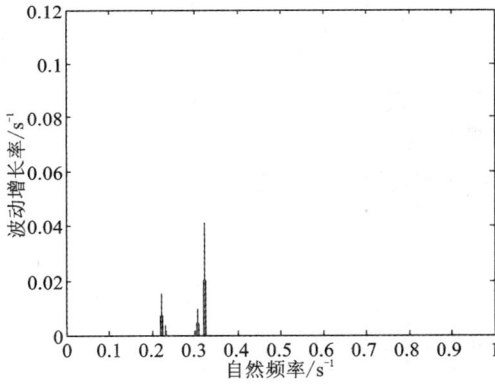

图 8－16　ARR7 槽波动频谱图

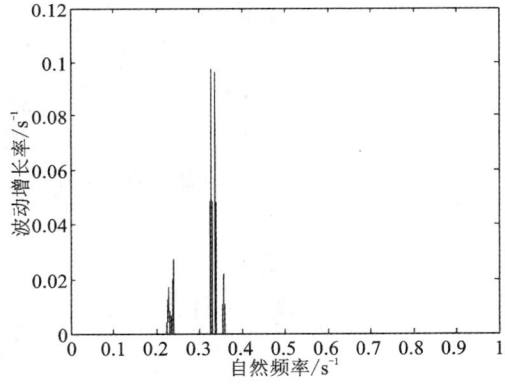

图 8－17　ARR8 槽波动频谱图

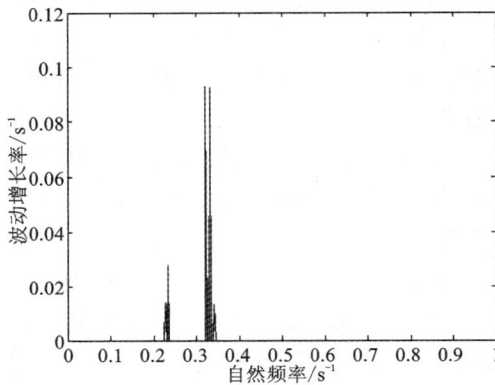

图 8－18　ARR9 槽波动频谱图

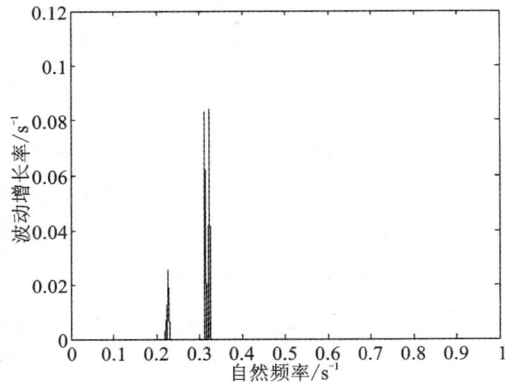

图 8－19　ARR10 槽波动频谱图

以 ARR4 槽为例,其稳定性分布情况见图 8 – 20。通过与图 8 – 13 对比可以看出,附加母线后的最大波动增长率约是附加前的 3 倍;附加母线后的最低频率(最大周期)不稳定波的波动增长率约是附加前的 4.3 倍。

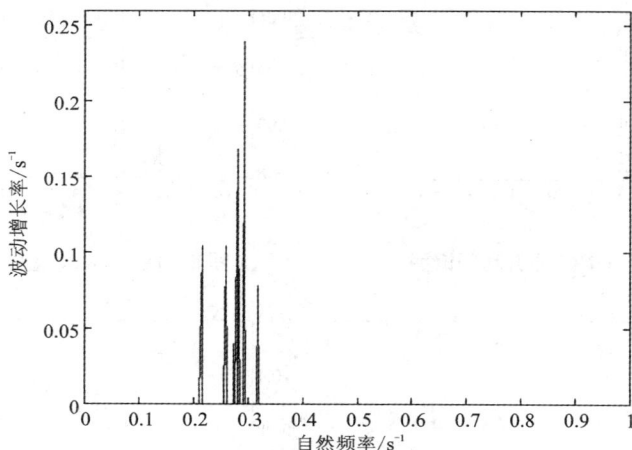

图 8 – 20 ARR4 槽附加一种母线后的波动频谱图

(5)关于热稳定性的讨论。

定义几何表面积与体积之比为

$$SVR = \frac{2 \times h \times (L + W) + 2 \times L \times W}{L \times W \times h} \qquad (8 - 4)$$

式中:h 是槽膛深度,取 0.5 m。

如图所示,在电流密度相同条件下,电解槽单位体积的表面积随长宽比的增加而增加。若电流密度不同,长宽比与电流密度近似成反比,电解槽单位体积的表面积随长宽比的增加而降低。此外,无论电解槽容量多大,只要设计采用的电流效率和槽体系电压一样,则单位电流的热损失都是一个常数。一般而言,随着电解槽容量的增大,单位体积的表面积减小,使单位面积的散热强度(或散热量)大幅增加,致使侧部不结槽帮或无伸腿等恶劣热平衡状况的出现。这不但增加了早期漏槽的危险,也会影响电解槽的正常操作。

本章算例中电流强度都为 320 kA,且体系电压不同。为此,将单位面积的散热强度随长宽比的变化趋势绘成图,如图 8 – 21 和图 8 – 22 所示。可以看出,长宽比越大,单位面积的散热强度越小,侧壁温度越低,越利于形成炉帮。

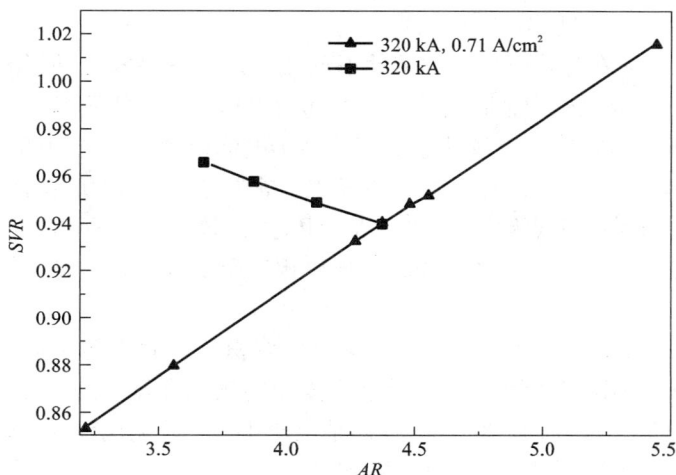

图 8 - 21　单位体积的表面积随长宽比的变化

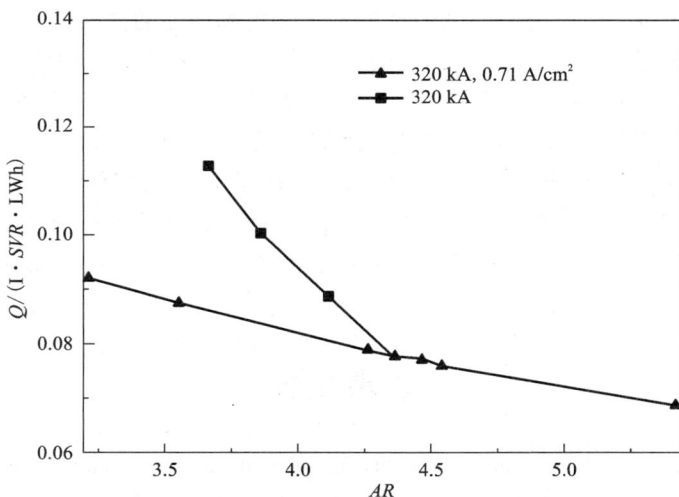

图 8 - 22　单位面积的散热强度随长宽比的变化

8.4　长宽比优化判据

由以上的对比研究可以发现：

（1）在系列电流 320 kA、阳极电流密度 0.714 A/cm^2 条件下，体系电压、阳极电压及阴极电压随长宽比的增加而逐渐降低。在系列电流 320 kA 条件下，上述各量随长宽比的增加和电流密度的降低而减小。若电流密度升高同时长宽比增加，磁场变化趋势因具体长宽比而定。

（2）两相流体在对称电磁力的带动下形成了四个旋涡的流动形态。由于槽大面电磁力大于端部电磁力，造成了熔体中部的流速小、端部的流速大以及角部四个旋涡的出现。长宽比对流场状态的调节胜于电流密度对流场的调节。

（3）在离散数据的曲面拟合过程中发现，槽内导体产生的磁场可在较高精度下完成拟合。计算结果表明，AAR1～AAR10 槽大致上随长宽比增加向更稳定的方向发展，这是因为各槽垂直磁场分布规律相似而长宽比大的电解槽垂直磁场分量较小。

（4）在电流密度相同条件下，电解槽单位体积的表面积随长宽比的增加而增加；在电流密度不同条件下，电解槽单位体积的表面积随长宽比的增加而降低。本章算例中电流强度均为 320 kA，且体系电压不同，长宽比越大，单位面积的散热强度越小，侧壁温度越低，越利于形成炉帮。

现代预备铝电解槽受制于阳极的大小及其经常更换的性质，决定了电解槽的长宽比大体趋向于狭长形设计。我国在设计 300 kA 级电解槽的时候，阳极长度一般为 1550 mm 左右，通过前文的计算及实际现场运行的情况来看，长宽比越大的槽型，其磁流体稳定性越好，而此时其长宽比为 5 左右，这也验证本书所述的观点，即电流效率相同的情况下，长宽比越大的电解槽，其磁流体稳定性越好。因此，在设计 400 kA 级及以上的电解槽的时候，由于此时阳极长度可以增加至 1700 mm，因而尽管电解槽长度方向增大了，其宽度方向同样也有增加，而且，由于设计的阳极电流密度增大，长度增加的幅度尚不如宽度增加幅度，因而此时的长宽比选择一般在 4.5 以下，在满足阳极、上部结构等设计的前提下，应尽量选择长宽比大的整体方案。

参考文献

[1] Sneyd A D, Wang A. Interfacial instability due to MHD mode coupling in aluminum reduction cells[J]. Journal of Fluid Mechanics, 1994, 263: 343 – 359.

[2] Ziegler D P. Stability of metal/electrolyte interface in Hall – Héroult cells: effect of the steady velocity[J]. Metallurgical Transactions B, 1993, 24B: 899 – 906.

第9章　阳极系统的仿真与优化

阳极的结构尺寸影响到电解槽的电、热场及其分布（即影响电压平衡与热平衡），从而影响到电解槽的能耗指标、电流效率指标以及阳极消耗指标，因此优化阳极结构尺寸具有显著意义。对于传统阳极来说，其炭块高度、长度和宽度及加工面大小、阳极钢爪等方面的值都必须在设计时候综合考虑。

9.1　阳极尺寸与电解槽关系分析

1. 阳极炭块高度

阳极炭块的高度影响到下列几个方面：

①换极周期：换极周期是指1台电解槽槽内所有阳极更换完毕需要的天数，也即1块新阳极能工作的天数。根据相关电化学公式可以计算分析换极周期与阳极净耗、阳极电流密度、阳极体积密度、电流效率等参数的关系。显然，其他条件相同时，阳极炭块越高，则阳极毛耗越小（因为残极高度一定），且换极周期越长。延长换极周期能降低阳极组装与阳极更换的工作量与相关消耗，并降低因阳极更换而打开电解质面壳所造成的热损失以及换极对电解槽运行的干扰频度。但换极周期的设计还应考虑到换极作业时间安排上的便利，并且阳极高度的增加还会影响到下面将述及的其他方面。

②阳极电压降：阳极电压降随着阳极高度的增大而增大，因而会增大电解能耗。

③阳极保温（电解槽热平衡）：电解槽上部散热量占电解槽体总散热量的40%~50%，因此阳极保温情况直接关系到电解槽热平衡的稳定。而由于槽内阳极高度差较大，造成有的阳极块侧部加不上氧化铝保温料，高阳极块保温性能比低阳极块的保温性能差，高阳极块的热损失增加，这对窄加工面的电解槽更为不利。

④电解槽上部结构：阳极高度越高，则电解槽立柱母线越高，上部金属结构位置抬高，荷重加大。

⑤阳极电流分布：阳极高度越高，从阳极侧面流出的电流相对于阳极底部流出的电流的比例便越大（即阳极电流密度的修正系数便越小），这对电解技术经济指标不利。

从上述的分析看到，最佳的阳极高度受到多方面因素的影响。20 世纪 80 年代，对于 160 kA 预焙槽阳极的最佳高度一般认为是 603 mm，但显然，最佳高度不仅与考虑的因素多少有关，而且与各因素可准确量化的程度有关。其中，一些主要因素的变化会显著影响阳极高度的最佳值，例如，当电解用电电价增加时，阳极高度的最佳值便会降低。目前，我国预焙槽的阳极高度一般为 540 ~ 600 mm，个别企业采用高达 660 mm 的阳极，这是否符合经济效益最佳的原则，值得进一步分析。

2. 阳极炭块的长度与宽度（截面积）

阳极炭块的长度与宽度（包括截面积）会影响到以下几个方面：

①阳极气体的排出：阳极炭块的截面积越大，对阳极气体的逸出便越不利，因而对电流效率指标不利。

②阳极更换周期：由于阳极高度受到多方面因素的限制只能处于一定的范围，因此阳极炭块的截面积越大，换极周期便越长。

③阳极电流分布：阳极越宽越长（截面积越大），经钢爪流向阳极侧面的距离便越远，因而从阳极侧面流出的电流相对于阳极底部流出的电流的比例便越小（即阳极电流密度的修正系数便越大），这对电解技术经济指标是有利的。此外，对于老槽改造，若能增大阳极截面积，则可以在不提高阳极炭块电压降的情况下强化电流，或者在不强化电流的情况下由于能减小阳极电流密度而减小阳极电压降。

④铝液中的水平电流：电解槽的设计应尽量减小铝液中的水平电流，而阳极的长、宽尺寸与阳极排布方式对铝液中水平电流的大小与分布有重要影响。当阳极炭块的宽度能与阴极炭块的宽度相匹配时，有利于减少铝液中的水平电流。但最佳的长度与宽度值显然与具体的槽型和结构尺寸相关。

⑤阳极钢爪的用量与排布：当采用的阳极过宽时，就必须采用双排钢爪。这必然使钢爪总断面积及用钢量增加，使钢爪在生产中散发大量热量。采用双块组就是为了避免采用过宽的单块阳极。

从上述的分析看到，如同阳极高度一样，最佳的阳极长度与宽度也受到多方面因素的影响。目前，我国大型预焙槽（160 ~ 350 kA）的阳极宽度基本上都是 660 mm（双阳极组中的阳极块宽度也为 660 mm），阳极长度则因槽型而异，一般为 1400 ~ 1600 mm。个别的老槽改造则采用了一些尺寸不在此范围的阳极。

3. 阳极至槽侧壁距离（即加工面宽度）

加工面宽度影响到下列几个方面：

①阴极电流密度：在阳极电流密度一定的情况下，加工面宽度越大，阴极电流密度越小。理论与实践均表明，阴极电流密度小，则电流效率低。

②物理场分布与炉膛的形成：加工面及阳极间缝越宽，则阳极投影面积以外的熔体面积越大，通过阳极侧部的电流也越大（即阳极电流密度修正系数便越小），上部散热面也越大（通过加工面上部的热损失大），对物理场（包括电场、磁场、流场、热场）的分布均会产生较大的影响。大加工面（500～600 mm）的老式预焙槽对应的炉帮厚度较大，但采用低温（低过热度）工艺时凝固等温线波动范围大，因此炉帮结壳厚度不容易稳定，波动范围较大。另外，大加工面在低分子比、低温操作时容易出现边部结壳塌陷，在更换阳极时大量槽面结壳氧化铝容易落入槽内，必须人工扒至槽帮处，不仅劳动消耗大，而且不利于形成规整的炉膛和控制氧化铝浓度。以上问题均会影响电流效率和能耗指标。现代窄加工面（大面加工面宽度250～300 mm）预焙槽侧部采用散热型，强制性形成炉膛，并由于采用了良好的物理场设计方案，因此槽帮虽然相对较薄但稳定性较好。

③电流效率：这是从另一个角度来分析阳极加工面与阳极间缝宽度对电流效率的影响。电解槽各个区域由于极距、熔体流速、电解质温度等的差异，电流效率是不一致的，不同区域阳极下方的电流效率不同，而阳极投影面以外区域（即加工面和阳极间缝所对应的区域）的电流效率远低于阳极投影面正下方区域的电流效率，因此缩小加工面和阳极间缝的设计方案有利于获得高电流效率。

Goff 等人研究了由阳极至槽壁距离从450 mm 缩小到250 mm 的试验槽，与原型槽相比，电流效率由93.1% 提高到94.9%。新安铝厂改进型160 kA 预焙槽首次在国内应用窄加工面，由过去老槽型的520 mm 宽加工面改为350 mm，电流效率比宽加工面提高1.3% 左右。湖北华盛铝厂将60 kA 自焙槽系列改为82 kA 预焙槽系列，将大面加工面由520 mm 改为275 mm，在阳极电流密度为0.8 A/cm^{2}时电流效率达到了93%。

但与此同时，加工面过窄也会带来问题：阴极电流密度高，对阴极炭块质量要求高；电解槽内熔体的体积相对较小，因此工艺技术条件（如熔体温度、熔体高度、氧化铝浓度、极距等）对外界干扰敏感，电解槽自平衡能力弱；对炉帮结壳的稳定性和炉膛的规整度要求很高，否则可能引起侧部破损，或引起换极困难。

根据国内外生产实践经验，中间点式下料的大型预焙槽的大面加工面宽度为280～350 mm，小面加工面宽度为400～450 mm。两排阳极炭块的中间缝宽度为120～180 mm。

4. 阳极钢爪及其他

阳极钢爪的结构与安装尺寸影响到下列几个方面：

①承载负荷能力：钢爪尺寸越大、安装越深，则与炭块接触面积（包括周边接触面积与接触深度）便越大，承受负荷的能力便越强。

②钢材的用量：显然，钢爪尺寸越大，钢材用量便越大，阳极质量也越大。

③阳极电压降与阳极电流分布：钢爪直径越大，钢爪电流密度就越小，因而电流在阳极中分布就越均匀，且阳极的电压降也越小；钢爪深度越大，电流流经炭块部分的高度就越小，因而阳极电压降就会越小，且阳极侧面流出电流相对于阳极底部流出电流的比例就越小（即阳极电流密度的修正系数便越大）。并且，在有限的变化范围内，钢爪直径和钢爪之间的距离对阳极侧面电流的影响很小。

④阳极热损失：钢爪尺寸越大，钢爪导致的阳极散热量便越大。

从上述的分析看到，最佳的阳极钢爪结构与安装尺寸受到多方面因素的影响。目前，我国的钢爪电流密度一般按照 $0.1 \ A/cm^2$ 左右选取，按通过的电流强度计算出钢爪断面。

铝导杆断面积按每组阳极电流负荷确定，按经济电流密度选取，一般按 $0.4 \ A/mm^2$ 选取。

铝-钢爆炸焊块的工作最高温度不应超过400℃，否则强度急剧降低。铝-钢爆炸焊的界面抗拉应力应大于铝导杆。

5. 底部带沟槽的阳极炭块

现今工业应用的预焙铝电解槽均使用平底的炭阳极，由于其底掌面积较大并且与电解质的润湿性较差，阻碍了铝电解反应过程产出的阳极气体向槽外排放，导致阳极底掌下的电解质层中总是积存着部分阳极气泡。这部分气泡的存在严重恶化了极间电解质的导电性，减小了电解质与阳极的接触面积，增大了极间电压降[1-3]。同时，由于电解质与铝液的流动与垂直波动，致使部分气泡与铝液接触并产生氧化反应，引起电流效率的损失。另外，若极间氧化铝浓度降低，炭阳极与电解质的润湿性变差，气泡更难排出并逐渐聚合形成连续气膜覆盖于阳极底掌，就会引发阳极效应，使槽电压大幅上升，产生大量额外电能消耗并引起极间过热，导致电解生产不稳定[4]。解决这些问题的关键，在于使电解反应过程产出的阳极气体及时排出，并使阳极周围电解质的流动更有利于电解槽的传质传热。

近年来，国外一些预焙槽上采用了底部开沟槽的炭素阳极。例如，从阳极底掌开一条宽1 cm、深度为300~380 cm的缝隙。窄阳极块开一条，宽阳极块开两条[5-9]。早在1990年，美国Shekhar等人对底部开不同沟的惰性阳极对流场的影响进行了水模型试验，结果表明，阳极底部开槽有利于减少阳极底部气泡覆盖率和促进极间氧化铝的传质[6]。关于炭素阳极开沟的研究也有部分报道[5-9]。

这些研究表明，在阳极上开槽可以有效促进阳极气体的排放，表现出良好的节能减排效果。然而在阳极开槽的工业应用中也产生了一些问题，改变了原本电解槽的许多行为，出现了若干负面影响，如炭渣上升、阳极使用周期缩短及铝液中铁含量升高等[10-11]。因此，为优化阳极开槽设计，减小开槽对电解槽的负面影响，针对阳极开槽对电解槽行为影响的研究具有非常重要的意义。Grunspan[12]开发了专用开槽器具对阳极加工倾斜向上的导气槽，同时指出这种开槽方法更加有利于气泡排出。李相鹏等[13]从电解质流动及其湍动的角度研究了开沟阳极对于电解质流场的影响，指出部分阳极气体可以从开沟部位排放，从而减少气体在阳极底掌的停留时间及覆盖率，并且促进电解质向开沟部位流动，对降低极间压降与阳极效应系数以及保持电解槽良好的传质传热都有利；同时，阳极开通沟相对于非通沟更能保持电解质的稳定流动，对电流效率也更加有利。Yang[14]等利用PIV（粒子图像测速技术）研究阳极开槽的深度及宽度对于电解质流动的影响，指出随着阳极消耗，导气槽浸没于电解质的部分越来越少，气体从导气槽中排出对于电解质流动影响越大，电解质循环中心向上移动，湍动比不开槽要轻微；开槽宽度增大，从导气槽中排放的电解质流速增大，同时湍动能减小，电解质流动更加稳定。

工业应用的实际效果及以上研究都表明阳极开槽可以有效促进阳极气体的排放，然而对于阳极开槽的设计，大多基于经验判断，缺少相关理论研究，而这对于气泡排出的效果有决定性影响。目前，数值仿真的方法大量应用于铝电解工业中，为新铝电解槽的设计和现行槽型的改进提供了许多参考。

本章接下来的内容将主要介绍运用数值仿真的方法研究预焙铝电解槽阳极开槽对于阳极气体排出的影响，从阳极底掌下气泡层存在状态的角度分析不同开槽方法对于阳极气体排出的作用，结果可为优化阳极设计提供参考。

9.2　阳极开槽的计算模型

以某预焙铝电解槽设计方案的相关部分为研究对象，其阳极尺寸为1600 mm×650 mm×550 mm。计算中所需的工艺参数如表9-1所示。

表9-1　工艺参数

极距/mm	电解质水平/mm	阳极流经电流/A
45	220	8000

本书分别研究在沿阳极长度方向开槽、宽度方向开槽、竖直方向开槽下气泡在阳极底掌下电解质中的分布及积存情况。对于这几种开槽方式，开槽宽度均为20 mm；长度、宽度方向上开槽深度均为300 mm，竖直方向上导气槽均为通槽，即导气槽连通阳极底掌与阳极上表面，不开槽及几种不同方向开槽的阳极炭块示意图如图9-1所示。仿真计算时，所有模型在ANSYS中生成并进行网格划分，再输出到CFX中设定相关计算参数并进行计算。

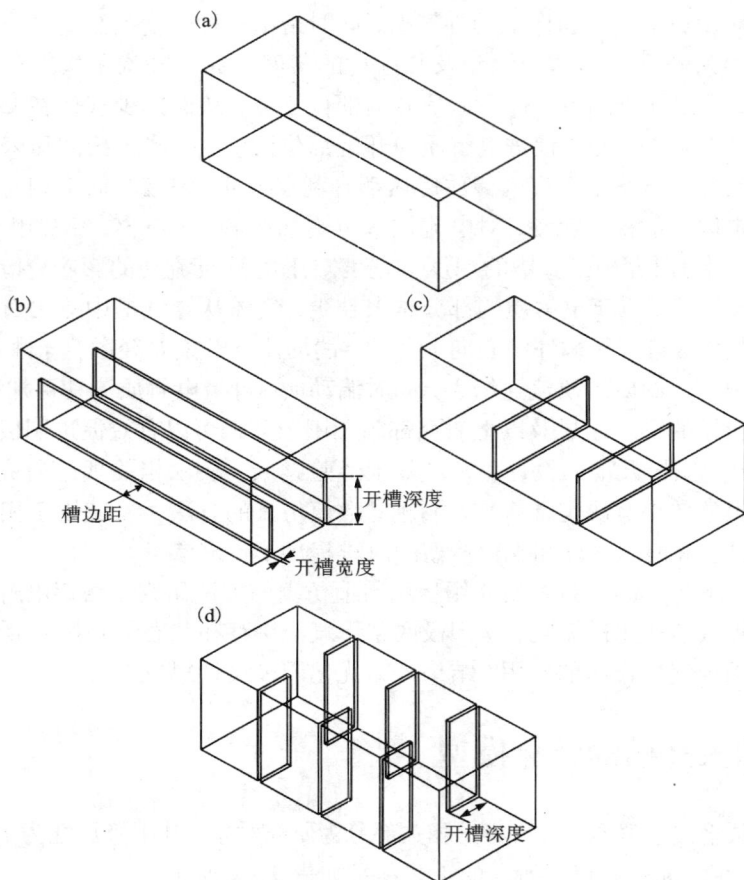

图 9 - 1   不同开槽方式的阳极块示意图

(a)普通阳极;(b)长度方向开槽;(c)宽度方向开槽;(d)竖直方向开槽

根据槽内流体运动的情况,设定阳极底掌及与电解质接触的侧部为气泡 Inlet 边界,分别定义气泡覆盖率及气体流量,这类边界上电解质的流量为零,气体的流量可根据电化学反应进行计算。电解质上表面为气体出口,其余面均为不可滑移壁面,阳极气泡直径取 1 cm。

9.3   阳极长度方向开槽分析

分别计算普通阳极、沿阳极底掌长度方向上中间位置开一条槽、槽边距分别为 50 mm、100 mm、125 mm、150 mm 及 200 mm 的位置上开两条槽及均匀开三条槽后的气泡 - 电解质流场,分析在阳极长度方向上开槽对气泡排出的影响,各开槽方案分别按上述顺序定义为 A 至 H。

图 9-2 及图 9-3 所示分别 A 至 H 开槽方案距阳极底掌 10.5 mm 及 21 mm 的电解质截面上气泡体积分数分布情况，分布图中左侧指向电解槽大面，表 9-2 为 A 至 H 开槽方案的阳极底掌下气泡分布状况的计算结果。

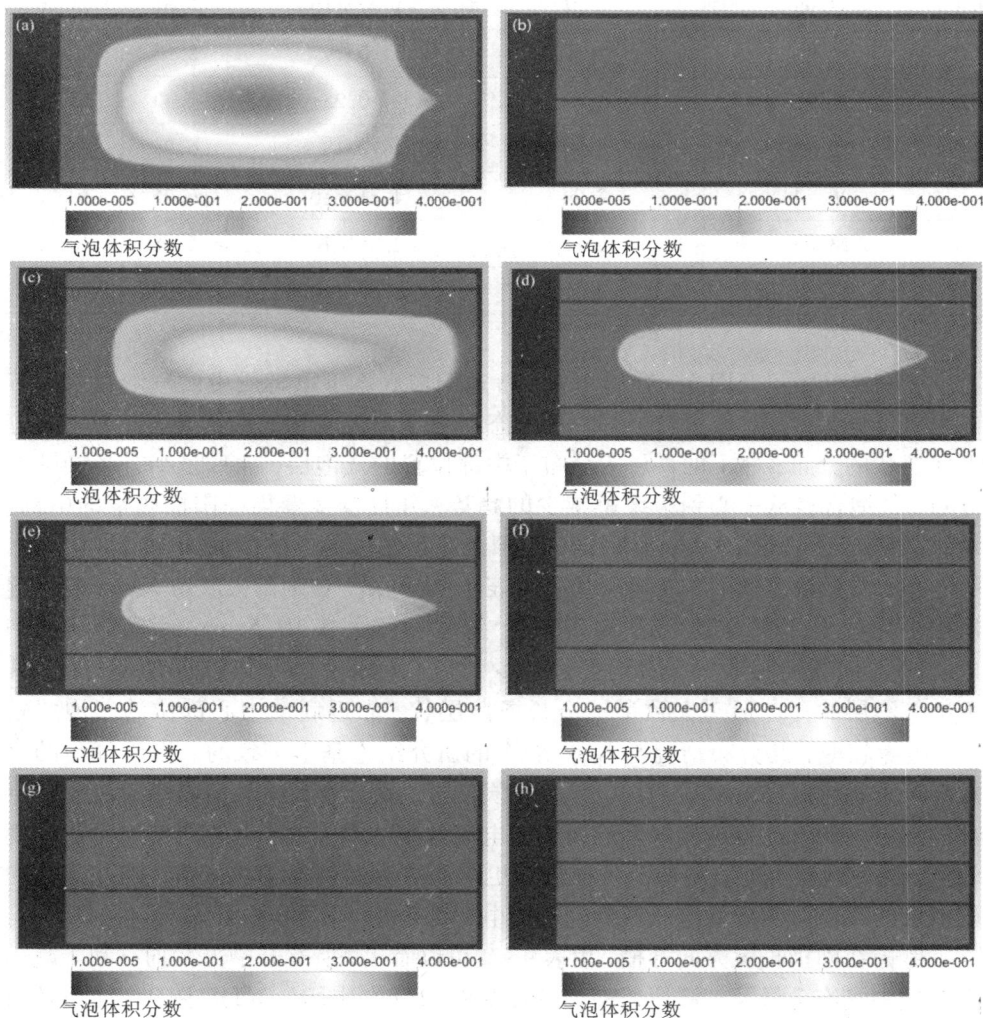

图 9-2　不同开槽方案阳极底掌下 10.5 mm 电解质层中气泡体积分数分布

(a)普通阳极；(b)长度方向开一条槽；(c)长度方向开两条槽且槽边距为 50 m；(d)长度方向开两条槽且槽边距为 100 m；(e)长度方向开两条槽且槽边距为 125 mm；(f)长度方向开两条槽且槽边距为 150 m；(g)长度方向开两条槽且槽边距为 200 mm；(h)长度方向开三条槽

表 9 – 2　阳极底掌下的气泡分布状况

方案	距底掌 5 mm 处气泡平均体积分数/%	距底掌 10.5 mm 处气泡平均体积分数/%	距底掌 21 mm 处气泡平均体积分数/%	气泡总积存量/L	阳极质量损失/kg
A	50.96	17.51	1.69	10.45	0
B	33.95	4.21	1.87×10^{-7}	7.61	15.36
C	39.83	10.41	0.79	8.63	30.72
D	31.92	5.61	0.25	7.33	30.72
E	29.52	4.87	0.18	6.96	30.72
F	26.14	3.24	4.11×10^{-8}	6.45	30.72
G	23.05	2.86	2.36×10^{-8}	5.98	30.72
H	17.31	2.15	2.67×10^{-8}	5.09	46.08

由图 9 – 2(a)及图 9 – 3(a)可知,普通阳极底掌下电解质中的气泡在水平方向上可以分为两层,位置较上的一层形态对应于阳极底掌的形状,呈现为一个方形薄层状的分布;靠下的一层为分布于中部位置的气泡层,大致呈半方半椭圆形分布,气泡含量从中心到边缘呈减少的趋势,并且较多聚集在阳极底掌的中部。对比图 9 – 2(a)及图 9 – 3(a)可知,距阳极底掌越远的电解质截面中气泡体积含量越小,并且从上到下减小得很快。由表 9 – 2 可知,在距阳极底掌 5 mm 的电解质层平均气泡体积分数可达 50.96%,在距阳极底掌 10.5 mm 时减少到达到 17.51%,而当距底掌 21 mm 时已经减少到约 1.69%,因此从竖直方向上看,其下部气泡层的存在形态大致呈一个长条薄层状,靠近底掌中心部位的气泡层较厚,边缘较薄,此分布情况与 Kiss 等[17]的研究结论基本一致的。由于气泡的存在会严重恶化此层电解质的导电性及与炭阳极的润湿性,同时槽内铝液波动时下部气泡层中的气泡容易接触铝液而造成电流效率的损失,若电解质中氧化铝浓度较低,此气泡层可能会更厚且气体含量更多而更容易引发阳极效应,因此这样的气泡层的存在对实现低电压及低效应铝电解都是相当不利的。

考虑在阳极长度方向开槽,由表 9 – 2 可以看出,所有开槽方案均有利于减小电解质中气泡含量及气泡覆盖率。参考图 9 – 2(b)、图 9 – 2(f)、图 9 – 2(g)及图 9 – 2(h)可知,阳极长度方向上的开槽能消除集聚在阳极底掌下中心部位的下部气泡层,使整个气泡层简化为一薄层,减小了整体厚度并且气泡的分布较为均匀,有效促进了气体的排放,减小气泡与铝液接触的可能性。此外,由表 9 – 2 中方案 B、G 以及 H 的气泡在不同电解质界面上的体积分数及气体总积存量可知,开槽数量越多,越有利于促进气泡的排放,从而减小气体在阳极下的体积分数及总积存量。但值得注意的是，开三条槽相对于开两条槽在气泡总积存量上只减小了 0.89 L，气泡体积分数也差别较小，但其质量损失已经高达 46.08 kg，因此从效率及经济性上考虑，在阳极长度方向上开一条或两条导气槽较为合理。

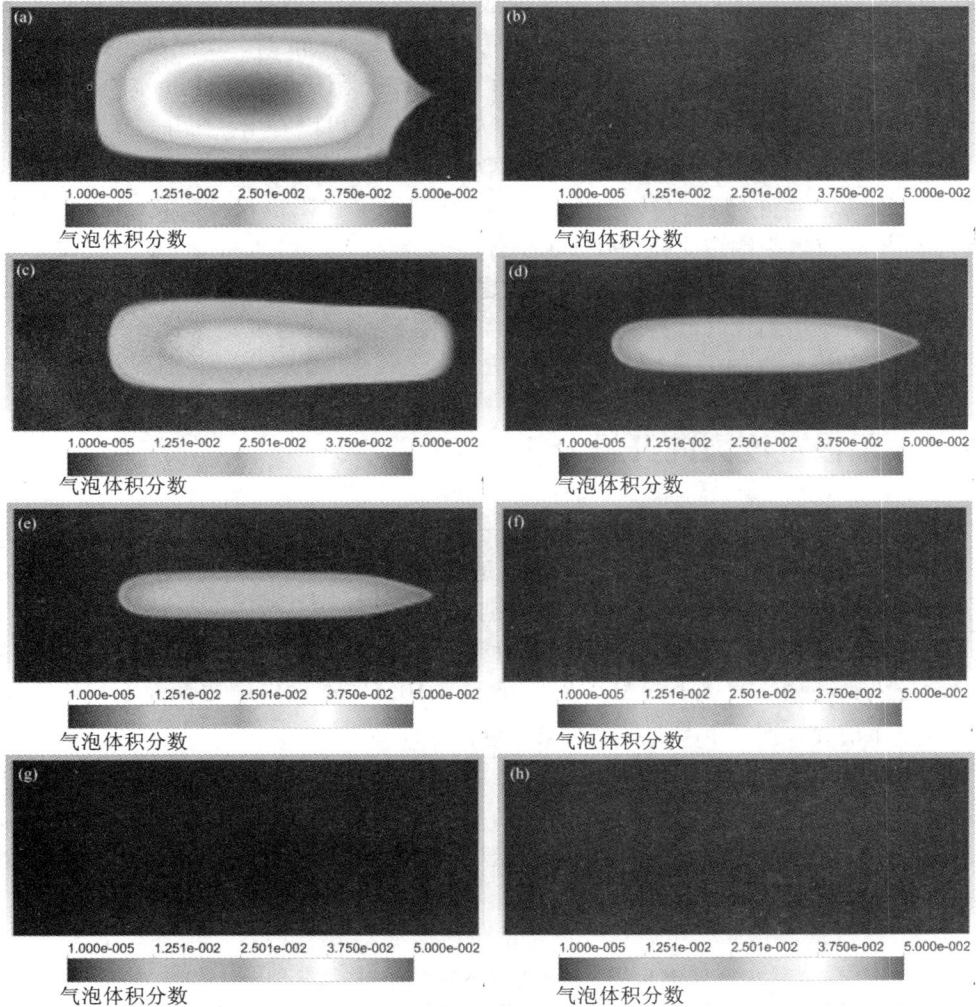

图 9 - 3　不同开槽方案阳极底掌下 21 mm 电解质层中气泡体积分数分布

（a）普通阳极；（b）长度方向开一条槽；（c）长度方向开两条槽且槽边距为 50 m；（d）长度方向开两条槽且槽边距为 100 m；（e）长度方向开两条槽且槽边距为 125 mm；（f）长度方向开两条槽且槽边距为 150 m；（g）长度方向开两条槽且槽边距为 200 mm；（h）长度方向开三条槽

考虑位置对阳极长度方向上开两条槽的排气效果的影响。对比图 9 - 3（c）、（d）、（e）、（f）、（g）并由表 9 - 2 中开槽方案 C、D、E、F、G 的气泡体积分数及总积存量可知，气体层的形态随着阳极开槽位置的变化而有一定的差别，槽边距增大时，阳极底掌下气泡层的分布范围及体积分数都有所减小，中心聚集下部的气泡层逐渐被压缩为长条状，当槽边距达到 125 mm 至 150 mm 间的某一值时，中心部位集聚的下部气泡层消失，气泡层变成薄层状；若开槽部位边距继续增大，气体的覆盖率及总积存量继续减小，当槽边距达到 200 mm 时，气泡总积存量从不开槽时的 10.45 L 下降到 5.98 L，减少了 42.78%，阳极底掌下 5 mm 中电解质气泡体积分数从 50.98% 下降至 23.05%。从以上分析可以看出，在开两条槽时，合理选择开槽位置对于发挥其最大的排气效果具有重要意义，本实例中所选择的阳极尺寸及工艺条件均较为具有代表性，因此若确定在阳极长度方向上开两条槽时，开槽的位置距侧边应在 200 mm 左右。

从减少阳极质量损失及开槽成本考虑，在底部开槽应尽量少，则开一条槽已经足够；若要达到较好的排气效果，则需开两条槽并且合理地选择开槽的位置，但开槽后阳极质量损失是开一条槽时的 2 倍。

9.4　阳极宽度方向开槽分析

分别计算在阳极底掌宽度方向上开一条槽、均匀开两条槽及三条槽，整体左移 50 mm 的三条槽及均匀开四条槽的气泡 – 电解质流场，分析在阳极宽度方向上开槽对气泡排出的影响，各开槽方案分别按上述顺序定义为 I 至 M。

表 9 – 3 为 I 至 M 开槽方案的阳极底掌下气泡分布状况的计算结果，图 9 – 4 所示分别为开槽方案为 I 至 M 时距阳极底掌 10.5 mm 的电解质截面上气泡体积分数分布情况，各分布图中左侧指向电解槽大面。

由图 9 – 4 可知，在阳极宽度方向上开槽有利于减小气泡在阳极底掌的分布范围及体积分数。开槽数在三条以下时，阳极底掌下中心聚集的下部气泡层不能消除，并且因为开槽而分裂为数个小气泡层，这部分气泡层的范围和气泡体积分数都有所降低。

表 9 – 3　阳极底掌下的气泡分布情况

方案	距底掌 5 mm 处气泡平均体积分数/%	距底掌 10.5 mm 处气泡平均体积分数/%	距底掌 21 mm 处气泡平均体积分数/%	气泡总积存量/L	阳极质量损失/kg
I	43.84	9.88	0.67	9.16	6.24
J	39.71	6.87	0.29	8.48	12.48
K	33.99	4.39	0.03	7.52	18.72
L	33.41	4.26	0.02	7.42	18.72
M	28.46	3.53	1×10^{-7}	6.63	24.96

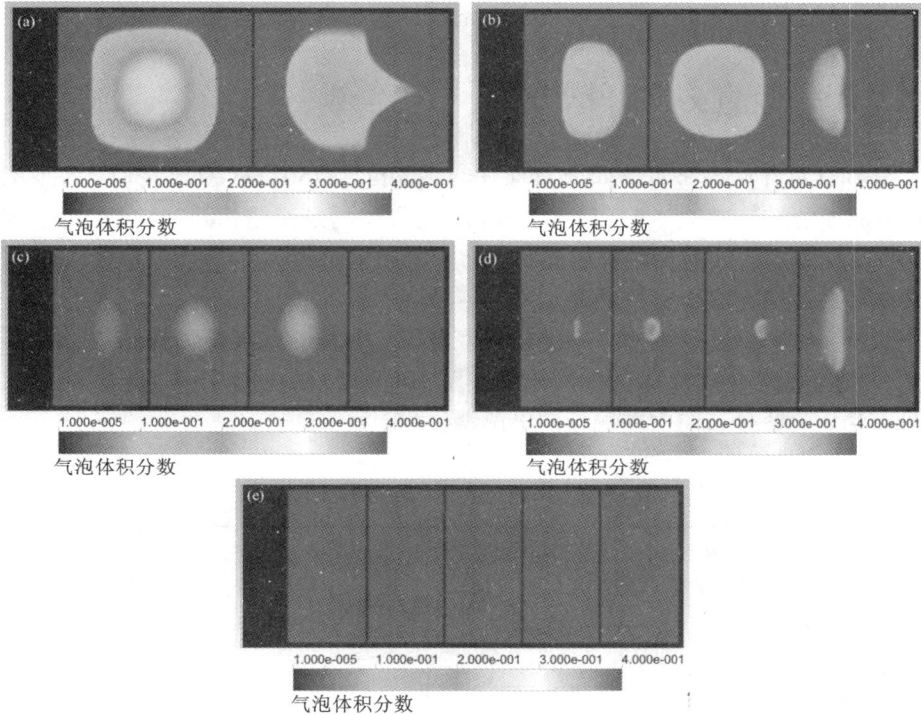

图 9 – 4　不同开槽方案阳极底掌下 10.5 mm 电解质层中气泡体积分数分布

(a)方案 I；(b)方案 J；(c)方案 K；(d)方案 L；(e)方案 M

同时，由图 9 – 4(a)及图 9 – 4(b)可知，在阳极宽度方向上均匀开槽并不能得到对称的气泡体积分数分布，靠近阳极中缝的气泡更容易排出，在此部分聚集的气泡比在靠近槽大面的气泡量及分布范围都要小。另外，由图 9 – 4(c)及图 9 – 4(d)对比可以发现，在阳极宽度方向上开槽与长度方向开槽不同，开槽位置对气泡排出的影响不大，均匀的三条槽及非均匀的三条槽都不能完全消除底部的中心气泡层，而由表 9 – 4 可知，无论是气泡覆盖率还是气泡总积存量均相差不大，虽然此时下部气泡层的范围和含量都已较小，但只有在开四条导气槽时才能完全消除阳极底掌的中心聚集的下部气泡层。由表 9 – 3 可知，在阳极宽度方向上开槽的方案在阳极质量损失方面相对于长度方向的开槽要小得多，例如在宽度方向上开四条槽的质量损失为 24.96 kg，少于长度方向上开两条槽时 30.72 kg 的质量损失，而其对于加强排气的效果相差不大。

由于过多过密的开槽可能会带来阳极力学性能方面的下降，并且考虑三条槽或四条槽已经可以达到较好的排气效果，与长度方向上的开槽相比，阳极的质量损失更小并且避免了开槽内电解质流动时对侧部炭块造成冲刷侵蚀，因此若在宽度方向上对阳极开槽时，三条槽或者四条槽是较为合理的方案。

9.5 阳极竖直方向开槽分析

分别计算在阳极竖直方向上对称开四条深度为 150 mm 的导气槽、六条深度为 150 mm 的导气槽、六条深度为 200 mm 的导气槽及交错相间开六条深度为 200 mm 的导气槽下的气泡 – 电解质流场，分析沿阳极竖直方向开导气槽对气泡排出的影响，各开槽方案分别按顺序定义为 N 至 Q。

表 9 – 4 为 N 至 Q 开槽方案的阳极底掌下气泡分布状况的计算结果，图 9 – 5 所示分别为开槽方案为 N 至 Q 距阳极底掌 10.5 mm 的电解质截面上气泡体积分数分布情况，各分布图中左侧指向电解槽大面。

表 9 – 4　阳极底掌下的气泡分布状况

方案	距底掌 5 mm 处气泡平均体积分数/%	距底掌 10.5 mm 处气泡平均体积分数/%	距底掌 21 mm 处气泡平均体积分数/%	气泡总积存量/L	阳极质量损失/kg
N	44.23	10.66	0.78	9.20	10.56
O	43.40	10.04	0.70	9.02	15.84
P	40.62	7.74	0.41	8.53	21.12
Q	40.19	7.29	0.35	8.49	21.12

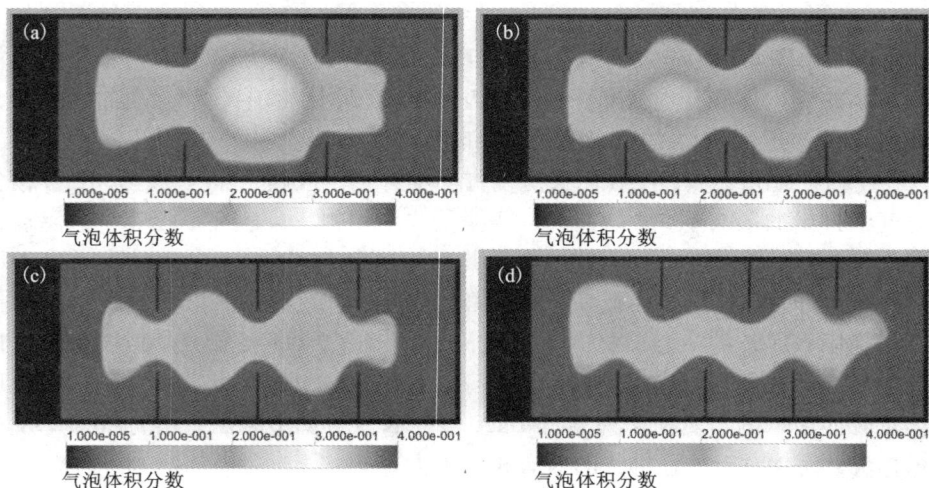

图 9 – 5　不同开槽方案阳极底掌下 10.5 mm 电解质层中气泡体积分数分布

(a)方案 N；(b)方案 O；(c)方案 P；(d)方案 Q

　　由图9-5可以看出，对阳极侧部竖直方向上开槽，对于减小阳极底掌以下中心聚集的下部气泡层范围和大小都有一定作用，但相对于长度和宽度方向上的开槽方式，这种作用总体并不太显著，合适的长度方向或宽度方向的开槽可以完全消除气泡直径范围以下的中心气泡层，而对侧部开槽的计算结果则显示不能得到相同的效果。由图9-5(c)与图9-4(c)对比可知，由于竖直方向开槽时底面部分不能连通并且靠近侧面的气体本身就较为容易排放，因而即便在侧面开槽数量较多也不能有效促进气体排放。综合三种开槽方式可知，开槽位置要选择尽量靠近气泡体积分数分布最大的位置才能起到较好的效果，气泡层厚度和含量与侧部竖直开槽数量之间关系并不大，即使开设六条槽也并不能有效减小气泡层的气泡体积分数及气泡积存量，对比相同深度的四条槽，其相同电解质截面上的气泡体积分数只减小了不到1%，气泡总积存量只减小了0.2 L。对比图9-5(b)与9-5(c)可知，竖直方向上的开槽深度对气泡层的范围和大小有一定的影响，开槽深度为200 mm的气泡层范围及气泡体积分数相对于开槽深度为150 mm时都有明显减小。由表9-5可知，开槽深度由150 mm加大到200 mm时，气泡的总积存量减小了0.5 L。此外，对比图9-5(c)与图9-5(d)可以看出，交错相间的侧部竖直开槽能在一定程度上减小气泡层中的最大气泡体积分数，压缩局部气泡层的范围，减小这部分气泡层与铝液接触的可能性，相对对称地竖直开槽而言促进排气的效果更好。

　　从减小阳极底掌下电解质中气泡含量考虑，在阳极上进行侧部竖直开槽不应作为主要的开槽方式，但相对于长度与宽度方向上导气槽有寿命限制的缺点，其在阳极的整个使用期间都能发挥作用的优点同样值得利用，可以考虑将竖直开槽与长度方向或宽度方向开槽结合起来使用。

9.6　阳极结构开槽优化的建议

　　通过以上论述以及对开沟槽的仿真研究，对于阳极结构和尺寸的确定，可参考以下建议：

　　(1)普通阳极底掌下电解质中的气泡在水平方向上可以分为两层，靠上的一层为方形薄层状的分布，靠下的一层为分布于中部位置的气泡层，大致呈半方半椭圆形分布，气泡含量从中心到边缘呈减少的趋势，并且较多聚集在阳极底掌的中部，整个气泡层厚度较大且气体含量多，这对于降低槽电压及实现低阳极效应系数都是相当不利的。

　　(2)在阳极长度方向上的开槽，可以有效减小气泡层的厚度与分布范围。开槽的数量及位置对开槽后的排气效果均有影响，在阳极长度方向上开一条槽、在距侧边大于200 mm的位置上对称开两条槽是较为合理的选择。该方案可促进阳极气体向外界排放，减少其在阳极底部的停留时间和阳极底部气泡覆盖率，因此有利于减小阳极气体压降，从而有利于降低槽电压，达到节能目的。

（3）在阳极宽度方向上开槽有利于减小气泡层的分布范围及气泡含量，且效果受开槽数量的影响较大，只有在开四条导气槽时才能完全消除阳极底掌的中心聚集的气泡层；此外，考虑气泡分布不均匀，宽度方向上的导气槽可以向大面稍微靠近。

（4）在阳极侧面竖直方向进行开槽对减小气泡层分布范围和气泡含量作用不太显著，其效果主要受开槽深度的影响，开槽深度越大则气泡层范围及含量都越小；此外，交叉相间的开槽比对称的开槽更有利于促进气泡排放。

（5）阳极底部开沟在促进阳极气体向外界排放的同时，还使电解质流速有所减小，有利于保持电解质流场的均匀与稳定，有利于槽内的传质传热，有利于减少阴极铝液与阳极气体发生"二次反应"的机会，从而有利于提高电流效率。

（6）气泡在阳极底部停留时间的减少和电解质流场的改进有利于降低阳极效应系数。

（7）针对排气沟为通沟和非通沟两种情况的计算表明，采用通沟时流体运动更平缓，这是由于通沟的存在减小了流体在阳极周围流动的阻力，使流体运动更平稳。

简而言之，应该根据实践情况，综合槽型、工艺条件、电价及阳极质量等因素确定阳极的结构。

参考文献

[1] Hyde T M, Welch B J. The gas under anodes in aluminum smelting cells Part I : Measuring and modelling bubble resistance under horizontally oriented electrodes[C]//HUGLEN R. Light Metals 1997. Orlando, FL: TMS, 1997: 333 –340.

[2] Aaberg R J, Ranum V, Williamson K, et al. The gas under anodes in aluminum smelting cells Part II : Gas volume and bubble layer characteristics [C]//HUGLEN R. Light Metals 1997. Orlando, FL: TMS, 1997: 341 –346.

[3] Thonstad J, Kleinschrodt H D, Vogt H. Improved design equation for the interelectrode voltage drop in industrial aluminum cells[C]//TABEREAUX A T. Light Metals 2004. Charlotte, NC: TMS, 2004: 427 –432.

[4] 李劼, 丁凤其, 李明军, 等. 预焙铝电解槽阳极效应的智能预报方法[J]. 中南工业大学学报(自然科学版), 2001, 32(1): 29 –32.

[5] 王金融. 铝电解槽经济阳极技术创新及应用[C]//2007 中国国际铝冶金技术论坛论文集. 北京: 冶金工业出版社, 2007: 255 –260.

[6] Meier M W, Perruchoud R C, Fischer W K. Production and performance of slotted anodes[C]//

SØRLIE M. Light Metals 2007. Orlando, FL：TMS, 2007：293 – 298.

[7]Wang X W, Tarcy G, Whelan S, et al. Development and deployment of slotted anode technology at ALCOA[C]//SØRLIE M. Light Metals 2007. Orlando, FL：TMS, 2007：299 – 304.

[8]Rye K A, Myrvold, Solberg I. The effect of implementing slotted anodes on some key operational parameters of a PB – LINE[C]//SØRLIE M. Light Metals 2007. Orlando, FL：TMS, 2007：293 – 298.

[9]Bearne G, Gadd D, Lix S. The impact of slots on reduction cell individual anode current variation [C]//SØRLIE M. Light Metals 2007. Orlando, FL：TMS, 2007：305 – 310.

[10]张正林. 开沟阳极的工业试验[C]//2007 中国国际铝冶金技术论坛论文集. 北京：冶金工业出版社, 2007：246 – 249.

[11]任必军，王兆文，石忠宁，等. 大型铝电解槽阳极开槽实验的研究[J]. 矿冶工程, 2007, 27(3)：61 – 63.

[12]Dias H P, Moura R R. The use of transversal slot anodes at ALBRAS smelter[C]//KVANDE H. Light Metals 2005. SanFrancisco, CA：TMS, 2005：341 – 344.

[13]李相鹏，李劼，赖延清，等. 预焙铝电解槽阳极底部开排气沟对电解质流场的影响[J]. 中国有色金属学报, 2006, 16(6)：1088 – 1093.

[14]Yang W, Cooksey M A. Effect of slot height and width on liquid flow in physical models of aluminum reduction cells[C]//SØRLIE M. Light Metals 2007. Orlando, FL：TMS, 2007：451 – 456.

[15]Severo D S, Gusberti V, PINTO E C V, et al. Modeling the Bubble Driven Flow in the electrolyte as a tool for slotted anode design improvement[C]//SØRLIE M. Light Metals 2007. Orlando, FL：TMS, 2007：287 – 292.

[16]Li Jie, Xu Yujie, Zhang Hongliang, et al. An inhomogeneous three – phase model for the flow in aluminum reduction cells[J]. International Journal of Multiphase Flow, 2011, 37(1)：46 – 54.

[17]Kiss L I, Poncsak S, Antille J. Simulation of the bubble layer in aluminum reduction cells[C]// KVANDE H. Light Metals 2005. San Francisco, CA：TMS, 2005：559 – 564.

第 10 章　阴极系统的仿真与优化

在铝电解槽中，铝液既作为电解产物沉降到铝电解槽槽膛底部，同时也作为真实电化学反应的液态阴极存在，而炭素阴极主要起着集流体的作用。炭素阴极具有不同于阳极会随着使用时间而消耗的特性，一经筑炉就决定了其使用性能和槽寿命，对于铝电解的技术指标有着极其重要的影响。因而，铝业界长期追求的节能降耗与延长槽寿命的努力，也促使着广大从业者对于改进其性能的研究。

近半个世纪以来，人们尝试着对铝电解槽阴极进行改进，主要是集中在开发可润湿性阴极以取代现行炭素阴极，或设计新型阴极结构提升其使用性能。

使用可润湿性阴极有很多的优点。阴极为与铝液具有良好润湿性能的惰性材料时，一方面，可以降低铝液与阴极的接触电压，减少电解质对阴极表面材料的侵蚀；另一方面，可以仅在阴极表面保持一层很薄的铝液膜，消除了因为铝液表面波动引起的电解不稳定。近年来此方面的研究主要是在阴极表面覆盖硼化钛材料，可以用涂覆、烧结的方法，或者以 TiB_2 板的形式粘贴上去。这方面的研究已取得了很大进展，技术已经趋于成熟。

而针对新型阴极结构的研究，虽在较早前也有所报道，但在国内外掀起研究热潮，却主要是集中在最近十多年。由于现阶段工业应用的铝电解槽仍只能使用上下相对的电极结构，因此针对阴极结构上的研究，主要集中在改变传统阴极上表面为平面的结构，或是近两年来广泛被关注的阴极炭块与钢棒的连接导电结构上。本章将从仿真优化设计的角度介绍在此领域内研究的几种较具有代表性的新型阴极结构电解槽的仿真结果。

10.1　导流型阴极

使用导流型阴极的槽型多年来一直被人们普遍看好，该类型电解槽可以采用常规的炭素阳极，而阴极表面具有一定的倾角，使铝液能够沿着斜坡流入槽底的聚铝沟内，阴极对铝液润湿效果好，极距可以控制为 1.25~2.5 cm，电流效率可以达到较高的水平。一般情况下，导流阴极槽是一种典型的单聚铝沟导流槽，其结构示意图如图 10-1 所示。阳极采用相适应的倾斜底面的炭素阳极，聚铝沟位于槽底中部，其余部分与现有普通预焙槽结构基本一致。

对于这种使用炭素阳极的导流阴极槽，通过增加电流密度维持热平衡，虽然没有从根本上解决高能耗和环境污染的问题，但是通过采用表面倾斜的可润湿性阴极，有效降低了极距，电流密度增大，大大增加了电解槽产能。相同的电解槽，如果假设导流阴极槽与现有普通平底阴极槽寿命相同，产能增加，则相应的吨铝投资成本就降低了。可见导流阴极槽比现有普通预焙槽具有一定的优势。

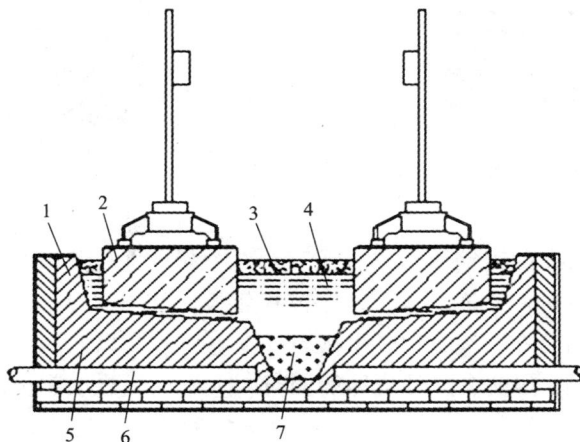

图 10-1　使用炭素阳极的导流槽

1—侧部炭块；2—炭素阳极；3—结壳；4—电解质；5—阴极炭块；6—阴极钢棒；7—聚铝沟中铝液

本书作者所在团队曾在国家重点基础研究发展规划项目"973"项目和国家高技术研究发展计划"863"计划的资助下，对 75 kA 导流阴极槽物理场分布进行仿真分析，对其结构和工艺参数进行优化，得出 75 kA 最佳的设计方案。

例如，在研究导流阴极槽阴极钢棒安装方式时，对比了采用与阴极倾斜表面平行的阴极钢棒安装方式与采用现有普通槽的水平的阴极钢棒安装方式对槽内电场的影响。针对这两种阴极钢棒安装方式的导流阴极槽，均建立了 75 kA 导流槽半阳极和单个阴极炭块的电热场计算切片模型，通过这个计算模型，可以求出切片模型的温度分布和电场分布。

根据设计方案建立的采用倾斜平行于阴极表面的阴极钢棒安装方式和采用水平阴极钢棒安装方式的 75 kA 导流阴极槽电热场分布计算切片模型分别如图 10-2 和图 10-3 所示。

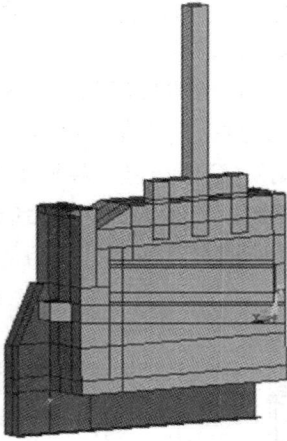

图 10 - 2　倾斜阴极钢棒导流槽切片模型　　图 10 - 3　水平阴极钢棒导流槽切片模型

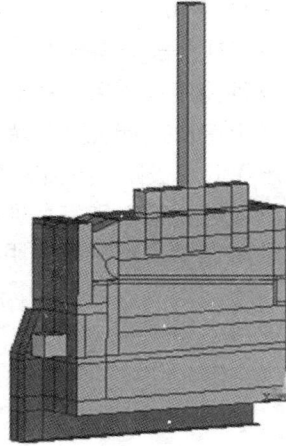

　　表 10 - 1 给出了两种钢棒安装方式下,切片模型的电压、电流分布计算结果,对比表中数据可以进一步看出采用水平阴极钢棒安装方式更有利于铝液和涂层阴极表面电流的均匀分布,从而对减少槽内局部电压过高以及减少电解局部过热和局部应力集中有利,因此在降低槽压的同时减少了槽底涂层阴极破损的可能性。

　　综上所述,采用水平阴极钢棒安装方式时,75 kA 导流阴极槽铝液的电流分布要比采用倾斜平行于阴极表面的阴极钢棒安装方式时均匀,因此我们采用这种阴极钢棒安装方式作为 75 kA 导流阴极槽阴极设计依据之一。

表 10 - 1　切片模型电场计算结果列表

参数	采用倾斜阴极钢棒		采用水平阴极钢棒	
	最大值	最小值	最大值	最小值
阴极电压降/mV	352.8		356.4	
铝液电流密度/$(A \cdot m^{-2})$	694490	12037	669378	26422

　　导流阴极槽阴极倾角的大小可以影响到阳极气体的排放、槽内电解质流场和铝液在阴极表面的流动,进而影响到槽内的传质传热。调整和确定合理的阴极倾角对于导流阴极槽的设计是十分关键的。为了分析阴极表面坡度对槽内电流分布尤其是铝液电流分布的影响,分别对坡度为 2°、8°、12° 和 15° 时槽内的电场分布进行了计算,结果如图 10 - 4 所示。

　　图 10 - 4(a)中进电端 Y 方向电流密度随倾斜角度变化的关系图可以看出,

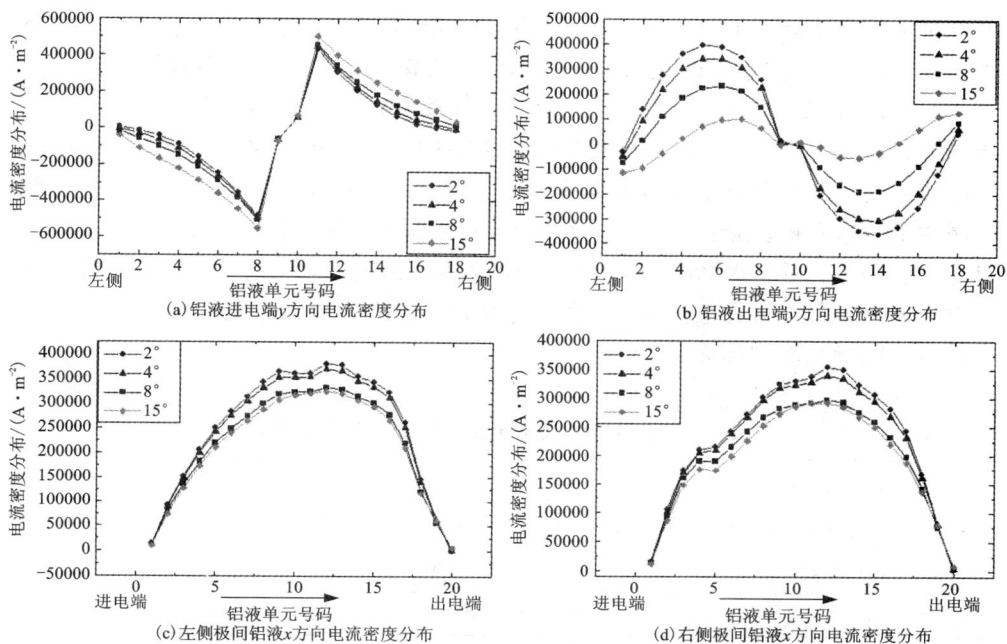

图 10 - 4 铝液电流密度分布随阴极倾斜角度变化趋势

当倾角增大，铝液进电端 Y 方向电流密度分布差异逐渐增大，因此可以认为倾角增大，进电端铝液电流分布趋向集中。

图 10 - 4(b)给出了出电端 Y 方向电流密度分布曲线图，从图上可以看出，随着倾角增大，Y 方向电流密度分布变得均匀。而从计算得到的 X 方向和 Z 方向电流密度分布来看，电流密度分布差异均随着倾角的增大而增大，均匀性减弱。但是由于出电端电流密度以 Y 方向为主，X 方向和 Z 方向相比要小得多，所以总体来说，随着倾角的增大，出电端铝液中电流密度分布差异是减小的，该处电流密度分布趋向均匀。

图 10 - 4(c)和图 10 - 4(d)给出了铝液左右两侧 X 方向电流密度分布曲线图，从图上可以看出，当倾角增加，左右两侧铝液中 X 方向电流密度分布逐渐均匀；而从计算结果也可以看出，倾角增加时，Y 方向和 Z 方向电流密度分布差异增大。

铝液电流密度最大值分布于进电端，其值要比其他部分铝液中的电流密度大得多，而上面计算结果表明倾角增大，该处电流密度最大值是逐渐增大的，所以总体来说，随着倾角的增大，铝液中电流密度分布差异是增大的，同样的结果如表 10 - 2 所示。表 10 - 2 给出了不同倾角下铝液中电流密度最大值以及 X 方向和 Y 方向水平电流密度最大值。从计算结果可以看出，随着倾角增大，铝液中电流密度最大值是逐渐增大的，进一步表明铝液中电流随倾角增大而趋向集中的分布规律；另外，X 方向水平电流随倾角的增大而逐渐减小，而 Y 方向水平电流明显增大，可见当倾角增大，靠大面一侧阴极炭块厚度逐渐增厚后，更多的水平电流指向聚铝沟，由于较多的电流从聚铝沟处铝液中流向阴极钢棒，从而使铝液中最大电流密度值随倾角增加而逐渐增大。前面已经提到倾角为 4° 时，在出铝端角部铝液中部分水平电流指向角部，计算结果表明当倾角增大到 12° 后，这部分水平电流已经消失，所有水平电流均指向了槽中部聚铝沟，可见当倾角为 12° 甚至更大时，槽侧部靠大面具有较厚炭块处的电阻已经比较大，从该处流经的电流要比采用较小的倾角时少得多。

表 10 - 2 铝液中电流密度分布最大值随倾角变化

倾角	2°	4°	8°	12°	15°
最大值/(A·m⁻²)	593591	600771	633706	664080	684848
X 方向水平电流密度/(A·m⁻²)	297137	289459	275931	262417	257763
Y 方向水平电流密度/(A·m⁻²)	541878	546945	577395	596687	613671

图 10 - 5 给出了阴极钢棒中电流分布随倾角的变化曲线，随倾角的增大，阴极钢棒中电流分布也没有很大的改变。图 10 - 6 给出了阴极电压降随倾角的变化曲线，从图中计算结果可以看出，倾角增加，阴极部分压降增大，当倾角由 2° 增加到 15° 时，阴极压降由 343.5 mV 增加到了 368.4 mV。阴极部分压降增加，会引起槽压的升高，从节能的角度考虑，阴极的倾角不宜选择太大。

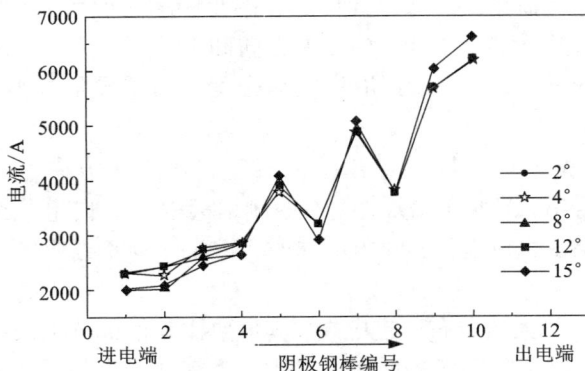

图 10 - 5 阳极导杆中电流分布随倾角变化曲线图

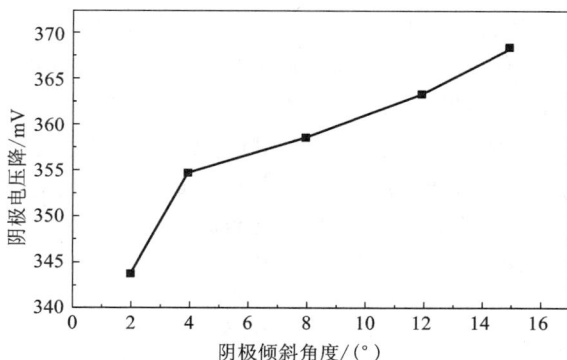

图 10 - 6　阴极电压降随倾角变化趋势图

对 75 kA 导流阴极槽电场分布随阴极表面倾角变化计算的结果表明，增大阴极倾角有利于涂层阴极表面电流的均匀分布，然而倾角增大也会使铝液内部电流密度趋向集中，使阴极部分的电压降增加，同时也引起使阳极侧部的水平电流密度增大。倾角增大对阳极导杆和阴极钢棒中电流分布的影响不明显。从上述结果综合分析可知，倾角太大对槽内电场合理分布不利，而太小的阴极也会影响到涂层阴极表面的电流均匀分布，同时不利于阳极气体顺利排放。基于这些原因，认为 75 kA 导流阴极槽阴极倾角取 4°~8°较为适宜。

10.2　曲面阴极

传统平底阴极槽铝液中的水平电流产生的垂直磁力导致铝液上、下波动是电解槽不得不维持较高铝水平的主要原因，并且是导致铝的二次反应损失增大从而引起电流效率降低的重要原因。传统电解槽采用水平的平面阴极，电流经阳极—电解质—铝液—平面型阴极(由阴极炭块构成)—阴极钢棒(安装在每块阴极炭块中)流

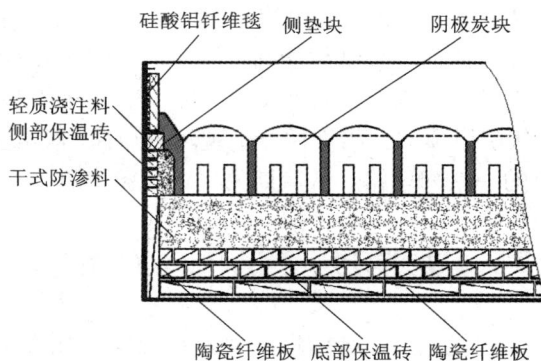

图 10 - 7　曲面阴极结构示意图(结构 1)

出，由于平面型阴极不能保障阴极炭块表面各点到阴极钢棒的等电阻性，使得阴极电流在阴极炭块内的分布不均，加大了铝液中水平电流的产生。针对平面阴极

存在的问题,本书作者曾与某企业共同提出了曲面阴极炭块结构的设想,即通过应用等电位理论,即每个阴极块表面形成曲面形状,每个曲面以阴极钢棒轴心为圆心,由某一曲率半径的曲面组成,阴极表面至阴极钢棒的导电距离相等,有效地实现阴极电流分布的均匀性,消除炉底沉淀,减少电解槽铝液中水平电流的产生,从而减小垂直磁场,减缓电解槽内铝液的波动,保持稳定的铝液-电解质界面,减少铝的溶解损失,达到提高电流效率的目的,两种典型的曲面阴极结构如图 10-7 及图 10-8 所示。

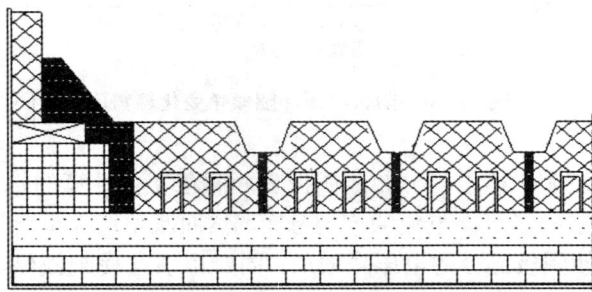

图 10-8 曲面阴极结构示意图(结构 2)

运用仿真计算对曲面阴极电场分布的设计理念进行了验证,如彩图 III-1 和彩图 III-2 所示。在阴极炭块上表面施加零电压边界条件;电流从阴极钢棒端部流出,电流值为总电流除以总钢棒数目的平均值。为了考虑结壳或沉淀对阴极电压的影响,建立了铝液和结壳或沉淀的有限元模型。通常认为结壳和沉淀不导电,赋予其一个很大的电阻率,并将零电位边界条件由阴极表面移至铝液表面。

新型曲面阴极结构能降低阴极电压降,截面电压及截面电流密度分布展现出了与设计较为吻合的规律,即阴极炭块表面各部位到阴极钢棒的电流是比较均匀的,从阴极顶部到阴极钢棒呈现较为规律的等电位分布。阴极电场计算验证了所提出的一系列思路。从后期的工业试验来看,也表现出了非常理想的节能效果。

10.3 异形阴极

通过优化阴极结构提高大容量铝电解槽在节能工艺(以低极距为特征)下的磁流体稳定性一度是铝电解工业研究的热点,异形阴极、新型导电结构阴极、高导电阴极钢棒等相继提出并付诸实践。相较于工业试验的蓬勃开展,此方面的理论研究却相对滞后。

某种理想情况下的异形阴极理想的结构如图 10-9 所示,阴极总体高度为550 mm,宽度为515mm,长度方向及阴极钢棒部分保持不变(相对于原始 300 kA

电解槽），在阴极上部形成若干近似"T"形的凸起，从等电位的角度出发设计阴极结构，以期降低电解槽水平电流，减少铝液波动，降低极距，最终起到节能降耗的目的。

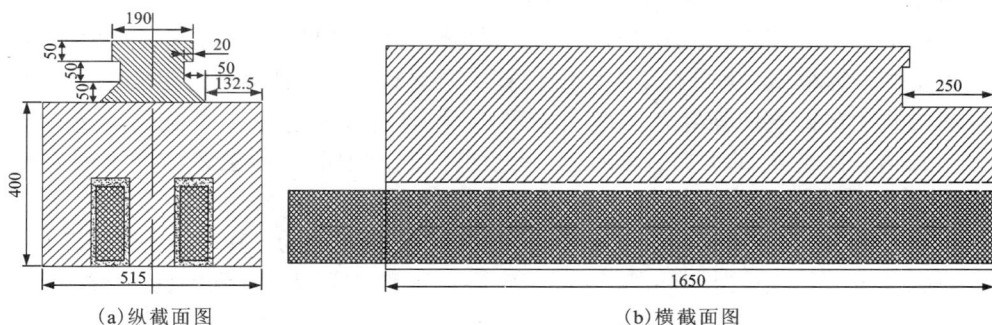

(a)纵截面图　　　　　　　　(b)横截面图

图 10 - 9　异形阴极结构示意图

首先通过电场计算进行仿真优化，得到电解槽的欧姆压降分布。对于普通阴极槽，三台槽的总压降为 6.389 V，平均每槽 2.130 V；对于异形阴极槽，总电压为 6.428 V，平均每槽电压为 2.143 V。图 10 - 10 是中间目标槽铝液电压分布，可见，普通阴极槽的铝液电压降为 6 mV，新型阴极槽的铝液电压降为 9 mV，而其趋势都为左右对称分布，边部电势略高于槽中央。图 10 - 11 是目标槽电解质电压分布，普通阴极槽的电解质压降为 1.565 V，新型阴极槽的电解质压降为 1.549 V。彩图Ⅲ - 3 是阴极电压分布，可以看出普通阴极槽电压为 0.190 V，新型阴极槽电压为 0.191 V。

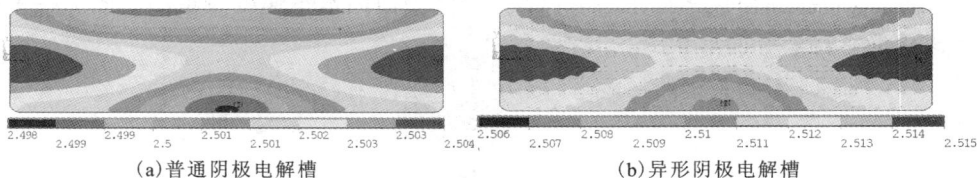

(a)普通阴极电解槽　　　　　　　　(b)异形阴极电解槽

图 10 - 10　铝液电压分布/V

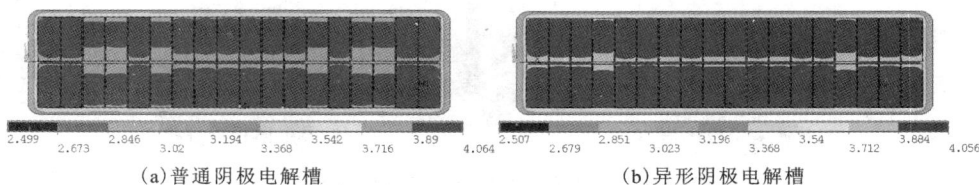

(a)普通阴极电解槽　　　　　　　　(b)异形阴极电解槽

图 10 - 11　电解质电压分布/V

在此需要指出的是，由于计算建模过程中两槽型设定了相同的极距，异形阴极凸起部分为在原阴极上面增加而形成，故计算得到的单槽欧姆压降异形阴极略高于普通阴极，但实际操作中，异形阴极型可以大幅度降低极距，所以此时异形阴极型槽的欧姆压降将会明显低于普通阴极槽。

根据第 5 章所述的磁场的计算原理和步骤，建立了异形阴极铝电解槽磁场的三维仿真计算模型，并进行了磁场的计算。彩图Ⅲ－4 是目标槽内铝液中部磁场在 X 方向上的磁感应强度 B_x 的分布；彩图Ⅲ－5 是槽内铝液中部磁场在 Y 方向上的磁感应强度 B_y 的分布；彩图Ⅲ－6 是槽内铝液中部磁场在 Z 方向上的磁感应强度 B_z 的分布。

可以看出，对于普通阴极电解槽，水平磁场 B_x 的范围为 $-182.89 \sim 122.07$ Gs；水平磁场 B_y 的范围为 $-48.36 \sim 48.36$ Gs；垂直磁场 B_z 的范围为 $-37.26 \sim 37.26$ Gs。垂直磁场 B_z 变化不大，整体磁场分布较均匀，且基本上都呈左右对称，比较有利于电解槽的稳定。

对于异形阴极电解槽，水平磁场 B_x 的范围为 $-196.14 \sim 163.18$ Gs；水平磁场 B_y 的范围为 $-120.19 \sim 134.16$ Gs；垂直磁场 B_z 的范围为 $-102.75 \sim 99.85$ Gs，但绝大部分区域的垂直磁场 B_z 的范围为 $-57.73 \sim 54.83$ Gs。从磁场结果可以看出，异形阴极槽的垂直磁场相对于普通阴极槽并不具有优势，甚至使得垂直磁场比普通阴极槽更大。但由于磁场仅是决定流场与波动性的一个方面，因此有必要对槽内熔体的流动及界面变形进行计算，以考察异形阴极槽相对于普通阴极槽的熔体运动特性。

取电磁模型中电流密度与磁感应强度矢量，两者叉乘后可得电磁力矢量。将电磁力及相应的流场计算网格导致 ANSYS－CFX 中进行计算，收敛后，得到铝液的流速及铝液波动的数据。图 10－12 为铝液中截面水平速度矢量图。图 10－13 为电解质－铝液界面形状图。

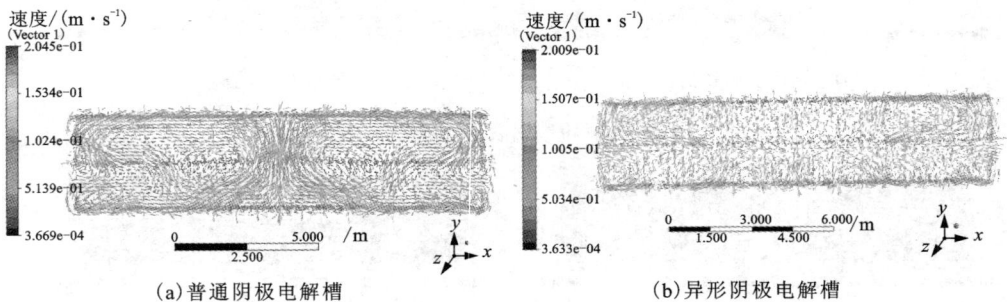

(a)普通阴极电解槽　　　　　　　　(b)异形阴极电解槽

图 10－12　铝液中截面水平速度矢量图

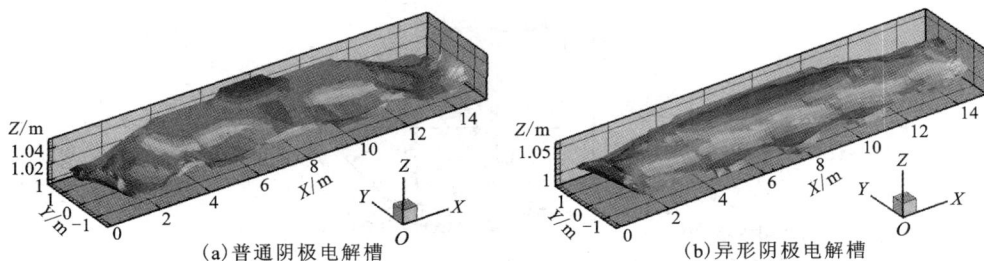

(a)普通阴极电解槽   (b)异形阴极电解槽

图 10 - 13　铝液 - 电解质稳态界面形状

现代铝电解槽设计理论要求铝液的流速越小越好,铝液 - 电解质截面越平稳越好,熔体的流动呈轴对称或反对称,以免造成炉帮形状的不规整。

从图 10 - 12 以及对流场结果的后处理可知,对于普通阴极电解槽,铝液中的流场中明显存在两个大的涡流,二者基本上呈对称分布,这对于规整炉帮的形成是有利的;在靠近边部位置,铝液流速较大,最大值达到 20.45 cm/s,平均流速为 6.99 cm/s,这两个值相比国内同槽型的来说比较正常。对于异形阴极槽,铝液中同样存在两个大的涡流,但是没有普通阴极槽那么明显,而且铝液中存在较多的小涡流,在边部的流速也较大,铝液的最大流速达到 20.09 cm/s,平均流速为 4.85 cm/s,因此可以看出,异形阴极的确能够明显降低铝液的流速,降幅达到 30% 以上,这样有助于维持铝电解槽的稳定。

从图 10 - 13 可以看出,稳态铝液 - 电解质界面大部分都较平整,两种槽型都在两端有一个波动,但整体而言,异形阴极电解槽的铝液 - 电解质稳态界面明显要比普通阴极电解槽的平整,这表明异形阴极有明显降低铝液波动的效果,结合前文铝液流速的分析,可以说异形阴极的设计不但能够明显降低铝液的流速,还能够减少铝液的波动,从而有助于降低极距,达到节能降耗的目标。

10.4　底部出电阴极

铝电解槽中,电流从阳极导杆流入槽内,经过阳极炭块、电解质、铝液及阴极炭块与钢棒后从槽侧部流出,由于电流的流出方向与流入方向成 90° 角,并且铝液的电阻率远远小于电解质以及阴极炭块,因此电流的转向大部分发生在铝液层中,形成了铝液中的水平电流,水平电流与垂直磁场共同作用,引起电解质 - 铝液界面的波动,从而影响到槽内磁流体的稳定性。传统的铝电解槽剖面结构及电流流向示意图如图 10 - 14 所示。

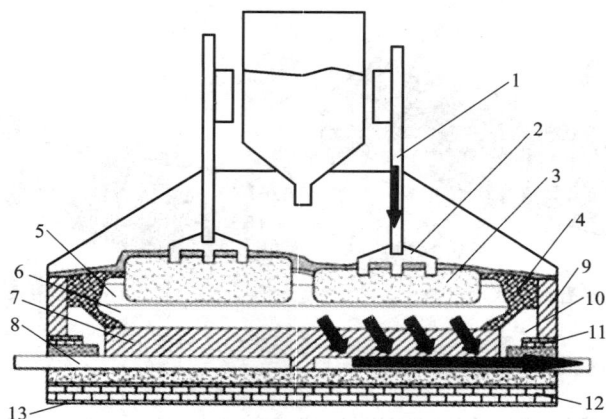

图 10 - 14 传统电解槽结构示意图

1—铝导杆；2—钢爪；3—阳极炭块；4—炉帮；5—电解质；6—铝液；7—阴极炭块；
8—阴极汇流棒；9—侧部炭块；10—周围糊；11—耐火砖；12—保温砖；13—钢壳

基于槽内导体对磁场和电流分布影响的特点，减小或消除铝液层水平电流分量和阴极汇流棒电流，能够有效削弱电磁场对熔体流动和波动的影响，使槽内造成熔体波动的原始推动力大大削弱或消除，可以起到减少铝液波动的作用。针对这一思路，作者曾提出一种 400 kA 级底部出电型铝电解槽结构，如图 10 - 15 所示，其阴极结构部分如图 10 - 16 所示。

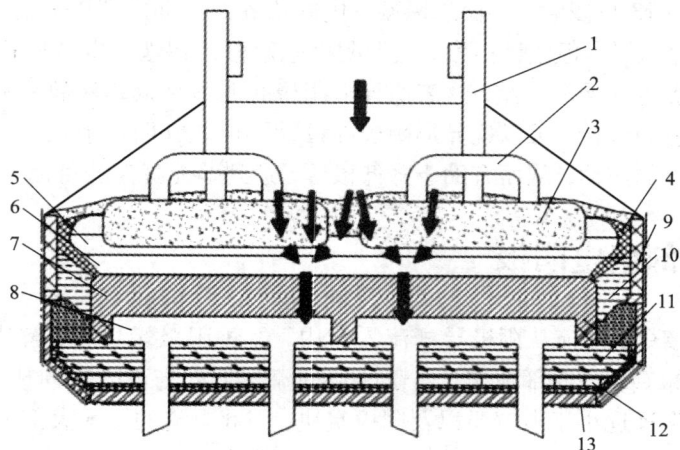

图 10 - 15 底部出电铝电解槽结构示意图

1—铝导杆；2—钢爪；3—阳极炭块；4—炉帮；5—电解质；6—铝液；7—阴极炭块；
8—阴极汇流棒；9—侧部炭块；10—周围糊；11—耐火砖；12—保温砖；13—钢壳

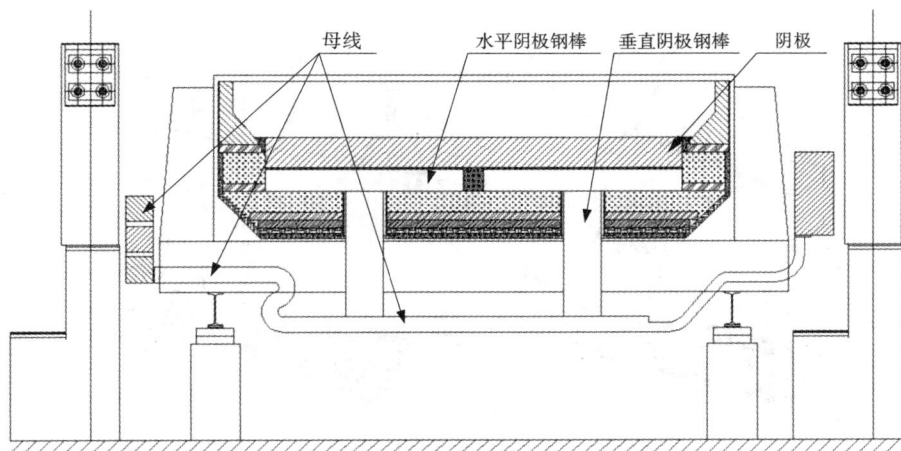

图 10 – 16　底部出电阴极部分结构简图

与传统结构槽相同，母线设计对这种新型结构槽内电磁场的优化至关重要。为此，遵循由简至繁的设计理念，从最简单的连接方式，逐渐引入底部母线补偿和端部母线补偿，再考虑出电母线间的相互抵消作用，直至得到最优化的母线设计方案，该过程如图 10 – 17 所示。

在整个过程中，总共设计了数十种母线结构，记为 SG1 ~ SG31，根据其磁场分布的特点及大小，对母线配置进行评价。由于篇幅所限，本章仅选出其中有代表性的 4 种方案，如图 10 – 18 所示，其中，SG1 为根据最初底部出电思想得到的母线最简单结构，SG7 为具备端部磁场补偿的母线结构，SG19 为同时具备端部与底部磁场补偿的母线结构，SG31 为最终经过各种优化后的母线结构。

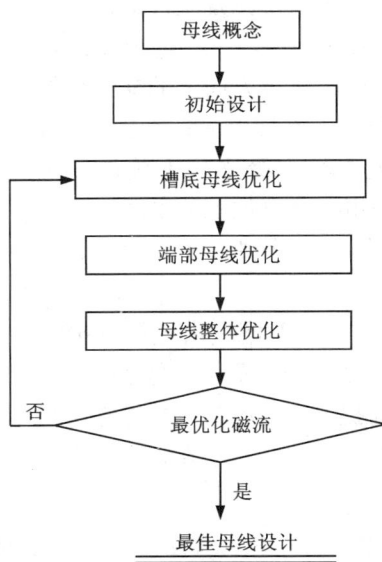

图 10 – 17　母线设计流程

在设计过程中，我们发现电解槽电场结果基本类似，因此，本章在接下来的篇幅中仅列出 SG31 的电场结果，此外，在磁场方面，对槽电压与电流效率影响最大的为垂直磁场，因此仅列出各种母线配置下的槽内垂直磁场的仿真结果。

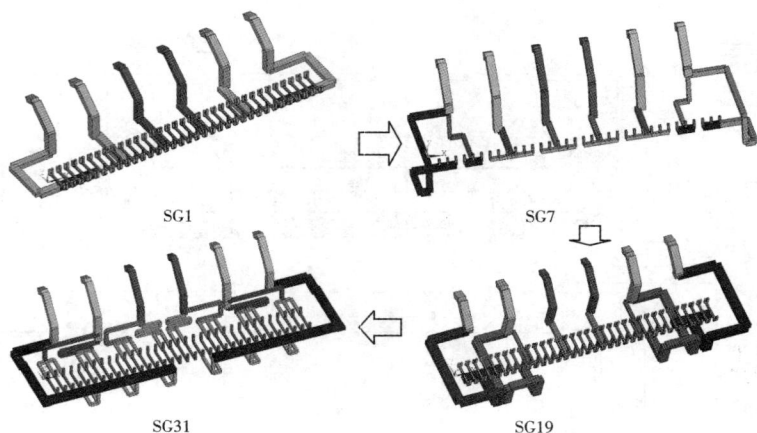

SG1

SG7

SG31

SG19

图 10 – 18　母线结构设计演变

电场的计算模型如图 10 – 19 所示，钢棒与母线及阴极的连接如图 10 – 20 所示。电场边界条件如下：在电源正极方向上的横梁母线进电位置上施加电流；在电源负极方向上 6 个阳极立柱上施加零电势，采用标量电位求解电场。磁场计算的网格模型如图 10 – 21 所示。本章计算并分析了不同母线配置下 400 kA 槽底出电槽的电场结果，发现在母线设计遵循电阻平衡的前提下，电场结果并未随母线结构变化而呈现较大变化。故选取最终母线设计方案 SG31 的电场结果进行分析。

图 10 – 19　底部出电阴极的电场计算模型图

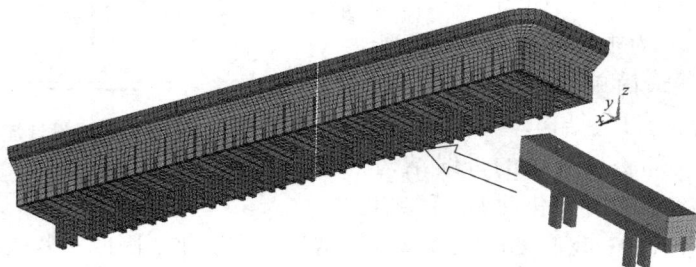

图 10 – 20　底部出电的阴极钢棒与阴极炭块

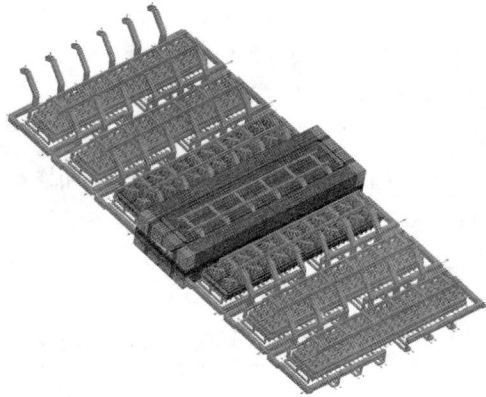

图 10 - 21 底部出电阴极的磁场计算模型

以中间槽作为目标分析槽,计算所得的各部分电压分布列于表 10 - 3,为进行对比,本章亦对传统 400 kA 槽进行了电场计算,其各部分电压同样列于表 10 - 3。

表 10 - 3 电场结果对比

项目	传统 400 kA 电解槽	底部出电 400 kA 电解槽(方案 SG31)
欧姆压降/V	2.157	2.121
铝液层压降/V	0.014	0.004
电解质压降/V	1.571	1.548
母线压降/V	0.213	0.283
阴极压降/V	0.285	0.079
铝液层电流密度/(A·m^{-2})	39906	17530

对比发现,传统槽铝液层压降有 14 mV,而底部出电槽的铝液层压降只有 4 mV,故相比于传统槽,该槽阴极压降也有显著下降。

磁场为母线优化的主要判别依据,故采用三步标量磁位法,计算了母线优化(SG1 ~ SG31)过程中所有相应母线配置下的磁场分布,在此,仅给出具备代表性的几种母线配置所对应的磁场计算结果,同时给出传统结构 400 kA 电解槽的磁场计算结果。铝液层空间三个方向上磁场的最大值、平均值以及对应的母线用铝量如表 10 - 4 所示。彩图Ⅲ - 7 为方案 SG31 电解槽铝液中的磁场分布情况。

磁场计算结果表明:SG31 的磁场分布十分理想,其中,B_z 的最大绝对值仅为

16.58 Gs（1 Gs = 10^{-4}T），平均值为 4.01 Gs，二者都比传统结构槽小很多；另外，尽管该方案母线用量比传统槽增加了约 3 t，但相比 SG19 等方案，用量则大大减少。因此综合磁场结果，SG31 为一种比较优化的方案。

通过母线优化得到最优化方案 SG31，本章应用非线性浅水模型分析了该槽在极距分别为 5 cm 和 4 cm 情况下的铝液 – 电解质界面瞬态波动及熔体瞬态流场。5 cm 极距下和 4 cm 极距下的磁流体稳定性计算结果分别如图 10 – 22 和图 10 – 23 所示，图中 ζ_{mean}/h 表示界面平均波动量与极距的比值。

表 10 – 4   不同母线配置下的磁场分量比较 /Gs

项目	$\mid B_x \mid_{max}$	$\mid B_x \mid_{ave}$	$\mid B_y \mid_{max}$	$\mid B_y \mid_{ave}$	$\mid B_z \mid_{max}$	$\mid B_z \mid_{ave}$	质量/t
SG1	172.41	41.70	73.77	7.52	80.21	18.23	44.18
SG7	177.15	73.03	115.08	23.86	93.35	25.34	73.37
SG19	253.23	82.49	60.99	11.50	36.66	13.72	80.58
SG31	214.38	80.77	44.07	8.89	16.58	4.01	60.57
传统 400 kA	199.36	77.66	30.82	8.55	33.49	13.74	57.36

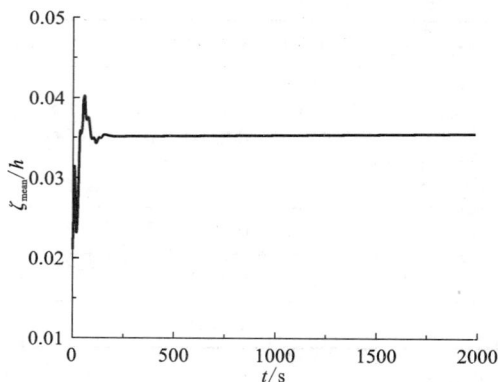

图 10 – 22   极距为 5 cm 时铝液 –
电解质界面波动情况

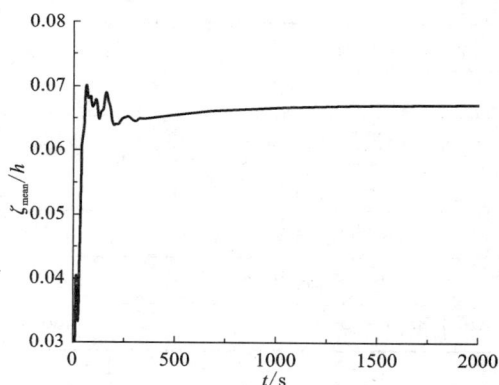

图 10 – 23   极距为 4 cm 时铝液 –
电解质界面波动情况

从以上计算结果可以看出，极距为 5 cm 时，铝液 – 电解质界面波动很小；而当极距降为 4 cm 时，磁流体稳定性仍良好。另外，槽内铝液流场能很快形成稳态，其流动形态为典型的对称两涡流，最大流速和平均流速分别为 18 cm/s 和 4.8 cm/s。从这一计算结果看，槽底出电 400 kA 电解槽能在很低的极距下稳定运行，能大幅降低槽电压，节能潜力巨大。

通过以上研究可得结论如下：

（1）从减小槽内水平电流和垂直磁场进而改善磁流体稳定性的角度出发，提出了一种底部出电型结构铝电解槽，这种电解槽采用阴极垂直出电的方式代替了传统的水平出电方式。

（2）对底部出电型铝电解槽进行了母线设计，通过物理场优化，得到一种最佳的母线配置设计方案。

（3）在最佳的母线配置方案下，垂直磁场 B_z 绝对值的最大值为 16.58 Gs，平均值为 4.01 Gs，该最大值和平均值都要比水平出电槽小很多；磁流体稳定性计算也显示，该电解槽在低极距下还能维持较高的稳定性，具备较大的节能空间。

10.5　加高型异形钢棒阴极

工业铝电解槽内的电解质和铝液两种高温熔体在电磁力、重力等作用下在槽腔内运动。熔体的运动促进了槽内的传质与传热，对电解槽的稳定运行起着重要作用，然而熔体过大的水平流动及垂直波动都不利于电解槽的稳定运行，严重时甚至引起滚铝等极端现象。熔体的运动对电解的经济技术指标如电耗、效率等也有显著影响，因此槽内熔体合理的流动及尽可能小的波动，一直是铝电解槽研究与设计的核心之一。

电磁力是引起槽内熔体运动的主要驱动力，由于熔体流动及波动产生的铝－电解质界面变形会引起额外的扰动电磁力，扰动电磁力进一步改变熔体的流动及铝液－电解质界面的波动，可能产生波动的不稳定分量，若这些不稳定分量得不到有效抑制，就会引起槽内磁流体的不稳定现象。由铝液中水平电流与垂直磁场作用产生的扰动电磁力是唯一有重要影响的扰动电磁力组分，因此从稳定磁流体波动的角度考虑，优化铝液中的垂直磁场以及水平电流都能直接改善槽内磁流体的稳定性。

为了提高电解槽的稳定性，一方面，可以在电解槽的设计中严格控制铝液中的磁场。几十年来，母线设计在优化垂直磁场方面取得了一定的发展，目前，进一步改变母线配置有较大的难度，而且导致阴极配置复杂，母线用量大，投资成本增加。另一方面，可以改变现有电解槽的部分结构，减小铝液中的水平电流。传统的铝电解槽阴极结构中炭块与钢棒都是水平结构，没有考虑在铝液中水平方向存在的压降对于水平电流产生的作用，因此铝液中会有很大的水平电流，过大的水平电流引起过大的电磁力，进而引起铝液剧烈的波动及电解质－铝液界面的严重变形，使得电解过程必须要在较高的极距条件下进行，由此引起大量的无用能耗。

本书作者曾提出了一些可以减小铝液中水平电流的新型阴极钢棒结构。其一即提出了钢棒加高型阴极结构，半阴极剖面如图 10 - 24 所示，其实质是在传统阴极结构的基础上对嵌入阴极炭块内的钢棒上对称的某两点从两端进行线性加高（图中所示其中的一点），而伸出阴极炭块部分的钢棒高度保持不变。由于钢棒的导电性要好于阴极炭块，因此加高型钢棒对于阴极部分的电场分布会有一定影响，从而改变铝液中的电流分布，为优化铝液中水平电流提供了可能性。以下以 $<a, b>$ 表示某型 300 kA 电解槽阴极的不同加高方案，其中 a 代表加高点距离阴极炭块出电端边缘的水平距离，b 表示加高点与初始结构的高度差，单位均为 mm，其具体所表示的位置标于图 10 - 24 中，X 向指向电解槽水平短轴方向，Y 向指向电解槽高度方向，Z 向指向电解槽水平长轴方向。

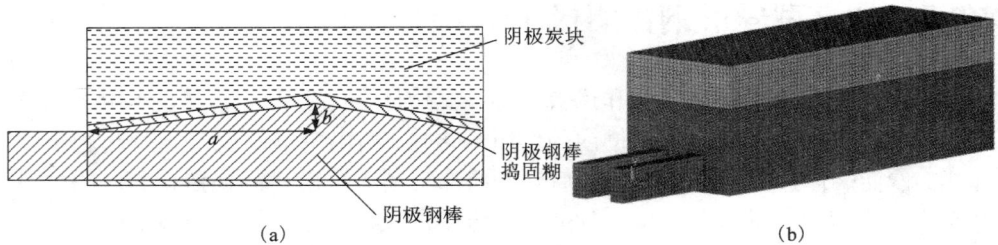

图 10 - 24　钢棒加高型阴极结构示意图及有限元模型图

（a）结构示意原理图；（b）有限元模型图

分别计算初始结构、钢棒加高方案分别为 $<300, 50>$、$<500, 50>$、$<700, 50>$、$<800, 50>$、$<1000, 50>$ 的阴极结构的电场，考察钢棒加高位置对铝液中水平电流的影响。各方案铝液中 X 向水平电流密度分布如图 10 - 25 所示，Z 向水平电流密度分布如图 10 - 26 所示，电流密度最大值与平均值列于表 10 - 5。

表 10 - 5　钢棒不同加高位置方案铝液中水平电流密度

设计方案	X 向水平电流最大值/$(A \cdot m^{-2})$	X 向水平电流平均值/$(A \cdot m^{-2})$	Z 向水平电流最大值/$(A \cdot m^{-2})$	Z 向水平电流平均值/$(A \cdot m^{-2})$
初始结构	1019	298.23	1405	101.31
$<300, 50>$	981.1	291.5	1363	108.42
$<500, 50>$	897.5	280.51	1344	107.92
$<700, 50>$	801.3	274.90	1339	107.58
$<800, 50>$	794.9	273.11	1339	107.42
$<1000, 50>$	825.3	270.24	1341	107.12

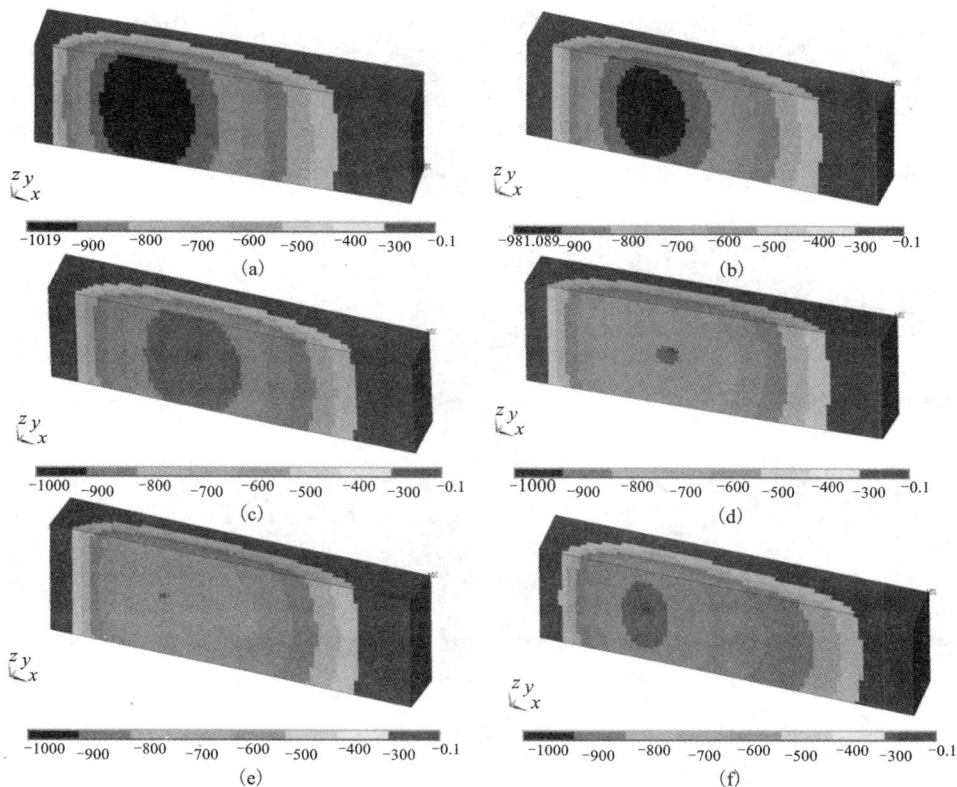

图 10 – 25　钢棒不同加高位置方案铝液中 X 向水平电流密度分布/$(A \cdot m^{-2})$
（a）初始结构；（b）< 300, 50 >；（c）< 500, 50 >；（d）< 700, 50 >；（e）< 800, 50 >；（f）< 1000, 50 >

　　由表 10 – 5 可知，随着钢棒加高位置向阴极内部延伸，铝液中 X 向水平电流密度的最大值先减小，继而在距炭块边缘 800 mm 左右的某一位置开始增大，但增大的趋势比减小的趋势小，而 X 向水平电流密度平均值则随着加高位置向阴极内部延伸而不断减小，减小的绝对量不太大；阴极钢棒的加高位置对 Z 向水平电流密度最大值的影响与对 X 向水平电流密度最大值的影响有相似的规律，但其影响的绝对量要小得多；此外，钢棒加高会增大铝液中的 Z 向水平电流密度平均值，但这种影响非常小，并且大小基本不随加高位置变化而变化，即加高位置的选择对其几乎没有影响。

　　由图 10 – 25 中 X 向水平电流密度分布也可以看出，不同加高位置的铝液中 X 向水平电流密度的分布形态基本一致，电流密度较大的区域分布于偏靠近阴极

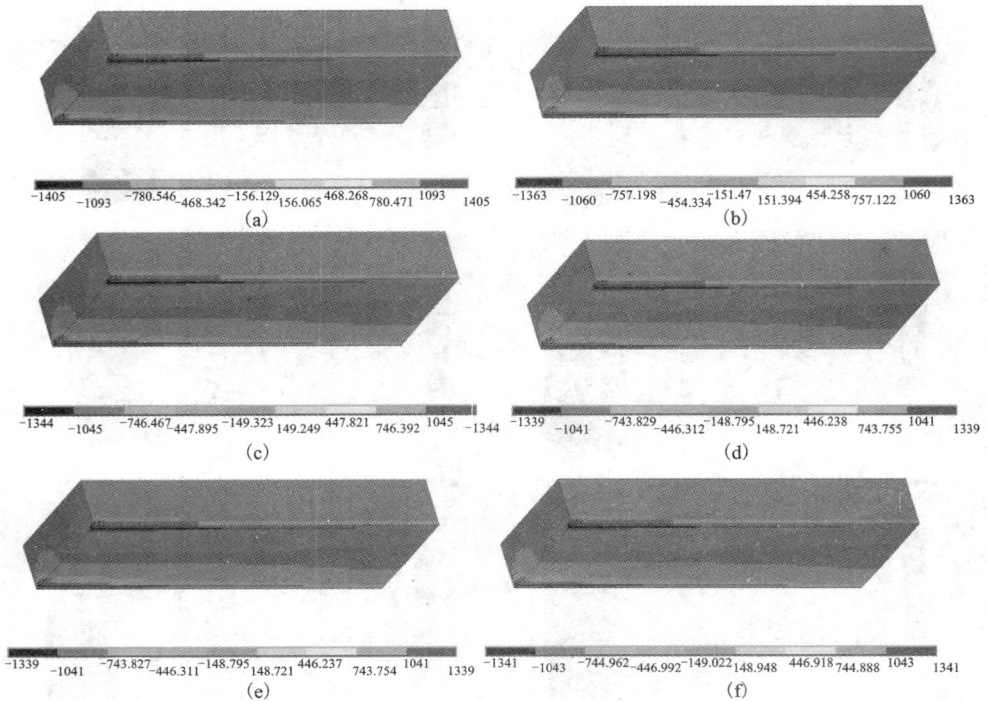

图 10 – 26　钢棒不同加高位置方案铝液中 Z 向水平电流密度分布/(A · m^{-2})

（a）初始结构；（b）< 300, 50 >；（c）< 500, 50 >；（d）< 700, 50 >；（e）< 800, 50 >；（f）< 1000, 50 >

边缘的位置，钢棒加高位置为距炭块边缘为 800 mm 处时 X 向水平电流密度分布最为均匀，电流密度的变化梯度较小，并且最大值达到最小。图 10 – 26 所示的不同加高位置方案的铝液中 Z 向水平电流密度分布形态基本相同，电流密度较大的区域分布于靠近炭块边缘两端的部位，所占体积较小并且向铝液内部逐渐减小，仅电流密度最大值有很小的差别。

综上所述，钢棒加高对于减小铝液中的水平电流以及优化其分布有积极作用，加高位置的选择主要影响铝液中的 X 向水平电流的分布及大小，加高位置在距炭块边缘 800 mm 处时电流密度最大值达到最小，平均值也有所减小，铝液中 X 向水平电流密度的分布更加均匀，因而距炭块边缘 800 mm 处是较为合适的加高位置。

计算钢棒加高方案分别为 < 800, 30 >、< 800, 50 >、< 800, 70 >、< 800, 90 >、< 800, 110 > 的阴极结构的电场，考察钢棒加高高度对于铝液中水平电流的影响。各方案铝液中 X 向水平电流密度分布分别如图 10 – 27 所示，Z 向水平电流密度分布如图 10 – 28 所示，电流密度最大值与平均值列于表 10 – 6。

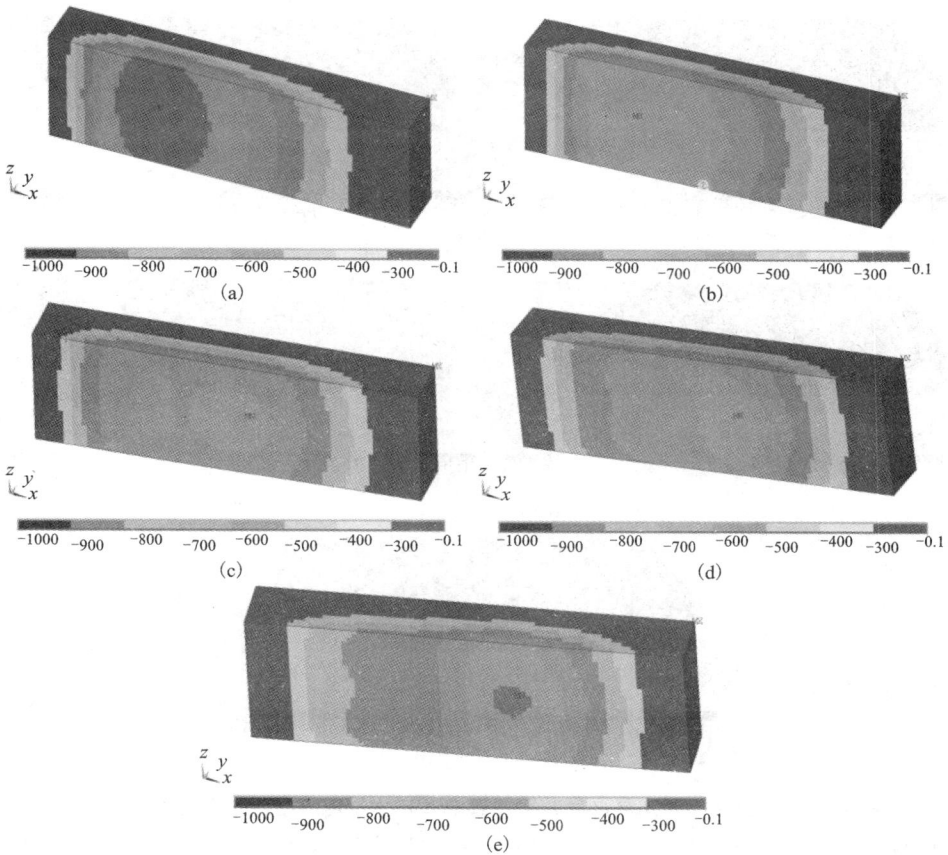

图10-27　钢棒不同加高高度方案铝液中 X 向水平电流密度分布/(A·m^{-2})

(a)初始结构；(b)<800,30>；(c)<800,50>；(d)<800,70>；(e)<800,90>；(f)<800,110>

表10-6　钢棒不同加高高度方案铝液中水平电流密度

设计方案	X 向水平电流 最大值/(A·m^{-2})	X 向水平电流 平均值/(A·m^{-2})	Z 向水平电流 最大值/(A·m^{-2})	Z 向水平电流 平均值/(A·m^{-2})
初始结构	1019	298.23	1405	101.31
<800,30>	884.6	282.23	1363	104.67
<800,50>	794.9	273.11	1339	107.42
<800,70>	730.0	265.08	1314	110.86
<800,90>	762.0	257.93	1291	114.80
<800,110>	818.4	251.55	1267	119.62

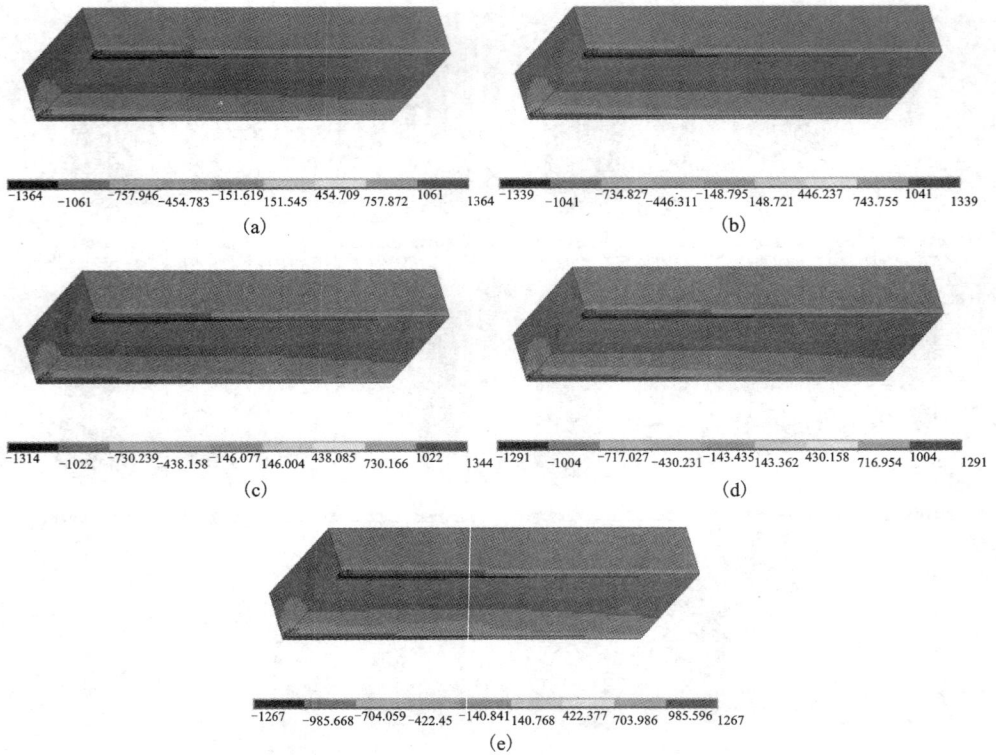

图 10 – 28　钢棒不同加高高度方案铝液中 Z 向水平电流密度分布/($A \cdot m^{-2}$)

(a)初始结构；(b) <800, 30 >；(c) <800, 50 >；(d) <800, 70 >；(e) <800, 90 >；(f) <800, 110 >

　　由表 10 – 6 可知，钢棒加高高度对铝液中 X 向水平电流密度影响较大，随着钢棒加高高度的增加，铝液中 X 向水平电流密度的最大值先减小再增大，在加高高度为 70 mm 左右达到最小值，而 X 向水平电流密度的平均值则随着钢棒加高高度的增加而不断减小；阴极钢棒的加高高度对铝液中的 Z 向水平电流密度也有一定影响，Z 向水平电流密度的最大值随着加高高度的增加而不断减小，但平均值随加高高度的增加而不断增加。

　　由图 10 – 27 可以看出，随着钢棒加高高度的增加，铝液中 X 向水平电流密度较大的区域向槽中心移动，并且趋向于较为平均的分布，但当加高高度超过 90 mm 附近的某一值时开始再次趋向于集中分布。由图 10 – 28 可知，铝液中 Z 向水平电流密度分布形态基本不受加高高度变化的影响，仅在最大值上有差别，并且这种差别在数值上相对于 X 向水平电流密度的变化要小得多。

　　综上所述，钢棒的加高高度对铝液中 X 向水平电流密度的分布及大小影响较大,同时对 Z 向水平电流也有一定影响,虽然更高的钢棒加高高度能更多地减小铝液中 X 向水平电流密度的平均值,但从避免 Z 向水平电流密度平均值升高及较好的 X 向水平电流密度分布形态考虑,70~90 mm 是较为合理的加高高度。在加高方案为 <800,70> 时,X 向水平电流密度最大值相对于初始结构下降了 28.36%,平均值下降了 11.11%。

计算初始结构、钢棒加高方案分别为 <300,50>、<500,50>、<700,50>、<900、50> 以及 <800,30>、<800,50>、<800,70>、<800,90>、<800,110> 的阴极结构压降,考察不同钢棒加高方案对于阴极结构电压降的影响。不同方案的阴极压降列于表 10-7 中,其中初始结构及钢棒加高方案为 <800,70> 时铝液中 X 向截面等电势线分布如图 10-29 所示。

表 10-7　不同阴极结构的电压降

设计方案	阴极压降/mV	设计方案	阴极压降/mV
初始结构	302	<800,30>	293
<300,50>	283	<800,50>	288
<500,50>	285	<800,70>	283
<700,50>	287	<800,90>	278
<900,50>	289	<800,110>	273

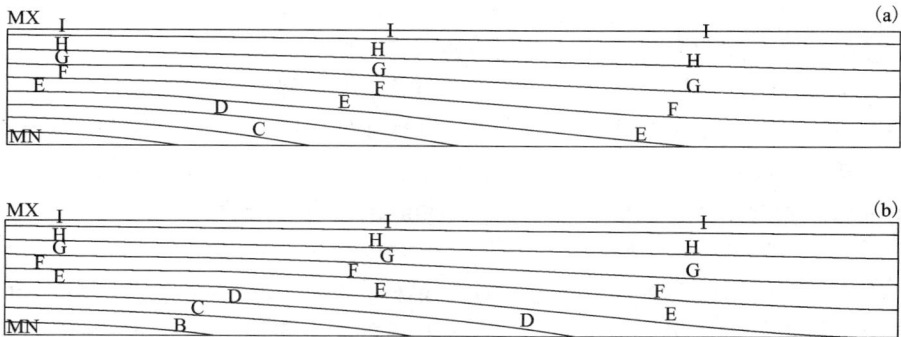

图 10-29　铝液中 X 向截面等电势线分布

由表 10-7 可知,由于钢棒加高使得阴极结构中电阻率较高的阴极炭块部分被钢棒取代,所以钢棒加高型阴极结构的电压降都小于初始结构的压降,并且加高位置越靠近炭块边缘或加高高度越高则阴极结构的压降越小;在优化水平电流最优的加高方案 <800,70> 时阴极结构的压降为 283 mV,相对于初始结构降低了 19 mV。

此外，由图 10-29 可以看出，钢棒加高型阴极结构的铝液中 X 向截面上等电势线分布形态与初始结构相似，但分布更加平缓，更趋向于在铝液中沿垂直的方向分布，而这是减小铝液中水平电流最根本的原因。

对于加高型异形阴极钢棒，通过仿真理论计算可得结论如下：

（1）合适的钢棒加高型阴极结构可以有效减小铝液中 X 向水平电流密度的最大值和平均值，优化 X 向水平电流密度的分布，同时对于减小 Z 向水平电流密度的最大值也有一定作用。对于本算例，在离阴极炭块出电端边缘 800 mm 处加高 70~90 mm 是较为合理的加高方案。

（2）钢棒加高型阴极结构的电压降要小于初始结构，并且其铝液中的等势线分布相对于传统结构更合理，更有利于优化铝液中电流的流向分布。

10.6　几类双钢棒的对比

为了提高电解槽的稳定性，国内外研究者们曾经一度把重点放在了电解槽母线配置的优化设计上。近几十年来，母线优化设计在降低垂直磁场方面取得了很大的成就，但对于当前槽型来说，再进一步改变母线结构配置及用料有较大的难度，将导致阴极配置复杂，母线用量大，投资成本增加。为寻找其他提高电解槽稳定性的途径，近些年来国内外一些研究者把目光投向了如何通过改变阴极钢棒的配置或结构来减小铝液中的水平电流。

本章选取 400 kA 级当前主流大型铝电解槽，国内五个专利所提出的异型阴极钢棒结构[1-5]如图 10-30 所示。它们的结构特点分别是：

方案一：阴极钢棒沿长度方向在靠近阴极炭块端部的一段被分割缝分割成上下两部分，阴极钢棒在阴极炭块中间部分没有被分割的一段全部用导电体与阴极炭块连接，靠近阴极炭块端部的阴极钢棒上半部分采用导电体与阴极炭块连接，下半部分采用绝缘体与阴极炭块绝缘，分隔缝内采用分隔缝绝缘材料填充，使上下两部分阴极钢棒绝缘，阴极钢棒整体从电解槽的侧部穿出。

方案二：使用连续或部分突起型阴极钢棒，突起部分的最高点远离出电端，使得导电性更好的阴极钢棒突起部分代替相应的阴极炭块凹陷部分，从而对铝液中水平电流分布及大小重新调整。

方案三：阴极钢棒以阴极炭块中心轴对称，对称部分每个阴极钢棒槽内安装有两个阴极钢棒，即外导电钢棒和内导电钢棒。外导电钢棒安装在外侧通道槽外与阴极母线相连，内导电钢棒安装在内侧，电流也通到槽外阴极母线。外导电钢棒和内导电钢棒之间用耐高温绝缘固体材料浇注。

方案四：在阴极钢棒与阴极炭块接触上表面靠近出电端的位置，用绝缘材料代替部分钢棒炭糊，使这部分钢棒上表面与阴极炭块绝缘。

绝缘体

(a)方案一

突起部分

(b)方案二

绝缘体

(c)方案三

绝缘体

(d)方案四

绝缘体

(e)方案五

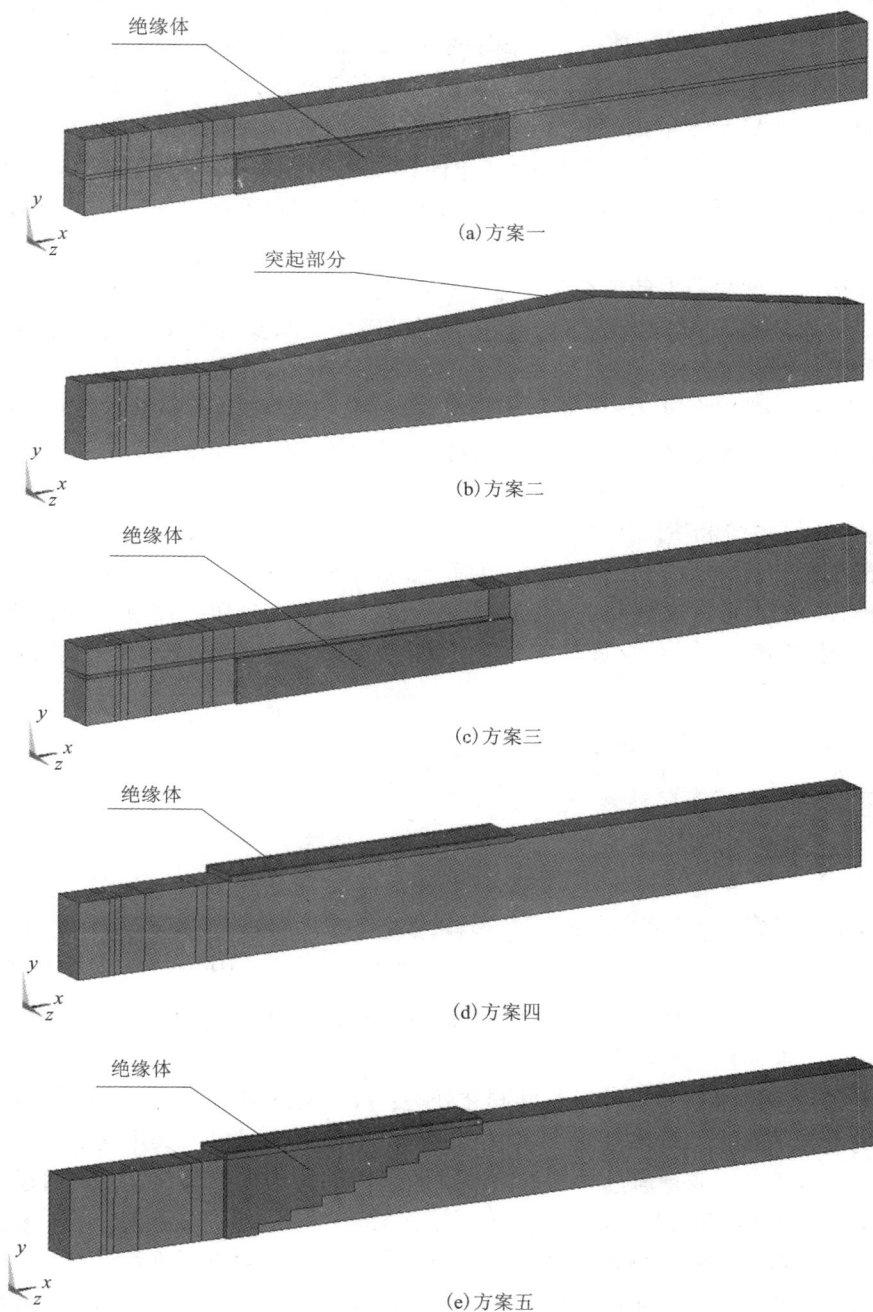

图 10 - 30　五种异型阴极钢棒结构图

方案五：在靠近出电端阴极钢棒与阴极炭块接触的位置，铺设图中所示的绝缘材料，代替部分钢棒炭糊，使这部分的钢棒表面与阴极炭块绝缘。

分别对传统阴极钢棒和五种异型阴极钢棒定义网格大小，对实体模型进行网格化分，通过 ANSYS 的内建程序自动产生网格，即自动生成有限元模型的节点和单元。对于铝导杆、钢爪、阳极炭块、熔体、阴极炭块和阴极钢棒，采用具有电压和温度两个自由度的 Solid69 单元，其余部分采用只具有温度这一个自由度的 Solid70 单元。

本切片模型的最大特色在于所考虑的电、热接触较为全面：在钢棒与阴极炭块之间、电解质与阳极炭块之间、铝液与阴极炭块之间及电解质与铝液之间添加相应的电接触；在钢棒与底部防渗料之间、钢棒与侧部结构之间、电解质与槽帮之间、铝液与槽帮之间、电解质与上部结壳之间、电解质与阳极炭块之间、铝液与阴极炭块之间及电解质与铝液之间添加相应的热接触。详见第 5 章 ~ 第 7 章相关模型与案例的描述。

（1）水平电流和槽底压降。

传统阴极钢棒结构下，铝液中的电流矢量图如图 10 – 31 所示。可以看出，铝液中短轴方向的水平电流绝大部分指向钢棒的出电端，且从电解槽内侧到出电端逐渐增大，到接近槽帮的位置又逐渐减小直至反向，反向水平电流分布的范围很小。

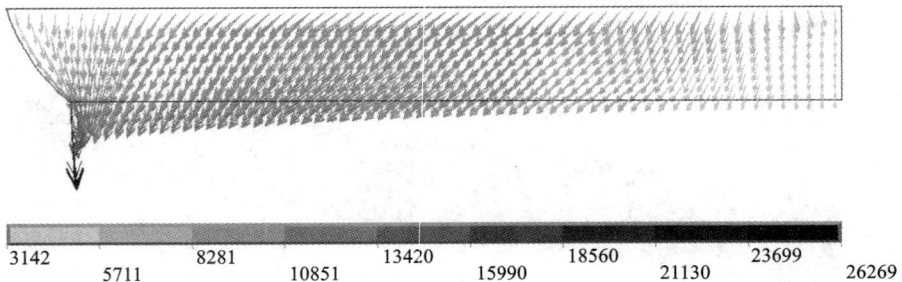

| 3142 | 8281 | 13420 | 18560 | 23699 |
| 5711 | 10851 | 15990 | 21130 | 26269 |

图 10 – 31　传统阴极钢棒下铝液中的电流矢量图/（A·m⁻²）

五种异型阴极钢棒设计思路共同之处为：将在铝液中水平流向出电端再进入钢棒的电流更多地引导致从远离出电端的部分垂直流入钢棒。其不同之处在于各自所采用的方法：或是通过在靠近出电端的钢棒部分增加绝缘体，或是通过在远离出电端的钢棒部分提高导电率。

通过对包括传统阴极钢棒结构在内的 6 种钢棒结构的模型进行计算，得到了如表 10 – 8 所示的平均水平电流密度和槽底压降。其中，L_1、L_2、h_1 和 h_2 所代表的内容依照图 10 – 32 分别表示上钢棒在阴极炭块中的长度、下钢棒大截面段在阴极炭块中的长度、上钢棒的高度以及下钢棒小截面段的高度。

表 10 - 8 各结构的平均水平电流密度和槽底压降

传统阴极钢棒	特殊部位尺寸		铝液中的水平电流密度/(A·m⁻²)		槽底压降/mV
			短轴方向	长轴方向	
			4931.831	216.792	328.68
方案一①	800		3554.746	221.034	373.640
	500		4004.863	218.501	359.281
	250		4501.854	215.254	344.852
方案二②	120		4327.011	210.638	298.528
	52		4573.440	206.452	311.356
方案三③	1:1	1:2	1728.266	224.771	423.693
	1:1	1:1.7	2211.371	217.515	414.982
	1:1	1:1.4	2843.178	221.371	405.181
	1:1.4	1:1.7	2970.430	214.290	401.791
	1:0.8	1:1.7	1824.824	211.901	423.052
方案四④	800		3736.757	221.034	354.721
	400		4078.192	206.281	346.571
	200		4436.639	212.032	339.905
方案五⑤	900		1977.784	204.894	515.546
	700		975.497	205.737	469.155
	500		1381.504	200.192	417.925
	250		3116.284	211.088	368.396

注：结合图 10 - 30，特殊部位尺寸分别如下，①—绝缘部分长度；②—突起部分相对于钢棒上表面未突起部分的高度；③—结合图 10 - 32，第一列数值为 $L_1:L_2$，第二列数值为 $h_1:h_2$；4—绝缘部分长度；5—阴极钢棒上表面绝缘部分长度。

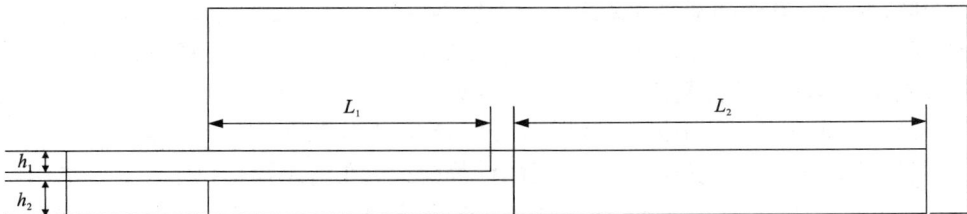

图 10 - 32 方案三阴极部分结构比例示意图

(a) 钢棒上表面绝缘部分长度900 mm

(b) 钢棒上表面绝缘部分长度500 mm

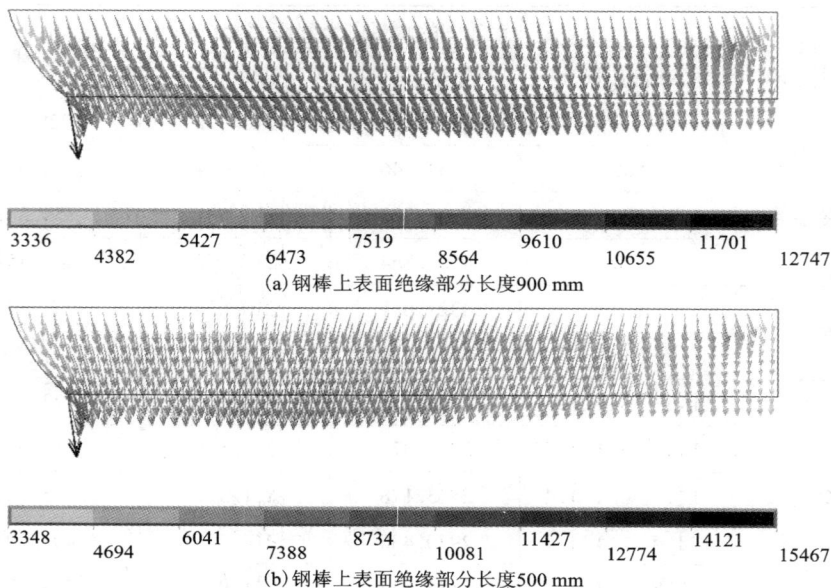

图 10 - 33　方案五铝液中电流的矢量图/$(A \cdot m^{-2})$

从表 10 - 8 中可以看出，传统阴极钢棒结构下的电解槽，铝液中短轴方向的平均水平电流密度较大，而长轴方向的平均水平电流密度相对很小。和传统阴极钢棒结构电解槽比起来，对于五种异型阴极钢棒结构下的电解槽，铝液中短轴方向的平均水平电流密度都不同程度地减小，而长轴方向的平均水平电流密度几乎不变。对于含有绝缘体的钢棒，在所研究的尺寸中，除了方案五外，都是绝缘部分的面积越大，平均水平电流密度越小，而方案五的钢棒上表面绝缘部分长度在从 900 mm 降至 500 mm 时，水平电流先变小后变大，这是因为这种结构的绝缘部分面积较大，并结合图 10 - 33 可以看出，当钢棒上表面绝缘部分长度为900 mm时，铝液中短轴方向上原本流向出电侧的水平电流大部分反向，当绝缘部分长度为 500 mm 时，方向则基本和采用传统阴极钢棒的一致，当然，水平电流明显比图 10 - 30 中传统钢棒时的要小。对于方案二的用导电率更好的钢棒突起代替部分阴极炭块的钢棒，其突起部分高度越高，减小水平电流的效果越好。

此外，除方案二的阴极钢棒结构外，其余异型钢棒结构都在一定程度上增大了阴极压降。而根据电解槽电能消耗的计算公式，在电流效率一定时，槽电压每增加 100 mV，电能消耗每吨铝相应增加 340 kW·h 左右，因此，这些异型钢棒通过降低水平电流所带来的能耗降低值能否超过由于这部分电压升高所带来的能耗增加值，还需要实践来检验。需要指出的是，尽管方案二既能减小水平电流又能减小槽电压，但同时对阴极炭块进行了改动，加大了阴极炭块的加工难度，也改变了阴极炭块的受力情况，可能对炭块的寿命等方面带来影响。

阳极炭块、阴极炭块以及钢棒中的电流分布对于电解槽的设计亦十分重要。电流过于集中的区域会导致温度过高，影响到整个电解槽的热应力分布。本章选取了以上钢棒如下尺寸的计算结果进行分析：传统阴极钢棒；方案一(绝缘部分长度 500 mm)；方案二(突起部分高度 120 mm)；方案三($L_1:L_2=1:1.4$，$h_1:h_2=1:1.7$)；方案四(绝缘部分长度 400 mm)；方案五(阴极钢棒上表面绝缘部分长度 500 mm)。

(2)阳极炭块的电流密度分布。

图 10-34 给出了阳极炭块的电流密度分布，可以看出，五种异型阴极钢棒结构下，阳极炭块的电流密度分布情况和传统钢棒云图相比变化不大，其电流密度分布较为均匀，并未出现额外的电流过于集中的区域，使得阳极炭块各部分的消耗平缓，不会因为某一部位过度消耗而使阳极炭块可用寿命变短，从而造成原料的浪费。

(3)阴极炭块的电流密度分布。

图 10-35 给出了阴极炭块的电流密度分布，可以看出，和传统钢棒结构相比，各种异型钢棒结构下阴极炭块电流密度都或多或少地改变了。其中，方案三、方案四和方案五电流密度的改变相对较大，方案三主要是电流密度较小的区域和传统钢棒的差别较大，方案四主要是整个阴极炭块的电流密度都相应地增大了，最大值 33229 A/m² 比传统钢棒时的 24055 A/m² 大了不少，方案五主要是整体电流密度分布和传统钢棒的差别较大，尤其是电流密度高度集中的区域。

(4)阴极钢棒的电流密度分布。

图 10-36(左端为出电端)给出了阴极钢棒的电流密度分布，可以看出，方案二、方案四和方案五的电流密度分布和传统钢棒的差别较小，只是方案四的最小值相比增大较多，方案五的最大值区域相比较大。方案一和方案三的电流密度分布以及电流密度值和传统钢棒的差别较大。其中，方案一整个钢棒的电流密度值都有所增大，并且在绝缘缝的上部有一个电流高度集中的小区域，此处电流密度达到了 317635 A/m²，相比传统钢棒电流密度最大值 228500 A/m² 大了不少。而方案三的上部钢棒出电端的电流密度大于下部钢棒出电端的电流密度，为 322249 A/m²，同样比传统钢棒的电流密度最大值大不少。

在兼顾槽底压降、阳极炭块电流密度分布、阴极炭块电流密度分布以及阴极钢棒电流密度分布的情况下，分析和比较了各个钢棒结构下铝液中水平电流的变化，主要结论如下：

(1)五种异型钢棒结构都能不同程度地减小铝液中短轴方向的水平电流，而长轴方向的水平电流密度和传统钢棒结构的相比差别不大；

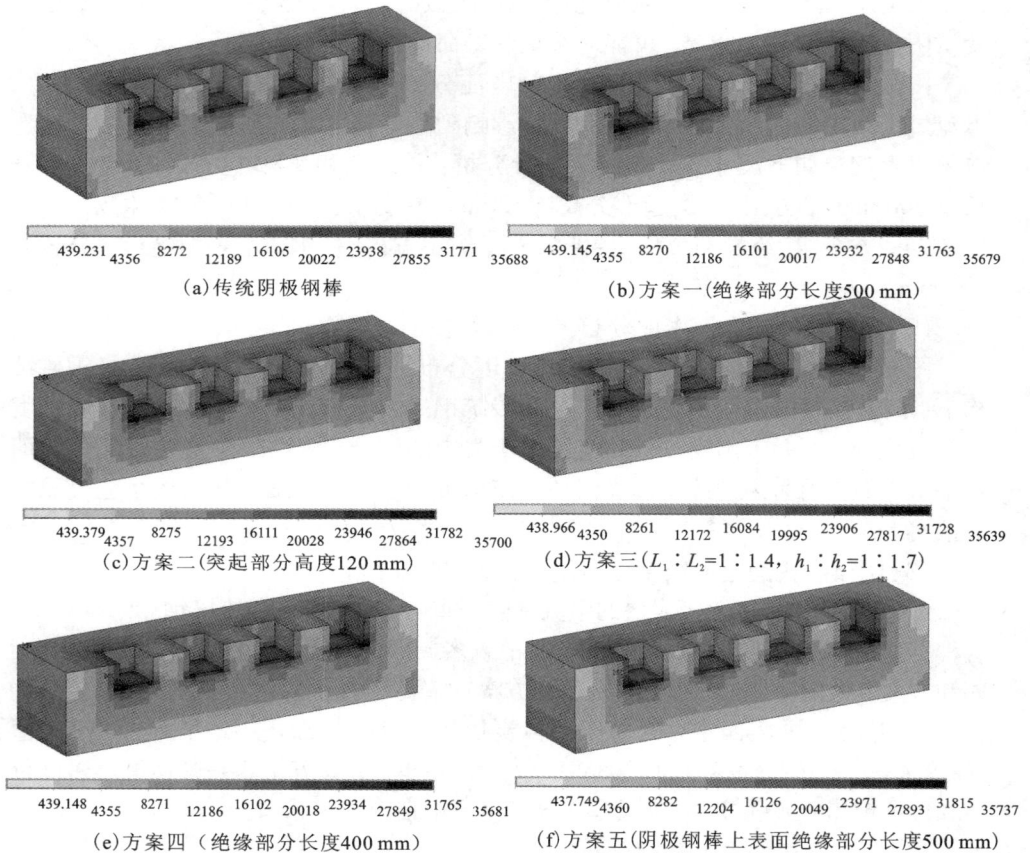

(a)传统阴极钢棒 439.231 4356 8272 12189 16105 20022 23938 27855 31771 35688

(b)方案一(绝缘部分长度500 mm) 439.145 4355 8270 12186 16101 20017 23932 27848 31763 35679

(c)方案二(突起部分高度120 mm) 439.379 4357 8275 12193 16111 20028 23946 27864 31782 35700

(d)方案三($L_1:L_2=1:1.4$, $h_1:h_2=1:1.7$) 438.966 4350 8261 12172 16084 19995 23906 27817 31728 35639

(e)方案四(绝缘部分长度400 mm) 439.148 4355 8271 12186 16102 20018 23934 27849 31765 35681

(f)方案五(阴极钢棒上表面绝缘部分长度500 mm) 437.749 4360 8282 12204 16126 20049 23971 27893 31815 35737

图 10-34　阳极炭块电流密度分布云图/($A \cdot m^{-2}$)

(2)除了方案二的钢棒外,其余方案都不同程度地增大了槽底压降,但方案二对阴极炭块的改变较大,可能会造成其加工难度、受力情况以及寿命等的变化;

(3)五种异型钢棒结构下的阳极炭块电流密度和采用传统钢棒结构时相比差别不大;阴极炭块电流密度和采用传统钢棒结构时相比,均有些不同,其中方案三、四、五的差别较大;阴极钢棒电流密度和传统钢棒时相比,方案一和方案三的差别较大。这些结构中电流密度的改变将使热应力分布发生变化,可能使电解槽某些部分受力超出设计的范围,从而出现破损甚至断裂。

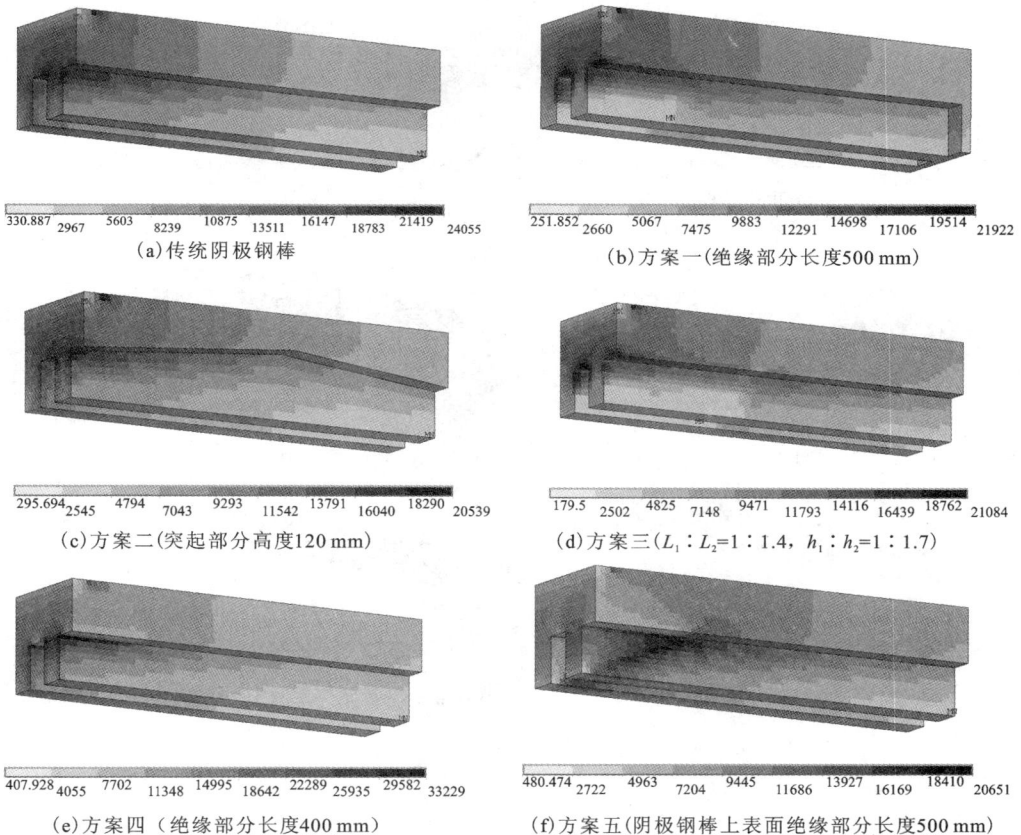

330.887 2967 5603 8239 10875 13511 16147 18783 21419 24055
(a)传统阴极钢棒

251.852 2660 5067 7475 9883 12291 14698 17106 19514 21922
(b)方案一(绝缘部分长度500 mm)

295.694 2545 4794 7043 9293 11542 13791 16040 18290 20539
(c)方案二(突起部分高度120 mm)

179.5 2502 4825 7148 9471 11793 14116 16439 18762 21084
(d)方案三($L_1 : L_2 = 1 : 1.4$, $h_1 : h_2 = 1 : 1.7$)

407.928 4055 7702 11348 14995 18642 22289 25935 29582 33229
(e)方案四 (绝缘部分长度400 mm)

480.474 2722 4963 7204 9445 11686 13927 16169 18410 20651
(f)方案五(阴极钢棒上表面绝缘部分长度500 mm)

图 10 - 35　阴极炭块电流密度分布云图/($A \cdot m^{-2}$)

10.7　异型阴极炭块与钢棒优缺点剖析

各类型的异形阴极、异形阴极钢棒在铝行业有诸多报道,相应的工业电解槽或试验槽也不断在铝电解企业出现,产生了较好的经济效益,但也存在或多或少的问题,本章通过数值仿真,对诸多类型的阴极、阴极钢板进行了仿真分析研究,总结得出以下结论:

对于异性阴极炭块,其正面作用为:对于传统磁场和流场设计较差的电解槽(200～300 kA),其应用可一定程度弥补磁场和流场设计缺陷,对于提高槽电压整体稳定性具有一定的作用,从而对降低槽电压起到一定正面作用。

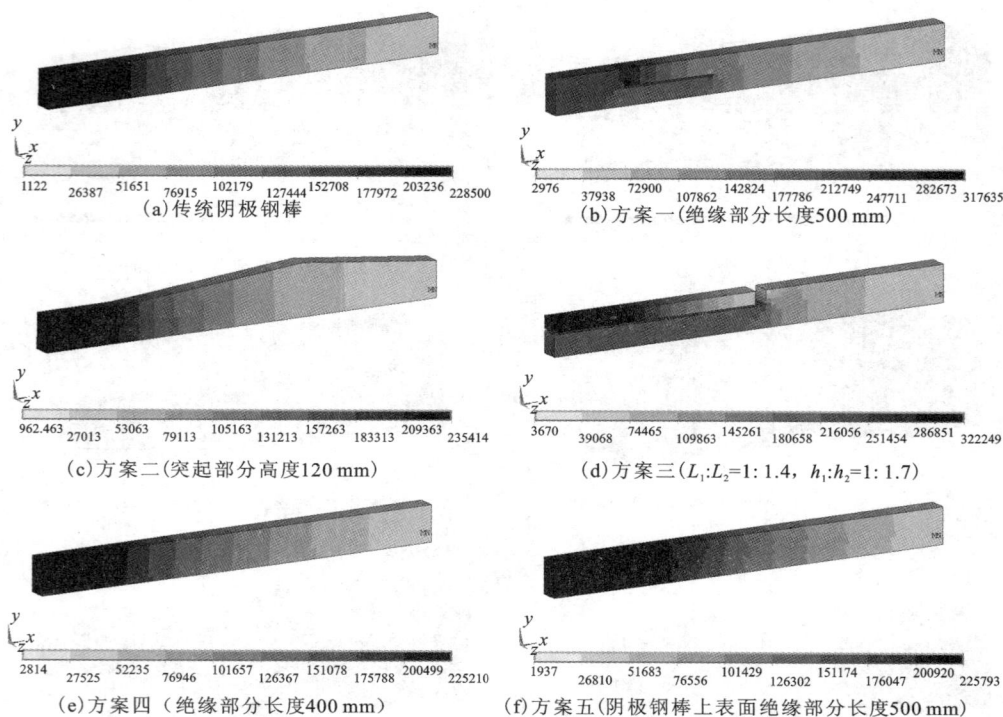

(a)传统阴极钢棒　　1122　26387　51651　76915　102179　127444　152708　177972　203236　228500

(b)方案一(绝缘部分长度500 mm)　2976　37938　72900　107862　142824　177786　212749　247711　282673　317635

(c)方案二(突起部分高度120 mm)　962.463　27013　53063　79113　105163　131213　157263　183313　209363　235414

(d)方案三($L_1:L_2$=1:1.4, $h_1:h_2$=1:1.7)　3670　39068　74465　109863　145261　180658　216056　251454　286851　322249

(e)方案四(绝缘部分长度400 mm)　2814　27525　52235　76946　101657　126367　151078　175788　200499　225210

(f)方案五(阴极钢棒上表面绝缘部分长度500 mm)　1937　26810　51683　76556　101429　126302　151174　176047　200920　225793

图 10-36　阴极钢棒电流密度分布(左端为出电端)/(A·m^{-2})

负面作用(尚需解决的问题)有:

(1)设计不好或使用中破损容易形成小紊流,导致电流效率下降严重;

(2)"异型"程度较大将导致铝液水平流速过小或流动形态破坏较大,影响物料在全槽快速与均匀分散和溶解,易产生局部阳极效应或闪烁(增大 PFC);

(3)对电解槽焙烧启动与运行管理要求较高,操作与控制不好时容易出现病槽;

(4)一些铝厂发现阴极"凸台"容易脱落,影响了槽寿命;

(5)对于物理场设计已经优化的 400 kA 以上大型槽,对非平面阴极的正面作用依赖度降低,而对其负面作用更加敏感,故多使用"浅沟"。

对于异型阴极钢棒,在理想情况下,能减少铝液中水平电流,提高铝液稳定性。但是,同样存在以下一些问题:

(1)使阴极加工变复杂;

(2)采用了局部绝缘方案的异型阴极增大了阴极电压降;

(3)钢棒"异型"化以及钢-炭接触界面处导电性的不均匀化,可能导致阴极

炭块局部热应力集中, 对槽寿命的影响尚缺乏长期生产实践考验;

(4)消除水平电流的作用有限(且只针对电解槽短轴方向), 许多后天性因素对水平电流和槽稳定性的影响强度盖过了其正面作用。

因此, 对于阴极炭块和阴极钢棒的选择, 需要根据实际情况, 从企业的地域、经济技术条件等方面来综合考虑。

参考文献

[1]杨晓东, 周东方, 刘雅锋, 等. 一种大幅降低铝电解槽铝液中水平电流的结构[P]. 中国, 201020566373.2. 2011 - 06 - 15.

[2]李劼, 张红亮, 徐宇杰, 等. 一种可控调节铝液中水平电流的铝电解槽阴极结构[P]. 中国, 201110089796.9[P]. 2011 - 09 - 14.

[3]白万全, 李长勇, 童春秋, 等. 一种分开引出铝电解单面电流的方法[P]. 中国, 201110166653.3. 2011 - 11 - 02.

[4]张红亮, 李劼, 杨帅, 等. 一种非均匀导电的铝电解槽阴极结构[P]. 中国, 2011201113203.2. 2011 - 11 - 23.

[5]李旺兴, 杨建红, 邱仕麟, 等. 一种减少铝电解水平电流的方法[P]. 中国, 201110221902.4. 2011 - 11 - 09.

第 11 章　内衬结构的仿真与优化

　　铝电解槽的内衬结构在很大程度上决定了电解槽的整体保温效果及其内部热场分布的合理性，不适当的内衬结构设计会限制既定生产工艺的实施，并显著降低铝电解的各项技术经济指标。

　　国际上铝电解槽内衬的基本构造可分为"整体捣固型""半整体捣固型"与"砌筑型"三大类，前两种已被工业实践证明槽寿命不佳，加之电解槽焙烧时排出大量焦油烟气和多环芳香族碳氢化合物，污染环境，因此已被淘汰，第三种"砌筑型"则被广泛应用。砌筑型又可分为"捣固糊接缝"和"黏结"两种类型，前一种是在底部炭块砌筑时相互之间及其与侧块之间留出缝隙，然后用糊料捣固；后一种则不留缝隙，块间用炭胶糊黏结。黏结型降低了"间缝"这一薄弱环节，经国外一些铝厂证明能获得很高的槽寿命，但对设计和材质的要求高。在焙烧启动过程中，由于没有间缝中的炭素为炭块的膨胀提高缓冲（捣固糊在碳化过程中会收缩），在设计不合理或者炭块的热膨胀与吸钠膨胀过大的情况下，便容易造成严重的阴极变形或开裂。我国目前均采用捣固糊接缝的砌筑型。

　　铝电解槽的内衬结构设计以获得与电解工艺相匹配的最佳热场分布为主要原则。合理的内衬结构应保证平衡态下的热场具备以下几个基本特征：①为防止渗入阴极炭块的电解质凝结而破坏炭块，电解质的初晶温度等温线尽量在阴极炭块以下，阴极炭块整体应保证在 900℃等温线内；②为使材料在可承受的温度范围内服役，800℃等温线在保温砖以上；③为获得良好的槽膛内形并有效保护侧部内衬，生成的槽帮应形状规整且具有一定厚度，同时为防止增大铝液中水平电流，槽帮伸腿不应进入阳极底掌投影区。

　　当电解槽容量以及生产工艺要求不同时，设计出来的内衬结构便应该不同，但一旦阴极结构设计的大方案确定（例如选用"捣固糊接缝的砌筑型"），则不论是小型槽还是大型槽，其内衬的基本结构方案可以是相似的，而区别往往体现在选用的内衬材料及具体的结构参数上。

11.1　传统铝电解槽的内衬结构

传统槽内衬结构的整体设计理念是底部保温、侧部散热。底部保温有利于提高槽底温度，减少底部沉淀，使电解质初晶温度等温线下移，防止电解质在阴极炭块中凝固；侧部散热则是为了形成一定厚度的槽帮以有效保护侧部炭块。

图 11-1 是我国传统大型预焙阳极铝电解槽内衬结构设计的一个实例。

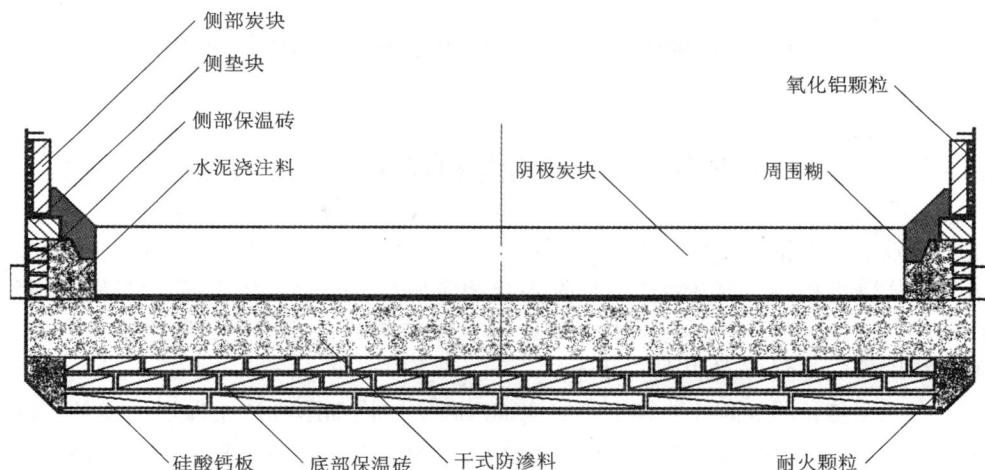

图 11-1　传统内衬结构

内衬底部构成为：

底部首先铺一层 65 mm 的硅酸钙绝热板（或先铺一层 10 mm 厚的石棉板，再铺一层硅酸钙绝热板）；

在绝热板上干砌两层 65 mm 的保温砖（总厚度 130 mm），或者为加强保温而干砌三层 65 mm 的保温砖（有种设计方案是在绝热板上铺一层 5 mm 厚的耐火粉，用以保护绝热板，然后在其上干砌筑保温砖）；

铺设一层厚 130～195 mm 的干式防渗料（具体厚度视保温砖的层数而定，即两层保温砖对应 195 mm 厚度，三层保温砖对应 130 mm 厚度），或者在三层保温砖上用耐火粉找平后铺一层 1 mm 厚钢板防渗漏，再用灰浆砌两层 65 mm 的耐火砖；

在干式防渗料上（或耐火砖上）安装已组装好阴极钢棒的通长阴极炭块组；

阴极炭块之间有 35 mm 宽的缝隙，用专制的中间缝糊扎固。

内衬侧部(底部干式防渗料或耐火砖以上的侧部)的构成为:

(1)对于与底部炭块端部对应的侧部,靠钢壁砌筑一道 65 mm 的保温砖;然后在该保温层与底部炭块之间浇注绝热耐火混凝土(高强浇注料);并留出轧制人造伸腿的空隙;

(2)在浇注料上方砌筑一层耐火砖,再在该耐火砖上方砌筑一层 90 mm 厚的氮化硅黏结的碳化硅砖(或 120 mm 厚的侧部炭块),并使其背贴碳胶到钢壳壁上;

(3)侧部炭块顶上用 80 mm 宽、10 mm 厚的钢板紧贴住炭块顶部焊接在槽壳上,防止炭块上抬;

(4)底部炭块与侧部砌体之间的周边缝用专制的周围糊扎固形成 200 mm 高的人造坡形伸腿。

11.2 高效节能型铝电解槽的内衬结构

高效节能型铝电解槽普遍采用低温低电压电解工艺。低温低电压电解工艺要求尽可能降低极距,铝电解槽的热收入会相应减少,同时,为了使电解槽在低极距下仍具有良好的磁流体稳定性,通常又要维持较高的铝水平,在这种条件下,内衬结构须向加强保温的方向设计。

有别于传统槽,高效节能型槽的侧部内衬应适当加厚或选用保温性能较好的材料,尤其是在角部以及侧下部区域须加强保温,以避免角部槽帮过厚、侧部槽帮伸腿过长等问题。基于此,角部及与阴极炭块对应的侧部可布设保温性能较好的陶瓷纤维板或硅酸钙板,侧部炭块在某些情况下选用热导率相对较低的普通炭块(与碳化硅或氮化硅材料相比)较为适宜。图 11 - 2 为计算所得采用低温低电压工艺的某 400 kA 铝电解槽的侧部槽帮形状。可见,内衬结构设计中适度加强侧部(主要是侧下部)保温可以避免伸腿过长等问题,获得更加合理的槽膛内形。

另外,对于低温工艺,在槽内电解质过热度有所降低的情况下,阴极炭块中的电解质初晶温度线倾向于上移,这对防止渗入炭块中的电解质凝结不利,尤其是靠近侧面的炭块端部温度梯度较大,易在此处应力集中,影响槽寿命。对此,在侧下部及底部加强保温的同时,可采用石墨化程度较高、导热性较好的阴极炭块。图 11 - 3 为某铝电解槽在采用不同材质阴极炭块的情况下阴极部分的温度分布,由该图可以看出,炭块石墨化程度增大,炭块内电解质初晶温度线上移,炭块内温度分布更为均匀。

为了研究低电压下阴极内衬保温结构对电解槽的影响,作者及其团队与某电解铝企业合作,在该企业的 400 kA 铝电解槽系列中设立了三种类型的新型结构铝电解试验槽:

209 mm	电解质表面
164 mm	阳极底面
175 mm	电解质-铝液界面
230 mm	铝液中截面
322 mm	伸腿位置

（a）原始槽帮形状

200 mm	电解质表面
158 mm	阳极底面
163 mm	铝液-电解质界面
216 mm	铝液中截面
320 mm	伸腿位置

（b）内衬调整后槽帮形状

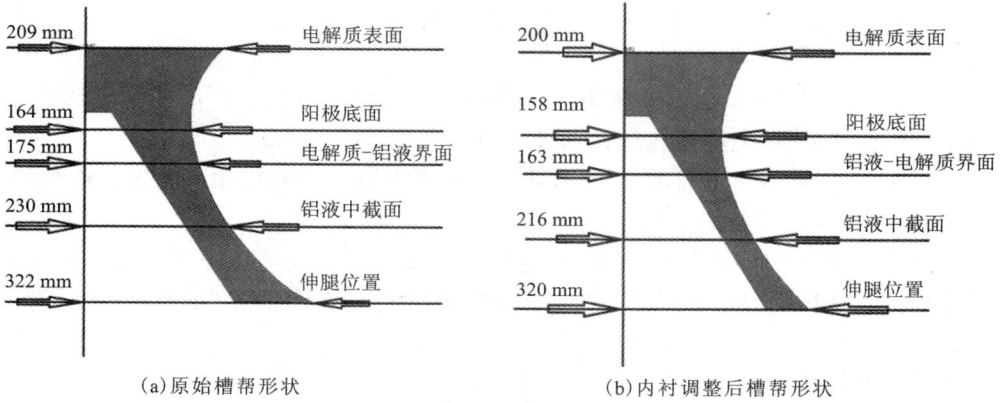

图 11-2 某 400 kA 铝电解槽侧部槽帮形状

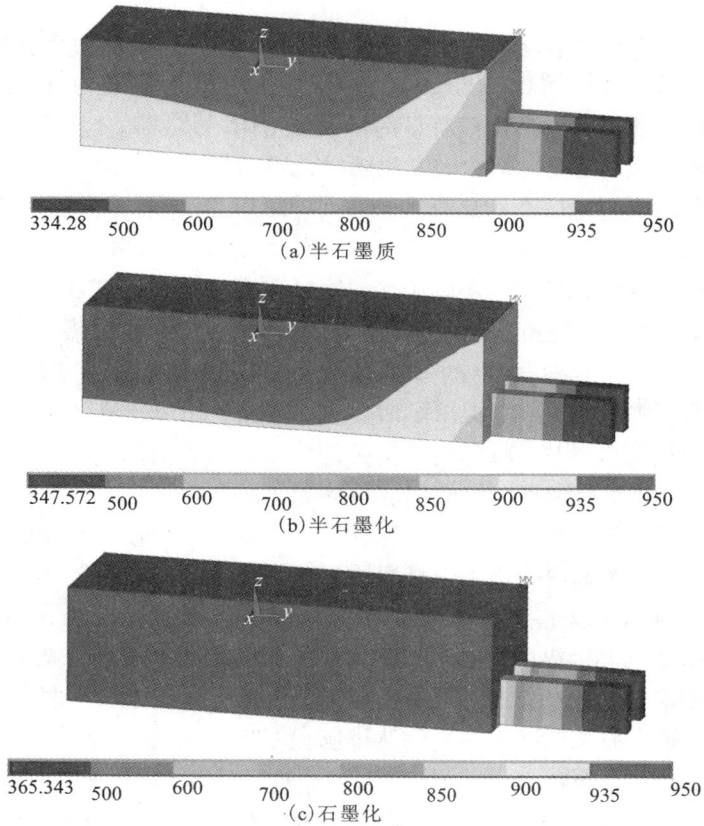

334.28 500 600 700 800 850 900 935 950

（a）半石墨质

347.572 500 600 700 800 850 900 935 950

（b）半石墨化

365.343 500 600 700 800 850 900 935 950

（c）石墨化

图 11-3 某电解槽阴极炭块温度分布图/℃

(1)非平面阴极型铝电解槽。主要特征：阴极炭块表面开沟，并使用了硼化钛涂层。

(2)适当增强保温型铝电解槽。主要特征：改善了阴极及内衬结构，重点加强了一些部位的保温，但阴极仍为传统平底。

(3)槽底出电型铝电解槽。主要特征：阴极方钢从槽底穿出，但阴极仍为传统平底。

结果表明，平底和适当增强保温的电解槽获得了最佳经济技术指标。因此，对于当前新设计的以低电压为主要运行工艺条件的电解槽来说，推荐在电解槽侧下部进行适当保温，但不能保温过度，需要经过严格的热场计算，得到最佳的等温线分布及散热分布。

11.3　铝电解槽可压缩内衬结构及新型抗渗材料研究

近年来，随着我国铝电解技术的迅猛发展，大型预焙铝电解槽技术开发取得成功并不断完善，300～400 kA 级以上的大型预焙铝电解槽已逐步推广，并成为我国铝电解的主流槽型。然而槽容量的增大使槽内衬体积随之增大，与电解槽结构放大的特点一致，槽内衬结构的变化同样是纵向尺寸不断增加，这一变化特点使电解槽启动时内衬从冷态到热态水平方向的热应力及启动初期吸钠膨胀应力随着槽容量的增加而明显增加，这种膨胀主要发生在阴极侧部区域，特别是长期的电解质渗透过程使电解槽阴极不断膨胀，使电解槽阴极渐渐隆起，阴极中间部位出现开裂现象，严重影响电解槽的寿命。

国内电解铝生产企业及设计、研究院所，在铝电解槽内衬结构及内衬材料选用等方面进行了深入研究，并提出了诸多改进方案，如槽壳侧部由以往的双围带改为单围带并加装散热片；减薄侧部炭砖的厚度，减小槽加工面；采用小船形的槽壳结构等，这些均有利于电解槽侧部散热和热平衡的建立[1]。在新材料应用方面，我国铝电解槽侧部普遍采用了碳氮化硅砖，提高了抗侵蚀性能，增强了侧部散热；底部阴极炭块普遍采用了半石墨质炭块，并试验应用了全石墨化炭块。

虽然综合应用了以上技术，但我国铝电解槽内衬破损情况仍无明显改善，阴极破损仍然出现延阴极纵向中心形成较大裂缝的现象[1]。分析认为，这是由于电解槽阴极长期吸钠膨胀的结果，也是造成在电解槽生产技术及原材料质量不断提高的前提下，槽寿命长期以来一直仍然徘徊在 1800 d 左右的原因之一，这与国际先进水平相比，存在 500～800 d 的差距[2]。

为此，本章提出了一种新的技术路线：为使电解槽阴极的钠膨胀得到适当释放，在电解槽阴极侧部位置采用一种可压缩的材料，可以较大程度地吸收这种膨胀，从而使阴极的膨胀向水平方向进行，减少阴极在垂直方向的膨胀和隆起，延缓阴极结构的破损；开发阴极炭块电流均匀分布技术，在一定程度上改善阴极炭块的电流分布，有效降低了水平电流分量，不仅减小了铝液对阴极的冲刷，还提高了电解槽生产的稳定性；研制用于电解槽阴极防渗层的新型材料——高强抗渗砖，不仅简化了施工工艺，提高了施工质量，而且提高了防渗性能。

通过对大型铝电解槽内衬材料物理性质参数的分析和铝电解槽内衬应力场的研究，经仿真计算，设计并建设了配备阴极侧部可压缩结构的 320 kA 试验电解槽，通过数值仿真和工业试验，从理论和实践的角度对该内衬结构进行全面分析。

1. 电解槽内衬热应力、钠膨胀应力分析与可压缩内衬

采用无烟煤阴极的 320 kA 电解槽，在焙烧结束后，发生热膨胀而产生位移的仿真结果如图 11-4 所示。图 11-4(a) 表示 X 方向的位移量，最大位移 8.84 mm，位于电解槽大面两侧；图 11-4(b) 表示电解槽 Y 方向的位移量，最大位移 4.19 mm，位于电解槽中心，阴极炭块表现出上拱形状，最大位移量 8.99 mm，位于槽的两侧。Z 方向的位移为 7.35 mm[3]。

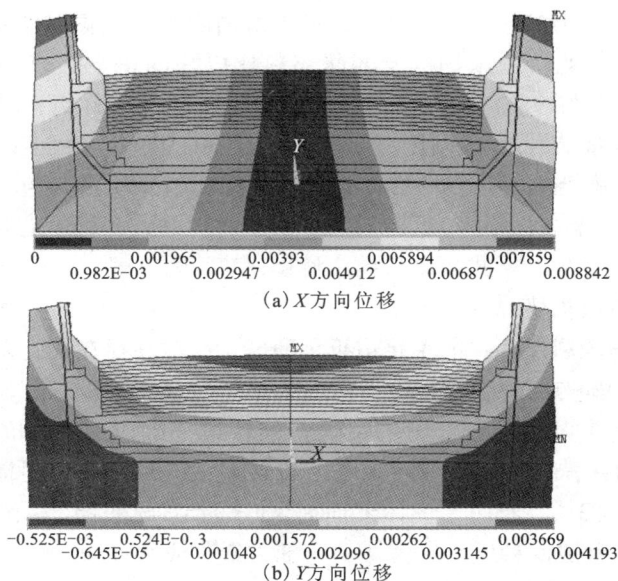

(a) X 方向位移

(b) Y 方向位移

图 11-4 铝电解槽焙烧后位移分布情况/m

电解槽启动初期是钠渗透的主要阶段，钠含量的增加导致炭块膨胀增加。根据电解槽焙烧启动的电热应力场仿真计算，启动一个月后的电解槽无论是 X 方向的位移、Y 方向的位移还是电解槽的最大位移都有所增大，X 方向的最大位移为

11.64 mm，比启动前增加了31.6%，Y方向的最大位移为7.78 mm，比启动前增加了81.7%，最大位移量11.65 mm，比启动前增加了29.6%。其中Y方向的位移增加幅度最大，表明电解槽运行一个月后由于钠的渗透，产生的膨胀应力增大，使得中心阴极炭块上抬趋势加大。在电解槽正常生产期间，长期的吸钠作用使得阴极不断膨胀，由于电解槽水平方向槽壳钢结构的约束，阴极炭块的膨胀变形只能向上不断发展，由此造成的阴极炭块上抬是造成阴极炭块开裂和剥皮分层的重要原因。

随着电解槽容量的不断增大，解决阴极内衬热膨胀及钠膨胀应力问题，对槽寿命的提高十分重要。经过分析认为，由于阴极的吸钠过程是一个化学物理过程，除了阴极材料的改进以外，这一过程几乎是不可控的。因此，本章提出了另外一种解决问题的思路：改变传统的阴极炭块周围的材料特性，设想采用一种既能满足耐热、保温和抗渗透要求，又具有一定可压缩特性的材料，其可压缩性可保证阴极炭块在不可阻挡的吸钠过程中，有效地向水平方向进行，从而大大延缓阴极垂直向上的膨胀速度，即一种周围可压缩的阴极内衬结构。

2. 新型抗渗材料制备及性质

延长槽寿命的另外一个重要因素是在电解槽阴极炭块底部采取有效的防渗措施，目前电解铝行业普遍采用的干式防渗料比以往的化学的或物理方法都要成功，具有保温性能好，防渗效果好，炭块底面易于找平的优点，但是由于散状料在现场施工时需要人工捣打以压缩其密度，存在密度均匀性难以控制，孔隙率大，并且粉尘污染严重等诸多弊端，从而很难保证施工质量与应用效果，并使电解槽阴极底部呈现一种"软基础"的特征，由于材料的致密程度有限，抗电解质渗透的效果也不甚理想。干式防渗料推广使用以来，因电解质穿透防渗料层造成的电解槽破损仍占破损槽的一定比例。

对电解槽防渗料层存在的不足进行了研究，针对其存在的孔隙度大、基础软及施工难度大的缺点，研制了一种高密度的预制高效抗渗砖。

高效抗渗砖由以质量组分为单位的下列各组分组成：高效抗渗砖（成分为：SiO_2：40% ~ 70%，Al_2O_3：30% ~60%，Fe_2O_3：3% ~7%），固体添加剂1% ~5%，液体结合剂3% ~15%。固体添加剂为硅酸铝、硫酸铝、磷酸铝和磷酸二氢铝中的一种、两种或两种以上。液体结合剂为纸浆或水玻璃。

高效抗渗砖的制备工艺如下：首先将硅 - 铝质耐火矿物作为原料，煅烧脱水、粉碎，加入所述质量份的固体添加剂干混，充分搅拌均匀后，再加入液体结合剂，进行湿碾混炼；其次对得到的混合物进行组分含量的检测，符合铝电解槽高效抗渗砖标准后，用震动压力机震动、挤压成型。为确保抗渗效果，采用特殊的烘烧工艺完成。该制备工艺流程图如图11 - 5所示。高效抗渗砖的物理性能如下：

①体积密度：≥2000 kg/m³；

②耐压强度：≥4 MPa；

③线变化率(900℃×3 h)：≤−0.5%；

④抗冰晶石渗蚀指数(950℃×96 h)：≤15；

⑤最大临界粒度：4 mm；

⑥骨料粒度：0.21～4 mm；

⑦粉料粒度：0～0.2 mm；

⑧≤0.088 细粒：≥20%；

⑨骨料：粉料，(50～70)：(30～50)；

⑩烘干温度：250～300℃。

```
┌─────────────────────┐
│   硅-铝质耐火矿物      │
└─────────────────────┘
          │
┌─────────────────────┐
│      煅烧脱水          │
└─────────────────────┘
          │
┌───────────┐      ┌───────────┐
│   粉碎     │      │  固体添加剂 │
└───────────┘      └───────────┘
          │
┌─────────────────────┐      ┌───────────┐
│      搅拌均匀          │      │  液体结合剂 │
└─────────────────────┘      └───────────┘
          │
┌─────────────────────┐
│      湿碾混炼          │
└─────────────────────┘
          │
┌─────────────────────┐
│      组分检测          │
└─────────────────────┘
          │
┌─────────────────────┐
│      振动成型          │
└─────────────────────┘
          │
┌─────────────────────┐
│      特殊烘烧          │
└─────────────────────┘
          │
      高效抗渗砖
```

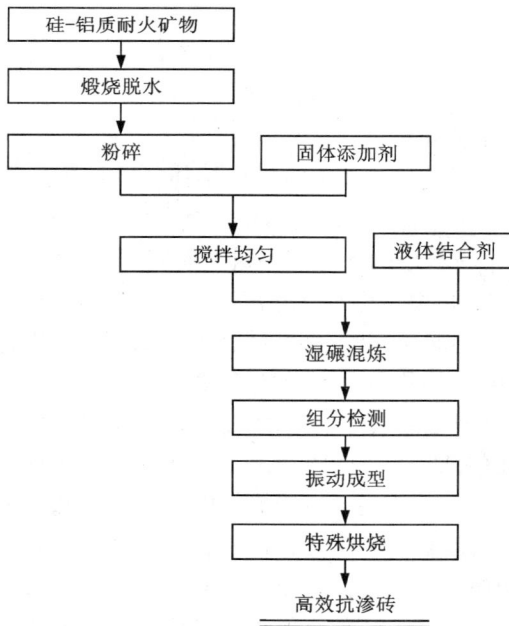

图 11－5　高效抗渗砖的制备工艺

经实验室进行的抗电解质侵蚀试验证明，高效抗渗砖与干湿防渗料相比，抗侵蚀效果有明显的改善(如图 11－6 所示)。综合来说，该材料具备以下几大优点：

①采用槽外预制制成，使其密度差、厚度差及形状差异很小，有利于精确施工，保证阴极炭块底部基础实在，水平度控制良好；

②采用高压成型工艺制成，密度大、孔隙率低、抗压强度适中，使其具有良

好的抗电解质渗透性能；

③生产工艺要求烧制温度低，时间短，使其生产具有投资省、节能的优点。

(a)干式防渗料抗渗透实验试样 　　　　　　(b)高效抗渗砖砌筑

图 11 -6　高效抗渗砖

3. 新型阴极导电结构研究

通过阴极结构的合理设计改变电解槽内熔体的磁流体力学效果以提高电解槽的电流效率是铝电解技术一直以来所追求的目标。铝电解槽所用的阴极导电体结构均是由阴极炭块与其汇流作用的导电钢棒组合而成。垂直的阳极电流通过电解质、铝液层后，进入炭块层，再由钢棒水平导出。由于钢棒导电性远优于炭块，按照最短路径的原理电流会优先流向钢棒的出口位置，造成炭块中电流密度由内向外逐步增大，同时数值分析结果表明，这使得铝液层中产生较大的水平分量。这种水平电流与磁场的作用会使金属铝液层产生波动，从而影响电解生产，使能耗增加、效率降低。目前，电磁场对大型铝电解槽的影响越来越明显，虽然对母线系列进行了大量的优化，但阴极电流分布由于受到阴极结构的影响还难以有效改进。

本章根据电解槽阴极炭块电流分布情况，应用电阻平衡原理，提出了一种异型阴极钢棒和配套的施工工艺，设计了一种新型的阴极导电体结构，如图 11 -7 所示。图 11 -7 中 1 段位于阴极炭块中部，该段阴极钢棒的高度较高，故其距离炭块上表面最近，从而使炭块中部的电流密度增大，电流垂直度增大；图 11 -7 中 2 段为一斜坡，阴极钢棒的高度逐渐降低，阴极钢棒的截面积逐步变小，钢棒上表面也逐步远离阴极上表面，使原来电流密度较大的区域电流密度按照一定的斜度减小，从而起到均衡电流密度和增加电流垂直度的作用。图 11 -7 中 3 段与电解槽阴极母线连接，该段阴极钢棒高度与现行传统一致，其主要作用为把阴极部分的电流引出。

图 11 -8 是阴极导电体导电效果图，其中图 11 -8(a)为传统阴极钢棒的导电效果图，图 11 -8(b)是新型阴极钢棒的导电效果图。通过比较可以看出，传统

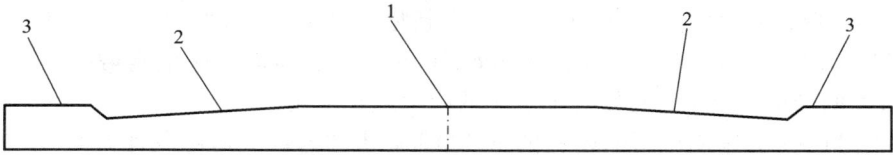

图 11-7　新型阴极钢棒示意

阴极由于钢棒的等截面积，其铝液层中存在明显较大的水平电流分量，而新型阴极导电体在距离阴极炭块表面距离不等的阴极钢棒的电阻作用下，阴极各部位的电流密度得到了很好的平衡，且电流方向更趋于垂直。这种"电阻平衡均流"可使电解槽内铝液层的水平电流有效降低，从而可有效减小铝液层的电磁力，减少铝液的波动，有利于提高电解槽的磁流体稳定性，增加生产效率。

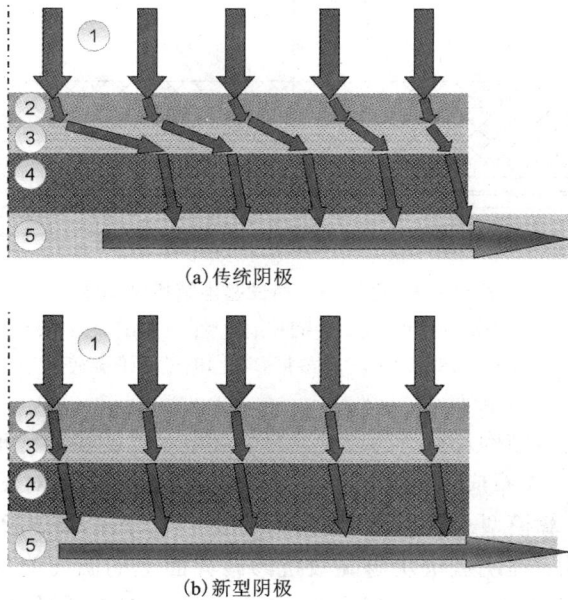

(a)传统阴极

(b)新型阴极

图 11-8　阴极导电体导电效果图

1—电流方向；2—电解质层；3—铝液层；4—阴极炭块；5—阴极钢棒

4. 可压缩内衬结构工业实验研究

解决电解槽阴极破损问题的关键，就在于找到一种延缓生产过程中阴极吸钠膨胀所造成的破坏作用、有效防止电解质向电解槽底部保温层的侵蚀阴极结构和材料。同时，在延长槽寿命的前提下，改善电解槽内磁流体力学特性，提高电能效率也是阴极内衬结构选择的重要目的。

鉴于此，本章综合采用可压缩结构和新型阴极导电体，并采用所研制的高效抗渗砖，在传统阴极内衬结构的基础上，提出了一种全新的阴极内衬结构，并在320 kA 两台试验槽上进行了为期三年的应用工业试验。

图 11 −9 为采用可压缩内衬的某 320 kA 试验电解槽内衬设计方案图（横剖面），其具体结构特点为，阴极钢棒 6 被设计成图 11 −7 所示的异型阴极钢棒结构，在钢棒周边设置一层钢棒浇铸料 5，槽壳与炭块侧部之间分别设置有前文提出的可压缩材料 4、耐火砖 3 及侧部炭糊 2，炭块底部的防渗料更换为一种新型抗渗砖 9。

当阴极炭块受到热膨胀及钠膨胀时，其产生的应力作用于周围的可压缩材料使其压缩，使应力得以释放，从而减缓阴极向上隆起的速度，减小隆起量。

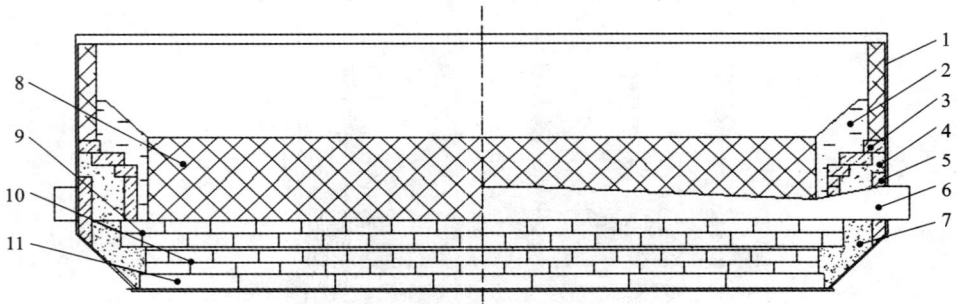

图 11 −9　可压缩内衬试验电解槽结构图

1—侧部炭砖；2—侧部炭糊；3—耐火砖；4—可压缩材料；5—钢棒浇筑料；6—异形均流钢棒；
7—底层填充料；8—阴极炭块；9—高效抗渗砖；10—轻质保温砖；11—硅酸钙板

由于电解槽内衬结构及材料的改变会影响到电解槽的热场分布，对热平衡产生一定的影响，为此，本章应用前文类似电热场仿真建模方法，对图 11 −9 所示的设计方案建立热场计算模型，并进行热场仿真模拟计算，其结果如彩图Ⅳ −1 所示。

计算结果表明，在阴极炭块与高效抗渗砖界面上的温度为 947℃ 左右，在高效抗渗砖和轻质保温砖界面上的温度为 758℃ 左右，电解质的初晶温度等温线在阴极炭块以下；800℃ 等温线在保温砖以上，温度分布合理。槽帮部分温度下降梯度较大，有利于伸腿的形成和保持；在槽底，温度差主要集中在阴极下面的保温材料中，达到了加强底部和侧下部保温、侧上部散热的目的。

为了检验侧部可压缩内衬结构的使用效果，作者在河南某企业 320 kA 电解铝系列中选择 2 台电解槽作为试验槽（槽号为 4069# 和 4070#），采用侧下部可压缩结构进行内衬改进，同时，为了比较试验效果，选择同期启动的 4059# 和 4060# 为对比槽。

本章的试验电解槽测试结果及分析如下：表 11 - 1 为试验电解槽与对比槽炉底压降与炉底隆起量的测量数据；表 11 - 2 为试验电解槽与对比槽电流效率测试数据（采用气体分析法）；表 11 - 3 为试验槽与对比槽的主要经济指标。表 11 - 4 列出了近四年来国内外铝电解企业直流电单耗。

表 11 - 1　试验槽与对比槽炉底压降及炉底隆起对比表

槽号	炉底压降/mV	炉底隆起平均/mm	炉帮厚度平均/mm
试验槽 4069	318.4	28.0	58.4
试验槽 4070	398.9	28.5	62.8
对比槽 4059	361.2	34.0	85.7
对比槽 4060	355.3	49.4	101.5

表 11 - 2　试验槽与对比槽电流效率对比表

日期	槽号	位置	电压/V	电流/kA	温度/℃	电流效率/%
4 月 18 日	4059	第 2 下料点	4.059	325.9	950	93.0
4 月 18 日	4060	第 2 下料点	4.086	327.9	949	93.9
4 月 16 日	4069	第 1 下料点	4.033	325.8	949	95.0
4 月 16 日	4070	第 1 下料点	4.182	325.9	953	95.1

表 11 - 3　试验槽与对比槽的经济指标对比表

类型	平均电压/V	平均电流效率/%	平均直流电耗 /(kW · h · t^{-1} - Al)
试验槽	4.001	95.05	12544
对比槽	4.006	93.45	12775

表 11 - 4　国内外先进铝电解企业直流电单耗　　　　kW · h/t - Al

企业	2004 年	2005 年	2006 年	2007 年
国际先进电解铝企业	13000 ~ 13200			
中国平均	14345 [*]	13524 [*]	13524 [*]	13413
云南某企业	13611	13044	13041	13366
河南某企业	13800	13288	13176	12826

注：[*] 为年报数，其他为统计快报数。

从以上数据分析可以看出，试验槽炉底隆起平均值比对比槽小 6 ~ 21mm，且炉帮形状保持较好，说明了侧部可压缩结构在吸收内衬膨胀力方面取得了较为明显的效果；与对比槽相比，平均电流效率提高了 1.6%，吨铝直流电耗下降了 231 kW·h，能耗指标达到了世界先进水平，说明了侧部可压缩结构方案是成功的。

最后，试验槽炉底隆起量虽比对比槽有明显减小，但仍有明显隆起，说明侧部可压缩结构设计及材料选用仍有较大的优化空间，或还存在其他未知因素，需在本试验的基础上对阴极内衬材料及可压缩材料的物理性质参数进行更精确的仿真计算，对可压缩结构进行更精确合理的设计并进行更广泛的试验。

11.4　某 500 kA 特大型铝电解槽的内衬与热场仿真

（1）三维槽帮计算模型。

按照所设计的 500 kA 铝电解槽的内衬结构，取电解槽大面的一块单阳极切片进行电热场建模，划分成规整的六面体网格进行有限元数值计算，通过反复的迭代计算，获得该内衬结构下的槽帮形状及槽温，计算所用网格如彩图Ⅳ－2所示。

采取的边界条件如下：

电边界条件：在阳极导杆顶端施加均匀的电流，并设置阴极钢棒外端面为零电势面；

热边界条件：不设定熔体温度，采用直接耦合的计算结果；在电解槽外表面各个部分分别施加相应的综合传热系数，与环境进行换热，考虑化学反应吸热及电流效率。

（2）温度分布结果。

计算得到的整体温度分布情况如彩图Ⅳ－3所示。

整体而言，电解槽的保温效果较好，初晶温度分布线（红色部分）在阴极炭块以下，大部分接近了阴极的中部位置，这能有效防止渗入阴极炭块的电解质冷凝而破坏炭块。阴极炭块靠近端头部位的温度较低，但基本仍处于800℃等温线内，故整体上阴极结构保温较好，端头位置保温较为适中。从内衬结构温度分布来看，内衬中等温线分布合理，体现出侧部陡峭、底部较平滑的总体特点，这有助于槽帮和伸腿的形成与维持。值得注意的是等温线在伸腿与阴极炭块接触部位附近的内衬明显向槽外偏斜，这将对伸腿的生长有所抑制，避免伸腿过大过肥；但若是这种抑制效果过于明显，则伸腿不易长成，不利于保护内衬材料。这样的情况，大致是由于浇注料的上部和下部的材料保温性能都明显小于浇注料本身，因此可以考虑采用导热性能稍好的浇注料，同时，本设计将导热性较好的碳氮化硅侧部炭块向下延伸，以增大伸腿处的导热量，生成合适的槽帮伸腿。底部耐火砖的温度基本在600℃以下，故不致因高温作用而损坏。但是，阴极结构靠近大小面边部区域温度比其他位置明显要低，因此当工艺条件变动（如极距降低或换极）及热平衡波动时，需要密切注意防止小面和角部发生保温不足的可能，故而本设计小面及角部采用普通炭块。

为进一步考察阴极炭块的保温情况，取最中间的一块阴极（含钢棒和阴极缝糊），得到其温度分布云图如图 11-10 所示。

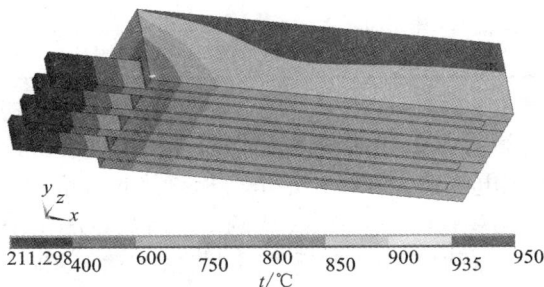

图 11-10　阴极温度分布云图

图 11-10 的结果进一步印证了上述观点：总体而言阴极炭块保温较好，即初晶点处于炭块内部，绝大部分区域则在 900℃ 以上；靠近边部尚有小块区域温度较低，900℃ 等温线分布稍偏向于垂直化并且高点较为靠近阴极炭块的顶部。

（3）各部分散热分布结果。

根据单阳极槽帮迭代模型计算所得的槽帮形状，建立 1/4 槽电热场计算模型，所建模型如彩图Ⅳ-4 所示。

从上至下统计槽外表面各部分区域的散热量并计算其比例，得到散热分布见表 11-5，表中在计算热平衡所需理论散热量时选取的电流效率为 94%。

从各部分散热量分布比例来看，散热分布较为合理。底部保温较好，散热量小（散热比例仅 7.31%），上部散热较大（占 52.32%），使得通过调节上部氧化铝覆盖率厚度这一手段来维持热平衡的作用效果较为明显。从表中明显可以发现，熔体区及其附近的阴极区的散热量比较大，这一方面是由于结构设计采用较宽的槽体使得散热面积较小，另一方面可能与侧部的保温结构采用下沉式炭块及导热性较好的炭块有关。

表 11-5　各区域散热分布（大致）

区域	散热量/kW	散热比例/%
槽上部	10.92	52.32
熔体区	3.27	15.64

续表 11 - 5

区域	散热量/kW	散热比例/%
阴极区	2.51	12.01
钢棒区	1.59	7.63
保温区	1.06	5.08
槽底部	1.53	7.31
总散热	20.88	—

(4)500 kA 铝电解与 400 kA 铝电解槽保温结构的差异及依据。

相比于 400 kA 铝电解槽,500 kA 铝电解槽总热收入增加了约 1/4,但长宽比明显减小,大面散热面积仅约为 400 kA 槽的 1.15 倍,由于阳极电流密度由 0.76 增大为 0.78,中缝及大面加工距离都适度减小,故相比于 400 kA 铝电解槽,实际底部和上部的散热面积也未增大 1/4。整体上看,500 kA 铝电解槽应在 400 kA 铝电解槽保温结构基础上,适当加强散热。据此做出的内衬结构的改变主要有两点:①改薄了底部保温层;②使侧部炭块(碳氮化硅)向下延伸,以利于生成合适的槽帮伸腿。电热场仿真计算表明:采用与 400 kA 铝电解槽相同的内衬结构,槽温明显过高,伸腿处槽帮难以生成,采用新的内衬结构设计,500 kA 铝电解槽的槽温有所下降,温度场分布更为合理。

11.5 某 600 kA 铝电解槽的内衬热应力计算与优化

针对某 600 kA 的铝电解槽,建立由单阴极切片模型和 1/4 槽电热型共同构成的热场模型,如彩图Ⅳ - 5、彩图Ⅳ - 6(a)所示。

计算采用的主要工艺条件如表 11 - 6 所示(该条件可以根据实际情况进行调整,本书仅仅采用这一组参数为例进行计算)。计算过程中,电解槽的环境温度取值为:底部 30℃、侧部槽壳 40℃、上部 160℃。

表 11 - 6 主要工艺条件

初晶温度/℃	上部覆盖料厚度/mm	阳极高度/mm
943	165	300

电热场计算得到的温度分布及槽帮形状如彩图Ⅳ - 6(b)、图 11 - 11 及 11 - 12 所示。

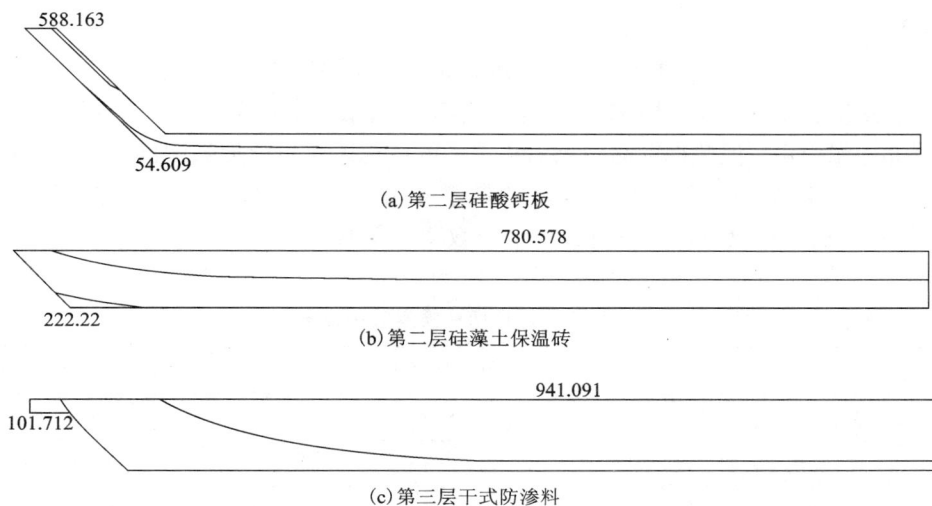

588.163

54.609

(a)第二层硅酸钙板

780.578

222.22

(b)第二层硅藻土保温砖

941.091

101.712

(c)第三层干式防渗料

图 11-11　切片模型温度场分布/℃

259 mm

213 mm

215 mm ──→ 电解质-铝液界面

254 mm ──→ 铝液中界面

345 mm ──→ 伸腿

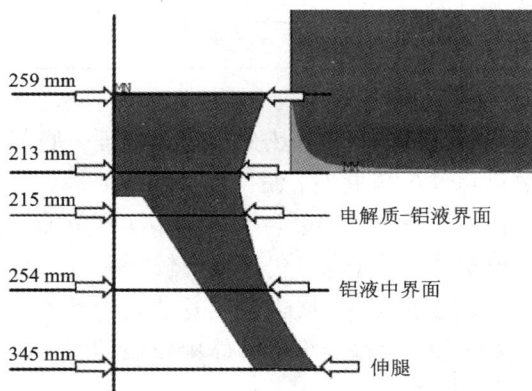

图 11-12　槽帮伸腿长度标注

由图可知，整体而言，电解槽的保温效果尚可。初晶温度分布线基本处在阴极炭块上半部区域，这导致防止渗入阴极炭块的电解质凝结而破坏炭块方面的效果不太好。阴极炭块靠近端头部位的温度较低，但基本全部都处于800℃等温线内，并且大部分都处于900℃以上，故整体上阴极结构保温尚可，端头位置保温较好。可以预计，随着阴极在使用过程中逐步石墨化，阴极导热性能变好，电解质初晶温度线将会下移，因而电解质将越来越难以在阴极内部凝结。从内衬结构温度分布来看，内衬中等温线分布较为合理，体现出侧部陡峭、底部较平滑的总体特点，这有助于槽帮和伸腿的形成与维持。在正常的电解温度下电解槽侧部都能形成稳固的槽帮。

由图 11 – 12 可知,在覆盖料为 165 mm 的厚度情况下,电解槽可保持 8℃ 以上的过热度,计算表明,槽侧部保温稍显不足,侧部散热量较大。该计算表明,槽侧部保温尚可,但侧部散热量略有偏大,可在具体实施中加强侧部的保温。

统计 1/4 槽外表面各部分区域的散热量并计算其比例,得到散热分布见表 11 – 7,表中在热场计算时选取的电流效率为 94%。

表 11 – 7　阴极切片模型散热分布

区域	散热量/kW	散热比例/%
槽上部覆盖料	68.3	30.00
钢爪及导杆	74.8	32.85
大面	62.4	27.40
小面和角部	9.1	4.00
槽底部	13.1	5.75
总散热	227.7	100

从各部分散热量分布比例来看,散热分布较为合理。底部保温好,散热比例仅为 5.75%,上部散热超过 60% 左右,使得通过调节上部氧化铝覆盖率厚度这一手段来维持热平衡的作用效果较为明显。在进一步实现节能条件下,通过增高覆盖料的厚度可以减少电解槽的热损失,仍能实现较好的热平衡。由于底部具有良好的保温效果,可以为保持干净的炉底创造良好的先天条件,若配合使用具有良好控制效率的饥渴式下料控制系统,维持熔体中较低的氧化铝浓度,可以使得炉底干净,具有进一步节能的潜力。

1/4 槽温度场计算结果如彩图 Ⅳ – 7 所示,槽温为 951.49℃,各部分温度分布与切片模型计算结果基本一致(与切片模型的最高温度略有不同,主要由两者的模型与边界条件的差异导致),整体分布较为理想。

槽壳温度分布如彩图 Ⅳ – 8 所示,可以看出,温度最高处集中在电解槽大面的地方,这个部位与铝液和电解质直接接触。整个槽壳区域温度均在 400℃ 以下,有利于保持良好的生产操作环境。

考察此时阴极和保温砖层中的温度分布情况,保温砖温度分布如彩图 Ⅳ – 9 所示。在干式防渗料和保温砖界面处的温度约为 750℃,可满足 800℃ 等温线在保温砖层上表面以上,确保了保温砖的稳定使用,满足了铝电解槽对内衬结构的基本要求。

　　从热场计算结果分析可知,该内衬结构设计合理,各部位温度分布均匀,且等温线分布合理,能够满足电解槽在本书所述的技术条件下达到相对合适的热平衡状态。同时,由于侧面采用了一种相对散热的内衬设计,故整体上侧面的散热比例较大,侧部槽帮略厚,建议在生产过程中可通过较高的覆盖料厚度来保证电解质具有足够的过热度。

参考文献

[1]杨建红,李庆余,王先黔,等.现代工艺条件下预焙铝电解槽破损原因及解决对策[J].矿业工程,2000,20(4):7-9.

[2]刘海石.延长大型铝电解槽寿命的研究[D].沈阳:东北大学,2006.

[3]伍玉云.300 kA铝电解槽电热应力场及钠膨胀应力的仿真优化研究[D].长沙:中南大学,2007.

第 12 章　阴极母线系统的仿真与优化

　　现代大型铝电解槽系列中，整流后的直流电通过铝母线直接引入到电解槽上，槽与槽之间通过铝母线串联而成，由阴极母线、阳极母线、立柱母线、连接母线等将电解槽一个个地串联起来，构成一个槽系列。母线在电解槽中主要承担着将电流从上游电解槽阴极棒输送至下游电解槽阳极棒的功能，而母线的不同配置方式极大地影响着电解槽的物理场分布，制约着铝的氧化损失以及电流效率的指标。铝母线系统成本也相当昂贵，约占基建费用的 25% 左右。从设计上来讲，一旦槽结构和阴阳极参数及材料确定之后，最重要的就是涉及重要物理场——磁场的母线配置设计，而要确定母线的最佳配置与结构也是相当困难的，需要长期深入的实践经验。

　　早期母线设计较为简单，曾经有过仅考虑电场分布计算，但也仅限于考虑电场分布，对于磁场和稳定性缺乏研究，主要原因在于一方面是自编程序计算模型，存在着建模复杂的问题，另一方面，由于没有考虑槽体阳极、熔体和阴极等部分的影响，计算误差较大。现代大型预焙铝电解槽的设计一般是在有限元或有限差分商用软件上建立起包括母线、槽内导体(阳极、熔体和阴极部分)在内的电场仿真计算模型，对整槽的电流和电压分布进行计算，其计算结果具有较高的计算精度和准确度。如图 12-1 所示为作者所建立的包含前后厂房及相邻厂房影响的电解槽磁场模型。

　　铝工业界一直把电解槽磁场设计和磁流体动力学设计作为开发大型铝电解槽的基础，为了获得尽可能高的电流效率和尽可能低的槽电压（低极距），一个非常有效的措施就是设法降低电解质、铝液的流速以及减少两层熔体间界面的波动和扭曲，并称之为铝电解槽的 MHD 设计。因此，现代化的大型电解槽在设计槽结构和母线系统时，力图减小垂直磁场的绝对值、避免水平电流和力争垂直磁场，对称性或降低其水平梯度，试图使设计的铝液表面限制在阳极投影面积之内，较好的母线配置应降低磁流体波动幅度且使垂直磁场呈多峰形态。

　　近年来，为了应对资源、能源、环境和产能过剩的问题，铝电解企业都朝着大规模、集团化方向发展，产业集中度在快速提高，与此同时，电解槽的槽型也

图 12 - 1　包含多个相邻厂房的铝电解槽磁场模型

在向大型化方向发展。截至 2018 年年底，我国 400 kA 级以上槽型占总产能的
60% 以上，500 kA 则达到 20% 左右，多条 600 kA 系列也在山东等地实现工业化
运行。但不可避免的是，随着槽型的增大，电解槽的长度在大幅度增加，母线的
配置也变得更加复杂，尤其是电解槽的磁场补偿已成为特大型槽必须面对的难
题。令人欣慰的是，在行业研究人员的共同努力下，特大型槽的母线配置现已经
有多种方案获得工业试验或者工业化应用。

12.1　母线设计理念及其变更

大型预焙铝电解槽母线系统十分复杂，主要包括阴极母线、阳极母线、立柱
母线、补偿母线和短路母线等。母线设计灵活性较大，各公司和研究单位所设计
的方案都有较大的差别，对于已有槽型的母线配置情况基本可总结为以下三类：
端部进电设计、大面进电设计与外补偿设计。

12.1.1　端部进电设计模式

小型预焙铝电解槽由于不需要进行磁场补偿，母线配置相对简单，一般采用
简单的端对端母线配置，如图 12 - 2 所示为作者建立的一个 140 kA 预焙铝电解
槽的磁场模型[1]。该设计较多应用于 160 kA 级以下的电解槽系列，经过电流强
化后可达到 200 kA 左右。由于端部进电不易形成较平稳界面，目前大型预焙槽
已很少采用。

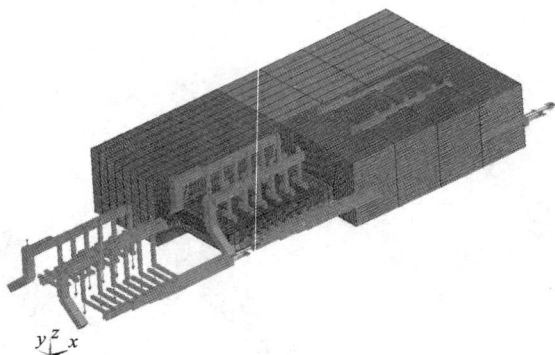

图 12 – 2 端对端母线配置模型

12.1.2 大面进电设计模式

随着电解槽容量的增大,端对端母线配置在 MHD 稳定性上的缺陷已经无法满足电解槽需求,因而出现了大面进电的母线配置模式,该模式又被分为以下三种类型。

1. 大面进电,阴极母线全部绕行配置

典型的有挪威 Hydro 230 kA 试验槽[2],而 Schmid[3] 等的研究认为槽大面两侧阴极母线与槽中心的间距不同有利于削弱邻列槽的不利影响,但其效果相对于槽底补偿方式较差,该方案仍然属于一种过渡性设计,对于 200 kA 以上电强度的电解槽应该采用槽底母线补偿的措施。

2. 大面进电,阴极母线槽底强补偿配置

槽底补偿又可分为两种,一种为阴极母线槽底强补偿配置,典型的有法国铝业 280 kA 槽[4]、国内的 280 kA 试验槽[5] 等,平果铝业 320 kA 槽的设计以及其专利也是采用这一思想。Boivin 在专利中[6] 采用了槽底强补偿配置的方案,并且槽底母线关于短轴非对称,同时还进行了有无邻列槽对槽系列各位置电解槽垂直磁场分量影响的计算比较,指出邻列槽的存在将在本列中位于末尾的电解槽中产生较大的不利垂直分量,其母线配置需适当调整,增加槽底阴极母线传输的电流量并增大槽底横向母线与中心线的距离。

3. 大面进电,阴极母线槽底弱补偿对称设计方案

另一种为应用得更为广泛的阴极母线槽底弱补偿,典型的有 Blanc J M 所发明的方案[7],采用槽底补偿这一设计思想的体现,且他们的母线配置关于短轴都是对称的,如图 12 – 3 所示为作者建立的一个 240 kA 电解槽对称型母线模型,对称母线的设计导致磁场与界面波动对称化,如彩图 V – 1 所示。由于其固有缺陷,对称的设计在新设计中已经鲜有出现。

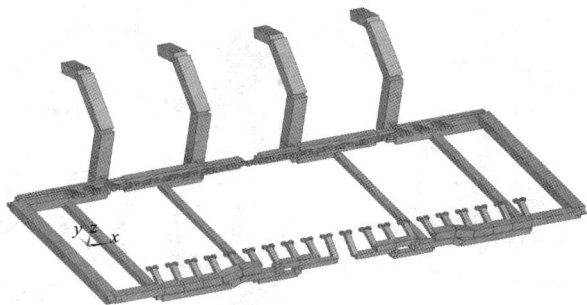

图 12 - 3　某 240 kA 采用大面进电对称型母线结构配置图

4.大面进电,阴极母线槽底弱补偿非对称设计方案

对称母线由于无法克服来自相邻厂房的影响,现已经被非对称方案所替代。其中,法国 AP 铝业的 M. Keinborg 等[8]申请的美国专利 4592821,是一个关于 280 kA 槽的母线设计专利,大面侧部 5 点立柱等电式均匀进电,进电比为 56∶56∶56∶56∶56(即 1∶1∶1∶1∶1),槽底非对称母线补偿。Gaillard 等[9]对其进一步加以改进,提出了关于 310 kA 大面 4 点非均匀进电(进电比为 76.5∶73.5∶73.5∶76.5)、非对称槽底补偿母线配置的专利,较原 280 kA 槽设计专利减少了 1 个中间立柱,该设计能较有效地补偿邻列槽带来的不利磁效应,且过内区槽底的补偿母线位于阴极端部下方最好。

12.1.3　现代典型大型铝电解槽母线设计

由于我国目前普遍采用的是 400 kA 级以上的电解槽,其阴极母线占用的金属铝的质量一般为 45 ~ 65 t,可见母线系统的重要性。上述四类电解槽的阴极母线结构如图 12 - 4 所示,母线的一些关键参数列表分析如表 12 - 1 所示。

从图 12 - 4 可以看出,各类 400 kA 级铝电解槽的阴极母线配置整体设计风格还是较为一致的:基本都采用 A 侧端部(烟道端和出铝端)及槽底补偿同时进行,且均采用的是大门六点进电方式,而他们的不同之处在于流经端部和槽底母线占 A 侧电流的比例及距离电解槽的空间距离。

结合表 12 - 1 可以看出,尽管阴极炭块数量不一样,但各类型母线的母线配置还是遵循一定规律:

(1)A 侧的大部分电流(70% ~ 80%)都是流经烟道端和出铝端端部,底部母线的电流量不超过 30%;

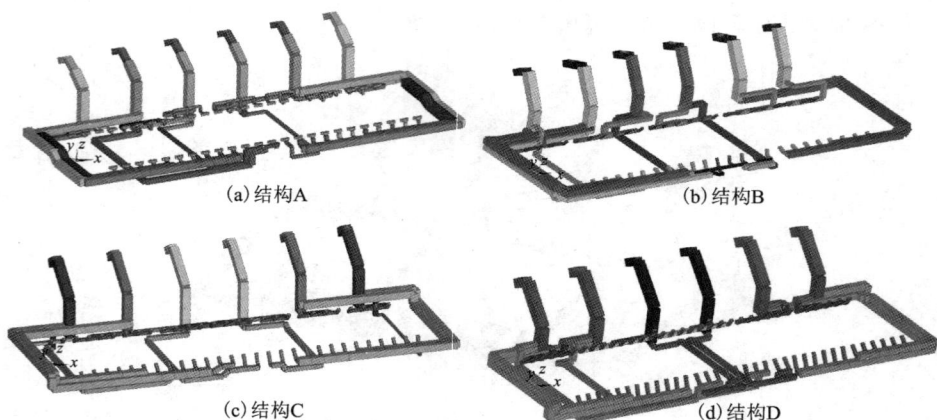

(a)结构A (b)结构B

(c)结构C (d)结构D

图 12－4　几种主流 400 kA 级铝电解槽母线结构图

表 12－1　几种主流 400 kA 级铝电解槽母线关键参数

名称	结构 A	结构 B	结构 C	结构 D
母线用量/t①	54	50	51	57
烟道端部母线电流	(5＋5)/24＝41.7%	(4＋2＋3＋2)/24＝45.8%	(5＋5)/28＝35.7%	(6＋6)/34＝35.3%
出铝端部母线电流	(5＋5)/24＝41.7%	(4＋4)/24＝33.3%	(5＋5)/28＝35.7%	(6＋6)/34＝35.3%
槽底母线载流量	(2＋1＋1)/24＝16.6%	(1＋2＋2)/24＝20.9%	(1＋2＋2＋2＋1)/28＝28.6%	(3＋3＋2＋2)/34＝29.4%

注：①母线用量仅为单槽正常生产时导电的阴极母线用量，包括立柱母线，但未包含短路母线、阳极母线及阳极导杆等。

（2）各类型母线的用铝量都保持在 50～60 t；

（3）结构 A 对于端部补偿的比例较大，属于强端部补偿弱部补偿，而结构 C 和结构 D 的补偿量基本保持一致，结构 B 则是烟道端强补偿、出铝端弱补偿，与其他三类不同。

同时也可以看出，各类型母线在具体配置上，又体现了其独特的特性，其中，结构 C 和结构 D 较为类似，都在端部将母线上抬；结构 B 的母线也有特色，其烟道端采用四根母线，分上下和内外两层；结构 A 则采用贵阳铝镁设计研究院有限公司曾在 200 kA 级铝电解槽上广泛采用的一种台阶状端部母线，这对于改变两个端部在进电侧角部的磁场有一定的促进作用，而缺点则是对整个槽体磁场的补偿稍有减弱。

由于出铝端和烟道端流经的电流占进电侧电流的 80% 以上，因此端部母线与电解槽阴极表面的相对位置对于熔体中磁场的影响是较大的，为此，本章再将各类型电解槽端部最外侧母线中心线相对电解槽的距离列入表 12 - 2。

表 12 - 2　几种主流 400 kA 级铝电解槽母线关键参数

名称	结构 A	结构 B	结构 C	结构 D
水平距离 X_D [①]	1.5775	1.425	1.405	1.212
烟道端垂直距离 Z_D [②]	- 0.205	- 0.27	- 0.178	- 0.413
出铝端垂直距离 Z_T	- 0.555	- 0.49	- 0.778	- 0.788

注：①水平距离为最外侧母线距离其最近的一块阴极边缘的水平距离，此距离用以表示阴极端部母线对于电解槽的水平补偿情况；②垂直距离为最外侧母线中心垂直距离阴极上表面的距离，一般该值要低于阴极上表面。

可以看出，结构 A 的最外侧母线距离阴极的水平距离最大，但其垂直距离较小，因此结构 A 外侧母线距离阴极上表面的距离基本和结构 B 一致。

通过以上分析，对当前铝电解槽母线设计发展方向可总结归纳如下：①大型化、节能化路线。主要是以中国市场为代表，由于较高的电价，中国铝电解槽母线设计技术发展将以低能耗、低投入作为核心考察点，未来的发展将着重于特大型电解槽及低能耗电解槽方向。②高产能与低能耗路线。主要追求电解槽产能的最大化，适用于电价较低且劳动成本较低的区域，因而其母线的发展策略将集中在最大化电解槽的产量与较低的能耗上。其未来的趋势也许为大型成熟电解槽母线配置，并考虑通过 MHD 的调节在不降低产量的前提下降低能耗。

12.2　母线优化设计方法

铝电解过程中，电流通过阳极立柱母线和横梁母线引入到阳极，经过电解质、铝液层后进入阴极炭块层，由多根阴极钢棒将电流导出，阴极钢棒导出的电流再由阴极软母线分组集中到阴极母线上，阴极母线将电流汇入下台电解槽的阳极立柱母线。

12.2.1　模型建立

为了计算得到母线的电场分布，建立了某大型铝电解槽的电场计算三维有限元模型，如图 12 - 5 所示。模型选择两台相邻槽铝液层之间的所有导体为研究范围，包括 1 号电解槽的阴极炭块、阴极钢棒、爆炸焊接块、阴极软母线、全部的阴极母线和 2 号电解槽的立柱母线、横梁母线、阳极钢爪、阳极、电解质、铝液等。

其中阴极炭块、阴极钢棒、阳极、电解质、铝液等采用 Solid5 实体单元建立,实体模型部分均采用正六面体进行网格划分;爆炸焊接块、母线系统、阳极钢爪等采用 Link68 电场单元建立。

铝电解槽的电场仿真计算中,研究对象的复杂性导致边界条件一直是影响电场计算准确性的主要因素之一。在本模型中,将假设铝液下表面为等势面作为边界条件。

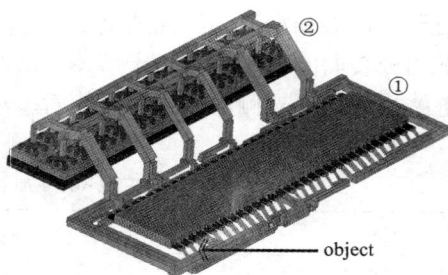

图 12 - 5　某大型铝电解槽单槽的三维电场计算模型

首先在 2 号电解槽的铝液下表面施加零电位边界,在 1 号电解槽阴极炭块上表面施加标准的 350 kA 电流边界,根据模型中各部分的材料属性和电阻分布,即可以求出整个模型在标准电流下的电压降。

求得整个模型在标准电流下的电压降后,经过适当调节,得到一个使模型中的电流保证为 350 kA 的电压降值,边界条件即可确定如下:在 2 号电解槽的铝液下表面施加零电位边界;在 1 号电解槽阴极炭块上表面施加所得到的电压降值。

12.2.2　载流量分析

在上述边界条件下对模型进行求解,便得到整个母线系统的电场分布情况。其中各阴极钢棒出口处的电流分布见图 12 - 6,各阳极中的电流分布见图 12 - 7,立柱中的电流分布见图 12 - 8,图中阴极钢棒编号均为从出铝端至烟道端递增。

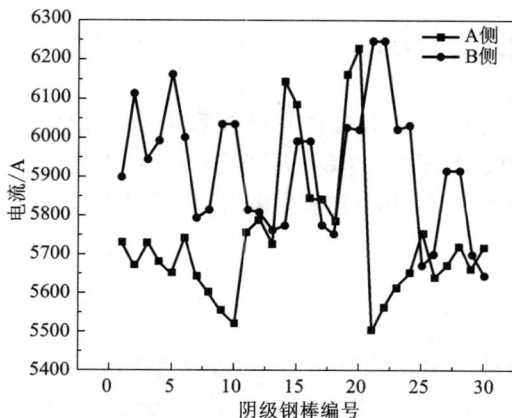

图 12 - 6　阴极钢棒出口处流出的电流分布

从图 12 - 6 可以看出,该系列电解槽两侧各阴极钢棒流出的电流量基本均匀,经过计算,进电侧所有母线的总电阻为 $9.47 \times 10^7\ \Omega$,出电侧所有母线总电阻为 $8.69 \times 10^7\ \Omega$,从进电侧阴极钢棒中流出的总电流量为 172395.6 A,占总电流的 49.25%,从出电侧阴极钢棒流出的总电流量为 177604.9 A,占总电流的 50.75%。

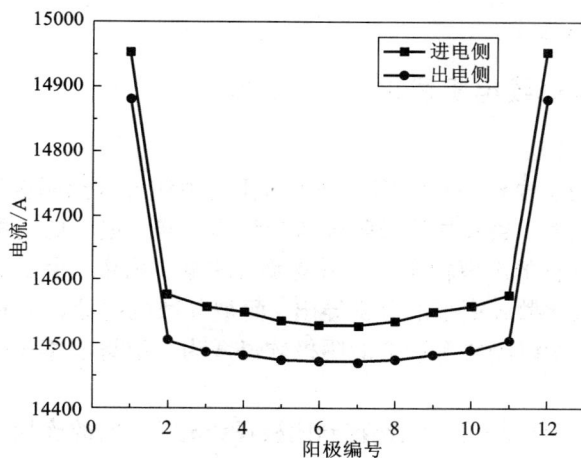

图 12 - 7　各阳极导杆的电流分布

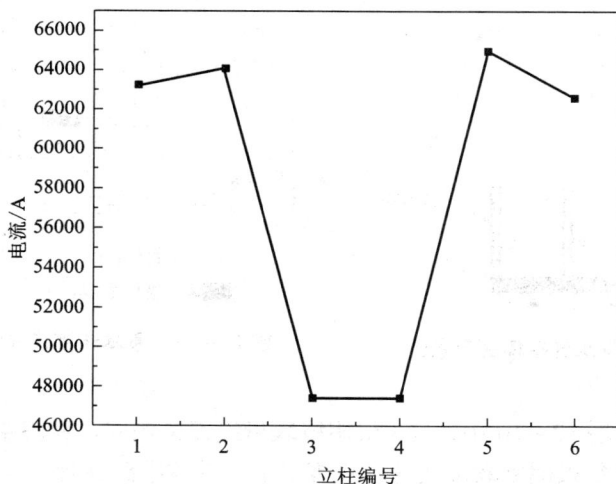

图 12 - 8　流过各立柱的电流量

从图 12－7 可以看出，除了端部的阳极电流量有起伏，其他阳极的电流较为均匀，进电侧所有阳极的电流之和为 175402 A，占总电流的 50.11%，出电侧所有阳极的电流之和为 174599 A，占总电流的 49.89%，与图 12－6 中两侧流出的电流量相比，可以推断，在理想情况下，该系列的电解槽也将产生 3006 A 的 A 侧至 B 侧的水平电流。

由图 12－8 可以看出，仅考虑母线的影响时，两侧立柱流过的电流较大，中间两根立柱电流相对较小。

12.2.3　阴极软母线电阻优化

（1）电阻优化方法。

阴极软母线的主要作用是将阴极钢棒流出的电流导入到阴极母线。阴极软母线连接到阴极母线时，通常是几根阴极软母线为一组，把它们的电流集中到一根阴极母线上。在现行的电解槽中，特别是大型的电解槽中，由于电流量的不断增大，就需要将电流分散成更多的分支导出，而被分散的电流最后还必须集中后再导入下台电解槽，所以经常有较多的阴极软母线为一组将电流集中到某根阴极母线上。

在几根阴极软母线编为一组连接到阴极母线时，它们的连接方式可以归纳为如图 12－9 所示的基本连接模式。各阴极软母线按电流方向分别编号，并认为各阴极钢棒之间是等间距的，阴极软母线与阴极母线间的连接为垂直连接，且连接的阴极母线截面积保持不变。不考虑各接触处的接触电阻时，其等价的电路图见图 12－10。

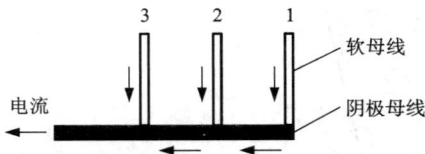

图 12－9　基本连接模式示意图

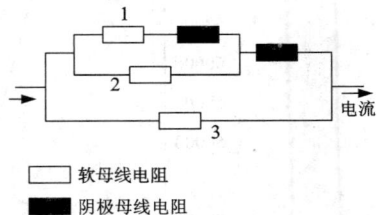

图 12－10　基本连接模式的等价电路图

图 12－9 和图 12－10 中，当 3 根阴极软母线都采用同一种规格的配置时，其电阻一样。假设每根阴极软母线的起点都等势，对该电路施加一定的电势差，可以得到流过 3 根阴极软母线电流的基本分布规律如图 12－11 和图 12－12 所示。

由图可知，流过 3 根阴极软母线的电流按编号大小从小到大依次增大，如果在同一组中阴极软母线数目更多时，仍为这种趋势，这势必造成同一组中各阴极软母线流出的电流差较大，即从连接它们的阴极钢棒流出电流的差别较大，显然这将影响电解槽电流的均匀分布。

根据分析，希望可以通过改善每根阴极软母线的电阻配置，使得连接它们的阴极钢棒流出电流较为均匀，为此，进行了以下的推导。

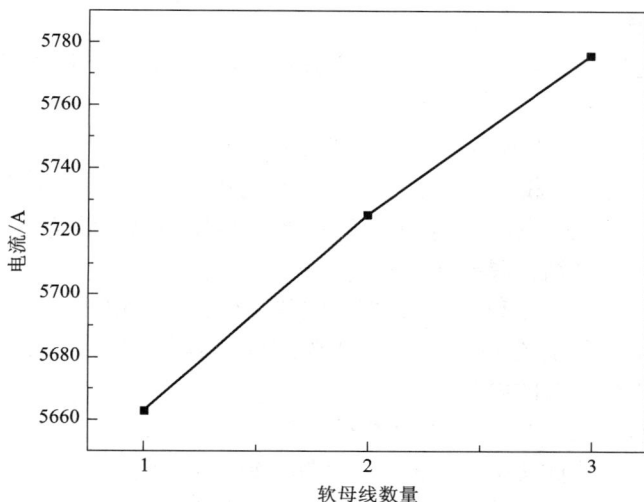

图 12-11　基本连接模式等电阻时的电流分布规律图

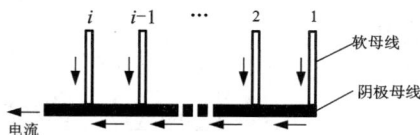

图 12-12　一般形式的示意图

图中 1、2、3 号阴极软母线对应的电阻分别用 R_1、R_2、R_3 表示，两相邻阴极软母线间长度的阴极母线的电阻用 R' 表示，当流过每根阴极软母线的电流相同时，可以推导出以下电阻关系。

$$R_2 = R_1 + R' \tag{12-1}$$

$$R_3 = 2\left(\frac{R_2}{2} + R'\right) \tag{12-2}$$

根据以上推导，针对有 i 段阴极软母线为一组连接到一根阴极母线的情况，如图 12-12 所示，用数学归纳法推广到一般形式，可以得出以下计算公式：

$$R_i = (i-1)\left(\frac{R_{i-1}}{i-1} + R'\right) = R_{i-1} + (i-1)R' \tag{12-3}$$

　　式(12 –3)中 R_i 为第 i 根阴极软母线电阻, i 为大于1的整数, 其编号是按阴极软母线所连接的阴极母线的电流方向依次增加的。

　　式(12 –3)清楚地表明: 越靠近电流方向下游的阴极软母线, 其电阻需要越大。

　　得到式(12 –3)后, 就可以得到同组中阴极软母线电阻的计算优化方法, 主要包括以下几步:

　　第一步, 选出待计算优化的对象, 按图12 –12 所示顺序对阴极软母线进行编号。

　　第二步, 估算出1号阴极软母线的 R_1。

　　第三步, 其他阴极软母线的电阻则可以利用式(12 –3)计算得到。

　　根据电流接出点位置的不同, 图12 –9 所示的阴极软母线连接到阴极母线的基本连接模式可以总结扩展出以下几种形式。

　　形式1: 电流的接出点在阴极软母线侧部, 如图12 –12 所示。

　　这种形式实际就是图4 –2 基本连接模式的扩展, 可以用以上所述的计算方法来配置各阴极软母线的电阻。

　　形式2: 电流的接出点在两根阴极软母线的中间, 如图12 –13 所示。

　　这种形式可以看成是两部分形式1的阴极软母线分别在左右的组合, 所以左右两部分还是可以单独按照上述计算方法来计算配置电阻, 但是由于左右两部分所有的阴极软母线又属于同一组, 还必须保证左部分各阴极软母线流出的电流量和右部分各阴极软母线流出的电流量相等。经过推导, 可以用以下方程组计算配置这类连接的阴极软母线电阻。

$$R_i = R_{i-1} + (i-1)R' \qquad (12-4)$$

$$R_{\max(j)} = R_{\max(i)} + \frac{R' \times \left[\, \max(i) - \max(j)\,\right]}{2} \qquad (12-5)$$

$$R_{j-1} = R_j - (j-1)R' \qquad (12-6)$$

$i \geqslant j$, i, j 为大于0的整数, 当 i 或 j 为0时, 则为形式1。

　　计算时, 先确定 $i=1$ 的阴极软母线电阻值, 这部分其他阴极软母线的电阻根据式(12 –4)计算得到, 直至求出 $R_{\max(i)}$, 再用式(12 –5)求出 $R_{\max(j)}$ 的值, 最后用式(12 –6)计算出其他阴极软母线的电阻。

　　形式3: 电流的接出点对应某根阴极软母线的位置, 如图12 –14 所示。

　　这种形式和形式2基本类似, 只是电流接出点位置稍有改变, 使得左右两部分之间的电阻关系也有所改变, 可以用以下方程组来计算配置电阻。

$$R_i = R_{i-1} + (i-1)R' \qquad (12-7)$$

$$R_{\max(j)} = R_{\max(i)} \qquad (12-8)$$

$$R_{j-1} = R_j - (j-1)R' \qquad (12-9)$$

$i \geq j$，i，j 为大于 0 的整数，当 i 或 j 为 0 时，则为形式 1。

同样，先确定 $i = 1$ 的阴极软母线电阻值，这部分其他阴极软母线的电阻根据式（12-7）计算得到，直至求出 $R_{\max(i)}$，再用式（12-8）求出 $R_{\max(j)}$ 的值，最后用式（12-9）计算出其他阴极软母线的电阻。

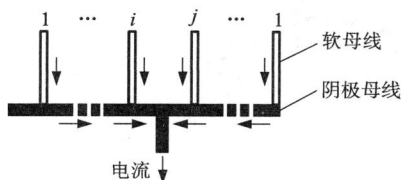

图 12-13 出点在两根阴极软母线中间的形式

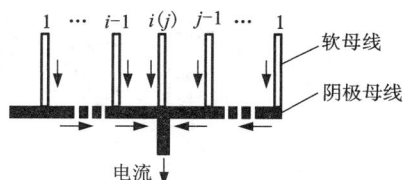

图 12-14 出点对应某根阴极软母线的形式

（2）实例计算。

在本次分析中，选用 1 号电解槽的 A 侧第一组阴极软母线为分析对象，位置如图 12-5 所示。该组总共有五根阴极软母线，按阴极母线上电流的方向由上游至下游依次编号，如图 12-15 所示。

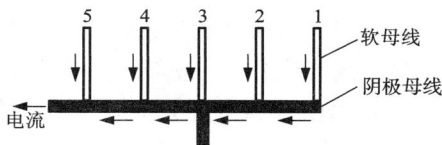

图 12-15 第一组阴极软母线示意图

针对所选取的对象，进行了三种不同电阻配置方案的计算。

方案 1：所有 5 根阴极软母线的电阻配置完全一致。

方案 2：1、2、3 号三根阴极软母线选用相同的电阻配置，且电阻较小；4、5 号阴极软母线选用相同的电阻配置，电阻相对 1、2、3 要大。

方案 3：每根阴极软母线的电阻配置都不同，先确定 1 号阴极软母线的电阻，其他四根的电阻由式（12-3）计算得到，依次增大。

在计算过程中，仅对所选取的研究对象中的电阻进行调整，模型中其他部分保持一致，边界条件也都一致，忽略这组阴极软母线电阻变化引起的整个模型的电阻变化。

（3）结果分析。

经过计算，得到各方案的计算结果如图 12-16 所示。

图 12-16 中，方案 1 中各阴极软母线流出的电流随编号的增大依次增大，最大值和最小值之差为 180.6 A。方案 2 中，4 号和 5 号阴极软母线的电阻有所调整，所以从 4 号阴极软母线开始电流有所减小，然后再按照规律依次增加，最大电流值和最小电流值之差为 78.2 A。方案 3 中各阴极软母线所分得的电流较为

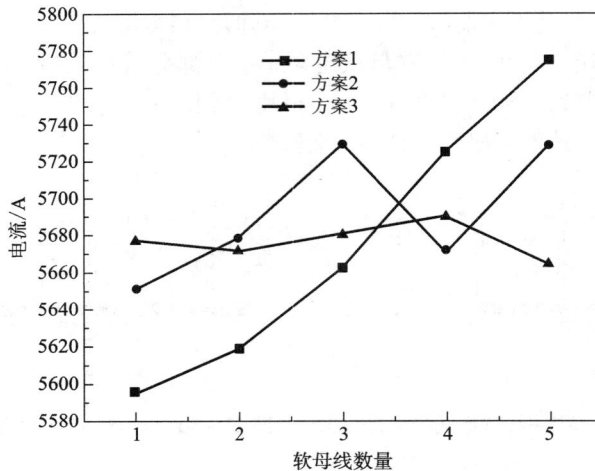

图 12 – 16　各种方案结果对比图

均衡，但由于计算时各阴极钢棒出口处的电势并不能完全一致，所以电流还是有波动，最大电流值和最小电流值之差为 25.4 A，但是这已足够证明本章所给出的阴极软母线电阻计算方法的正确性和有效性。

（4）讨论与建议。

本章所述的阴极软母线电阻配置计算方法是在理想情况下推导出的，实际情况下，能够按照该方法精确计算和设计每根阴极软母线的电阻固然好，但这样做，在工业实施时势必也会耗费较多人力物力。为了降低其复杂性，可以变化运用式（12 – 3）所得出的规律，分段来调节阴极软母线的电阻大小，如图 12 – 16 中方案 2 的情况，在靠近电流上游端的阴极软母线采用相对较小的电阻，靠近下游端的阴极软母线采用相对较大的电阻，当然这个电阻同样可以通过本章所述的计算方法估算得出，这种配置也能较好地改善阴极钢棒流出的电流量，如图 12 – 16 中方案 2 的结果。采用这种方法既不会耗费太大，又能较好地平衡各阴极钢棒流出的电流，适于在工业上的设计或改善电解槽的稳定性时采用。

对比上述三种形式容易看出，相同根数的阴极软母线为一组时，要达到好的电流平衡，选择形式 2 和形式 3 的电流接出方式，其电阻需要调节的范围比选择形式 1 的要小。所以，如果有较多数目的阴极软母线编为一组，选用形式 1 来调节电阻有困难时，选用形式 2 或形式 3 的连接方式可以有效减少调节电阻的范围。

特别地，如果只考虑尽量小地调节阴极软母线的电阻来达到较好的电流平衡，则当一组中阴极软母线的根数为奇数时，选用形式 3 的电流接出方式，对称分布阴极软母线是较理想的；而当一组中阴极软母线的根数为偶数时，选用形式

2 的电流接出方式，对称分布阴极软母线是较好的。

不同的电流接出方式下，这部分的总电阻也会有大有小，这在整个母线系统的设计时也是不能忽略的。

众所周知，调节阴极软母线的电阻，是通过调节其长度和横截面积来实现的，在工程实践中，它们的调节范围受到很多因素的制约，特别还需要考虑投资、耗费、异常状况的处理等，所以需要根据实际的情况灵活选择合适的电流接出方式和电阻配置。

12.2.4　阳极横梁母线的优化

横梁母线的主要作用是将电流由立柱母线导入并分配到各个阳极中。为了减少分配不均匀引起的水平电流，通常希望电流能尽量平均地分入每个阳极。在现行的大型槽中，通常采用横梁母线结构，见图 12 - 17。

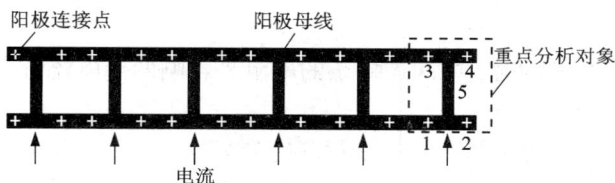

图 12 - 17　横梁母线结构示意图

由图 12 - 17 容易看出流入各阳极的电流并不完全相同，主要可总结为以下两个问题：

（1）A、B 两侧的阳极所分得的电流是不能平衡的，B 侧的电流普遍比 A 侧所分得的电流要小。

（2）同一侧的阳极中，两端的阳极所流入的电流相对中间的明显要大。

1. 横梁两侧电流平衡研究

取一根立柱母线进口附近的母线来研究，其等价电阻图如图 12 - 18 所示。

当横梁两侧的母线尺寸和材料完全相同时，根据电路图分析可以推断，这是由于中间连接条部分 5 号电阻的存在导致的。因

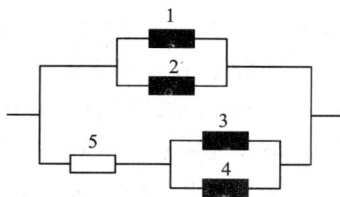

图 12 - 18　横梁母线端部等价电阻图

此我们尝试将中间连接条部分的电阻调整到很小，相对其他的电阻可以忽略，计算后，结果如图 12 - 19 所示。

由图 12 - 19 可知，A、B 两侧所分得的电流几乎一致，说明当横梁两侧的母

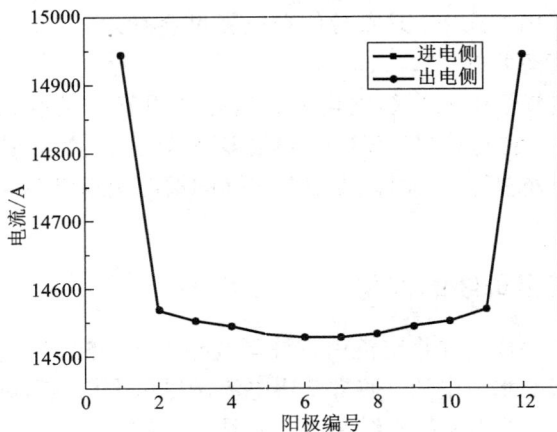

图 12 - 19　调节连接处电阻后的阳极电流分布

线尺寸和材料完全相同时，中间连接条的电阻是影响两侧电流分配不均程度的主要因素。

所以在当横梁两侧的母线尺寸和材料完全相同时，只有靠尽量调节小中间条的电阻来减少 A、B 两侧阳极分得电流的不均匀。但是实际的调节中，由于电流密度等其他因素的限制，不改变横梁母线的结构，该电阻是不可能调节到可以忽略的，所以在这种横梁结构下，A、B 两侧的阳极所分得的电流是不可能完全平衡的。

对电路图进行分析，如果使得 A、B 侧两根横梁母线的电阻不一致，即 1、2 号电阻大于 3、4 号电阻，也可能改善电流的平衡。

所以尝试将 A 侧横梁的电阻增大，B 侧保持不变，进行计算，结果见图 12 - 20，证明该推断是正确的。

由图 12 - 20 可以看出，两侧阳极所分得的电流也基本一致，所以在制作横梁时，使得 A 侧电阻大于 B 侧电阻，可以改善两侧电流分布不均匀的状况。改善方法主要有两种：调整两侧横梁母线的横截面积及当横截面积受限制时，可以选用不同导电率的材料制作两侧的横梁母线。

2. 同侧阳极之间的电流平衡研究

在温度等其他影响因素都不变的情况下，同侧阳极之间的电流分布取决于母线的设计，特别是与立柱母线的设计有很大的关系。如图 12 - 20 中的横梁母线配置，计算的结果表明两端的阳极所流入的电流相对中间的要高。

为此，尝试改变两端头横梁母线的电阻，使其电阻比中间的要大，计算得到结果如图 12 - 21 所示。

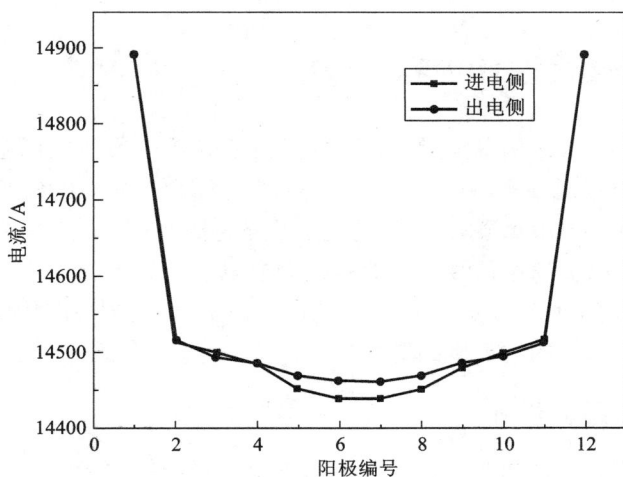

图 12 − 20　增大 A 侧横梁电阻后阳极电流分布

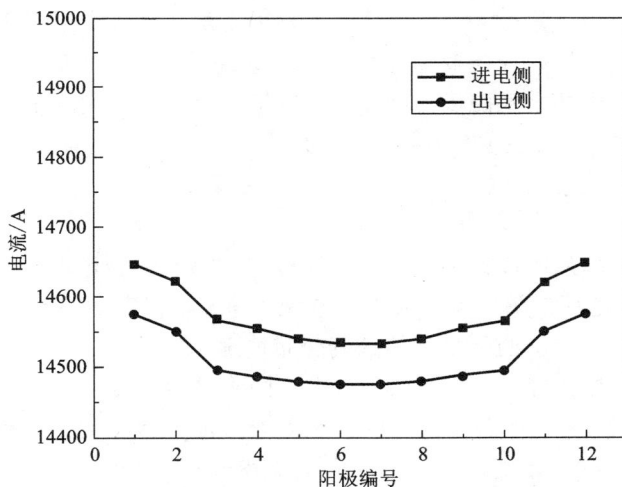

图 12 − 21　改变横梁母线两端电阻后的阳极电流分布

由图 12 − 21 可知，增大两端头的电阻可以较明显地减小流入两端头阳极的电流，而如果由于其他因素的限制而使得两端头的电阻不能增大到理想的效果，也可以对端头的阳极进行相关的处理，包括降低阳极位置以使其电阻增大等。

12.3　母线优化设计步骤

如前文所述，槽结构确定后，槽内导体及槽壳所产生的磁场已基本固定，所以母线部分的设计对整个电解槽的磁场平衡尤为重要，母线部分的设计也变得越来越复杂，按其对电解槽磁场的作用，可以分为槽底回流母线、端部回流母线、阳极立柱母线、阳极横梁母线等。要对超大型电解槽进行母线部分的设计，就需要对其各个组成部分的作用进行初步分析。（以下计算分析中槽内导体中未施加电流，结果仅为母线的所产生的磁场）

12.3.1　端部回流母线

端部回流是指从阴极钢棒流出的电流经电解槽两端流过电解槽而导入阳极立柱母线。彩图 V－2 是一根阴极钢棒流出的电流，理想状况即 10 kA 的电流在一定的高度由出铝端流过电解槽所得到的磁场分布情况。

如图所示，由于该部分母线基本都是水平的，它产生的水平磁场基本是可以忽略的。但正是由于这样，使得它在端部特别是角部位置产生了很强的负方向垂直磁场。对比图中槽内导体及槽壳所产生的垂直磁场，可以发现它们在进电侧两个角部位置所产生的垂直磁场方向相同，这将导致在进电侧两个角部产生了相当强的磁场，而这个磁场是必须要被减弱的。

12.3.2　槽底回流母线

槽底回流是指从阴极钢棒流出的电流经电解槽底部流过电解槽而导入立柱母线。彩图 V－3 是一根阴极钢棒流出的电流，理想状况即 10 kA 的电流在 X 轴中心处由槽底端流过电解槽所得到的磁场分布情况。

由图可以看出，与以上其他部分所产生的水平磁场相比，槽底回流母线产生的水平磁场相对较小；而垂直方向的磁场虽然数值上也不大，但和其他部分产生的垂直磁场相比是不能忽略的，且槽底回流母线的位置导致回流电流量调节方便，可以利用该垂直磁场的分布特点细致地调整整个电解槽的磁场。另外，由于槽底回流母线和端部回流母线电流方向相同且并行，使得它们中间间隔的区域磁场方向相反，所以如果端部回流母线产生的磁场过大时，也可以用槽底回流母线将其减弱。

12.3.3　阳极立柱母线

阳极立柱母线的主要作用是汇集由上台电解槽流过来的电流并将其较为均匀地导入本槽，所以立柱母线上通常有较大的电流量。彩图 V－4 是有 8 根阴极钢棒流出的电流量(理想状况即 80 kA 的电流)的一根立柱母线在 X 轴原点处所产生的磁场分布情况。

由图可以看出,在立柱母线附近区域产生较为密集的磁场,特别是产生了高达 4×10^{-3} T 的垂直方向磁场,这显然将在局部产生很强的磁场波动。根据图示可以推断当多根立柱大面进电时,将在每根立柱位置产生很强的负方向的 X 方向磁场分量,而且这与槽内导体部分在该方向上所产生的磁场方向相同,显然这将很大程度上加强进电侧 X 方向的磁场;多根立柱母线大面进电的情况,各根立柱间的 Y 方向磁场将由于方向相反而减弱,而对于两个端部,特别是角部,由于不能被减弱,将产生较大的磁场,其中进电侧 – 出铝端角部为负方向磁场,进电侧 – 烟道端角部为正方向磁场,这与槽内导体在两端产生的 Y 方向磁场相互减弱;多根立柱母线大面进电时在 Z 方向产生的磁场与 Y 方向的磁场类似,只不过方向正好相反,即它将会在进电侧 – 出铝端产生很强的正方向垂直磁场,在进电侧 – 烟道端角部产生很强的负方向垂直磁场,与槽内导体以及端部回流母线在角部产生的垂直磁场相比,方向正好相反,使得进电侧两个角部的垂直磁场能够平衡。

12.3.4 阳极横梁母线及其他

对于一种确定的槽结构和立柱母线配置,横梁母线部分的电场和磁场基本就可以确定下来。彩图 V – 5 为上述确定的槽结构、立柱母线等配置条件下,横梁母线所产生磁场的分布情况。还有其他部分的母线,如钢爪、软母线和焊接部分等,由于其产生的磁场较小或相互之间基本抵消,所以整体设计时不作为主要因素考虑。

由图可以看出,横梁母线部分在产生了一定的负方向 X 方向水平磁场;Y 方向的水平磁场的最值出现在四个角部,会与槽内导体部分产生的 Y 方向的磁场叠加,从而使得出电侧 – 出铝端角部的负方向磁场和出电侧 – 烟道端角部的正方向磁场相互减弱,而另两个角部的将增强,可以估计其基本分布规律还会和槽内导体部分产生的分布规律类似。值得注意的是,横梁母线在出铝端产生了正方向的 2.3×10^{-3} T 的垂直磁场,烟道端产生同等大小的负方向垂直磁场,可以估计,该磁场能够一定程度地减弱端部回流母线所产生的垂直磁场。

12.3.5 母线的最终优化设计步骤

以上是将铝电解槽分解至各个组成部分,对各部分所产生的磁场特征进行试验分析。反过来,便可以利用这些特征,以磁场平衡为导向,对各个部分进行有效调节和组合,很快设计出有较好磁场分布的铝电解槽。

第一步,确定槽结构,对槽内实体及槽壳部分的磁场进行计算。

　　第二步，考虑相邻电解槽的影响：同厂房中相邻电解槽对本槽的磁场有较大的影响，大型铝电解系列考虑上下游各 5 台电解槽时计算结果较为准确。对于本电解槽系列，经过计算比较，在上下游各 4 台电解槽情况下磁场才可以认为是准确的。因此接下来必须在考虑相邻电解槽情况下进行磁场设计，才能使得到的磁场是可用的。

　　第三步，确定立柱母线的配置方案。立柱母线可以调节的主要参数包括立柱根数、各根的位置、各根的电流量等。

　　(1)确定立柱的根数。对于超大型电解槽系列，由于电流过于强大，如果立柱根数较少，可能会使得电解槽中电流分布不均，而选用立柱根数太多将使得电解槽结构的复杂性和成本增加。根据经验，初步估计立柱根数为 6～8 根较为可行，所以需要对 6、7、8 立柱母线的情况分别进行计算分析，以下以 7 根立柱为例进行分析说明。

　　(2)确定每根立柱母线的位置。如前所述，立柱母线的主要作用是将电流较为均匀地导入电解槽中，这即是说我们可以尽量均匀地排列各根立柱。但对于确定的阳极数量，由于与横梁母线的连接问题，阳极钢爪的位置也可能会影响到立柱母线的位置。根据这两条限制，立柱母线的位置就较容易确定了。对于 7 根立柱的情况，可以采用沿 X 轴原点完全对称的分布。

　　(3)各根立柱母线电流量的确定。前面研究立柱母线的磁场分布特点时，我们得出阳极立柱母线会在进电侧两个角部产生较大的垂直磁场，而这个磁场需要与其他部分特别是端部回流母线和槽内导体部分在角部产生的磁场相平衡，所以各立柱的电流量需要结合端部回流母线的电流量所产生的磁场来调节，这里初步假设各立柱电流平均，都为 8 根阴极钢棒的电流量，还剩下的 4 根阴极钢棒电流先不进行分配。

　　(4)添加横梁母线。对于已经确定的槽结构和立柱母线方案，横梁母线的结构就已基本确定。

参考文献

[1] Liu Y X, Li X P, Lai Y Q, et al. Heat balance of a drained aluminum reduction cell[J]. Transaction of Nonferrous Metals Society of China, 2003, 13(5)：1199 – 1202.

[2] Bugge M, Koniar M, Skladan K, et al. Expansion of the potline in Slovalco[C]//SØRLIE M. Light Metals 2008. Orlando, FL：TMS, 2008：261 – 265.

[3] Schmidt H W. Plant for production of aluminum by electrolysis[P]. US：3775281, 1973 – 12 – 27.

[4] Vanvoren C. The pechiney reduction cell family：25 years of development in design and process control[J]. CIM Bulletin, 2002, 95(1062)：96 – 100.

[5]霍庆发. 电解铝工业技术与装备[M]. 沈阳：辽海出版社, 2002.

[6]Boivin R F, Huni J R, Potocnik V. Busbar arrangement for aluminium electrolytic cells[P]. US：4683047, 1987 - 7 - 28.

[7]Blanc J M. Arrangement of busbars for electrolytic cells[P]. US：4313811, 1982 - 2 - 2.

[8]Keinborg M, Langon B, Chaffy J. Electrolysis tank with a current strength of greater than 250, 000 amperes for the production of aluminum by means of the Hall - Heroult process[P]. US：4592821, 1986 - 6 - 3.

[9]Gaillard J, DeVerdiere J C, Homsi P. Electrolytic cell arrangement for production of aluminum [P]. US：6551473, 2003 - 4 - 22.

第 13 章　焙烧启动过程的仿真与优化

13.1　焙烧启动过程对铝电解槽早期破损的影响

我国预焙铝电解槽早期破损较多，寿命短的问题较突出，各类预焙铝电解槽仅有 2000 天左右的平均槽寿命，低于发达国家的 2500 天，致使我国原铝生产成本提高，已成为制约我国铝电解工业进一步发展的障碍，是我国铝电解工业中急需解决的关键问题之一。

铝电解在严酷的环境里（高温、强腐蚀、强磁场）生产一定时间后，电解槽阴极内衬会发生破损，严重时就必须停槽。铝电解槽的寿命长者可达 10 年，短者却不到 1 年，甚至只有 30 天。探索铝电解槽破损的原因，寻找延长槽寿命的良方，多年以来都是国内外铝业界极为重视的课题。

铝电解槽用炭素阴极内衬实际上只是作为导体、隔热材料和盛装熔融金属铝和电解质的容器，真正的阴极电沉积反应发生在铝液表面，铝液才是阴极。通常所说的阴极破损是指阴极内衬破损。国内外的研究结果表明，电解槽寿命与电解槽设计、筑炉材料、筑炉质量、工艺水平、焙烧启动和运行操作及维护等方面均有关联，特别是焙烧启动过程，内衬材料的物理、化学变化都较为剧烈，是影响电解槽寿命的重要过程。预焙铝电解槽破损的原因包括热冲击、筑炉材料热膨胀/收缩不匹配、电流分布不均、电磁场不平衡和内衬材料导热性能发生变化等物理原因以及钠和电解质渗透，金属铝液、氧气与内衬材料反应等化学原因。其中，钠及电解质的快速渗透造成炭素阴极内衬的急剧膨胀是电解槽早期破损的主要原因。而减小钠和电解质渗透速率，增加阴极内衬材料强度的方法都能用于提高铝电解槽寿命。

在对电解槽设计、筑炉质量、工艺水平、焙烧启动和运行操作及维护等方面进行改进、优化和完善的基础上，采用优质新型的筑炉材料，提高阴极内衬的抗钠渗透性，使电解槽启动初期保持阴极内衬的完好，让电流分布均匀，是延长电解槽寿命的重要措施。研究表明，采取如下两种方法改进阴极内衬材料，对于延长电解槽寿命是切实可行的。

1. 增加阴极内衬的石墨化度

采用石墨质、半石墨化和石墨化的阴极炭块，增强抑制钠渗透的能力，可大大减少钠渗透引起的危害性膨胀，同时能降低炉低压降。然而，随着石墨化度的提高，炭块的耐磨性却显著降低，普通炭块（电煅无烟煤）的年磨损量为 8 ~ 12 mm，石墨化炭块高达 30 ~ 40 mm。再者，石墨化炭块的价格是普通炭块的 2 ~ 3 倍，筑炉成本会因此大大提高。

2. 采用 TiB_2 阴极

在普通炭块或半石墨质炭块阴极内衬表面涂覆 TiB_2，改变了炭素阴极内衬材料不与金属铝液润湿的性质，致使电解生产时，阴极内衬紧紧地"抓住"了铝液，形成金属铝液保护层，阻止或减缓钠渗透，保证了启动初期阴极槽内衬的完好，从而提高电解槽寿命，同时改善电解槽的工作状态，提高电流效率，降低能耗。涂层阴极内层成本仅为普通炭块的 1.2 ~ 1.5 倍，与石墨化炭块相比，在价格上存在很大的优势。无论从国际发展趋势，还是从我国现状来看，采用 TiB_2 阴极涂层都是最佳选择。

本章以某厂 300 kA 大型预焙铝电解槽为研究对象，利用 ANSYS 有限元软件建立铝电解槽的三维 1/4 槽焦粒焙烧电、热场模型、三维切片模型和三维单阴极钠渗透物理模型，对 300 kA 大型预焙铝电解槽电、热、应力场进行数值仿真研究，并与现场测试结果进行比较，验证模型正确性。

13.2　焙烧启动过程的物理模型

铝电解槽结构复杂，所包含的材料种类繁多，体积庞大，铝电解过程涉及高温，电化学，电磁，气、液、固多相流等复杂物理与化学现象，电解槽内衬材料长时间受侵蚀而发生材料物理性质的变化。

本章研究的是一种较理想的情况，不考虑电解槽实际焙烧和生产过程中，因为设备的缺陷或操作的不当引起的阴、阳极电流分布严重不均而产生的一系列问题。

根据上述原则对焙烧过程的特点做出如下假设：

（1）电、热和应力分布关于槽长轴中面和短轴中面对称；

（2）所有边界条件关于槽长轴中面与槽短轴中面对称；

（3）阳极底掌和焦粒充分接触；

（4）焙烧过程中没有加料，焙烧过程中焦粒没有燃烧；

（5）横梁与铝导杆的连接为软连接，阳极以自身重力压在焦粒层上，导杆上部不固定，焙烧过程中阳极没有断电；

（6）模型中不包含分流装置，用电流加载策略模拟分流装置；

（7）未加以说明时每组分流片都是同时拆除的，第一组分流片拆除后电流为等增幅增加。

由对称性假设，取四分之一模型进行计算。几何模型是根据某厂 300 kA 预焙铝电解槽的设计图纸建立起来的。模型包括了导杆、钢爪、磷酸铁、阳极、焦粒、阴极、捣固糊、钢棒和耐火保温结构等。根据铝电解槽内不同研究区域的特性，考虑有限的计算机资源，建立以下四种模型对电解槽内电－热－应力以及钠膨胀应力进行深入研究。

13.2.1 三维 1/4 电解槽焦粒焙烧模型

根据以上七条假设，根据电解槽的对称性建立 300 kA 大型预焙铝电解槽三维 1/4 整槽模型进行焦粒焙烧计算，如图 13 - 1 所示为建立的铝电解槽三维 1/4 模型，由于电解槽各部分材料的导热、导电性能不尽相同，采用 Solid69 三维电热耦合单元和 Solid70 热单元来定义模型中各种材料的单元类型。该模型主要应用于计算铝电解槽焦粒焙烧过程的电、热场分布，升温曲线以及升温速度曲线。

图 13 - 1　300 kA 三维 1/4 铝电解槽焦粒焙烧模型

13.2.2 三维阴极炭块钠扩散模型

铝电解槽启动初期是金属钠析出的重要时期，为研究阴极炭块在电解槽启动初期金属的扩散过程，建立电解槽三维单阴极模型，如图 13 - 2 所示。该模型主要用来研究铝电解槽生产过程中金属钠在炭块内部的扩散过程。研究金属钠的扩散速度以及扩散行为。模型中包括阴极炭块、钢棒糊、槽帮以及阴极钢棒。

13.2.3　铝电解槽钠膨胀切片模型

电解槽启动一定时间后，金属钠在炭块内部呈非线性分布，不同钠含量的炭块对应于不同的钠膨胀系数，因此为计算方便，把炭块分成15层，使炭块类似于梯度功能材料，利用图13-2所得的钠浓度分布结果，对每一层炭块赋予不同的钠膨胀系数，从而计算出阴极炭块的钠膨胀量。为节省计算机计算时间，采用铝电解槽单阴极三维切片有限元模型，模型网格划分如图13-3所示。

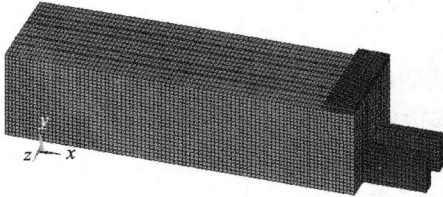

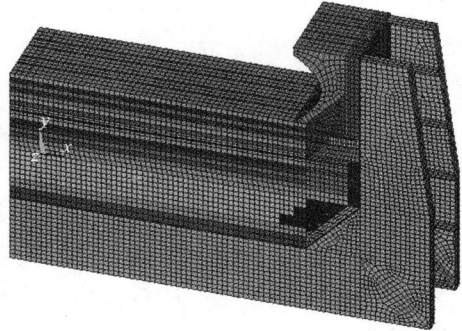

图 13 - 2　三维单阴极模型　　　　图 13 - 3　铝电解槽单阴极三维切片有限元模型

13.2.4　具有 TiB₂ 复合阴极涂层阴极炭块模型

TiB_2 材料具有可与金属相比拟的良好导电性、较强的耐金属铝液和氟化盐熔体腐蚀性能和优良的耐磨性，能够消除阴极炭块直接和铝液或者电解质的接触而引起的钠膨胀。考虑建立阴极炭块表面具有 TiB_2 复合阴极涂层的阴极炭块模型，模型如图13-4所示。采用此模型计算电解槽热-应力分布情况以及钠膨胀应力分布情况。达到优

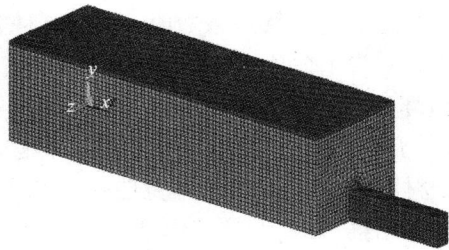

图 13 - 4　采用 TiB₂ 复合阴极涂层阴极炭块模型

化电解槽热-应力场，减少电解槽阴极炭块早期破损、延长槽寿命的目的。

13.2.5　边界条件设置与计算流程

热应力计算流程如图13-5所示。

● 电热模型及其解析　　　● 热应力模型及其解析

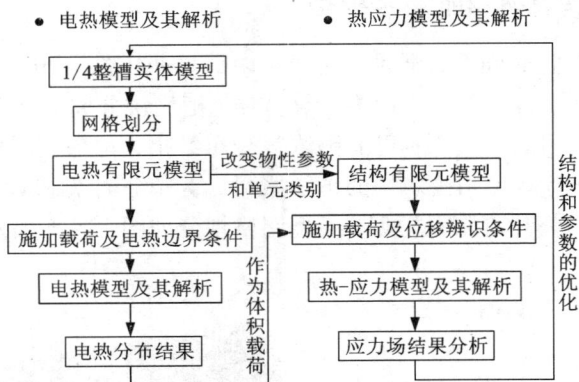

图 13 - 5　铝电解槽阴极内衬热应力解析流程图

　　热应力问题是将温度场的结果作为应力场的体积力。因此求解热应力时，是在已知体积力和位移边界条件下进行的，位移边界条件为：

　　假定电解槽的横轴中心对称面（大面切片方向）Z 方向的位移为零，电解槽的纵轴中心对称面（小面切片方向）X 方向的位移为零。

　　槽底与底部绝缘支柱的接触面在竖直方向（Y）方向的位移为零。

　　另外，由于需要考虑内衬材料的钠膨胀，因此需要将材料钠膨胀系数转换为热膨胀系数。而钠膨胀系数给定的都是体积膨胀率，因此，必须转变为线膨胀系数。由材料力学知识可知，各个方向线膨胀系数都相同的固体，其体膨胀系数跟线膨胀系数之间有一个简单的数量关系，固体的体膨胀系数是线膨胀系数的三倍。因此在转化钠膨胀系数时，按照这种简化的方法转化。

　　最后，为了评价焙烧启动过程产生的应力是否在可承受的范围内，必须对材料的破坏形式和准则有所了解。铝电解槽系统的材料有很多种，结构较复杂，它们的应力状态和形式很复杂。根据材料性质的不同，由材料力学的经典力学理论可知，材料的破坏形式分为脆性断裂和塑性屈服。脆性材料通常以断裂形式失效，宜采用第一（最大拉应力理论）与第二（最大伸长线应变理论）强度理论。对于塑性材料通常以屈服形式失效，宜采用第三（最大剪应力）与第四（最大形状改变比能）强度理论。强度条件直接与许用应力比较的量称为相当应力，对于几种强度理论：最大拉应力理论、最大伸长线应变理论、最大剪应力理论、形状改变比能理论。

　　在 ANSYS 中，拉应力为正，压应力为负。判断物体处于什么状态时，如果主应力的最大值为正的话就是拉应力，处于拉伸状态；主应力的最小值为负的话就是压缩应力，处于压缩状态。

电解槽自筑砌完成以后必须经历焙烧启动这一过程。电解槽的焙烧过程与槽寿命密切相关，要保证长的槽寿命，在焙烧时阴极内衬中必须有均衡的热分布和低的热梯度，这样才不会产生过大的应力而导致阴极破损。焙烧与启动这一过程在电解槽的整个使用寿命内时间很短，但对电解槽的寿命起决定性作用。有研究表明，焙烧启动可以影响 25% 的电解槽寿命。焦粒焙烧具有焙烧时间短、温度上升快、对阴极内衬的热冲击小、能有效弥补施工缺陷等优点，因此成为现代大型预焙槽普遍采用的焙烧技术。但焦粒焙烧温度梯度大，存在局部过热或欠烧的问题。因此，研究开发安全、经济、可行的铝电解槽焦粒焙烧方案非常必要。理想的焙烧启动工艺要保证热冲击小、温度梯度小、膨胀应力小、阴极内衬无破损。焙烧过程工艺非常复杂而且很难进行分析，工业槽上的试验测试又很困难，并且耗时耗资，随着计算机技术和数值模拟方法的发展，通过数学模型和数值计算对铝电解槽焙烧过程进行仿真研究，是一种经济有效的方法。

13.2.6　焦粒焙烧过程电流载荷施加

焙烧过程是一个瞬态的过程，因此电热分析也是瞬态的。瞬态有限元分析中，因为外加载荷如温度、对流等都随时间变化，所以 ANSYS 在进行瞬态求解前必须明确载荷和时间的关系。

在焙烧过程中电流通过阳极母线流入阳极导杆，在分流阶段其中一部分通过分流片分流而不流入阳极导杆。根据焙烧过程的特点，流入电解槽的电流是随时间变化的，因此施加的载荷为电流载荷。为了表达随时间变化的载荷，首先必须将载荷－时间曲线分为载荷步，定义载荷值（电流大小）及时间值。载荷－时间曲线的每一个拐点为一个载荷步。对于焙烧过程，在每个载荷步中，电流均是阶跃的。由于采用非线性分析，同时为了提高计算的精度，计算中使用子步。子步为载荷步中的时间点，在这些时间点求得中间解，并且在这些时间点进行迭代求解。

首先是起步电流的加载。为了避免强大的电流和热的冲击，确保安全和电解质系列产生影响最小，起步电流分四级加荷输送，每个电流等级保持稳定 10 min；40 min 后达到起始电流。在模型中没有分流片，因此通过控制分流阶段加载的总电流来等效分流片的作用，称之为电流载荷的施加策略。

13.3　焙烧启动过程的仿真分析

算例采用 300 kA 大型预焙铝电解槽。计算参数为：炭块为半石墨化炭块；焦粒层厚度为 20 mm；焙烧过程采用均匀一致的焦粒铺设方式，模型焙烧 96 h，本书的计算结果通过和文献中的测试数据进行对比来验证焦粒焙烧电热模型的正确性。

电解槽焙烧 96 h 后的阴极内衬纵向对称面温度场分布如彩图Ⅵ-1所示。赵无畏等人对某厂 280 kA 预焙铝电解槽焦粒焙烧的温度场分布进行了测试[1]，测试方法是焙烧前在电解槽的特定位置安放了数个热电偶，焙烧结束后读取热电偶的读数。对比发现，阴极表面（指阴极炭块和炭间糊的上表面，下同）上仿真结果中最高温度为 1018℃，位于电解槽中心区域的阴极表面，测试结果温度为1000℃，相差 1.8%。阴极表面温度计算结果范围为 730~1016℃，测试结果范围为 730~1000℃，相差不大。

由相关文献可知，氧化铝粉层上部焙烧结束后温度为 747~815℃。保温砖层上部温度为 633~774℃。仿真结果显示，氧化铝层上部温度为 730~850℃；保温砖上部温度为 600~730℃。由此可见，阴极炭块以下保温部分温度和测试值相差17~44℃，相差百分比为 2%~6%。

通过以上对比分析可知，阴极表面的温度计算结果和测试值吻合很好，底部保温耐火材料内的温度分布合理，侧部温度吻合较好，槽壳表面温度比测试值低。

整个 1/4 槽的温度分布如彩图Ⅵ-2所示，阴极表面的温度分布（全槽阴极表面的四分之一）如彩图Ⅵ-3(a)所示，等温线呈椭圆形，中间区域的温度高，最高温度为 1018℃，电解槽中央炭块和缝糊当中，向四周温度逐渐降低，最低温度位于角部。

当阴极表面的平均温度达到 900~950℃，耐火层的温度达到 600~800℃，保温层的温度达到 300~400℃，并且炉中开始出现电解质熔化迹象时，电解槽开始灌电解质熔体，启动。

从彩图Ⅵ-2可以看出，周围糊的温度为 120~771℃，大部分处于 560 至750℃之间。最低温度处于电解槽角部位置，只有 200℃ 左右，温度明显偏低。其中大面的周围糊温度比小面的温度高。周围糊的温度总体不高，由于电解槽阳极正投影在阴极端面以内，焙烧时电流几乎不能流经侧部人造伸腿，而人造伸腿和电解槽侧壁结合在一起，保温不够好，加之填铺于极间的焦粒层及底炭块导热系数很低，所以整个焙烧期间侧部人工伸腿基本上不能良好焙烧。有文献认为当阴极表面温度为 950℃ 以上时，人工伸腿（即周围糊）底角温度仅为 500~700℃，伸腿上部仅为 200~400℃，局部可能更低，启动时高温液态电解质在短时间内浸没侧部，受到高温热冲击，伸腿表面产生剥皮现象，内部产生裂纹，这对槽寿命而言是一个致命的隐患。对电解槽侧部的焙烧实际是在启动时进行的。周围糊表面的温度越低，启动时加入电解质时受热冲击越大，产生裂纹的可能性也越大。周围糊在焙烧过程中经历两个阶段，在 200℃ 以前为软化阶段，主要是排除吸附水和化合水，升温速度可以而且应当加快，否则软化时间过长易造成炭素材料变形；在200~700℃，特别是200~500℃是挥发分大量排出的阶段，此阶段升温应尽可能慢，否则挥发分急剧排除使之产生焙烧裂纹，会导致结构疏松、强度降低、气孔度增加；在700℃以上，黏结剂的焦化过程已基本结束，此阶段可适当加快。

周围糊结果表明在预热过程中冷捣糊还没有完全烧结好，单炭糊的焦结是在启动后完成的。如果此时将电解槽启动，冷捣糊的完全焙烧和电解槽热平衡建立可能在启动之后完成。

耐火砖层大部分516~737℃，而耐火砖在电解槽角部位置的温度相当低，只有200℃左右，耐火层中的等温线稳定保持在850℃，对电解槽的寿命延长有利。而焙烧结束后耐火砖层的温度偏低，未达到电解槽的启动要求。

保温层中的温度大部分为250~380℃，温度偏低，未满足启动条件。

电解槽中央的阴极缝糊的温度最高，最高达到1018℃，越往端部、侧部温度越低，最低温度处于电解槽角部位置，其值为387℃，大部分的炭间糊处于700℃以上。极间冷捣糊在650~750℃才开始烧结，阴极炭块和冷捣糊之间要形成坚固的焙烧缝，不仅取决于配方，而且取决于捣固密度、焙烧速率和最终温度，当把炭间糊很好地压实并烧结到约900℃时，可使焙烧炭块和焙烧糊间的黏结强度达到最高。

从彩图Ⅵ-3可以看出，模型焙烧结束后电解槽最高温度位于电解槽中心区域的阴极表面，最高温度达到1018℃，如彩图Ⅵ-3(a)所示，最低温度位于端部阴极炭块1的角部，如彩图Ⅵ-3(b)所示，其值为466℃，高温区典型炭块8[彩图Ⅵ-3(c)]表面温度大部分处于800℃以上。阴极表面平均温度为921℃，达到电解槽启动要求。炭块温度等温线呈1/4椭圆形，这和文献当中所描述的电解槽焙烧结束时阴极表面的等温线极为相似，说明模型的可靠性很好。

阴极炭块的温度梯度如彩图Ⅵ-4所示。阴极炭块上温度梯度最小值为18 ℃/m，位于电解槽中心位置；最大值为1050 ℃/m，位于角部的低温区域，炭块内部温度梯度的平均值为231 ℃/m。第一块炭块上部和每一块炭块的靠近侧部的上角部温度梯度较大，而整个高温区域的温度梯度较小。Øye通过研究大量的用焦粒焙烧启动法启动的电解槽得出结论[2]：阴极炭块内衬表面的温度梯度约为300 ℃/m，而观察到的最大温度梯度高达1100 ℃/m；阴极炭内衬的保温性能好，垂直方向的温度梯度不大。

图13-6分别绘制出了电解槽内阴极炭块的升温曲线以及升温速度曲线。

可以看出，炭块8中温度最高点的升温速度最大，最大升温速度为25.01 ℃/h，位于400℃左右，200至600℃之间平均值为16.53 ℃/h。当温度低于435℃，炭块1中温度最高点升温速度和炭块8中温度最高点的升温速度相接近，当温度高于435℃后两者升温速度都有所下降，但炭块1中温度最高点升温速度低于炭块8中温度最高点的升温速度。炭块1温度最高点在200至600℃之间的平均升温

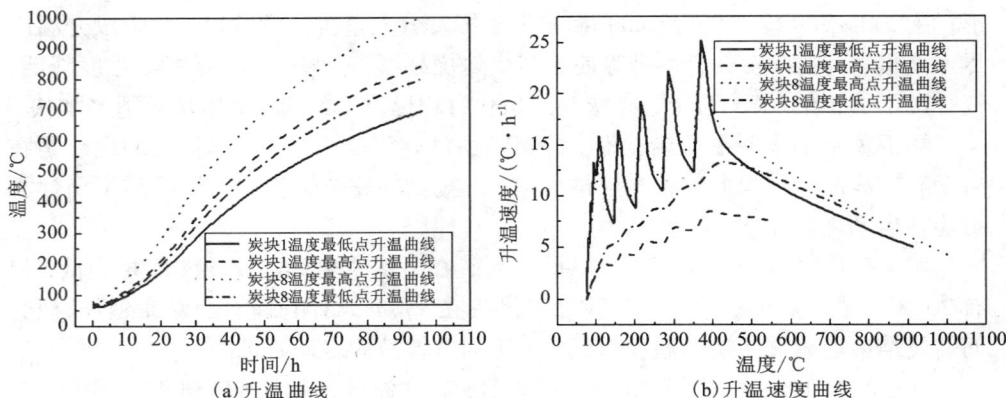

图 13 - 6　阴极炭块升温曲线和升温速度曲线

速度为 13.5 1 ℃/h。

　　不同位置的阴极炭块表面温度分布也有很大差别,图 13 - 7 列出了不同阴极炭块表面最高温度和最低温度以及平均温度的分布情况,炭块 1、炭块 2 和炭块 3 的温度较低,表面平均温度处于 900℃ 以下,未达到启动要求,且温差较大。图 13 - 8 是不同炭块温度差对比图。端部炭块 1 的最高温度和最低温度之差高达 400℃,其余炭块的温差介于 258 至 275℃ 之间,温差大,温度梯度也大。电解槽的早期破损很大一部分原因是焙烧过程电解槽阴极和内衬中温度梯度过大引起热应力过大,导致电解槽阴极内衬早期开裂和阴极炭块上抬。

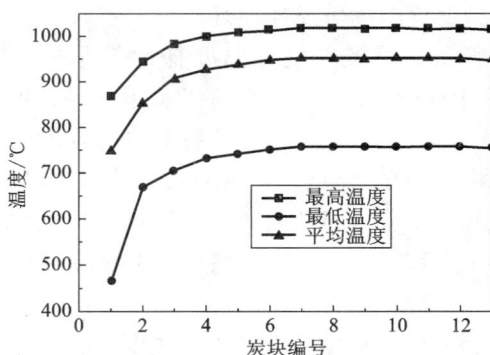

图 13 - 7　各阴极炭块表面最高、
最低以及平均温度对比

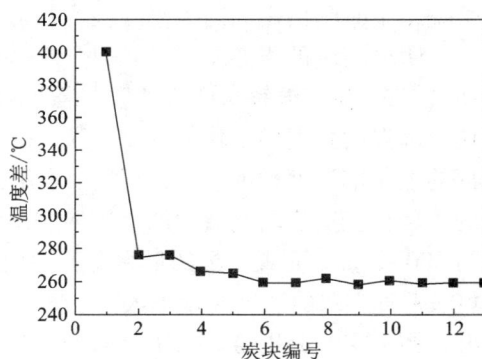

图 13 - 8　不同位置阴极炭块温度差对比

　　电解槽焦粒焙烧期间能否实现温度均匀分布直接影响着电解槽炭块和内衬的

使用寿命。从上面分析中可以看出,当前使用的焙烧工艺存在缺陷:各个阴极炭块表面温差很大;且端部炭块1~3表面平均温度低于900℃,周围糊焙烧效果不好,未达到电解槽的启动要求,因此有必要对电解槽焙烧过程的温度场做进一步优化研究。

13.4　焙烧工艺温度场的仿真优化

首先,结合上文对计算结果的分析与讨论,提出焙烧启动优化方案。本研究为得到阴极表面更均匀的温度分布,考虑采用不同电阻率的焦粒层铺设方式,从电解槽大面由外向里焦粒的电阻率依次增大,电解槽端部由外向里焦粒层的电阻率逐渐增加,从而改善电流密度的分布,以达到改善温度场的目的,焦粒层电阻率如表13-1所示。不同电阻率的焦粒可以是煅后石油焦或者石墨粉以及两者的混合物。非均匀焦粒层铺设方式示意图如图13-9所示。

表 13-1　焦粒层电阻率

区域	A	B	C	D	E	F	G	H	I	J
非均匀/($10^{-3}\Omega \cdot m$)	5.50	5.50	5.00	4.75	4.50	4.25	4.00	3.75	3.50	3.25
均匀/($10^{-3}\Omega \cdot m$)	4.50									

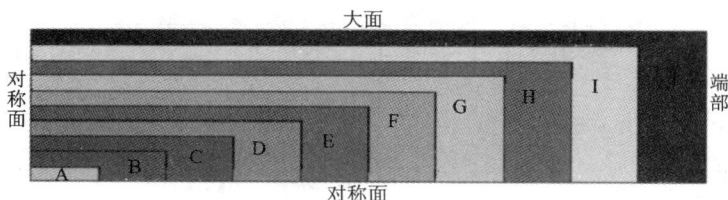

图 13-9　非均匀焦粒层铺设方式示意图

仍然设置焙烧时间为96h,优化后热场的计算结果如彩图Ⅵ-5所示,从图可以看出,采用非均匀焦粒层铺设焙烧后阴极炭块高温区发生了变化,高温区的面积明显扩大,最高温度位于炭块4的表面,最高温度为1004℃,比均匀焦粒焙烧结果降低1.38%,最低温度为552℃,位于端部炭块1的角部,比均匀焦粒焙烧结果升高了18.5%,整个阴极表面的平均温度为931℃,比优化前表面温度略高,说明采用不同电阻率的焦粒焙烧结果要优于均匀一致的焦粒焙烧结果。

为方便比较,选取阴极高温区的阴极炭块4和低温区的炭块1作为研究对象。电解槽内端部炭块1的温度分布如彩图Ⅵ-5(b)所示,其最高温度为913℃,最低温度为552℃,温度差为361℃,温差比优化前温度差降低9.6%。高温区炭块4温度分布如彩图Ⅵ-5(c)所示,最高温度为1004℃,位于炭块与缝糊的交界处,最低温度为786℃,位于炭块4端部下方,阴极表面的温度在806℃以上,平均温度为956℃,完全符合电解槽启动要求。

优化后电解槽阴极炭块的温度梯度分布如彩图Ⅵ-6所示,优化后阴极炭块靠近电解槽中心区域的温度梯度最小,最小值为13℃/m,比优化前降低了28%;温度梯度最大值位于电解槽的角部位置,其值为851℃/m,比优化前减小了19%。平均温度梯度为181℃/m,比优化前降低了22%。由此可见,优化后最低温度梯度和平均温度梯度比优化前都有大幅下降,温度梯度下降可以减少电解槽的热应力,降低电解槽早期破损的风险。

由前面计算结果对电解槽内各个阴极炭块表面的平均温度进行绘图,图13-10绘制出了优化前后电解槽阴极炭块表面的平均温度对比图,优化后(采用非均匀电阻率的焦粒层焙烧)阴极表面平均温度和优化前(采用一致电阻率的焦粒层焙烧)相比,端部炭块1至炭块6温度有所升高,而中间炭块7至炭块13温度有所下降。图13-11所表示的是优化前后各炭块最高温度和最低温度差的对比,各阴极炭块表面温差明显降低,端部炭块1和炭块2在优化后的温差比优化前温差降低8%以上;优化后中间炭块3至炭块13表面温差比优化前降低30%以上,这也说明优化后电解槽阴极内部温度梯度也有了明显降低,可以降低电解槽的早期破损的风险。

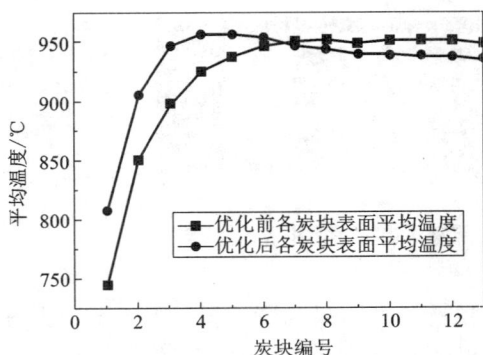

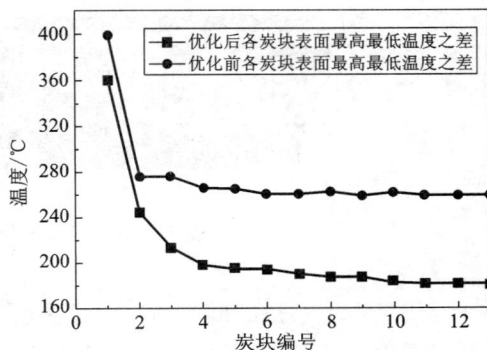

图 13-10 优化前后阴极炭块表面平均温度对比　图 13-11 优化前后各阴极炭块温度差对比

优化后炭块温度的升温曲线如图13-12所示,在进行全电流焙烧以前端部炭块1温度最高点升温曲线和阴极炭块4温度最高点的升温曲线基本重合,全电流焙烧以后,炭块4的温度最高点的温度始终高于炭块1,而炭块4温度最低点的温度在焙烧过程中低于炭块1中温度最高点的温度,炭块1中温度最低点的温度始终最低。升温速度曲线如图 13-13 所示，炭块 1 和炭块 4 中温度最高点的升温速度在 418℃之前基本一致，当温度高于 418℃以后，炭块 4 中温度最高点的升温速度大于炭块 1 中温度最高点的升温速度。炭块 4 温度最高点的最大升温速度在 385℃左右，其值为 23.89 ℃/h，比优化前降低了 4.48%，200 至 600℃之间的平均升温速度为 14.46 ℃/h，比优化前降低了 12.52%，无论是最大升温速度还是平均升温速度都比优化前有所降低。200~600℃是捣固糊内挥发分排出的温度范围，在此范围内升温速度的降低有利于挥发分的缓慢排出，降低了挥发分排出过快引起捣固糊开裂的风险，对降低铝电解槽早期破损有很大帮助。

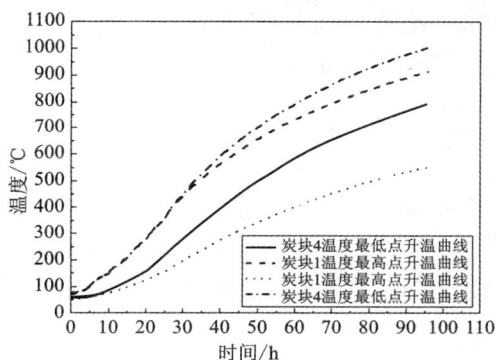

图 13-12　优化后典型炭块温度升温曲线　　图 13-13　优化后典型炭块升温速度曲线

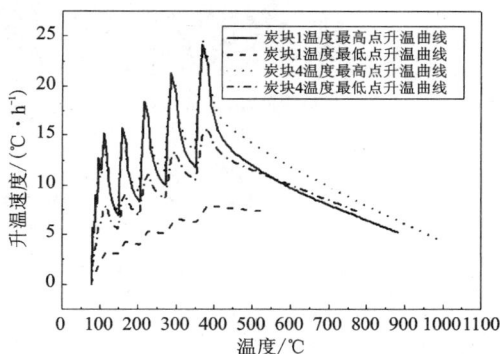

接着，对优化前后的电场结果进行分析与讨论。研究中改变电解槽的焦粒铺设方式，目的是想改变焙烧过程阴极表面电流密度的分配方式，从而达到改善温度分布的目的。图 13-14 所列的是电解槽优化前后焙烧过程阴极表面的电流密度分布状况。从图 13-14(a)可以看出，采用均匀焦粒铺设时，阴极表面的电流密度分布比较均匀，处于 198~8381 A/m²，大部分面积电流密度处于 6745~8381 A/m²，从图 13-14(b)可以看出，采用非均匀焦粒层铺设的时候，电解槽的电流密度发生了明显的变化，阴极炭块表面靠近电解槽侧部和端部的电流密度较大，大约处于 7830~9741 A/m²，而炭块在电解槽中央带的电流密度大致处于 185~7380 A/m²，靠近电解槽侧部和端部的炭块由于散热较大，增大电流密度可以增大周围焦粒层的发热量，使得炭块内部的温度更加均匀，同时也可以使得周围糊得以充分焙烧。

优化前后电解槽焦粒层的电流密度分布如图 13-15 所示。图 13-15(a)是优化前焦粒层的电流密度分布，图 13-15(b)是优化后焦粒层的电流密度。从图中看出优化前焦粒层表面的电流密度为 6085~7334 A/m²，而优化后焦粒层表面

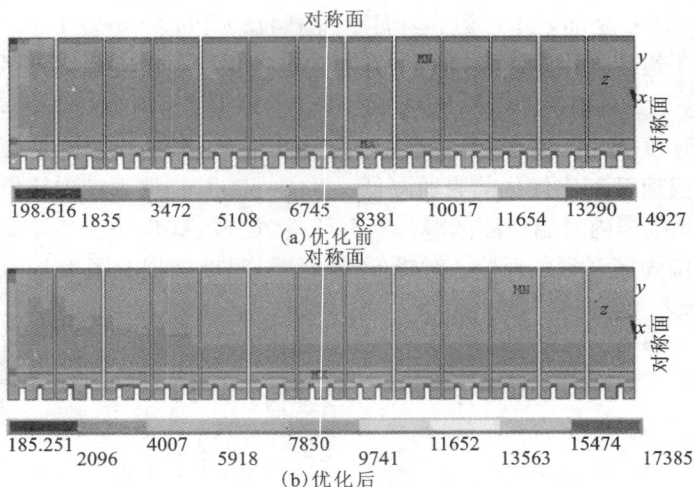

图 13 – 14　优化前后阴极炭块电流密度/$(A \cdot m^{-2})$

的电流密度分布在 5851 至 7833 A/m^2 之间。优化后增加了边部焦粒层的电流密度，有利于周围糊的焙烧。

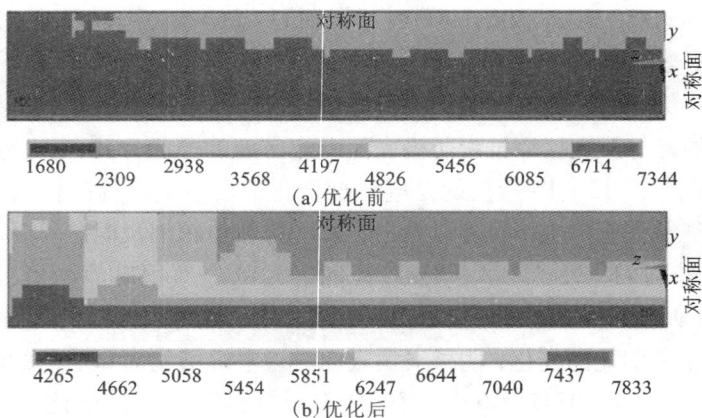

图 13 – 15　优化前后电解槽焦粒层的电流密度分布/$(A \cdot m^{-2})$

　　对电解槽阴极钢棒进行编号(图 13 – 16)，钢棒 1 位于电解槽端部位置，钢棒 26 位于电解槽中央位置。优化前后电解槽钢棒电流密度分布如图 13 – 17 所示。优化前(采用均匀焦粒层铺设)钢棒电流密度从 1 到 26 依次增大，说明电流集中从电解槽中间部位的焦粒层流过，这与焙烧后阴极表面温度中间高相对应。优化后(采用非均匀焦粒层铺设)阴极钢棒电流密度的分布方式与优化前相反，端部钢棒 1 的电流密度最大，中间钢棒电流密度逐渐减小。电流密度的改善相应改变了焦粒层的发热量，使得阴极炭块表面温度更加均匀。

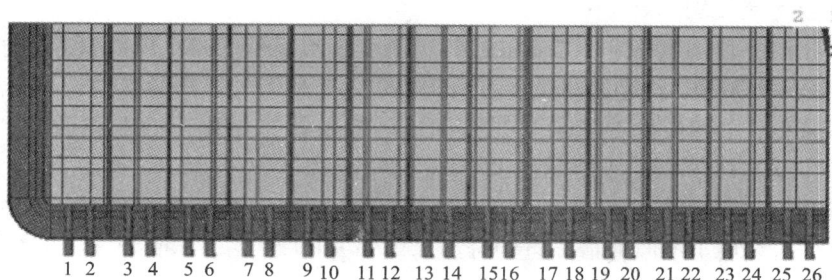

图 13 - 16　电解槽阴极钢棒编号

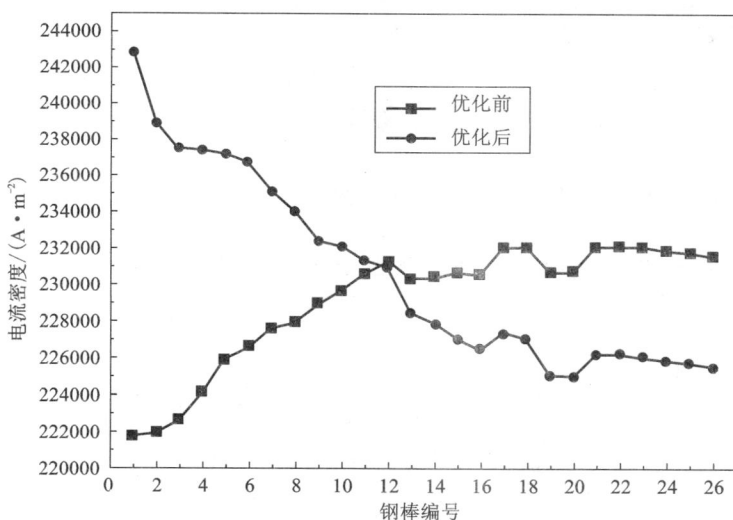

图 13 - 17　优化前后各阴极钢棒电流密度分布图

13.5　焙烧启动方案优化建议

通过建立 300 kA 铝电解槽三维 1/4 整槽模型，对现行电解槽焦粒焙烧启动阴极温度场进行了仿真研究，发现采用均匀一致的焦粒层焙烧时阴极炭块表面温差较大，最高温差达到 400℃；端部炭块 1、炭块 2 和炭块 3 表面平均温度低于 900℃，未达到启动要求。阴极炭块在 200 至 600℃范围内平均升温速度偏大，不利于捣固糊的焙烧。

对焦粒焙烧提出了一个优化方案，采用非均匀一致的焦粒层焙烧后改变了焦粒层以及阴极炭块的电流密度分布，进而改变了焦粒层的加热速度，有利于电解槽焙烧温度更加均匀。

优化后平均温度为931℃，除端部炭块1温度低于900℃以外其余炭块平均温度均高于900℃，比优化前温度有所提高，更有利于电解槽的启动；阴极表面温差明显降低，端部炭块1和炭块2在优化后的温差比优化前温差降低8%以上；优化后中间炭块3～炭块13表面温差比优化前降低30%以上，这也说明优化后电解槽阴极内部温度梯度也有了明显降低，更有利于减少电解槽早期破损的风险；优化后炭块4中温度最高点的升温速度为380℃左右，其值为23.89℃/h，比优化前降低了4.48%，200～600℃的平均升温速度为14.46℃/h，比优化前降低了12.52%，无论是最大升温速度还是平均升温速度都比优化前有所降低，200～600℃是捣固糊内挥发分排出的温度范围，在此范围内升温速度的降低有利于挥发分的缓慢排出，降低了挥发分排出过快引起捣固糊开裂的风险。

参考文献

[1] 赵无畏，赵群，谢雁丽，等. 现代预焙铝电解槽焦粒焙烧预热焙烧启动研究[J]. 轻金属，2003（2）：34－39.
[2] 刘业翔，李劼，等. 现代铝电解［M］. 北京：冶金工业出版社，2008.

第14章　氧化铝浓度仿真与下料系统的优化

14.1　引言

铝电解槽内的氧化铝下料过程与铝电解槽内的热量平衡、物料平衡和运行稳定性有十分紧密的联系。合理的氧化铝下料设计一方面应该尽可能保证氧化铝颗粒下料后能及时分散与溶解,避免颗粒的团聚与沉降;另一方面则需要尽量促进氧化铝向槽内各处的输运,及时提供电解反应所需要的原料。对工业铝电解槽而言,氧化铝的下料设计主要包括下料点位置的配置以及下料加工制度的制订。由于下料加工制度由铝电解槽计算机控制系统决定,可以通过变更控制程序与调节相关控制参数加以修改;而下料点的位置一旦确定则固定在电解槽上部不可改变,故对下料点配置的设计十分重要,必须谨慎考虑并深入研究,优选出最佳的配置方案。否则,若下料点的位置配置不当,无论如何优化下料加工工艺,也无法克服其带来的缺陷,即氧化铝溶解缓慢或全槽浓度分布的较大差异。

由于氧化铝下料点优化配置的重要性,国内外学者开展了很多研究,主要分为工业槽测试与观察、物理槽实验和数值模拟研究这三大方面。

14.1.1　氧化铝下料的工业测试

Kobbeltvedt 等[1]在若干阳极中缝和间缝位置放置热电偶来分析氧化铝从下料点输运至观测点的过程,通过估计各个位置温度的变化判断氧化铝的全槽输运情况。作者认为槽内某些区域比其他区域得到的氧化铝补充更少。

Rye 等[2]研究了两点下料"端对端"铝电解槽内电流密度分布和氧化铝浓度分布之间的关系。作者观察到当发生阳极效应后,铝电解槽电流密度的分布将随之改变,并导致氧化铝浓度分布的变化。对电解质进行取样分析发现,电流密度较低区域的氧化铝浓度也会低于全槽的浓度平均值。

Kobbeltvedt 等[3]通过对工业铝电解槽下料过程的观察认为,阳极气泡对电解质的搅动作用是推动氧化铝输运和分散的主要因素，气泡对下料口下氧化铝料堆的击碎可防止氧化铝的聚集并促进其分散。

大量的工业铝电解槽观测报道和试验说明[4]，阳极气泡搅动下的电解质运动比电磁力更能驱动铝电解槽内氧化铝的输运，但由于阳极气泡的搅动范围仅局限在阳极炭块周围的有限区域而不能覆盖全槽，还是可能会出现槽内局部位置氧化铝输送不足的风险。因此，下料点配置的设计显得尤为重要。

14.1.2 氧化铝下料问题的物理槽实验

开展水模型物理槽实验是研究阳极气泡作用下电解质运动的常用方法，通常是用水来代替电解质，用风机输送空气模拟阳极气泡，由流量计控制气泡流量。也有学者加入沙子或 NaCl 来模拟氧化铝的输运过程。如 Chesonis 等[5]采用物理槽开展了下料点的实验研究，发现下料点处于阳极中缝和间缝的交叉位置时，全槽氧化铝浓度达到均匀分布的耗时最短，故在该位置配置氧化铝下料点有利于氧化铝的输运。

但是，由于物理槽实验无法恰当模拟电磁力的作用，使用沙子或 NaCl 也无法准确模拟电解质内氧化铝溶解过程复杂的物理化学行为，故存在较大的自身局限性。

14.1.3 氧化铝下料问题的数值模拟

数值模拟实验因其具有研究成本低、考察因素多且便于不同方案的分析比较的优点，而成为铝电解槽结构设计和工艺优化研究的主要手段之一。

国内黄俊[6]、吴建康[7]和夏小霞[8, 9]等开展了预焙铝电解槽的熔体流场仿真研究，指出应将下料点布置在熔体流速较大的区域。此外，Feng 等[10]建立铝电解槽内氧化铝分散过程的多组分模型，并将其用于某四点下料铝电解槽内下料点的配置研究。作者分别设计了两种下料点配置方案，一种是下料点位于阳极中缝与间缝的交叉位置，另一种是将下料点布置在中缝上靠近阳极中间点的位置。Feng 等的仿真实验对比表明第一种配置方案明显更优，这与 Chesonis 等[11]的结论相符。

不难发现，由于氧化铝下料的重要性，学术界已经针对这一问题开展了系列研究，但部分模型仍有待完善与系统化，本章则系统建立氧化铝输运模型及基于此的下料点仿真优化。

14.2 基于氧化铝输运模型的下料点配置仿真对比研究

14.2.1 研究思路

在第 5 章铝电解槽氧化铝输运过程的多组分多相流模型的基础上,可应用该模型进行下料点配置的仿真研究。具体的思路为:

首先,设计出若干种不同的铝电解槽氧化铝下料点位置的配置方案,在相同的下料工艺和槽况的情况下各自计算电解质内氧化铝输运的瞬态过程,得到全槽氧化铝浓度的时变情况;

其次,提出一定的定量判断依据,对各种下料点配置方案下的氧化铝输运过程进行分析,比较各种方案氧化铝的输运能力,判断出最佳配置方案;

最后,分析最佳方案下氧化铝下料点位置的选取和流场涡运动的关联性,并从流场仿真的角度总结出铝电解槽内下料点配置的设计原则。

14.2.2 定量判据

由于在第 5 章、第 6 章已经成功开发出氧化铝输运模型的数学模型并解决了数值计算的收敛性和稳定性问题,计算耗时也控制在可接受的范围内,故开展氧化铝下料点配置的仿真对比研究关键是提出合适的定量判据,从诸多配置方案中筛选出最佳的方案。

本书认为铝电解槽内较优的氧化铝输运过程意味着各个时刻点合适的氧化铝浓度分布,一方面要防止氧化铝的最大浓度值过高,另一方面则要尽量维持氧化铝浓度分布的均匀性,即控制高浓度区域的影响范围。上述两个因素需要同时考虑,且均是随着时间变化的。因此,本书提出两个以时间为变量的函数分别来描述上述两个过程的数值,针对各种方案下全槽氧化铝输运情况的计算结果可以绘制函数的变化情况,而函数的取值越小则代表氧化铝的输运效果越好。这两个函数分别如下所示。

(1)氧化铝的最大浓度:即某时刻考察截面上氧化铝浓度分布的最大值;

(2)氧化铝的高浓度区域面积:即认为若氧化铝的浓度超过某个特定浓度就属于"高浓度",该判别浓度的取值由设计者综合考虑氧化铝品质、电解质组成、电解槽操作工艺和槽况而确定。考虑到目前我国铝电解工业开展的"低温低电压"技术路线需要尽可能控制较窄的浓度变动区间,本书选取 0.3% 的浓度变动控制区间,即以 2.8% 为例作为不同下料点配置下高浓度的比较依据。

以(1)和(2)分别为纵坐标绘图,就可以直观地分析和比较氧化铝输运过程的浓度分布均匀情况。

14.3 应用实例

以某 300 kA 大型预焙铝电解槽为研究对象,在原有的氧化铝下料点配置方案的基础上改变氧化铝下料点的位置,得到若干新的方案,并通过氧化铝输运过程的数值仿真手段分析优化出最佳方案。

针对现代大型预焙铝电解槽,尽管 K. Hestetun 等[12]学者和程然等设计人员[13]提出将氧化铝下料点布置在阳极间缝等位置的设计方案,但综合考虑电解槽换极操作简便性、上部空间紧凑性以及各物理场均匀性等方面的需求,工业界一般将氧化铝下料点布置在阳极中缝区域[14]。因此,本书考察的氧化铝下料点配置方案中均将下料点布置在阳极中缝区域。

14.3.1 两种不同下料点配置方案的对比

本章将某 300 kA 大型预焙铝电解槽原设计中的氧化铝下料点方案命名为方案一,并将该初始方案中的各个下料点移动二分之一个阳极宽度距离,得到下料点的配置方案二。这两种方案的氧化铝下料点的位置如图 14 - 1 所示。

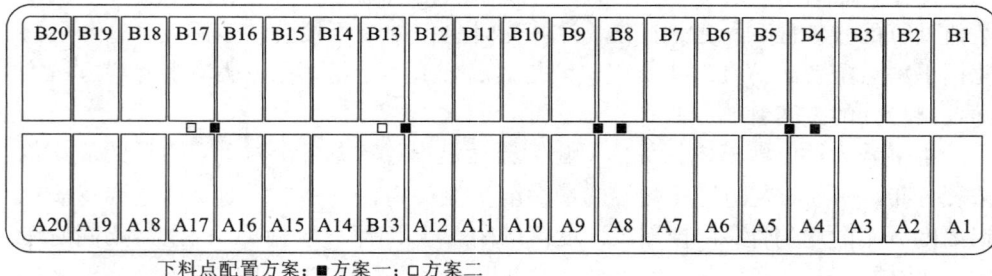

下料点配置方案:■方案一;□方案二

图 14 - 1　两种不同的下料点配置方案示意图

取阳极底掌以上水平截面为例,计算得到该截面上下料后 15 s 内的氧化铝浓度最大值和高浓度氧化铝区域面积的变化情况见图 14 - 2。

由图 14 - 2 可以明显发现,各个时刻方案二的考察截面上氧化铝浓度最大值和高浓度区域面积均显著高于方案一。二者的差值在氧化铝组分进入电解质的结束时刻($t = 15$ s)时最大,该时刻方案一的氧化铝浓度最大值不到 4.5%,而方案二的氧化铝浓度最大值则超过 6%,接近了氧化铝的饱和溶解度,容易引起氧化铝的局部凝固与沉降,且方案二的高浓度区域面积也更大。该时刻两种方案下的氧化铝浓度具体分布情况见图 14 - 3,为方便观察图中对下料点附近氧化铝浓度聚集区域进行了放大。

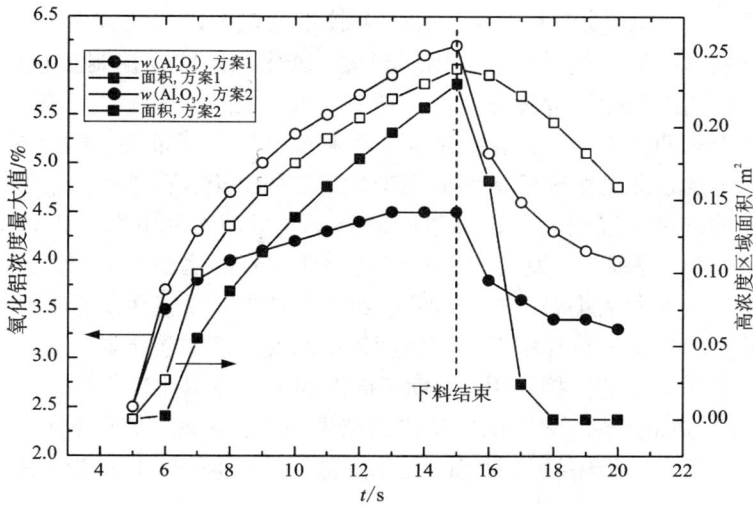

图 14-2　两种配置方案下氧化铝浓度最大值和高浓度区域面积变化情况

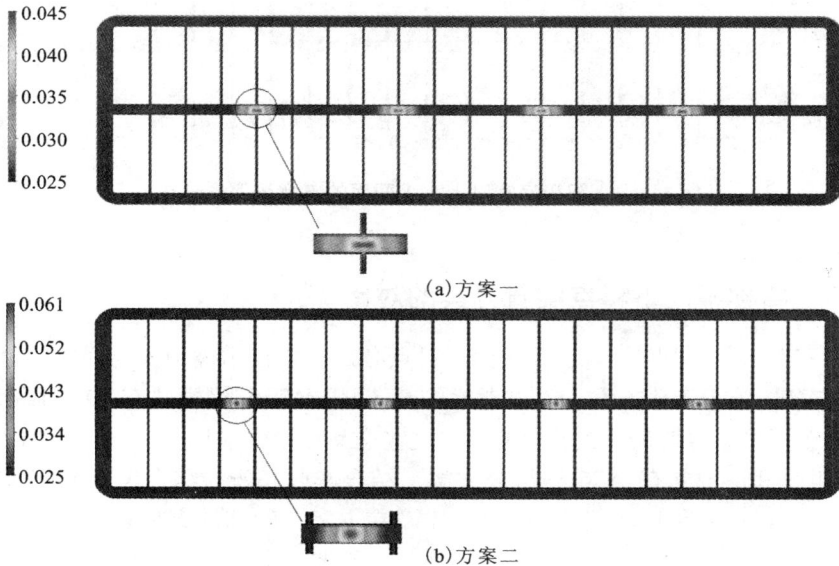

(a) 方案一

(b) 方案二

图 14-3　两种方案下阳极底掌以上截面的氧化铝浓度分布情况

如图 14-3 所示，两种方案中不但氧化铝浓度的范围不同，而且氧化铝浓度的分布形态也截然不同。方案一中氧化铝浓度的分布形态呈"纺锤形"特点，体现为以下料点为中心，氧化铝向各个方向分散；而方案二中的氧化铝浓度则呈圆形分布，以下料点为圆心，氧化铝聚集在一个较小的范围内。比较而言，方案一的下料点配置明显有利于下料后氧化铝的分散，氧化铝的浓度控制在较低的水平，并得到较为均匀的氧化铝浓度分布。

通过以上对两种方案下氧化铝浓度大小和浓度瞬态分布特点的比较，均可以得出方案一下的氧化铝浓度输运明显优于方案二的结论，而两种方案下氧化铝浓度分散效果的差别可以用涡分析的手段解释。该截面上的电解质涡量分布见图 14－4。图中可以发现，中缝与阳极间缝的相交位置的涡量较大，每处沿阳极角部形成四个反向对称的小涡，绝对涡量达到了 $4\ s^{-1}$ 以上；而中缝上其他位置则不存在明显的旋转运动。故在中缝与阳极间缝的相交位置布置下料点，氧化铝下料后受到电解质涡运动的搅拌作用，有助于向四周输运使氧化铝得到及时分散和溶解，这一结论与 Chesonis 等[11] 的实验研究结果相符。因此，氧化铝下料点的位置应优先考虑配置在阳极中缝与间缝的交叉位置，而不能处于中缝上的其他区域。

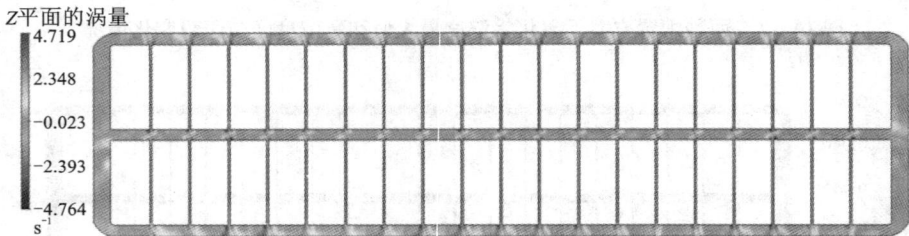

图 14－4 阳极底掌以上水平截面的电解质涡量分布

14.3.2 四种不同下料点配置方案的对比

上一节的讨论结果明确了氧化铝下料点必须布置在阳极中缝与间缝的交叉点处，即方案二属于淘汰方案。本书考察的某 300 kA 铝电解槽共有 40 块阳极，则共计 19 个阳极中缝与间缝的交叉点，在这些交叉点上选取四个来布置下料点，根据排列组合理论上共有 3876 种组合方案。结合实际情况，综合考虑到工业铝电解槽关于下料点对称性和间距等要求，本章在方案一的基础上另外设计了三种下料点配置方案，分别命名为方案三～方案五，各种方案下的氧化铝下料点均布置在阳极中缝和间缝的交叉位置，配置示意图如图 14－5 所示。

计算发现，除方案二外的四种方案下阳极底掌以上水平截面的氧化铝浓度时变情况较为相似，四者之间的不同主要在阳极极间区域。则以极间区域水平中截面为考察面，得到一个下料周期内氧化铝浓度最大值和高浓度区域面积的时间变化情况分别见图 14－6 和图 14－7。

| B20 | B19 | B18 | B17 | B16 | B15 | B14 | B13 | B12 | B11 | B10 | B9 | B8 | B7 | B6 | B5 | B4 | B3 | B2 | B1 |

| A20 | A19 | A18 | A17 | A16 | A15 | A14 | B13 | A12 | A11 | A10 | A9 | A8 | A7 | A6 | A5 | A4 | A3 | A2 | A1 |

各种下料点方案：■方案一；□方案二；●方案三；○方案四；◇方案五

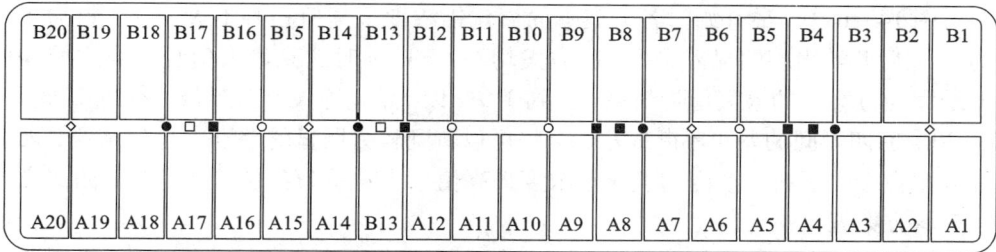

图 14－5　五种氧化铝下料点配置示意图

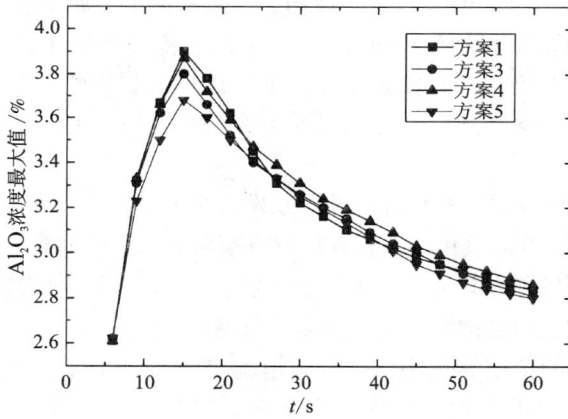

图 14－6　四种方案下氧化铝浓度最大值的时变情况

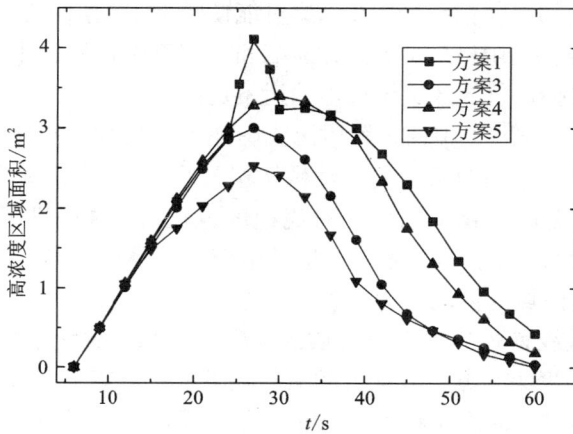

图 14－7　四种方案下氧化铝高浓度区域面积的时变情况

图 14-6 中，最开始时各方案下的氧化铝浓度最高值相差不大，但下料加工约 10 s 后开始出现明显差异，四种方案均在 $t=15$ s 时达到最大值且各自之间相差最大。方案一的最大值为最高，达到 3.9% 以上；而方案 5 为最低，不到 3.7%。$t=20$ s 后四者间的差距不断缩小，但仍可以看到较为明显的差别。总的来说，四种方案在一个下料周期内的氧化铝浓度最高值大小关系为：方案一 > 方案四 > 方案三 > 方案五。

图 14-7 中，四种方案下氧化铝高浓度区域面积在 $t=15$ s 后也开始出现明显不同，方案一的面积比其他方案要大，而方案五则最小。下料周期内各种方案的高浓度区域面积最大值的出现时间与氧化铝浓度最高值的出现时间相比有所延后，集中在 $t=25$ s 至 $t=30$ s 的时间段内，方案一的面积最大值超过了 4 m^2，而方案五的面积最大值则不到 2.5 m^2。$t=30$ s 后，各种方案下的氧化铝高浓度区域面积开始下降，但仍存在着较大差异。下料周期内，各种方案高浓度区域面积总的趋势是：方案一 > 方案四 > 方案三 > 方案五，这与图 14-6 中氧化铝浓度最高值的大小关系相一致。

综上所述，各种方案下的氧化铝输运效果大小分别为：方案五 > 方案三 > 方案四 > 方案一，即方案五的氧化铝下料点配置方案对氧化铝的溶解和全槽分散最为有利。为进一步比较各种方案下的氧化铝输运效果，以 $t=20$ s 时为代表，得到四种方案下极间水平截面上的全槽氧化铝浓度分布及电解质流线图，见彩图Ⅶ-1。

彩图Ⅶ-1 中的全槽氧化铝浓度分布情况进一步证实了方案三、方案四和方案五下的氧化铝浓度的均匀性均优于方案一，其中方案五的浓度最高值为最小，仅 2.83%；而方案一的浓度最高值为各种方案中最大的，达到了 2.99%。从分布形态来看，方案一中的氧化铝组分集中在下料点附近两至三个阳极范围内，电解槽角部区域接收到的氧化铝组分很少，这可能使角部附近阳极区域因缺乏氧化铝输送而较为频繁地发生阳极效应；而方案三和方案五中在靠近小面的中缝上布置了下料点，有效解决了角部区域氧化铝输运不足的问题。

进一步联系彩图Ⅶ-1 中的电解质流线图还可以发现，各种下料点方案下的氧化铝浓度分布形态是与电解质的流动密切相关的。一方面，流线较为密集的地方速度梯度大，引起的氧化铝组分的对流速度也较大，这促进了氧化铝的分散，维持了较低的浓度梯度；另一方面，全槽的电解质熔体体现着一定的旋转运动特点，电解质在某些区域的搅动较为厉害，氧化铝可以随着电解质的搅动而很好地分散。反之，在流线稀疏且缺乏电解质涡运动的区域，氧化铝的输运较为缓慢，形成了较高浓度的聚集。方案五配置的氧化铝下料点方案之所以能取得最佳的氧化铝输运效果，其主要原因是将下料点布置在流线密集且相邻区域存在较明显涡运动的位置。

14.4　下料系统配置对 400 kA 级电解槽内氧化铝浓度分布的影响

随着铝电解槽的大型化，单槽下料点数量越来越多，例如 400 kA 以上的电解槽已经普遍具有 6 个下料点以上，在采用更多下料点配置的时候，针对其如何进行具体的下料动作仍然是简单按照交叉式的均匀下料，也即每个下料点在宏观上下料量完全一样，但下料动作的执行并非所有下料器同时动作，而是分为两组交叉动作。例如在一个完整的下料周期内，首先是第 1、3、5 号下料器同时动作，半个周期以后 2、4、5 号下料器再进行动作。虽然针对这种交叉配置的下料动作方式并未有相关的缺陷报道，但却也反映出在这方面并无相关研究。本节针对下料动作包括下料器容量的执行组合，开展氧化铝浓度分布的模拟计算，分析下料系统配置组合方式对于氧化铝物料输运及浓度分布的影响，计算算例的总时长均为 10 个下料周期。

选择某 400 kA 级电解槽进行分析，该电解槽的 6 个下料点布置为均匀布置，从出铝端到烟道端分别命名为 FD1 至 FD6。阳极从出铝端到烟道端分别为 A1 至 A24 和 B1 至 B24；图中所示的 OB1 至 OB12 为浓度分析随机分配的监测点，坐标及所处位置如图 14-8 所示。

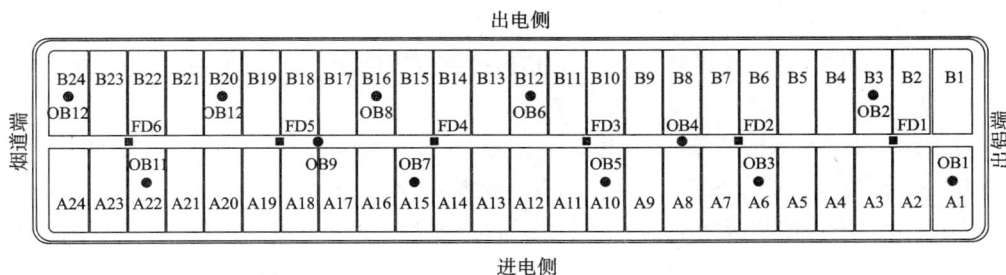

图 14-8　某 400 kA 铝电解槽的下料点及设定观察点位置

14.4.1　六点同时下料的浓度分布

六点同时下料，即下料器同时动作，每个下料点同时加入与定容器大小相等的氧化铝料量 1.6 kg，总下料量为 9.6 kg，各点下料动作的间隔为 136 s。如彩图 Ⅶ-2 所示为阳极底部 1 cm 截面（$Z = 1.132$ m）每个下料周期完成后的氧化铝浓度分布云图，表 14-1 为 1360 s 时各区域的平均浓度、区域内浓度标准差以及浓度区间等。

表 14 - 1　区域浓度的偏差数据($t = 1360$)

区域	平均浓度	区域内浓度标准差	浓度区间
1	2.608%（+0.043%）	0.0647%	2.473% ~ 2.872%（0.399%）
2	2.67%（+0.105%）	0.1509%	2.379% ~ 2.93%（0.551%）
3	2.505%（-0.06%）	0.0769%	2.371% ~ 2.67%（0.299%）
4	2.49%（-0.075%）	0.0667%	2.363% ~ 2.604%（0.241%）
5	2.67%（+0.105%）	0.156%	2.403% ~ 3.05%（0.647%）
6	2.523%（-0.042%）	0.1322%	2.227% ~ 2.951%（0.724%）
合计	2.565%	—	2.227% ~ 3.05%（0.823%）

　　从彩图Ⅶ-2可以看出，氧化铝的浓度在电解质水平面上的分布存在区域上的较大差别；从各个下料周期结束时的浓度分布来看，氧化铝的浓度分布形态都是近似的，特别是在如彩图Ⅶ-2(f)所示的第六个周期以后，各下料周期结束时的氧化铝浓度分布已无明显的差别，浓度分布形态存在一个宏观上的"稳定"状态；此外，由彩图Ⅶ-2(j)可以看出，在图示的 E、F 区域形成了相对大部分面积而言较高的浓度分布，而在 A、B、D 区域，则存在相对偏小的浓度分布，对于图中的 C 区域，氧化铝浓度分布更小。从这种浓度分布也可以合理想象到，对于 A、B、C、D 几个小区域，其最大的风险是供料不足，可能导致电解质吸收槽帮中的物料以及极端供料不足后发生阳极效应；而对于 E、F 区域，由于其物料分散明显不佳，氧化铝浓度偏高并且极为靠近下料点，其最大的风险在于新加入的氧化铝不能及时溶解，可能出现氧化铝沉淀。

　　从表14-1可以看到，在整个观察截面上，浓度的分布范围为2.227% ~ 3.05%，浓度区间为0.823%，对于氧化铝浓度控制来说这是一个较大的分布区间，因为一般的浓度控制区间都希望在1%以下，若考虑整个电解质区域内的氧化铝浓度差别，其波动区间将可能大大超过1%，这将会对电解过程的浓度控制造成较大的困难。各个子区域的平均浓度也出现了相对整体平均浓度的偏差，其中3、4、6区出现了平均浓度的负偏差，1、2、5分区的浓度出现了正偏差，特别是2、5分区，其平均浓度的偏差超过0.1%；此外，从各个子区域内部的浓度标准差来看，2、5、6区的浓度分布均匀性相对要差一些，标准差大致是1、3、4区的两倍左右。

　　考虑各观察点的氧化铝浓度时变情况，OB1至OB12计算周期内的氧化铝浓度时变如图14-9所示，阳极底部1 cm截面（$Z = 1.132$ m）上相对高浓度区域（大于2.8%）和相对低浓度区域（小于2.3%）的面积大小时变特征如图 14-10 所示。

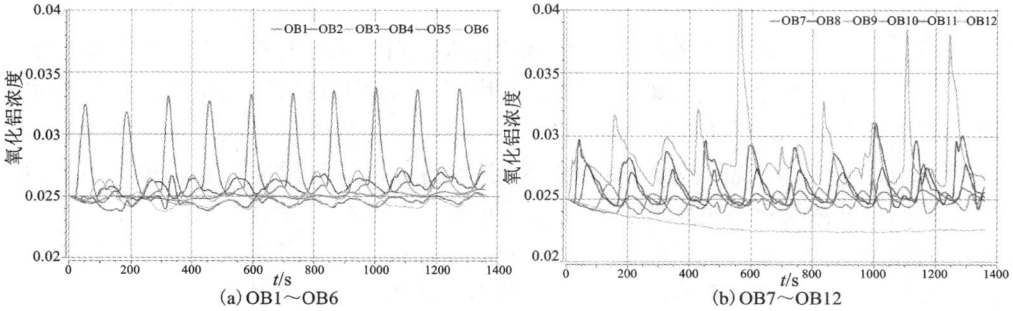

图 14-9　计算周期内各观察点的氧化铝浓度分布时变

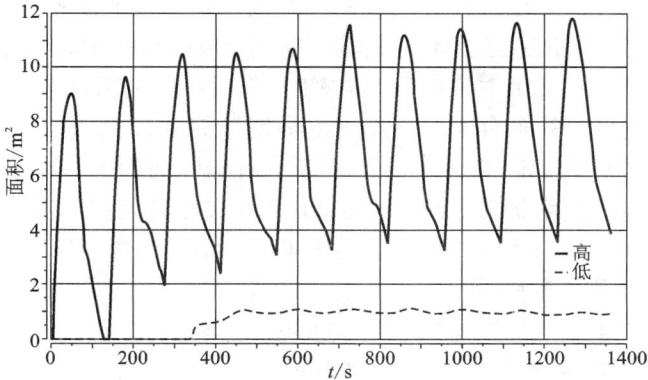

图 14-10　极距区域水平截面的氧化铝浓度相对高、低面积的时变特性($Z = 1.132\ \text{m}$)

　　如图 14-9 所示，各个观察点的氧化铝浓度变化情况具有明显的差异，虽然除 OB12 以外其他所有的观察点均出现了与下料周期基本一致的浓度波动特征，但各个观察点的波动范围却又存在较大的差异。例如，同属 1 号下料点周围的 OB1 和 OB2 两观察点，可以看到 OB1 的浓度波动幅度很明显比 OB2 要大得多；虽然 OB1 距离下料点更远，但其浓度的波动相位要比 OB2 提前，说明氧化铝下料后的输运在时间上到达 OB1 更早。对比 OB4 和 OB9 可以发现，虽然两观察点均处于阳极中缝处，但它们的浓度时变情况却具有完全不一样的特性，OB4 的浓度时变特征较弱，基本一直保持一个略微波动的状况，但 OB9 处的浓度波动则异常剧烈并且变化不均匀。此外，OB12 处的浓度波动的时变特征与 OB4 较为类似，即浓度在稳定之后基本不随时间变化，说明下料对 OB12 处的浓度波动影响较小。由图 14-10(b) 所示的各点浓度变化相位看，OB10 和 OB12 具有与其他各点浓度波动不相同的相位，这也说明铝电解槽内部的氧化铝输运特征是较为复杂的，各处氧化铝的浓度在空间和时间上均具有较大差异，对各个小区域的个性化考虑是有必要的。

从图 14 - 10 中可以看出，氧化铝相对高浓度区域面积的时变与下料的周期一致，大致在第 5 个下料周期后波动基本稳定；每次下料后氧化铝高浓度区域的面积最大将近 12 m², 随后逐渐减小到约 4 m², 继而随着下一次下料再次上升到将近 12 m² 左右，这说明截面上的浓度差别在同一个下料周期内存在较大的空间差异；相对低浓度区域的面积则保持相对稳定，大致在 1 m² 左右。

考察下料动作进行后氧化铝在垂直方向上的分散，彩图 Ⅶ - 3 分别给出了1 号和 2 号下料点下料后 50 s 内的垂直截面氧化铝含量分布情况。

从彩图 Ⅶ - 3 可以看到，下料动作开始后，氧化铝在垂直方向上的输运很快，经过大约 10 s 即可输运到极间电解质层，并开始随着电解质层的水平运动在极间水平方向输运，这也比较符合研究者们针对氧化铝运动的观察[15]。在 10 ~ 20 s内，运动到极间的氧化铝已基本完成垂直输运，极间氧化铝含量基本不再增加，靠近铝液界面的氧化铝最大含量为 5% 左右，随后极间的氧化铝浓度开始逐渐降低。因此，从氧化铝的垂直运动，其发生早期沉淀的最大风险发生在下料后的10 ~ 25 s内。对比彩图 Ⅶ - 3(a) 和 (b) 可知，对于不同的下料点来说，由于电解质水平流动和垂直流动状况不同，极间氧化铝浓度变化情况也有所不同，如彩图Ⅶ - 3(b) 所示的 FD2 下料后，其垂直界面的最大氧化铝含量要明显低于 FD1, 这可能是由于 FD2 周围的中缝处水平流动更强烈，部分氧化铝快速输运至阳极间缝或中缝导致的，这也可以看出中缝和间缝的电解质流动对防止早期沉淀有较大作用。而对于 25 s 后的输运来说，FD1 的分散速率又大大好于 FD2, 原因则可能是FD1 极间的电解质水平流动相对于 FD2 更迅速。

14.4.2　两组交替下料对浓度分布的影响

前已述及，在大型及超大型铝电解槽的下料控制中，一般把所有的下料器分为两组，分别对其下料动作进行控制，错开下料器下料动作的执行时间。例如，本章研究的 400 kA 电解槽把 1、3、5 号下料器以及 2、4、6 号下料器各分为一组，每组下料器同时动作，两组之间按照下料间隔的一半时间交替进行。为考察交替下料对于浓度分布及其时变情况的影响，分别计算分 1、3、5 号下料器以及 2、4、6 号下料器两组的下料组合（assem1）以及 1、2、4 号下料器以及 3、5、6 号下料器两组的下料组合（assem2）的氧化铝浓度分布，考察下料点组合对于浓度分布的影响。交叉下料的动作间隔为 68 s, 但每次动作只有 3 个下料器加料，单次料量4.8 kg。考虑到由于下料不同步造成的各下料点在同一时刻分散时间不一致的问题，在探讨浓度分布时需要统一分散时间，因此对于先下料的下料点来说，1360 s时分散时间正好是下料间隔的整数倍，对于后下料的下料点来说，1292 s 时的分散时间才是下料间隔的整数倍，因此在进行横向比较时，需要结合分析。如彩图

Ⅶ-4 及彩图Ⅶ-5 分别为 assem1 及 assem2 组合模式的阳极底部 1 cm 截面(Z = 1.132 m)在 1292 s 及 1360 s 的氧化铝浓度分布云图。

从彩图Ⅶ-4 及彩图Ⅶ-5 来看,相对于 6 点同时下料,氧化铝浓度的分布形态大体规律并无较大变化,其低浓度区域和高浓度区域位置基本一致,主要原因仍然在于电解质流场的决定性影响。但横向比较 assem1 及 assem2 两种组合的浓度分布形态表明下料点的组合对浓度形态具有一定的影响。首先,对于 1、6 号下料点而言,上述两种组合是完全同步的,在其附近的浓度区域如 A 和 B 标识的区域,无论是 1292 s 还是 1360 s 两个时刻,B 区域的浓度分布状况对两种组合都一样,但 A 区域则出现了完全不同的情况,组合 assem1 在 1292 s 的时刻和 assem2 在 1360 s 的时刻浓度分布形态更为一致;对于这种区别,从电解质流动的角度来说,A 区域的氧化铝来源与 B 区域是不同的,B 区域的氧化铝来源主要是 1 号下料点的下料,而 A 区域的来源却主要是 4 号下料点的下料,因此两种组合虽然 1、6 号下料点的下料同步,但 4 号下料点的下料动作是错开的,因此存在这种浓度分布的差异。对于彩图Ⅶ-4 及彩图Ⅶ-5 中标注的 C 区域,可以看到 assem2 组合的低浓度区域面积明显也要相对小一些,这是由于处于同一旋涡中两个下料点下料时间错开后,造成的浓度输运出现了部分叠加。例如,在出铝端的旋涡上,1 号和 3 号下料点同时下料时,物料在旋涡中的夹角大致是 180°,而当两者下料时间错开后,有可能造成 1 号下料点所添加的物料一部分随电解质流动到 3 号下料点时正好与 3 号下料点的下料重合,造成 3 号下料点周边浓度相对于两点同时下料会略偏大一些。

考虑各观察点的氧化铝浓度时变情况,assem1 和 assem2 组合的 OB1 至 OB12 计算周期内的氧化铝浓度时变如图 14-11 及图 14-12 所示,阳极底部 1 cm 截面(Z = 1.132 m)上相对高浓度区域和相对低浓度区域的面积时变特征如图 14-13 所示。

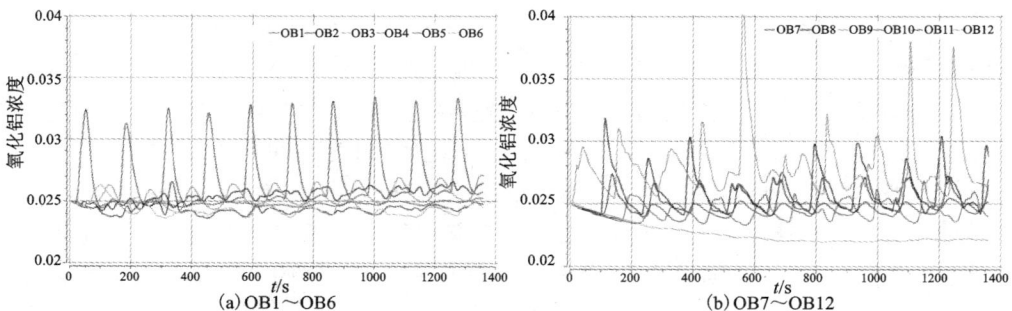

(a) OB1～OB6

(b) OB7～OB12

图 14-11　assem1 计算周期内各观察点的氧化铝浓度分布时变

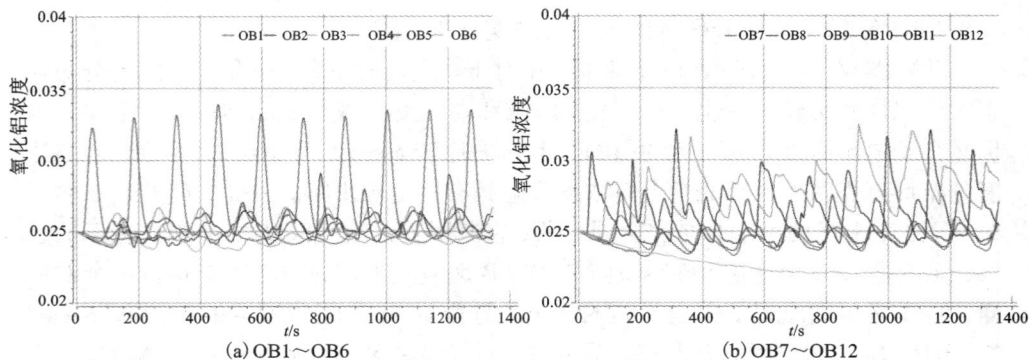

图 14 – 12　assem2 计算周期内各观察点的氧化铝浓度分布时变

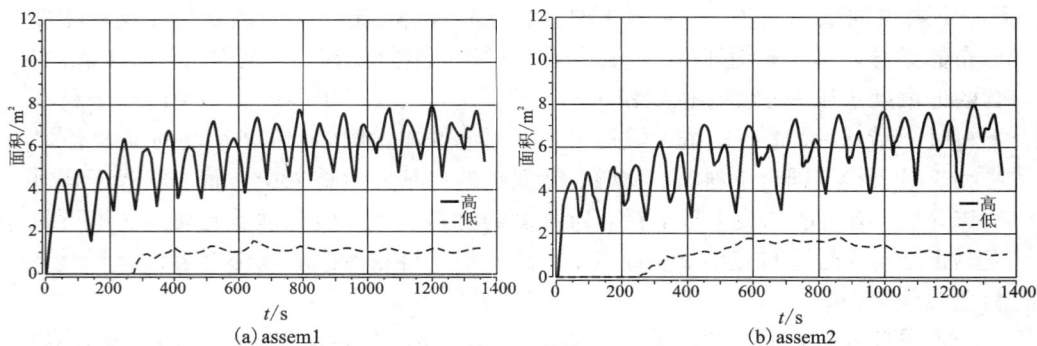

图 14 – 13　极距区域水平截面的氧化铝浓度相对高、低面积的时变特性

　　由图可以看到,大部分的观察点的浓度时变特征都基本相似,这也符合 6 点下料对浓度时变影响最大的各个大旋涡边缘下料点的下料动作与 assem1 的下料动作均是一致执行这一共同特征,但对于如 OB2 这类浓度时变同时受两个下料点影响的区域来说,错开下料点的下料动作将会造成该处不同的时变特征。对于 OB9 的小区域来说,虽然均为交叉下料,但不同的下料点组合也会产生不同的浓度时变特征,assem2 的下料组合在 OB9 处的浓度变化更为平稳一些。

　　此外,在把下料点分为两组下料后,极距区域内的氧化铝空间分布相对 6 点同时下料在时变特征上更为均匀,高浓度区域的面积明显减少,时变范围也大大低于 6 点同时下料,证明下料点的分组有助于减少下料周期内的槽内氧化铝浓度波动,有助于时间上的整体浓度平稳变化。

14.4.3　定容器选择对浓度分布的影响

在铝电解槽内氧化铝浓度的分布研究中，下料控制还包括另一个容易被忽略的内容，即定容器的大小，也即下料器单次下料动作向槽内添加的氧化铝物料量，一般来说，主流定容器有 1.2 kg、1.6 kg、1.8 kg 以及 2.0 kg 等多种规格。在铝电解槽的定容器选用上，尚无统一的通用标准，主要依据设计人员的经验判断，在这个过程中需要考虑各下料点电解质的流动性、氧化铝的分散能力等。在普遍的经验中，一般认为较小的定容器有利于氧化铝的浓度时变均匀性，但在大型及超大型铝电解槽上，氧化铝浓度的空间分布均匀性问题更为突出，而关于定容器大小对于氧化铝浓度的空间均匀性影响尚无研究。本节通过计算选用 1.2 kg 以及 2.0 kg 两种不同定容器的氧化铝浓度分布及其时变情况，说明定容器容量对氧化铝浓度时间分布的影响，如彩图Ⅶ-6 为采用 1.2 kg 定容器和 2.0 kg 定容器的阳极底部 1 cm 截面($Z = 1.132$ m)在 1020 s 的氧化铝浓度分布云图，此时两种方案下料总量相同。表 14-2 为两种方案的浓度标准偏差。

表 14-2　不同定容器容量的浓度的标准偏差($t = 1020$ s)

方案	平均浓度	标准偏差	浓度范围 ($z = 1.132$ m)
6×1.2 kg	2.538%	0.1339%	2.19% ~ 3.13%
6×2.0 kg	2.538%	0.1189%	2.23% ~ 2.97%

从彩图Ⅶ-6 可以看出，使用 2.0 kg 定容器时，观察截面上的氧化铝浓度分布形态与使用 1.2 kg 定容器大体一致，但在部分区域存在一些差别，如图中 A 区域位于第五下料点，在使用 2.0 kg 定容器时其浓度要比 1.2 kg 定容器时小一些，说明在该处使用较大的定容器有助于氧化铝的输运与分散；对于图中的 B、C、D 等区域，则 1.2 kg 定容器时浓度略小一些，说明对于铝电解槽，使用较大的定容器在一定程度上有助于氧化铝的空间分散，区域差别更小一些。此外，从表 14-2 可以看出，虽然在 1020 s 时两种配置所加入的氧化铝总量一致，但其区域分布的均匀性却有一定的差别，使用 2.0 kg 定容器时浓度的全槽标准差以及分布区间都相对小一些。造成这种差别的原因在于使用较大的定容器时，每两次下料动作之间的分散时间更长，更有利于单次加料输运到更远的位置。

考虑在观察点浓度值的时变情况，图 14-14 及图 14-15 所示为使用两种定容器时各观察点的浓度时变情况。对比两图可以看到，使用较大的定容器观察点的浓度变化范围明显加大，各点浓度随着下料动作的执行而波动更为敏感一些，但其时变特性的基本规律未发生变化。

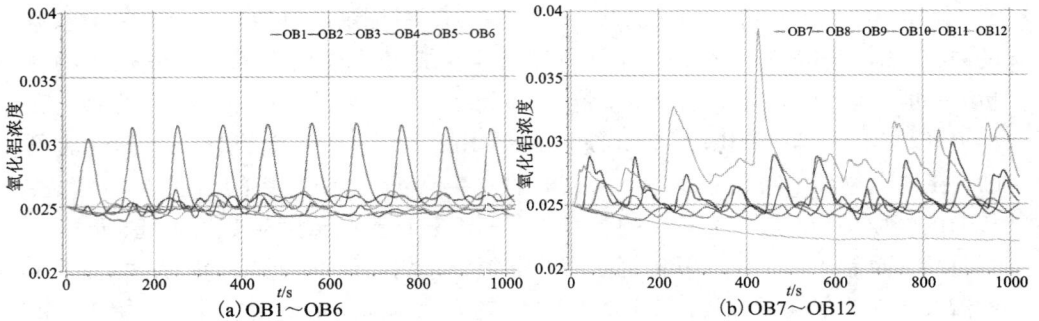

图 14-14　使用 1.2 kg 定容器时观察点的氧化铝浓度分布时变

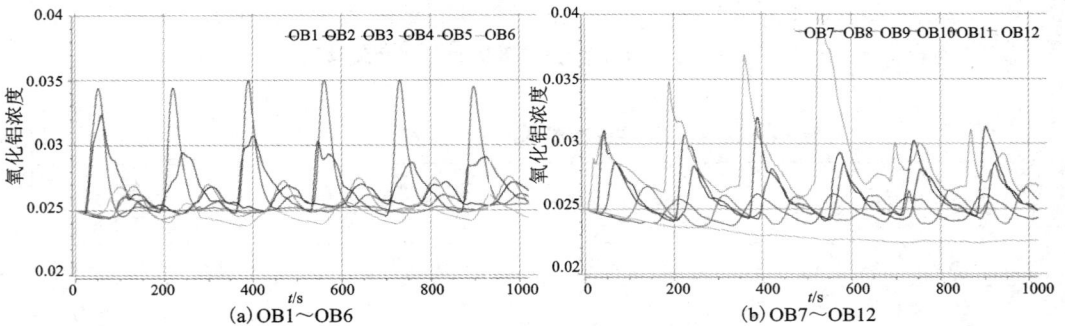

图 14-15　使用 2.0 kg 定容器时观察点的氧化铝浓度分布时变

　　使用 1.2 kg 和 2.0 kg 定容器时阳极底部 1 cm 截面($Z=1.132$ m)上相对高浓度区域(大于 2.8%)和相对低浓度区域(小于 2.3%)的面积时变特征如图 14-16 所示。从图中可以看出,使用较大下料器时高浓度区域的面积变化明显加大,这将不利于槽内整体氧化铝浓度在时间上的均匀变化。

　　考察不同大小的定容器下料后氧化铝在垂直方向的分散,彩图Ⅶ-7(1)和(2)分别为 1.2 kg 定容器和 2.0 kg 定容器下料后 FD1 在 50 s 内的垂直截面氧化铝含量分布。

　　从彩图Ⅶ-7 可以看到,使用不同定容器其氧化铝的垂直输运特征并没有明显差别,但对比彩图Ⅶ-7 中(b)、(c)可以看出,当采用 2.0 kg 下料器时在下料后的 10~15 s 内的中缝和铝液界面氧化铝含量比使用 1.2 kg 定容器时要高 2% 左右,比使用 1.6 kg 定容器要高 1% 左右,达到甚至部分超过 6%,极易造成氧化铝在 10~25 s 内的早期沉淀,特别是对于现今多采用的低极距电解工艺条件风险

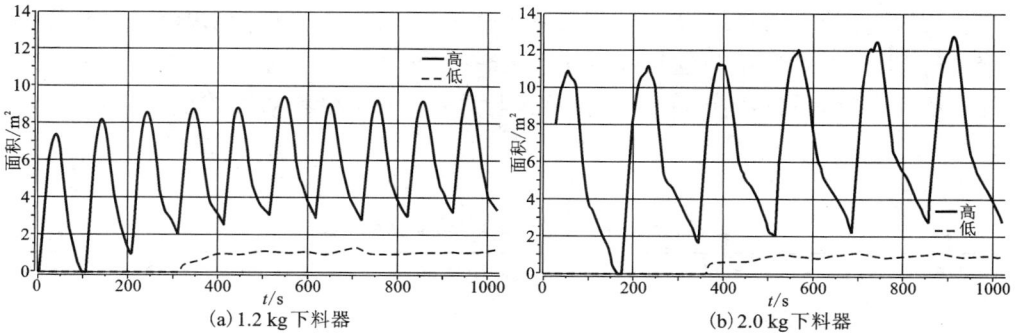

图 14 – 16　观察面的氧化铝浓度相对高、低面积的时变特性

甚大，因此在选择定容器的大小时必须考虑氧化铝在垂直输运上的特征对于氧化铝向下输运的影响，避免造成较大的早期沉淀风险。对比彩图Ⅶ－7中(g)可以看到，使用两种不同定容器在中缝处的氧化铝含量和分布已经差别不大，这说明定容器大小对于氧化铝的垂直输运的影响主要集中在前50 s，后面的主导作用则主要是电解质的水平运动。

14.4.4　堵料对氧化铝输运与分布的影响

堵料是铝电解生产过程中经常发生的异常状态。堵料时，下料器向火眼添加的氧化铝物料堆积在下料口，不能及时加入电解质中，其效果类似于某点下料不畅或者不下料。堵料造成记录上的下料与实际下料之间的较大误差，更重要的是这种物料添加不够的情况将可能导致较为严重的浓度分布变化以及槽内严重的缺料。为考察堵料对浓度分布的不同影响，本节通过分别计算 FD4 和 FD5 两种不同堵料或不下料时的氧化铝浓度分布时变情况，说明堵料对氧化铝浓度空间分布的影响，其中 FD4 处于电解质旋涡环流的边部快速流动区，FD5 处于电解质旋涡环流的中心旋涡区。如彩图Ⅶ－8为 FD4 和 FD5 分别堵料情况的阳极底部 1 cm 截面($Z = 1.132$ m)在 1360 s(10 个下料周期)的氧化铝浓度分布云图，表 14 – 3 为各区域的平均浓度。

由彩图Ⅶ－8可以看出，不同的堵料位置对于氧化铝浓度分布的影响很大。例如当 FD4 堵料时，其浓度最低的区域并非 FD4 周围，而是出现在 FD5 及 FD6 的出电侧，也即 FD4 物料流动的轨迹后半部分位置，同时几乎整个环流区的边缘浓度均有所降低；而当 FD5 堵料时，如彩图Ⅶ－8（b）中所示其影响的区域则相对较为集中，主要是 FD5 的周边区域，也即 FD5 物料流动的整个旋涡中心区域，这也符合前述下料点下料的流动路径分析。这说明，在电解槽出现堵料后，不同的堵料位置所造成的区域缺料或区域浓度偏低是不一样的,例如 FD4 堵料后,首先出现缺料而发生局部效应的区域最有可能是 FD5 和 FD6 区域的出电端,而 FD5 堵料时,则首先出现缺料的区域最有可能是其下料点的周围位置。而对于完全不处于堵料点影响范围内的靠近出铝端的电解质区域,堵料对其浓度分布的影响很小。

表14–3 各区域浓度的平均值($t = 1360$ s)

区域	正常	FD4 堵料	FD5 堵料
1	2.608%	2.59%	2.59%
2	2.67%	2.65%	2.65%
3	2.505%	2.45%	2.45%
4	2.49%	2.15%	2.2%
5	2.67%	2.27%	2.2%
6	2.523%	2.17%	2.18%
合计	2.565%	2.37%	2.37%

从表 14–3 也可以看出,FD4 堵料后,4、5、6 区平均浓度下降较均匀,其中第 4、6 区浓度下降了约 0.35%,5 区浓度下降了 0.4%;而 FD5 堵料后,各区域浓度下降相对不均匀,其中 4 区浓度下降 0.29%,5 区浓度下降 0.47%,6 区浓度下降 0.34%,这也进一步说明,FD4 这样处于电解质旋涡环流边缘下料点的物料添加无论是影响范围还是影响程度都更大一些。

14.5 大型铝电解槽内氧化铝下料点配置的设计准则

关于氧化铝下料点配置的对比仿真结果表明,下料点位置的布置必须充分考虑电解质流场的特点才能得到较好的氧化铝输运效果。驱动电解质熔体运动进而促进氧化铝输运的两大主要因素分别是阳极气体和电磁力。从阳极气泡的运动规律来看,阳极气泡主要对阳极炭块四周的电解质起到强烈搅动作用而形成小的涡团,故下料点必须布置在阳极中缝和间缝的交叉位置,使氧化铝下料后能够得到气泡的搅动作用而向各个方向分散;而从电磁力的角度考虑,尽管电磁力对电解质运动的作用强度不及阳极气泡,但其作用范围十分广泛,对氧化铝的全槽大范围输运有着十分重要的意义。因此,下料点的选取必须充分考虑电磁力对电解质流场的影响。

通过氧化铝下料点配置方案仿真结果,可得到以下结果:

（1）氧化铝下料点处于阳极中缝与间缝的交叉位置时可有效利用阳极气泡的搅动作用击碎氧化铝料堆，从而有助于氧化铝的及时分散；

（2）将下料点布置在电解质流场中较大尺寸的涡边缘且流线密集的区域，有利于氧化铝向全槽的较大范围输运；

（3）最后通过最佳氧化铝下料方案与熔体涡结构分布特点的关联性讨论，总结得到了若干大型预焙铝电解槽中氧化铝下料点配置的设计准则。

基于此，对于 300 kA 级预焙铝电解槽中氧化铝下料点配置的设计准则建议如下：

（1）下料点必须布置在阳极中缝与间缝的交叉位置，以保证氧化铝下料后能被阳极气泡击碎而向各个方向分散，避免局部累积；

（2）下料点应该处于电解质流场中较大尺寸的涡边缘且流线密集的区域，这有利于氧化铝向较大范围的空间输运；

（3）下料点附近两至三个阳极的范围内，阳极底掌下方的电解质流速不能过小，否则会导致该区域下阳极底掌下方的氧化铝输运缓慢并导致高浓度的累积；

（4）进行下料点配置的设计时应当充分考虑全槽电磁场的分布特征，变更母线设计方案引起电磁场较大变化时应重新考虑氧化铝下料点的位置；

（5）实践中还需要适当考虑铝电解槽的温度场特点和工艺制度等，对下料点进行大致均等的排布。

此外，针对 400 kA 级以上大型铝电解槽下料控制中的部分下料组合和选择建议如下：

（1）电解质的流动是促进氧化铝在槽内输运的最直接因素，大旋涡流动影响区域大，旋涡边缘的物料可在整个旋涡的范围内快速输运，浓度分布较为均匀；处于旋涡中心位置的物料输运范围小、速度慢，浓度梯度大；处于旋涡外部的区域则由于流速较慢、氧化铝来源较少的缘故浓度相对偏低。

（2）氧化铝在下料后 10～15 s 即可输运到极间，早期沉淀风险发生在下料后的 10～25 s，靠近铝液界面的氧化铝含量最大可达 5% 左右；下料周期末端接近铝液的水平面上浓度分布差别可达 0.8% 以上。

（3）下料点的分组有助于减少下料周期内的槽内氧化铝浓度波动，有助于实现时间上的整体浓度平稳变化，但下料点的分组将会导致浓度分布形态变化，这主要是由于下料点分组会使得各自影响区域出现物料输运路径的叠加或分离。

（4）使用较大的定容器有助于浓度分布在空间上更为均匀，但使用较大的定容器时高浓度区域的面积变化明显加大，槽内整体氧化铝浓度在时间上的变化更剧烈，同时加大了氧化铝在垂直输运过程中的早期沉淀风险。

（5）不同的下料点发生堵料所造成的区域缺料差别很大，处于电解质旋涡环流边缘下料点的物料添加无论是影响范围还是影响程度都更大一些，其影响区域的浓度变化也更为均匀。

参考文献

[1] Kobbeltvedt O, Moxnes B P. On the bath flow, alumina distribution and anode gas release in aluminium cells[C]//Huglen R. Light Metals 1997. Orlando, FL: TMS, 1997: 369 – 376.

[2] Rye K, Konigson M, Solberg I. Current redistribution among individual anode carbons in a Hall – Heroult prebake cell at low alumina concentration[C]//Welch B J. Light Metals 1998. San Antonio, TX: TMS, 1998: 241 – 246.

[3] Kobbeltvedt O, Rolseth S, Thonstand J. On the mechanisms of aluminua dissolution with relevance to point feeding aluminium cell[C]//Hale W. Light Metals 1996. Anaheim, CA: TMS, 1996: 421 – 427.

[4] Thonstad J. Aluminum Electrolysis[M]. 3rd edition. Dusseldoff: Aluminium – Verlag, 2001: 295 – 309.

[5] Chesonis D C, Johansen S T, Rolseth S, et al. Gas induced bath circulation in aluminium reduction cells[J]. Journal of Applied Electrochemistry, 1989, 19 (5): 703 – 712.

[6] 黄俊, 吴建康, 姚世焕. 铝电解槽磁流体流动的数值计算[J]. 有色冶炼, 2002(6): 25 – 26.

[7] 吴建康, 黄珉, 黄俊, 等. 铝电解槽电解质 – 铝液流动及铝液表面变形计算[J]. 中国有色金属学报, 2003, 13(1): 241 – 244.

[8] 夏小霞, 周乃君, 崔大光, 等. 156 kA 铝电解槽内电解质两相流动的数值模拟[J]. 中国有色金属学报, 2006, 16(11): 1988 – 1992.

[9] 夏小霞, 王志奇, 周乃君. 铝电解槽内电解质运动的数值模拟[J]. 过程工程学报, 2007, 7(2): 235 – 240.

[10] Feng Y Q, Cooksey M A, Schwarz M P. CFD modeling of alumina mixing in aluminium reduction cells[C]//Lindsay J. Light Metals 2011. San Diego, CA: TMS, 2011: 543 – 548.

[11] Chesonis D C, Johansen S T, Rolseth S, et al. Gas induced bath circulation in aluminium reduction cells[J]. Journal of Applied Electrochemistry, 1989, 19 (5): 703 – 712.

[12] Hestetun K, Hovd M. Detection of abnormal alumina feed rate in aluminium electrolysis cells using state and parameter estimation[C]//Marquardt S. 16th European Symposium on Computer Aided Process Engineering and 9th International Symposium on Process Systems Engineering. Germany: Garmisch – Partenkirchen, 2006: 1557 – 1562.

[13] 程然, 兰涛, 颜非亚, 等. 预焙铝电解槽下料点的配置结构[P]. 中国: ZL200520200847.0, 2007 – 1 – 10.

[14] 刘坚, 韩笑天, 邱枫, 等. 超大型预焙铝电解槽的上部结构配置[P]. 中国: ZL200420060186.1, 2004 – 07 – 06.

[15] Taylor MP. Advances in process control for aluminium smelters[J]. Materials and Manufacturing Processes, 2007, 22(7): 947 – 957.

第 15 章　预焙铝电解槽在线仿真模型开发

　　铝电解槽的槽帮由熔融电解质凝结而成，存在于槽膛四周的内壁，以一定的形态构成槽膛内形。一方面，槽帮保护着侧部内衬结构不受高温熔融电解质的腐蚀，另一方面，槽帮通过溶解与生成调节着电解槽的热平衡。电解槽槽帮形状与电解质的初晶温度以及熔体温度有关，当熔体温度升高使得槽帮表面温度高于初晶温度时，槽帮表面逐渐融化，厚度变薄，增强电解槽的散热，从而使得熔体温度回落；当熔体温度降低使得槽帮表面温度低于初晶温度时，槽帮表面电解质逐渐凝固，槽帮变厚，减少电解槽的散热，从而使得熔体温度回升，以此来保持电解温度的稳定。此外，良好的槽帮形状还可使熔体具有良好的电流密度分布、流场分布，阳极底掌的气体更容易排出，从而获得较高的电流效率。合理的电解槽内衬和保温结构的设计是形成理想槽帮的前提条件，在此之后槽帮则通过其溶解与生成反映着铝电解槽在各种工况下的热平衡状态，因此，槽帮的形状与电解槽结构的设计以及电解槽运行中温度分布和热平衡状态的变化情况息息相关。槽帮形状可以通过现场测量的方式来获取，也可以通过仿真模拟对其进行计算。现场测量的方式需要将上部结壳凿开，从而破坏电解槽原本的热平衡，同时，这一操作十分烦琐，在测量多个部位的槽帮形状时工作量大。相较而言，仿真计算的方法更简单高效，且仅需使用计算机资源，因此在铝电解槽电 – 热场的研究中起着越来越重要的作用，同时，利用电 – 热耦合模型实现槽帮形状的高效计算对于在线监控电解槽电 – 热平衡状态的变化显得尤为重要。本章将重点叙述在线槽帮切片形状的计算与算法的优化，大型铝电解槽三维全槽槽帮将在第 17 章介绍。

　　槽帮的形成与电解槽的热场分布相关，而热场的准确计算则需耦合电场计算，因此，对槽帮形状的计算需在电解槽的电 – 热场耦合模型中进行。在 ANSYS 建立的电 – 热场耦合模型中，槽帮形状计算的基本原理如下：利用 APDL 程序设计语言反复调用 ANSYS 中的前处理、求解以及后处理模块，对一定槽帮形状下的铝电解槽电 – 热场耦合模型进行计算，并根据计算所得的槽帮表面节点的温度与初晶温度差确定其新的坐标值，从而获得新的槽帮形状，当槽帮表面节点温度的计算结果与电解质初晶温度的差位在设定的误差范围内时，所得的槽帮形状即为电解槽在电－热耦合模型中所反映的工艺条件下的槽帮形状。

由此可见，槽帮形状的获取需要以一定的方式结合电－热场耦合模型对其表面的节点进行反复迭代计算以获得满足条件的节点坐标。槽帮形状的迭代计算属于最优化问题，即在给出一定约束条件的情况下，求槽帮表面节点的坐标，这里的约束条件包括电解槽的几何结构、电－热场耦合模型中的各类边界条件和载荷以及所设定的节点温度与初晶温度的误差范围。由于快速准确地获取槽帮形状的分布影响着铝电解槽电－热耦合模型的计算效率，因此研究槽帮形状合理高效的迭代计算方法对于研究面向在线仿真的铝电解槽电－热场耦合计算模型有重要意义。

15.1 基于最优化原理的迭代方法简介

最优化方法是指运用数学方法研究各种系统的优化途径及方案。最优化问题广泛见于经济计划、工程设计、生产管理、交通运输、国防等领域，随着计算机科学的发展和应用，通过最优化方法解决问题的领域不断扩大，解决问题的深度不断深化，最优化的理论和方法也不断地得到普及和发展。最优化方法的基本知识已经成为新的工程技术、管理人员必备的基础知识。

15.1.1 最优化问题数学模型的一般形式

最优化问题数学模型的一般形式为：

$$\begin{cases} \min f_{\text{aim}}(x_D) \\ \text{s. t. } c_{Y\_i}(x_D) = 0, \ i = 1, 2, \cdots, m \\ c_{Y\_j}(x_D) \geqslant 0, \ j = m+1, \cdots, p \end{cases} \quad (15-1)$$

其中，x_D 称为决策变量；$f_{\text{aim}}(x_D)$ 称为目标函数；$c_{Y\_i}(x)$，$i = 1, 2, \cdots, p$ 为约束函数；$c_{Y\_i}(x) = 0$，$i = 1, 2, \cdots, m$ 为等式约束；$c_{Y\_j}(x) \geqslant 0$，$i = m+1, \cdots, p$ 为不等式约束。min 和 s. t. 分别表示 minimize（极小化）和 subject to（受约束）。也就是说，在给出的约束条件下，求 $f(x)$ 的最小值。

根据实际问题的不同要求，最优化模型有不同的形式，但经过适当的变换都可以转换成上述一般形式。当然，根据模型的不同，不一定要转换成一般形式，关键是看模型在哪种形式下更易于求解。此外，根据数学模型中是否存在约束，可将最优化问题分为约束最优化问题和无约束最优化问题。

最优化问题的求解方法一般可以分成解析法、直接法、数值计算法和其他方法。

①解析法：这种方法只适用于目标函数和约束条件有明显解析表达式的情

况。求解方法是：先求出最优的必要条件，得到一组方程或不等式，再求解这组方程或不等式，一般是用求导数的方法或变分法求出必要条件，通过必要条件将问题简化，因此也称间接法。

②直接法：当目标函数较为复杂或者不能用变量显函数描述时，无法用解析法求必要条件。此时可采用直接搜索的方法经过若干次迭代搜索到最优点。这种方法常常根据经验或通过试验得到所需结果。

③数值计算法：这种方法也是一种直接法。它以梯度法为基础，所以是一种解析与数值计算相结合的方法。

④其他方法：如网络最优化方法等。

这是最优化方法的一般分类，其每种分类下又有许多不同的具体方法。不同类型的最优化问题可以有不同的最优化方法，即使同一类型的问题最优化方法也可有多种最优化方法。反之，某些最优化方法可适用于不同类型的模型。

15.1.2　最优化方法的基本思想和基本迭代格式

现实生活中大量的最优化问题，除极个别例子外，即使一些看似简单的问题，一般都不可能给出问题的解的任何解析表达式，而利用铝电解槽电 - 热耦合模型计算槽帮的形状就属于这一类最优化问题。因此，求最优化问题的解，一般用迭代的方法，其基本思想为：给定最优解的一个初始估计，运用某种迭代方法产生一个逐步改善的迭代序列，迭代序列可以是设置好了迭代次数的有限迭代序列，也可以是无限迭代序列，并在对最优解的估计满足指定的精度要求时停止迭代。

15.1.3　二分法和黄金分割法

二分法和黄金分割法是最简单易行的两种迭代方法，其基本思想是通过取试探点和进行函数值的比较，使包含极小点的迭代区间不断缩短，当区间长度缩短到一定程度时，区间上各点的函数值均接近极小值，从而各点可以看作极小点的近似。二分法和黄金分割法原理相对简单，在 ANSYS 中利用 APDL 语言编写相关程序不需过多代码，从而减少了对计算机资源的占用，同时，二者都可以不涉及目标函数的导数，而只需要计算目标函数值，因此适用于目标函数的导数表达式复杂或是写不出倒数的情况，铝电解槽帮形状的迭代计算就属于这类问题，因此，本章采用二分法和黄金分割法研究铝电解槽帮形状的迭代计算。

15.2 槽帮形状的二分法和黄金分割法迭代计算

15.2.1 槽帮形状二分法迭代计算原理

以槽帮表面某一节点坐标的迭代过程为例，运用二分法计算槽帮形状的基本原理如下：

（1）设置初始槽帮厚度的迭代区间(L_x_1, L_x_2)；

（2）分别计算槽帮厚度为L_x_1和L_x_2时的槽帮表面温度L_t_1和L_t_2，确保初晶温度位于L_t_1和L_t_2之间；

（3）根据二分法法确定新的槽帮表面的厚度L_x_3，$L\_x_3 = (L\_x_1 + L\_x_2)/2$；

（4）计算槽帮厚度为L_x_3时的温度L_t_3；

（5）比较温度L_t_3和电解质初晶温度的大小，确定删除区间(L_x_1, L_x_3)还是(L_x_3, L_x_1)，从而缩小迭代区间；

（6）重复上述计算过程，直至迭代出的槽帮表面温度与电解质初晶温度的差位于所设定的范围内。

15.2.2 槽帮形状黄金分割法迭代计算原理

以槽帮表面某一节点坐标的迭代过程为例，运用黄金分割法计算槽帮形状的基本原理如下：

（1）设置初始槽帮厚度的迭代区间(L_x_1, L_x_2)；

（2）分别计算槽帮厚度为L_x_1和L_x_2时的槽帮表面温度L_t_1和L_t_2，确保初晶温度位于L_t_1和L_t_2之间；

（3）根据黄金分割法确定槽帮表面的厚度L_x_3和L_x_4，其中$L\_x_3 = L\_x_1 + 0.382(L\_x_2 - L\_x_1)$，$L\_x_4 = L\_x_1 + 0.618(L\_x_2 - L\_x_1)$；

（4）分别计算槽帮厚度为L_x_3和L_x_4时的温度L_t_3和L_t_4；

（5）比较温度L_t_3、L_t_4和电解质初晶温度的大小，缩小迭代区间；

（6）重复上述计算过程，直至迭代出的槽帮表面温度与电解质初晶温度的差位于所设定的范围内。

15.2.3 二分法和黄金分割法在 ANSYS 中的实现

基于 ANSYS 中的 APDL 语言，根据计算所得的槽帮表面节点温度，通过循环使用 ANSYS 中的前处理、求解和后处理模块并依据制订的二分法或黄金分割法对槽帮表面节点的坐标反复迭代计算和修正，直到槽帮表面节点温度位于所设定的初晶温度误差范围内，此时所对应的槽帮厚度即为所求的结果。具体实现过程如下：

(1)设定一个较厚和一个较薄的槽帮厚度，作为其迭代计算的初始区间；

(2)建立这两种槽帮厚度下的电－热场耦合切片模型；

(3)计算获得电解槽的电－热场分布结果，由两种槽帮厚度计算所得的槽帮表面温度构成一个温度范围，确保电解质的初晶温度位于该温度范围内；

(4)在槽帮表面选取几个迭代计算的参考点，用二分法或黄金分割法在前一次的迭代区间中确立新的槽帮厚度迭代坐标，并建立和计算该坐标下的电－热场耦合切片模型；

(5)查看该厚度坐标下的模型计算所得的槽帮表面温度是否位于所设定的电解质初晶温度范围内，若是，则该厚度即为所求的槽帮厚度，反之，则重复(4)和(5)的步骤，直至获得槽帮表面温度位于电解质初晶温度范围内的槽帮厚度或运行达到指定迭代次数为止。

15.2.4 迭代计算结果和计算效率比较

模型的计算效率是在线仿真研究的一个重要方面，槽帮形状的迭代计算是铝电解槽电－热场耦合模型计算的一个重要环节，因此槽帮迭代计算的效率对于研究面向在线仿真的铝电解槽电－热场模型具有重要意义。本节以前文所建立的某420 kA级铝电解槽电－热场半阳极切片模型为研究算例，对使用二分法和黄金分割法迭代槽帮的计算效率进行对比，由于两种迭代计算方法的每一步迭代计算的时间相同，因此可从计算结果和迭代次数上判断两者的相对优劣。

在 ANSYS 后处理中提取槽帮表面具有代表性的 6 个节点的数据作为比较两种迭代算法优劣的依据。槽帮厚度用槽帮表面节点的坐标表示，该坐标是指节点到侧部炭块右侧面的距离，6 个节点的选取如图 15 - 1所示。参考的数据包括节点坐标、节点温度与初晶温度的差、熔体温度和槽电压。

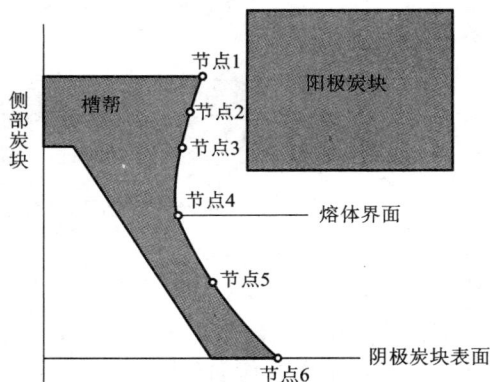

图 15 - 1　槽帮表面计算节点

使用二分法和黄金分割法对槽帮形状进行每一步迭代计算后所得的节点坐标如图 15 - 2所示，节点温度和初晶温度的差如图 15 - 3 所示，熔体温度如图 15 - 4 所示，槽电压如图 15 - 5 所示。

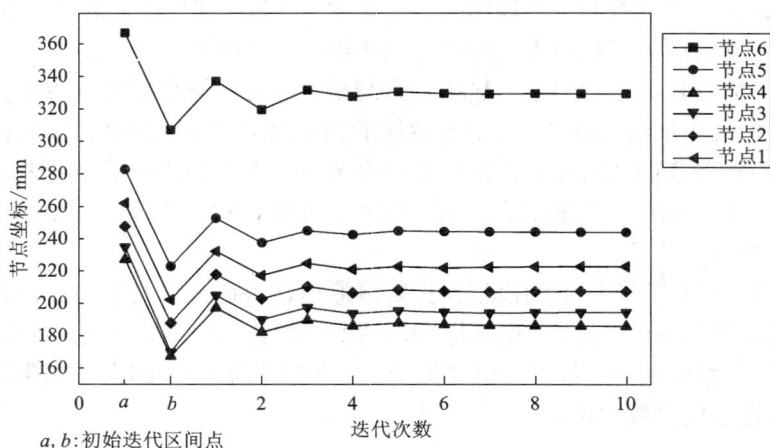

(a) 二分法

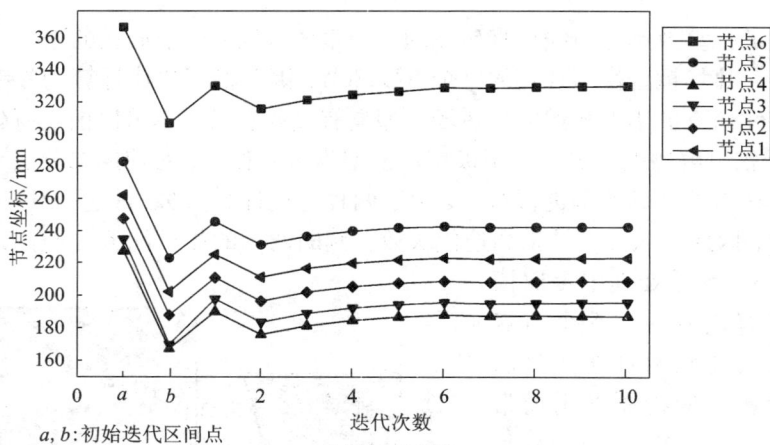

(b) 黄金分割法

图 15 - 2　槽帮迭代计算过程中节点的坐标

从图 15 - 2 可以看出，用二分法和黄金分割法对槽帮形状进行计算均在经过约 6 次迭代后，槽帮表面节点坐标趋于稳定，即得到计算所需的槽帮形状，且进一步迭代后节点坐标的移动范围在 1 mm 以内。两种方法迭代 6 次后计算所得的各节点坐标基本一致，即槽帮形状一致。

同时，由图 15 - 3 ~ 图 15 - 5 可知，两种方法迭代计算 6 次后所得的槽帮表面各节点温度与电解质初晶温度的差的绝对值均稳定在 0.5℃内、电解槽熔体温度均稳定在 947℃左右、电解槽欧姆压降稳定在 1.875 V 左右。

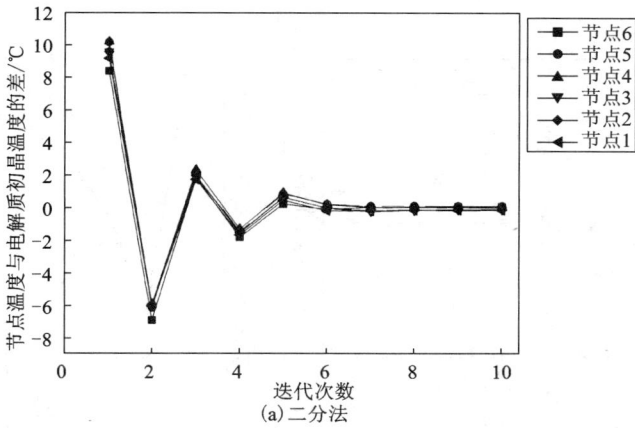

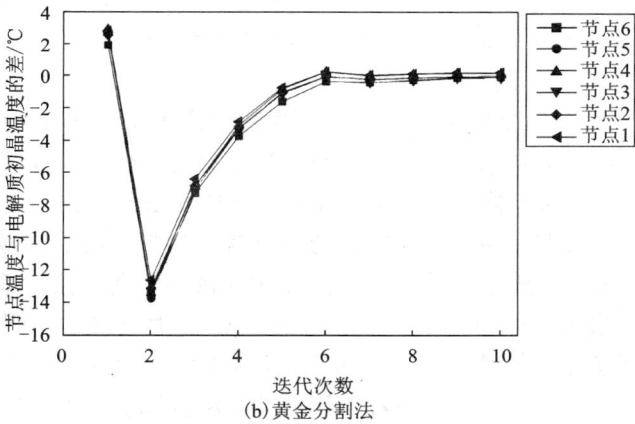

图 15-3 槽帮迭代过程中节点温度与初晶温度的差

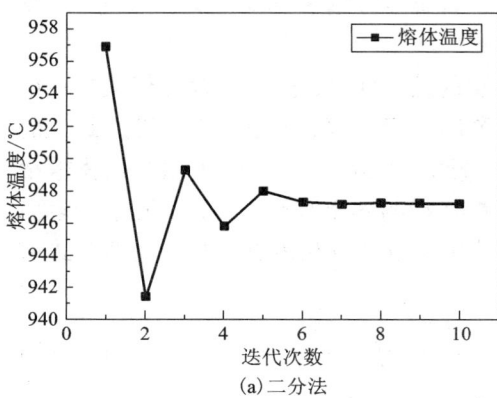

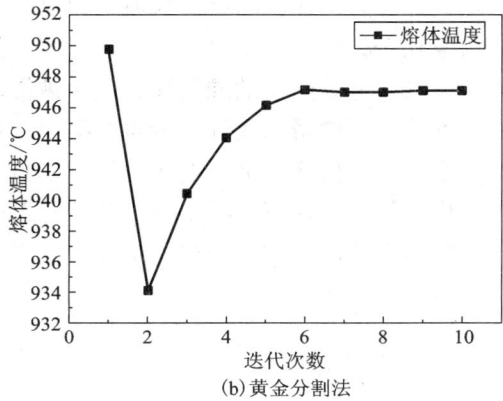

图 15-4 槽帮迭代过程中熔体温度

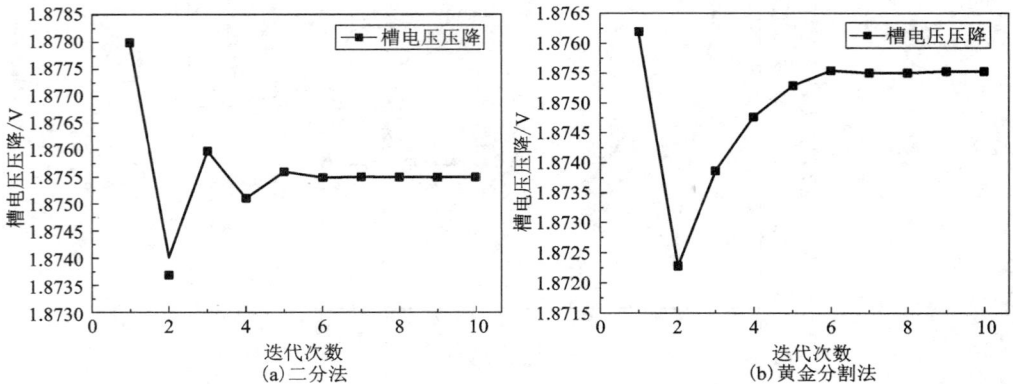

图 15 – 5 槽帮迭代过程中槽电压

从上述计算结果与分析可以得出，将两种迭代方法应用于计算槽帮的形状时，当所设定的收敛条件为槽帮表面节点坐标相对前一次迭代计算后所得的节点坐标的移动距离在 1 mm 内时，两种槽帮迭代计算方法经过相同的迭代次数后收敛，且所得的槽帮形状一致。由于模型的所有其余参数与设置都相同，因此模型的计算结果由唯一的变量（槽帮形状）决定，由于两种迭代方法计算所得的槽帮形状一致，因此模型用两种迭代方法计算所得的电 – 热场分布也一致。

因为用两种方法计算槽帮时每一步迭代计算的时间相同，所以两者具有相同的槽帮迭代计算效率，不同的地方在于用两种方法计算所得的各项指标在达到稳定值过程中的趋近方式不一样，这主要是由两种方法每一步迭代时的迭代区间缩短率以及每一步迭代后的目标函数的取值与标准值的差所决定的。二分法每一次迭代计算后迭代区间缩短为原来的 0.5 倍，而黄金分割法则缩短为原来的 0.618 倍或 0.382 倍。

虽然电 – 热场的准确计算包含槽帮形状的迭代计算，但在已有的相关文献中明确给出了槽帮迭代计算策略的很少，本章选取李相鹏、崔喜凤[1-2]等人研究的槽帮形状迭代算法来与上述两种方法进行对比。文献[1]、[2]中所报道的具体槽帮迭代计算方法如下：定义一个槽帮表面节点移动的固定步长 L_{step}，根据槽帮表面各节点温度高于或低于初晶温度的程度，确定节点移动后的新坐标，计算公式如式（15 – 2）所示：

$$X_{i+1} = X_i - L_{step} \times \frac{T - T_s}{T_e - T_s} \qquad (15 - 2)$$

式中：X_{i+1}是计算得到的槽帮表面节点坐标；X_i为节点初始坐标；T_s为节点温度；T 和 T_e 分别为电解质的初晶温度和熔体温度。

结合前文所建立的某 420 kA 级铝电解槽电 - 热场半阳极切片模型，用这一方法对槽帮进行迭代计算所得的节点坐标随迭代次数增加的变化过程如图 15 - 6 所示，所选取的节点如图 15 - 1 所示。从图 15 - 6 可以看出，用这种方法迭代约 11 次后槽帮表面节点坐标达到稳定，此后每一次迭代计算，槽帮表面节点坐标变化范围在 1 mm 以内。由此可见，本章所研究的两种方法相对这一方法而言迭代次数更少，由于在 ANSYS 平台上这些方法每一步迭代计算时间相同，因此迭代次数少则意味着计算效率更高。

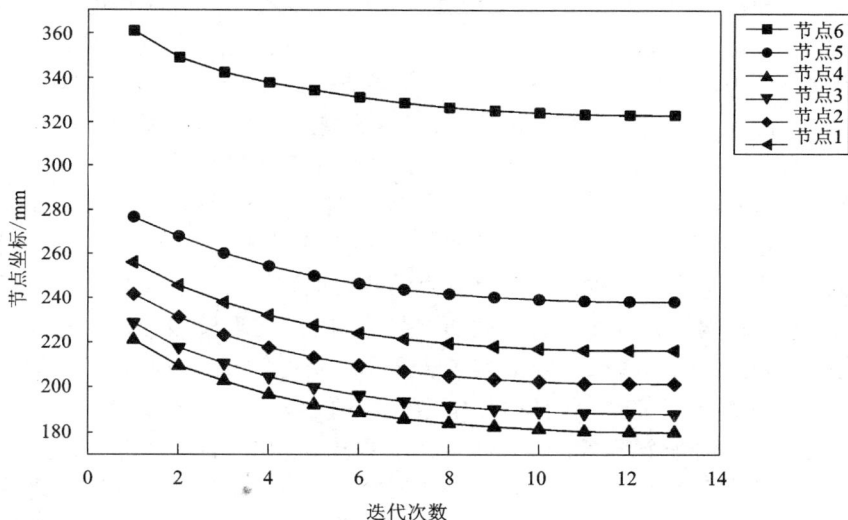

图 15 - 6　槽帮表面节点坐标变化曲线

本章所研究的两种槽帮形状迭代计算方法用第 5 章建立的铝电解槽电 - 热场半阳极切片模型计算槽帮的每一步迭代计算时间在本次研究所使用的计算机硬件条件下 [Intel © Core(TM) i7 - 3770 CPU 3.40 GHz 内存 8G] 约为 2 min 43 s，因此，以槽帮表面节点坐标相对前一次迭代计算后所得的节点坐标的移动距离在 1 mm 范围内为标准，经过 6 次迭代计算后得出槽帮形状与对应的电 - 热场分布所使用的时间约为 16 min 18 s。本次研究所用的计算机较为普通，若采用性能较高的计算机，则可将计算时间进一步缩短，从而获得更高的计算效率。

15.3 电－热场模型的选取及热交换处理

15.3.1 模型选取

随着数值计算理论和计算机硬件的发展，铝电解槽电－热场仿真模型经历了从二维到准三维、再到三维的发展过程，目前，根据电解槽结构的对称性以及重复性，三维模型中的四分之一槽模型和切片模型成为铝电解槽电－热场仿真的主流模型。

对比两种模型，四分之一槽模型能够更加全面而准确地反映铝电解槽的真实结构，而切片模型仅仅体现了单个或半个阳极所对应的电解槽局部结构，因而单以模型完整性为衡量标准，四分之一槽模型具有较高的计算准确性。但是仿真模型的计算准确性除了受到物理模型与实体结构的相符程度的影响外，还与模型的网格密度有关，一般来说，网格密度越大，模型计算结果越精确，四分之一槽模型由于本身的几何尺度大，若网格密度较大，则模型的计算量会很大，加之铝电解槽电－热场的耦合计算需要对槽帮形状进行迭代计算，因而计算时间会很长，不适合用来进行电－热场的在线仿真计算。相对而言，切片模型是根据电解槽在结构上所具有的对称性和重复特性而建立起来的，其物理模型的复杂程度远小于四分之一槽模型，因而在保证较密的网格密度以获得较高计算精度的同时，具有计算速度快的优点。同时，尽管切片模型计算的是电解槽局部的电－热场分布，但分别根据电解槽各个局部的结构和工艺参数建立相应的切片模型并进行计算，同样可以整合出全槽整体的电－热场分布形态。因此，切片模型比四分之一槽模型更能兼顾铝电解槽电－热场在线仿真对计算准确性和计算效率的需求。

虽然电－热场切片模型具有计算速度快的优点，且在阳极电流均匀分布的理想状态下，其计算结果与四分之一槽模型的计算结果差别不大，但在研究阳极电流变化情况下的铝电解槽电－热场分布时，切片模型却存在其固有的缺陷：切片模型仅计算了其与槽外环境之间的热交换，而没有考虑切片与槽内周围区域的热交换。如图 15 − 7 所示，单阳极切片模型的 A、B、C 三个面是与槽内周围区域相接触的面，通过这三个面，该切片与槽内周围区域之间存在热交换。然而，现有的电－热场切片模型并没有考虑通过这些面的热交换，其计算采用的电流边界条件均为阳极电流的理论设计值。当在计算这一理想电流边界条件下的电－热场时，各个切片处于相同的热平衡状态，因而这些面上没有热交换的这一假设对模型的计算结果没有影响，但当阳极电流以非理论设计值分配到各个阳极导杆时，电解槽各切片的产热量不一，热量会从产热量较大的区域流向产热量较小的区域，当不考虑这些热量的传递时，切片模型计算的结果将不能反映电解槽实际的电、热分布状态，因而有必要对通过这些面交换的总热量进行处理。

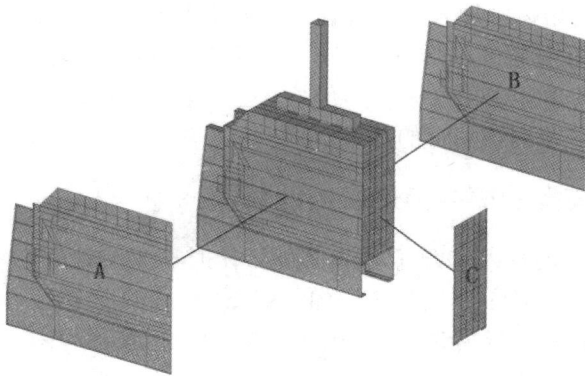

图 15 - 7　单阳极切片模型与槽内周围区域之间进行热交换的界面

15.3.2　电解槽局部区域与槽内周围区域之间的热交换特征

单位时间内通过电解槽某局部切片模型与槽内周围区域之间的热流量无法用现场测量的方式获得，同时也无法在这些接触面上设置准确的换热边界条件来对其进行计算，所以只能通过其他方式来对其进行等效处理。

铝电解槽的产热绝大部分来自熔体，熔体在电磁力、气泡等的作用下在槽膛内快速流动，局部阳极切片中的熔体产生的热量很快扩散至全槽。因此，当流入某个切片的阳极电流大于理论设计值时，对于单位时间内在该切片的熔体中由电流大于理论设计值而多产出的热量，除一小部分导致槽帮厚度发生变化从而使电解槽切片散热量发生变化外，绝大部分会很快扩散至整个电解槽熔体；同样，当流入某个切片的阳极电流小于理论设计值时，单位时间内在该切片的熔体中由电流小于理论设计值而少产出的热量会由槽内周围区域的熔体产生的热量快速补偿。而对于切片中除熔体外的其余导电结构，一方面，由于熔体产生的热量占掉了电解槽总产热量的 70% ~ 75%[3]，因而这些结构的产热占总产热的比重相对较小，另一方面，以导热形式传递的这部分热量在切片与槽内周围区域之间的传导很慢，不像熔体一样能快速将热量扩散至全槽，同时，在阳极电流偏离理论设计值不大的情况下，切片与槽内周围区域的这些结构之间的导热由于产热量的差异小而使得温差小，从而传导的热量很少。事实上，电解槽某一切片的阳极电流只有在阳极更换之后的 24 小时内才会出现从不导电到正常导电的这一偏离理论设计值较大的情况[4]。因此，排除新换上的阳极所在的局部区域，通过切片模型与槽内周围区域之间的热量交换可以只考虑熔体的换热。

基于以上分析，本章通过在熔体中添加热源的方式来模拟切片模型与槽内周围区域之间的热量交换。具体而言，就是当切片模型的阳极电流大于理论设计值时，在切片模型的熔体中加入一个具有一定吸热率的热源，来等效模拟单位时间内从该切片流向槽内周围区域的热量；当切片模型的阳极电流小于理论设计值时，在切片模型的熔体中加入一个具有一定生热率的热源，来等效模拟单位时间内从槽内周围区域流向该切片的热量。

15.3.3 切片模型的槽内换热量的计算

电解槽熔体的热收入来源于电流流过熔体时产生的焦耳热，由欧姆定律可知，其产热功率为该部分的电压与电流的乘积。在总的槽电压和系列电流不变的情况下，电解槽整体的产热率不变，由于熔体的快速流动，单位时间内某一切片的熔体的产热由阳极电流改变而引起的变化量将会很快平均到整个电解槽熔体。

当该切片模型的阳极电流大于理论设计值时，表示所添加热源的吸热率，即用来模拟单位时间内从该切片流向槽内周围区域的热量；当该切片模型的阳极电流小于理论设计值时，表示所添加热源的生热率，即用来模拟单位时间内从槽内周围区域流向该切片的热量。

15.4 不同阳极电流下铝电解槽电–热场的仿真计算

在铝电解槽运行过程中，随着槽况的变动，局部阳极的电流强度会在一定的范围内发生变化。处于正常导电状态下的单个阳极的电流波动范围较小，大体相对理论设计值以 ±10% 的范围波动[5]。本节将结合具体案例，对应用本章所建模型计算并分析阳极电流强度发生变化的局部区域电–热场的具体方法和过程进行介绍。

15.4.1 计算步骤

切片模型的熔体中所需添加的热源大小的计算虽然已由 15.2.2 小节给出，但式中的该切片所加阳极电流下对应的熔体压降为未知量，需要通过计算该阳极电流下的电–热场切片模型来获得，而这一模型的计算又需要在熔体中添加该阳极电流所对应的热源大小，因此，某一阳极电流下切片模型的熔体中添加的热源的大小和熔体压降是必须同时进行求解的未知量。本章采用迭代计算的方式来对两者进行求解，其迭代计算过程也是对应阳极电流下铝电解槽电–热场和槽帮形状的计算过程。

利用第 5 章在 ANSYS 中所建立的铝电解槽电–热场半阳极切片模型和前文所研究的二分法或黄金分割法迭代槽帮，通过改变阳极电流这一边界条件，并在熔体中添加相应大小的热源来计算不同阳极电流下铝电解槽的槽帮形状和电–热场分布。具体仿真计算过程如下：

（1）计算阳极电流处于理论设计值下的电－热场分布，将计算所得的熔体压降代入 15.2.2 小节中，一方面，15.2.2 小节中的计算本来就需要的取值大小，另一方面，用作为迭代计算的初始值，从而由式（15－7）算得一个热源值，该值作为计算不同阳极电流下铝电解槽的槽帮形状和电－热场分布时在切片模型熔体中所需要添加的热源大小的初始迭代值。

（2）施加相应大小的阳极电流边界条件，并在切片模型的熔体中添加具有初始迭代值大小的热源，计算获得切片模型的电－热场分布和槽帮形状。

（3）若切片模型计算所得的熔体压降与用来计算模型中所添加的热源大小的式（15－7）中所采用的熔体压降相等或两者的差位于所设定的范围内，则停止迭代，得到该阳极电流下铝电解槽切片的电－热场分布和槽帮形状，且这一步迭代所添加的热源大小即为计算该阳极电流下的电－热场切片模型时所需要在熔体中添加的热源大小。

（4）若切片模型计算所得的熔体压降与用来计算模型中所添加的热源大小的式（15－7）中所采用的熔体压降不相等或两者的差大于所设定的范围，则将这一步迭代过程中切片模型计算所得的熔体压降代入 15.2.2 小节，获得一个新的热源大小，来代替原来的热源大小并添加到熔体中，并重新对模型进行计算，重复（3）和（4）的步骤，直到获得满足（3）中所述条件的热源大小为止。

15.4.2 应用算例

以某 420 kA 级铝电解槽为例，计算了其电－热场切片模型的阳极电流处于理论设计值的 90% 至 110% 的区间内的电－热场分布。根据阳极电流理论设计值 $\bar{I}$，具体计算所采用的阳极电流大小为：$90\%\bar{I}$，$92\%\bar{I}$，$94\%\bar{I}$，$96\%\bar{I}$，$98\%\bar{I}$，$102\%\bar{I}$，$104\%\bar{I}$，$106\%\bar{I}$，$108\%\bar{I}$，$110\%\bar{I}$。

电流从理论设计值增大到 110% 计算所得的槽帮形状如图 15－8 所示，电流从理论设计值计算所得的槽帮形状如图 15－9 所示。从图 15－8 可以看出，在阳极电流从理论设计值增大到 110% 的过程中，槽帮逐渐变薄，增强了电解槽的散热，槽帮整体形状规整。阳极电流理论设计值下，伸腿的长度为 4.2 cm，处于正常水平，当电流增大到 110% 时，伸腿长度减小到 2.6 cm 左右。当槽帮过薄时，可以通过减小覆盖料的厚度来增加上部散热，从而减小电解槽侧部的散热负荷，防止槽帮进一步减薄。从图 15－9 可以看出，随着阳极电流的减小，槽帮整体变厚，增强了电解槽的保温，但伸腿变厚的幅度大于熔体界面部分槽帮变厚的幅度，阳极电流从理论设计值减小到 90%，熔体界面处的槽帮增加了 2.3 cm 左右，而伸腿则涨了 3.8 cm 左右，过厚的槽帮将过多地压缩槽膛空间，从而降低熔体体积，减少电解反应的空间，使单位时间的产铝量降低。可以适当抬高阳极，增大极距，使热收入增加，从而防止槽帮进一步变厚。

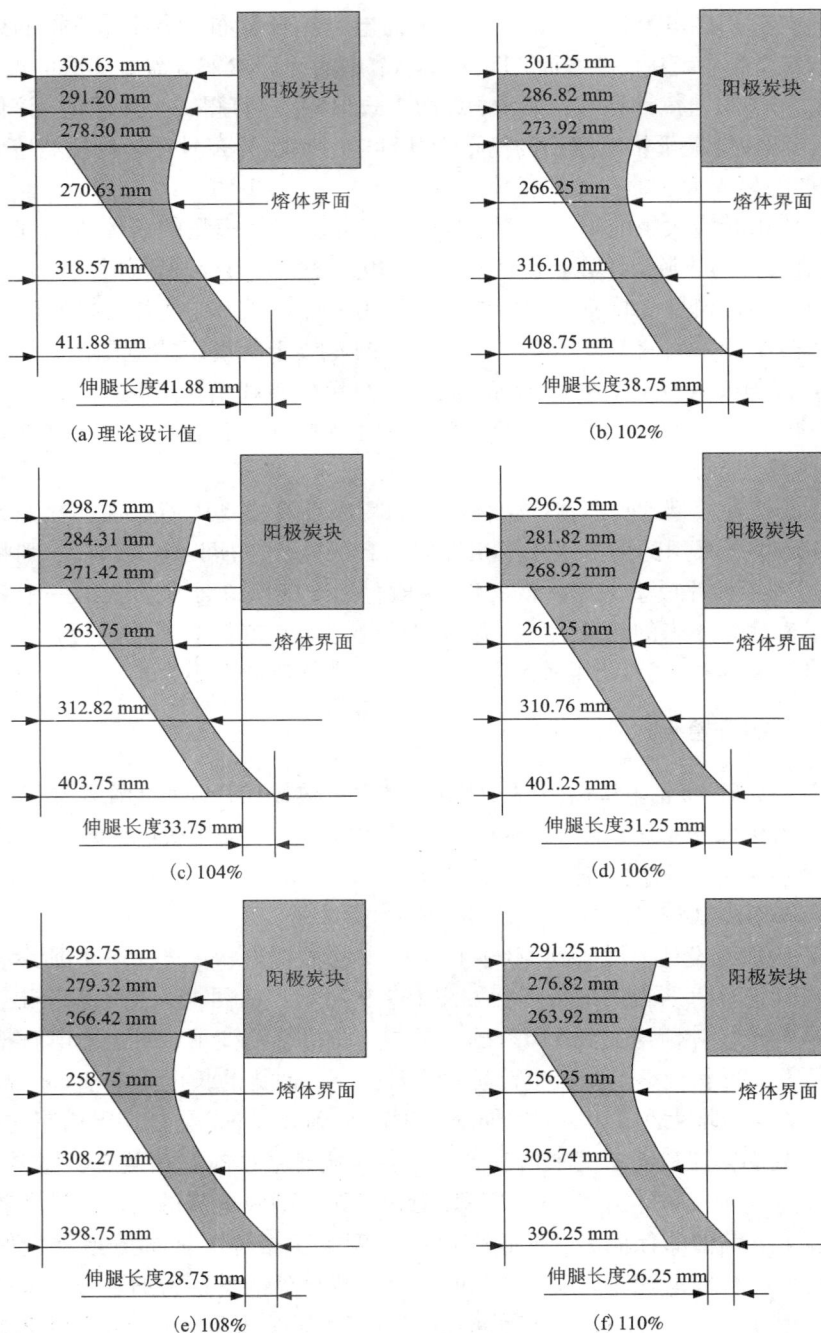

图 15-8 阳极电流从理论设计值到增大 10% 的槽帮形状变化

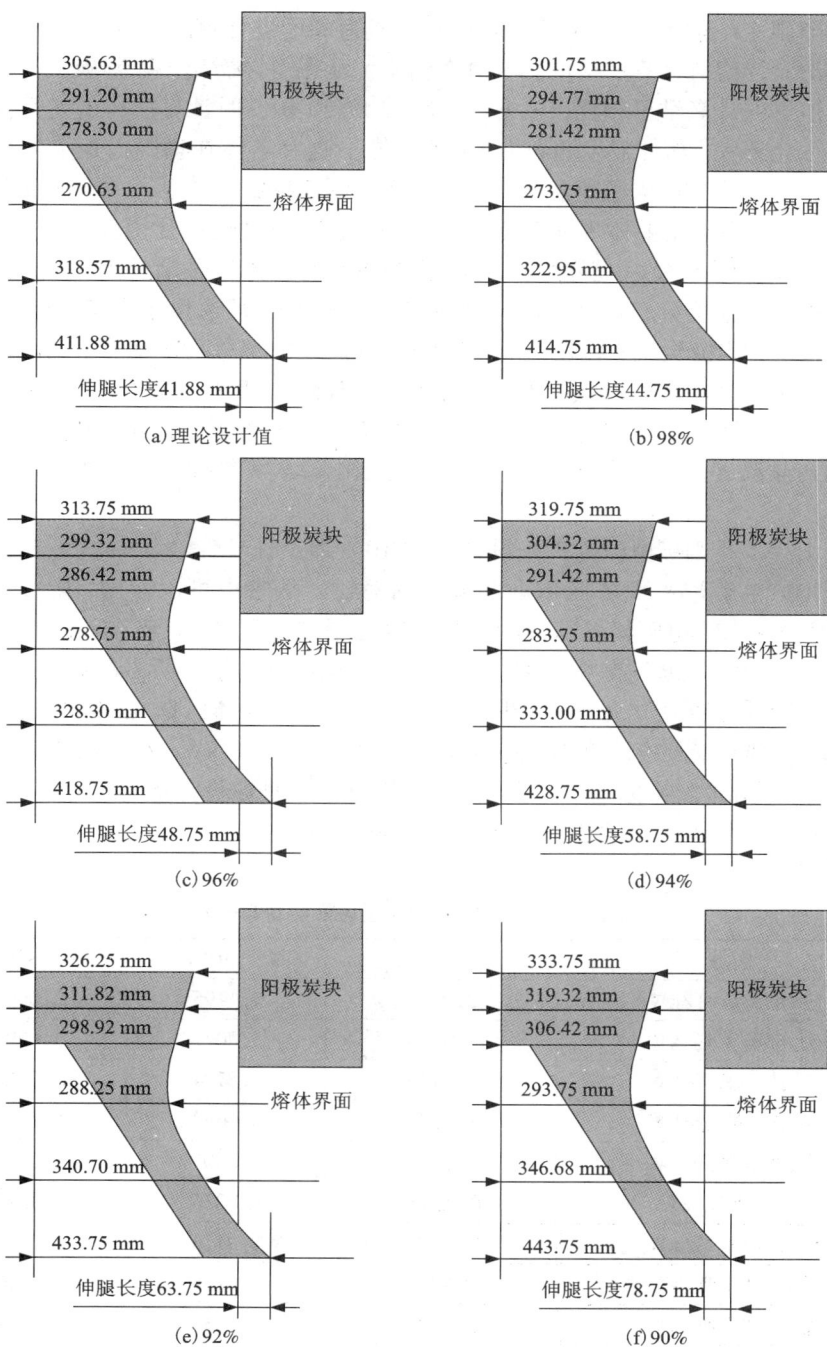

图 15-9　阳极电流从理论设计值到减小10%的槽帮形状变化

彩图Ⅷ-1至彩图Ⅷ-3分别是阳极电流为理论设计值,110%理论设计值和90%理论设计值时计算所得的热场分布情况。从图可以看出,和阳极电流处于理论设计值下的计算结果相比,阳极电流取110%和90%时计算所得的切片整体温度分布变化不大,熔体温度也都在947℃左右,这和熔体在槽膛内运动产生的剧烈热交换以及槽帮对电解槽温度的调节有关。对于阴极和内衬结构,其温度分布也基本一致,差异主要体现在阴极炭块中,当电流由理论设计值变化至110%理论设计值时,阴极炭块中温度高于电解质初晶温度的部分逐渐扩大,但阴极和内衬结构整体的温度分布均处于合理范围内。当电流由理论设计值变化至90%理论设计值时,阴极炭块中温度高于电解质初晶温度的部分逐渐缩小,初晶温度分布线在阴极炭块中稍微有点靠上,这将可能导致渗入阴极炭块的电解质凝结,从而破坏炭块,但阴极随着其使用寿命的增加而逐渐石墨化,其导电性能变好,电解质的初晶温度分布线将会向下移动,炭块因电解质凝结而造成的破坏将逐步得到缓解。

表15-1是阳极电流为理论设计值、110%理论设计值和90%理论设计值时计算所得的电解槽表面各区域散热分布的对比。从表中可以看出,阳极电流变大,热收入增加,电解槽各部分的散热也随之增加;反之,电解槽各部分的散热随之减少。电解槽通过槽帮厚度的自适应调节保证电解过程所需的温度条件,当电流从理论设计值变化至110%理论设计值时,包括熔体区槽壳、阴极区槽壳以及侧部摇篮架在内的侧部结构的散热功率增加了0.1598 kW,占总散热功率增加量的55%。同样,当电流从理论设计值变化至90%理论设计值时,这些部分的散热功率的减小量占了总散热功率减小量的60%。

表 15-1   电解槽表面各区域散热功率分布

区域	$I = \bar{I}$	$I = 110\%\bar{I}$	$I = 90\%\bar{I}$
钢爪及导杆/kW	2.0625	2.1195	2.0082
上部覆盖料/kW	1.6689	1.7077	1.6290
熔体区槽壳/kW	0.8133	0.8794	0.7323
阴极区槽壳/kW	0.6258	0.6658	0.5738
保温区槽壳/kW	0.2209	0.2305	0.2098
底部槽壳/kW	0.1218	0.1236	0.1197
钢棒出电端/kW	0.2988	0.3176	0.2773
侧部摇篮架/kW	0.9868	1.0405	0.9136
底部摇篮架/kW	0.2297	0.2337	0.2248
合计/kW	7.0285	7.3183	6.6885

15.4.3　基于阳极电流分布的电 – 热场在线仿真的实现

　　铝电解槽电 – 热场的在线仿真要求根据实时监测到的铝电解槽阳极电流分布快速计算得出槽帮形状和电 – 热场的分布，因此对模型的计算速度提出了较高的要求。电解槽的槽帮形状并非随着阳极电流的变化而即刻改变，电流变化引起的槽帮形状的变化相对电流有一定的滞后。以铝电解槽某一阳极切片为例，当变化后的阳极电流处于稳定状态并维持一段时间后，根据控制系统检测到的该切片的阳极电流稳定值，将其作为电流边界条件输入到切片模型中进行计算，可获得这段时间内该阳极电流下的槽帮形状和电 – 热场分布情况。本章研究所得出的用来计算不同阳极电流下铝电解槽电 – 热场的模型需要对切片的熔体中所添加的热源大小进行迭代计算，同时，每一步热源大小的迭代计算又需要对槽帮的形状进行迭代计算。依靠第 5 章所建立的铝电解槽电 – 热场半阳极切片模型和第 6 章所提出的槽帮迭代算法，可以较快地计算得到不同阳极电流分布下的槽帮形状和电 – 热场分布结果，具体计算流程如图 15 – 10 所示。

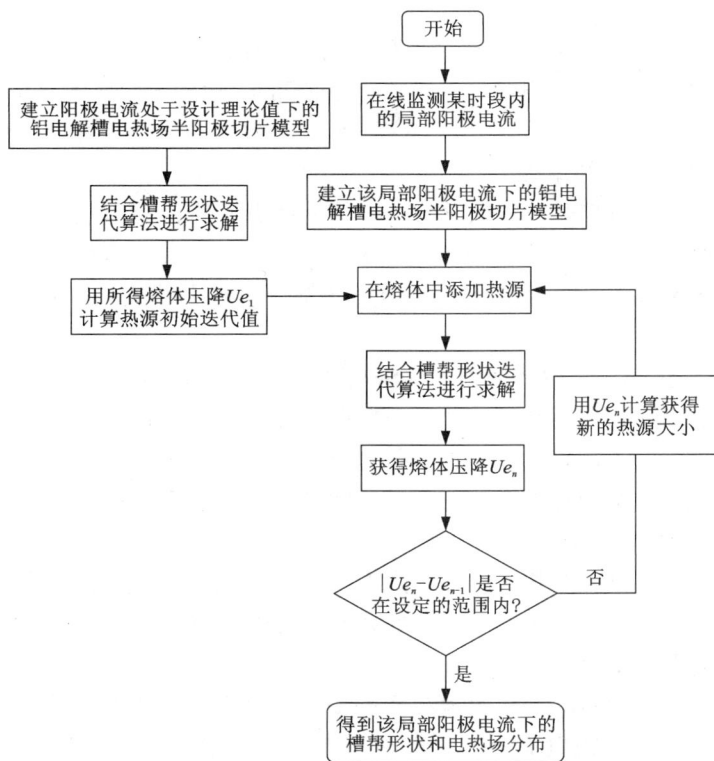

图 15 – 10　基于阳极电流实时监测的铝电解槽电 – 热场在线仿真计算流程

以某 420 kA 级铝电解槽为例，在所研究的算例中，当设定迭代热源大小的收敛条件为 $|U_{e,n} - U_{e,n-1}| \leqslant 1$ mV 时，每种阳极电流下切片模型电 – 热场的计算均只需迭代两步就可以得到相应的热源大小，而在每一步的热源大小迭代计算中，经过 6 次左右的迭代计算获得相对稳定的槽帮形状。在 15.2.4 小节中已指出，对于本研究所使用的计算机硬件，迭代 6 次获得槽帮形状的时间约为 16 min18 s，因此，通过两次迭代获得相应阳极电流下的热源大小的时间为 33 min 左右，即模型经过 33 min 的计算时间即可得到相应阳极电流下的电 – 热场分布和槽帮形状。由于本次研究所用的计算机硬件较为普通，可以根据现场的需要使用更高效的计算机来缩减计算时间，且阳极电流变化后槽帮达到新的稳定状态需要一定的迟滞时间，因此，即使在其余算例中出现热源大小的迭代次数大于两次的情况，本章所研究的模型和算法也可以满足基于阳极电流分布的铝电解槽电 – 热场在线仿真的要求。

15.5 铝电解槽在线仿真的建议

通过分析槽帮对铝电解槽热平衡分布的调节作用，在介绍二分法和黄金分割法原理的基础上，制订了用两种方法来计算槽帮形状的迭代策略，并结合第三章所建立的铝电解槽电 – 热场半阳极切片模型，考察分析了用两种迭代方法计算槽帮形状的计算效率。结论如下：

（1）以槽帮表面节点坐标相对前一次迭代计算后所得的节点坐标的移动距离在 1 mm 范围内为标准，应用二分法和黄金分割法计算槽帮形状均在对模型迭代计算 6 次后可获得稳定的槽帮形状和电 – 热场分布，且两种方法迭代计算的结果一致。

（2）由于在 ANSYS 中用两种方法编写的 APDL 语言在每一步迭代计算时所用的时间相同，因此运用二者迭代槽帮形状时可获得相同的计算效率。

（3）两种算法计算槽帮形状的不同之处在于迭代过程中计算结果向稳定值趋近的形式不同，这由两种方法每一步迭代时的迭代区间缩短率以及每一步迭代后的目标函数的取值与标准值的差所决定。

（4）对比现有的槽帮形状迭代计算策略，运用两种方法计算槽帮形状所需的迭代次数更少，从而计算效率更高，可缩短铝电解槽电 – 热场耦合模型的计算时间，为实现铝电解槽电 – 热场的在线仿真提供高效的理论基础和计算模型。

此外，还以实现基于阳极电流分布的铝电解槽电 – 热场在线仿真为目的，建立了用于计算不同阳极电流下的铝电解槽电 – 热场切片模型，并以某 420 kA 级槽为例进行了计算与分析。小结如下：

（1）对比了用于铝电解槽电 – 热场计算的四分之一槽模型和切片模型各自的

特点，指出了四分之一槽模型在计算效率上的局限性以及现行的切片模型由于没有考虑其与槽内周围区域之间的热交换而无法准确计算阳极电流处于非理论设计值下的电解槽的电 – 热场分布。

（2）在分析切片模型与槽内周围区域之间的换热特征的基础上，指出了当切片模型的阳极电流偏离理论设计值不大时，模型与槽内周围区域之间的热交换可以只考虑熔体的换热，同时，通过在模型的熔体中添加热源的方式来等效模拟这一换热形式。

（3）为了确定熔体中所添加的热源大小，本章结合前两章在 ANSYS 平台上所建立的铝电解槽电 – 热场半阳极切片模型和研究的槽帮迭代计算方法，根据阳极电流处于理论设计值和非理论设计值下电解槽切片模型的熔体产热率的差异制订了熔体中所添加热源大小的迭代计算策略，并以某 420 kA 级铝电解槽为例计算了在阳极电流处于理论设计值的 90% 至 110% 的区间内的电 – 热场分布和槽帮形状，从结果可以看到电 – 热场及槽帮形状分布随阳极电流的变化呈现较为明显的有规律的预期波动。

（4）在本研究所采用的算例中，经过两步迭代计算即可确定切片模型的熔体中所添加的热源大小，从而算出相应阳极电流下切片模型的电 – 热场分布和槽帮形状，用时 33 min 左右。在本模型的实际应用中，可根据现场的需要采用配置相对较高的计算机硬件来缩减计算时间，从而实现基于阳极电流分布的铝电解槽电 – 热场的在线仿真。

参考文献

[1]Li X P, Li J, Xue T P. Simulation calculation of tank hearth profile in large scaleprebaked aluminum electrolytic cell[J]. Metallurgical Industry Automation, 2003(4)：30 – 33.

[2]崔喜风，邹忠，张红亮，等. 预焙铝电解槽三维槽帮形状的模拟计算[J]. 中南大学学报（自然科学版），2012，43(3)：815 – 820.

[3]Whitfield D, Kazacos M S, Welch B, et al. Metal pad temperatures in aluminium reduction cells [C]//Tabereaux A T. Light Metals 2004. Carlotte, NC,：TMS, 2004：433 – 438.

[4]刘业翔，李劼. 现代铝电解[M]. 北京：冶金工业出版社，2008：146.

[5]孙建国. 铝电解槽阳极电流分布特征及设计上的思考[J]. 轻金属，2007(3)：29 – 31.

第 16 章 惰性电极铝电解槽的仿真优化

16.1 惰性电极铝电解槽结构

目前，应用惰性阳极的铝电解槽仅仅处于实验室或工程化研究阶段，尚无实际的规模化工业实例。为实现其工业化，小容量槽的开发以及稳定高效运行是其必由之路。本章基于作者所在团队对于惰性电极的长期探索，提出配合使用惰性阳极、惰性阴极和低温电解质，并借鉴传统工业铝电解槽所采用的保温结构配置，以数值仿真为手段对 20 kA 级惰性电极铝电解槽物理场进行了系统分析与优化。

16.1.1 阳极配置

目前主要有三类惰性阳极，即氧化物陶瓷阳极、金属合金阳极和金属陶瓷阳极，因 $NiFe_2O_4$ 基金属陶瓷惰性阳极兼顾氧化物陶瓷良好的热化学稳定性、强耐腐蚀性、抗氧化性和金属良好的导电性及抗热冲击性等优点，本章选其作为阳极材料。在本书作者团队以往的研究中，曾提出过梯度惰性阳极的设计思路，即内部为导电性好的金属相，而外部为导电性差但防腐蚀性能好的陶瓷，由内而外导电性能呈现梯度增加，并使用有限元软件对其应力分布进行了计算，获得了比较好的结果。这种结构能够有效降低阳极的应力，但由于材料及工艺的限制，目前无法制备这种复杂结构的阳极材料，因此，本章仍采用相对简单的阳极结构。

本章采用本书作者团队自行研制的 $NiFe_2O_4$ 基金属陶瓷惰性阳极，惰性阳极实物如图 16 - 1 所示，其主要尺寸如图 16 - 2 所示。阳极结构主要由三部分组成，即阳极主体部分、阳极铝导杆和阳极填充料。阳极主体部分为 $NiFe_2O_4$ 基金属陶瓷，成分为 $17Ni/83(10NiO - 90NiFe_2O_4)$，阳极填充料，起到黏结阳极主体和铝导杆的作用。

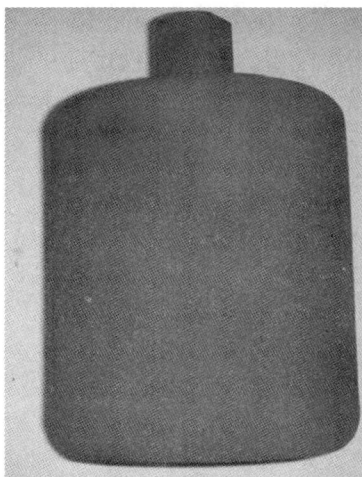

图 16-1　惰性阳极实物图

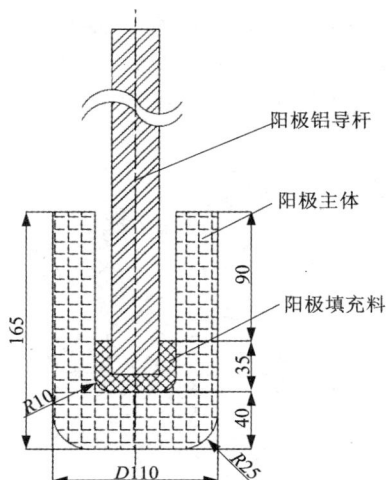

图 16-2　惰性阳极截面尺寸图/mm

参考实际惰性阳极尺寸，针对 20 kA 级惰性电极铝电解槽的阳极配置，提出了多种方案，如图 16-3～图 16-5 所示。图 16-3 所示的方案 1 为参照作者团队 5 kA 级惰性阳极铝电解槽的设计[1]，取 5 块阳极一排，两排阳极组成 1 个阳极组，全槽布置 22 个阳极组，共 220 块阳极。阳极组组内间距 10 mm，同侧阳极组组间间距 40 mm，阳极中缝间距 100 mm。这种阳极配置方案可以简单理解为以惰性阳极组取代阳极炭块，利于操作。但是，每个阳极组有 10 块阳极，其中任何一个阳极损坏都会因更换阳极需取出整个阳极组而导致所在阳极组失效，经济代价高。

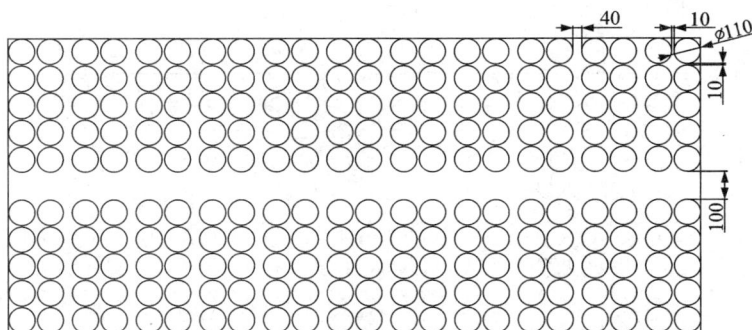

图 16-3　惰性阳极配置方案 1/mm

方案 2(图 16-4)吸取方案 1 阳极失效更换成本大的教训，采取单块阳极单独布置的方式，不设置阳极组。阳极均匀分布，大面方向 20 块，小面方向 12 块，阳极间距 25 mm。并在中心线位置处取三个下料点，槽端部取一个出铝点，分别占据 4 块阳极位置，槽内共 224 块阳极。这种阳极配置方案在多物理场仿真中取得了比较好的结果。但也存在一定的缺点，如上部结构复杂烦琐，不利于实际的生产操作。

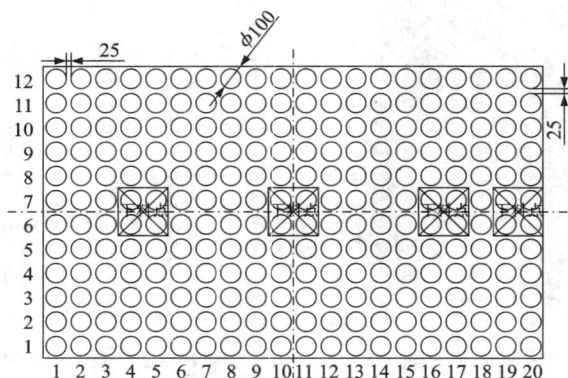

图 16-4　惰性阳极配置方案 2/mm

　　综合以上两种惰性阳极配置方案的优缺点，提出了方案 3，如图 16-5 所示。取 2 个阳极为 1 个阳极组，组内间距 10 mm；小面方向组成 4 列，同列阳极设置 1 根阳极横母线。同侧阳极组组间间距 60 mm，中缝间距 100 mm；大面方向 27 列阳极组，组间间距 20 mm，共 216 根阳极。这种方案将阳极分小组悬挂于阳极母线，排布相对比较规整，既有利于实际生产操作，对失效阳极的处理也很快捷，比较合理。以阳极底掌设计流经电流量 80% 计，阳极底掌电流密度 0.7799 A/cm^2,低于其耐受电流密度极限值，设计相对比较保守。

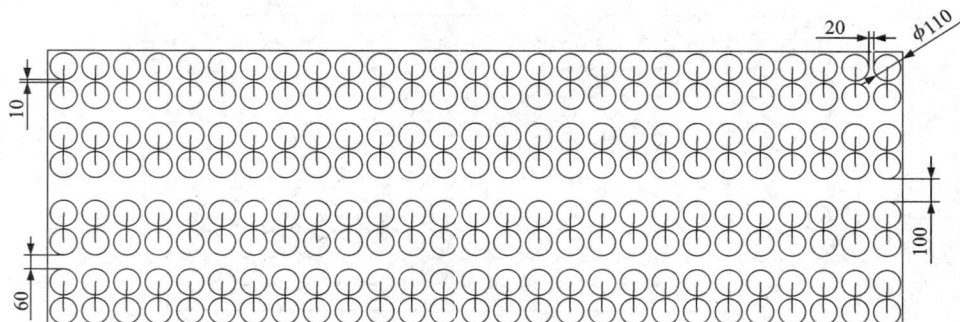

图 16-5　惰性阳极配置方案 3/mm

　　多年来，无论是陶瓷惰性阳极、合金惰性阳极还是金属陶瓷惰性阳极，在开发过程中均面临一个共同的难题，即耐腐蚀性无法满足现行电解体系和电解工艺的要求。解决惰性阳极耐腐蚀问题的方法除了进一步提高材料性能外，还需要为其提供更加"友好"的服役环境，特别是具备"低温"特征的新型电解质体系及其电解新工艺。低温电解不仅可有效降低金属相或金属基体的氧化速率，还可显著降低陶瓷相的溶解速度，而这两方面是惰性阳极失效的主要原因。低温铝电解已成为当今国际铝业界最关注、研究最活跃的课题之一。为配合惰性阳极的使用，尽可能降低能耗，提高阳极的使用寿命，采用 $Na_3AlF_3 - K_3AlF_6 - AlF_3$ 系低温电解质体系，其初晶温度855℃，生产温度870℃，过热度15℃。

16.1.2　阴极结构设计

　　铝电解槽的阴极部分是主要的电解反应场所，阴极设计与建造的好坏对电解槽的技术经济指标以及槽寿命起着决定性的作用。为配合惰性阳极的使用，实现铝电解过程的节能与环保，对 20 kA 级惰性电极铝电解槽，阴极结构采用了 TiB_2 复合阴极。这种复合材料与金属铝液具有较好的润湿性，可有效防止炭阴极与电解质材料接触，从而避免 Al_4C_3 的生成与溶解以及钠的渗透所造成的炭块损坏。因此无须保持较高的铝液高度和极距，可有效降低槽电压和降低能耗。

　　根据前文所选择的阳极配置方案3，整个阳极组尺寸为：3490 mm × 1140 mm，以此为对应阴极面积计算得阴极电流密度为 0.503 A/cm^2。由于电解槽容量小，不采用传统大型槽的阴极结构。本章提出了 4 种阴极 - 钢棒尺寸配置方案，并与大型传统阴极 - 钢棒配置对比列于表 16 - 1。其中方案 1 和方案 2 是以保证钢棒上部的阴极炭块高度和传统槽相当的前提下进行设计的，而方案 3 和方案 4 则是以与传统阴极 - 钢棒尺寸按比例更改的前提下进行设计的。综合考虑降低电压及运行的安全性，最终选择方案 2。此时阴极钢棒电流密度为 25 A/cm^2。

表 16 - 1　阴极 - 钢棒配置方案

配置方案	截面尺寸(宽×高) /(mm × mm)	钢棒尺寸/ (mm × mm)	钢棒距炭块及钢棒之间距离/ (mm × mm)
传统阴极	515 × 450	65 × 180(双)	126.5, 132
阴极设计方案 1	420 × 350	130 × 100(单)	145
阴极设计方案 2	420 × 350	50 × 100(双)	105, 110
阴极设计方案 3	420 × 350	130 × 140(单)	145
阴极设计方案 4	420 × 350	50 × 140(双)	105, 110

16.1.3　内衬结构设计

　　铝电解槽内衬可以分为底部内衬和侧部内衬。从功能上讲，底部内衬起着支撑阴极结构和保温的作用；侧部内衬主要保温和保护钢质金属外壳免受电解质熔体的侵蚀。良好的内衬结构设计，既要使铝电解生产达到良好的电热平衡，又要有足够的强度来抵御由于重力和热膨胀等造成的变形失效。借鉴目前低温低电压工艺条件下大型传统槽所采用的新型内衬结构，对 20 kA 级惰性电极铝电解槽内衬结构进行了初步设计：阴极底部自上至下采用了干式防渗料、保温砖和陶瓷纤维隔热板。干式防渗料作为一种新型散装颗粒内衬材料，与通过阴极渗入的电解质反应生成一种玻璃状体，可阻止电解质向下进一步渗透；其导热系数比黏土质耐火砖高且具有更优的保温性能；同时，散装颗粒状态可以有效吸收阴极膨胀力，缓冲阴极向上的膨胀；由于其较高的捣实密度，又可在一定程度上抵御阴极膨胀的内压力。

由于 20 kA 级惰性电极铝电解槽为小型槽，单位电流强度的散热面积大，需加强保温。因此，在设计时侧部采用保温性能好的普通炭块作为侧部炭块材料，并在侧部炭块与槽壳之间添加干式防渗料和硅酸钙板。硅酸钙板的导热系数很小，约为 0.05 W/(m·K)，但容重低，若受外力或者电解质侵蚀容易变形，最终导致保温性能下降而失效。在硅酸钙板和侧部炭块之间增加一层干式防渗料，一方面因其有较好的保温性能，另一方面可以阻止电解质接触硅酸钙板，同时也能够吸收一部分应力。

热流线垂直于等温线，由伸腿部位等温线的分布可知，阴极侧部保温结构设计直接影响平缓的伸腿形状的形成。借鉴传统大型预焙铝电解槽的设计经验，在阴极炭块侧部采用高强轻质浇注料，比重轻，耐压强度仅为炭块的 10%，可以吸收炭块的膨胀应力，避免炭块膨胀应力无法释放而隆起破损。在轻质浇注料外增加一层保温砖，一层纤维板，并且纤维板贯穿至底部，如图 16-6 所示，以增强其保温作用。最终确定铝电解槽的主要结构和工艺参数，见表 16-2，但具体保温结构尺寸的确定有待进一步的仿真优化来确定。

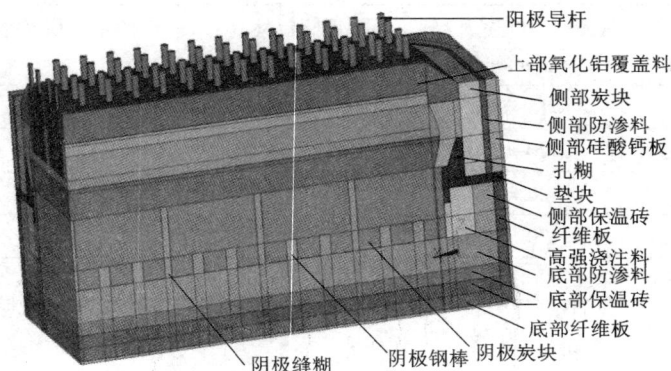

图 16-6 20 kA 级惰性电极铝电解槽实体结构示意图

表 16 - 2　20 kA 级惰性电极铝电解槽基本结构及工艺参数

参数	参数值
阳极配置尺寸	3490 mm × 1140 mm
大面加工距离	150 mm
小面加工距离	150 mm
阴极距大面距离	110 mm
阴极距小面距离	110 mm
电解质水平	165 mm
铝水平	150 mm
阴极	1220 mm × 420 mm × 350 mm，8 块
钢棒	50 × 100，双钢棒，通长
底部结构	干式防渗料，保温砖，纤维板，侧部纤维板
侧部结构	侧部炭块，侧部防渗料，侧部硅酸钙板等
初晶温度	855℃
过热度	15℃
电流效率	50% ~ 90%

16.2　20 kA 级惰性电极铝电解槽电热场仿真优化

铝电解槽作为一个电化学反应装置，外部提供的强直流电流经槽内各部分导体，产生大量的热。所产生的热量一部分用于加热槽内物料至电解温度并在此温度下完成电解反应，其余热量则散失到周围环境中。铝电解槽体系内能量的产生与消耗最终处于平衡状态，这是铝电解槽电热场设计的基础。对于小容量铝电解槽，由于其热容量有限，轻微的能量波动就可能对其热平衡造成显著的影响，从而影响到电解生产的正常运行，因此，电热平衡的设计就显得尤为重要。20 kA级惰性电极铝电解槽作为一种新型槽，缺乏充足的生产实践经验，很多工艺参数目前难以确定，这为电解槽电热平衡的设计带来了极大的难度。本章首先确定惰性电极铝电解槽的电热平衡计算方法，再在该计算方法的基础上，针对 20 kA 级惰性电极铝电解槽提出相应的基于电热平衡的结构与工艺优化方案，并进行优化计算。

16.2.1 电热平衡计算方法描述

为实现槽膛内形的计算，假设沿电解槽长轴方向槽膛内形不存在差异，将 3D 问题简化为 2D 问题，并忽略电场对槽膛形状的影响。在 ANSYS 平台上对 20 kA 级惰性电极铝电解槽建立了相应的 2D 热模型，如图 16 - 7 所示。模型中的钢棒位置存在多种材料，引入钢棒与相邻材料的并联热导率来描述该部分材料传热情况。

16.2.2 电热平衡仿真计算模型及边界条件

由于铝电解槽在长轴和短轴方向的对称性，建立了 20 kA 级惰性电极铝电解槽的三维 1/4 模型，如图 16 - 8 所示。模型包括：阳极导杆、阳极填充料、阳极、电解质、铝液、阴极、阴极钢棒等导电导热部分，用具有电热自由度的 Solid69 单元划分网格；而仅导热部分如氧化铝覆盖料、电解质结壳、侧部炭块、底部保温结构、槽壳等用仅有热自由度的 Solid70 单元划分网格。定义阴极炭块与钢棒之间的电接触以及熔体与槽帮、阴极和阳极之间的热接触，分别通过共享单元实常数来识别接触对。

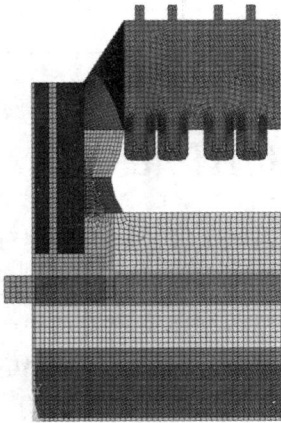

图 16 - 7　2D 槽膛内形计算模型　　　　图 16 - 8　电热平衡计算模型

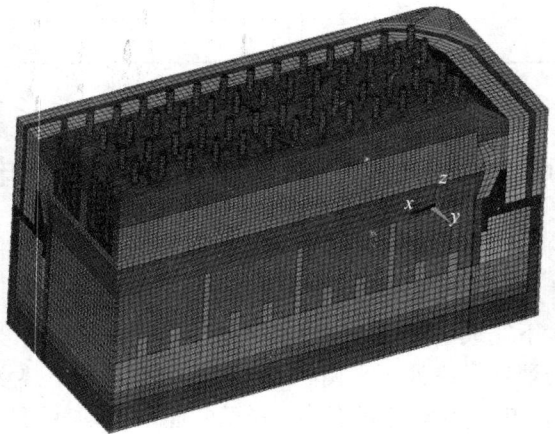

模型中进行了一些简化：①熔体视为等温，温度为电解温度 870℃；②以体积分数的方式修正阴极的材料属性以考虑钢棒糊的影响；③忽略外部母线引起的产热量和热损失。

采用的边界条件如下：①阳极导杆上施加电流平均值，阴极钢棒端头施加零电位；②定义熔体温度 870℃；③槽壳外表面施加随槽壁温度变化的对流换热边界条件，换热系数取实际对流和热辐射的综合对流换热系数；④对称面上施加对称边界条件。

16.2.3　铝电解槽热场设计的通用准则

铝电解槽的保温结构设计主要是指阴极底部和侧壁的保温设计，顶部保温结构可根据实际生产情况机动调整，并非设计的重点。铝电解槽保温设计的基本原则是尽可能降低热损失，以减少能耗，必须满足以下条件：

（1）产生合理的槽帮形状。

（2）内衬中等温线分布合理，侧部比较陡峭，底部较平滑。阴极炭块应达到一定的温度，以免电解质在阴极炭块中凝固结晶，造成炭块的损坏；而保温砖温度不能太高，一般要求在800℃以下，以免受高温作用而损坏失效。

（3）散热分布合理，即通过阳极、炉面、槽壳侧面、槽壳底部、阴极钢棒等各部位散热的比例处于最佳状态，以使电解槽具有对热平衡波动的调节空间。通常来说，电解槽顶部散热量应占槽总散热量的40%～60%，侧部43%左右，底部7%左右。

16.2.4　电热场仿真优化

电流效率值是计算铝电解槽体系理论能量消耗的重要指标。而采用惰性阳极的电解生产，实际生产经验不足，能够达到的电流效率目前难以确定。因此，为保证电解过程能够高效稳定运行，在简易的操作下，其结构需对电流效率值有一定的承受空间。为此，本章提出了相应的电热场仿真优化方案，以确定其最终结构。

按照第5章和第6章所描述的计算流程，首先调整槽结构使其在电流效率50%时达到热平衡，并以此结构为基准结构。若电流效率为70%时，则分别在基准结构的基础上调整极距或采用外保温与内保温相结合的方式使电解槽达到热平衡。其中外保温就是在侧部槽壳外侧增加一定厚度的保温砖，这种方式可在筑炉完成的生产过程中简便地进行。若电流效率为90%，采取同样的措施或者两种措施结合使用使其达到热平衡。如此一来，电流效率为50%～90%时，均可以通过简便的调节使电解槽达到热平衡，以保证铝电解生产稳定高效地运行。

1. 电流效率为50%时达到热平衡的槽结构

经过反复计算调整，最终得到电流效率为50%时达到电热平衡的铝电解槽结构，并作为建槽基准结构。保温结构配置列于表16-3，此时，极距为45 mm。电解槽的温度分布云图如彩图Ⅸ-1所示。计算结果表明：等温线在侧部陡峭，底部平滑，800℃等温线在阴极炭块以下保温砖以上，可见，等温线分布比较合理。将热平衡计算结果列于表16-4，结果显示顶部散热量约占槽总散热量的50.43%，侧部占42.09%，底部占7.48%左右。其散热分布也比较合理。

表 16 – 3   基准结构保温结构配置

参数	材料类型	参数值/mm
顶部	氧化铝覆盖料	210
侧部	侧部炭块（无烟煤质）	100
	防渗料层	30
	硅酸钙板	50
	侧部保温砖	100
底部	防渗料层	160
	保温砖层	65 × 2
	纤维板	65
	侧部纤维板	50

表 16 – 4   基准结构散热分布表

项目	参数值	占比/%
槽电压/V	4.091	—
理论热收入/kW	81.821	—
理论能耗/kW	30.788	—
理论热损失/kW	51.033	—
实际热损失/kW	51.342	—
误差值/%	0.60	—
顶部热损失/kW	25.894	50.43
侧部热损失/kW	21.61	42.09
底部热损失/kW	3.839	7.48

2. 电流效率为 70% 时达到热平衡的槽结构

电流效率为 70% 时，与基准结构相比，若极距不变则理论热收入不变，则理论能耗增加，因此理论热损失减少，基准结构明显保温不足。为达到热平衡，可以通过两种方式进行调节，一是提高极距增加热收入，一是加强保温降低热损失。

结果表明，将极距增加至 65 mm 时，电解槽可以达到热平衡，定义此时槽结构为结构 1。将散热分布列于表 16 – 5。此时，其散热量变化不大，但总能量收入增加。这种方式比较简便，却是以提高能耗为代价的。

表 16 – 5　结构 1 散热分布表

项目	参数值	百分比/%
槽电压/V	4.658	—
理论热收入/kW	93.188	—
理论能耗/kW	43.103	—
理论热损失/kW	50.084	—
实际热损失/kW	51.573	—
误差值/%	2.890	—
顶部热损失/kW	26.205	50.81
侧部热损失/kW	21.515	41.41
底部热损失/kW	3.852	7.36

　　另一种调节方式是在基准结构的基础上，增加外保温，采取的措施为在侧部槽壳外围直接增加一层保温砖，同时增加上部氧化铝覆盖料厚度。计算结果表明，当侧部增加 45 mm 厚保温砖，上部氧化铝覆盖料厚度增加至 350 mm 时，电解槽能够达到热平衡，定义该槽结构为结构 2，温度分布云图如彩图 Ⅸ – 2 所示，散热分布列于表 16 – 6。这种方式相对较烦琐，但散热量降低，利于节能，适用于长期的生产使用。

　　在生产过程中可以两种调节方式结合使用。对所建立的基准结构，若电流效率可以达到 70%，则迅速调节极距使其生产正常，再逐步增加侧部和顶部的保温，并降低极距使电解槽在新结构下维持稳定地生产运行。

表 16 – 6　结构 2 散热分布表

项目	参数值	百分比/%
槽电压/V	4.110	—
理论热收入/kW	82.202	—
理论能耗/kW	43.103	—
理论热损失/kW	39.098	—
实际热损失/kW	40.671	—
误差值/%	3.87	—
顶部热损失/kW	19.436	47.79
侧部热损失/kW	15.426	37.93
底部热损失/kW	5.809	14.28

3. 电流效率为 90% 时达到热平衡的槽结构

若电流效率可以达到 90%，基准结构的保温不足更加严重。表 16 - 7 为在基准结构的基础上，上部氧化铝覆盖料 350 mm，侧部增加保温砖厚度依次取 45 mm，90 mm，140 mm，200 mm，300 mm 时电解槽的侧部散热量、总散热量以及热平衡需达到的散热量。可见，仅增加侧部保温的效果不大，且随着侧部保温能力的增加，效果愈加不明显。底部保温是没有办法增加的，而理论散热量需维持在 27 kW 左右，仅靠增强侧部和顶部保温难以达到热平衡。

表 16 - 7 电流效率 90%、极距 65 mm 时散热分布表

侧部增加保温砖厚度/mm	侧部散热量/kW	总散热量/kW	90% 电流效率理论散热量/kW
45	15.426	40.671	
90	13.613	40.383	
140	11.805	39.61	27
200	10.151	38.751	
300	8.268	37.378	

若电流效率可以达到 90%，只能通过增加外部保温和提高极距相结合的方式来实现电热平衡。当极距提高至 67 mm，增加侧部保温砖厚度 45 mm，顶部氧化铝覆盖料厚度 350 mm 时，可以达到电热平衡，定义此时槽结构为结构 3。其散热分布列于表 16 - 8。两种方式也可以通过其他组合以达到电流效率为 90% 情况下的热平衡，仅仅是一个此消彼长的关系，这里就不一一列出。

表 16 - 8 结构 3 散热分布表

项目	参数值	占比/%
槽电压/V	4.731	—
理论热收入/kW	94.628	—
理论能耗/kW	55.418	—
理论热损失/kW	39.21	—
实际热损失/kW	40.796	—
误差值/%	3.89	—
顶部热损失/kW	19.55	47.92
侧部热损失/kW	15.434	37.83
底部热损失/kW	5.812	14.25

16.3　20 kA 级惰性电极铝电解槽热应力仿真研究

在铝电解生产过程中,槽内温度分布不均匀,存在较大的温度梯度,势必产生很大的热应力。阴极内的热应力会使阴极发生膨胀,加上阴极在电解过程中受到熔体的侵蚀,若应力分布不均匀,很容易产生裂纹从而影响槽寿命;槽壳受内衬膨胀力作用也会产生较大变形,甚至发生屈服失效,影响到电解槽使用寿命。可见,铝电解槽中过量的应力是槽破损的主要原因,认识槽内应力的形成与演变规律,进而采取相应有利于实现最佳应力分布的技术措施,对于减少槽破损、提高槽寿命是至关重要的。

因此,对 20 kA 级惰性电极铝电解槽应力分布进行研究,是保证电解槽长期稳定高效运行的重要一环。对于该惰性电极铝电解槽应力场的研究,主要包括槽壳、阴极和惰性阳极部分,其中本章所采用的 $NiFe_2O_4$ 基深杯状金属陶瓷惰性阳极(图 16 - 1),本书作者团队的王志刚博士已经做了深入系统的研究[1],本章主要考察槽壳和阴极部分的应力分布情况。

16.3.1　惰性电极热应力计算模型

在电热计算模型中,通过 ETCHG 命令转换为结构模型,添加材料的力学性能参数进行结构分析。阳极部分结构复杂,在电热场建模时单独建立,转换为应力场计算时,需在阳极部分与底部结构之间定义位移约束方程,这大幅增加了计算量和计算时间。而阳极部分对底部结构的应力分布影响比较小,因此,删除电热模型中单独建立的阳极结构以及阳极浸没的电解质,最终用于热应力计算的模型如图 16 - 9 所示。模型中主

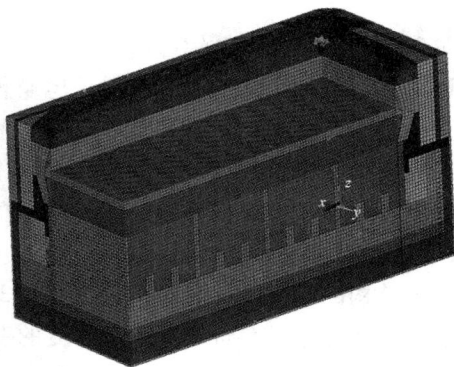

图 16 - 9　热应力计算有限元模型

要包括极间电解质层、铝液、阴极、阴极钢棒、底部保温结构、侧部保温结构和槽壳。

此电解槽结构中,阴极采用的是 TiB_2 复合材料,对铝液有较好的润湿性,可有效避免因与电解质接触而造成的一系列问题。因此,在应力场计算时,忽略因电解质渗透和钠膨胀所产生的应力,仅进行热应力计算。

在结构模型中，通过 LDREAD 命令从电热分析结果文件中读取模型节点的温度分布，并施加到模型上，作为热应力计算的温度载荷。其边界条件如下：限制电解槽底部垂直方向的移动，定义 Z 方向位移为零；对电解槽长轴和短轴中心面上的所有节点定义对称；定义 Z 方向的重力加速度 9.8 m/s^2，方向向下。

热应力计算的物理性质参数包括材料的弹性模量、泊松比和热膨胀系数，其数值参考文献[3]~[5]。槽壳是塑形材料，其应力 - 应变关系是非线性的。本章采用线性强化弹塑性模型（即双线性材料模型）来模拟槽壳材料的弹塑性问题，材料属性中必须定义屈服应力和切线模量，具体数值见表 16 - 9。

表 16 - 9   20$^#$钢的力学性能参数

温度/℃	20	100	200	300	400
弹性模量/GPa	210	205	200	185	180
泊松比	0.286	0.289	0.300	0.319	0.298
屈服应力/MPa	265	245	225	176	147
切线模量/MPa	500	488	476	440	428

16.3.2   热应力计算结果分析

对 20 kA 级惰性电极铝电解槽的各种工艺参数均提出了相应结构设计方案，对各种方案均需做结构分析，以保证电解槽在各种情况下均能够稳定高效运行。计算结果表明，极距的改变对电解槽应力场分布影响不大。因此，本章仅对两种结构进行应力场分析，包括 50% 电流效率下达到热平衡的槽结构即基准槽结构和 70% 电流效率下增加外部保温达到热平衡的槽结构即结构 2。

1. 基准结构应力场计算结果

基准结构的槽壳位移分布如彩图IX - 3 所示。计算结果表明，在温度梯度的作用下，槽壳沿各个方向均有一定程度的变形，铝电解槽在热应力的作用下向外膨胀，且呈梯度分布。X 方向位移最大，达到了 5.4 mm，最大变形位于小面槽壳中上部。Y 方向位移最大值为 4.3 mm，位于大面槽壳中上部。Z 方向上，槽壳受热应力和重力的共同作用发生变形，大部分槽壳发生正向位移，位移最大值位于大面上部，说明热应力占主导作用。在槽壳底部，重力占主导作用，发生负向位移，但位移量较小。总位移分布图表明，电解槽底部变形较小，小面槽壳较大面槽壳的变形更大，最大变形量位于小面上部中心位置，达到 5.6 mm。综合上述，对槽壳而言，无论是单方向位移还是总的位移，均远小于现行大型预焙阳极铝电解槽。

图 16-10 为基准结构槽壳等效应力分布图，槽壳为韧性材料，因此提取相应的米泽斯等效应力根据米泽斯准则考察其屈服状态。从图中可以看出，考虑槽壳的材料非线性进行弹-塑性分析，槽壳达到的最大等效应力值为305 MPa，其等效应力分布与文献[6]的报道比较接近，计算结果合理。在槽壳大面、小面的中上部，钢棒位置底部以及槽壳底部位置存在较大的应力。图 16-11 及图 16-12、图 16-13 分别为基准结构槽壳总的等效应变和弹性、塑形等效应变的分解分布云图。最大应变为 0.19%，小于工程的屈服应变安全值 0.2%，是比较安全的。对槽壳进行的是弹-塑性分析，其应变包括弹性应变和塑性应变两部分，可以发现，弹性应变在槽壳的应变中占主导地位，仅在大面和小面的中上部存在很小的塑性应变。

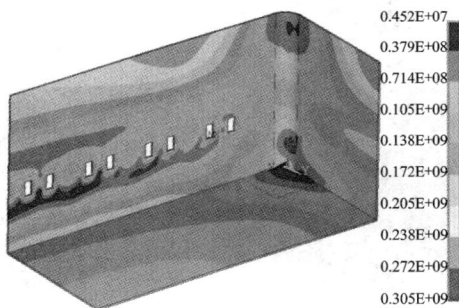

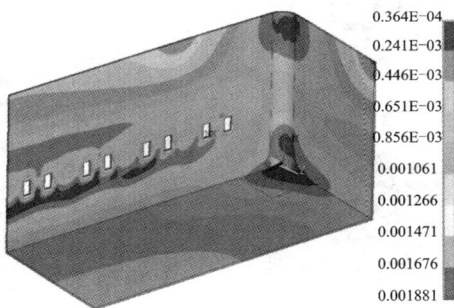

图 16-10　基准结构槽壳等效应力分布图/Pa　图 16-11　基准结构槽壳总等效应变分布图/Pa

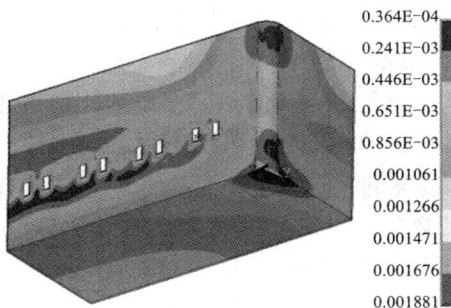

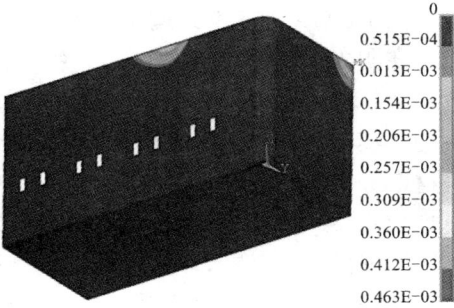

图 16-12　基准结构槽壳弹性等
效应变分布图/Pa

图 16-13　基准结构槽壳塑性等
效应变分布图/Pa

计算得到的基准结构阴极位移分布如图 16-14 所示。从图中可以看出，阴极在 X 方向、Y 方向和 Z 方向上均有位移，且指向槽外，说明在温度梯度的作用下阴极向三个方向均有膨胀作用。阴极三个方向的位移均呈一定的梯度分布，最大位移量之间的关系为：X 方向 $> Z$ 方向 $> Y$ 方向。但这并不代表阴极各方向膨胀量之间的关系：X 方向，外部阴极的位移量是其本身膨胀量和内部阴极膨胀量的累计效果；Z 方向，阴极位移量是阴极本身膨胀量和底部保温结构膨胀量的累计效果。总的来说，20 kA 级惰性电极铝电解槽这种小型槽，阴极各方向的位移与传统大型槽相比是微不足道的。

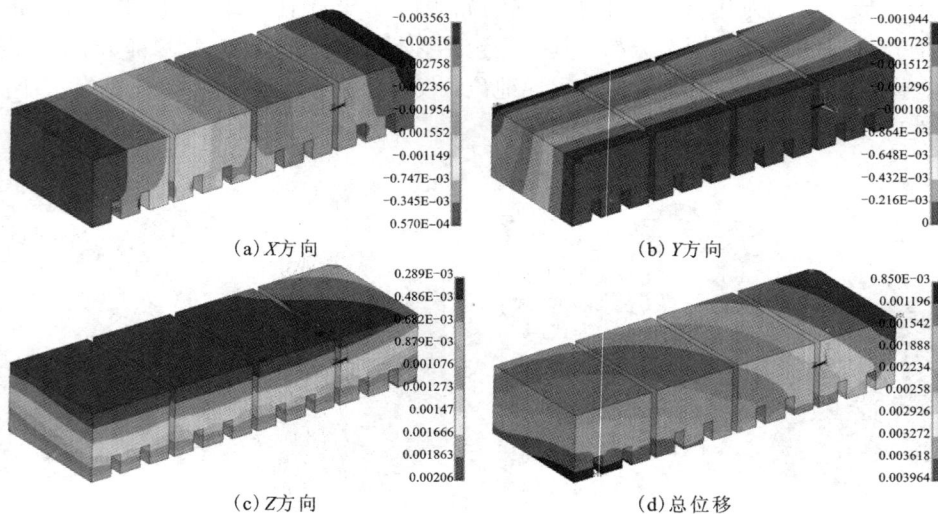

(a) X 方向   (b) Y 方向

(c) Z 方向   (d) 总位移

图 16-14 基准结构阴极位移分布云图/m

图 16-15 为基准结构阴极各方向应力分布图和第一主应力分布图。

在阴极炭块的大部分区域，各方向应力值都比较小，但在与钢棒接触的位置，存在较大 X 方向和 Z 方向的应力值，这主要是因钢棒的热膨胀系数比较大造成的。实际生产中，炭块与钢棒之间有一层较软的钢棒糊，可以在很大程度上吸收这部分应力。Y 方向的应力主要集中在炭块端部，可见，在炭块端部采用弹性模型比炭块小的保温材料以缓冲炭块应力是必要的。阴极炭块为脆性材料，需用第一强度准则，即最大拉应力准则来判断是否失效，因此，考察阴极炭块的第一主应力分布状况。阴极大部分区域应力值均在 18.0 MPa 以内，与钢棒接触位置及端部应力值稍大。

2. 结构 2 应力场计算结果

结构 2 热应力计算有限元模型如图 16-16 所示。

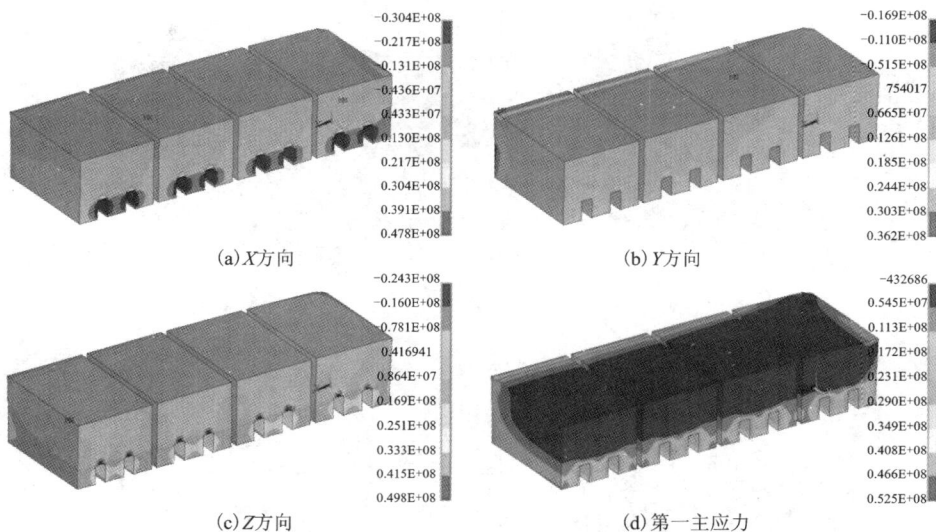

(a) X 方向

(b) Y 方向

(c) Z 方向

(d) 第一主应力

图 16-15　基准结构阴极应力分布图和第一重应力分布图主应力/Pa

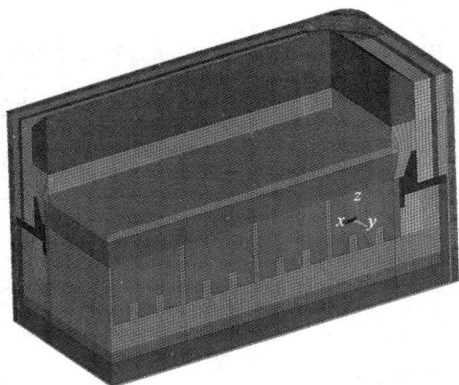

图 16-16　结构 2 热应力场计算有限元模型

　　计算得到的结构 2 槽壳位移分布如图 16-17 所示，其位移分布与基准结构具有相同的趋势，提取两种结构各方向的位移最大值，列于表 16-10。通过比较发现，X 方向和 Y 方向位移量均有不同程度的降低。可见，采取内外保温相结合的保温方式，在槽外增加一层保温砖，不仅能够增强铝电解槽的保温作用，同时，也在一定程度上限制了电解槽的膨胀。相应的应力结果如图 16-18～图 16-21所示。

（a）X方向

（b）Y方向

（c）Z方向

（d）总位移

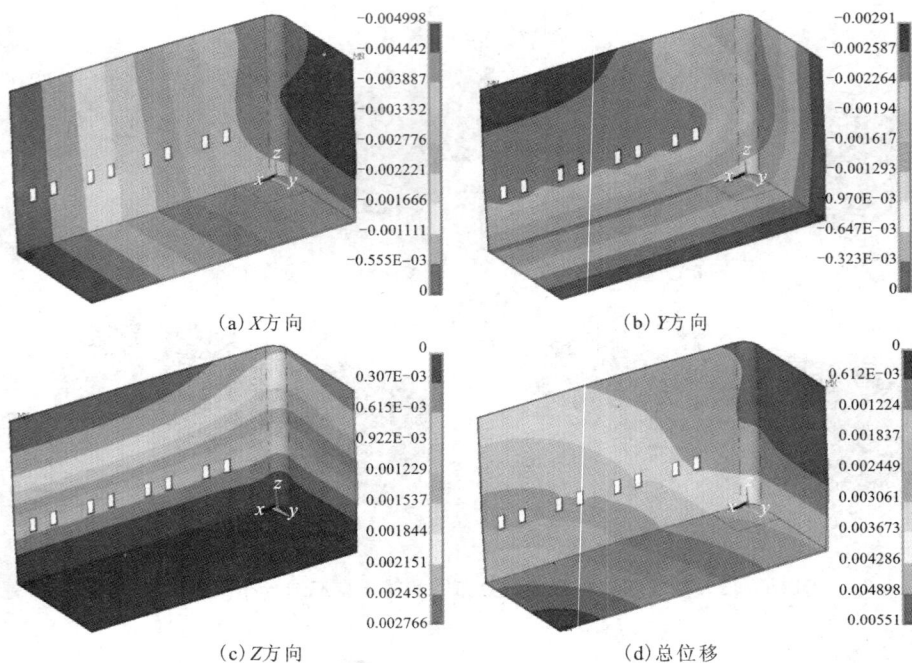

图 16 - 17　结构 2 槽壳位移分布云图/m

表 16 - 10　基准结构和结构 2 的槽壳位移比较

项目	基准结构	结构 2
槽壳 X 方向位移最大值/mm	5.437	4.998
槽壳 Y 方向位移最大值/mm	4.298	2.910
槽壳 Z 方向位移最大值/mm	1.632	2.766
槽壳总位移最大值/mm	5.602	5.510

图 16 - 18　结构 2 槽壳等效应力分布图/Pa

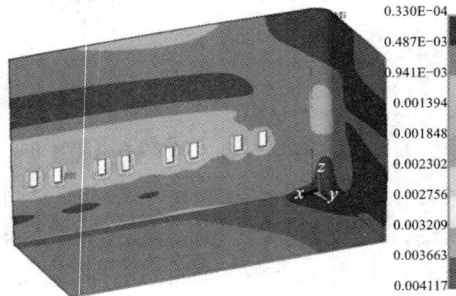

图 16 - 19　结构 2 槽壳等效应变分布图

0.330E-04
0.182E-03
0.331E-03
0.479E-03
0.628E-03
0.777E-03
0.926E-03
0.001075
0.001224
0.001372

0
0.327E-03
0.653E-03
0.980E-03
0.001307
0.001633
0.00196
0.002287
0.002613
0.00294

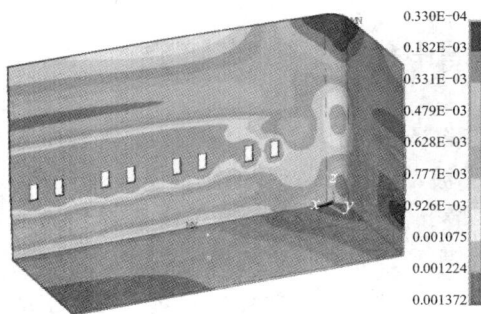

图16-20　结构2槽壳弹性等效应变分布图　图16-21　结构2槽壳塑性等效应变分布图

3. 结构2阴极位移及应力分析

结构2阴极炭块的位移分布与基准结构相比具有相同的分布趋势,位移量也差异很小,这里就不一一列出。

图16-22为结构2阴极炭块各方向应力分布和第一主应力分布情况。与基准结构相比,各方向的应力分布更加均匀,与钢棒接触位置的应力值也有所降低。究其原因是因为该结构保温性增强,阴极和钢棒温度均升高,且温度分布更加均匀,温度梯度减小,同时,钢棒的弹性模量随温度升高而降低。该阴极大部分区域的第一主应力值在6.8 MPa以内,是比较安全的。

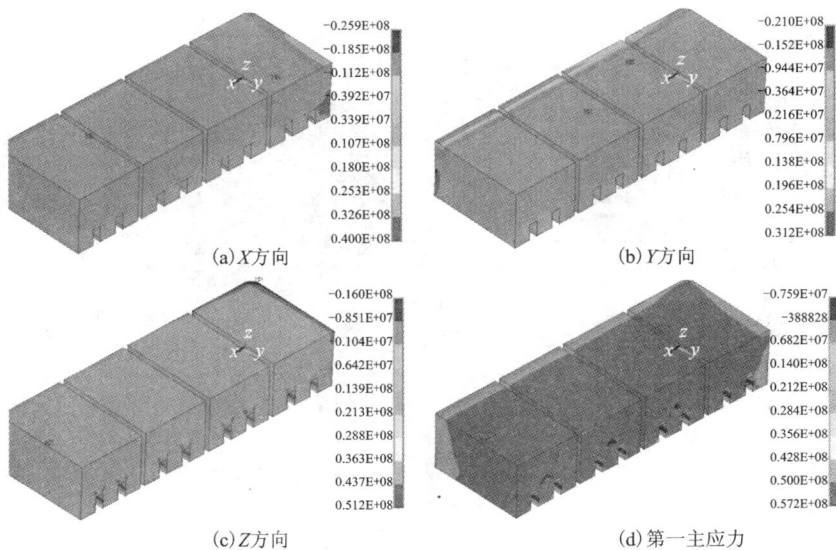

-0.259E+08
-0.185E+08
0.112E+08
0.392E+07
0.339E+07
0.107E+08
0.180E+08
0.253E+08
0.326E+08
0.400E+08

(a)X方向

-0.210E+08
-0.152E+08
0.944E+07
0.364E+07
0.216E+07
0.796E+07
0.138E+08
0.196E+08
0.254E+08
0.312E+08

(b)Y方向

-0.160E+08
-0.851E+07
0.104E+07
0.642E+07
0.139E+08
0.213E+08
0.288E+08
0.363E+08
0.437E+08
0.512E+08

(c)Z方向

-0.759E+07
-388828
0.682E+07
0.140E+08
0.212E+08
0.284E+08
0.356E+08
0.428E+08
0.500E+08
0.572E+08

(d)第一主应力

图16-22　结构2阴极应力分布云图/Pa

16.4　20 kA 级惰性电极铝电解槽电磁流场仿真研究

　　铝电解槽内强电流产生强磁场，电场与磁场相互作用产生电磁力，电解质和铝液在电磁力的作用下产生循环流动、界面波动和隆起变形。在铝电解生产中，电解质的循环流动促进了氧化铝的快速扩散和温度的均匀分布，这是有利的一面。但铝液的隆起和波动减少了有效的极间距离，加剧了铝的溶解损失，导致电流效率降低。因此准确获得铝电解槽内熔体的运动形态和变化规律对铝电解生产意义重大。对 20 kA 级惰性电极铝电解槽电磁场和熔体流动场的研究是校核其设计可行性的重要一环。

16.4.1　电磁场计算模型

　　磁场计算时，定义 Solid5 的单元自由度为 MAG，并将内衬、槽壳、空气等非导电材料的实体有限元单元重新激活，且赋予 MAG 自由度与导磁属性以参与磁场的求解。电场求解之后，获得了模型中的电流分布情况，其模型信息和单元的电流密度矢量均保存在结果文件中。在此基础上生成的磁场模型则自动实现了与电场的耦合。电场和磁场有限元模型分别见图 16 – 23 和图 16 – 24，为观察方便，图中仅显示了 1/2 空气包。阴极炭块内的阴极钢棒温度超过了居里点温度，认为是顺磁性物质，因此只考虑槽壳的铁磁性。

图 16 – 23　全槽电场计算有限元模型

图 16 – 24　全槽磁场计算有限元模型

　　磁场计算的边界条件如下：磁场的求解采用通用磁标量位法（GSP），在空气外表面施加零磁位。目前，GSP 已经成熟地集成在 ANSYS 中，可直接选其作为磁场计算求解器，ANSYS 软件则自动进行三步磁场求解。

　　在计算之前，均需使用 BIOT 选项，根据毕奥 – 萨发特定律计算由电流源产生的初始磁场分布。用 BIOT 选项并且使用 SAVE 命令，计算的数据存储在数据库中。但如果执行了退出操作，数据会丢失。若希望退出后保存这些数据，则在使用 SAVE 命令后，执行"/EXIT, NOSAVE"命令。也可以通过执行"/EXIT, SOLU"命令退出 ANSYS 程序，并且存储所有求解数据，包括毕奥－萨发特计算结果。

16.4.2　电磁场计算结果分析

1. 电场计算结果

电场是电－磁－流场计算的基础，是磁场和流场产生的源头。本章进行电－磁－流场仿真计算的模型为电流效率 50% 时达到热平衡的槽结构，如 16.1.1 小节所述槽结构参数，此时极距为 4.5 cm。所得电解槽整槽及阳极横母线、阳极、电解质、铝液、阴极、钢棒和阴极母线的电势分布云图如彩图Ⅸ－4～彩图Ⅸ－11 所示。在不考虑分解电压和极化电动势时槽电压为 1.869 V，通过各部分电势分布云图的比较，电压降主要集中在电解质区域，约 1.542 V。并且明显可见，由进电端至出电端，各部分电势均有逐渐降低的趋势（电解质部分由于分摊电压较大，横向的差异不明显），可能会造成进电端指向出电端的水平电流。

提取流经各个阳极的电流量，并以自进电端至出电端的阳极行数为横坐标，流经阳极的电流量为纵坐标，对 8 列阳极作图，如图 16－25 所示。

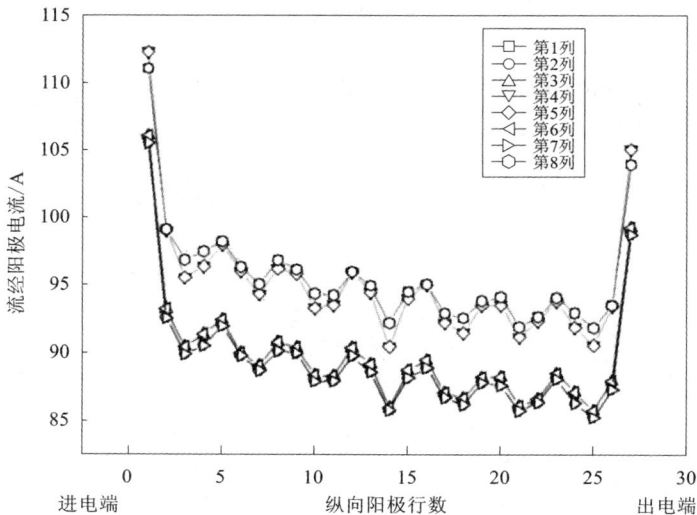

图 16－25　阳极电流量分布图

可见，流经阳极的电流沿长轴对称分布，但沿短轴则没有这种对称关系。由进电端至出电端，流经阳极的电流整体趋势是降低的。小面处阳极电流明显高于其他位置，而又以进电端偏高。大面及中缝相邻处阳极电流普遍高于其他位置阳极约 6 A。可见，流经阳极的电流量与阳极所处空间的大小密切相关。

钢棒部分电流密度分布如图 16 - 26 所示，明显可以看出，以单根钢棒而论，中间电流密度极小，电流主要集中在端部约三分之一范围内。自进电端至出电端，流经钢棒的电流密度逐渐增大，而同一炭块的两钢棒又相差不大。提取流经各钢棒的电流量，并以自进电端至出电端为阴极钢棒排序作为横坐标，以流经钢棒的电流量为纵坐标，由于电解槽沿长轴的对称性，仅对单侧作图，如图 16 - 27 所示。可见，由进电端至出电端，流经阴极钢棒的电流量整体趋势增加，而第 5 根钢棒处，相邻钢棒电流相比明显偏大。

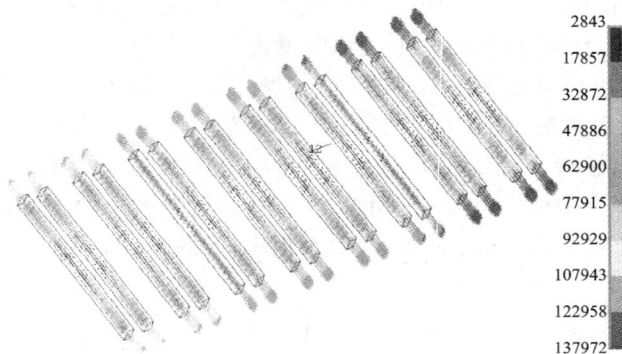

| 2843 |
| 17857 |
| 32872 |
| 47886 |
| 62900 |
| 77915 |
| 92929 |
| 107943 |
| 122958 |
| 137972 |

图 16 - 26　阴极钢棒电流密度分布/$(A \cdot m^{-2})$

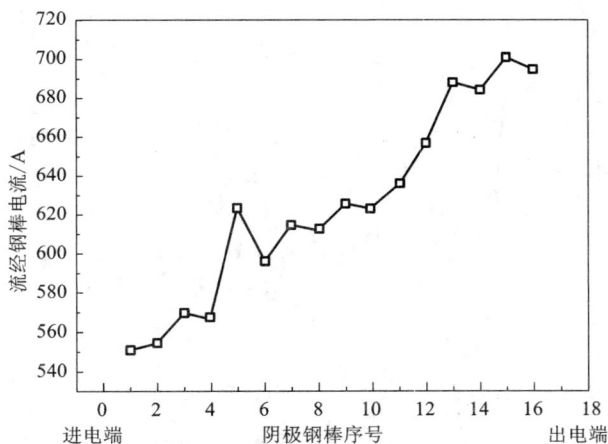

图 16 - 27　阴极钢棒电流量分布

2. 磁场计算结果

彩图Ⅸ－12 为铝液上表面的磁场分布云图。可以看出，由于铝电解槽及母线设计均沿长轴对称，因此各磁场分量及总磁场关于长轴呈明显对称或反对称分布。该槽为端部进电方式，各参数沿短轴没有这种对称关系。分析各方向磁场分布特点及范围，并分别求出平均值，列于表 16－11。与传统大型槽相比，该小容量槽整体磁场比较小，总磁场最大值为 42.32 Gs（1 Gs＝10^{-4}T），绝对值的平均值为 20.34 Gs。与 B_x 和 B_y 相比，整体 B_z 相对较小，但在角部，特别是进电端，也存在比较大的垂直磁场。三个方向磁场分量平均值之间的关系为：$B_y > B_x > B_z$。x 方向水平电流的存在是造成 y 方向水平磁场大于 x 方向水平磁场的主要构因。图 16－28 所示为铝液磁场矢量分布图，明显可见，磁场绕出电端一点呈旋涡分布状态。

表 16－11　各方向磁场分布范围及绝对值的平均值

项目名称	分布范围	平均值
水平磁场 B_x/Gs	－26.82～26.82	12.04
水平磁场 B_y/Gs	－22.76～33.45	13.38
垂直磁场 B_z/Gs	－25.2～25.2	3.16
总磁场 B/Gs	0.114～42.32	20.34

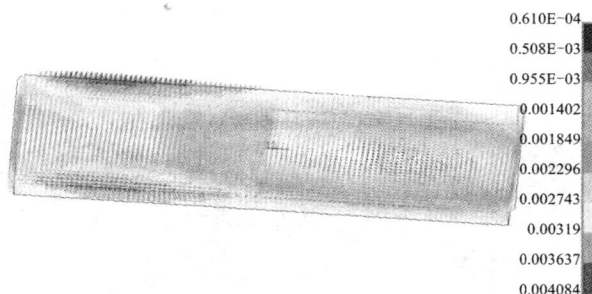

图 16－28　铝液磁场矢量分布图/T

提取熔体内的电流密度与磁感应强度，二者叉乘获得电磁力，将铝液和电解质的电磁力平均值列于表 16－12，二者的矢量分布如图 16－29 和 16－30 所示。与侧部进电方式的传统预焙槽电磁力偏向大面不同，铝液和电解质内电磁力均向小面方向有所偏移。电解质内的电磁力比铝液内小很多，二者分布趋势类似，均在进电端两侧较大，出电端中心位置较小。与传统大型槽相比，电磁力平均值小了约一个数量级。总体而言，小容量铝电解槽的设计，磁场不是需要考虑的最重要因素。

表 16 – 12　铝液和电解质电磁力分布表

项目名称	电解质部分	铝液部分
水平方向电磁力 $M_{F_x}/(N \cdot m^{-3})$	1.662	6.203
水平方向电磁力 $M_{F_y}/(N \cdot m^{-3})$	1.049	6.619
水平方向电磁力 $M_{F_z}/(N \cdot m^{-3})$	0.457	3.207

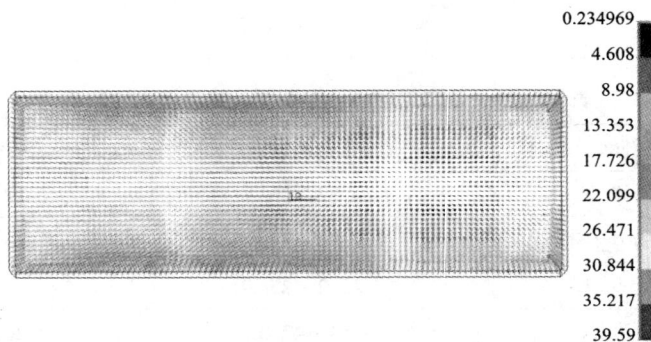

图 16 – 29　铝液部分电磁力矢量图 $M/(N \cdot m^{-3})$

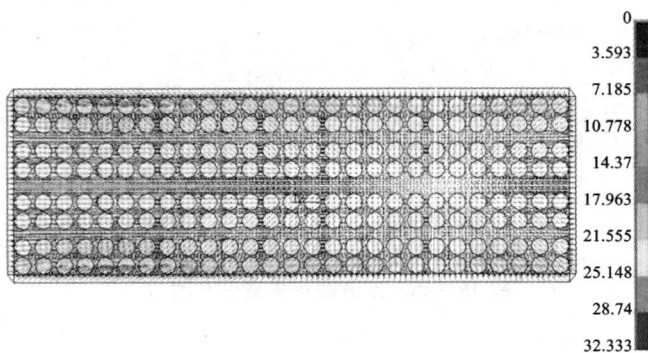

图 16 – 30　电解质部分电磁力矢量图 $M/(N \cdot m^{-3})$

16.4.3　流场计算方法

铝电解槽内的熔体包括铝液区、电解质底层区和有气泡扰动的阳极附近的电解质区域，它们之间存在非常复杂的物理过程和化学过程，对电解生产起着至关重要的影响，其中熔体的运动又起着非常关键的作用。稳定运行的铝电解槽，其铝液和电解质在重力、电磁力、由温度梯度和浓度梯度引起的浮力和阳极气泡的拖曳力等共同作用下运动，而一般认为，电磁力是其运动的主要推动力。针对这个计算体系，认为熔体是不可压缩黏性流体，本章采用3D雷诺时均 N – S 方程和 $k - \varepsilon$ 湍流模型对熔体流场进行求解，使用流体计算软件 CFX 的 VOF 法追踪铝液 – 电解质界面和自定义电磁力函数来实现电磁场到稳态流场的耦合计算。

流场计算模型如图 16 – 31 所示。实体模型从电磁场计算模型中提出，但电磁场计算模型网格密度较低，不适于流场的计算，因此在保持坐标位置不变的前提下重新进行网格划分。为区分不同的边界，使用 Mesh200 单元进行表面网格划分，并定义相应 component 以便于识别不同的边界。之后，将模型导入 CFX 软件进行流场仿真计算。计算时仅考虑电磁力作用，所有外表面均设置为无滑移壁面边界 wall(no slip)，铝液 – 电解质的界面采用 VOF 法进行界面变形追踪。

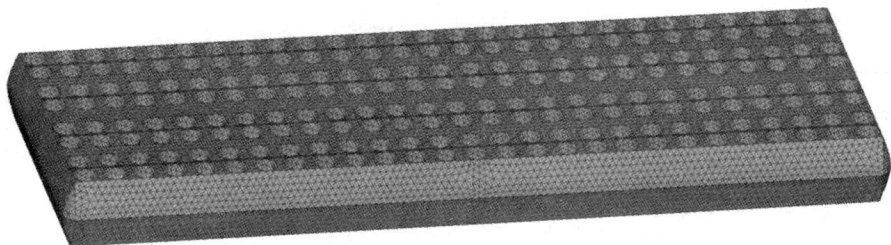

图 16 – 31　流场计算模型

16.4.4　流场计算结果分析

图 16 – 32 为距铝液 – 电解质初始界面分别为 7. 5 cm、2 cm 处的截面和初始界面处的截面铝液水平速度矢量图。明显可见，铝液内不同水平截面上流场分布趋势相同，在进电端部分存在两个大涡，流速比较大；出电端部位存在一个大涡，周围分散着四个小涡，流速相对较小。提取三个截面的平均速度列于表 16 – 13。可见，自下至上，越靠近铝液和电解质的界面铝液流速越大。

(a)距铝液-电解质初始界面75 mm处截面

(b)距铝液-电解质初始界面20 mm处截面

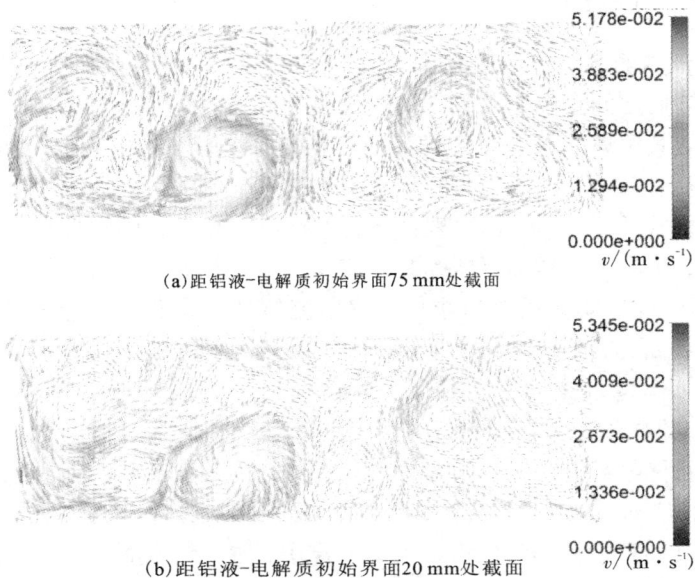

图16-32 铝液水平速度矢量图

表16-13 铝液内平均流速分布

位置	平均流速/(cm·s⁻¹)
距铝液–电解质界面75 mm处截面	1.137
距铝液–电解质界面20 mm处截面	1.602
铝液–电解质界面处截面	5.129

图16-33为电解质流速矢量图,其流场分布趋势与铝液部分相同,但相对比较紊乱。提取两个截面的平均速度列于表16-14。自上至下,越靠近铝液-电解质界面电解质流速越大。提取铝液和电解质部分的平均流速,分别为1.623 cm/s和1.343 cm/s,可见铝液部分流速比电解质部分偏大,但相差不明显。二者均明显小于一般大型铝电解槽。

采用CFX软件的自由界面跟踪法追踪铝液-电解质界面变形,以铝液体积分数为0.5的等值面为最后的界面,得到稳定的界面形状。20 kA级惰性电极铝电解这种小容量槽,界面上各点变形不明显,不易绘制界面形状图,因此,这里仅用稳定状态下的界面波动数值(表16-15)说明问题。

图 16-33　电解质水平速度矢量图/(cm·s⁻¹)

表 16-14　电解质平均流速分布

位置	平均流速/(cm·s⁻¹)
距铝液－电解质界面 75 mm 处截面	1.985
铝液－电解质界面	5.601

表 16-15　铝液－电解质界面波动

项目名称	计算结果/mm
向上波动最大值	10.98
界面隆起等效高度	3.69
向下波动最大值	9.96
界面凹陷等效深度	2.06

可见，与传统大型预焙槽相比，此小容量铝电解槽界面波动不明显。流场并非小容量铝电解槽设计需要考虑的最主要因素。

16.5　惰性电极槽优化建议

借鉴现行槽的保温配置，配合使用 NiFe$_2$O$_4$ 基金属陶瓷惰性阳极、TiB$_2$ 复合阴极和低温电解质，提出电解槽的初始结构设计方案。为保证电解生产平稳高效运行，在商业软件 ANSYS 和 CFX 的计算平台上，运用计算机仿真优化方法，对所设计槽结构进行物理场的深入研究和优化设计。本书可为 20 kA 级惰性电极铝电解槽的设计和运行提供指导建议，提出的电解槽优化设计方法可以在其他新型槽的设计中推广使用。主要研究成果和结论如下：

（1）针对采用惰性阳极的尺寸，结合电解槽容量，先后提出三种阳极配置方案，比较之后选择方案三：两个阳极组成一个阳极组，阳极组设置为大面方向27排，小面方向4列共216根阳极。这种阳极配置方式既利于生产操作，对失效阳极的处理也很方便。设计阳极电流密度 0.7799 A/cm^2，阴极电流密度 0.503 A/cm^2，钢棒电流密度 25 A/cm^2，电解温度 870℃，过热度 15℃。

（2）应用热平衡计算算法开展了深入系统的仿真优化研究，设计出能承受"宽电流效率波动区域"的内衬结构及相关工艺。首先，假定电流效率为50%，确定能够很好达到电热平衡且温度分布和槽周散热分布均比较合理的电解槽结构，并作为建槽基准结构。若电流效率为70%，提高极距至65 mm，达到热平衡，但能耗较高；或增加外保温，在侧部槽壳外侧增加45 mm厚的保温砖，也可达到热平衡，利于节能，但是操作烦琐。若电流效率为90%，需同时提高极距和增强外部保温，当极距提高至67 mm，侧部保温砖45 mm时，达到热平衡。因此，通过简单的操作，在电流效率为50%~90%时该电解槽均能够稳定运行。

（3）对所确定的槽结构，考虑槽壳材料的结构非线性，进行了热载荷和重力作用下的应力场计算，重点考察了槽壳和阴极的应力、应变情况。结果表明，极距的改变对应力分布影响不大。槽壳主要发生弹性应变，与钢棒接触位置存在较大的塑性变形，应在此位置预留一定的应变缓冲空间。阴极应力整体较小，在端部偏大，在此位置使用弹性模量比炭块小的保温材料来缓冲阴极炭块的应力是有必要的。整体而言，此电解槽槽壳及阴极的位移和应力与大型槽相比均比较小，在安全范围以内。

（4）对建槽基准结构建立包括母线在内的全槽模型，进行电-磁-流场的顺序耦合计算。结果表明，各导电区域进电端电势高于出电端，铝液内存在进电端指向出电端的水平电流。铝液内各磁场分量及总磁场均关于长轴对称分布，磁场绕出电端一点呈旋涡分布。电解质内电磁力平均值比铝液小很多，二者分布趋势相同，均在进电端大面两侧存在较大的电磁力，而出电端中心位置偏小。铝液和电解质具有相同的流场分布趋势，只是电解质内流速比较紊乱。总体而言，无论是水平电流、垂直磁场还是熔体流速，相比于大型槽，均比较小。对于小容量铝电解槽的设计，它们不是需要考虑的最重要因素。

参考文献

[1] 王志刚. 惰性阳极铝电解槽物理场仿真研究[D]. 长沙：中南大学，2009.

[2] Bruggeman J N, Danka D J. Two-dimensional thermal modeling of the Hall-Heroult cell[C]// Blckert C M. Light Metals 1990, Anaheim, CA, USA：TMS, 1990：203-209.

[3] 张钦松. 160 kA预焙铝电解槽焦粒焙烧过程电-热-应力场计算机仿真研究[D]. 长沙：

中南大学, 2005.

[4] 伍玉云. 300 kA 铝电解槽电热应力及钠膨胀应力的仿真优化研究 [D]. 长沙：中南大学, 2007.

[5] Sun Y, Forslund K G, Sørlie M. 3 – D Modelling of thermal and sodium expansion in Soderberg aluminium reduction cells [C]//Tabereaux A T. Light Metals 2004, Carlotte, NC：TMS, 2004：587 – 592.

[6] 王泽武, 蒙培生, 曾青, 等. 铝电解槽三维热应力场非线性有限元分析 [J]. 北京科技大学学报, 2007, 29(9)：948 – 952.

第 17 章 大型铝电解槽三维全槽炉帮技术与影响因素分析

现代工业铝电解槽均使用炭素材料作为电解过程的阳极和阴极，直流电依次流经阳极、电解质、铝液、阴极，再由钢棒导出汇集至母线输送至下游电解槽。在强电流的作用下，熔融电解质中的氧化铝与炭素阳极发生电解反应，生成液态的金属铝和 CO_2 气体。这些高温熔体在电磁力的推动下运动，不断冲刷着四周的槽膛壁面。同时，为了使电解质保持在熔融状态，需要设定较大的极距（阳极底面到铝液上表面的距离）产生大量的焦耳热以维持热平衡。以上反应均在由侧部炭块、捣固糊等隔热材料建立的铝电解槽内部进行。

由于高温熔盐（以冰晶石为主体）具有强烈的化学和物理腐蚀性，没有一种材料能够长期经受电解质的冲刷。唯一的办法是同时通过控制槽体侧部的散热量，使电解质在侧壁发生凝固，形成一圈厚度不同的固态冰晶石－氧化铝的结晶体，称为槽帮，以保护内衬材料不受侵蚀，提高电解槽的运行寿命。保持适宜的槽帮形状是保证生产安全的首要条件。

槽帮在铝电解过程中扮演着极其重要的角色。槽膛区域是铝电解槽的核心区域，由于槽帮和伸腿的存在，避免了高温的熔融电解质及铝液对槽体内衬的直接冲刷和化学腐蚀，保护了电解槽内衬，是延长槽寿命的先决条件。一般认为理想的槽膛有以下特点：槽帮厚、硬、匀，整体无破损；伸腿对称、完整，最长处位于阳极投影边缘，阳极下方无沉淀。

维持形状规整的槽膛是电解槽稳定运行的基础，也是获得高电流效率的必要措施，主要有两方面的作用：一方面是抑制电流漏损，由于槽帮是电的不良导体，合理的槽帮形状能够阻止电流从侧部通过，节能意义重大。另一方面是减少铝的二次反应损失。而电流效率损失的主要原因是已还原的金属铝溶解扩散进入电解质被二次氧化，该传质过程与界面附近的湍动能耗散率有直接联系，而界面波动的稳定性取决于铝液中水平电流的大小和分布。

因此，为了抑制铝的二次反应，必须设法降低水平电流，同时控制铝液镜面面积。适宜的伸腿长度能够使电流集中向下，降低铝液中的水平电流，进而减小铝液－电解质界面的波动，有利于维持高电流效率下的低能耗生产。因此，稳定、坚固且具有理想形状的槽帮已成为铝电解槽高效节能生产的一个重要标志。

　　槽帮具有很强的自平衡调节能力，主要包括热平衡和物料平衡，这两个过程常常同时起作用。热平衡方面，当电解槽槽温升高时，槽帮熔化变薄，侧壁热阻减小，散热量增大，建立起新的热平衡；当槽温降低时，槽帮凝固增厚，热阻增大，散热量减小，以维持热平衡。在物料平衡方面，工况波动区间内，冰晶石熔盐的分子比越大，初晶温度越高。当电解质内 AlF_3 增加（分子比下降），电解质初晶温度降低，表现为过热度上升，槽帮熔化，槽帮内分子比较高的冰晶石进入电解质，稀释了 AlF_3 浓度，初晶温度有所回升，达到新的平衡；当 AlF_3 减少（分子比上升），电解质初晶温度升高，过热度降低，槽帮发生凝固，由于晶体凝固过程中伴随着较强的组分偏析，更多的 NaF 进入槽帮，表现为熔盐分子比的下降，熔盐初晶温度降低，达到新的平衡状态。

　　预备槽启动初期，一般使用高分子比（初晶温度较高）的冰晶石，预先浇注形成高分子比的人造伸腿和槽帮。等到正常生产时，再转入低分子比电解质进行生产控制。由于高分子比下的冰晶石初晶点较高，早期建立起的槽帮和人造伸腿坚固而稳定，可更好地抵御一般生产操作带来的热冲击，而后期的低分子比条件下自然形成的槽帮成分与电解质较为接近，抵御热冲击的能力相对较弱。

　　学术界和工业界在铝电解槽多物理场的建模研究方面开展了大量有意义的工作，取得了丰硕的成果，大力推进了铝电解行业的发展。然而，随着槽体结构大型化与电解工艺的临界化进程，现有建模研究方法已经难以满足新工艺开发需求。铝电解仿真研究中最常用的电－热－应力和电－磁－流两条主要的技术路线均较为完善，但两条路线的结合工作较为缺乏，现有模型难以描述熔体流动对槽内传热和槽帮凝固过程的作用。由于缺少合适的铝电解槽多场耦合模型，"熔体流动－槽内传热"影响机理尚未得到系统分析。

　　对现代大型铝电解槽而言，随着槽结构长宽比的不断增大，熔体流动对槽内传热不均匀性的影响也更为显著。首先，传统电热模型通常使用单一的对流换热系数描述流动与传热之间的影响关系，但实际上界面各处的换热速率并非均一恒定，而是受到局部流动条件的影响。其次，传统电热模型在槽帮形状计算中常使用迭代法，该方法需要反复建模，对计算资源的消耗过大，无法用于全槽尺度下三维槽帮形状计算。因此，有必要建立一种新的热－流强耦合模型，在统一网格下同时求解热场与流场，以描述流场对槽内传热以及槽帮形成的影响。在此基础上再对不同流场因素的影响特征进行深入研究，探索电磁力和流场形态与全槽槽帮形状的相互关联性，并为铝电解槽的电磁力优化设计提供理论基础。

17.1 模型建立的实例

17.1.1 应用对象特征与边界条件

计算所用的 400 kA 级大型预焙铝电解槽三维全槽模型如图 17 - 1 所示，总共包含 48 块阳极、48 块阴极和 96 条钢棒，大面和小面加工距离分别为 280 mm 和 390 mm，选取铝水平为 220 mm，电解质水平 180 mm，极距 45 mm，平均阳极高度 390 mm，覆盖料厚度为 150 mm。

热场边界条件：槽外表面与周围空气的换热过程包含热对流和热辐射，计算中将辐射换热转换为对流换热，使用等效换热系数来描述槽外换热过程。环境温度设定如下：槽底与槽体侧面环境温度为 40℃，上部烟气温度为 160℃。

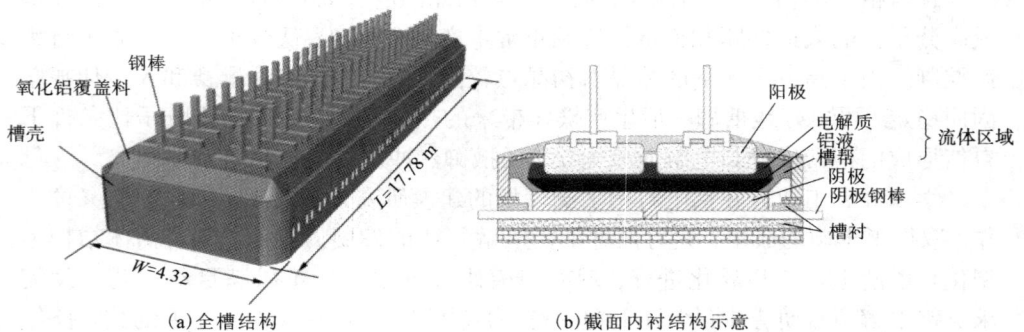

(a)全槽结构　　　　　　　　　(b)截面内衬结构示意

图 17 - 1　某 400 kA 级铝电解槽结构示意图

流场边界条件：在不考虑阳极气泡的情况下，铝电解槽无进出口边界条件。将电解质上表面定义为自由滑移边界条件，其余壁面定义为无滑移边界条件，采用标准壁面函数描述近壁面流体行为。

基于电解质组成，获取熔体的热力学性质与材料属性列于表 17 - 1。

表 17 - 1　模型中熔体的物理性质

性质	数值
熔体密度 $\rho/(kg \cdot m^{-3})$	2270(in metal) 2130(in bath)
熔体黏度 $\mu_0/(kg \cdot m^{-1} \cdot s^{-1})$	1.18×10^{-3}(in metal) 2.51×10^{-3}(in bath)

续表 17 – 1

性质	数值
熔体导热系数 $k_0/(\mathrm{W \cdot m^{-1} \cdot ℃^{-1}})$	77(in metal) 1.69(in bath)
比热容 $c_p/(\mathrm{J \cdot kg^{-1} \cdot ℃^{-1}})$	1660
固相线温度 $t_s/℃$	938
液相线温度 $t_l/℃$	942
熔化潜热 $L/(\mathrm{J \cdot kg^{-1}})$	5.18×10^5

17.1.2　铝电解过程中的时空尺度差异

自然界和工业界中的许多现象非常复杂。宏观上存在各物理场的变量传递和耦合影响，介观上表现为显微组织结构的演变，微观上则为各原子电子之间的相互作用。巨大的时空跨度以及理论和方法的不同使得全尺度建模变得极为困难，通常先分别对不同层次进行建模研究，如宏观上应用有限元等方法研究物理场变化、使用相场法或元胞自动机法研究介观行为、微观上则主要应用分子动力学和第一性原理计算。在不同尺度分别建模的基础上，再通过参数传递等方法纳入模型间的相互影响，以实现多尺度的完整建模研究。

铝电解过程中的热场、流场行为同样存在非常大的时空尺度差异，如图 17 – 2 所示。首先，在时间尺度方面，热场和流场行为差别较大。传热过程所需时间一般较长，槽体内衬的温度变化一般需要几个小时甚至几天才能完成；流场行为的时间周期较短，界面波动、湍流扰动、阳极气泡释放等行为的周期一般不高于秒级[1]。其次，不同行为的特征空间尺度跨度非常大，槽体内衬的传热距离高于米级，下料引起局部热平衡变化范围在分米级左右，槽帮的变化幅度以厘米计，流场行为则低至毫米级，凝固过程的枝晶生长和偏析更是达到了微米级的介观尺度。

在开展仿真计算前，针对研究对象的时空尺度特征进行分析至关重要。一方面，在宏观物理场的计算中，最小特征空间尺度与最小网格尺寸直接挂钩，空间尺度的跨度决定了模型整体的网格总数，即计算量的多少。另一方面，在时变过程的瞬态计算中，最小特征时间尺度决定了时间步的大小，结合研究对象的时间尺度跨度可估算出所需总迭代步数，即求解的总用时。

综合来看，宏观热流场行为的空间尺度范围为 $0.01 \sim 10$ m，跨度达到 3 个数量级；时间尺度范围为 $0.1 \sim 10^5$ s，跨度达到 6 个数量级。若以 0.01 m 为统一网格尺寸，以 0.1 s 为瞬态时间步长，估算出全槽三维模型的总网格数量约 10^8 个，

总时间步数约 10^7 步,这将大大超出了现有常规工作站的计算能力。因此,需要对网格数量和求解方法开展一系列针对性的优化工作。

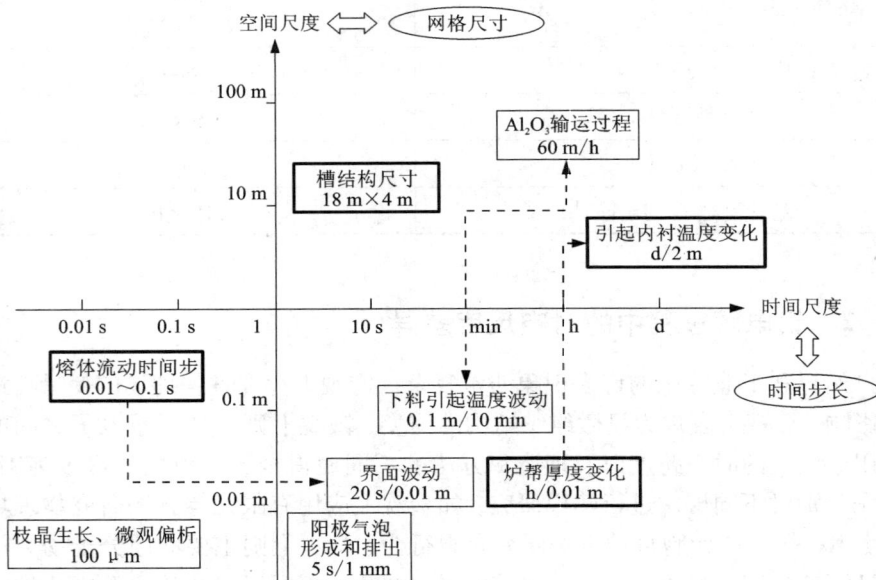

图 17 - 2　铝电解过程中热场、流场行为的时间、空间尺度差异

17.1.3　网格优化

目前常规的流体计算软件进行有限元分析时都需要用到计算网格。其主要思想在于:将连续的空间分割成足够小的计算区域,然后在每一计算区域上应用流体控制方程,求解计算所有区域的流体方程,最终获得整个计算区域上的物理量分布。在工程计算中,网格生成占整个项目周期的 80% ~ 95%,生成一套高质量的网格会显著提高计算精度和收敛速度。从数值计算原理的角度来说,计算网格越密计算精度越高,然而实际应用中并非如此。一方面,网格数量越多,所需的计算资源呈几何级数倍增。另一方面,当网格达到一定数量,再进一步细化对计算精度已经影响不大。此外,对于计算收敛性而言,提高网格的质量比减少网格数量更为重要。

传统纯流场计算使用的网格如图 17 - 3(a)所示。采用较为规整的六面体网格进行划分,其划分思路是,对铝液、电解质层的高度方向进行手动分段加密,同时为了更好地捕捉界面波动行为,在极距区域的高度方向进一步加密,其余水平方向使用全局网格尺寸统一控制,在此基础上,开展了网格无关性验证,分析认为全局网格尺寸取 6 cm 较为合适。图 17 – 3(a) 中可以看出,此时伸腿区域水平厚度方向仅被分为三段,而该区域宽度为 20 ~ 30 cm。考虑到凝固过程中槽帮和伸腿厚度变化的数量级仅以厘米计,原有的网格划分方式已不适用于更为复杂的热 – 流强耦合计算模型。

为提高热 – 流强耦合计算的收敛性,对流体域网格划分方式进行了多次尝试,尤其针对发生凝固的槽膛四周区域进行了合理的局部加密。选取较有代表性的三个细化测试方案示于图 17 – 3(b) ~ (d)。流体域网格优化的主要思路为:重点细化槽膛四周水平厚度方向的网格密度,同时注意保持较高的网格质量(翘曲度、长宽比)。如图所示,方案 1 ~ 3 侧部槽帮区域在厚度方向的分段密度依次递增,分段数由原始网格的 3 段一直细化至 20 段,同时槽膛中心区域(阳极投影下方)基本维持原有的网格划分方式。通过对比不同网格密度下的计算结果,认为分段数为 10 ~ 15 段以上,计算所得的槽帮形状已较为平滑。槽膛中心区域基本不发生凝固,可参考前述的网格划分方案,设置内部水平方向上网格尺寸为 6 cm。

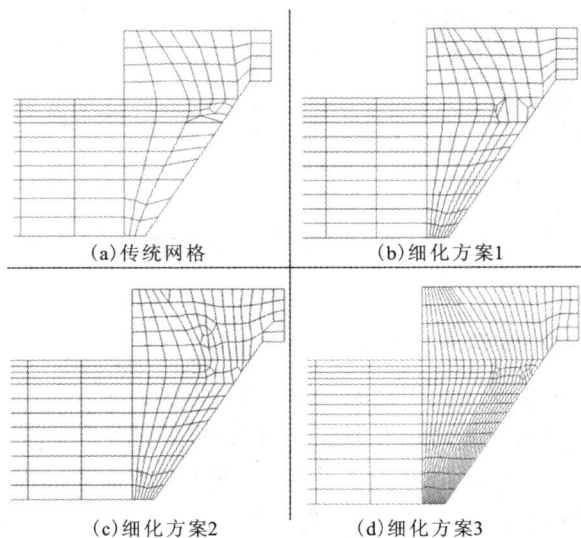

(a)传统网格　　(b)细化方案1

(c)细化方案2　　(d)细化方案3

图 17 – 3　流体域网格细化测试方案

高度方向上的分段方式同样需要优化。在开展网格无关性计算时,发现原始方案和三种细化方案在计算过程中都存在物理量突变的问题,某一时刻凝固界面附近的液相分数和流速出现异常值,此时各物理量的残差均上升一个数量级。通过监测不同位置点物理量的变化,发现当凝固界面到达极距区域的时候,容易发生该数值发散现象。分析原因认为是极距区域网格与相邻网格在高度方向的尺寸差异较大，而 CFD 计算中相邻网格单元的体积激变会导致较大的截断误差。这也进一步说明了原始网格不适用于热－流强耦合计算。据此，本章对高度方向的分段策略重新进行实验，解决了突变问题。

通过以上优化分析，最终得到用于三维全槽炉帮形状耦合计算的全槽网格如图 17－4 所示。将铝液、电解质和槽帮所在区域统一视为流体域，其余部分视为固体域。模型网格总数为 1.66×10^6，其中流体域包含 5.0×10^5 个网格。对于固体域，在保证网格长宽比的基础上适当增大了网格尺寸，以减少总网格数量，提高计算速度。

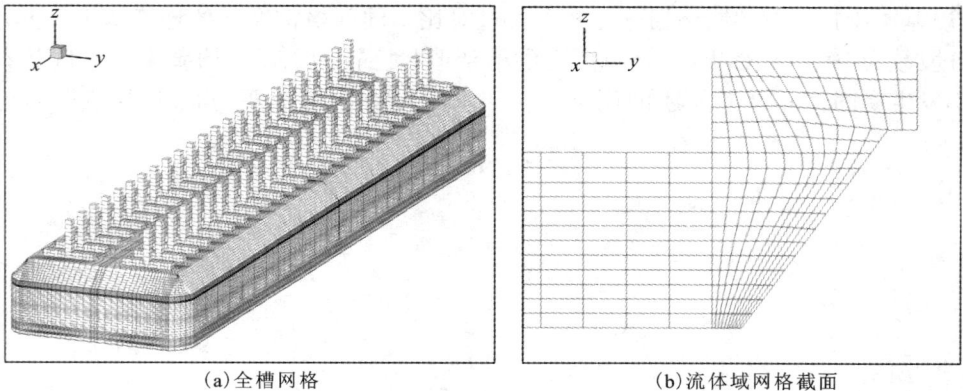

(a)全槽网格　　　　　　　　　　(b)流体域网格截面

图 17－4　三维炉帮计算所用网格

17.1.4　求解方法与收敛性分析

一般而言，稳态问题可以直接对其进行稳态求解，但如前所述，槽帮计算属于自由边界问题，且考虑到流场温度场之间的相互作用，此类问题具有强烈的非线性和高复杂度，一般的稳态算法基本不太可能获得收敛或准确的解。另一个计算思路是进行瞬态求解，通过时间的推进模拟槽帮凝固过程的逐步演化。理论上，当计算时间足够久，槽体内外趋近热平衡时，可以得到平衡状态下的稳态槽帮形状。作者对此也进行了尝试，由于传热和流动过程的时间尺度差异巨大，流体的不稳定性限制了瞬态时间步不能大于 $0.1~\text{s}$ 的数量级，而槽帮凝固传热变化的时间需要 $10^5 \sim 10^6~\text{s}$，这使得整体所需迭代次数过多、计算总时间过长，现阶段以瞬态演化的方式计算并不现实。

本章采用伪瞬态亚松弛求解法(pseudo－transient under－relaxation method)，该方法使用时间步长作为松弛因子，以伪时间步长来控制计算速度和收敛稳定性，最终获得稳态结果。为了提高计算的稳定性和效率，使用此方法计算熔体凝固并随时间趋近稳定的过程，以获取稳态槽膛形状。

相变潜热的释放也是影响移动边界问题计算收敛性的一大主因。凝固过程中潜热的存在延缓了界面附近温度下降的速度，更重要的是对界面附近变量计算的稳定性有不利影响。考虑到计算中只需得到最终稳态槽膛形状，并不关注槽帮随时间变化的快慢，为提高计算速度和收敛性，可在前期计算中减小潜热值，待槽膛形状较稳定后再逐渐调节为原有潜热。

上述控制方程均在商业软件 ANSYS 和 FLUENT 平台上进行求解。软件版本的选择上，由于旧版本(15.0 之前)软件的开发中未考虑到凝固模型的伪瞬态求解，计算中选用较高版本 FLUENT 17.0。选择稳态 Pressure – Based 求解器，使用压力 – 速度耦合求解算法，并勾选伪瞬态求解法。设置动量、能量方程为 Second Order Upwind，设置湍动能与湍动能耗散率方程为 First Order Upwind。松弛因子采用默认值。

对于时间步长的设置，由于伪瞬态求解法本身的特殊性，实质上是稳态算法，但需要设定伪时间步以控制计算速度和收敛稳定性。综合考虑下，对不同计算域设定不同的时间：流体域内流场方程收敛性较差，设定较小的时间步，如 1×10^{-4} s；固体域内传热方程更容易收敛，在维持较低残差的前提下可设定较大的时间步，如 5 ~ 10 s，凝固过程趋于稳定后可逐渐升高时间步。该方法可以理解为加速了内衬区域的传热过程，以解决图 17 – 2 中所述"熔体流动 – 内衬传热"二者时间尺度差异过大的问题。

对于收敛性判别标准，CFD 计算通常不能简单地根据残差曲线来判断模型的收敛状态，需要根据相关变量的变化趋势判断是否达到收敛。计算中，设定各物理量的最大残差限为 1×10^{-6}。同时，添加数个监视器(monitors)，观察全域内液相分数的积分(未凝固液相总体积)、槽体外表面总散热量、槽壳温度、槽内流速等随迭代步数的变化趋势。当这几个监测量趋于平稳、近似保持不变时，可认为凝固过程达到收敛并停止计算。

17.1.5 三维炉帮形状的计算流程

使用 ANSYS FLUENT 软件进行铝电解槽热 – 流强耦合计算的求解流程如图 17 – 5 所示，详细步骤是：

(1)电、磁场建模计算。为获取焦耳生热率分布和电磁力密度分布，使用预设的槽帮形状，在 ANSYS 平台上分别建立并计算电场模型和电磁场模型。计算完成后提取焦耳生热率分布和电磁力密度分布数据。

(2)热 – 流强耦合建模。在 ANSYS 建立热 – 流强耦合计算模型，并使用 SHELL 185 单元划分网格，以. cdb 格式导入 FLUENT 平台。设置相关边界条件，设置熔体区附加源项,设置数个监视器。

(3)源项导入。将焦耳生热率作为能量源项、电磁力密度分布作为动量源项导入热–流强耦合模型,由于电磁力、生热率数据在不同平台的传递需要进行一定的网格插值转换过程,为方便对源项进行控制,参考添加 5 个自定义标量 UDS,分别用于存储电磁力的三个方向分量、流体域焦耳热源和固体域焦耳热源,实际计算中 UDS 不参与求解;然后通过 Interpolate Data 插值命令,将整理成特定格式的源项数据文件读取到指定的区域,存储在 UDS 中;最后基于用户自定义程序 UDF 的 DEFINE_SOURCE 命令,将 5 个 UDS 数据设为对应计算域的源项,完成源项的设置。

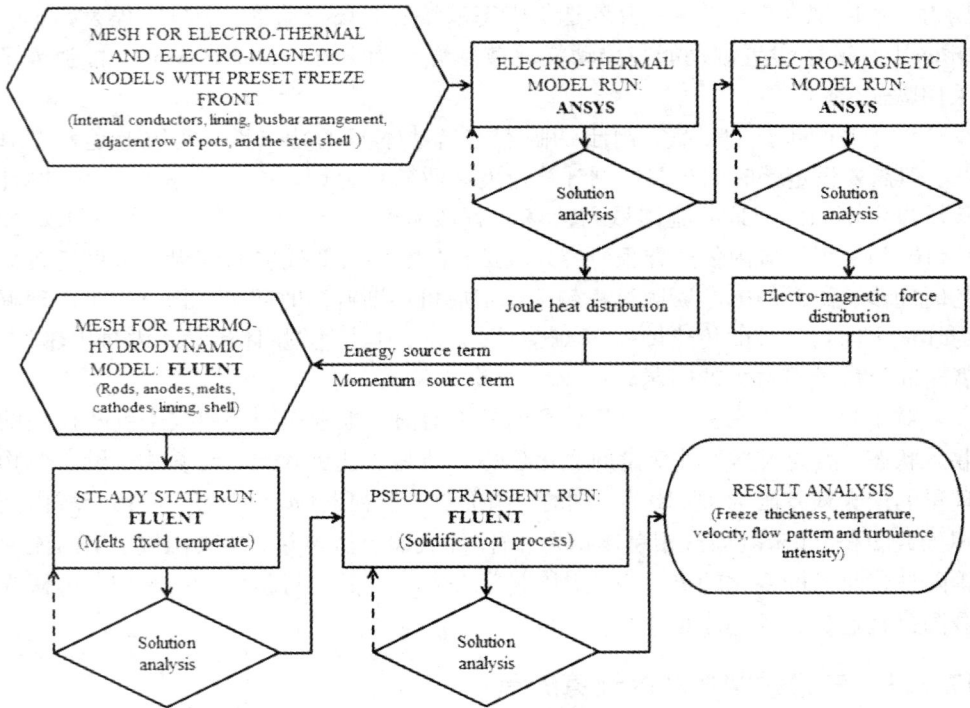

图 17 – 5　铝电解炉帮耦合计算流程图

(4)稳态流场计算。为了获得合理的初始值,首先计算未发生凝固时的稳态流场。将熔体区域定温 950℃(高于液相温度),确保熔体区可以进行流动计算,使用稳态求解算法计算得到此时熔体的稳态流场分布和全槽温度分布。

(5)热–流强耦合凝固计算:稳态计算平稳后,取消熔体定温,切换为伪瞬态求解法,设定合适的时间步长,进行凝固计算。

（6）观察残差曲线、监视器曲线随时间的变化，当其逐渐趋于平稳不再变化时，即认为槽帮凝固已达到平衡，计算结束。

所有模型在 DELL T1650（Intel Core i7 - 3370 processor and 8096 MB of RAM）工作站上进行求解，经优化后，计算至槽帮形状稳定的总耗时约 20 h。

17.2　基于热－流强耦合的全槽三维槽帮形状仿真

目前铝电解槽热场研究中绝大部分均采用电热场模型，未能充分考虑槽内熔体流动对传热过程的影响。因此，本章根据 400 kA 级铝电解槽热－流强耦合计算结果，重点分析了全槽三维槽帮形状特征，详细考察了涡流形态、湍流分布与槽帮形状的关联性。在此基础上，与电热模型计算结果进行对比，揭示出传统模型在热场计算中存在的缺陷，以证明热－流强耦合建模对准确获悉大型铝电解槽热场分布的重要性。

17.2.1　电磁场模型计算结果分析

对某 400 kA 级电解槽进行建模计算，彩图 X - 1 为槽内流体区域和固体区域的焦耳生热率分布。图示坐标轴中，X 向为槽长度方向，Y 向为槽宽度方向，Z 向为槽高度方向。为方便描述，统一标记 Y 轴负向的大面为 A 面，正向为 B 面；X 轴正向的端部小面为出铝端（TE），另一端为烟道端（DE）。同时，将 48 块阳极分两排进行编号，如使用 A12 指代 A 侧编号 12 阳极下方的投影区域。

需要指出的是，为了突出熔体流动对传热的影响，焦耳生热率计算中未考虑两侧的阴极钢棒载流量差异，即设定两侧对称的电边界条件，所得到的焦耳生热率分布关于槽长轴和短轴均为轴对称分布。

由彩图 X - 1（a）和（b）可以看出，由于绝大部分电流经过阳极底掌进入电解质，阳极投影区域的电流密度较大，且电解质电阻远大于铝液，使得流体区域内的焦耳生热主要集中在电解质中心区域，最大值达到 2.78×10^5 J/m^3，各阳极区域生热较为均匀。同时，从阳极侧面进入电解质的电流很小，阳极侧面与槽腔壁面之间的电解质焦耳生热率接近 0。彩图 X - 1（c）为固体导电区域的焦耳生热率，与流体域相比，固体域焦耳生热率的最大值出现在横截面较小（电流密度较大）的钢棒出口处，最大值仅为 5.43×10^4 J/m^3。

图 17 - 6 为电流密度与磁感应强度二者叉乘运算所得的铝液层内电磁力密度（F_{EM}）分布。可以看出，X 方向的电磁力关于槽短轴方向呈反对称分布，两端电磁力方向指向槽中央，极值位于两个端部区域，中部区域较小；Y 方向电磁力则在两侧大面边缘区域出现极值，电磁力方向同样指向槽中央，且 A 侧大面绝对值电磁力较大；Z 方向电磁力分布的对称性较差，尤其是 A 侧存在较大面积向下方

向的垂向电磁力。图 17 –6(d) 为两侧大面电磁力三个分量的绝对值。从电磁力的绝对值来说,槽宽度 Y 方向电磁力最大,槽高度 Z 方向次之,X 方向电磁力最小。这是因为磁场各分量中 B_x 最大、电流各分量中 J_z 方向最大,二者的叉乘所得电磁力 F_{EM-y} 最大。此外,两侧电磁力大小分布存在明显的差异,A 侧大面附近的电磁力较强,靠近槽中部的位置尤为明显。电磁力不对称的原因一方面是磁感应强度分布本身具有轻微的不对称性,另一方面是母线电阻差异引起的两侧电流偏流。

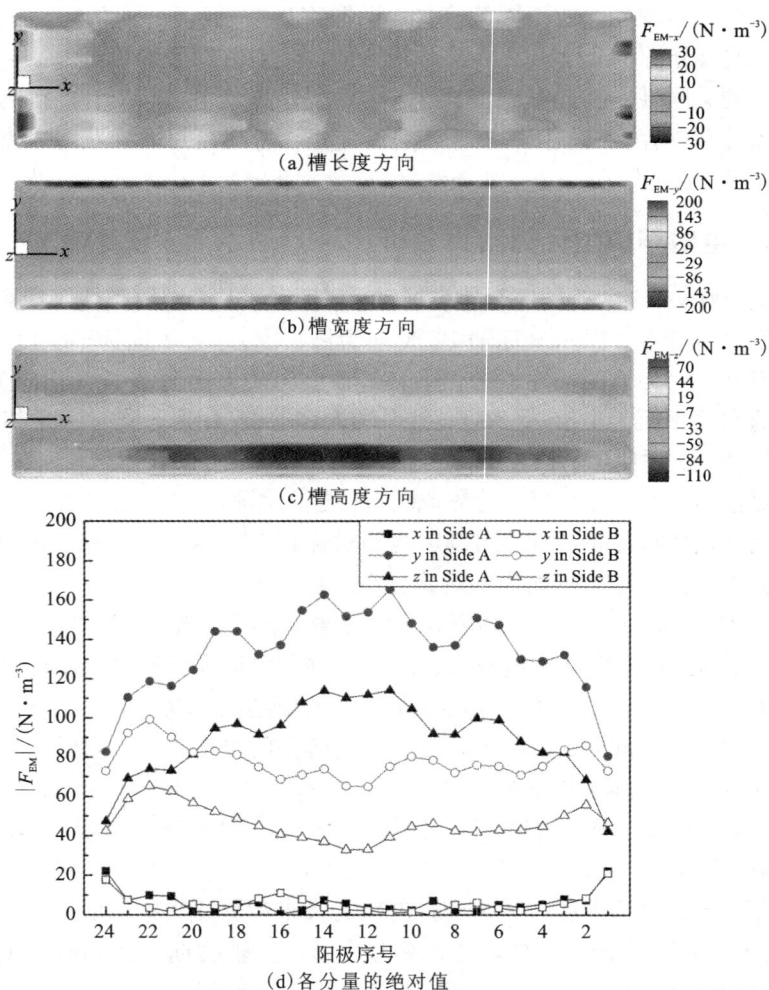

(a)槽长度方向

(b)槽宽度方向

(c)槽高度方向

(d)各分量的绝对值

图 17 –6 铝液层电磁力密度分布

17.2.2　热－流强耦合凝固模型计算结果分析

1. 流速与湍流分布

本文研究的重点是分析熔体流动与槽帮形成的相互作用关系。因此，在分析槽帮形状之前，先对槽内熔体的流场进行分析。

流场呈现典型的大涡流动形态。凝固过程稳定后，计算所得铝液与电解质中截面的流速分布分别如图 17－7 所示。由图可以看出，在电磁力的驱动下，铝液层和电解质层的整体涡流形态基本一致，以两个大涡流为主，角部分布有数个较小的旋涡。大涡外围靠近两侧大面处流速较大，而旋涡中心流速较小。铝液中部水平截面的最大流速和平均流速分别为 0.321 m/s 和 0.111 m/s，电解质中部水平截面的最大流速和平均流速分别为 0.307 m/s 和 0.102 m/s，从流速上看，铝液流速略大于电解质流速，这与铝液层内部的水平电流和电磁力密度相对较大有关。

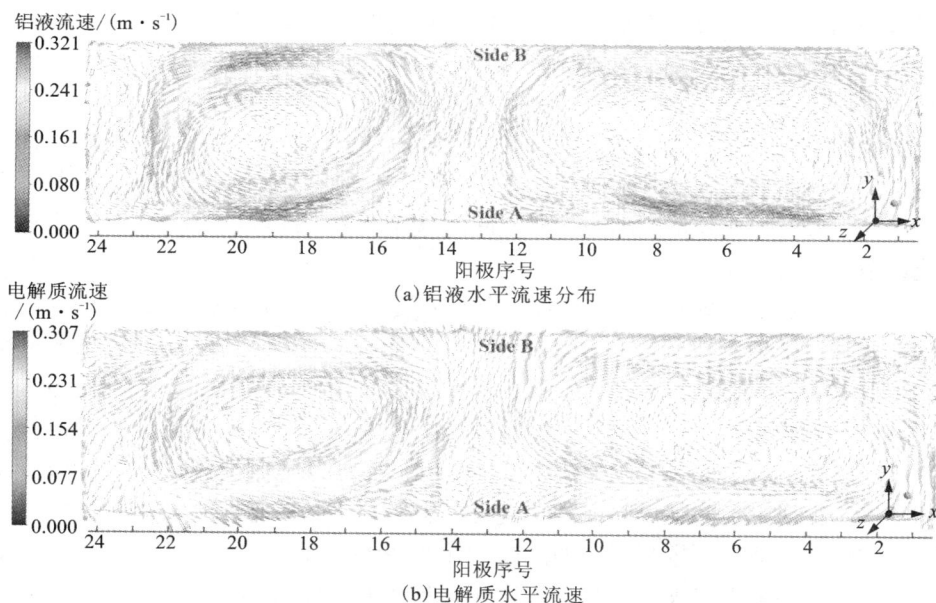

（a）铝液水平流速分布

（b）电解质水平流速

图 17－7　凝固稳定后 400 kA 级槽的流场

槽帮和伸腿的形成对槽内熔体的流动也有一定影响。表 17－2 为凝固前后熔体流速比较。由于凝固前后铝液和电解质涡流形态变化不大，故未示出凝固前的流速分布。从流速大小上看，铝液和电解质的最大流速变化很小，但二者平均流速分别下降了 7% 和 9%。在模型暂未考虑伸腿变化对电磁力影响的假设下，平均流速下降的原因是槽帮和伸腿形成导致的界面内移。由于流速较大的区域均位于近壁面处，当熔体发生凝固，槽内可流动的空间收缩，限制了大涡外侧熔体的高速运动，不规则的槽膛形状增大了流动的阻力，使得近壁面处熔体流速有较大幅度的减小。同时，上部槽帮的凝固厚度大于下部伸腿，导致电解质平均流速的降幅略大于铝液。

表 17 – 2　凝固前后熔体流速比较

熔体	凝固前		凝固后	
	平均流速/(m · s^{-1})	最大流速/(m · s^{-1})	平均流速/(m · s^{-1})	最大流速/(m · s^{-1})
铝液	0.119	0.328	0.111	0.321
电解质	0.114	0.308	0.102	0.307

传统流场设计中，通常以流速大小和界面波动幅度评价流场设计效果，但与流速大小相比，熔体的湍流剧烈程度与传热行为的联系更为密切，本章采用湍动能和湍动能耗散率来描述湍流的剧烈程度。湍动能的物理定义为湍流速度波动方差与流体质量乘积的一半，是衡量湍流发展或衰退、紊流混合能力的重要指标。湍动能耗散率则是指在分子黏性力作用下，涡流的湍动能通过内摩擦不断地转化成更小尺度分子热运动动能的速率。这两个物理量可以表征局部湍流的剧烈程度。因此，为更好地分析流动与传热之间的作用关系，需要进一步对湍动能与湍动能耗散率的分布情况进行分析。

电解质层的湍动能和湍动能耗散率分布云图如彩图 X – 2 所示。由图可知，湍动能和湍动能耗散率的分布较为相似。整体而言，槽中央大部分区域的数值很小，说明中央区域熔体流动较为平稳，而靠近槽周区域的熔体流动较为紊乱，如A 侧大面、B 侧的两个角部和中部，且 A 面整体的湍流强度大于 B 面。极值位于A 侧壁面附近，说明该区域湍流强度最高。其次，可以看出涡流形态与湍流分布之间存在一定关联：两个大涡区域湍流发展较为充分，涡心区域与外侧流体碰撞较少，这是槽内部流动较为平稳的原因。在两个大涡 A 侧交汇处，流体相向运动发生碰撞，大尺度涡流破碎成为许多中小尺度涡流，使得阳极 A10 ~ A16 下方区域熔体的湍流强度显著升高，这部分熔体在中部汇合后由 A 面向 B 面运动，与 B 侧壁面作用，使得 B12 ~ B14 下方湍流强度也有所上升。此外，湍流分布中包含许多流速分布中没有的信息。如仅从流速矢量图来看，B 侧两端角部区域的流速都很小，也不存在流体交汇，但是这两个角部区域的湍流剧烈程度不亚于涡流交汇区。湍流程度与熔体传热能力直接相关，流场设计中关注流速大小的同时也应注意分析湍流分布。

彩图 X –3 和彩图 X –4 分别为电解质层的有效导热系数和有效黏度分布云图。可以看出，二者分布基本一致，这是由它们的计算公式决定的。整体来说，有效导热系数的分布与湍流分布更接近，而流速大小与熔体导热能力并无直接的对应关系。由于槽中部和两端区域湍流强烈，大大加强了熔体的传热能力，表现为该区域具有较高的有效导热系数。此外，槽内大部分区域的等效导热系数均明显高于电解质 [1.69 W/(m·K)] 与铝液 [77 W/(m·K)] 本身的导热系数，说明在槽内熔体传热过程中，热对流占据主导地位，在湍流较强的区域更是如此。

有研究者使用常黏度模型来计算铝电解槽熔体流场，但从彩图 X –4 可以看出，不同位置熔体的有效黏度相差非常大，其最大值 0.591 kg/(m·s) 远大于电解质的分子黏度 0.0025 kg/(m·s)，跨度达到 2 个数量级，说明湍流有效黏度与流体物性不同，应由局部湍流条件确定。使用单一的常黏度系数无法准确描述全域内流动行为，$k-\varepsilon$ 等湍流模型比常黏度模型更适用于复杂湍流的计算。

2. 槽内温度与槽帮形状分布

一直以来，传统电热模型对槽内流体的传热过程进行了高度简化，无法准确得到熔体内部的温度分布。本章建立的热 – 流强耦合模型克服了这个缺陷，计算得到电解质层温度分布如彩图 X –5 所示。

电解质温度整体差异不大，其分布遵循最基本的传热定律：两个涡心导热系数低，温度梯度大；槽中部和端部导热系数高，温度梯度小。可以看出，熔体内部传热过程更多取决于导热系数和湍流分布，而不是流速大小。虽然流速最大区域出现在大涡两侧的位置，但大涡内部流动较为平滑，湍流程度不高，导热系数也较低，使得涡心部位容易发生热量积累，导致中心区域温度较高；而槽中部的熔体相互作用，四周的熔体与壁面碰撞，虽然减弱了流速，但大大增加了熔体的湍流紊乱程度，使得这些区域的导热系数远高于旋涡中心，温度分布也更为均匀。

槽内最高温度为 947.1℃，出现在靠近 TE 端的涡心处，最大过热度为 9℃。值得一提的是，该过热度基于电解槽本身的生热 – 散热平衡，由该槽的保温结构、电场分布、电解质成分、散热条件等因素共同决定，而不是人为设定熔体温度。

热 – 流强耦合建模中，引入液相分数以判断熔体是否发生凝固。因此，可将液相分数等于 0.5 的等值面视为槽腔界面提取三维全槽槽腔形状分布。计算得到不同高度水平截面槽腔形状如图 17 –8 所示。可以看到，不同高度形成的槽帮厚度差异较大，受流场影响，整体形状轮廓呈现了凹凸不平的形态。需要指出的是，由于模型设定的生热与散热边界条件均关于槽中心对称，造成两侧厚度差异唯一可能的原因就是内部熔体流动影响。

图 17 –8（a）为电解质上表面的槽帮形状，电解槽上部散热能力强于侧部和

(a)电解质上表面

(b)电解质层槽帮形状

(c)铝液层伸腿形状

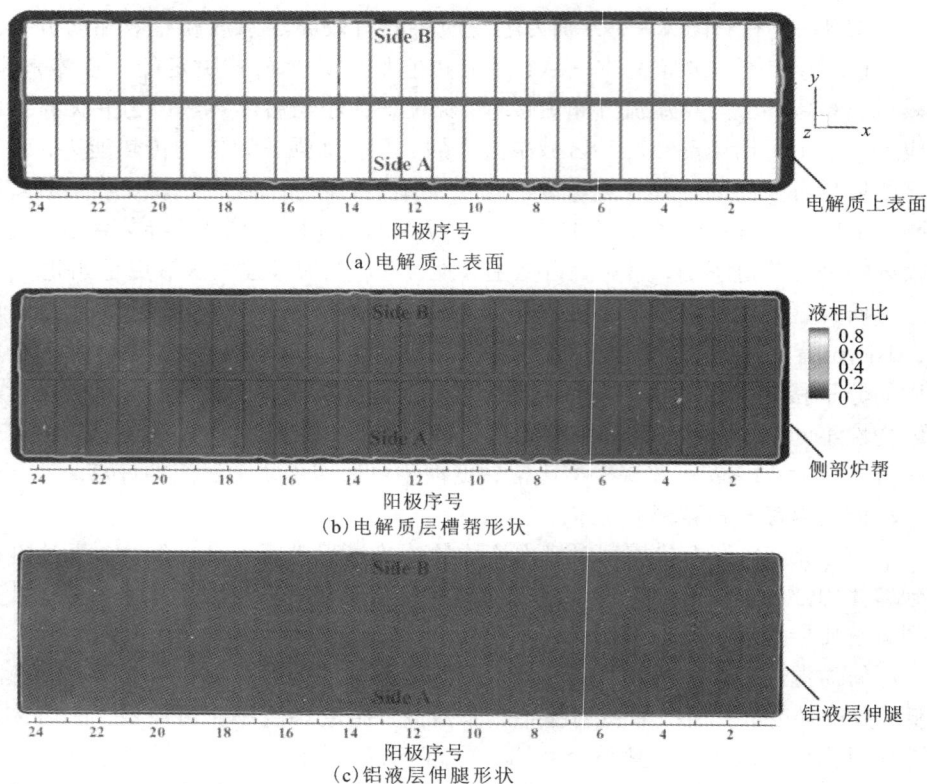

图 17-8　各水平截面处槽膛形状分布

底部,使得此处阳极与内衬之间形成了较厚的槽帮。少部分阳极(如 B13、B21)与侧部槽帮相粘连,可能对换极操作产生影响,四个角部的槽帮同样有延伸至阳极的风险,为保证安全生产,通常添加保温砖对角部进行额外保温处理。

图 17-8(b)为电解质层的槽帮形状,即传统意义上槽帮所在区域。全槽槽帮形状较为规整,厚度处于合理范围,既无异常也无明显缺失,可保护槽内衬不受高温熔体侵蚀。从形状上看,B 面槽帮规整度优于 A 面,A6 ~ A17 槽帮存在连续的凹陷和凸起,一方面不利于熔体稳定流动,另一方面槽帮凹陷处可能出现槽帮过空,造成内衬的腐蚀。此外,可以看到槽帮厚度与湍流强度存在关联性,涡流交汇造成了 A 侧较大面积的界面不规整,大涡分流处的垂向冲刷造成了 B14 区域槽帮凹陷。此外,两侧小面槽帮厚度均大于大面槽帮,形状较为平滑,与实际情况相符。

图 17-8(c)为铝液层的伸腿形状,可见计算所得的下部伸腿整体偏薄。通常认为下部伸腿界面行为与上部槽帮完全不同,其界面移动并不是简单的热平衡

熔化凝固，而是受到多相共存、界面张力和强烈的浓度偏析等因素共同作用，这使得伸腿的生长和熔化难以通过热平衡理论准确描述。由于下层铝液的导热系数较强，仅考虑热平衡所得伸腿将比实际伸腿薄，因此有研究者提出"薄层假说"理论以解释该现象。该假说仍在论证阶段，暂时无法纳入全槽尺度下热－流强耦合计算，所得伸腿厚度较薄的原因也在于此。

两侧大面不同阳极区域的槽帮与伸腿厚度数据如图 17-9 所示。可以看到，两侧槽帮厚度存在明显的差异，B 面整体厚度要大于 A 面。槽帮平均厚度相差 2.3 cm，伸腿平均厚度相差 1.1 cm，两侧厚度差异最大值达到 10.6 cm，这是传统电热模型无法得到的。许多研究者在实际测量中同样观察到了两侧槽帮厚度差异现象，认为其原因在于两侧流速大小不同、湍流强度差异的影响，但并未针对此现象展开深入分析。

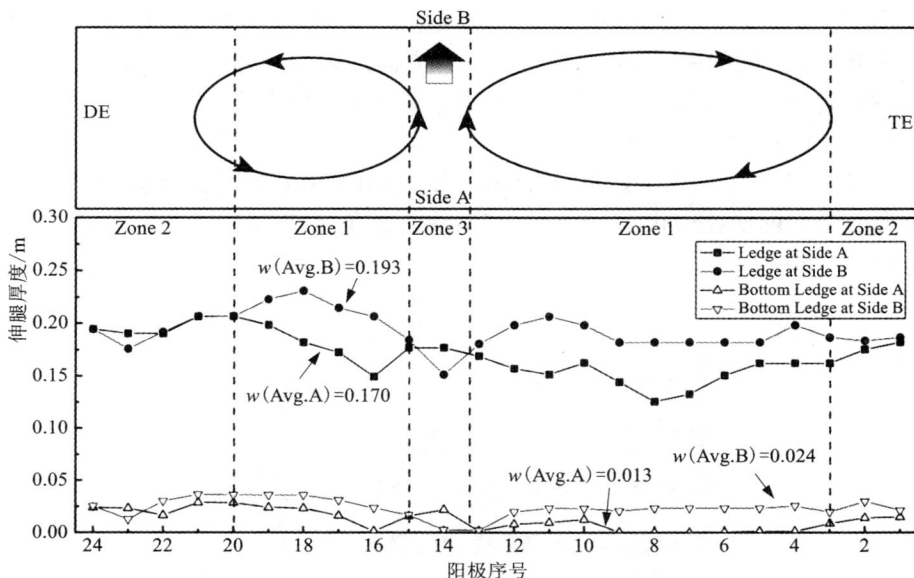

图 17-9　涡流形态与两侧大面的槽帮伸腿厚度对比

为了更清晰地展示两侧槽腔厚度差异与涡流形态之间的关系，根据两侧厚度差异规律，可将槽体分为三部分：①Zone 1 为 B 面槽帮较厚的区域，这部分占据全槽一半以上，位置与两个大涡所在位置对应，此区域 A 面受到流体冲击作用较大；②Zone 2 是两侧大面厚度相近的区域，主要分布于两端，越接近端部厚度差异越小，此区域受大尺寸涡流影响较小，两侧壁面作用无明显差异；③Zone 3 是 A 面厚度较大的区域，以两涡交汇区域为代表，此区域熔体整体流向往上，使得 B

面受到熔体垂向冲刷作用较大。

3. 局部多场作用分析

槽帮的形成受到多种因素共同作用，为探究铝电解槽热－流强耦合计算中槽帮厚度、流速大小、涡流形态、湍动能等物理量的相互关联性，需要对热场和流场的局部作用关系进行进一步分析。

（1）全局三维流动形态。

数据的可视化是仿真研究的重点和难点之一。对于复杂的多相流三维流动、传热耦合计算模型来说，不同截面上呈现出的梯度变化区别很大，没有哪一个特殊位置的界面能够完全反映目标变量在三维全域内的分布特征。要完整、清晰地展现出三维多相流的计算结果有很大难度，用某一特殊截面的物理量分布来说明整个三维计算域的计算结果是十分片面的。利用不同方向的多个截面、半透明的等值面结合，能够更立体地描述模拟过程所反映的规律性，便于专业人员直观地理解和掌握电解槽结构、槽内物理场的分布。铝电解槽内熔体运动方式为三维流动，除了水平方向的旋流，还包含许多竖直方向的运动和起伏。前文对不同高度水平截面各物理量分布进行了分析，但水平截面分布图包含的信息量有限，难以将槽内复杂的流动形态展示出来。

为了更完整地呈现铝液和电解质在三维空间内的流场信息，截取槽宽度方向多个竖直截面的槽膛形状、流动形态和湍动能分布分别如图 17 – 10 至图 17 – 11 和彩图 X – 6 所示。

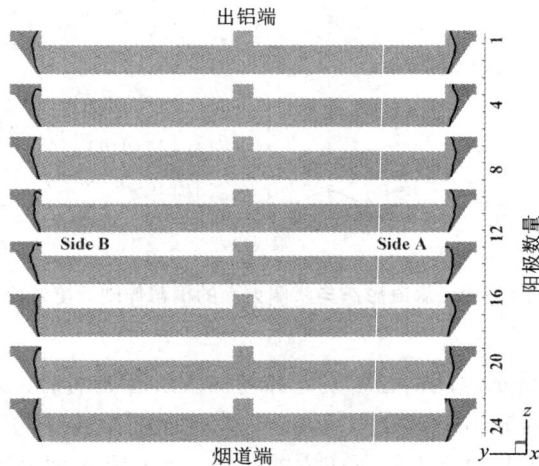

图 17 – 10　槽宽度方向竖直截面的槽膛形状

可以看到竖直方向存在许多的中等尺度旋涡，大多出现在两侧壁面附近。旋涡位置与湍动能大小之间存在一定关联，越明显的旋涡对应的湍动能也越强。值得注意的是，这几个位置与图 17 - 9 的分区相对应：A4 ~ A8 和 A16 ~ A20 的 A 侧涡流较强，对应 A 面槽帮较薄区域 Zone 1；B12 ~ B14 区域 B 侧涡流较强，对应 B 面槽帮较薄区域 Zone 3。这种对应关系进一步说明了"槽帮厚度""涡流形态""湍流分布"三者之间的强关联性，也表明了开展热""流强耦合建模的必要性。

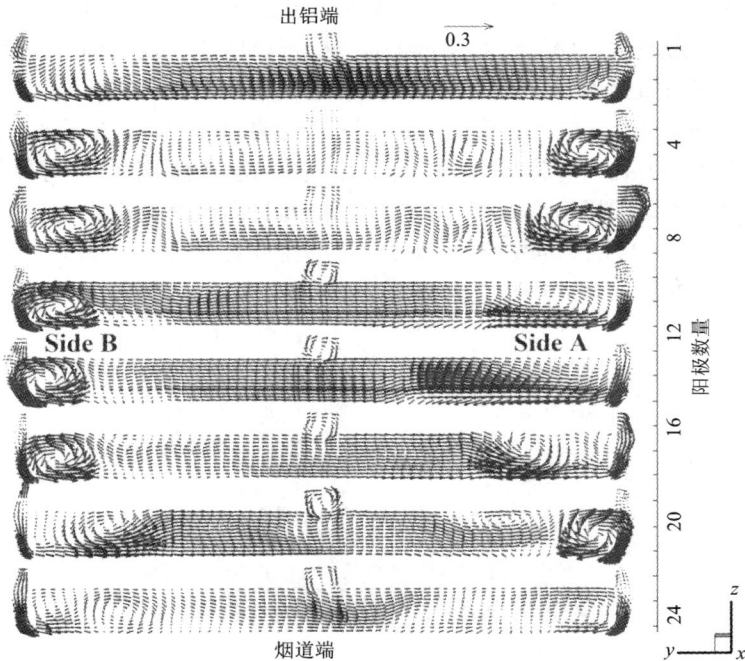

图 17 - 11　槽宽度方向竖直截面的流速矢量图/(m · s⁻¹)

结合水平截面和竖直界面的流速矢量图，可推知全局熔体的三维流动形态：水平方向以两个大尺度旋涡流动为主，熔体在中间区域的 A 侧中部交汇合流、在 B 侧中部分流，其余流段发生流向转弯。A 侧合流区熔体相向运动，使得较大面积熔体湍流强度和传热能力明显升高；B 侧分流区影响范围较小，仅对垂直于流向的壁面附近区域造成一定影响。大涡外侧高速熔体与四周壁面碰撞发生转向，使得壁面附近形成多个竖直方向的中小尺度旋流，与粗糙壁面碰撞、冲刷的过程大大升高了槽周熔体的湍流紊乱程度。对于 A4 ~ A8、A20 和 B14 附近壁面区域，由于壁面与熔体流向垂直，这些区域受到的冲刷作用比其他位置较强，造成形成的槽帮厚度较薄，且界面呈现为凹凸不平的起伏状。

（2）局部槽帮薄弱区域。

槽帮最重要的作用是保护槽体内衬和确保电解槽安全稳定运行。一方面，槽帮薄弱部位的保护效果较弱,最容易出现内衬腐蚀和漏槽现象,必须重点关注薄弱区域的热平衡;另一方面,槽帮界面形状规整度直接影响到熔体稳定性、电流效率等指标。

图 17-8 中,A6~A17 区域的槽帮界面存在连续的起伏,观察阳极位置与界面形状的关联,可以发现槽帮凹陷处都与阳极间缝位置对应。因此,可取较有代表性的 A7~A9 区域,叠加湍流分布和流速分布如图 17-12 所示。可以看出,阳极中部对应槽帮厚度较厚,而阳极间缝对应槽帮厚度较薄仅为前者一半。槽内熔体在阳极侧壁的阻挡下发生转向,流向与间缝平行,阳极间缝区域熔体流速垂直于壁面方向,强烈地冲击壁面槽帮,使得壁面处湍动能升高,造成间缝槽帮呈现明显的凹陷状。另外需要指出,本章计算中为突出全槽涡流形态对传热的影响,流体体系暂未考虑阳极气泡作用,小尺寸气泡通过阳极间缝排出的过程会对电解质产生高频扰动,可削弱间缝区熔体对槽帮的垂向冲刷作用,减小局部范围内槽帮形状的起伏度。

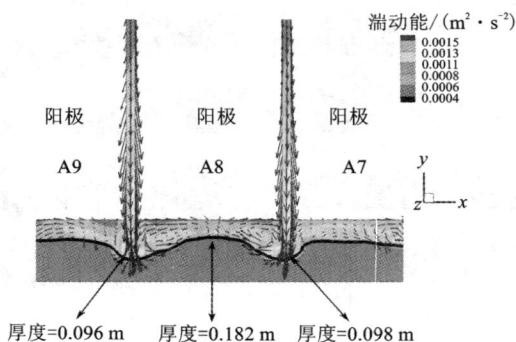

图 17-12   A7~A9 区域电解质湍流分布和流速分布

17.2.3   模型可靠性的验证

为检验仿真结果的有效性,作者对采用上述槽体结构和母线配置的 400 kA 级铝电解槽系列进行了跟踪测量。论文主要目的是考察熔体涡流形态与槽膛形状的作用关系,因此主要验证对象即为流场形态与槽膛形状,同时测量了钢窗温度进行间接验证。考虑到铝电解生产过程中需要周期性地开展换极操作(换极周期26 天),而阳极更换对换极位置的局部热平衡会带来一定影响,为降低局部热平衡波动对测量结果的影响,测量持续时间应大于换极周期。

1. 流场测量

铝液流场测量数据如图 17-13 所示。铝电解槽流场的测量方法为铁棒熔蚀法：使用多根铁棒置于熔融铝液内一段时间后取出，再依据不同位置铁棒的腐蚀情况得到各位置熔体的流动情况。

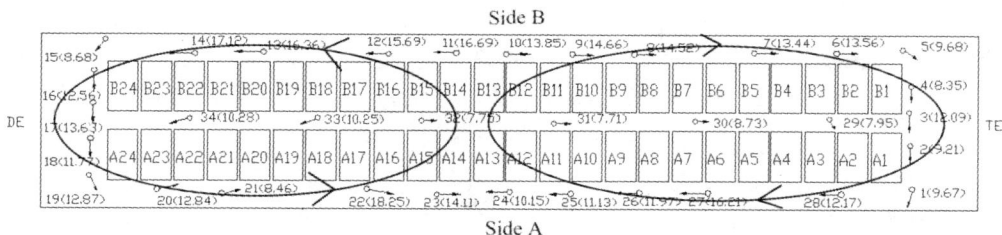

图 17 - 13　铝液流场测量数据

可以看出，铝液整体流动形态与计算结果符合较好，以两个大旋涡为主，且靠近 TE 端的旋涡尺寸略大。铝液平均流速为 12.18 cm/s，与计算结果平均值 11.12 cm/s 较为吻合；最大流速为 18.25 cm/s，小于计算结果最大值 32.91 cm/s，这与测点较少、计算中未充分考虑底部沉淀的阻滞作用有关。

2. 槽帮厚度与伸腿长度测量

槽内区域有高温、高腐蚀性的特点，难以实现槽膛形状自动化检测。现行槽膛形状的测定主要依靠人工操作，一般分为上部槽帮厚度的测定和底部伸腿长度的测定。测定过程较为烦琐：先移动天车锤头击打上部结壳打开测定洞，再伸入专用的槽帮厚度测定棒和伸腿末端测定棒，配合水平仪和刻度尺推算出槽帮厚度。选择的测点为两侧大面各测 3 个点，共 6 个测量点。图 17 - 14 为测得的不同位置槽帮厚度与伸腿长度数据。

可以看到，由于铝电解槽生产过程中需要进行周期性的换极、下料和出铝等操作，对局部热平衡产生较大影响，各位置的槽帮形状和槽壳温度都存在小幅变化。整体而言，槽膛形状较为规整，测量过程中没有出现槽帮缺失的情况，可以较好地保护槽体内衬结构不受高温熔体侵蚀，且大部分伸腿长度未超过阳极底面投影，有利于电解槽保持高电流效率下的平稳运行。表 17 - 3 为槽帮厚度计算结果与测量结果的比较，平均厚度的误差小于 2 cm。测量数据 B 面槽帮平均厚度较 A 面厚 1.2 cm，与热 - 流强耦合计算结论相一致，表明本章所建立的模型具有较高的可靠性，且热 - 流强耦合计算可以反映出实际存在的两侧大面槽帮整体厚度差异。

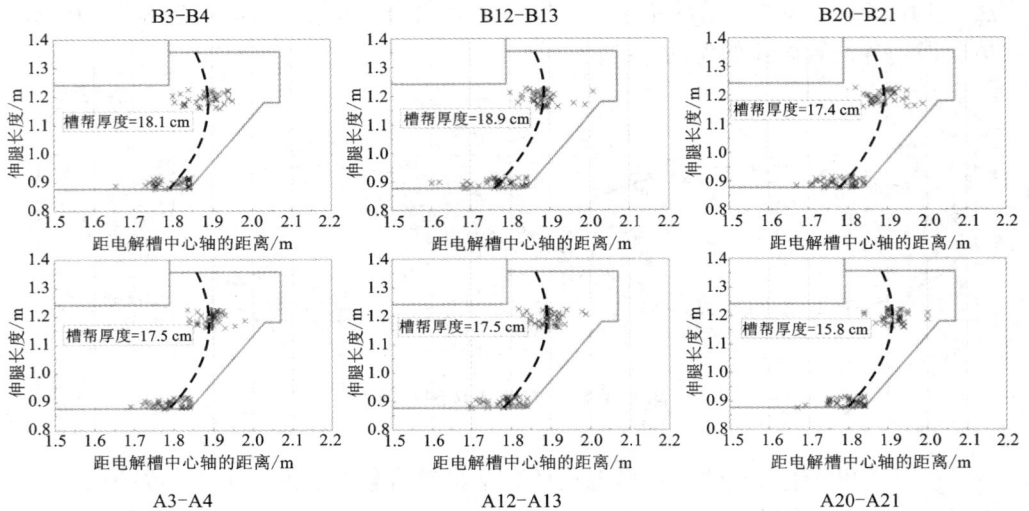

图 17－14 槽帮厚度和伸腿长度测量数据

（×为测量数据点，虚线为平均测量厚度拟合所得的槽帮形状）

表 17－3 槽帮厚度计算和测量结果的比较

测点阳极编号	计算值		测量平均值	
	A 侧槽帮厚度 /cm	B 侧槽帮厚度 /cm	A 侧槽帮厚度 /cm	B 侧槽帮厚度 /cm
3 ~ 4	16.2	20.6	17.5	18.1
12 ~ 13	16.2	18.2	17.5	18.9
20 ~ 21	20.6	20.6	15.8	17.4
平均值	17.7	19.8	16.9	18.1
两侧大面差异		2.1		1.2

此外，下部伸腿长度的测量平均值为 5.2 cm，略大于计算平均值 1.9 cm。其原因在于下部伸腿实际生长机理较为复杂，仅考虑热平衡的计算结果有一定误差，且在高温和钠侵蚀膨胀下槽体变形，使得伸腿长度测量过程同样会产生误差。在分布方面，伸腿长度随槽况变化有一定幅度的波动，10% ~ 15% 的测试点伸腿长度为 0，可知部分区域同样存在伸腿缺失现象，与实际情况相符。伸腿长度对热平衡和磁流体行为都有较大影响，许多研究者对伸腿长度开展了大量测量工作，中南大学的林燕[3]测得伸腿长度为 2 ~ 3 cm，与热－流强耦合模型的计算

结果吻合。

3. 槽壳温度测量

实际生产中，槽帮形状的直接测量较为困难，原因在于测点数量有限。考虑到槽帮形成过程虽然受到多种因素共同影响，但槽帮与对应位置的槽壳之间仅发生固体传热过程，槽帮厚度与槽壳温度之间有较好的对应关系。因此，本次测量工作还测量了对应高度的槽壳温度（此区域也称为钢窗或散热孔），以期为槽内槽帮计算结果提供间接验证。测量依据中华人民共和国有色金属行业标准《铝电解槽能量平衡测试与计算方法（YS/T 480—2005）》标准进行，使用手持红外测温仪，对两侧大面的钢窗温度进行测量。

彩图 X－7 为计算所得的两侧大面槽壳温度分布。整体而言，高温区域出现在熔体区槽壳，阴极区以及靠近角部槽壳温度稍低，A 侧大面整体槽壳温度明显高于 B 面槽壳温度，这与两侧槽帮厚度的差异关系相一致：由于 B 侧大面槽帮较厚，保温能力更好，使得 B 侧大面槽壳温度较低。局部上看，两侧大面都有小部分区域温度高于 400℃，这与局部槽帮的缺失、下部伸腿的普遍偏薄有关。高温区域与图 17－13 槽帮和伸腿较薄的位置相同，均位于两个大涡对应区域和中部涡流交汇位置，即熔体湍流强度较大的区域，说明槽膛厚度与对应区域槽壳温度有较好的对应关系。

彩图 X－8 为跟踪测量所得钢窗温度数据，表 17－4 为钢窗温度计算和测量结果的比较。

可以看出，两侧大面的实际钢窗温度差异情况与计算结果较为吻合。实际测量中，A 面钢窗平均温度较 B 面低约 12℃，与计算结果中的平均温差 14℃ 较为接近。同时，计算结果和测量结果都反映出 TE 端槽壳温度较高、槽帮厚度略薄，这源于母线结构和磁场的非对称分布，靠近 TE 端的旋涡较大，熔体换热更为充分。另外，钢窗温度随时间在 300～380℃ 变化，说明局部热平衡会随工况产生小幅波动，但总体上处于安全范围。计算结果中槽壳温度略高于实际槽壳温度，这是由于传热建模中未考虑摇篮架与外部母线结构且伸腿偏薄所致。

表 17－4　钢窗温度计算和测量结果的比较

测点阳极编号	计算值		测量平均值	
	A 侧温度 t/℃	B 侧温度 t/℃	A 侧温度 t/℃	B 侧温度 t/℃
1	350	337	327	327
2	360	351	337	322
3	368	350	349	336
4	370	348	348	328

续表 17 - 4

测点阳极编号	计算值		测量平均值	
	A 侧温度 $t/℃$	B 侧温度 $t/℃$	A 侧温度 $t/℃$	B 侧温度 $t/℃$
5	374	353	345	328
6	380	354	343	325
7	386	354	339	324
8	394	355	343	330
9	383	355	342	327
10	364	350	334	328
11	370	349	342	323
12	372	353	345	326
13	364	358	350	327
14	355	376	347	324
15	357	356	337	325
16	373	347	339	325
17	362	344	335	326
18	353	340	337	326
19	349	339	320	329
20	346	340	329	325
21	349	339	329	324
22	356	345	324	318
23	352	354	320	319
24	339	336	319	321
最大值	394	376	349	336
平均值	364	349	337	325
A - B 两侧平均温差	14		12	

　　对比槽帮厚度和钢窗温度,可知二者有较好的对应关系。在测量的难易程度上,槽壳温度的测量方式更为方便快捷,对正常的生产操作流程无影响。在测量结果准确性方面,槽帮测量工具较为粗放,主要依靠人工手动操作,测点数量受阳极排布位置的限制;温度测量则有较高的准确性,易于开展大范围的自动化检测。因此,槽壳温度自动检测系统的开发可一定程度上取代槽帮形状的人工测

量。后续热－流强耦合模型的进一步完善工作中，可考虑依托槽壳温度自动检测系统，获取精度更高的实际三维槽帮形状，进而对局部多场作用方式进行验证。

17.2.4 与传统槽帮计算模型的对比

为说明在铝电解槽热场分析中开展热－流强耦合三维建模的必要性，本章将热－流强耦合模型与两种常用的电热模型计算结果进行了对比分析。综合考虑电解槽结构的对称性、重复性和计算效率等因素，切片模型和四分之一槽模型成为当前铝电解槽电－热场仿真分析的主流模型。虽然两种模型的物理结构不同，但它们的控制方程和计算方法都较为一致。图 17－15 为两种电热模型所用的电热场计算流程，其核心均在于反复修正槽帮形状并进行迭代建模计算，以获得槽帮表面温度等于电解质初晶温度的热平衡稳态解。可以看到，电热场计算中，槽帮与内部熔体的作用关系主要通过等效界面换热系数来衡量。

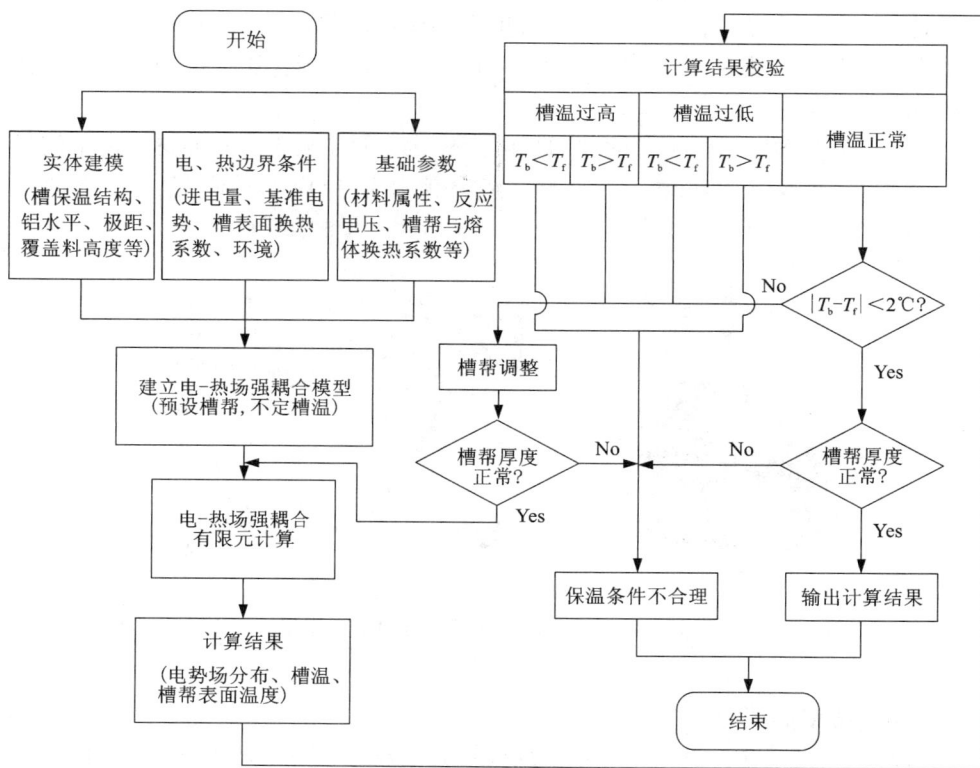

T_b为槽帮表面温度，T_f为初晶温度

图 17－15 铝电解槽电－热场强耦合计算技术路线

1. 切片电热模型

切片模型兼顾了模型复杂度和计算效率,广泛用于铝电解槽的电热场设计研究中。电解槽槽体结构在长度方向的重复性是进行切片简化的基础,槽长轴方向存在数十块炭素阳极和阴极整齐地排列,短轴方向则沿中轴线对称分布,计算中以单阳极或半阳极为最小重复单位建立切片模型可高度简化物理模型。熔体在槽内的快速流动促进了热量的充分扩散,使得各切片之间熔体温度差异非常小。并且,与过度简化的二维截面模型相比,切片模型保留了内衬结构在长轴方向的不连续性特征,在简化模型的同时可获得较好的计算准确性。

图 17 – 16 为根据相同结构参数建立的 400 kA 级电解槽大面单阳极切片模型,计算至稳定槽帮形状经过了 8 次迭代。图 17 – 16(a)为切片的有限元模型,其保留了阴极区域、阳极上部区域结构在槽长度方向的不连续性,建模处理更贴近实际情况。图 17 – 16(b)为切片模型的计算结果,经过迭代计算得到的槽帮表面温度等于电解质初晶温度 943℃,整体形状较为规整,槽帮和伸腿的厚度都较为适宜。在槽膛形状方面,切片模型所得上部槽帮的厚度为 15.8 cm,与热 – 流强耦合模型计算结果和测量结果均较为接近,说明电热耦合切片模型对于上部槽帮的计算结果较为准确。

另外,切片模型所得下部伸腿的长度为 9 cm,明显大于实际伸腿测量平均值 5.2 cm 和文献报道测量值 2 ~ 3 cm,热 – 流强耦合模型计算结果平均值为 1.9 cm,与实际情况更为吻合。

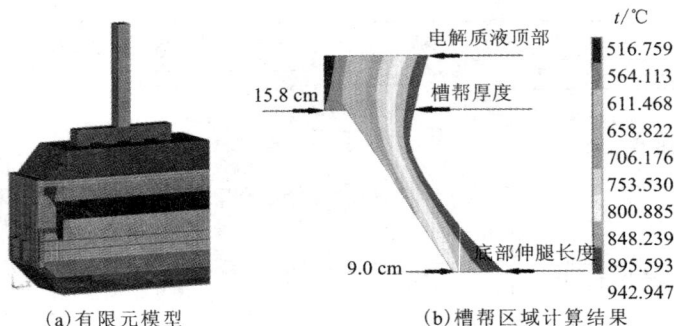

(a)有限元模型　　　　　(b)槽帮区域计算结果

图 17 – 16　大面单阳极切片电热耦合模型

2. 1/4 槽电热模型

虽然切片模型在计算效率和结果准确性方面较好,但是其结构特点决定了切片模型仅能得出理想条件下的平均槽帮厚度,无法反映大面、小面和角部等不同空间位置的槽帮厚度差异。于是,研究者们进一步建立了可以更全面反映铝电解真实结构的 1/4 槽模型。

考虑到 1/4 槽模型的建模复杂度和计算量均远大于切片模型，本章未进行
400 kA 级电解槽的 1/4 槽电热场迭代建模，而是通过文献计算结果进行定性分析
对比。图 17 – 17 为崔喜风[4]以某 300 kA 铝电解槽为算例，经过 30 次循环迭代
得到的槽帮厚度分布图。

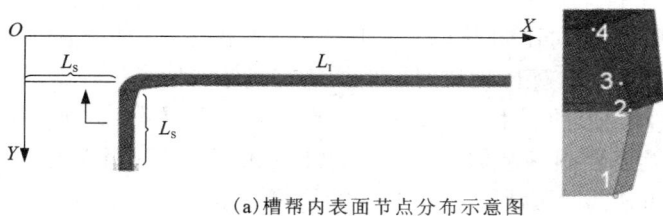

(a)槽帮内表面节点分布示意图

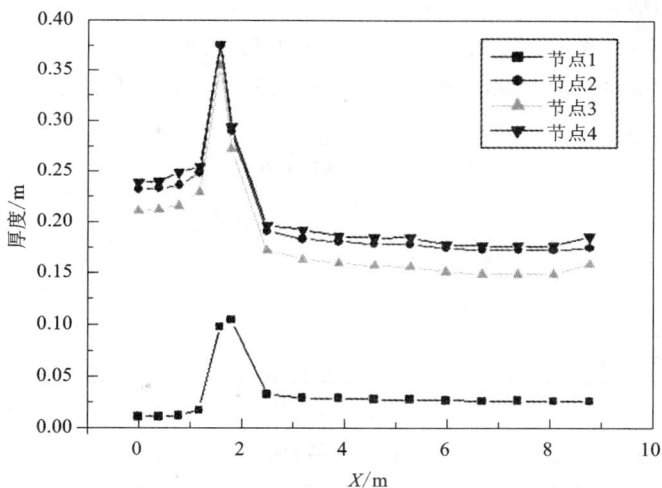

(b)槽帮厚度-X分布图

图 17 – 17　1/4 槽模型槽帮厚度分布

可以看出，1/4 槽模型所得结果整体而言，小面槽帮厚度大于大面，且角部
槽帮最厚，与现行设计原则相一致。从厚度的变化趋势看，无论是大面还是小
面，都是从中间至角部逐渐变厚。作者同样将计算结果与测量值进行了对比，认
为其平均值误差在 4 cm 以内。

该 1/4 槽模型得到的槽帮形状有几个特点：一是水平截面形状呈"椭圆形"分
布，角部最厚、侧部最薄，这是由固体传热机理所决定的，而热 – 流强耦合全槽
模型结果中，中间区域并不是槽帮的最薄处，槽帮最薄区域出现在两个大涡中心
对应的区域，即湍流强度较为剧烈的区域，与流场形态相关。二是无法区分两侧
大面槽帮形状差异，这是因为模型简化中仅仅将熔体区域视为等温熔体，对熔体

热导率进行了人为放大修正，并未和局部流动情况关联起来。反观热－流强耦合模型，虽然其生热散热条件同样关于槽中心对称分布，但是在考虑了熔体流动的影响下，所得两侧大面整体槽帮厚度呈现出明显的差异，且在某些湍流最剧烈的局部区域可以观察到槽帮形状的局部明显变化。

3. 三种模型特点分析

三种模型的综合对比如表 17－5 所示。切片模型、1/4 槽模型和热－流强耦合全槽模型各有特点，实际使用时可根据研究目标的特点选择合适的模型。切片模型由于具有建模方便、计算速度快的优点，被广泛用于铝电解槽的电热场设计工作中，可进行各类新型结构、新工艺的计算优化，亦可用于在线仿真、特殊工况影响等相关电热场行为研究。而热－流强耦合全槽模型的特殊之处在于能够同时计算流场和热场的相互影响，进而获得全槽范围内更真实的流场、温度场和三维槽膛形状，同时揭示出前述模型未能发现的许多现象和规律，加深我们对各物理场相互作用关系的认识和理解，这是其他模型无法取代的。

表 17 －5　三种计算模型对比

	切片模型	1/4 槽模型	热－流强耦合模型
计算时间	15 min ~ 2 h	60 h 以上	20 h
求解复杂度	迭代建模（简单）	迭代建模（复杂）	统一网格体系求解
多场作用关系描述	电－热	电－热	电－磁－流－热

铝电解槽的设计过程中，可根据其特点分阶段使用不同模型：首先，使用切片模型进行电热场计算，对各结构工艺参数进行快速优化，获得初步的电热场设计方案。然后，使用 1/4 槽模型对初步设计方案的整体电热场分布开展分析，可得到更丰富的热场分布信息。在此基础上，将电热场设计方案与包含母线配置的磁场设计方案结合起来，建立最全面的热－流强耦合模型，并对铝电解槽的整体设计效果进行最终的评估。

17.2.5　三维槽帮耦合计算小结

（1）熔体涡流形态、湍动能分布、等效导热系数分布和电解质温度分布之间存在较强关联性。涡心处熔体流动较为平整，导热系数较低导致热量积累，所得最大过热度为 9℃；旋涡外侧熔体与壁面碰撞，增加了熔体的湍流紊乱程度，使槽周和两涡流交汇区域的导热系数远高于旋涡中心，换热较为充分，温度梯度较小。

（2）受到熔体流动的影响，整体上两侧大面槽帮平均厚度相差 2.3 cm，最大厚度差异达到 10.6 cm。厚度差异关系与两涡流的流动形态存在直接的对应关系，且涡流交汇区的厚度差异尤为明显，由于分流侧流体对壁面冲击作用大于合流侧，使得分流侧的槽帮较薄。

（3）局部槽帮同样呈现受到流动影响的形状，在阳极侧壁的阻挡下间缝区域熔体强烈地垂直冲击侧部槽帮，使得壁面处湍动能升高，造成间缝位置槽帮呈现明显的凹陷状。

（4）通过现场测量工作验证了热－流强耦合计算结果的有效性，发现铝电解生产中两侧槽帮厚度同样存在差异，同时可以通过测量两侧大面钢窗温度对内部槽膛形状进行间接验证。

（5）传统切片模型、1/4 槽电热模型存在理论缺陷，无法考虑熔体流动对两侧大面传热的非对称影响，而热－流强耦合模型可揭示传统模型中未能发现的许多现象和规律，且在求解复杂度、多场作用关系描述、准确性等方面均优于传统模型，后续计算中应基于热－流强耦合模型开展铝电解槽多场行为研究。

17.3　不同流场因素对传热过程及全槽槽帮形状的影响研究

前文已经验证了热－流强耦合模型计算三维槽帮的准确性和先进性，依据该模型可以研究许多传统电－热模型无法准确描述的现象，尤其是槽内传热和槽帮形成过程中不同流场因素的影响。因此，在前文热－流强耦合建模计算的基础上，进一步研究了不同涡流形态和不同电磁力大小对传热以及槽帮形成的影响，得到造成槽帮厚度不均匀的几个主要影响因素，并设计反向流动实验，分离出几个主要因素各自的作用效果和作用范围。最后，总结得到槽帮形成过程中流场－热场相互作用机理，并提出基于槽帮均匀性的大型铝电解槽电磁力设计准则。

17.3.1　多涡流动形态的槽帮形状影响因素探究

不同母线结构导致的电磁力分布的差异是形成不同涡流形态的重要原因。磁场设计中通过优化母线配置，可以改变电磁场分布和槽内流场形态，进而提高稳定性和节能效果。

然而，流场设计的评判标准较为复杂，传统模型中仅以流速大小和界面波动幅度来评价流场设计的效果，对于不同涡流形态的研究非常少。在减缓铝液－电解质界面波动幅度、提高稳定性方面，单个大涡、三涡和对称四涡均对提高稳定性有利，而两涡形态对提高稳定性无明显效果；而从物料平衡的角度，四涡流场有利于氧化铝快速熔解。然而受限于研究手段和建模机理的缺乏，基于传热过程的流场形态评价一直未见研究。

随着铝电解槽向大型化发展，流动区域面积和槽体长宽比的增大，槽内各物理场的分布也变得更为复杂。现代铝电解槽的电磁力场已经很难产生理想的基本流场形态，而是呈现为多种基本形态的叠加，即数个大涡流叠加许多小涡流的无规律多涡流动。大型电解槽内复杂的流场形态使得温度分布的区域不均匀现象更加显著，不合理的热流场设计将给铝电解生产带来安全隐患。因此，为分析大型槽内多涡流动形态对于槽帮形状的影响关系，本节选择了两种结构不同的 400 kA 级大型铝电解槽所用母线配置 Q400 与 S400 进行比较。这两种母线配置对应的涡流形态有一定相似之处，均为多涡流动，但其槽内湍流分布与传热行为的差异较大，可更清晰地说明流场形态与槽内传热不均匀之间的关联关系。

1. 母线配置与磁场分布

设计考察的两种 400 kA 级铝电解槽母线配置结构如图 17 - 18 所示。可以看到：都采用大面六点进电方案，母线的排布位置集中在槽体两端和底部，且底部补偿母线的位置更靠近烟道端。

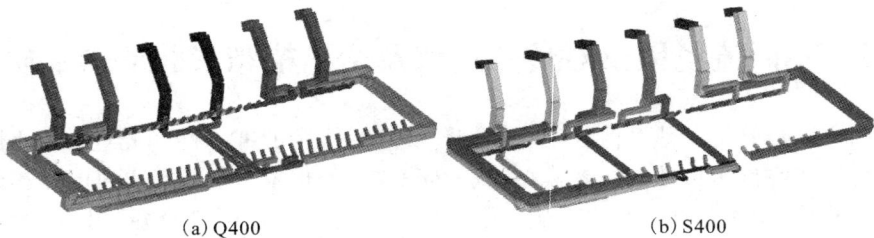

(a) Q400   (b) S400

图 17 - 18　考察的两种母线配置结构示意图

使用前述电磁场计算模型，计算得到两种母线配置对应的槽内垂直方向磁感应强度分布如图 17 - 19 所示。磁场设计中通常认为垂直分量 B_z 对熔体运动稳定性的影响最为重要，故对比中仅示出垂直磁场 B_z 的分布。

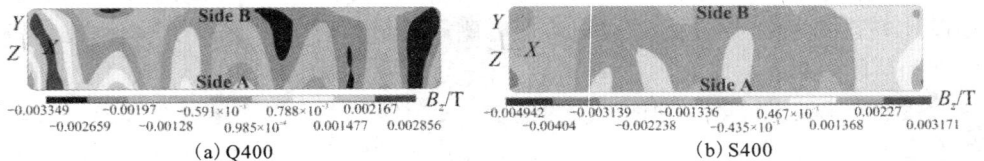

(a) Q400   (b) S400

图 17 - 19　垂直磁场 B_z 分布图

由图 17 - 16 可以看出，两种母线配置的磁场设计遵循了两种不同的设计思路：前者 Q400 方案追求较小的 B_z 极值，而后者 S400 方案侧重于追求较小的 B_z 变化梯度，以获得较为平滑的磁场分布。从极值大小上看，Q400 的最大绝对值仅为 3.349×10^{-3} T，明显小于 S400 的 4.942×10^{-3} T；从分布情况看，Q400 的分布较无规律，中央和两端都有极值区域存在，两侧大面磁场相差不大，而 S400 的中央区域较为平滑，仅在靠近 A 侧大面的两个角部存在小面积的极值区域，且 A 侧垂直磁场绝对值略大于 B 面。两种磁场设计均能够满足磁场设计的基本准则。

提取槽内两侧大面电磁力三个分量的绝对值示于图 17-20。可以看出，两者的电磁力分布存在较大差异。Q400 中，Y、Z 方向的电磁力绝对值较大，X 方向电磁力最小，沿槽长度方向电磁力起伏变化较大，与垂直磁场分布相一致；在对称性方面，A、B 两侧电磁力大小较为相近。S400 则是 Y 方向的电磁力最大，Z 方向次之，X 方向最小，沿槽长度方向电磁力变化较为平滑，仅在两个端部出现小幅波动；在对称性方面，A 侧电磁力明显大于 B 侧，A 侧电磁力大约为 B 侧的两倍。

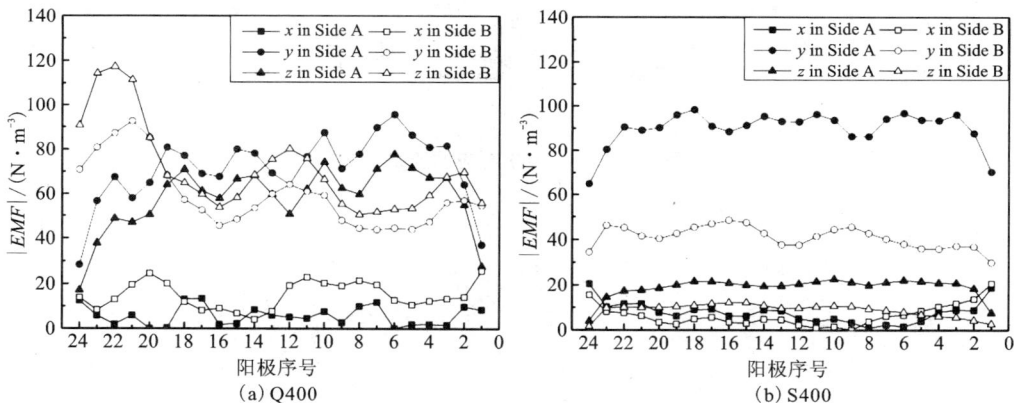

图 17-20　两侧大面电磁力三个分量的绝对值

2. 流速与湍流分布对比

使用两种母线配置计算得到的电磁力密度分布为动量源项，其余建模参数不变，分别建立热-流强耦合模型进行凝固计算，得到的铝液和电解质水平截面流速矢量图分别如图 17-21 和图 17-22 所示。

可以看到，涡流形态方面，两种母线配置所得流场有一定相似性，均为较复杂的多涡流动，包含 4~6 个较大尺度旋涡和多个小旋涡，且旋涡的方向一致。Q400 流场中呈现 3~4 个中尺度旋涡，且左数第一和第三个旋涡的流速相对较大，意味着这两个旋涡对传热行为的影响也较大。而 S400 整体流场形态更为紊乱，两端的旋涡相对较大，槽中部分布着多个较小尺度的涡。流速大小方面，两者平均流速相近，但 S400 的最大流速较高，最大值出现在靠近 A 侧的两个角部区域。

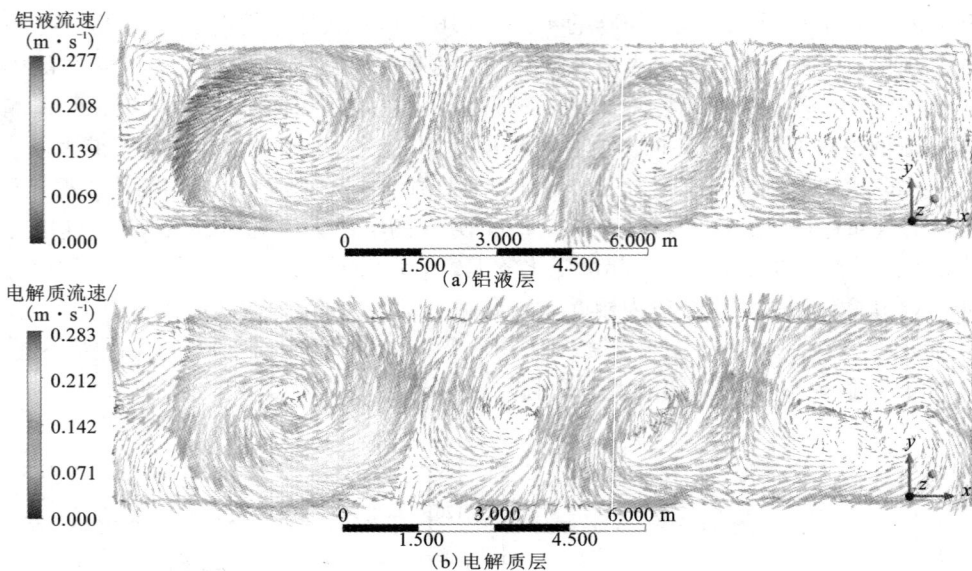

图 17 – 21　Q400 对应的流场分布

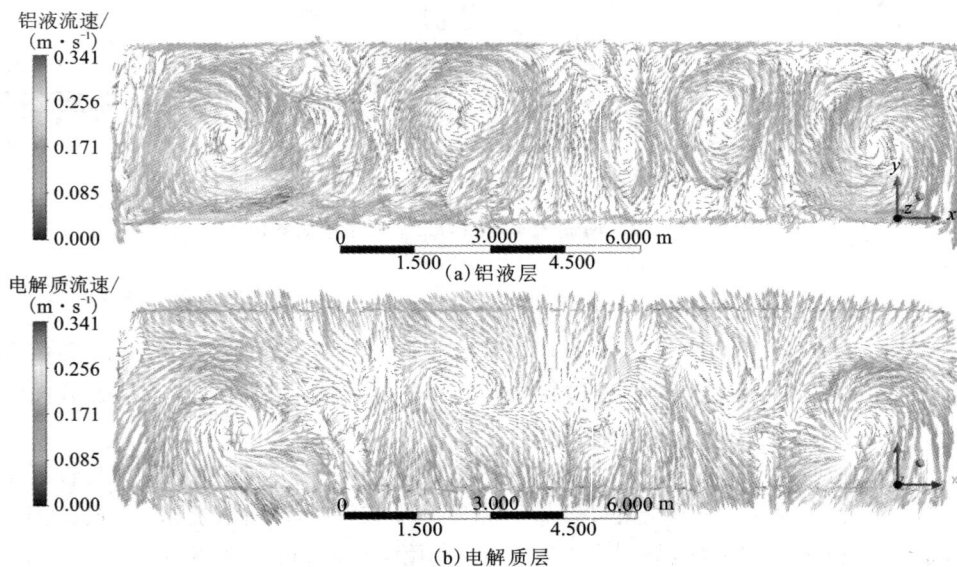

图 17 – 22　S400 对应的流场分布

两种母线配置对应的电解质水平截面湍动能分布示于图 17 – 23 和图 17 – 24。

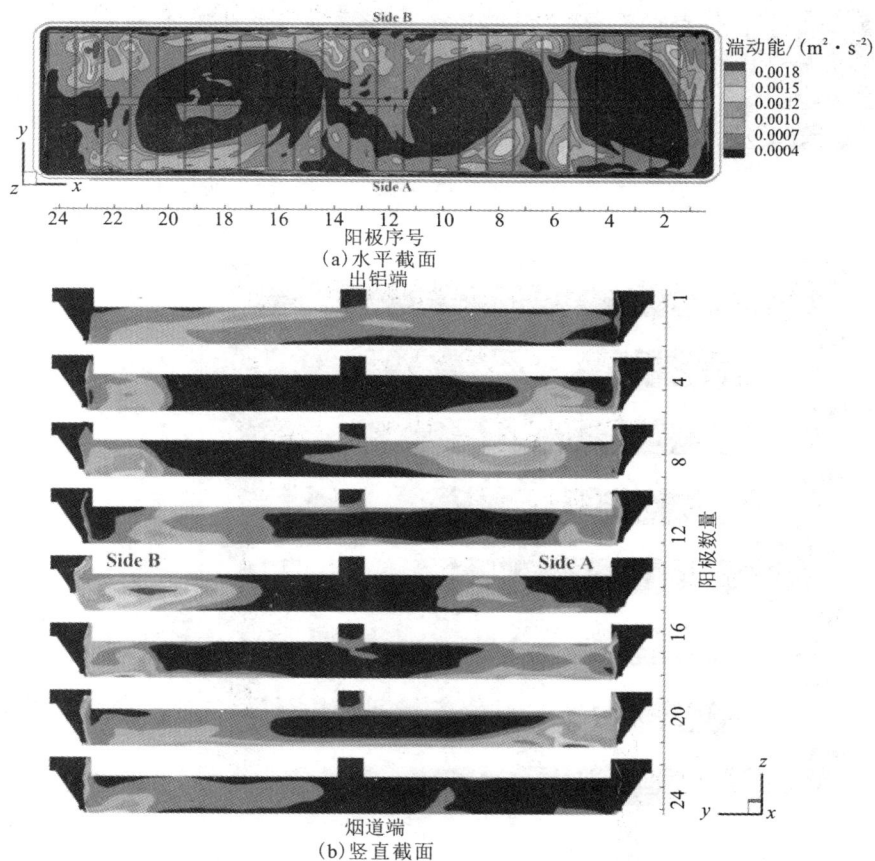

图 17 - 23　Q400 对应的湍动能分布

　　可以看到，尽管同样为多涡流动，但是两者的湍动能分布有着明显差异。Q400 两侧大面的湍动能较为接近，仅在少数几个涡流交汇区域有较高的湍流强度；而 S400 的两侧湍动能有显著差异，其 A 侧大面熔体的湍流剧烈程度远大于 B 面，且高湍流强度区域覆盖了 A 侧大部分面积。

3. 过热度和槽帮形状对比

　　涡流形态的改变对电解质过热度亦有影响。在多涡流动的计算中，Q400 的最大过热度为 8℃，S400 的最大过热度为 7.3℃，均低于大涡流动计算结果。槽内熔融电解质的温度分布与湍流分布的对应关系已在 17.2.2 小节进行说明，由于旋涡中心区域与外界较少发生物质交换，热量在此不断积累，最高温度一般出现在涡心位置。与大涡流动相比，多涡流动中流体紊乱程度较高，流体的相互碰

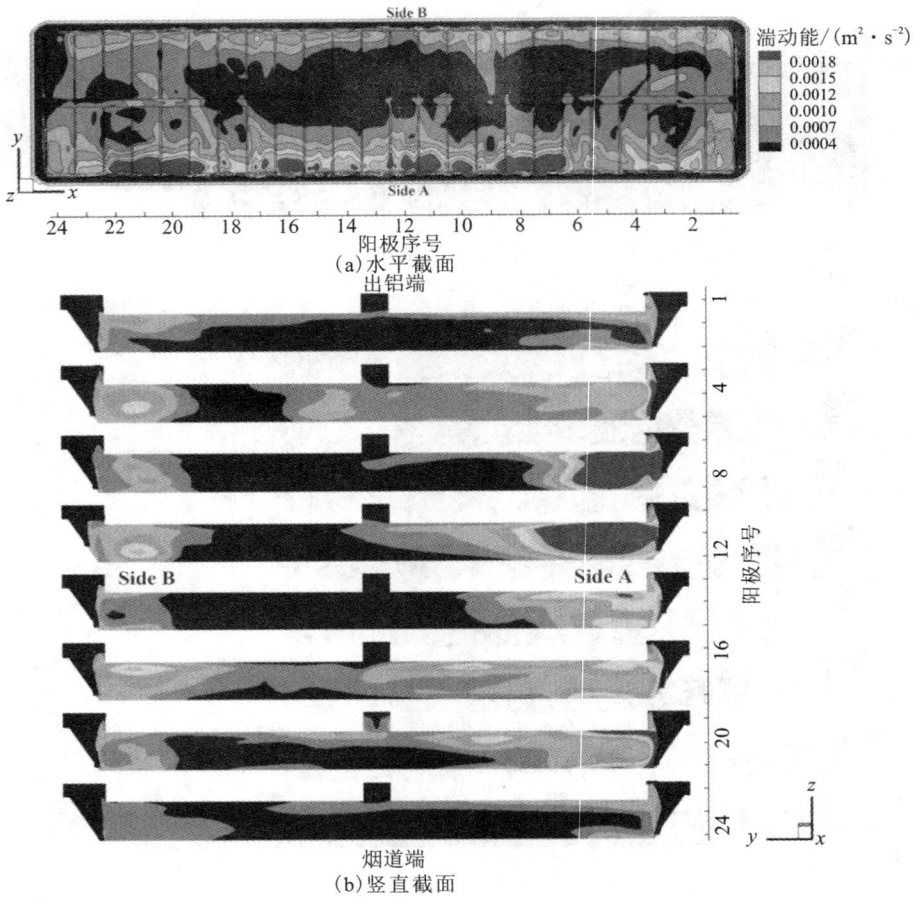

图 17 – 24　S400 对应的湍动能分布

撞使得旋涡尺寸较小，换热更为充分，降低了槽内熔体的温度梯度，使电解质的过热度降低。

所得槽帮形状和厚度数据分别示于图 17 – 25 和图 17 – 26。可以看出，Q400 和 S400 的两侧槽帮厚度关系出现了明显的不同。Q400 的两侧槽帮厚度较为接近，平均厚度差仅为 0.1 cm，且沿槽长度方向的变化趋势也较为一致；局部厚度变化方面与湍流剧烈程度有较好的对应关系，槽帮较薄区域出现在阳极编号 6 ~ 8、12 ~ 16 位置，均对应着中尺度旋涡交汇区域，B7 位置槽帮厚度较 A7 侧薄，也对应着涡流分流区域。而 S400 的两侧槽帮厚度存在差异较大，B 侧槽帮厚度普遍厚于 A 面，平均厚度相差 1.6 cm；同时，S400 槽帮厚度沿槽长度方向的整体起伏较小，槽帮形状更为均匀平滑，更有利于槽内熔体稳定流动。

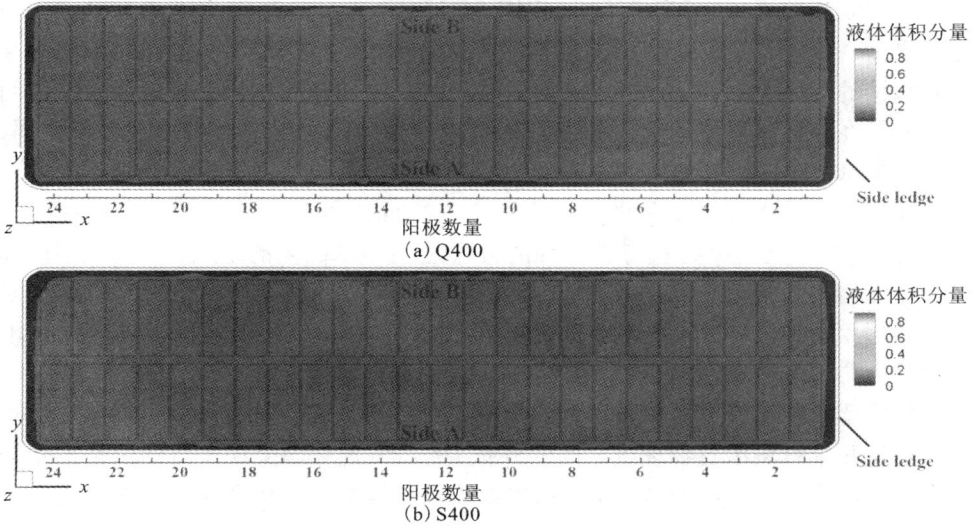

图 17-25 电解质层槽帮形状

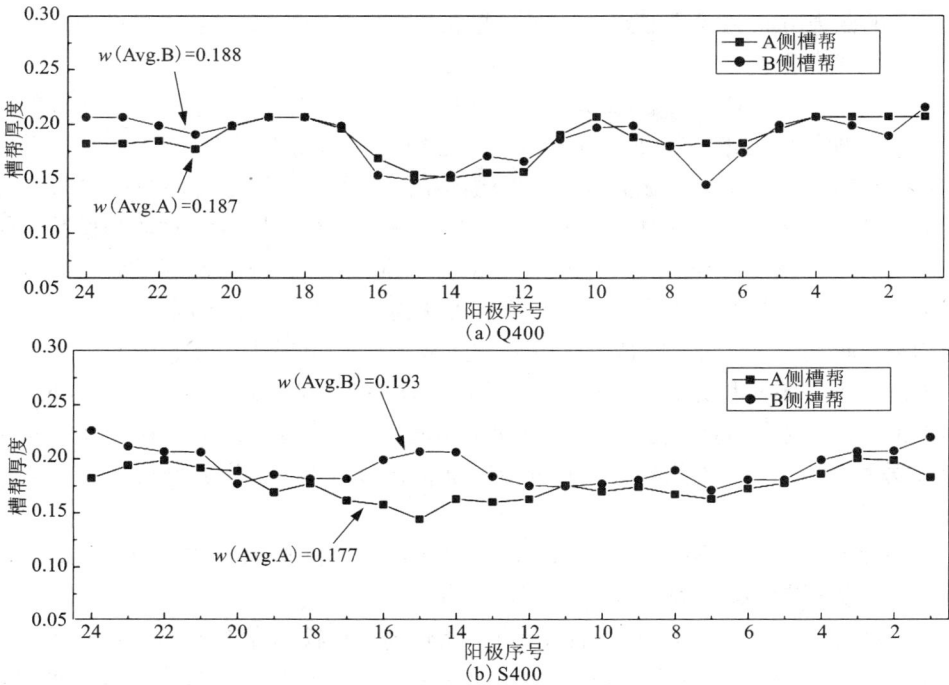

图 17-26 两侧大面槽帮厚度对比

与大涡流动不同，多涡流动形态中，槽帮厚度差异规律与两侧的电磁力大小分布更为一致。在第三章中可以看到，大涡流动形态与槽帮厚度差异关系之间存在着直接的对应关系，尤其是两个大涡的交汇区域合流侧和分流侧的差异非常明显。但是在两种多涡流动中，这种"涡流形态－槽帮厚度"的对应关系有所减弱，Q400 和 S400 两种较为相似的多涡流动形态呈现出不同的槽帮厚度差异关系。

通过对比各物理量之间的分布关系，发现两侧的电磁力大小、湍流强度分布、槽帮厚度差异三者之间存在很强的关联性：Q400 两侧的电磁力、湍流强度和槽帮厚度均较为接近，而 S400 中 A 侧的电磁力大小和湍流强度均较大，熔体对槽帮的作用较强，A 侧的整体槽帮厚度小于 B 侧。可以认为，在多涡流动中，电磁力因素与湍流分布和槽帮厚度差异关系的关联性更强。

4. 主要影响因素分析以及不同涡流形态的作用规律

对比几个算例中各物理量之间的分布关系，发现大涡流动所得的槽帮形状与涡流形态因素的关联性非常明显，而多涡流动所得槽帮形状则与两侧电磁力大小差异因素的关联性更强。上述两种关联性并不矛盾，多种作用因素可以同时存在，只是在不同流动条件下各因素作用的强度有所不同，使得整体上呈现与某一个因素关联更强。由此推断，造成两侧槽帮厚度差异的三个主要因素为：槽内衬结构、电磁力分布和涡流形态，影响形式如式（17 - 1）所示，三者作用的叠加决定了最终的槽帮形状。

$$\Delta \text{Ledge}_{A\&B} = \text{Effect}_{\text{Structure}} + \text{Effect}_{\text{EMFs}} + \text{Effect}_{\text{FlowPatten}} \qquad (17 - 1)$$

对三种作用因素的特征进行分析。一是槽内衬结构因素 $\text{Effect}_{\text{Structure}}$，由前文 1/4 槽电热模型计算结果分析可知，当槽体结构对称时，仅考虑内衬固体传热作用得到的槽帮形状也关于槽中心对称，所以可认为内衬结构因素对两侧槽帮的影响相同，此时该项为 0。二是电磁力分布因素 $\text{Effect}_{\text{EMFs}}$，对比 S400 和 Q400 计算结果，可以看到两者均为多涡流动形态，可认为两者涡流形态因素的影响效果较为相近，此时，造成两者槽帮形状差异的主要原因是电磁力因素，即两侧大面电磁力绝对值的不对称分布，电磁力较大的一侧往往对应着湍流强、槽帮较薄。三是涡流形态因素 $\text{Effect}_{\text{FlowPatten}}$，大涡流动中涡流影响强于多涡流动，说明作用强度与旋涡大小相关；分流侧与合流侧槽帮厚度存在显著差异，说明作用效果与流向相关。

在此基础上，对不同涡流形态中流场对热场分布的作用规律进行总结，尤其针对大涡流场与多涡流场之间的区别进行阐述。

大涡形态流场中，单个旋涡包含的动能较强，有较明显的各向异性特征，尤其是合流侧与分流侧的槽帮差异非常大。流域内大尺寸的旋流得到充分发展，流体流向的一致性较高，且大涡内部很少出现流体碰撞，大尺度涡的能量不易耗散。相对于合流区域，高动能的旋流在分流区域对壁面的作用力较强，大大提高了分流区域的湍流剧烈程度，表现为分流区域的槽帮较薄。这种与流向相关的两侧差异即为各向异性特征。此时，大涡各向异性引起的湍流空间差异占主导地位，弱化了其他因素的影响，表现出槽帮厚度差异与涡流形态的关联性更强。

多涡形态流场中，单个旋涡包含的动能大大减少，整体特征偏向于各向同性。首先，旋涡数量的增加使得它们相互碰撞的概率大大升高，在较大尺度旋涡碰撞破碎成小尺度旋涡的过程中，机械动能逐级向小的旋涡传递，最后在分子黏性的作用下发生耗散。旋涡的碰撞使得流体能量减少，更重要的是流场紊乱程度增加和流体流向一致性的降低。因此，旋涡动能的降低以及作用位置的分散削弱了分流合流两侧对壁面作用力的差异，表现为多涡流场各向异性特征大大减弱，整体偏向于各向同性。另外，当流场以中小尺度旋涡为主时，涡流形态的影响有较大程度的弱化，反而突出了电磁力不对称分布的重要性，正如 Q400 与 S400 之间的对比。此时，槽帮厚度差异与电磁力分布的关联性更强。

17.3.2　槽帮形状偏移的影响因素研究

上述分析表明，电磁力分布因素和涡流形态因素是造成槽帮厚度空间差异的主因，但两种因素对传热行为的具体作用方式仍未完全明晰。为进一步研究电磁力和涡流形态两种因素各自的作用范围和作用强度，本节设计了反向流动实验，分离出了不同因素造成的两侧槽帮厚度差异的偏移量，探索两者在槽帮形成过程所起的作用，为优化电磁场分布和全局涡流形态进而提高全槽槽帮均匀性奠定理论基础。

1. 实验方式设计

为考察后两种因素各自对槽帮形状的偏移影响，首先需要设法对两种影响加以区分。电磁力分布影响 $\text{Effect}_{\text{EMFs}}$ 主要来源于电磁力绝对值的不对称分布，而涡流形态的影响 $\text{Effect}_{\text{FlowPatten}}$ 具有各向异性和方向性等特征，该因素最典型的影响即旋涡合流侧与分流侧的槽帮差异，分流侧的槽帮厚度明显较薄。合流侧与分流侧的差异在于流向不同，可认为两侧厚度差异关系由流体流向确定。本章假设涡流形态的影响关系与流动方向相关，若能够在同样的旋涡形态下设法使大尺度旋涡流向反向，即可使合流区域转变为分流区域、分流区域变为合流区域，此时理论上两侧厚度差异关系将对调，涡流形态对两侧槽帮的影响效果也将与原影响相反。

标记正向流动算例为 Case 1，反向流动算例为 Case 2，则两种流动方向对应的各因素作用关系分别如式(17-2)和式(17-3)所示，式中的负号表示对两侧的影响对调。

$$\Delta\text{Ledge}_{\text{Case1}} = \text{Effect}_{\text{Structure}} + \text{Effect}_{\text{EMFs}} + \text{Effect}_{\text{FlowPatten}} \qquad (17-2)$$

$$\Delta\text{Ledge}_{\text{Case2}} = \text{Effect}_{\text{Structure}} + \text{Effect}_{\text{EMFs}} - \text{Effect}_{\text{FlowPatten}} \qquad (17-3)$$

将上式看作二元一次方程组。其中，等号左边的槽帮厚度差异关系 $\Delta Ledge$ 可由热 – 流强耦合模型计算得到，等号右边第一项为 0，第二和第三项为待求未知量。因此，求出 Case 1 和 Case 2 的两侧槽帮形状，即可解开上述二元一次方程组。换而言之，分别求得正向流动和反向流动各自的槽帮厚度差异，即可分离出涡流形态、电磁力分布各自对两侧槽帮的偏移影响。

设计反向流动的方法如下：以假设的二维平面流动为例进行分析，如图 17 – 27 所示。

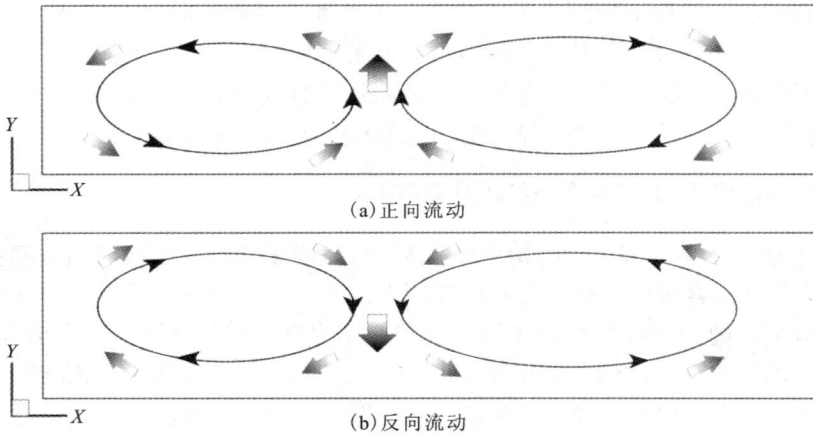

图 17 – 27　假设的二维电磁力与涡流形态

图 17 – 27(a)正向涡流形态中，局部电磁力方向流流向有良好的对应关系，此时两涡中部区域的流体流向朝上；为构造反向涡流形态，通过调转电磁力 X 和 Y 分量的方向，得到两涡反向涡流形态如图 17 – 27（b）所示。可以看出，在二维空间下，调转电磁力方向获得的流场基本形态与原流场相似，但流动方向正好相反，两涡中部区域的流向朝下。因此，可认为二维流动中，调转电磁力方向可以构造出形态相近、流向相反的反向流动。由于铝电解槽槽膛空间的高度远小于长度和宽度，且流动方向以水平截面的大涡流动为主，具有一定程度的准二维特征。近似条件下可将上述结论推广至三维槽膛空间，即通过调转各方向电磁力分量的方向，实现铝电解槽内反向流动的计算。

为突出流动方向改变带来的影响，本节选用第三章所用大涡形态流场进行反向流动计算。标记第三章计算结果为正向流动 Case 1，同时通过自定义函数 UDF 施加反向电磁力，计算反向流动 Case 2 对应的槽帮形状分布。

2. 反向流动计算结果

Case 2 反向流动计算所得的电解质层水平截面流场矢量分布和湍动能分布分

别如图 17 - 28 和图 17 - 29 所示。

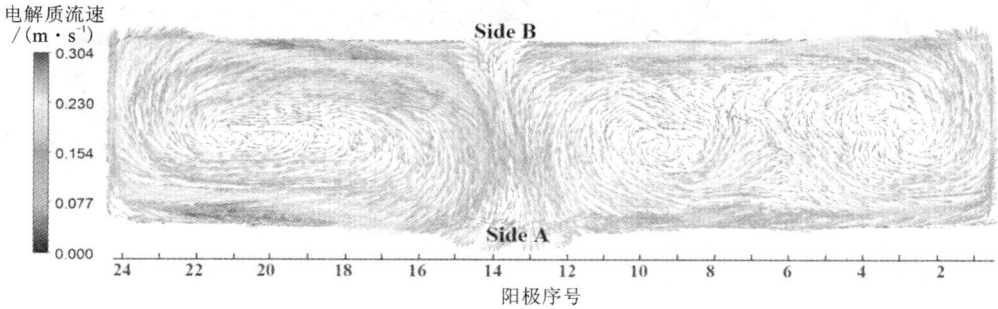

图 17 - 28　反向流动计算所得的电解质水平流速分布

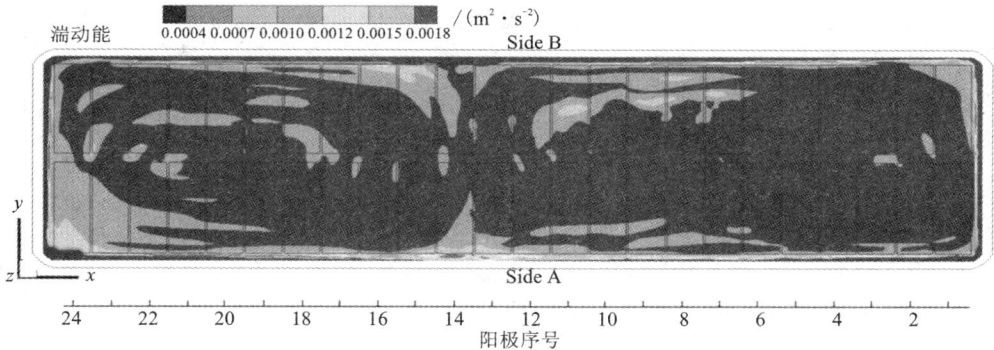

图 17 - 29　反向流动计算所得的湍动能分布

　　电解质流场呈现两个大旋涡形态，流速最大值为 0.307 m/s，涡流交汇于阳极编号 14 的位置，与图 17 - 6 中正向流动计算结果较为一致，但两者的流向正好相反，说明本章构造反向流场的方法具有可行性。图 17 - 28 的电解质湍动能分布同样呈现出与大涡流场的对应关系，但与图 17 - 7 中正向流动湍动能分布相反，反向流动中 A12 ~ 14 壁面附近的湍动能较高，这是因为中部熔体的流向由 B 侧垂直流向 A 侧，与该区域壁面作用较强。

　　图 17 - 30 即为 Case 2 反向流动下的槽帮形状与两侧厚度差异关系数据。

　　可以看到，反向流动的槽帮形状与正向流动相比有很大变化，两侧槽帮差异进一步增加，平均厚度差达到 4.3 cm。厚度差异最大值达到 23 cm，出现在两涡交汇处。中部大部分区域的 A 侧槽帮较 B 侧薄，尤其是 A14 区域槽帮最薄，对应着涡流分流区域，此处熔体对壁面的垂向冲击作用最为强烈，容易出现漏槽现

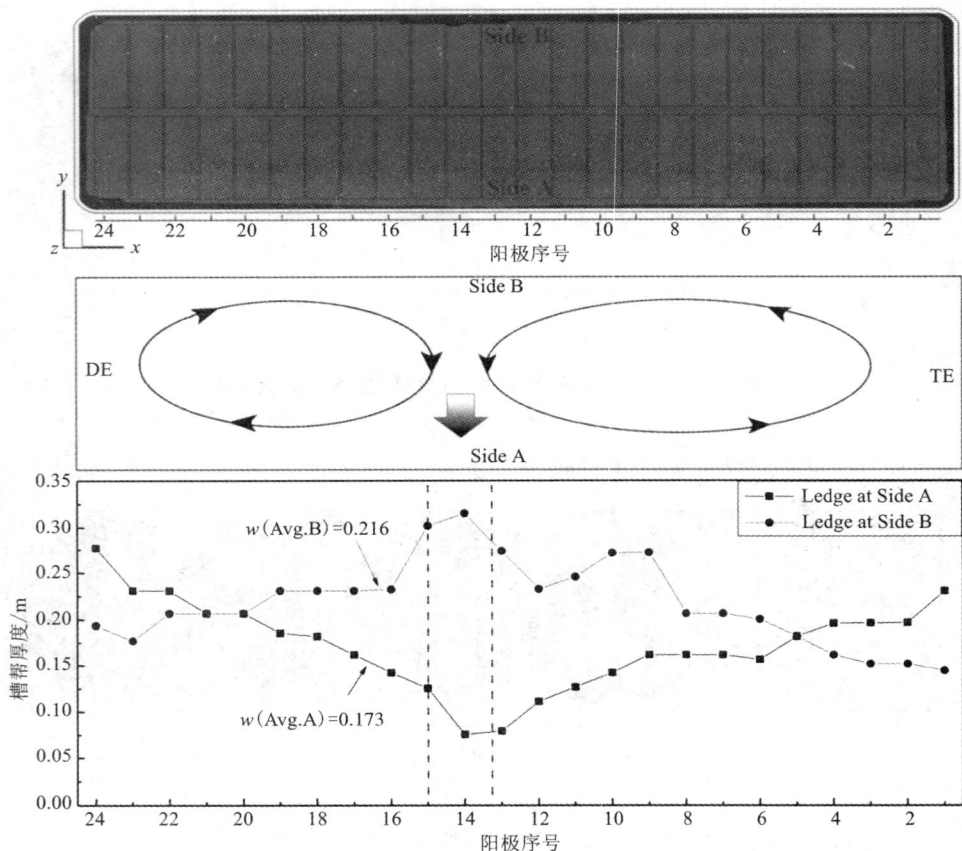

图 17 - 30　反向流动计算所得的槽帮形状与厚度数据

象。角部的差异关系有所不同,在熔体的垂向冲击下 B1 和 B24 角部区域的槽帮厚度明显较薄,使得角部 B 侧槽帮反而薄于 A 侧。

3. 电磁力因素与涡流形态因素作用对比

计算反向流动的目的是为了分析电磁力因素和涡流形态因素各自对槽帮差异关系的影响。需要说明的是,正向流动中两个大涡的覆盖范围较小,仅包括阳极编号 2~22 的中间区域,而图 17 - 28 反向流动中两个旋涡的直径有所增大,覆盖范围在端部有所延伸,这将使得角部区域的涡流形态有所改变。因此,下文在进行不同因素偏移量分析中,去除了两端位置的偏移量对比,重点对中央区域进行分析。

依照前文式(17 - 3)和式(17 - 4)的形式,将正向流动和反向流动的两侧槽

帮差异关系进行数据处理,分离出电磁力影响关系 Effect$_{EMFs}$ 和涡流形态影响关系
Effect$_{FlowPatten}$,如图 17 - 31 所示。图中纵轴为偏移量,代表 B 侧槽帮厚度减去 A
侧槽帮厚度的差值。

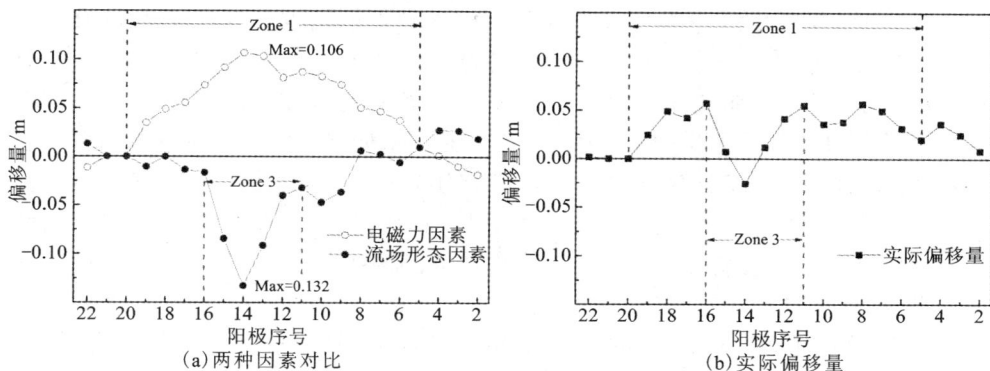

图 17 - 31　不同因素造成的两侧槽帮厚度差异的偏移量

由图 17 - 31(a)可以看出,两种因素造成的偏移量各不相同。对于电磁力因
素,其偏移作用主要是使得 B 面厚、A 面薄,这是因为 A 侧电磁力的绝对值大于
B 侧,更大的电磁力加剧了湍流紊乱程度,从而形成了更薄的槽帮;电磁力偏移
作用的范围较广,覆盖了阳极编号 5~20 的区域,且越往中间偏移量越大,与图
17 - 5(b)中两侧电磁力差异的分布几乎一致。对于涡流形态因素来说,其影响范
围较小,偏移作用主要集中在中部阳极编号 11~16 的区域,作用方式为使得中间
的 B 面槽帮变薄,这是因为此区域位于两涡的交汇区,对两侧的影响效果与流向
相关。值得注意的是,大涡流动对局部槽帮的冲击较大,容易造成局部槽帮过
薄。总而言之,电磁力因素的作用范围较广,影响效果与两侧电磁力差异的大小
和分布相关;而涡流形态的影响范围主要集中于涡流交汇的局部区域,且作用大
小与旋涡动能相关。

图 17 - 31(b)为两侧槽帮差异的实际偏移量,可看作两种影响因素的叠加。
Zone 1 为电磁力因素影响区域,其偏移效果以电磁力因素为主导,整体偏移量为
正值。Zone 3 为流场因素影响区域,此区域内两种因素共同作用,产生的偏移效
果相互抵消,如阳极编号 14 位置,两种因素的偏移影响都达到最大值,但由于大
涡流动中旋涡动能较大,使得涡流形态因素的作用力更大,二者叠加之后仍以流
场因素为主导,合偏移量为负值。

对比正向流动和反向流动可发现,正向流动中,由于两种因素的强作用区域
重叠且相互抵消,使得实际总偏移量的极值不超过 10 cm;而反向流动中,两种因

素在强作用区域相互叠加，使得该区域最大偏移量高于 20 cm。可见，两种因素相互抵消的情况可减小两侧槽帮厚度差异，有利于获得较为规整的槽膛，而两种因素的叠加会加剧厚度差异，使得局部区域的槽帮厚度偏离正常范围，危及生产的安全性和稳定性。

经分析，实际生产中很少会出现两种因素叠加的情况。在三个电磁力分量中，槽内水平方向流动主要由 X 和 Y 方向的电磁力分量控制，Y 分量远大于 X 分量，因此可认为 Y 方向电磁力是决定整体涡流形态的主要因素。观察图 17 - 5 中水平电磁力的方向，两侧 Y 电磁力分量的方向均指向槽中央，促使熔体朝着槽中央移动，熔体的整体流向由两侧电磁力的合力决定。当某一侧电磁力较大时，会使熔体整体产生朝着另一侧流动的趋势，从而对另一侧产生较强的垂向冲刷作用。这使得两种因素能够分别作用于两侧槽帮，影响效果相互抵消，可看作另一种意义上的槽帮自平衡。

以图 17 - 5(a) 为例，其两侧电磁力分布特征为端部差异小、中部差异最大，这使得中部熔体有较强的往 B 侧流动的趋势，同时端部熔体的定向移动趋势较小，从而形成了两涡流动形态。

以 S400 电磁力分布[图 17 - 5(b)]为例，各位置两侧电磁力的差异值较为相近，即各位置熔体由 B 往 A 流动的趋势接近，无法形成大涡流动，而是呈现为较无规律的多涡流动形态。此时，涡流形态因素的偏移效果大大减弱，电磁力因素占据了主导地位，槽帮差异分布主要由电磁力分布决定。

17.3.3 电磁力大小的影响关系研究

电磁力因素对槽帮形状的影响至关重要。槽内熔体以电磁力为主要推动力，其大小与熔体的湍流强度有直接的对应关系，并最终决定了槽内的温度分布和全槽槽帮形状。本节使用 S400 母线配置对应的电磁力数据，分别计算了 50%、100% 和 150% 三种电磁力下流速大小、湍流大小和槽帮厚度的变化，以研究电磁力大小对流场和热场的影响关系。

1. 流速与湍流分布对比

不同电磁力所得的电解质流速分布与湍动能分布如图 17 - 32 所示，正常电磁力下的 S400 流场分布已在前文给出。整体而言，电磁力大小对涡流形态和湍动能分布特征的影响不大，仅改变了流速和湍动能的数值，这是因为电磁力各分量的比例未发生改变，流场仍呈现相似的多涡形态。不同电磁力下各物理量的计算结果对比如表 17 - 6 所示，可以看出，随着电磁力的增大，电解质的最大流速和平均流速都有所升高，但上升的比例小于电磁力增加的比例；平均湍动能则与电磁力大小呈正比，A 侧平均湍动能约为 B 侧的两倍，与两侧电磁力大小的比值相一致。

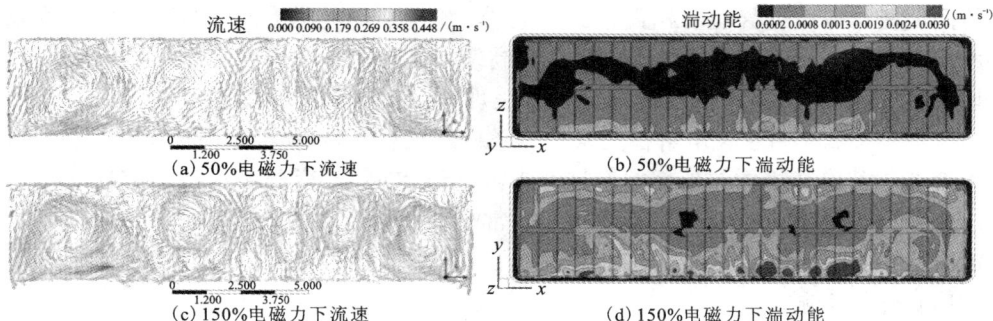

(a) 50%电磁力下流速　　(b) 50%电磁力下湍动能
(c) 150%电磁力下流速　　(d) 150%电磁力下湍动能

图 17 - 32　不同电磁力下流场分布

表 17 - 6　不同电磁力下电解质计算结果对比

电磁力放大比例	50%	100%	150%
平均流速/(m·s^{-1})	0.073	0.105	0.130
最大流速/(m·s^{-1})	0.248	0.349	0.417
A 侧平均湍动能/(m^2·s^{-2})	0.00074	0.00145	0.00213
B 侧平均湍动能/(m^2·s^{-2})	0.00033	0.00078	0.00113
A 侧槽帮厚度/m	0.174	0.177	0.175
B 侧槽帮厚度/m	0.189	0.193	0.197
平均槽帮厚度/m	0.181	0.185	0.186
两侧厚度差值/m	0.014	0.016	0.022
最大过热度/℃	8.44	7.49	6.57

2. 槽帮厚度与过热度对比

与流场分布类似，全槽范围内的槽帮形状分布特征并不随电磁力的大小改变而变化，与图 17 - 25 正常电磁力下的厚度差异关系相同，因此下文仅对平均厚度的变化规律进行分析。

不同电磁力对应的平均槽帮厚度数据见表 17 - 6。可以看出，随着电磁力增大，槽帮平均厚度逐渐增加，同时两侧厚度差异值也有小幅增加，但变化的幅度很小，在 1 cm 以内。究其原因是电磁力的升高加剧了熔体的湍流剧烈程度，使槽内换热过程更为充分，往外界传递的热量增加，在生热率不变的情况下内部热量有所减少，造成熔体进一步凝固，槽帮变厚。在增大电磁力的过程中并未改变各分量的比例关系，所以电磁力分布对两侧槽帮的偏移作用仍然保持原有比例，使得两侧槽帮厚度差异也有稍许增大。此外，在150%电磁力时，A侧平均槽帮厚度反而有轻微下降，这是由于电磁力升高使得槽帮的平均厚度和两侧差异量同时增加，当后者增加的幅度大于前者时，表现为A侧平均槽帮厚度降低。

总体而言，由于铝电解槽正常运行条件下已处于高雷诺数的强湍流状态，高温熔体内部以及熔体与外部的换热均非常充分，在不改变分布形态的前提下只升高或降低电磁力对于槽帮厚度的影响非常小。槽帮形状的改变，尤其是局部形状的改变，是因为电磁力分布的比例发生了变化，电磁力绝对值的增减对槽帮厚度的影响作用有限。

表17-6中同样示出了不同电磁力所得电解质最大过热度对比。随着电磁力的升高，槽内最大过热度反而有所下降。其原因与前文所述相同：电磁力的升高促进了不同区域熔体的换热，减小了电解质的温度梯度，提高槽内电解质温度的均匀性，最终呈现为电解质最大过热度减小。以上结论与传统的界面换热系数变化分析相一致：电磁力升高增大了熔体流速，使熔体-槽帮界面的等效换热系数升高，散热量增加的同时槽帮厚度增加、过热度降低。

17.3.4 流场-热场作用机理及其对槽帮形状的影响关系探讨

1. 流场-热场作用机理探讨

不同算例中熔体流动对传热过程以及槽帮形状影响的巨大差别，从本质上来说，是由电磁力分布所决定的。热-流强耦合模型中各物理量的相互影响关系如图17-33所示，电磁力分布是决定流场分布最根本的因素，直接影响了涡流形态和湍流剧烈程度，进而决定了槽内传热过程以及全槽槽帮形状。

电磁力对湍流分布和槽帮形状的影响分为以下两种：一是电磁力直接影响，二是通过涡流形态间接影响。全局范围内，前者占主导地位，无论湍流分布还是全槽槽帮形状均呈现与电磁力分布的强关联性；局部范围内，涡流形态的间接影响较为明显，作用范围集中在涡流交汇区，且旋涡的动能大小相关。

2. 基于槽帮均匀性的大型铝电解槽电磁力设计准则

在生产实践中，既要保证槽膛形状的完整性，不能出现局部槽帮的缺失，又要尽可能地提高槽膛的规整程度和槽帮厚度的均匀性，确保槽内熔体的平稳流动以提高电流效率。综合上述的讨论，从提高全槽槽帮厚度的均匀性和规整性的角度出发，提出大型预焙铝电解槽槽膛区域电磁力的设计准则如下：

(1)多涡流动所得槽帮厚度的均匀性优于大涡流动。大旋涡对交汇区域的冲击作用较大，容易造成局部槽帮厚度过薄。

(2)电磁力沿槽长轴的变化幅度越小越好。长轴方向电磁力平滑分布有利于提高槽内熔体湍流程度的均匀性，一方面可以降低大旋涡出现的可能性，另一方

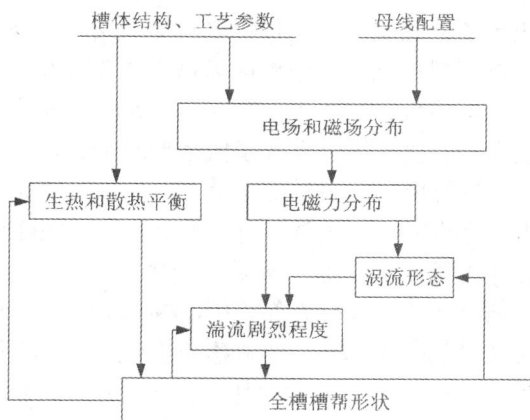

图 17 - 33　热 - 流强耦合模型中各物理量的相互影响关系

面减小长轴方向槽帮的起伏，形成更为规整的槽帮。

（3）尽量减小两侧电磁力绝对值的差异。两侧电磁力绝对值的差异越小，所得槽帮两侧厚度差异也越小。

（4）建模简化对计算结果的误差分析。

为突出流场的整体特征，同时提高求解计算的可行性与收敛性，前文在对复杂的凝固过程进行数学建模时进行了简化，忽略了一些因素的影响，主要简化内容有四部分：气泡相、界面波动、浓度不均匀和电磁场变化。本节基于流场 - 热场相互作用规律，尝试对简化因素可能造成的模型误差进行分析。

（1）阳极气泡相的影响。从流场的角度考虑，通过对比了两相流与三相流的流场计算结果指出，气泡对电解质的局部搅动作用相对独立，在气泡作用下由电磁力引起的大涡流动形态被弱化，流场的全局性特征有所削弱，但并不会改变整体流场的两侧差异特征。从传热角度考虑，气泡作用带来的高频扰动能够强化阳极表面附近电解质的湍流紊乱程度，提高阳极附近的熔体换热效果，但气泡本身是热的不良导体，气泡对热量传递的实际影响需要进一步建模研究。综合分析，阳极气泡的简化不会改变各位置槽帮厚度的差异特征，且影响范围集中在阳极表面附近。

（2）界面波动的影响。从流场的角度考虑，作者前期开展探索实验对传统VOF 两相流模型与本章简化假设的流速大小进行了比较，发现在电磁力不变的情况下，两者的流速大小差异不明显。从传热角度考虑，两相间曳力的作用可能使界面区域湍动能升高，加剧电解质 - 铝液 - 槽帮三相交界区域熔体的紊乱程度，使得此高度槽帮厚度减薄，与实际生产中观察到的沟壑区域相吻合。

（3）浓度不均匀性与组分偏析的影响。浓度的影响主要体现在初晶温度上，电解质的组成直接决定了初晶温度。现代铝电解槽采用多点下料方式，浓度不均匀现象主要出现在内部下料区域，而槽周区域熔融电解质的物质交换较为充分，初晶温度的整体差异幅度不大，对槽帮影响有限。界面附近的枝晶偏析现象也会改变近壁面熔体浓度分布，主要作用为减缓槽帮形状变化的速度，对瞬态过程的影响较大，但对稳态下槽帮形状无明显影响。

（4）电磁场恒定假设的影响。槽帮和伸腿移动引起的电磁力变化最为复杂，它们之间存在双向作用的强耦合关系，但受限于仿真理论及计算机技术的发展，多场全耦合计算的可行性不高，现行大部分铝电解槽流场计算模型同样基于稳态电磁场假设。从各分量的影响上分析，伸腿移动主要影响的是短轴方向（Y方向）水平电流的大小，即主要影响 X 和 Z 方向的电磁力大小。由前文电磁力分布可知 Y 方向电磁力最大，因此伸腿移动引起的 X 和 Z 方向电磁力变化对整体流场的影响相对较小。且伸腿变化影响范围限于近壁面区域，对阳极投影下方槽膛主区域的电流分布影响较小，正常工况范围内槽帮伸腿的小幅变化不会影响全局电磁力分布特征和涡流形态。从模型完善的角度考虑，仍然有必要在后续建模中纳入电磁力瞬时变化因素，以完整描述"电－磁－热－流"四个物理场之间的双向耦合关系。

17.3.5　槽帮影响因素的小结

应用铝电解槽热－流强耦合模型对不同电磁力分布下的流场分布和槽帮形状进行了计算，归纳得到影响全槽槽帮形状的几个主要因素，基于上述计算与系统分析，进而对流场－热场作用机理进行了探讨。获得的主要结论如下：

（1）针对两种电磁力分布差异较大的多涡流动开展热－流强耦合计算，发现多涡流动所得湍动能分布、槽帮形状分布特征与两侧大面电磁力分布有较好的相关关系。大涡流动中槽帮形状与涡流形态因素的关联性非常明显，而多涡流动所得槽帮形状则与两侧电磁力大小差异因素的关联性更强。

（2）首次提出流场对传热过程和槽帮形状的影响规律，指出槽内衬结构、电磁力分布和涡流形态是影响两侧槽帮厚度差异关系的三大因素，且涡流形态因素作用效果与流动方向相关，具有一定程度的各向异性特征。

（3）设计反向流动实验，成功分离出不同因素对两侧槽帮差异关系的作用范围和作用效果：电磁力因素的作用范围较广，影响效果与两侧电磁力的差异关系和分布相同；而涡流形态的影响范围主要集中于涡流交汇的局部区域，且作用大小与旋涡动能相关，容易造成局部槽帮过薄。

（4）电磁力绝对值的增大可使熔体流速和湍动能升高，强化槽内熔体换热过程，从而引起电解质最大过热度降低，槽帮平均厚度小幅增加。同时，仅改变电磁力大小而维持各分量之间的比例关系不变,对熔体涡流形态、湍动能分布和槽帮形状分布特征无显著影响。

(5)总结热–流强耦合模型中各物理量的相互影响关系,发现电磁力分布是决定流场分布最根本的因素,直接影响了涡流形态和湍流剧烈程度,进而决定了槽内传热过程以及全槽槽帮形状。从提高全槽槽帮的厚度均匀性和规整性的角度,提出了若干大型预焙铝电解槽电磁力的设计准则。

参考文献

[1] Einarsrud K E, Eick I, Bai W, et al. Towards a coupled multi – scale, multi – physics simulation framework for aluminium electrolysis [J]. Applied Mathematical Modelling, 2017, 44 (4): 3 – 24.

[2] Agnihotri A, Pathak S U, Mukhopadhyay J. Effect of metal pad instabilities on current efficiency in aluminium electrolysis[J]. Transactions of the Indian Institute of Metals, 2014, 67(3): 315 – 323.

[3] 林燕, 周子民, 周萍. 大型预焙铝电解槽槽膛内形的在线仿真[J]. 金属材料与冶金工程, 2006, 34(6): 8 – 10.

[4] 崔喜风, 邹忠, 张红亮, 等. 预焙铝电解槽三维槽帮形状的模拟计算[J]. 中南大学学报 (自然科学版), 2012, 43(3): 815 – 820.

第18章 大型预焙铝电解槽物理场测试

18.1 大型铝电解槽物理场测试方法与原理

铝电解槽物理场的测试及计算机仿真研究，对铝电解槽结构与操作参数的优化及生产过程的控制有十分重要的意义。通过测试研究，能系统地了解电解槽的槽电压构成、母线及阳极与阴极电流的分配，各区域能量损失、槽内磁感应强度的分布，可以对铝电解槽的母线配置、工艺技术条件和加工操作制度的合理性以及电解槽工况进行定量分析和科学评价，为提高铝电解槽主要技术经济指标，采取有针对性的技术改造提供科学依据。

测试的方法、工具及数据计算方法主要依据国家发改委最新发布的针对大型铝电解槽的测试标准《铝电解槽能量平衡测试与计算方法五点进电和六点进电预焙阳极铝电解槽（YS/T 481—2005）》进行，详细说明如下。

18.1.1 电压平衡测试方法

1. 电场测试目的

（1）根据测试结果进行电解槽电压平衡计算，对各部分压降进行分析，评价其合理性。

（2）根据测试结果分析各部分压降不合理的原因，探讨改进的措施，为改善电解槽工艺技术条件，降低槽电压和减少直流电耗提供依据。

（3）测量阴、阳极电流分布和母线电流分配，评价进电母线断面选择的合理性。

（4）对进电母线系统的设计参数进行验证，判断设计方案是否合理。

2. 测试内容及方法

（1）电压平衡测试的方法与测点完全按国家发改委最新发布《铝电解槽能量平衡测试与计算方法五点进电和六点进电预焙阳极铝电解槽（YS/T 481—2005）》进行，测量内容包括：阴极压降、阳极压降、极间压降及母线压降等。

（2）阴极电流分布及阳极电流分布。

（3）斜立母线电流分配。

18.1.2　热度场测试方法

（1）基于铝电解槽温度场的测试，对各部分能量收支状况进行分析与评价；

（2）根据测试结果分析各部分能量收支不合理的原因，探讨改进措施，为改善槽工艺技术条件提供依据。

能量平衡测试依据中华人民共和国有色金属行业标准《铝电解槽能量平衡测试与计算方法五点进电和六点进电预焙阳极铝电解槽（YS/T 481—2005）》进行，测试内容包括：各部分散热损失、电解槽工艺及操作参数等。

能量平衡测试点布置要求合理、全面，能较好地反映电解槽实际散热情况。为此，将阴极槽壳分三个区域布点测试，即熔体区（一带）、阴极炭块区（二带）、耐火层与保温层区（三带）；槽底板以工字钢梁划分五个测试带；槽罩分块测量，每块分上、中、下三个区域布点测试，其中每带（区域）又分为若干个测量点。详细计算与测点参照上述标准执行。

1. 槽罩温度场测点分布

槽罩温度的测点如图 18-1 所示。在槽罩的测量过程中，大面测量分为 A 侧和 B 侧及端面。在 A 和 B 侧测量中，每一侧沿着槽长度水平方向都分为 30 个测量区域（可根据 400 kA 铝电解槽现场情况增减，不影响进度），每一个区域在垂直方向又分为顶板、水平盖板上部、水平盖板中部、水平盖板下部和底板共 5 个测点；在出铝端和烟道端端部盖板的测量中，在水平方向分为 7 个测量区域，分别为衡量、A 侧板、A 侧柱、A 侧门、B 侧门、B 侧柱和 B 侧板，每个端部测量区域在垂直方向又分为上、中、下三个测量点。部分点需要测量两次。所得到的计算结果分别记入对应的表格。

2. 槽壳温度场测点分布

槽壳温度的测点如图 18-2 所示。在槽壳的测量过程中，主要分为 A 侧槽壳、B 侧槽壳、出铝端槽壳、烟道端槽壳及底部槽壳。在 A 侧槽壳表面温度的测量中，一个在水平方向测量 30 个小测量区域（可根据 400 kA 铝电解槽现场实际情况增减，不影响测量进度），每一个区域在垂直方向又分为上、中、下三带，每一带又分别测量槽壳、窗口侧板和窗口边；B 侧测量点与 A 侧对应；烟道端的槽壳表面温度测量中，在水平方向共分为 7 个测试区域，每一个区域同样分为三带，与 A 侧测点类似；出铝端的测量与烟道端的对应；槽底部表面温度的测量中，同样沿着电解槽长轴方向分为 30 个测量区域，再沿着短轴方向分为 4 个小区域，每个小区域均测量梁和槽壳。所得到的结果分别录入对应的表格。

|1|2|3|4|5|6|7|8|9|10|11|12|13|14|15|16|17|18|19|20|21|22|23|24|25|26|27|28|29|30|

B侧

顶板
水平盖板上部
水平盖板中部
水平盖板下部
侧部底板

出
铝
端

烟
道
端

侧部底板
水平盖板下部
水平盖板中部
水平盖板上部
顶板

A侧

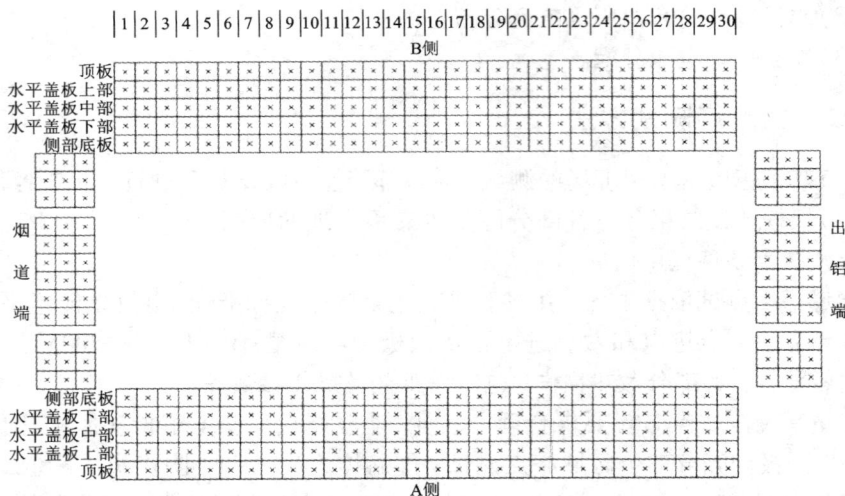

图 18 - 1　槽罩热场测试点分布

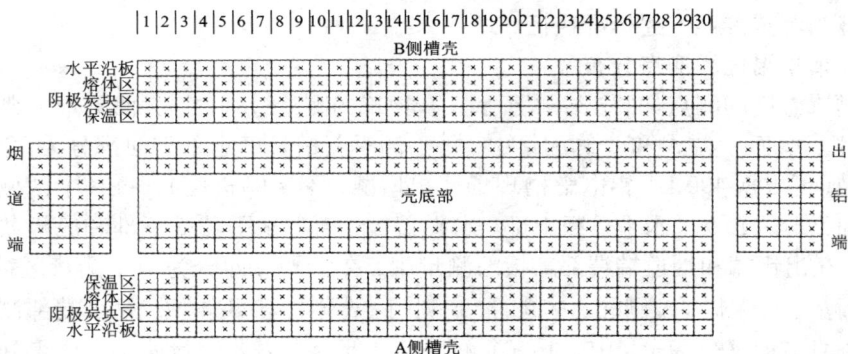

|1|2|3|4|5|6|7|8|9|10|11|12|13|14|15|16|17|18|19|20|21|22|23|24|25|26|27|28|29|30|

B侧槽壳

水平沿板
熔体区
阴极炭块区
保温

出
铝
端

烟
道
端

壳底部

保温区
熔体区
阴极炭块区
水平沿板

A侧槽壳

图 18 - 2　槽底、槽侧部热场测试点分布

3. 铝导杆与钢爪表面温度测点分布

阳极导杆和钢爪表面温度的测点如图 18 - 3 所示，其测量分为 A、B 两侧，且测试点均一一对应，在每一侧，都根据阳极总组数分成对应数量的测量区域，每一个测量区域分别对阳极导杆的上部露出长度、导杆上部、导杆中部、导杆下部、钢爪 1 和钢爪 2 进行测量。所得到的数据录入对应的表格。

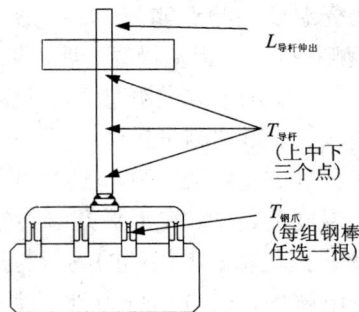

$L_{导杆伸出}$

$T_{导杆}$（上中下三个点）

$T_{钢爪}$（每组钢棒任选一根）

图 18 - 3　阳极导杆与钢爪表面测试点分布

4. 炉帮、伸腿与极距测点分布

炉帮、伸腿与极距测点分布如图 18 − 4 所示，其测试方法如图 18 − 5 ~ 图 18 −8 所示。鉴于开孔操作过于复杂且对槽况有影响，因此这部分的测点与磁场测点位置一致，在 A、B 两面分别测量 8 个点，每一个点均测试槽帮高度与厚度、伸腿高度与厚度、铝水平、电解质水平和极距。所得测量结果录入相应的表格。

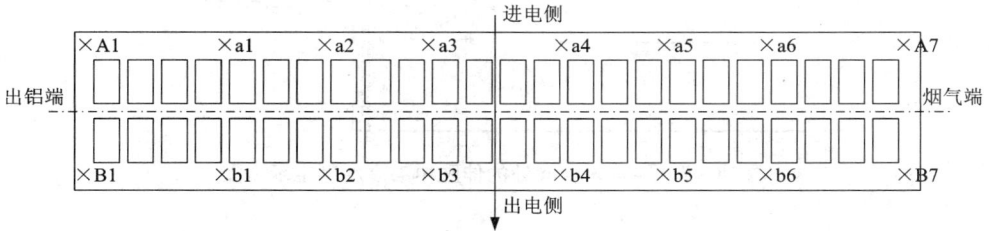

图 18 − 4　炉帮、伸腿与极距测点分布

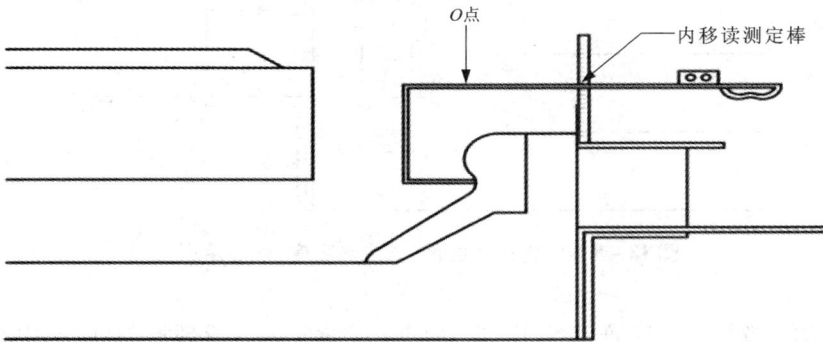

图 18 − 5　炉帮最薄处的厚度测定示意图

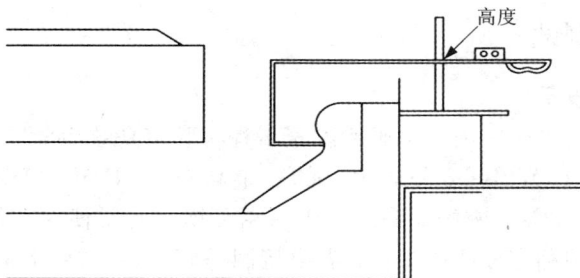

图 18 − 6　炉帮最薄处的高度测定示意图

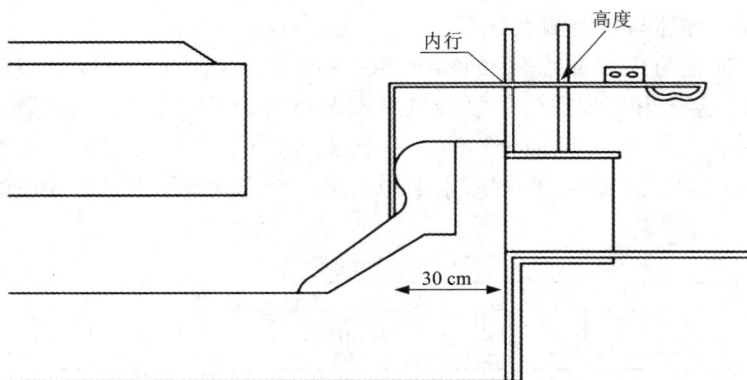

图 18-7　厚度 30 cm 处的伸腿中部高度测定示意图

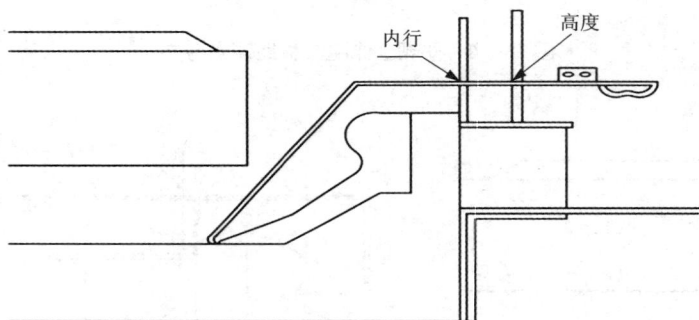

图 18-8　伸腿末端位置(长度与高度)测定示意图

　　①在电解槽稳定生产情况下,在尽量短的时间内完成现场测试(与电平衡同步进行,每台槽一个白班),以便减少对生产的影响;

　　②通过测试及计算分析,获得槽体系热分布状态,并进行分析评价。

18.1.3　磁场测试

1. 测试仪器设备

　　磁场测量仪器采用中南大学难冶国家工程实验室高效冶金反应器平台所最新购买的美国贝尔(F. W. Bell)公司生产的三维高斯计(F. W. 7030),其测量量程为:0.01 Gs ~ 300 kGs。磁场探头适用于室温环境。为了使探头能在电解槽内高温强侵蚀条件下顺利完成测试工作,需要特制一套轻便灵活的高温保护套管,以便能在工业现场对铝电解槽内磁场分布进行测量。此外,在测试过程中,为了保证高斯计探头的保护套管正常工作,需要现场提供压缩空气及连接胶质软管。

2. 测点布置

为掌握电解槽内磁场分布的规律,此次测点分布考虑了尽可能多的测量点,根据以往测试经验,在槽两端尤其是角部的磁场分布较复杂,因而在这些位置增加了测试点。

电解槽的磁场强度测试点分布见图 18 - 9,考虑到开孔的难度,本次测量在铝电解槽的 A、B 两侧各测量 8 个点,每台槽总共测试 16 个点,对于每一个点,均测量其铝液中部的 X、Y、Z 三个方向的磁场强度,各实测数据记入对应的表格。

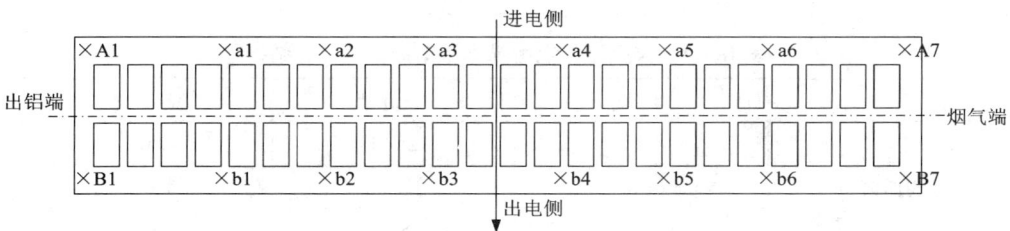

图 18 - 9　磁场测点分布

18.1.4　流场测试方法

采用当今较为准确且比较容易实施的铁棒熔蚀法,铁棒为经过标定的电工纯铁棒,由铁棒熔蚀情况计算分析测点处的铝液流速大小及铝液流动方向;根据测定结果分析得到电解槽铝液流动图像。

铁棒预处理:将 34 根经标定的长约 100 cm 纯铁棒(中南大学提供)锯成 4 等段,共得 $L=25$ cm 左右的小铁棒 136 根;将 $\phi 7$ mm,$L=600 \sim 700$ mm 的普通钢筋 136 根,分别和 $L=25$ cm 左右的小铁棒呈直线焊接起来;将铁棒进行处理,量取尺寸,编号,备用。

测定要点:①每人按编号拿取一根铁棒,按指定方向听口令同时将铁棒垂直插入槽底;②铁棒在铝液中熔蚀 8 min 后,听口令同时取出,按编号放于指定位置;③在进行铝液流动场测定的同时,要测定铝液温度,每槽在 A、B 侧各测 4 个点,每点测两次,做好记录。此项工作由厂家检测完成。

铁棒熔蚀后处理:将熔蚀后铁棒进行溶浸、清洗、擦干等处理,根据铁棒的熔蚀情况,确定对应测点处的铝液流动方向、铝液流动速度和铝液界面形状等。

测点布置:流场的测点基本与磁场的保持一致。

18.2 大型铝电解物理场测试案例

18.2.1 电场测试案例

1. 电压分布

为了处理电压平衡计算中大量测试数据和相关计算工作,通过编制的"铝电解槽电平衡测试计算专用软件"进行计算处理。利用该软件计算的被测槽各部分压降计算结果汇总于表 18－1。

表 18－1 某大型铝电解槽电平衡测试与计算结果

项目		3133#槽	3136#槽
母线压降/mV	阴极母线	125.00	125.00
	横梁母线	17.60	16.33
	阳极软母线	25.00	25.00
阳极压降/mV	卡具	6.658	6.516
	导杆	11.609	10.909
	爆炸焊	16.39	15.39
	钢爪－炭块	238.41	207.52
反电动势		1650.00	1650.00
电解质压降	极距/cm	5.016	5.414
	压降/mV	1517.50	1607.75
槽底压降/mV		395.83	366.33
测量槽电压总和/mV		4004.00	4030.74
测试时刻槽电压/mV		3988	4014
测量误差/%		0.40	0.42

由电压平衡总表可以看出:首先,此次测量实际测量值和现场槽控机显示值之间误差基本能保持在 0.5% 以内,因此可以说本次电场测量与电解槽实际情况是较为吻合的;其次,两台测试槽中,3133#槽的电压较低,3136#槽则较高。从两台电解槽的电压分布来看,3133#槽的阳极压降和槽底压降较高,电解质压降较低,此槽炉底可能有沉淀存在,应保持当前电压运行一段时间,以清除炉底的沉淀;对于 3136#槽,阳极压降和槽底压降较低,电解质压降较高,这是由于极距过大造成的,因此,在不造成电解槽槽况不稳的情况下,可以适当减小极距。

2. 阴极电流分布

各阴极电流的计算采用自编软件进行，并将计算结果绘制成电流分布图，如图 18 - 10 ~ 图 18 - 11 所示。可以看出：两台槽的阴极电流分布都很不均匀。对于 3133#槽，B 侧的电流明显大于 A 侧电流，B 侧占到了 61.8%，同时，阴极电流最大值(12607.55 A)与最小值(3763.45 A)相差了 8844.1 A 之多，两侧各个不同阴极的电流分布也不太均匀；对于 3136#槽同样是 B 侧的电流大于 A 侧电流，B 侧占到了 53.8%，同时，阴极电流最大值(12588.66 A)与最小值(3814.75 A)相差 8773.91 之多，两侧各不同阴极的电流分布差别也较大。造成上述现象的原因主要是阴极软带配置(片数及长度)不同、槽底各部的伸腿长度、沉淀不同等综合影响所致。但阴极电流分布不均与阳极电流分布不均不存在必然的联系。

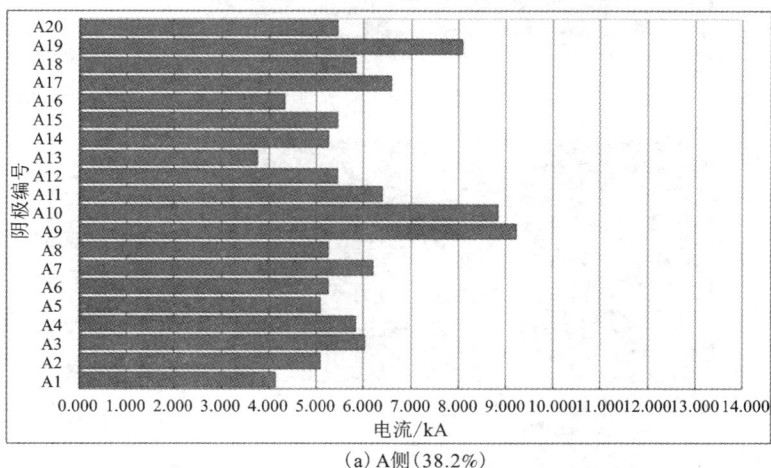

(a) A侧(38.2%)

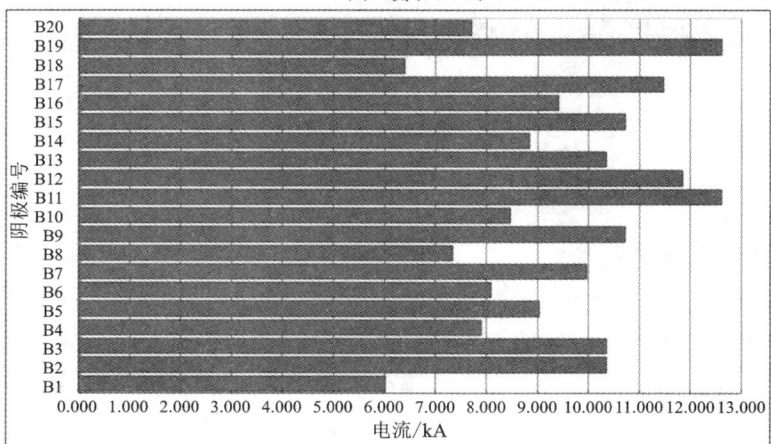

(b) B侧(61.8%)

图 18 - 10　3133#槽阴极电流分布图

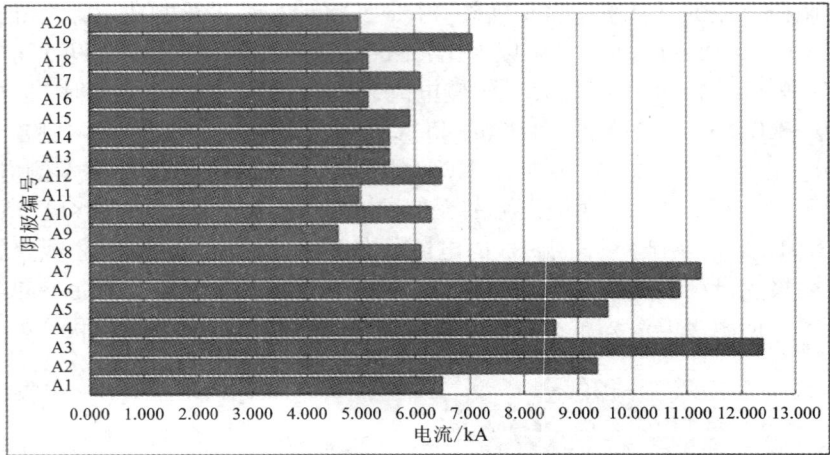

(a) A侧(46.2%)

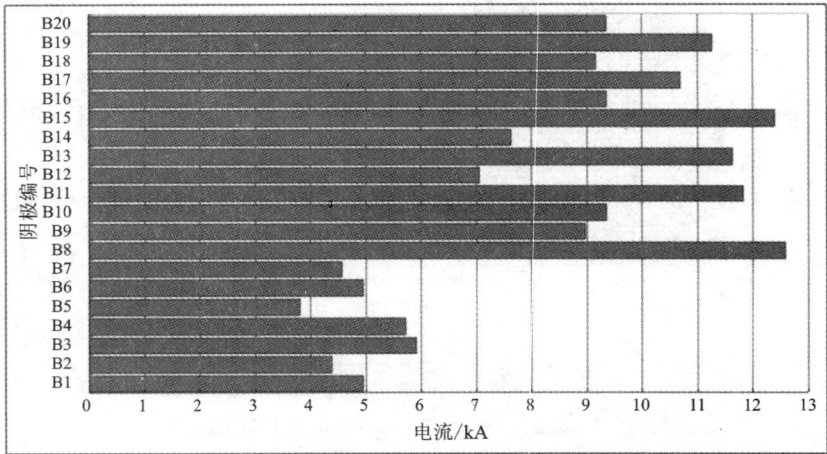

(b) B侧(53.8%)

图 18-11　3136#槽阴极电流分布图

3. 阳极电流分布

由各槽测量结果绘制成的阳极电流分布图见图 18-12~图 18-13。由图给出的两台槽的阳极电流分布情况来看，和阴极电流分布一样，各阳极电流分布都不太均匀，存在部分阳极电流偏大或偏小的现象。对于 3133#槽，B 侧的电流明显大于 A 侧电流，B 侧阳极电流总和占到了 64.85%，最大阳极电流 (25216.38 A)与最小阳极电流(4202.73 A)相差了 21013.65 A；对于 3136#槽，也是 B 侧的电流大于 A 侧电流，B 侧阳极电流总和占到了 59.32%，最大阳极电

流(22602.79 A)与最小阳极电流(5424.67 A)相差了17178.12 A。阳极电流分布
参差不齐主要是由阳极换极所引起的残极高度不同，槽内结壳，A、B两侧母线的
配置不同等原因造成的。

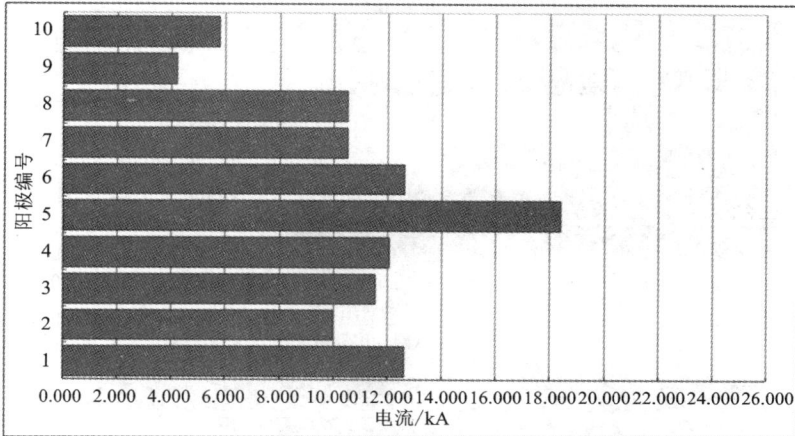

(a) A侧(15.15%)

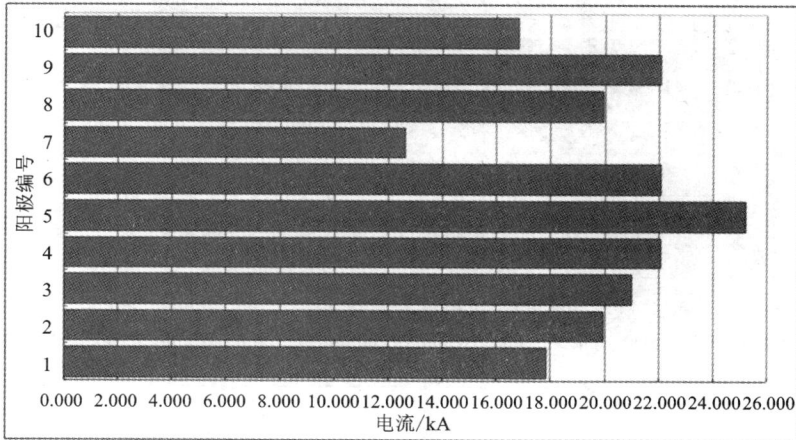

(b) B侧(64.85%)

图18-12　3313#槽阳极电流分布图

将阴极和阳极电流分配测算结果列于表18-2，可以看出：两台槽的A、B两
侧电流分布都不均匀，都存在由B侧到A侧的水平电流，其原因应与母线结构、
槽况等因素有关。

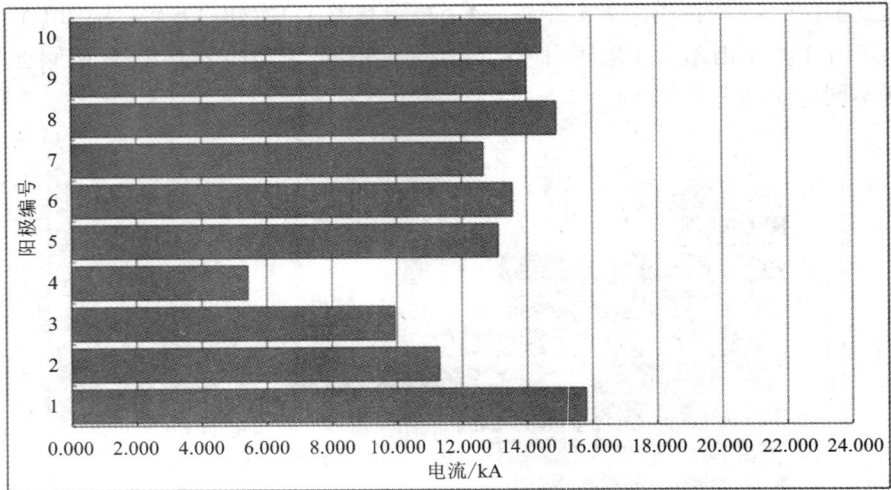

(a) A侧(40.68%)

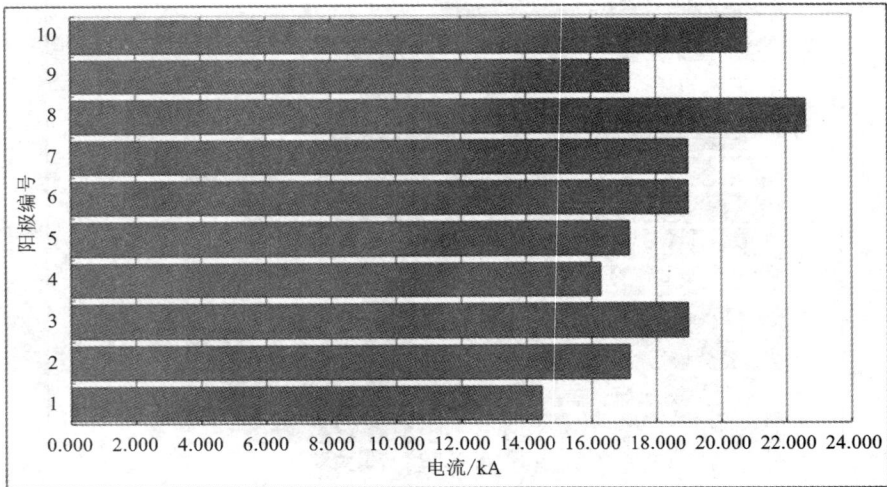

(b) B侧(59.32%)

图 18 - 13　3136#槽阳极电流分布图

表 18 - 2　阴极与阳极电流分配的比较

槽号	阳极电流				阴极电流			
	A 侧		B 侧		A 侧		B 侧	
	电流/kA	%	电流/kA	%	电流/kA	%	电流/kA	%
3133#槽	108.220	35.15	199.630	64.85	117.608	38.20	190.242	61.80
3136#槽	125.220	40.68	182.630	59.32	142.290	46.20	165.560	53.80

4. 斜立母线电流分配

所测试两台电解槽采用大面五点进电母线配置，本节根据实测结果分析各立柱母线进电电流的分配关系。由于对阳极母线各节点压降及斜立母线压降均做了细致的测量，因此，采用这些测量数据以及各阳极导杆电流和母线其他部分的测量数据，即可对斜立母线的电流分配进行分析。

计算结果如图 18 - 14 ~ 图 18 - 15 所示。

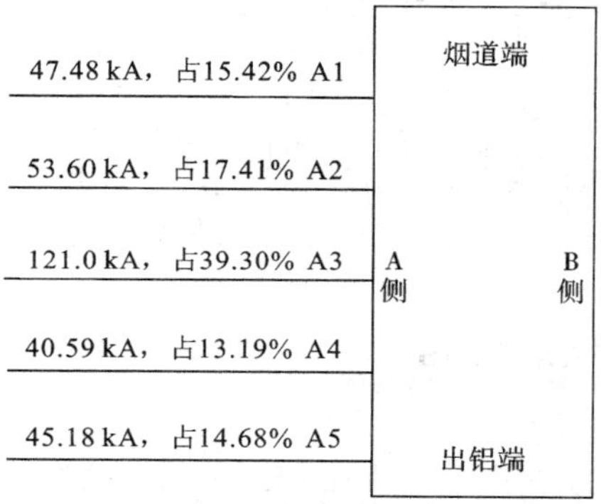

47.48 kA，占15.42% A1	烟道端
53.60 kA，占17.41% A2	
121.0 kA，占39.30% A3	A侧　　B侧
40.59 kA，占13.19% A4	
45.18 kA，占14.68% A5	出铝端

图 18 - 14　3133#槽立柱母线电流分布图

45.81 kA，占14.88% A1	烟道端
44.21 kA，占14.36% A2	
113.3 kA，占36.81% A3	A侧　　B侧
56.27 kA，占18.28% A4	
48.23 kA，占15.67% A5	出铝端

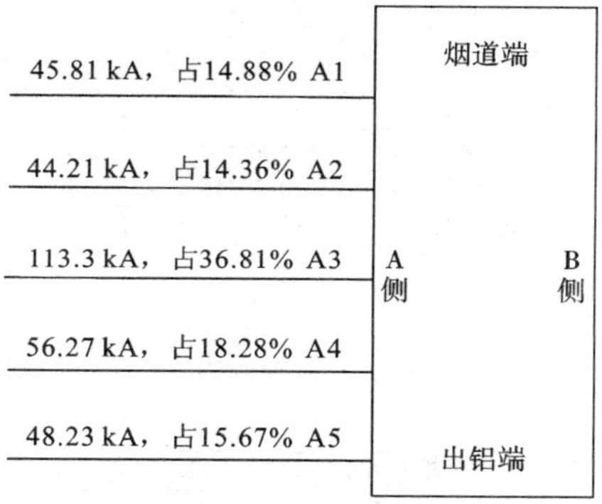

图 18 - 15　3136#槽立柱母线电流分布图

由图 18 - 14 ~ 图 18 - 15 可以看出，两台槽的各立柱母线进电电流分布与等进电比设计都存在有一定的偏差，每台槽均有立柱母线偏大或偏小问题，且电流分布具有相似性，都是最中间的 A3 电流最大，是其他立柱母线电流的 2 倍多。其中 3133#槽偏差相对更大。在此，值得一提的是，由于立柱母线等距压降数值小，因而也可能造成较大的电流测试偏差。

18.2.2　热场测试案例

1. 槽壳温度分布

图 18 - 16 ~ 图 18 - 17 分别给出了两台槽的槽壳温度分布数据。表 18 - 3 ~ 表 18 - 4 分别给出了两台槽的槽壳表面平均温度和最高温度，由于两个端部均为保温板封住，现场测试人员未对该部分进行测量。

表 18 - 3　3133#槽表面温度统计表

项　目	熔体区		阴极炭块区		保温层区		槽底	
	平均	最高	平均	最高	平均	最高	平均	最高
A 侧温度/℃	160	187	161	188	81	94	86	118
B 侧温度/℃	165	187	163	183	81	111		

B侧

水平沿板	148	149	155	166	163	158	157	154	150	150	154	150	152
熔体区	177	160	158	171	170	165	187	163	163	155	159	157	163
阴极炭块区	168	155	147	146	159	176	183	182	177	148	162	165	146
保温区	83	85	74	66	94	95	111	95	77	67	64	78	62

烟道端 / 出铝端

| 74 | 61 | 99 | 93 | 94 | 93 | 92 | 91 | 95 | 103 | 101 | 59 | 59 |
| 62 | 58 | 115 | 87 | 92 | 96 | 99 | 88 | 81 | 111 | 103 | 84 | 81 |

槽底部

| 73 | 91 | 96 | 95 | 93 | 118 | 110 | 101 | 93 | 90 | 85 | 73 | 66 |
| 70 | 78 | 81 | 102 | 85 | 87 | 100 | 96 | 73 | 63 | 64 | 56 | 54 |

保温区	75	79	82	84	83	80	83	88	94	81	79	72	73
阴极炭块区	157	165	168	142	166	160	166	188	144	159	161	152	168
熔体区	132	159	155	168	157	161	152	158	154	166	187	166	162
水平沿板	137	139	138	142	144	148	148	151	156	147	143	142	145

A侧

图 18-16 3133#槽槽壳温度分布图/℃

B侧

水平沿板	145	137	141	149	146	140	146	148	147	144	144	142	148
熔体区	202	205	204	198	225	212	211	212	218	201	204	182	190
阴极炭块区	170	174	172	173	176	180	192	187	181	179	194	190	189
保温区	111	110	125	143	140	141	147	146	130	138	118	137	110

烟道端 / 出铝端

| 57 | 67 | 88 | 96 | 98 | 101 | 97 | 97 | 87 | 67 | 56 | 54 | 57 |
| 60 | 69 | 100 | 105 | 104 | 104 | 106 | 107 | 108 | 98 | 93 | 65 | 61 |

槽底部

| 58 | 62 | 94 | 96 | 98 | 102 | 103 | 107 | 98 | 95 | 59 | 68 | 57 |
| 56 | 63 | 65 | 94 | 95 | 89 | 90 | 99 | 104 | 72 | 66 | 55 | 63 |

保温区	124	136	129	123	133	128	131	122	118	121	115	118	115
阴极炭块区	183	178	175	188	174	182	180	175	175	173	172	171	186
熔体区	199	193	190	198	219	220	213	197	181	186	192	214	193
水平沿板	136	138	144	150	154	155	152	140	139	144	148	120	121

A侧

图 18-17 3136#槽槽壳温度分布图/℃

表 18-4 3136#槽表面温度统计表

项 目	熔体区		阴极炭块区		保温层区		槽底	
	平均	最高	平均	最高	平均	最高	平均	最高
A 侧温度/℃	200	220	178	188	124	136	83	108
B 侧温度/℃	205	225	181	194	130	147		

电解槽的槽表面温度分布的规律一般为：熔体区的槽壳表面温度最高，阴极炭块区、保温层区的槽壳表面平均温度依次递减。而根据测试的结果可以看出，两台槽的熔体区和阴极炭块区的温度相近，这是因为该厂电解槽的槽壳表面铺设有保温贴片，用于增加电解槽的保温性，有的保温贴片已经脱落，有的还在，所测得的保温贴片的温度会比槽壳实际的表面温度要低，所以出现了以上的测试结果。3133#槽和3136#槽的槽底表面平均温度分别为86℃和83℃，说明槽底保温性能尚可。从槽壳温度分布来看，两台槽槽壳未有局部特别高温的区域存在，温度相对较为合理，表明整体炉帮尚可，但局部存在波动，这不仅导致电解槽无效热损失增大，从而影响电流效率和能耗，而且长此以往还必然影响槽寿命，应当引起重视。

2. 槽盖板温度分布

图18-18~图18-19分别给出了两台槽的槽盖板温度分布数据。表18-5~表18-6分别给出了两台槽的槽壳表面平均温度和最高温度。

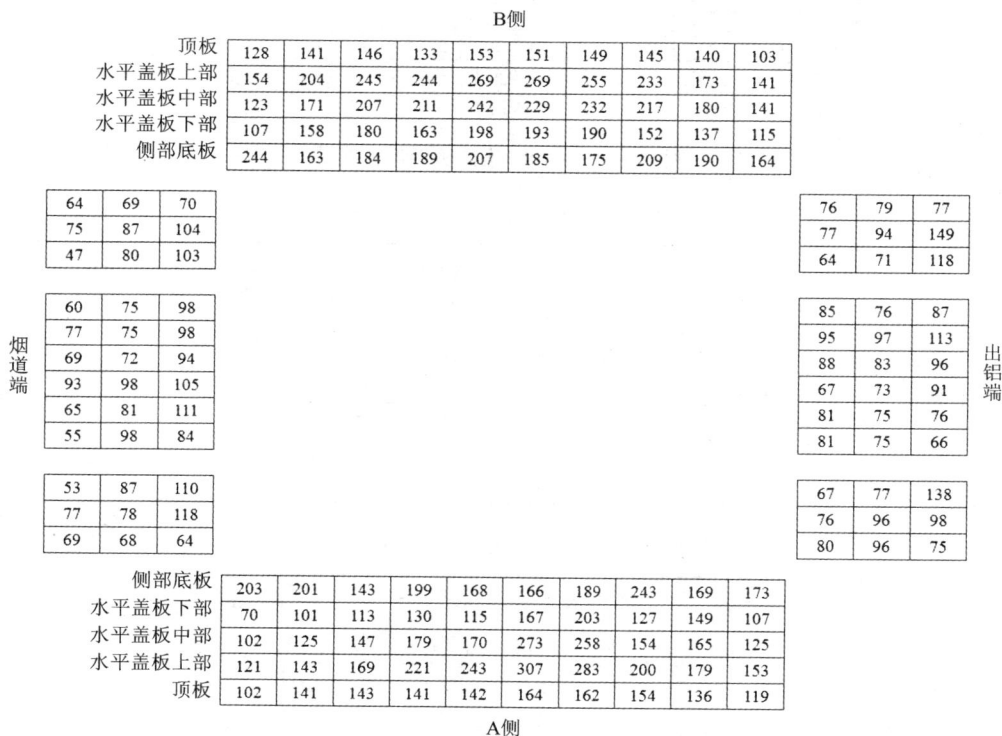

B侧

顶板	128	141	146	133	153	151	149	145	140	103
水平盖板上部	154	204	245	244	269	269	255	233	173	141
水平盖板中部	123	171	207	211	242	229	232	217	180	141
水平盖板下部	107	158	180	163	198	193	190	152	137	115
侧部底板	244	163	184	189	207	185	175	209	190	164

烟道端

64	69	70
75	87	104
47	80	103

60	75	98
77	75	98
69	72	94
93	98	105
65	81	111
55	98	84

53	87	110
77	78	118
69	68	64

出铝端

76	79	77
77	94	149
64	71	118

85	76	87
95	97	113
88	83	96
67	73	91
81	75	76
81	75	66

67	77	138
76	96	98
80	96	75

侧部底板	203	201	143	199	168	166	189	243	169	173
水平盖板下部	70	101	113	130	115	167	203	127	149	107
水平盖板中部	102	125	147	179	170	273	258	154	165	125
水平盖板上部	121	143	169	221	243	307	283	200	179	153
顶板	102	141	143	141	142	164	162	154	136	119

A侧

图18-18　3133#槽盖板温度分布

B侧

顶板	126	171	198	167	141	142	143	134	123	84
水平盖板上部	209	221	281	355	253	286	236	184	174	146
水平盖板中部	159	180	207	265	200	176	168	160	167	147
水平盖板下部	102	172	132	194	153	151	131	124	111	82
侧部底板	198	159	133	125	177	206	163	159	106	259

烟道端

64	70	58
73	72	73
73	68	61

87	89	92
88	81	79
91	77	54
96	110	63
84	79	51
69	81	73

79	64	81
66	80	92
65	65	59

出铝端

50	58	58
75	96	92
85	50	80

75	88	41
81	91	76
100	106	75
57	67	41
62	43	31
44	44	38

43	48	63
36	51	52
63	63	61

侧部底板	207	207	131	233	123	243	267	144	111	137
水平盖板下部	183	169	207	207	233	269	217	173	99	101
水平盖板中部	169	201	169	139	207	211	233	199	125	129
水平盖板上部	177	177	191	213	213	176	207	240	184	166
顶板	114	155	174	176	154	150	129	138	131	166

A侧

图 18-19　3136#槽盖板温度分布

表 18-5　3133#槽盖板温度统计表

项 目	底板		水平板下部		水平板中部		水平板上部		顶板	
	平均	最高	平均	最高	平均	最高	平均	最高	平均	最高
A 侧温度/℃	185	243	128	203	170	273	202	307	140	164
B 侧温度/℃	191	244	159	198	195	242	219	269	139	153
TE 端温度/℃	—	—	99	149	83	97	78	95	—	—
DE 端温度/℃	—	—	67	93	81	98	97	118	—	—

表 18-6　3136#槽盖板温度统计表

项 目	底板		水平板下部		水平板中部		水平板上部		顶板	
	平均	最高	平均	最高	平均	最高	平均	最高	平均	最高
A 侧温度/℃	180	267	186	269	178	233	194	240	149	176
B 侧温度/℃	169	259	135	194	183	265	235	355	143	198
TE 端温度/℃	—	—	59	92	67	106	64	100	—	—
DE 端温度/℃	—	—	47	93	81	98	97	118	—	—

从上述图和表中可以看出，两台槽的大面侧部的槽盖板温度分布相对较为均匀，同一台槽内 A、B 侧盖板各区域温度的平均值基本接近，此外，两台槽的两个端部温度都相对大面较低，这与端部盖板开启次数较多且改变为垂直分布有关。上述分布规律与电解槽改变设计及槽况都相关，而盖板整体温度的高低则间接表明电解槽的散热情况，两台槽总体上部散热相差不大，局部区域散热会有所差别。

3. 槽膛内形

表 18 – 7 与图 18 – 20～图 18 – 21 分别给出了两台槽实测的槽膛内形的大致俯视形状。

表 18 – 7　槽膛内形参数表

槽	测点位置	槽帮厚度/mm		测点位置	槽帮厚度/mm	
		实测值	平均值		实测值	平均值
3133#槽	a1	215	195	b1	175	176
	a3	220		b3	163	
	a5	150		b5	190	
3136#槽	a1	140	157	b1	185	188
	a3	160		b3	173	
	a5	170		b5	207	

总的看来，两台槽炉帮形状均一般，不同测点侧部炉帮的厚度有一定的差别，尤其是 3133#槽的 A 侧，a3 比 a9 大了 65 mm，而 3136#槽的 B 侧整体平均槽帮厚度比 A 侧大了 31 mm，表明两台槽的炉帮形状较为不规整。这主要与体系内电解温度、电解质过热度、铝液流速等综合因素有关。炉帮厚度与槽壳温度呈对应关系。

18.2.3　磁场测试案例

将磁场测试的结果及运行期间的相关运行参数列入下表。把两槽每次测量的结果进行处理后，得到两槽的磁场强度绝对值对比结果，如表 18 – 8～表 18 – 10 所示。

根据上述测量结果，就测量对象的磁场分布状况分析如下：

（1）3133#槽水平磁场 B_x 的最大值偏大，达到 179.477 Gs，平均值达 113.833 Gs；某些测点 B_y 值稍微偏大，但总体上分布比较均匀；槽角部与中部相比，水平磁场的变化不大；就水平磁场的两个分量平均值而言，进电侧壁出电侧的值要小，总体上分布较均匀；垂直磁场 B_z 在槽角部有一些偏大的值，有可能是由于测试误差造成的，但垂直磁场总体上分布比较均匀。

（2）3136#槽水平磁场 B_x 和 B_y 的分布都比较均匀，而且方向一致，具有很好的对称性；槽角部与中部相比，水平磁场变化不大；该槽水平磁场的两个分量的平均值，进电侧要大于出电侧；槽两端的垂直磁场比中部垂直磁场大，而且变化剧烈，分布没有规律，体现出槽两端和角部磁场变化复杂的特点；垂直磁场的分布较均匀。

表 18 − 8   3133#槽磁场测量记录表

测点	磁场应强度 B/Gs			
	测量点	B_x	B_y	B_z
进电端 （A 侧）	a1	13.789	29.993	− 9.500
	a2	66.916	188.788	− 12.129
	a3	96.573	149.926	18.983
	a4	125.66	100.22	13.56
	a5	163.682	50.350	9.261
	a6	179.477	− 36.080	3.360
出电端 （B 侧）	b1	− 11.732	− 34.716	23.092
	b2	− 89.996	− 25.702	8.141
	b3	− 89.372	− 14.776	6.614
	b4	− 83.25	1.33	5.743
	b5	− 77.098	12.9	5.227
	b6	− 68.122	35.195	3.414
端部测点	A_1 侧	49.486	108.355	3.093
	B_1 侧 *	− 107.428	39.422	13.968
	A_{12} 侧	130.148	− 6.419	22.843
	B_{12} 侧 *	− 87.607	50.501	16.370

表 18 – 9 3136#槽磁场测量记录表

测点	磁场应强度 B/Gs			
	测量点	B_x	B_y	B_z
进电端 （A 侧）	a1	22.326	21.942	− 11.502
	a2	168.441	− 69.662	7.565
	a3	146.854	− 91.576	7.332
	a4	173.963	73.909	− 5.125
	a5	154.252	30.231	8.271
	a6	173.920	26.730	2.020
出电端 （B 侧）	b1	12.731	− 40.548	12.557
	b2	− 79.401	3.318	− 8.522
	b3	− 90.115	− 26.809	0.042
	b4	− 85.701	− 16.346	− 3.192
	b5	− 93.019	− 3.707	14.359
	b6	− 94.298	68.576	39.600
端部测点	A_1 侧	100.119	− 69..872	5.206
	B_1 侧	− 98.671	41.425	0.718
	A_{12} 侧	123.884	2.373	11.758
	B_{12} 侧	− 98.053	2.173	19.511

表 18 – 10 磁场实测值对照表

测点		$|B_x|$ /Gs		$|B_y|$ /Gs		$|B_z|$ /Gs	
		最大值	平均值	最大值	平均值	最大值	平均值
3133#槽	A 侧	179.477	113.833	188.788	89.525	23.092	14.525
	B 侧	107.428	86.166	50.501	29.283	23.092	8.527
	TE 端	13.789	13.789	29.993	29.993	9.500	9.500
	DE 端	11.732	11.732	34.716	34.716	23.092	23.092
	全槽	179.477	101.917	188.788	25.77	23.092	13.667
3136#槽	A 侧	173.963	148.143	91.576	51.143	11.758	7.65
	B 侧	98.053	91.435	68.576	22.714	39.600	11.857
	TE 端	22.326	22.326	21.942	21.942	11.502	11.502
	DE 端	12.731	12.731	40.548	40.548	11.758	11.758
	全槽	173.963	106.687	91.576	37.5	39.600	9.25

18.2.4 流场测试案例

将每一测点测 1 次所得 1 根铁棒熔蚀前后的直径变化，取平均值，求得该测点处的铝液流速，同时，根据每一测点插入 1 根铁棒熔蚀并洗净后的表面形状，可以较为准确地量取该测点处的铝液高度和沉淀厚度，各测点的平均值也列于表 18 - 11。

表 18 - 11 各测点处铝液流速、铝水平、沉淀厚度

测点	3133#			3136#		
	铝液流速	铝液水平	沉淀厚度	铝液流速	铝液水平	沉淀厚度
	cm/s	cm	cm	cm/s	cm	cm
a1	10.39	12.00	0.50	9.67	14.50	1.00
a2	17.66	15.00	6.00	9.21	31.00	0.00
a3	13.98	36.00	1.00	12.09	34.00	0.00
a4	9.76	23.50	2.00	8.35	30.50	0.50
a5	11.74	28.00	1.00	13.56	26.00	0.00
a6	14.43	29.50	0.00	13.44	31.00	6.00
b1	16.81	28.50	3.50	14.52	31.00	0.00
b2	10.77	31.00	0.00	14.66	29.50	3.50
b3	8.80	28.00	1.50	13.85	30.00	6.50
b4	9.13	29.00	0.00	16.69	31.50	4.00
b5	11.82	28.00	0.00	15.69	32.00	0.50
b6	10.57	22.00	0.00	16.36	29.50	5.00
A_1 侧	6.24	30.00	0.00	7.71	30.00	0.00
B_1 侧	14.59	23.00	0.00	7.75	23.00	0.00
A_{12} 侧	9.22	19.00	9.00	10.25	34.00	0.00
B_{12} 侧	10.28	27.00	4.50	6.89	31.00	0.50
平均	11.64	25.59	1.81	11.92	29.28	1.72
最大	17.66	36.00	9.00	16.69	34.00	6.50

两台电解槽的铝液 – 电解质界面分布如图 18 – 20 ~ 图 18 – 21 所示。可以看出，不同各电解槽的界面分布存在一定的差异，但考虑到母线相同，整体趋势还是一致的。

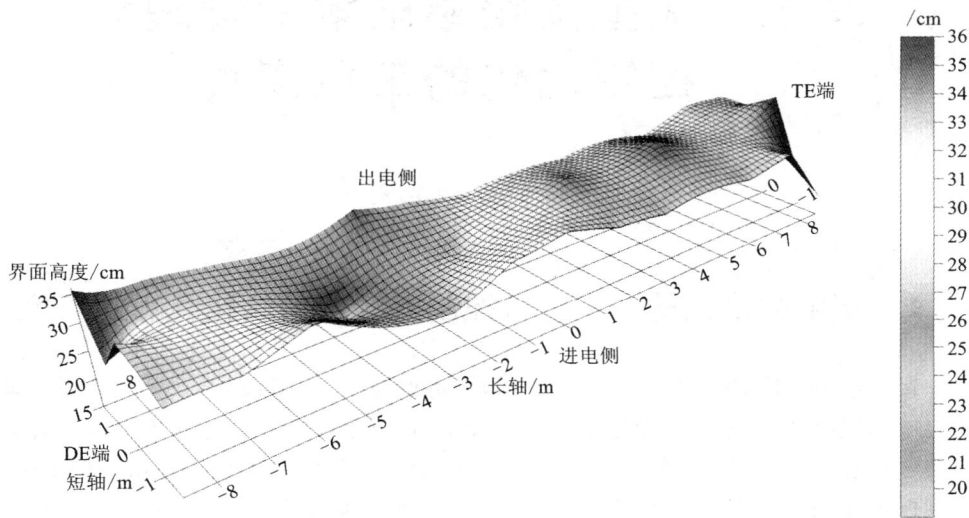

图 18 – 20　3133#槽铝液界面图

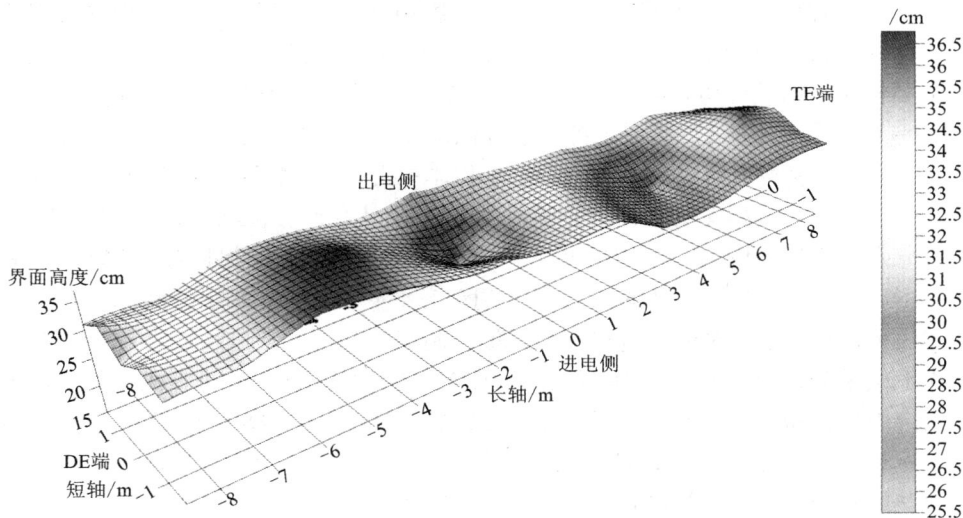

图 18 – 21　3136#槽铝液界面图

第 19 章 大型预焙铝电解槽物理场与控制优化的工业实践

19.1 铝电解槽结构、工艺与控制器综合仿真优化方法研究

铝电解节能降耗是系统工程，单一地降低槽电压(降低极距)，无法真正实现铝电解节能降耗。应该在降低槽电压(降低极距)的同时，从工艺技术参数的合理设置、槽结构与控制器的优化，确保低电压条件下铝电解槽的能量和物料平衡，实现低电压条件下铝电解槽高效稳定运行。然而长期以来，电解槽结构、工艺与控制器的优化都是相对分离地进行的，这是一直未能构造出低电压高效节能状态空间及其控制技术的重要原因。

本书针对大型铝电解槽的工艺、结构与物理性质参数以及控制器控制方式均对多相－多场分布特性产生重大影响并形成复杂耦合关系的特点，提出并开发出基于多相－多场耦合仿真的大型铝电解槽结构、工艺与控制器综合优化方法。如图 19－1 所示，该方法原理是：将铝电解机理模型与多相－多场耦合仿真模型相结合，建立起模拟电解槽(数字电解槽)；以本书开发的"临界稳定控制"模块为核心，建立起一个可对模拟电解槽实施模拟控制并具有自寻优功能的模拟控制器；通过分别给模拟电解槽和模拟控制器给定相关参数(包括控制目标)并启动两者的模拟运行后，最终使两者的"运行"达到动态平衡；再建立一个参数综合评价与优化决策模块，用之对模拟电解槽和模拟控制器的输出参数进行综合评价并将优化决策结果分别反馈到两者的参数给定环节。通过应用该方法进行大量仿真研究并结合现场试验，本书构建出可使大型铝电解槽在低温($920 \sim 930$℃)和低电压($3.7 \sim 3.8$ V)的临界反应条件下实现高效、低电耗、低排放、稳定运行的状态空间及其配套条件，并据此建立低电压高效节能新工艺。

构造大型铝电解槽结构、工艺与控制器综合仿真优化方法及平台的关键是建立大型铝电解槽多相多场耦合仿真模型与算法。

铝电解槽内外分布着形状各异的几十种媒质材料，在强大的直流电($160 \sim$

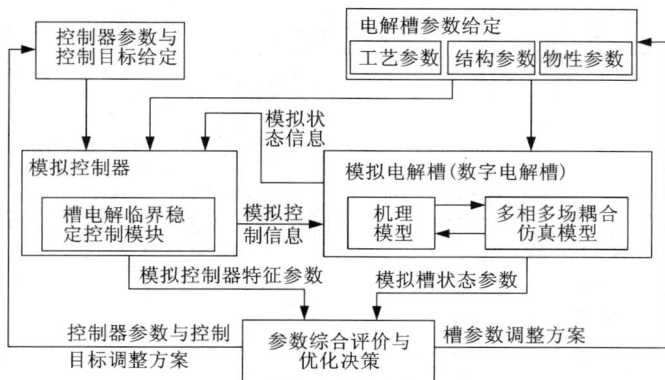

图 19 - 1 铝电解槽结构、工艺与控制器综合优化方法原理图

500 kA）作用下，体系中形成气（阳极气体）、液（电解质熔体和铝溶体）、固（加入的原料及凝固电解质等）三相共存，并在体系中形成多种物理场，如电场、磁场、热场（即温度场）、流场、应力场、浓度场等。本书针对现代大型铝电解槽一方面由于电流强度大，另一方面由于实施低温低电压工艺因而其体系中不同相之间、不同场之间以及多相－多场之间的耦合作用增强，且这种耦合作用对电解槽运行特性的影响更加强烈的特点，研究了多相－多场三维耦合仿真模型与算法（如图19－2 所示）。

与传统技术相比，本书所建立的多相－多场耦合仿真模型与算法的主要特点是：

（1）首次将两类三相流、六种物理场和两种最重要的电解槽特性参数（磁流体稳定性、电流效率）的计算机三维耦合仿真集成于一体并充分考虑了它们之间的复杂耦合关系；

（2）在流场仿真中，建立并使用了"液（电解质）－液（铝）－气"和"液－气－固（氧化铝颗粒）"两类三相流耦合仿真模型与算法，更加精确地实现了全域流场、铝液－电解质界面分布的一体化数值解析，为多相－多场耦合仿真的实现，特别是为低电压（低极距）下的电解槽流场等物理场的优化、阳极气泡排放优化等提供了新的技术手段；

（3）建立了基于上述两类三相流耦合仿真的浓度场（氧化铝浓度分布）仿真模型，更加精确地实现了对电解槽下料过程中氧化铝颗粒瞬态分散与传质过程规律的仿真研究，为下料策略优化提供了新的技术手段；

（4）建立了基于铝电解过程电流效率损失机理、相间传质理论、三相流耦合仿真和磁流体稳定性仿真的电解槽区域电流效率仿真模型，并在此基础上建立起

电解槽结构参数
(槽体、母线、槽壳)

物性参数
(电导率、磁导率、散热系数等)

工艺参数
(极距、电流、分子比、焙烧启动方式等)

电场仿真

阴极形变
槽膛内形

流场形态

磁场仿真

电流、
电压分布

热场仿真

浓度梯度

三相流仿真

液-液-气
三相流仿真

电磁耦合

磁场、
电磁力分布

电热耦合

应力场仿真

液-气-固
三相流仿真

磁流耦合

电解质、铝液及
气泡速度分布

磁流体稳
定性模型

槽膛内形、
温度场分布

热应力耦合

阴极、内衬应力
分布及变形

氧化铝浓度分布

磁稳定性耦合

界面波动等磁流
体稳定性结构

界面分布

槽寿命评价

电流效率模型

热稳定性

电流效率分布

能量利用率

全槽电流
效率

能耗计算模型

平均电压

吨铝能耗

铝液电解质冲刷对流
浓度梯度

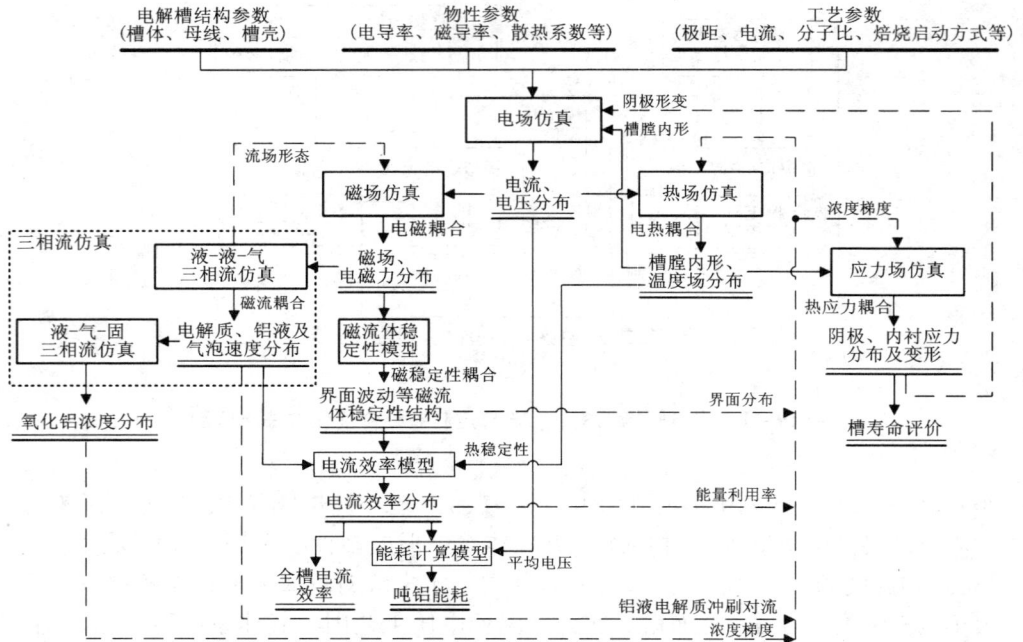

图 19 - 2　铝电解槽多相 - 多场三维耦合仿真模型

了铝电解槽主要技术经济指标(电流效率、吨铝电耗和槽寿命)的理论计算与评估模型,从而在电解槽参数 - 多相流特性 - 多物理场特性 - 技术经济指标之间建立起了直接的关系模型;

(5)完整的多相 - 多场耦合仿真模型克服了传统模型对"多相 - 多场"耦合性考虑不够(以往主要分别考虑"电 - 磁 - 流"耦合和"电 - 热 - 力"耦合)而无法精确考察电解槽各类参数间的复杂耦合关系与相互影响规律的问题,也克服了传统模型无法用于电解槽状态参数精确调控的问题,同时显著提高了电解槽物理场仿真的精度(主要物理场仿真输出变量的偏差从 20% ~30% 缩小到 5% ~15%)。

19.2　铝电解低电压高效节能新工艺与控制参数的研究

19.2.1　低电压高效节能新工艺与控制参数的确定原则

本书提出的确定低电压高效节能新工艺与控制参数的基本原则是:寻找能最大限度地降低铝电解槽"临界极距"的工艺条件,并以确保铝电解槽能够在"最低临界极距"附近稳定工作(即实现"临界稳定")为准则来选择铝电解控制系统的相关控制参数。

通过电流效率与极距之间的定性关系曲线(如图19-3所示),可以看出,随着极距的增加,电流效率呈抛物线上升。电流效率起点从零开始,在极距达拐点前,随着极距的增加,电流效率上升较快;而在达到拐点后,虽然极距增加,电流效率却提高不多。我们将拐点对应的极距称为"临界极距"。

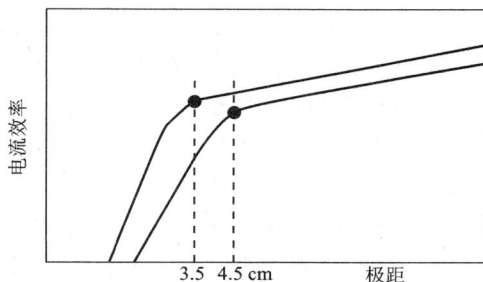

图 19 - 3　电流效率随极距的变化曲线

通过我们的研究发现,临界极距并不是一个固定值,即便是同一台铝电解槽,在不同时期,其对应的临界极距值都有可能不同,它与铝电解槽的设计以及具体工况有关,主要包括槽母线及电解槽结构设计、炉膛内型、工艺参数以及控制技术等。临界极距无法在线直接检测也无须在线直接检测,一般可以通过计算机控制系统对槽电压稳定性(槽噪声)的特性进行分析来间接判断。在实际生产过程中,临界极距往往表现出相应的电解槽"临界稳定性",即当极距低于临界极距时,电解槽的稳定性显著变差。临界极距越小,表明电解槽的稳定性越好,电解槽就可以在较低的极距(低槽电压)下高效稳定运行。从图中可以看到,两条"电流效率-极距"关系曲线中,位置较低(即同极距下电流效率较低)的曲线对应的临界极距(4.5 cm)明显高于位置较高(即同极距下电流效率较高)的曲线所对应的临界极距(3.5 cm),这表明前者对应的铝电解槽稳定性较差,相比后者对应的铝电解槽而言,需要在较高极距(较高的槽电压)才能实现稳定运行;并且,前者工作在4.5 cm极距下的电流效率低于后者工作在3.5 cm极距下的电流效率。因此,最大可能地提高铝电解槽的稳定性(即升高"电流效率-极距"关系曲线的位置)并降低关系曲线的拐点(即临界极距)是实现低电压高效节能目标的关键。对于在产铝电解槽而言,其槽母线及电解槽结构设计已不可改变,但可以通过采取改进铝电解槽的工艺技术条件从而改变槽膛内形和磁流体稳定性等措施来降低铝电解槽的临界极距,并通过开发应用"临界稳定控制技术"实现铝电解槽在最低临界极距下的稳定运行,从而取得高效、节能和低排放的运行效果。

19.2.2　低电压下的最佳工艺条件与控制参数研究

以下以林州铝业400 kA铝电解槽为例。计算机仿真研究表明,如果主要工艺技术条件(也是主要控制参数)处于下列范围:

（1）槽工作电压 3.70~3.80 V；

（2）电解质分子比：2.5~2.6（电解质中含有一定的锂盐等添加剂）；

（3）氧化铝浓度：1.5%~2.5%。

那么在维持槽况稳定的情况下可以实现下列运行目标：

（1）电解质温度 920~930℃；

（2）电阻摆动强度（即低频噪声强度）可保持在 10 mV 以内，电阻针振强度（即高频噪声强度）可保持在 30 mV 以内（电阻摆动强度和电阻针振强度均进行了平滑计算处理）；

（3）仿真计算得到的全槽平均电流效率可达94.8%；

（4）按照平均槽电压 3.74 V、电流效率 94.8% 计算，吨铝直流电耗为 11756 kW·h/t。

通过对电解槽的磁流体稳定性进行计算机仿真计算还表明：

（1）在上述低电压工艺技术条件下，电解槽已经处于一种临界状态，也就是电解槽运行状态是一种介于"稳定"与"不稳定"之间的临界状态。在使电解槽走向高效低耗运行的同时，也使电解槽临近对工艺参数变化及噪声干扰极度敏感的"不稳定"区域。要实现电解槽在临界极距附近的临界状态下稳定运行，就必须将电解槽热平衡、物料平衡和磁流体稳定性的波动范围控制在一个很窄的区域。

（2）在低电压工艺技术条件下，铝电解槽物料平衡、能量平衡及磁流体稳定性相互耦合强烈。因此，新型控制技术需要解决参数耦合强烈、可控区域变窄的临界状态下的稳定运行问题。

（3）由于电解槽在运行过程中受到多种干扰因素的影响，一些技术条件总会偏离设定值，例如，如果阳极存在故障，或者炉膛不规整，那么电解槽可能就无法在 3.70~3.80 V 的低电压下稳定运行（换言之，槽电压在此区间所对应的极距已经低于"临界极距"，电解槽无法实现稳定运行，因而电流效率会显著降低），因此控制系统必须根据槽况解析调整控制参数，找到与实际槽况最相适宜的最佳控制参数。由此可见，所谓"最佳"工艺条件和最佳控制参数均不是静态的，而是动态的，可变的。一旦某些工艺技术条件发生偏移，控制系统必须有能力重新寻找对应的最佳控制参数，使电解槽运行在临界极距以上，同时使电解槽向着理想工艺技术条件回归。

19.3 临界稳定控制模型与算法及新一代控制系统开发

众所周知，我国铝电解控制系统已经普遍采用全分布式（网络式）的结构。在全分布式控制结构中，每台电解槽配备 1 台"槽控机"是全分布式控制系统中的核心控制单元（一般依然称作"直接控制级"），而分布在控制网络中的各种服务器

与工控机集群(包括各种客户终端)可视为全分布式控制系统的监控与管理级。仿真与控制的无缝结合包括如下三个方面:

(1)临界稳定控制模型与算法:是构成新一代槽控机控制程序的关键内容。

(2)铝电解工艺参数多维分析子系统:用于丰富新一代控制系统过程监控与管理级的功能;

(3)基于云架构、以数据为中心的全分布式铝电解控制系统:形成新一代全分布式铝电解控制系统的新型体系架构。

由于大型铝电解槽在低电压高效节能工艺条件下的控制具有多优化目标(高电效、低电耗、低排放、高稳定)、关键工艺参数临界稳定(氧化铝浓度、分子比、电解质温度、极距)和多环节耦合(物料平衡、能量平衡和磁流体稳定性)的复杂特点,常规控制方法无法满足控制要求,因此本书为新一代槽控机开发了低电压高效节能临界稳定控制模型与算法,它主要包括:基于多信息融合模型的铝电解生产状态解析,多环耦合临界稳定域辨识,多目标(高电效、低电耗、低排放、高稳定)优化计算,以及多目标多环协同优化控制等模型,其基本结构如图19-4所示。

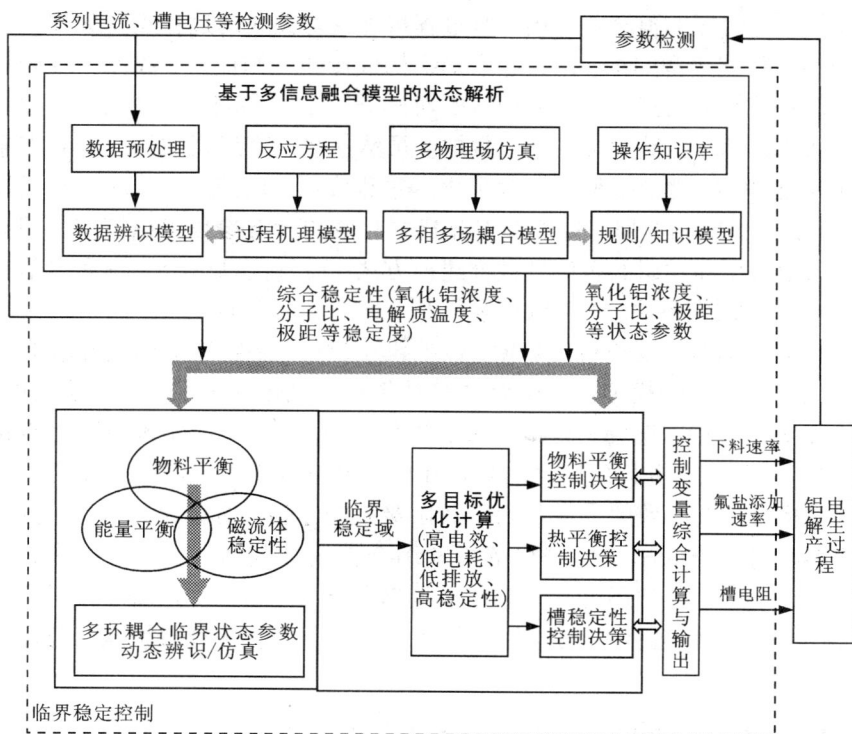

图19-4　临界稳定控制模型基本结构图

19.3.1 基于多信息融合的状态解析模型

铝电解过程是典型的多相多场耦合反应过程，涉及的控制参数和状态变量众多，有氧化铝下料速率、氟盐添加速率、槽电压、系列电流、氧化铝浓度、分子比、电解质温度、过热度、极距、铝水平、电解质水平、阳极效应系数等，各工况参数之间存在较强的机理关联和时效关联。除了系列电流、槽电压等参数可以在线直接测量以外，氧化铝浓度、电解质温度、分子比和极距等关键状态参数都不能实时获取。同时，铝电解生产过程蕴含着多种类型的信息如反应机理、操作经验和生产数据等，如何利用好这些信息，对于在低电压条件下实现铝电解过程临界稳定控制、达到节能降耗减排的目标具有重大意义。为此，需要研究如何在多类型信息基础上结合现有的物理场仿真计算技术手段，建立多信息融合模型，用于支撑铝电解槽临界稳定控制和多目标优化。

铝电解的平衡方程，包括热平衡和电解反应平衡，其数学模型构成最基本的反应机理模型，反映了分子比、氧化铝浓度等关键参数耦合、关联、时变的本质规律。铝电解槽现场操作技术人员在长期实践中摸索出了很多行之有效的操作经验，这些操作经验实际上蕴含着与铝电解过程机理密切关联的过程运行规律。将这些操作经验进行搜集和归纳，作为专家知识构成操作规则库，形成操作规则模型，并通过临界条件下的实际生产数据不断对其进行丰富和完善。同时，在铝电解过程中每天都产生、存储大量的生产数据。虽然这些生产运行数据存在着严重的信息不确定性和不完整性，但是蕴含了生产过程实时、动态、详尽的状态反馈信息，经过滤波、去噪和数据修补能够据此建立有效的状态参数辨识模型。因此研究基于机理、数据和知识的多信息融合建模方法，通过信息综合协调和多信息集交叉后可以发现操作条件、工艺状态参数和目标变量之间的关联。

这样建立起来的基于反应机理建模、数据辨识建模、多物理场仿真建模和专家知识建模的多信息融合模型，可对无法实时获取的氧化铝浓度、电解质温度、分子比和极距等反映槽状况的关键工艺参数进行预估和校正（即实现对不可直接检测变量的"软测量"），并以电解槽的高频和低频槽电阻噪声强度序列作为主判据，综合考虑多个工艺参数的变量序列以及阳极效应系数，对氧化铝浓度、分子比、电解质温度与极距的稳定度进行解析和综合稳定性判断，获得全槽状态解析。此外，多信息融合模型还可充分利用不同解析模型（如机理模型、数据辨识模型）对同一参数（如氧化铝浓度）"软测量"所产生的偏差作为评价槽运行稳定性的依据之一。

19.3.2 多环耦合临界状态参数动态辨识/仿真模型

在铝电解槽状态解析基础上，根据在线检测和估计的状态参数与特征参数

（包括氧化铝浓度、极距、过热度、综合稳定性参数等），结合物料平衡、热平衡和稳定性分析，通过动态辨识获得对电解槽当前槽况的完整描述，计算获得多环节耦合条件下的临界稳定域（即氧化铝浓度、极距、过热度等参数的临界稳定域约束边界条件），并根据电解槽状态参数和稳定性判别结果以及多物理场仿真模型对电解槽的实时状态进行动态仿真，确保临界状态稳定域的正确性。

19.3.3　多目标优化计算模型

在传统的控制方法中，控制系统对物料平衡及热平衡的控制是通过将相关设定参数控制在人工设定的目标范围内实现控制目的。一方面人工设定值很少经常调整；另一方面人工设定值往往并不一定是最优值（所谓最优，应该是能使电解槽在当前工艺技术条件实现的综合效益为最佳）。在新工艺条件下，由于不同目标（高电效、低电耗、低排放、高稳定）之间的矛盾与冲突更加突出，因此控制系统若呆板地按照人工设定值来进行控制，往往并不能获得"综合效益"为最佳的控制效果。因此，本书提出了构造"多目标优化计算"模型，其基本思想是，在确定临界状态稳定域基础上，面向高电效、低电耗、低排放、高稳定性目标优化计算多环节耦合条件下的理想临界状态，根据当前状态与理想临界状态的偏差，按照"立足现实，追求理想"的理念，计算出一个与"现实"条件下最相匹配、同时又能推动"现实"向"理想"迈进的一组控制目标值（我们称之为"动态目标值"）。这组动态目标值不是单纯从追求某一个控制目标来确定，而是兼顾电解槽运行的四个方面，即高电效、低电耗、低排放和高稳定性。在确定动态目标值后，控制系统再据此对相关人工设定参数做出一定范围内的调整，达到对人工设定值进行"自寻优"的目的。

19.3.4　临界稳定控制决策及控制变量综合计算与输出

该模型包含"物料平衡控制决策""热平衡控制决策""槽稳定性控制决策"以及"控制变量综合计算与输出"四个子模块。这些模块的技术特点如下：

1. 物料平衡控制决策

在新的物料平衡控制决策模型中，利用"状态解析模块"和"临界状态参数动态辨识/仿真模块"的解析与辨识结果，引入（临界）过热度影响因子及（临界）磁流体稳定性影响因子，从而充分考虑热平衡及槽稳定性这两个环节对物料平衡的耦合作用。在供电正常、电解槽工艺技术条件合理、人工操作规范的前提下，能准确将氧化铝浓度控制在 1.5% ~ 2.5%；同时在正常换极操作后能在很短时间（1 ~ 2 h）回归低浓度控制区间。在换极操作不规范，造成大量物料渗入的情况下也能在 4 ~ 5 h 内达到低浓度控制区间。

2. 热平衡控制决策

在新的热平衡控制决策模型中，利用"状态解析模块"和"临界状态参数动态辨识/仿真模块"的解析与辨识结果，引入(临界)过热度影响因子、(临界)氧化铝浓度影响因子和(临界)磁流体稳定性影响因子，从而使热平衡及极距的控制不再是简单的基于槽电阻单因素分析的电压调节。

3. 槽稳定性控制决策

在新的槽稳定性控制决策模型中，利用"状态解析模块"和"临界状态参数动态辨识/仿真模块"的解析与辨识结果，对与槽稳定性相关的设定参数进行调整，并在电解槽稳定性越过了某一极限时直接转入特定的下料与极距控制模式。

4. 控制变量综合计算与输出

该模块的主要功能是，综合上述三个决策模型的输出结果，对控制变量(下料速率、氟化铝添加速率及槽电阻调节量)进行综合计算，并进行协同优化和限幅处理，最后输出控制变量(驱动控制执行机构)。

19.4　基于云架构、以数据为中心的全分布式铝电解控制系统

新一代基于云架构、以数据为中心的全分布式铝电解控制系统如图 19 – 5 所示。

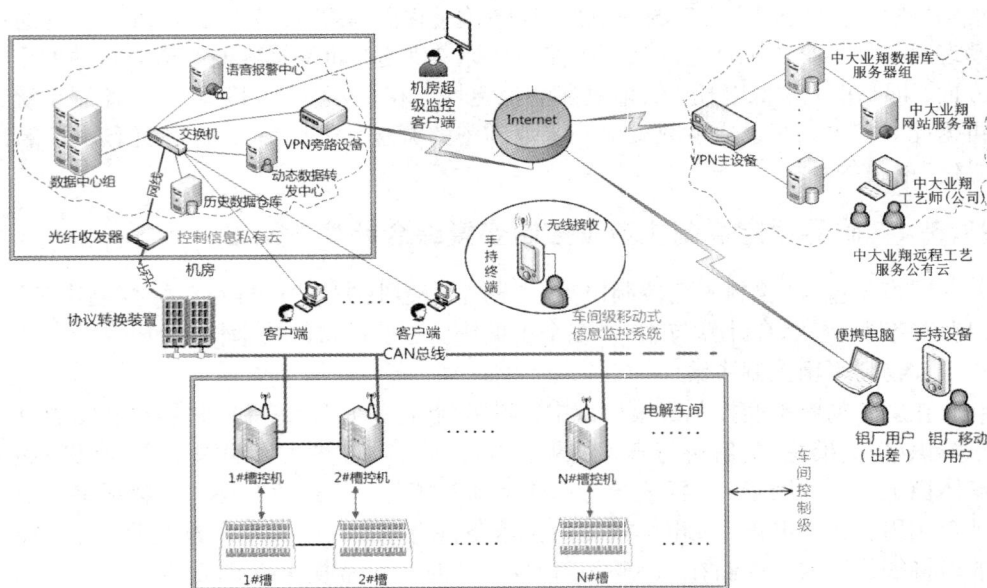

图 19 – 5　基于云架构、以数据为中心的全分布式铝电解控制系统

其中，车间控制级由采用现场总线(CAN 总线)互联的槽控机构成；全厂控制

网络采用以数据为中心的铝电解控制信息私有云架构，这种架构将监控数据、历史数据、报警数据及离线工艺数据等组织成服务器集群结构，在企业内部最大限度地实现控制信息的资源共享；车间控制级与全厂控制信息私有云中心之间安装有若干台 CAN – Ethernet 协议转换装置，实现控制信息在现场总线与工业以太网间的无缝连接。

　　车间增加了基于无线通信的移动式信息监控系统，现场操作人员可以随时随地获取自己关注的生产管理信息；同时通过 VPN 技术将企业控制信息统一送到"中大业翔"（中南大学）工艺服务公有云中心，再运用所开发的工艺参数多维分析等分析与诊断技术，综合多家铝厂生产经验及数据，为厂家提供全球范围内的远程工艺分析与会诊功能，实现远程实时的电解槽槽况诊断、工艺技术条件优化及控制系统参数调整。

第 20 章　异常槽况下的物理场仿真优化

随着各种节能技术在我国铝电解行业推行，当前铝电解槽的极距等工艺参数已被压榨至一个非常狭窄的运行空间，电解槽小幅度的波动亦会对电解槽的状态产生较大的影响，其中，又以槽底沉淀、阳极更换及电流变化的影响最为显著。

首先，由于电解槽运行工艺参数空间的临界化，导致氧化铝的溶解速率及输运速率皆受到一定程度的削弱，造成氧化铝不能得到及时分散而在局部累积，即氧化铝沉淀，该现象已经成为低电压铝电解节能工艺中较为突出的难题。有学者分析了国内某大型预焙铝电解槽中沉淀物的组成[1]，结果显示，沉淀物中主要物相是 Na_3AlF_6（冰晶石）、Al、Al_2O_3 和 $Na_5Al_3F_{14}$，其中，Al_2O_3 占 51%，Al 占 7.6%，$Na_5Al_3F_{14}$ 占 6.1%，其余的是 Na_3AlF_6，还有少量 CaF_2。沉淀刚产生（即软沉淀）时的电导率约为传统电解质的一半，这会使沉淀周围的阴极部分电流密度较大，导致阴极炭块易受到侵蚀，而当有大量沉淀聚积在槽内时，会使过热度增加，进而破坏电解槽内的热平衡。

此外，预焙槽炼铝过程中阳极炭块会随着电解反应的进行而逐渐消耗，因此电解槽均需要定期更换阳极。在实际生产中，每台槽都在不断进行着新老阳极的更换，鉴于换极操作时间较长，且换极后很长时间内新阳极都不能到达或者只能部分导电，导致了电解槽的电场长时间处于非理想分布，妨碍电解的稳定生产、增加了能耗。故阳极更换同样会对处于低电压节能空间运行的电解槽带来较大的冲击。

最后，铝电解生产过程需要不断地供应电解槽直流电能，且要求稳定供电，属于一级供电负荷。若直流电流大幅度波动，会显著影响电解槽运行状态，尤其是热平衡与稳定性，并干扰铝电解的正常控制过程，导致电解槽槽况发生剧烈变化，引起各项技术经济指标严重下滑，更为严重的是给槽寿命带来了重大冲击，电解槽破损概率会大大增加。

铝电解槽的多物理电场特别是电 - 磁 - 流场的分布直接影响电解槽的稳定性、电流效率及能耗，而换极、沉淀、电流变化、出铝等行为在生产过程中不可避免地会对电解槽的稳定性、电流效率及能耗产生影响。由于铝电解槽运行过程中槽况的复杂性和槽内物理场现场测试技术的局限性，使用计算机仿真的方法来研究电解槽在非稳定槽况下的电 - 磁 - 流场成为最理想有效的手段。

目前国内对于电解槽槽内沉淀和阳极更换等异常槽况的研究主要集中在沉淀形成与预防、换极制度的研究上，对槽内沉淀和阳极更换对电解槽物理场的影响缺乏研究。因此，通过计算机仿真的方法研究并获悉电解槽内沉淀和阳极更换等与电 - 磁 - 流场之间的影响规律对于改善电解槽高效稳定运行能力尤为重要，并可为沉淀诊断分析及阳极更换制度的优化提供理论基础和技术支撑。

20.1　铝电解槽换极的物理场仿真研究

预焙阳极是工业铝电解槽的"心脏"，而阳极更换则为铝电解生产过程必不可少的重要操作。在实际生产中，每台槽都会周期性地将消耗殆尽的残极用新极替换，鉴于换极后很长时间内新阳极都不会导电或只能部分导电，导致了换极对于电解槽的物理场造成长时间的影响，从而影响电解过程的稳定。由于电解槽内的物理场很难直接加以测量，本章以某 400 kA 级大型预焙铝电解槽为研究对象，在大型有限元商业软件 ANSYS 平台上换极针对整个换极周期内每组阳极更换前后进行模拟计算，并以铝液水平电流密度和阴极钢棒出电端电流、铝液中磁感应强度、电解质 - 铝液界面分布等为主要指标，分析阳极更换对电解槽电 - 磁 - 流场的影响，从而为换极制度的优化提供理论与技术支撑。

20.1.1　换极研究方案

根据文献和工厂调研，本章所研究的 400 kA 级大型预焙铝电解槽其换极周期为 26 天，其更换计划如图 20 - 1 所示。

换极顺序	1	6	10	15	19	23	4	8	13	17	21	25	11
阳极编号	A1	A2	A3	A4	A5	A6	A7	A8	A9	A10	A11	A12	轮空
阳极编号	B1	B2	B3	B4	B5	B6	B7	B8	B9	B10	B11	B12	轮空
换极顺序	18	22	26	3	7	12	16	20	24	5	9	14	2

图 20 - 1　某 400 kA 级铝电解槽换极顺序图

针对上述换极方案，本章在仿真计算过程中的具体实现为：针对每一次换极，研究新极刚换入导电为 0% 时，电解槽的物理场变化情况，即假定此时阳极并未导入电流，进而计算其电磁流场的结果。由于实际生产中的该 400 kA 级大型铝电解槽为双阳极结构，因此在本章换极中，把相邻两块单阳极视作一组双阳极，进行阳极更换。同时把铝电解槽分成对称的 A、B 两侧，出电侧 A 侧为第 1(A1)~12(A12)组阳极，进电侧 B 侧为第 13(B1)~24(B12)组阳极。

本章采用的电磁场计算方法在第 6 章中已经详细介绍，因此对于方法的验证在此不再赘述。

20.1.2 换极过程的电场结果分析

首先对大型铝电解槽在换极周期内的电场进行仿真计算后，以电解质层电压降、铝液水平电流密度和阴极钢棒电流分布为分析对象，探讨换极周期内每组阳极在不同阶段对电解槽电场的影响。

1. 电解质层电压降分布

为了比较电解槽两侧进电侧和出点侧的区别，分别选取 A 侧、B 侧换极进行分析阐述，具体压降需要通过图 20-2 来分析。

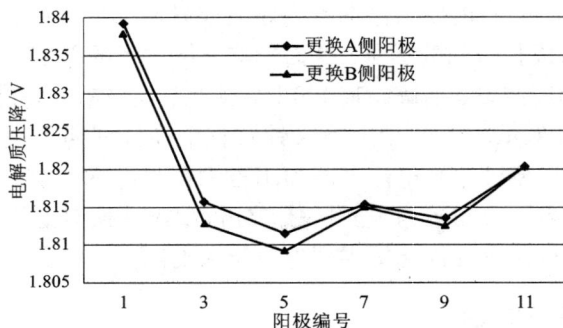

图 20-2 换极过程电解质层压降变化图

由图可知：首先当电解槽处于正常生产时，电解质层压降为 1.7102 V，任意的换极过程都将增大电解槽电解质层压降；此外，随着换极位置不断地向电解槽中间靠近，电解质层电压降差值逐渐变小，这表明其对电解槽整体电场影响也越小，因此在整个换极过程中，更换角部位置的阳极组时，对电解质层电场分布影响最大，其电解质层电压降达到 1.8377 V，而更换中部阳极时，电介质层压降最低为 1.8091 V。其主要原因为阳极更换会导致电解槽电流的偏流，造成部分阳极流经的电流增大，对应电解质层的电流密度和电压也将增大。

2. 阴极钢棒电流的分布

阴极钢棒端作为电解槽中电流流出的集合途径，其电流分布情况反映一个电解槽运行情况和效率，设计良好、运行稳定的电解槽的阴极钢棒电流分布应该是一样的。图 20-3(a)至图 20-3(1)为换极中电解槽 A、B 两侧阴极钢棒出电端电流量分布与理论载流量的对比图。

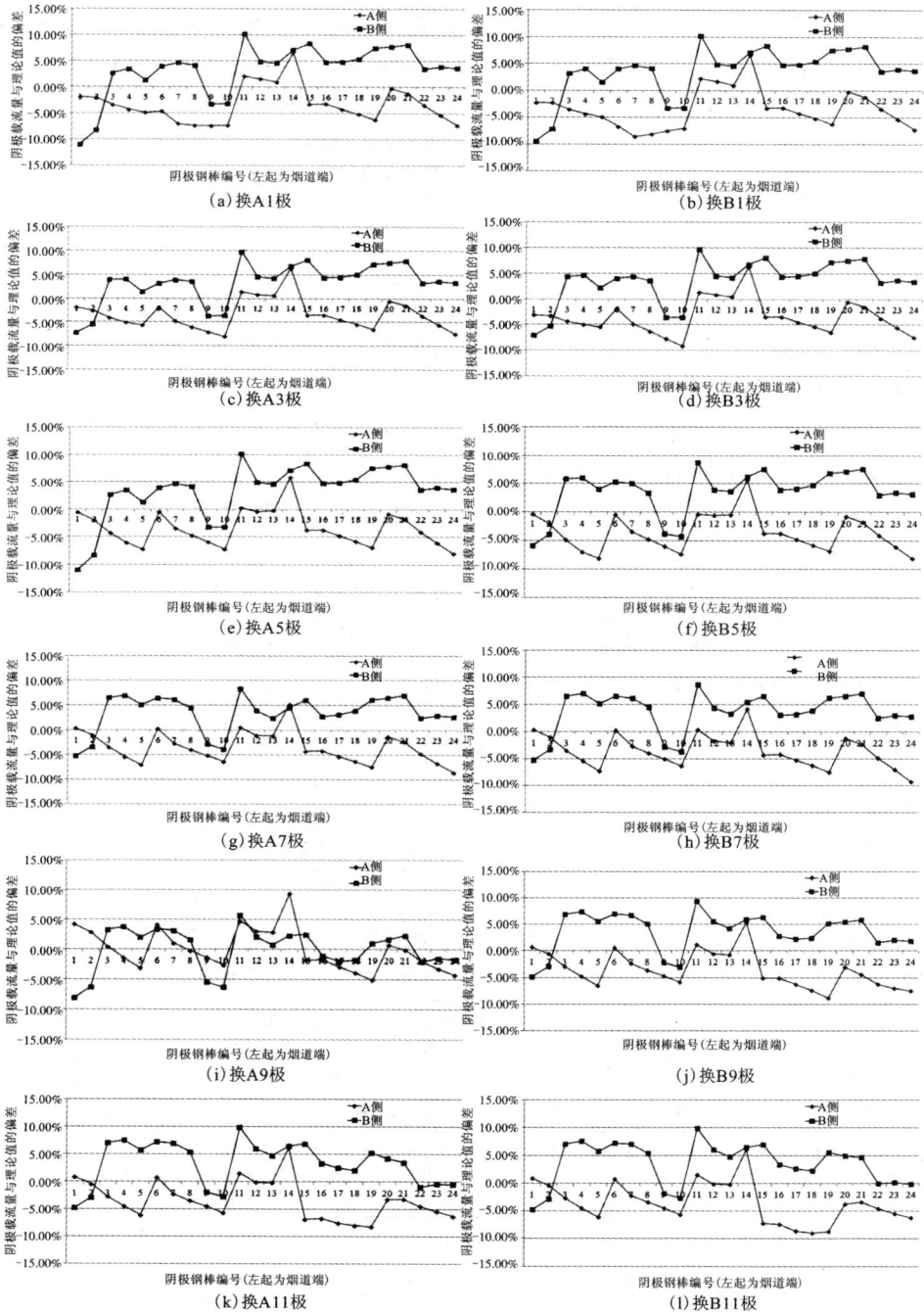

（a）换A1极

（b）换B1极

（c）换A3极

（d）换B3极

（e）换A5极

（f）换B5极

（g）换A7极

（h）换B7极

（i）换A9极

（j）换B9极

（k）换A11极

（l）换B11极

图 20 - 3　阴极钢棒电流量分布与理论载流量偏差

对比图 20 – 3(a) ~ 图 20 – 3(1)结果表明，换极时阴极钢棒电流分布的基本变化趋势变化不大，但是进电侧电流合计 217243.96 A，占总电流的 51.7%，最大值 9672.3 A。出电侧电流合计 202736 A，占总电流的 48.3%，最大值 9334.2 A；更换阳极时，被更换阳极组下方所对应的阴极钢棒以及相邻钢棒的出电端电流明显变小，远离换极位置的出电端电流则会变大。

20.1.3 磁场研究分析

应用前述方法建立铝电解槽换极有限元模型，对大型铝电解槽在换极周期内的磁场进行仿真计算，以铝液层分象限磁场平均值为分析对象，探讨换极周期内每组阳极在不同阶段对电解槽磁场的影响。

由于铝液垂直磁场 B_z 对于电解槽磁流体稳定性的重要性，将计算得到的 $|B_z|$ 的最大值、平均值、四个象限平均值及 $|B_z|$ < 20 Gs、$|B_z|$ < 15 Gs、$|B_z|$ < 10 Gs、$|B_z|$ < 5 Gs 与 $|B_z|$ < AVG 的分布区域所占比例示于表 20 – 1。

表 20 – 1 换极铝液层垂直磁场 B_z 磁场的计算结果

类型	磁场分布值/Gs						$|B_z|$ 分布区域面积占比统计/%				
	MAX	AVG	Q1	Q2	Q3	Q4	< 20 Gs	< 15 Gs	< 10 Gs	< 5 Gs	< AVG
正常槽况	25.71	4.65	3.68	4.55	4.66	5.49	99.29	98.53	92.59	62.60	59.36
A1	27.25	4.81	6.08	3.98	3.45	5.01	99.19	96.53	90.21	60.29	59.95
A3	26.98	4.62	5.02	4.22	3.50	5.06	99.24	98.00	92.11	62.26	58.84
A5	26.70	4.74	3.96	4.92	4.51	5.20	99.19	98.43	92.73	60.60	57.89
A7	26.04	4.91	3.38	4.76	6.26	5.14	98.91	97.29	91.44	59.79	58.84
A9	25.40	5.52	3.52	6.04	5.99	6.30	99.33	97.86	87.07	51.66	57.08
A11	23.57	5.70	3.81	5.57	6.20	7.06	99.48	96.63	85.93	52.52	58.75
B1	27.23	4.71	4.52	3.96	4.45	5.02	99.62	96.58	90.16	60.93	58.08
B3	26.94	4.54	4.02	4.14	4.23	5.08	99.10	98.10	92.92	60.60	56.04
B5	26.64	4.48	3.39	4.44	4.52	5.22	99.24	97.81	92.73	64.21	59.08
B7	26.04	4.91	3.38	4.76	6.26	5.14	98.91	97.29	91.44	59.79	58.84
B9	25.31	5.55	3.70	5.37	6.32	6.77	98.91	96.86	88.21	53.85	59.60
B11	25.18	6.10	3.88	5.51	6.33	8.61	98.34	94.39	83.13	50.62	60.79

注：①本章中，所有计算的 B_z 均值(AVG)皆指 B_z 磁场绝对值的均值。

通过表 20-1，对换极过程磁场综合分析如下：

（1）通过垂直磁场 $|B_z|$ 的平均值分析可知，换极中垂直磁场绝对值的平均值变化范围为 4.48~6.10 Gs，属于较为合理的范围，同时更换角部阳极时，垂直磁场 $|B_z|$ 平均值较大，可见铝电解两端的磁场垂直分量是较大的。

（2）由磁场四个象限的均值可以看出，象限垂直磁场 $|B_z|$ 平均值的变化范围为 3.38~8.61 Gs，多分布在 4 Gs 左右，第三和第四象限的均值略显偏大，显然是由于进电测磁场大于出电侧的原因。

（3）从铝液层垂直磁场 $|B_z|$ 的分布区域分析，换极中铝液垂直磁场 $|B_z|$ < 20 Gs 的区域均超过 99% 的区域，$|B_z|$ < 10 Gs 的区域皆达到 85% 左右，$|B_z|$ < 5 Gs 和平均值的区域也都接近 60%，表明铝液中绝大部分磁场的值都小于 10 Gs，大部分小于 5 Gs 和平均值，但整体而言，换极中磁场的变化较小，维持在稳定状态。

20.1.4　流场研究分析

流场计算结果分析如下：

阳极更换过程中铝液截面水平速度分布如图 20-4 所示，阳极更换过程中电解质截面水平速度分布如图 20-5 所示，铝液-电解质截面变形如图 20-5 所示。

从图 20-4~图 20-6 可以得出以下结论：

（1）正常槽况下，铝液最大流速为 33.68 cm/s，出现在电解槽烟道端侧的大旋涡靠近 B 面的外侧，计算得到的铝液平均流速为 11.76 cm/s；电解质流速最大值为 27.17 cm/s，平均流速为 10.72 cm/s。

（2）正常槽况下铝液电解质界面变形绝大部分区域十分平缓，变化梯度小，只存在少部分向上凸起，主要分布在两个端部，向上最大变形为 111.3 - 109.7 = 1.60 cm；总变形量为 111.3 - 105.5 = 5.80 cm，而且，上凸的区域都是大范围类似于平原地带，是十分理想的界面变形。（109.7 cm 为计算设定初始理想铝液-电解质界面）

（3）换极过程并未改变铝液与电解的流场形态，均为两个相对较大旋涡分布；铝液和电解质流最大值速始终出现在电解槽烟道端侧的大旋涡靠近 B 面的外侧，最小流速则出现在电解槽水平长轴中间的位置；更换进电侧 B 侧的阳极时，铝液和电解质流速分布变化较大，出现一些小旋涡，而更换出电侧 A 侧的阳极时，铝液及电解质的流速分布变化不大，整体还是呈现两个较大旋涡的分布；铝液-电解质界面变形量绝大部分区域十分平缓，向上变形多出现在电解槽的两端和中间位置，而向下变形多出现在铝电解槽的两个侧边。

铝液流速/(m·s⁻¹)

(a)换A1极

铝液流速/(m·s⁻¹)

(b)换B1极

铝液流速/(m·s⁻¹)

(c)换A3极

铝液流速/(m·s⁻¹)

(d)换B3极

铝液流速/(m·s⁻¹)

(e)换A5极

铝液流速/(m·s⁻¹)

(f)换B5极

铝液流速/(m·s⁻¹)

(g)换A7极

铝液流速/(m·s⁻¹)

(h)换B7极

铝液流速/(m·s⁻¹)

(i)换A9极

铝液流速/(m·s⁻¹)

(j)换B9极

铝液流速/(m·s⁻¹)

(k)换A11极

铝液流速/(m·s⁻¹)

(l)换B11极

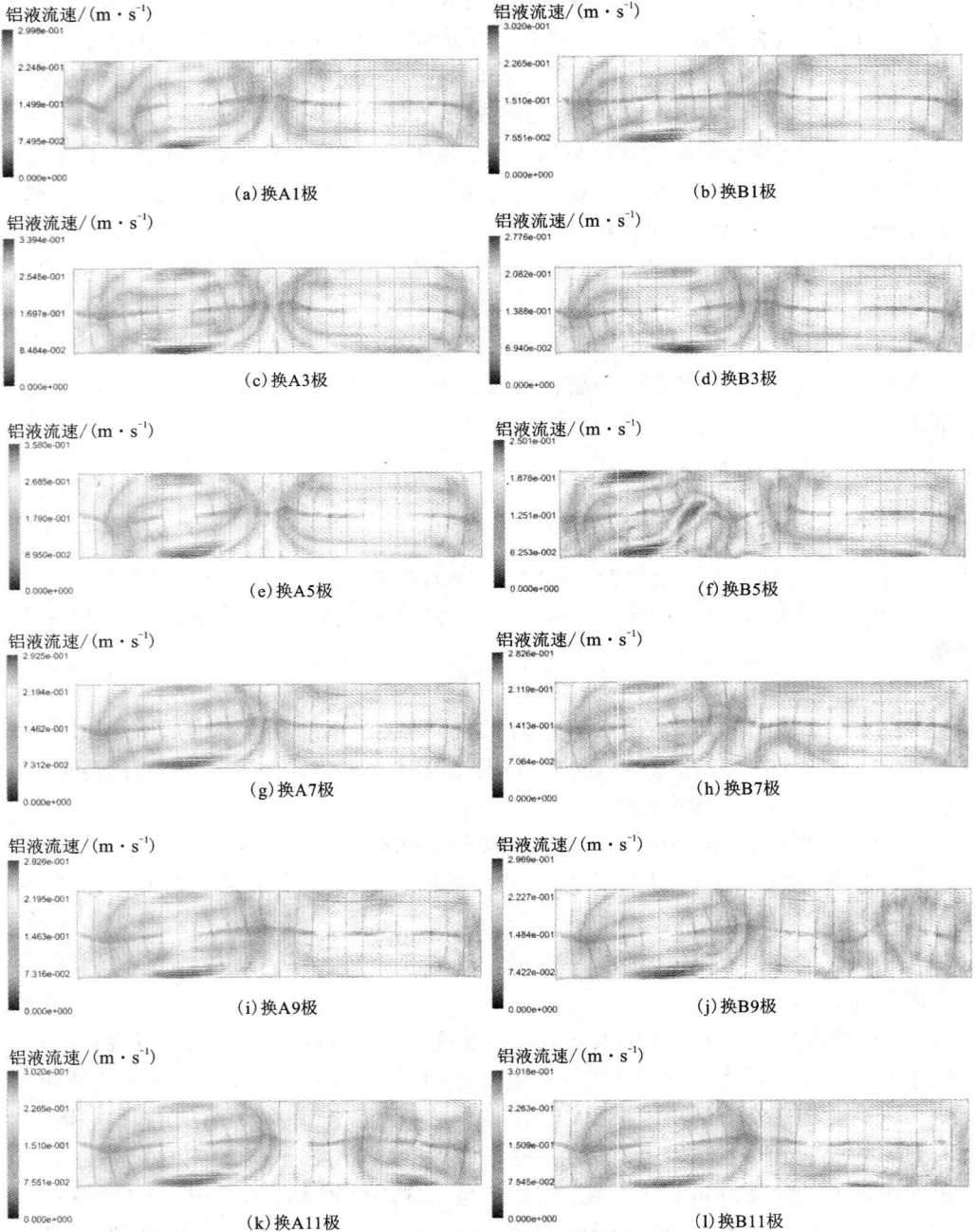

图 20-4 阳极更换过程中铝液截面水平速度分布图

电解质流速/(m·s⁻¹)

电解质流速/(m·s⁻¹)

(a) 换A1极

(b) 换B1极

电解质流速/(m·s⁻¹)

电解质流速/(m·s⁻¹)

(c) 换A3极

(d) 换B3极

电解质流速/(m·s⁻¹)

电解质流速/(m·s⁻¹)

(e) 换A5极

(f) 换B5极

电解质流速/(m·s⁻¹)

电解质流速/(m·s⁻¹)

(g) 换A7极

(h) 换B7极

电解质流速/(m·s⁻¹)

电解质流速/(m·s⁻¹)

(i) 换A9极

(j) 换B9极

电解质流速/(m·s⁻¹)

电解质流速/(m·s⁻¹)

(k) 换A11极

(l) 换B11极

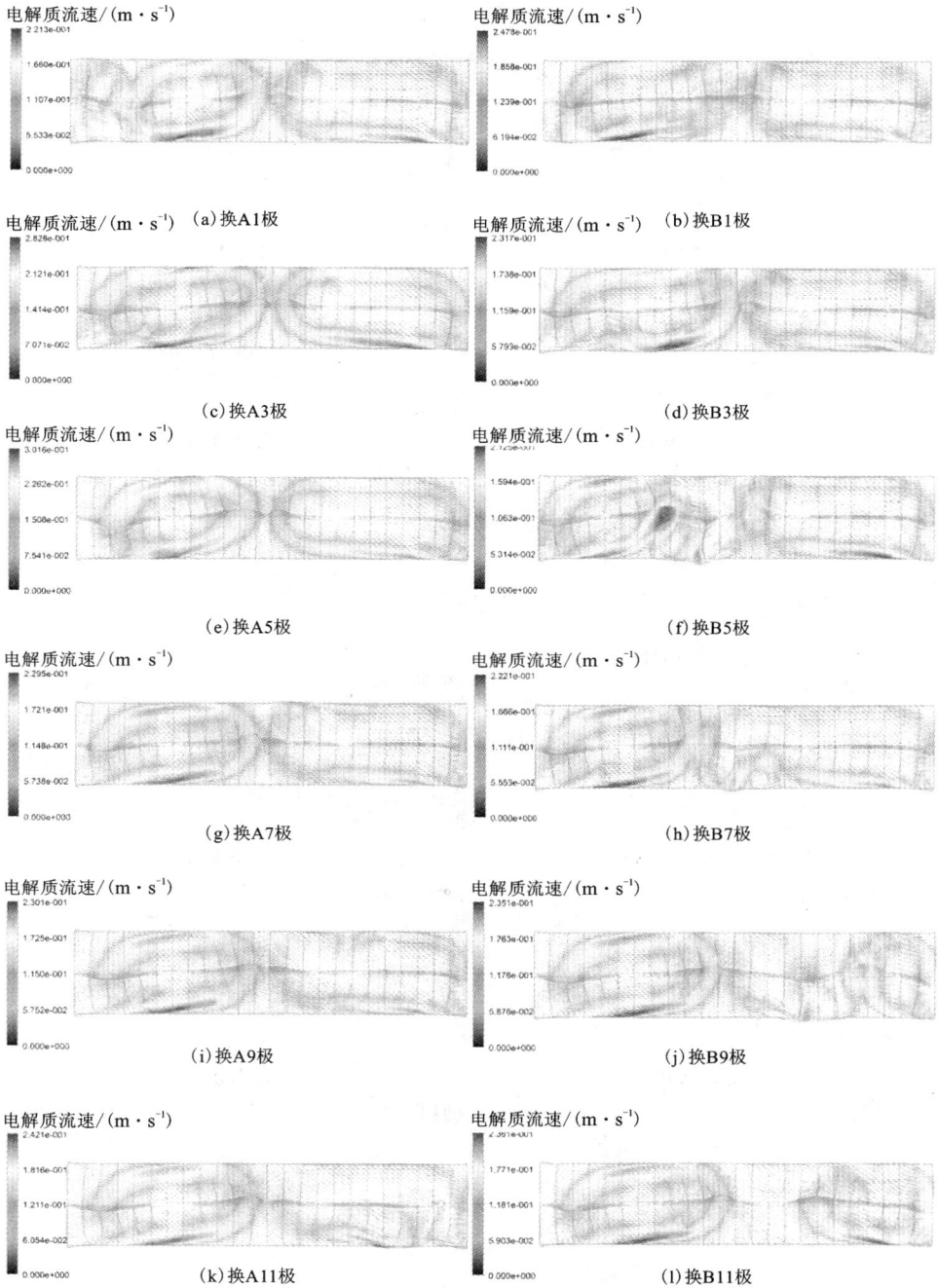

图 20-5　阳极更换过程中铝液截面水平速度分布图

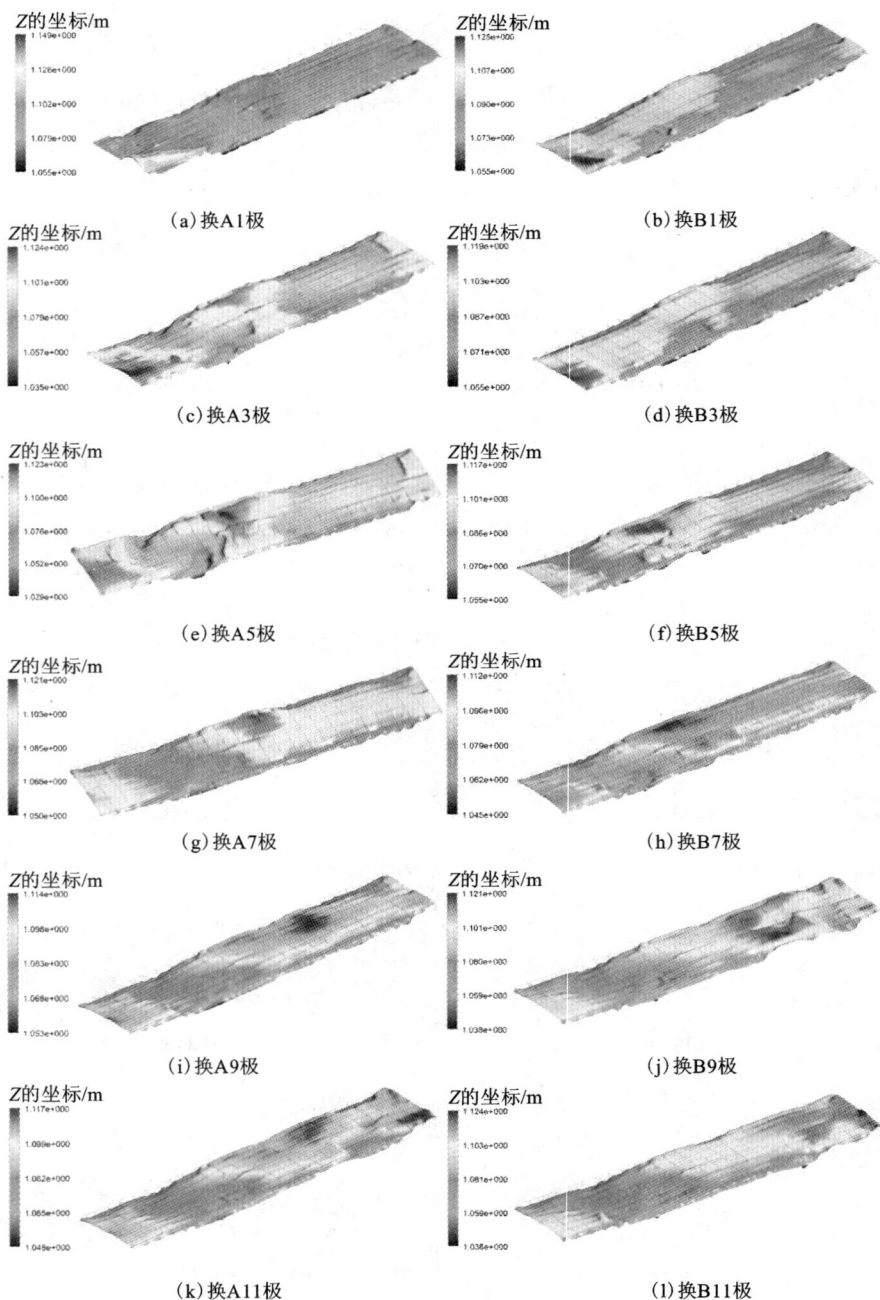

(a) 换A1极

(b) 换B1极

(c) 换A3极

(d) 换B3极

(e) 换A5极

(f) 换B5极

(g) 换A7极

(h) 换B7极

(i) 换A9极

(j) 换B9极

(k) 换A11极

(l) 换B11极

图 20-6　阳极更换过程中铝液-电解质界面分布图

同时，由于流场流速及界面变形对于磁流体稳定性的直接决定作用，将换极过程流场的系列统计结果（最大流速、平均流速、界面变形、界面变形量的区域分布等）列入表 20 – 2。

表 20 – 2　换极过程中流场计算结果

换极情况	铝液流速/(cm·s⁻¹)		电解质流速/(cm·s⁻¹)		界面变形/cm	
	最大	均值	最大	均值	变形量	上凸
正常槽况	33.68	11.76	27.17	10.42	5.80	1.60
A1	29.98	10.54	22.13	8.84	9.40	5.20
A3	33.94	13.29	28.28	11.72	8.90	2.70
A5	35.80	13.32	30.17	11.82	9.40	2.60
A7	29.25	10.22	22.95	8.70	7.10	2.40
A9	29.26	10.09	23.01	8.69	5.10	1.70
A11	30.20	11.13	23.61	9.32	6.90	2.00
B1	30.20	10.18	24.78	8.77	7.00	2.80
B3	27.76	10.37	23.17	8.79	6.40	2.20
B5	25.01	10.00	21.25	8.68	6.20	2.00
B7	28.26	9.76	21.25	8.68	6.70	1.50
B9	29.69	11.24	23.51	9.79	8.30	2.40
B11	30.18	9.84	24.21	8.67	8.60	2.70

结合表 20 – 2，我们可以综合分析得出：

（1）换极过程中，铝液流速和电解质流速的最大值和平均值都有所降低，低于正常槽况下的流速 33.68 cm/s；更换进电侧 B 侧的阳极时铝液流速和电解质流速明显低于更换出电侧 A 侧的阳极时流速。

（2）铝液 – 电解质界面变形量在更换角部阳极时变化大于更换中间位置阳极的变形量，更换进电侧 B 侧的阳极时铝液 – 电解质界面的变形量和上凸量明显低于更换出电侧 A 侧的阳极时。

（3）铝液 – 电解质界面最大变形量的位置和形态随着换极位置的变化而变化，当更换中间阳极时，铝液 – 电解质界面出现旋涡，界面变形量较大，此时不利于电解槽氧化铝的传质和铝电解槽的稳定运行。

20.2　槽底沉淀时的物理场仿真研究

针对电解过程中产生不同类型沉淀的特征，假定四种沉淀情况（大尺寸、中等尺寸、分散和小尺寸沉淀）形态，分别建立 400 kA 级大型铝电解槽沉淀过程电磁流场数学模型，通过模型的求解与结果分析，同样以铝液水平电流密度和阴极钢棒出电端电流、铝液磁感应强度、电解质－铝液界面分布等为主要指标，分析沉淀过程中，电解槽电－磁－流场的特性，从而为产生沉淀情况的诊断和沉淀类型、位置的判断提供支撑。

20.2.1　沉淀过程仿真研究的具体实现

实际生产中，铝电解槽的沉淀最容易发生在打壳、下料点附近，因此，本章主要对下料点附近产生沉淀这一槽况进行分析。本章采用的 400 kA 级大型预焙铝电解槽下料点的分布如图 20 – 7 所示，从左到右依次为 1 号下料点到 6 号下料点。

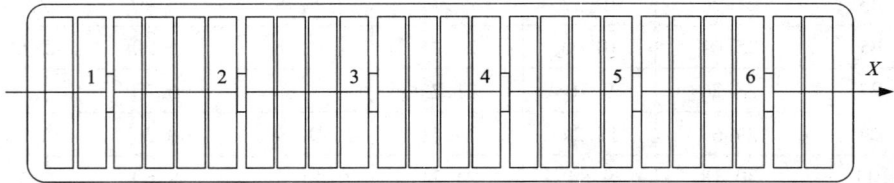

图 20 – 7　400 kA 级铝电解槽下料点配置

同时，参照实际铝电解槽中产生沉淀的类型和尺寸，本节采用 4 组实验（1 号下料点、3 号下料点、5 号下料点、所有下料点生成沉淀），每组设 4 类虚拟的沉淀（大尺寸、中等尺寸、分散、小尺寸沉淀），其中大尺寸虚拟沉淀约为 1. 3685 m^2，中等尺寸虚拟沉淀约为 0. 3696 m^2，分散虚拟沉淀约为 0. 2464 m^2，小尺寸虚拟沉淀约为 0. 0411 m^2。必须指出的是，实际生产中，沉淀的形状与分布位置并无固定规律，且大小也不规整，但考虑到难以获取其具体位置与大小形状，本章应用假定的虚拟沉淀进行研究，侧重于研究各类型沉淀的影响规律。铝液层沉淀部分的网格如图 20 – 8 所示。

20.2.2　沉淀大小对电场的影响

由于沉淀电导率是传统电解质的一半左右，沉淀的产生会直接改变电流在铝液层内的传导路径,从而对电解槽的磁流体稳定性等产生重要影响。阴极钢棒中的电流分布对于电解槽的设计和正常运行十分重要。尤其是在发生沉淀的时候,往往要根据阴极钢棒的电流来判断,因此对于沉淀发生时钢棒的载流量需要进行细致研究。

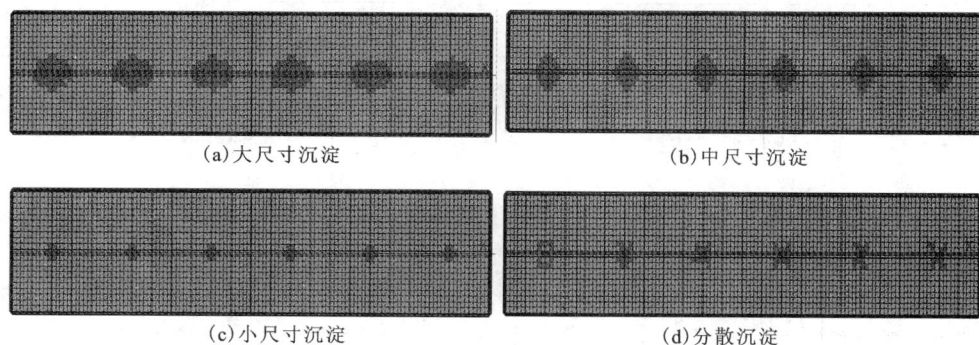

(a)大尺寸沉淀　　　　　　　　(b)中尺寸沉淀

(c)小尺寸沉淀　　　　　　　　(d)分散沉淀

图 20 - 8　铝液层沉淀部分的网格

　　分别对 1、3、5 号下料点附近生成沉淀时的钢棒电流分布情况以及全槽所有下料点附近产生沉淀时的钢棒电流分布情况进行处理,图 20 - 9 ~ 图 20 - 12 分别给出了 1、3、5 号下料点附近生成沉淀时的钢棒电流载流量与理论载流量的偏差情况以及全槽所有下料点附近产生沉淀时的钢棒电流载流量与理论载流量的偏差情况。

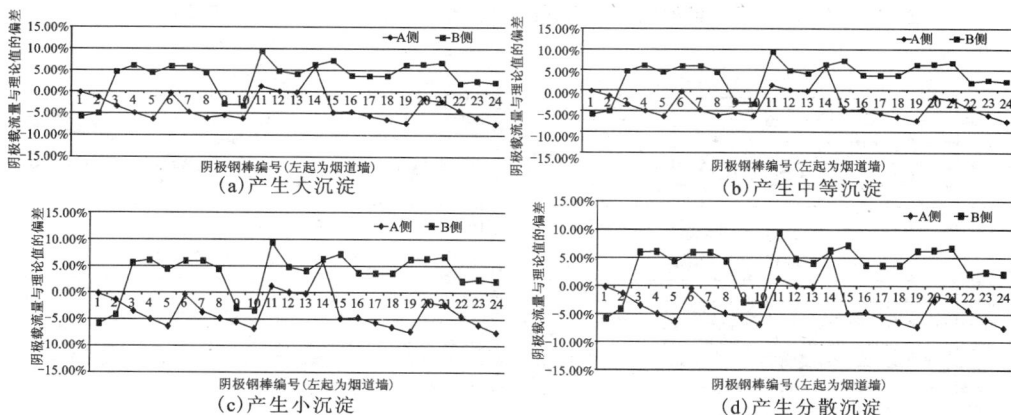

(a)产生大沉淀　　　　　　　　(b)产生中等沉淀

(c)产生小沉淀　　　　　　　　(d)产生分散沉淀

图 20 - 9　1 号下料点附近生成沉淀时的钢棒电流载流量与理论载流量的偏差

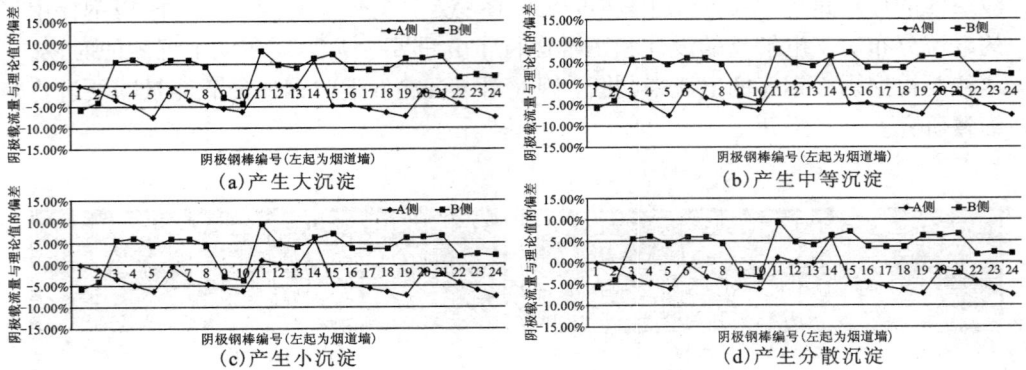

图 20-10　3 号下料点附近生成沉淀时的钢棒电流载流量与理论载流量的偏差

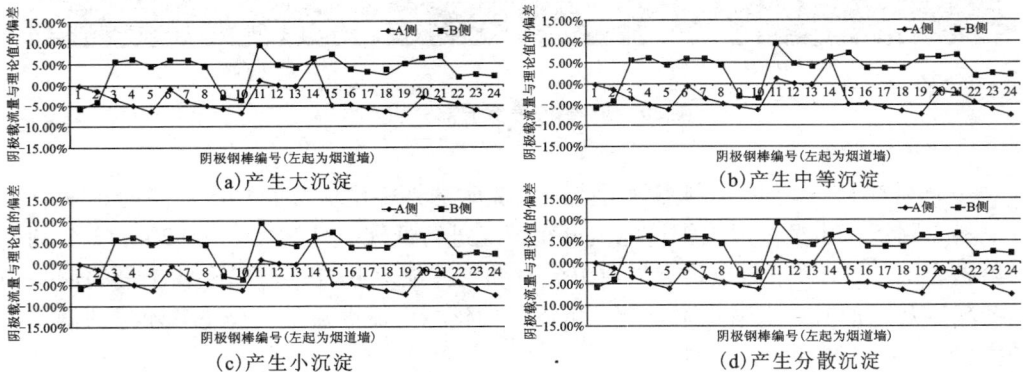

图 20-11　5 号下料点附近生成沉淀时的钢棒电流载流量与理论载流量的偏差

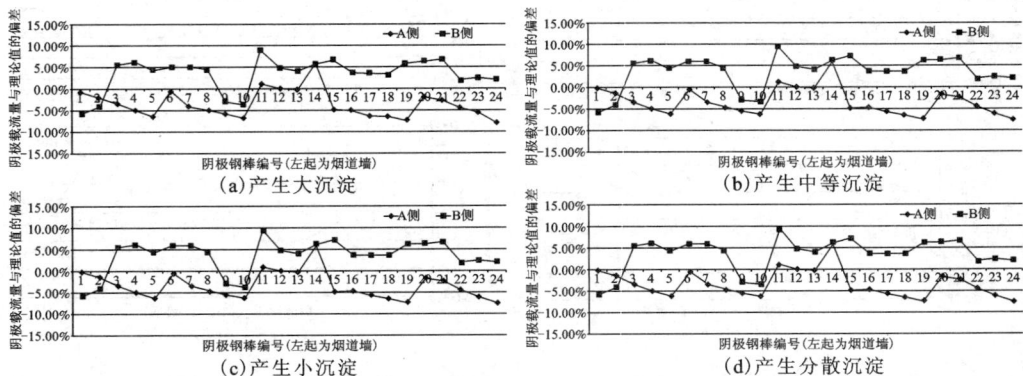

图 20-12　全槽下料点附近生成沉淀时的钢棒电流载流量与理论载流量的偏差

从图 20 – 9 ~ 图 20 – 12 可以看出，当 1 号、3 号、5 号、全槽下料点产生不同类型的沉淀时，钢棒电流的整体变化趋势变化不大，特别是与无沉淀产生时的情况相比，小块沉淀以及分散沉淀的产生对阴极钢棒电流的影响很小，图中看不出明显的差别；而当阴极炭块表面产生中等尺寸甚至大尺寸沉淀时，产生沉淀的阴极炭块所对应的钢棒的电流减小，周围钢棒的电流增大，且沉淀尺寸越大，这种变化越明显。这是因为沉淀的存在阻挡了原本从该区域流入炭块再汇集到炭块所对应的钢棒中去的电流，使其更多地流向沉淀周围的阴极炭块，从而使得这些阴极炭块所对应的钢棒的电流增大。

20.2.3　沉淀大小对磁场的影响

将计算得到的 $|B_z|$ 的最大值、平均值、四个象限平均值及 $|B_z|$ 的分布区域所占比例汇总示于表 20 – 3 所示。

表 20 – 3　沉淀过程铝液层垂直磁场 B_z 磁场的计算结果

类型	磁场分布值/Gs						$|B_z|$ 分布区域面积占比统计/%				
	MAX	AVG	Q1	Q2	Q3	Q4	< 20 Gs	< 15 Gs	< 10 Gs	< 5 Gs	< AVG
正常槽况	25.71	4.65	3.68	4.55	4.66	5.49	99.29	98.53	92.59	62.6	59.36
1 号大沉淀	26.78	4.70	3.74	4.62	4.97	5.53	99.10	98.41	91.91	62.09	59.22
1 号中等沉淀	37.24	4.72	3.85	4.65	4.88	5.54	99.10	98.44	92.11	61.94	59.27
1 号小沉淀	26.74	4.73	3.89	4.66	4.85	5.54	99.10	98.44	92.16	61.96	59.32
1 号分散沉淀	26.74	4.73	3.88	4.66	4.85	5.54	99.10	98.44	92.16	61.94	59.32
3 号大沉淀	26.80	4.70	3.92	4.58	4.76	5.53	99.10	98.44	92.14	61.91	59.22
3 号中等沉淀	26.75	4.72	3.91	4.64	4.81	5.53	99.10	98.44	92.16	61.83	59.32
3 号小沉淀	26.74	4.73	3.89	4.66	4.84	5.54	99.10	98.44	92.16	61.89	59.30
3 号分散沉淀	26.74	4.73	3.89	4.66	4.84	5.54	99.10	98.44	92.16	61.89	59.32
5 号大沉淀	26.68	4.76	3.93	4.64	4.85	5.47	99.10	98.44	91.98	61.65	59.61
5 号中等沉淀	26.72	4.74	3.90	4.62	4.84	5.49	99.10	98.44	92.14	61.89	59.40
5 号小沉淀	26.73	4.73	3.89	4.64	4.84	5.52	99.10	98.44	92.19	61.89	59.27
5 号分散沉淀	26.73	4.73	3.89	4.64	4.84	5.52	99.10	98.44	92.24	61.86	59.30
全槽大沉淀	26.79	4.74	3.93	4.63	4.96	5.67	99.10	98.44	92.21	61.48	59.14
全槽中等沉淀	26.77	4.73	3.91	4.63	4.91	5.59	99.10	98.44	92.14	61.86	59.30
全槽小沉淀	26.73	4.73	3.90	4.65	4.86	5.55	99.10	98.44	92.19	61.99	59.35
全槽分散沉淀	26.74	4.72	3.90	4.65	4.85	5.55	99.10	98.44	92.14	62.01	59.32

通过表 20 - 3，我们可知：

(1)根据垂直磁场 $|B_z|$ 的平均值分析，换极中垂直磁场的绝对值的平均值变化范围为 4.70~4.76 Gs，大多在 4.73 Gs 附近变化，属于较为合理的范围；同时沉淀发生时的垂直磁场强度均大于正常槽况下的磁场强度 4.65 Gs，可见沉淀的产生使铝液层垂直磁场的强度变大了。

(2)由磁场四个象限的均值可以看出，象限垂直磁场 $|B_z|$ 平均值的变化范围为 3.74~5.62 Gs，多分布在 4.7 Gs 左右，第一、二、三、四象限的均值依次增大，且均大于正常槽况下的分象限磁场强度均值。

(3)从铝液层垂直磁场 $|B_z|$ 的分布区域分析，换极中铝液垂直磁场 $|B_z|$ < 20 Gs 的区域均超过 99% 的区域，$|B_z|$ < 10 Gs 的区域皆达到 92% 左右，$|B_z|$ <5 Gs 和平均值的区域也都达到 61.880%，表明铝液中绝大部分磁场的值都小于 10 Gs，大部分小于 5 Gs 和平均值，但整体而言，沉淀过程中铝电解槽内的磁场略有增大，但是增大不明显，电解槽磁场维持在稳定状态。

20.2.4 沉淀对流场的影响研究分析

由于流场流速及界面变形对于磁流体稳定性有直接决定作用，将换极的系列统计结果（最大流速、平均流速、界面变形、界面变形量的区域分布等）列入表 20 - 4。

结合表 20 - 4 可知：

(1)沉淀产生时，铝液流速和电解质流速的最大值和平均值都有明显降低，低于正常槽况下的流速；且沉淀尺寸越大，影响越明显，当大尺寸产生时，铝液流速和电解质流速最大值平均降低了近 31.6%、30.9%。

表 20 - 4　沉淀过程中流场计算结果

类型	铝液流速/(cm · s^{-1})		电解质流速/(cm · s^{-1})		界面变形/cm	
	最大	均值	最大	均值	变形量	上凸
正常槽况	33.68	11.76	27.17	10.42	5.80	1.60
1 号大沉淀	28.65	9.92	22.51	8.24	3.70	1.50
1 号中等沉淀	29.43	10.37	23.39	8.58	4.70	1.60
1 号小沉淀	28.91	10.10	22.69	8.37	3.90	1.60
1 号分散沉淀	29.06	10.17	22.89	8.41	4.30	1.70
3 号大沉淀	29.27	10.27	23.06	8.50	4.60	1.70
3 号中等沉淀	29.80	10.45	23.60	8.65	4.60	1.60

续表 20 - 4

类型	铝液流速/(cm·s⁻¹)		电解质流速/(cm·s⁻¹)		界面变形/cm	
	最大	均值	最大	均值	变形量	上凸
3 号小沉淀	29.42	10.39	23.43	8.58	4.50	1.60
3 号分散沉淀	29.34	10.37	23.30	8.56	4.90	1.70
5 号大沉淀	28.92	10.23	22.50	8.48	3.80	1.60
5 号中等沉淀	29.35	10.49	23.26	8.65	4.90	1.70
5 号小沉淀	28.87	10.02	22.68	8.32	3.80	1.60
5 号分散沉淀	28.76	10.01	22.54	8.31	3.80	1.60
全槽大沉淀	29.68	10.55	23.35	8.65	5.00	1.70
全槽中等沉淀	29.75	10.49	23.57	8.63	4.80	1.60
全槽小沉淀	29.43	10.39	23.32	8.58	4.90	1.60
全槽分散沉淀	28.95	10.03	22.63	8.33	3.90	1.50

（2）沉淀生成时铝液 – 电解质界面变形量小于正常槽况下的界面变形量，说明沉淀的产生降低了铝液和电解质的流速，并使得铝液和电解质的波动没有正常槽况下剧烈，界面变形量和上凸量都有明显下降，这对电解槽的磁流体稳定性有着有利的影响，但也对氧化铝在电解质中的分散传质有一定影响。

20.3　铝电解槽系列电流波动过程的物理场仿真研究

铝电解生产过程依靠电网与整流所不断供给的直流电能，实际生产要求电流维持稳定状态，一旦电流发生较大幅度的波动，将会显著影响电解槽运行状态，尤其是热平衡与磁流体稳定性，并干扰铝电解的自动化控制，从供电角度出发，电解槽的供电属于一级负荷。但实际生产中，由于各种因素叠加，电流的波动将不可避免，而电流又为槽内所有物理场的产生根源，电流波动会对各物理场造成直接的影响。因此，为探究电流波动对槽内各物理场的影响规律，本节将在前文基础上，对某 400 kA 级电解槽在发生电流正负波动时，建立其稳态电磁流场模型，通过数值计算与结果分析，归纳总结物理场与电流波动的联系。

20.3.1　电流变化过程仿真研究的具体实现

利用第 7 章所建立起的 400 kA 级大型预焙铝电解槽有限元模型，定义模型所需的边界条件：

（1）将电解槽进电侧阳极横梁母线与立柱母线交汇点，按照系列电流及进电比设置电流，同时在出电侧母线端头的外法线方向施加零电位，其余边界均设为绝缘；

（2）假设所建模型的有限槽周围空气包的外表面处于无限远处且空气包外表面处作为磁场计算的边界条件设定为零标量磁位；

（3）忽略流场对磁场反向耦合，即只考虑电磁力对流场的影响，忽略由于流场改变所带来的磁场变化。

在分析过程中，所建立的 400 kA 级铝电解槽电磁流场模型为稳态模型，考虑的电流波动情况仅在标准电流值（400 kA 级）的固定波动幅度下进行。由于电解槽电流波动有限，过大的电流波动对电解槽有着致命的危险，因此电解槽电流波动幅度亦将严格控制，故本章假定电流在 ±15% 内波动，并分别选取 +15%、+10%、+5%、-5%、-10% 和 -15% 6 种情况，在 ANSYS 软件平台上对此时槽内的电磁流场进行计算，并对结果进行后处理与分析。

20.3.2 电流波动对电场的影响研究

本节通过研究电流变化时铝液层水平电流密度分布和钢棒电流分布的影响来分析电流变化对铝电解槽电场的具体影响。

1. 槽内欧姆压降和铝液层水平电流密度分布

当电流变化分别为 +15%、+10%、+5%、-5%、-10%、-15% 时，电解槽各部分的欧姆压降以及铝液平均水平电流变化情况见表 20-5。

表 20-5 各部分压降和铝液水平电流对比

电流变化	全槽欧姆压降/mV	阳极欧姆压降/mV	电解质压降/mV	铝液欧姆压降/mV	槽底欧姆压降/mV	母线欧姆压降/mV	X 方向铝液平均水平电流密度/(A·m⁻²)	Y 方向铝液平均水平电流密度/(A·m⁻²)
+15%	2336	362	1967	9	278	305	1491	4826
+10%	2235	346	1881	9	262	292	1427	4616
+5%	2133	330	1796	8	250	279	1362	4406
-5%	1930	299	1625	7	226	252	1232	3987
-10%	1815	283	1536	7	214	239	1167	3777
-15%	1727	267	1454	7	203	225	1102	3567

由表 20 - 5 可知：

（1）随着电流波动的发生，电解槽铝液层水平电流密度亦随之发生相应变化，变化幅度与输入电流的变化幅度保持一致；

（2）在理想情况下，随着电流变化的发生，铝液层水平电流密度的分布规律与形态并未发生改变，与设计电流时基本相同。

（3）从欧姆压降的变化情况来看，电解质部分欧姆压降随电流波动的变化幅度最大，电流每变化 5%，电解质部分的欧姆压降会变化 85 mV 左右；而铝液部分欧姆压降的变化幅度最小，基本无变化。出现这个现象的主要原因是在电解槽中，电解质部分的电阻率最大，其产生的焦耳热是电解槽的主要热量来源；而铝液的电阻率相对电解槽其他部分很小，所以在其区域内产生的欧姆压降以及欧姆压降的变化都很小。

（4）从铝液平均水平电流的变化情况来看，电流波动的时候，Y 方向的水平电流变化更大，电流每变化 5%，Y 方向铝液平均水平电流密度会变化 201 A/m² 左右，X 方向铝液平均水平电流密度会变化 65 A/m² 左右。

2. 钢棒电流分布

图 20 - 13 分别是电流变化 + 15%、+ 10%、+ 5%、- 5%、- 10%、- 15% 下阴极钢棒电流分布情况，由图可知：

（1）随着电流变化，阴极钢棒出点端的电流也相应变化，输入电流变化幅度越大，阴极钢棒出点端的电流变化幅度也越大。

（2）在理想情况下，随着电流变化，阴极钢棒出点端的电流变化分布情况变化不大，基本保持不变。

20.3.3　电流波动对磁场的影响

电流是铝电解槽内能量的根本，电场是槽内各物理场的基础，电流的变化明显会影响磁场的变化，本节主要研究电流变化对铝电解槽内磁场的影响。

图 20 - 14 为电流变化时铝液层垂直磁场分布图。可以看出：电流发生波动时，电解槽内铝液磁场的分布规律基本和设计电流保持一致，各极值点出现区域相同；但同时，随着系列电流的波动，铝液层垂直磁场 B_z 的具体数值也不断变化，可见铝液层磁场的变化电流起决定性作用；此外，基本可以看出同时垂直磁场 B_z 的最大值所在区域及其邻近的区域面积非常小，依然位于进电侧靠近烟道端和出铝端部分极小的区域，且处于阳极投影区域外，这对铝电解槽的正常运行影响较小。说明在当前电解槽的磁场分布较为合理。

将计算得到的 $|B_z|$ 的最大值、平均值、四个象限平均值及 $|B_z|$ 的分布区域所占比例汇总为表 20 - 6。

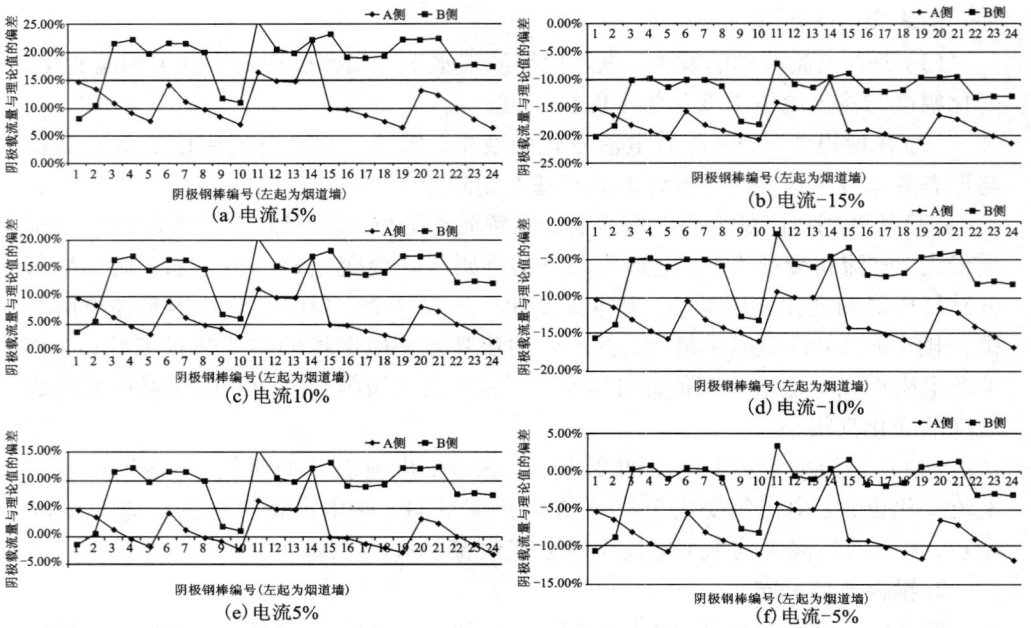

图 20-13　不同电流变化下阴极钢棒电流分布情况

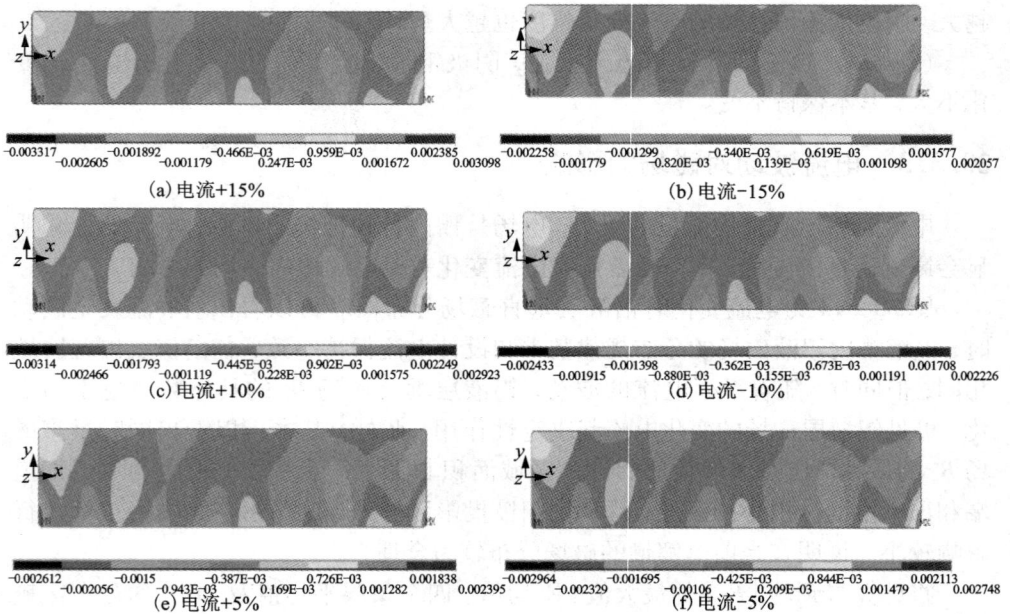

图 20-14　电流变化时铝液层垂直磁场分布图

表 20 - 6　电流变化过程铝液层垂直磁场 B_z 磁场的计算结果

类型	磁场分布值/Gs						$\mid B_z\mid$ 分布区域面积占比统计/%				
	MAX	AVG	Q1	Q2	Q3	Q4	< 20 Gs	< 15 Gs	< 10 Gs	< 5 Gs	< AVG
正常槽况	25.71	4.65	3.68	4.55	4.66	5.49	99.29	98.53	92.59	62.6	59.36
+15%	30.98	5.37	4.38	4.90	6.82	6.33	99.10	98.48	91.25	60.41	59.22
+10%	29.23	5.13	4.14	4.77	6.41	6.04	99.00	98.24	89.83	57.79	59.46
+5%	27.48	4.89	3.91	4.66	5.04	5.76	98.86	97.86	87.98	55.85	59.03
-5%	23.95	4.43	3.45	4.45	4.27	5.23	99.57	98.91	93.77	64.16	59.94
-10%	22.26	4.20	3.23	4.35	3.91	4.97	99.81	99.05	95.39	65.86	58.65
-15%	20.57	3.98	3.03	4.23	3.58	4.71	100.00	99.24	97.10	67.82	58.27

通过表 20 - 6 可知：

(1)根据对垂直磁场绝对值 $\mid B_z\mid$ 的平均值分析发现，当电流波动时，$\mid B_z\mid$ 变化范围为 3.98 ~ 5.37 Gs，以正常槽况下的 $\mid B_z\mid$ 4.65 Gs 为中心随电流变化而相应变化，且变化幅度与电流的波动幅度一致，再次验证了电流对槽内磁场变化的决定性作用。

(2)由磁场四个象限的均值可以看出，象限垂直磁场 $\mid B_z\mid$ 平均值的变化范围为第一、二、三、四象限的均值依次增大，各象限的变化趋势基本和正常槽况的趋势保持一致。

(3)从铝液层垂直磁场 $\mid B_z\mid$ 的分布区域分析，换极中铝液垂直磁场 $\mid B_z\mid$ < 20 Gs 的区域均超过 99% 的区域，$\mid B_z\mid$ < 10 Gs 的区域皆达到 92% 左右，$\mid B_z\mid$ < 5 Gs 和平均值的区域也都达到 61%，表明铝液中绝大部分磁场的值都小于 10 Gs，大部分小于 5 Gs 和平均值。

(4)通过磁场计算，可知电解槽的系列电流在正向波动时，槽内磁场分布在恶化，负向波动时，磁场分布趋于理想。就 15% 的波动区间来看，电解槽仍然可以维持稳定的状态，磁场未发生本质的变化。

20.3.4　电流波动对流场的影响

图 20 - 15、图 20 - 16 是不同电流变化情况下铝液水平流场、电解质水平流场、铝液 - 电解质界面变形分布图。

通过对比图 20 - 15 和图 20 - 16 可知：

(1)电流波动时铝液水平流场、电解质水平流场的整体趋势与正常槽况下保持一致，都呈现两个相对较大的旋涡，且旋涡的形状及位置未随着电流的波动而发生变形或偏移；

铝液流速/(m·s⁻¹)

电解质流速/(m·s⁻¹)

(a)电流15%

(b)电流15%

铝液流速/(m·s⁻¹)

电解质流速/(m·s⁻¹)

(c)电流10%

(d)电流10%

铝液流速/(m·s⁻¹)

电解质流速/(m·s⁻¹)

(e)电流5%

(f)电流5%

铝液流速/(m·s⁻¹)

电解质流速/(m·s⁻¹)

(g)电流-5%

(h)电流-5%

铝液流速/(m·s⁻¹)

电解质流速/(m·s⁻¹)

(i)电流-10%

(j)电流-10%

电解质流速/(m·s⁻¹)

铝液流速/(m·s⁻¹)

(k)电流-15%

(l)电流-15%

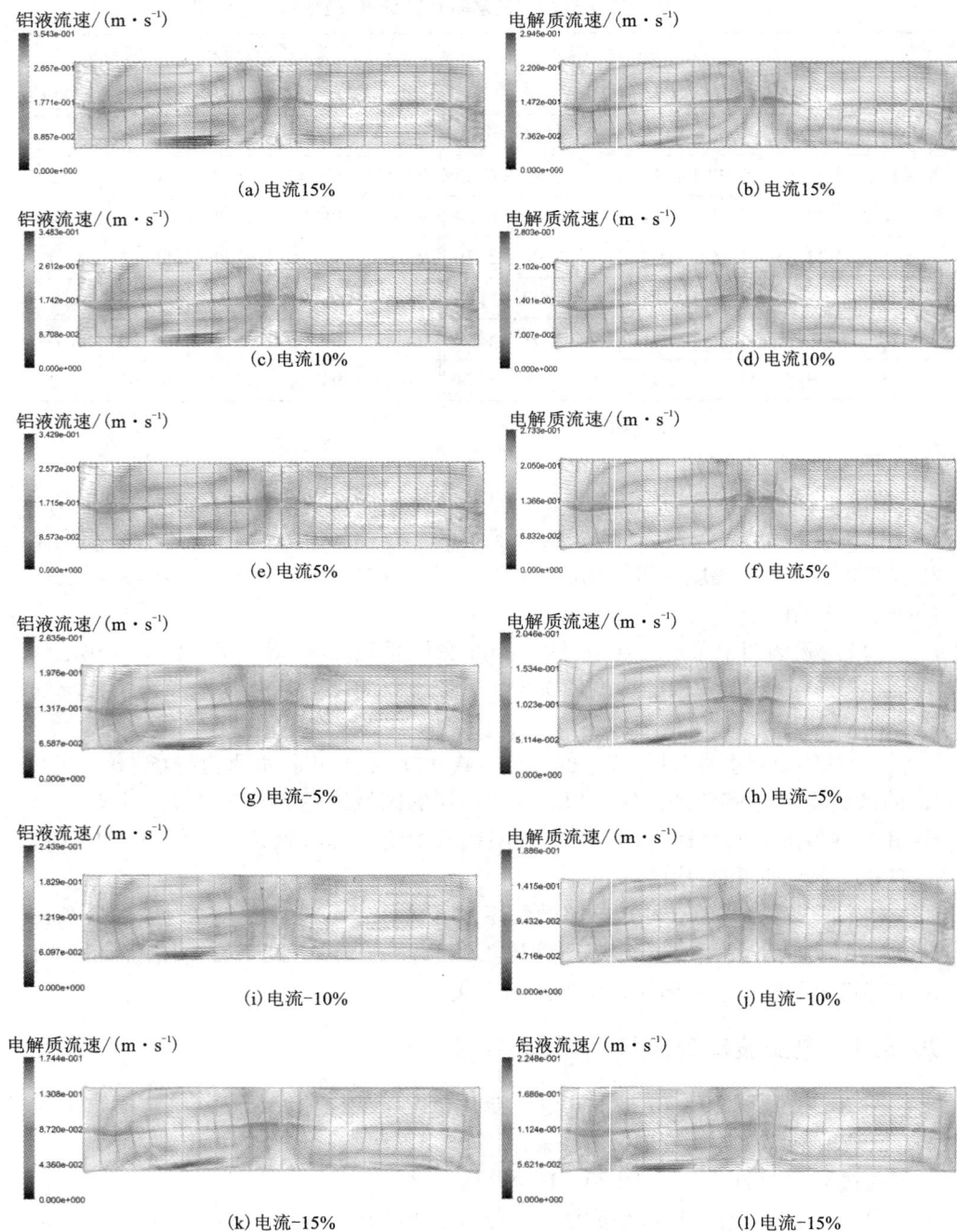

图 20－15　不同电流变化下铝液水平流场、电解质水平流场分布图

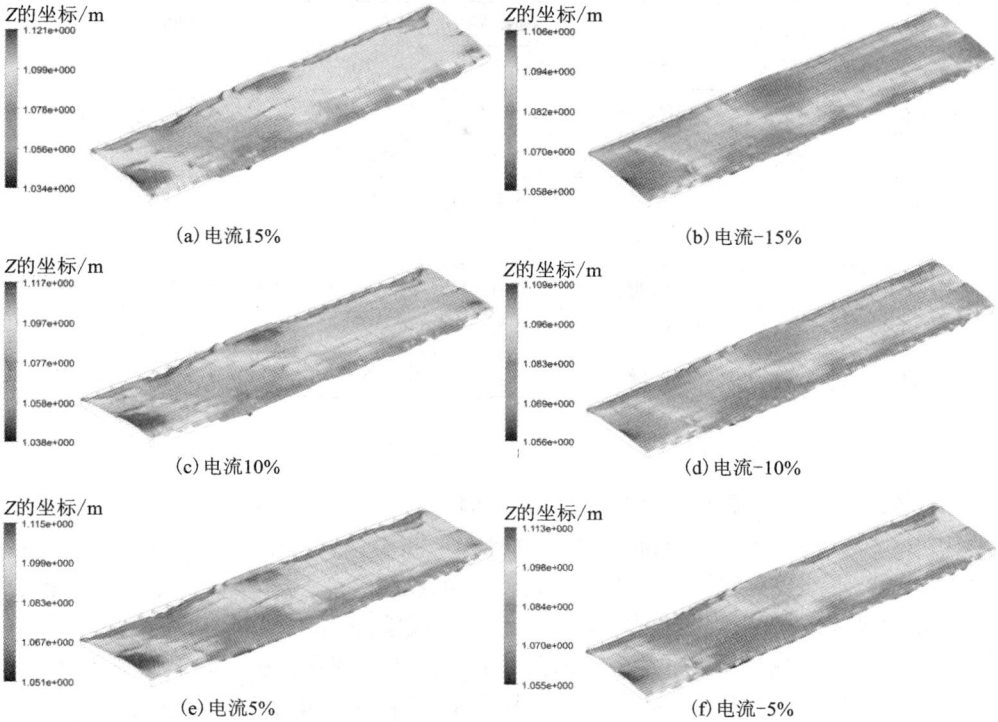

图 20-16　不同电流变化下铝液-电解质界面变形

（2）铝液和电解质流速最大值随着电流变化而变化，输入电流增大，其流速相应变大，这一点与前文所计算的电流密度及磁场的结果吻合，主要原因为电流增大导致电流密度及磁场增大，即铝液层的电磁力同样增大，因此槽内熔体的流速值会出现增大趋势；

（3）铝液-电解质界面随着输入电流的波动会出现一定幅度的波动，但是界面总体形状基本保持一致。

同时，将电流变化过程的流场统计结果（最大流速、平均流速、界面变形、界面变形量的区域分布等）列入表 20-7。

结合表 20-7，我们可以发现：

（1）随着电解槽系列电流按 +15% 到 +10%、+5%、-5%、-10%、-15% 变化，铝液流速和电解质流速的最大值和平均值均相应降低，但正常槽况和 +5% 的情况下比较接近。说明在设计过程中，所选择的理想工作电流（400 kA 级）为一种流速场在电流尽可能大的前提下，平均流速的最佳状况。

表 20 – 7　电流变化过程中流场计算结果

类型	铝液流速/(cm·s⁻¹)		电解质流速/(cm·s⁻¹)		界面变形/cm	
	最大	均值	最大	均值	变形量	上凸
正常槽况	33.68	11.76	27.17	10.42	5.80	1.60
15%	35.43	12.22	29.45	11.71	8.70	2.40
10%	34.83	11.99	28.03	11.02	7.70	2.00
5%	34.29	11.86	27.33	10.95	6.40	1.80
−5%	26.35	9.15	20.46	7.78	5.70	1.60
−10%	24.39	8.37	18.86	7.13	5.30	1.20
−15%	22.48	7.68	17.44	6.54	4.80	0.90

（2）铝液－电解质的界面变形量和上凸量也随着输入电流的增加而呈现增大的趋势，其界面上凸最高点随着电流的增大不断增高，其中，电流增大 15% 时，界面上凸变形比普通情况要高 0.8 cm，平均流速约高 0.5 cm/s，此时电解槽稳定性将受到极大的挑战，甚至可能会出现不稳定现象。此时，需要应用磁流体稳定性模型来进行单独计算，本章由于时间关系，未予以细致分析，单根据磁场分布、稳态界面变形量的趋势等，可以判断电解槽在当前电流波动下，基本可以维持正常的磁流体稳定性。

（3）电流的降低对于维持界面稳定和流速的降低有利，其基本分布形态依然未发生大幅度的改变，但此时流速较低，尤其是当电流减小 15% 时，电解质平均流速相比 15% 减小将近一半，只有 6.54 cm/s，此时流场对于氧化铝的传输十分不利。

综上，熔体流场以及界面受电流波动的影响较为显著，尽管其分布形态与基本规律未发生本质改变，但其具体数值已有大幅的变化，因此对于电流的波动，在生产过程应予以重视，并要求在电流波动前先进行物理场的计算与评估。

通过对电流波动下电解槽电磁流场的仿真与优化，可得到以下结论：

（1）电解槽铝液层水平电流密度和阴极钢棒出电端的电流随着输入电流的变化相应变化，变化幅度与输入电流的变化幅度保持一致；铝液层水平电流密度的分布情况变化不大，基本保持不变。

（2）随着铝电解槽输入电流的不断变化，铝液层垂直磁场 B_z 也不断变化，且两者的变化成正比，在电流变化稳定的情况下，电解槽磁场维持在稳定状态。

（3）熔体流场以及界面受电流波动的影响较为显著，尽管其分布形态与基本规律未发生本质改变，即不同电流变化下铝液水平流场、电解质水平流场依然整体呈现两个相对较大的旋涡，且不随电流变化的变化而出现旋涡的变形或偏移；但其具体数值已有大幅的变化，铝液和电解质流速最大值随着与电流大小成正比变化，输入电流增大，其流速相应变大；铝液－电解质界面随着输入电流的增大或减小出现振幅的变化，但是截面形状基本保持一致；因此对于电流的波动，在生产过程中应予以重视，并要求在电流波动前先进行物理场的计算与评估。

参考文献

[1]刘世英，石忠宁，邱竹贤，等. 铝电解槽中沉淀的形成及分析[J]. 轻金属，2006(7)：34－36.

附录　彩图

彩图Ⅰ：大型铝电解槽物理场仿真实例

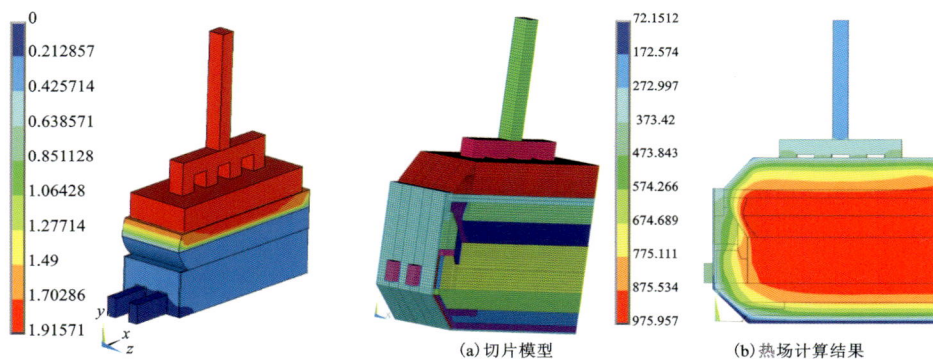

| 0 |
| 0.212857 |
| 0.425714 |
| 0.638571 |
| 0.851128 |
| 1.06428 |
| 1.27714 |
| 1.49 |
| 1.70286 |
| 1.91571 |

彩图Ⅰ-1　电解槽典型电场计算
有限元模型

(a)切片模型

(b)热场计算结果

| 72.1512 |
| 172.574 |
| 272.997 |
| 373.42 |
| 473.843 |
| 574.266 |
| 674.689 |
| 775.111 |
| 875.534 |
| 975.957 |

彩图Ⅰ-2　单阴极切片模型等温线分布

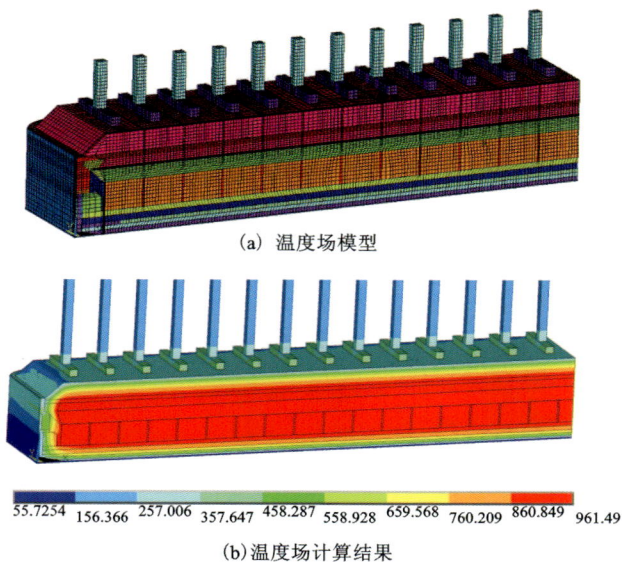

(a) 温度场模型

| 55.7254 | 156.366 | 257.006 | 357.647 | 458.287 | 558.928 | 659.568 | 760.209 | 860.849 | 961.49 |

(b)温度场计算结果

彩图Ⅰ-3　1/4 槽温度场分布/℃

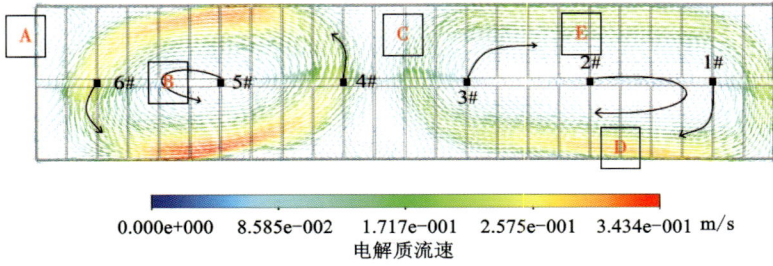

彩图 I −4　400 kA 铝电解槽稳态电解质流场矢量分布

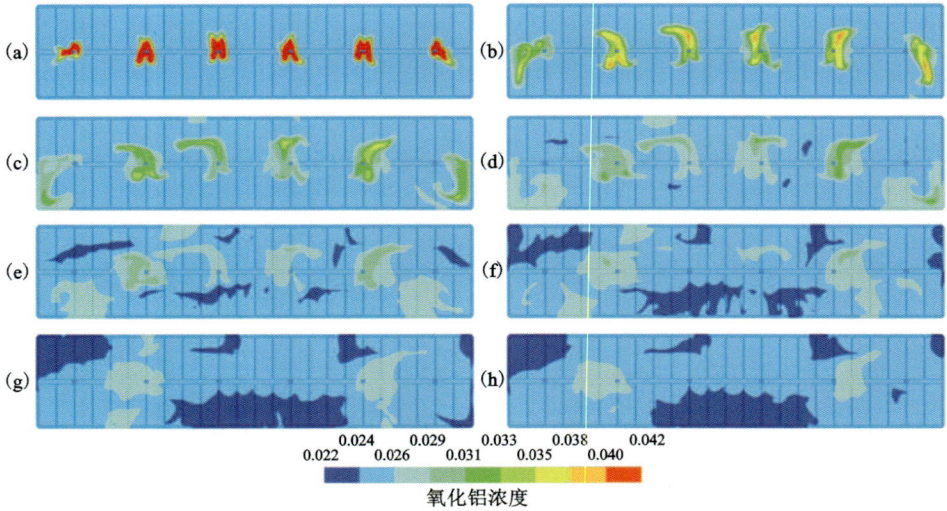

彩图 I −5　第 1 个周期内极距区域水平截面的氧化铝浓度分布变化（Z = 1.132 m）：
（a）17 s；（b）34 s；（c）51 s；（d）68 s；（e）85 s；（f）102 s；（g）119 s；（h）136 s

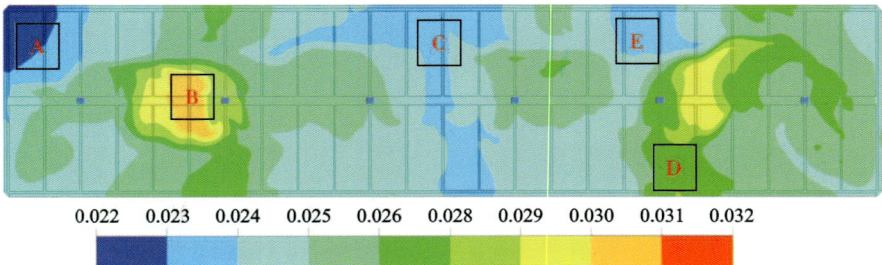

彩图 I −6　第 1360 s 极距区域水平截面的氧化铝浓度分布（Z = 1.132 m）

彩图 Ⅱ：不同长宽比的铝电解槽的物理场结果

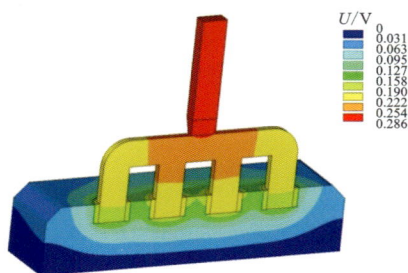

彩图 Ⅱ-1　半阳极炭块电势分布

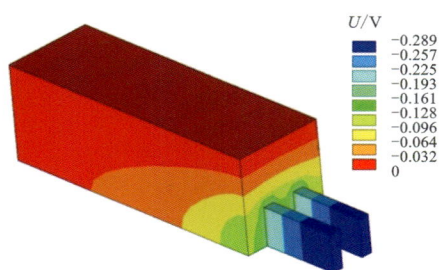

彩图 Ⅱ-2　半阴极炭块电势分布

彩图 Ⅲ：不同阴极设计的铝电解槽的物理场结果

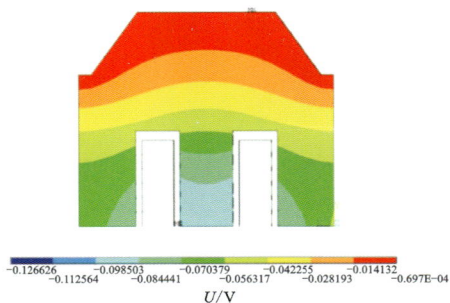

彩图Ⅲ-1　300 kA 铝电解槽阴极截面电压分布

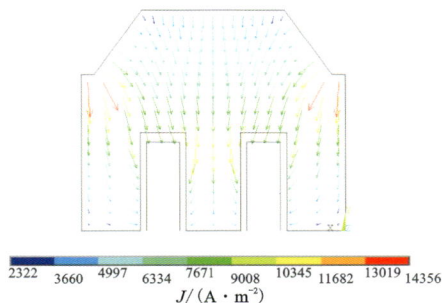

彩图Ⅲ-2　300 kA 铝电解槽阴极截面电流密度

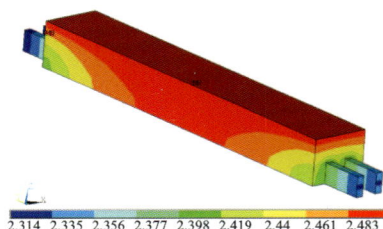

(a)普通阴极电解槽

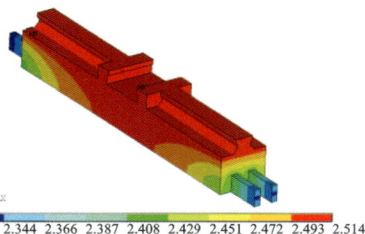

(b)异形阴极电解槽

彩图Ⅲ-3　阴极电压分布/V

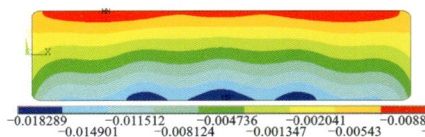

(a)普通阴极电解槽

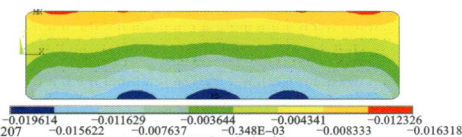

(b)异形阴极电解槽

彩图Ⅲ-4　铝液水平磁场 B_x 分布/T

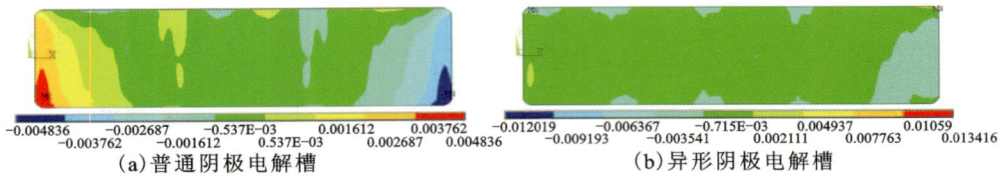

（a）普通阴极电解槽　　　　　（b）异形阴极电解槽

彩图Ⅲ－5　铝液水平磁场 B_y 分布/T

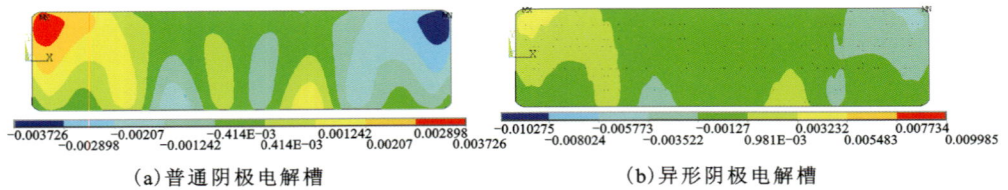

（a）普通阴极电解槽　　　　　（b）异形阴极电解槽

彩图Ⅲ－6　铝液垂直磁场 B_z 分布/T

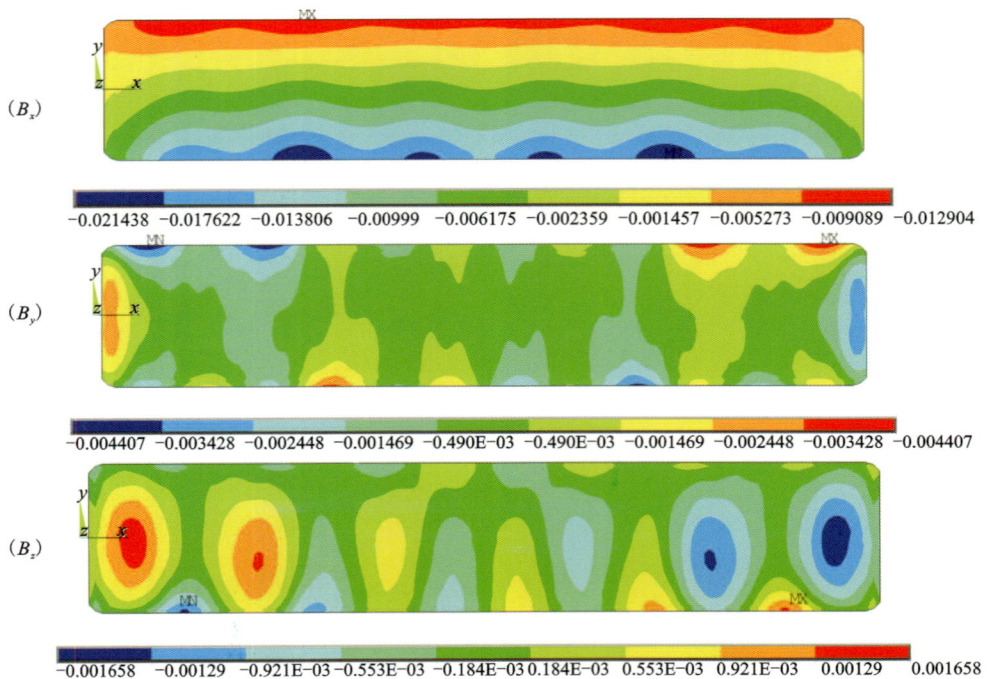

彩图Ⅲ－7　SG31 的铝液层磁场分布/T

彩图Ⅳ：不同内衬结构的铝电解槽的物理场结果

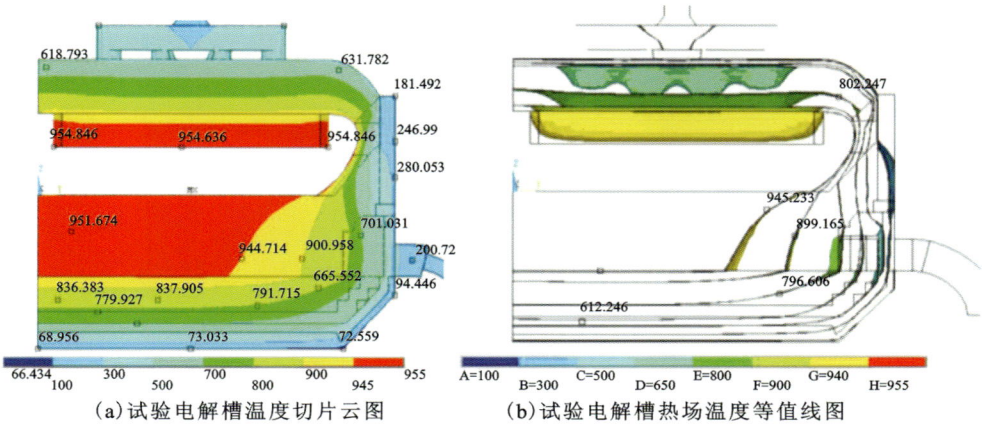

（a）试验电解槽温度切片云图　　（b）试验电解槽热场温度等值线图

彩图Ⅳ-1　320 kA 侧下部可压缩结构电解槽热场仿真图/℃

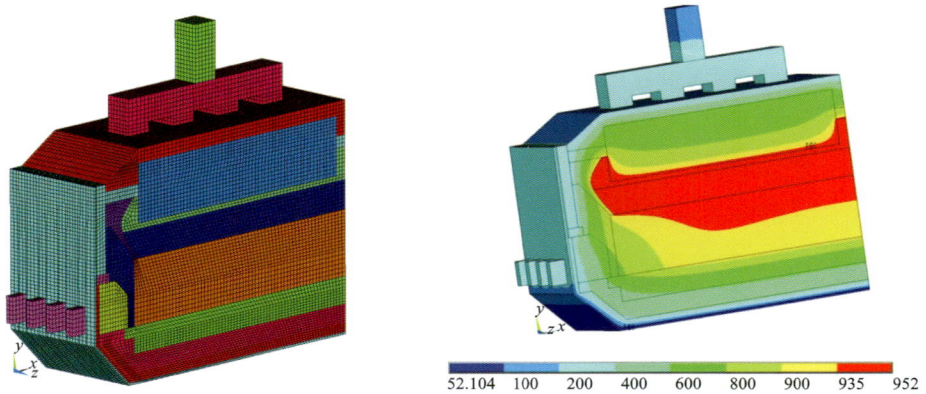

彩图Ⅳ-2　500 kA 铝电解槽单阳极槽帮有限元模型　彩图Ⅳ-3　500 kA 铝电解槽整体温度分布/℃

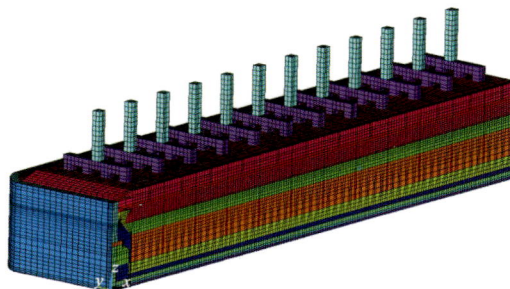

彩图Ⅳ-4　500 kA 铝电解槽1/4槽电热场计算有限元模型

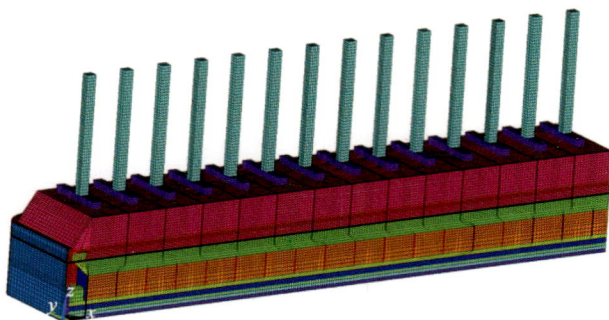

彩图Ⅳ-5　600 kA 铝电解槽 1/4 槽电热模型

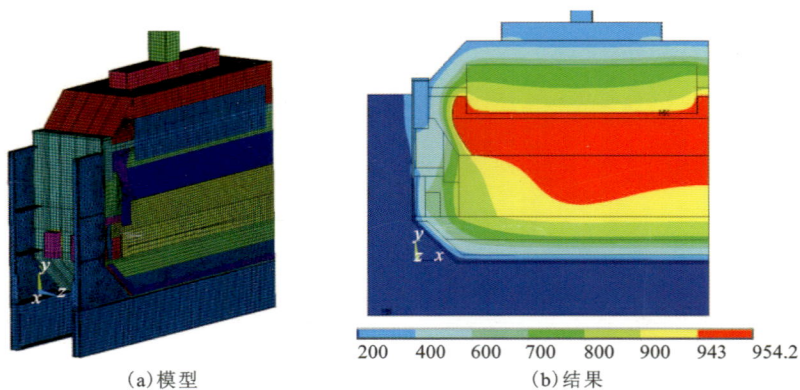

| 200 | 400 | 600 | 700 | 800 | 900 | 943 | 954.2 |

（a）模型　　　　　　　　　　　　　（b）结果

彩图Ⅳ-6　600 kA 铝电解槽单阴极电热切片模型与结果/℃

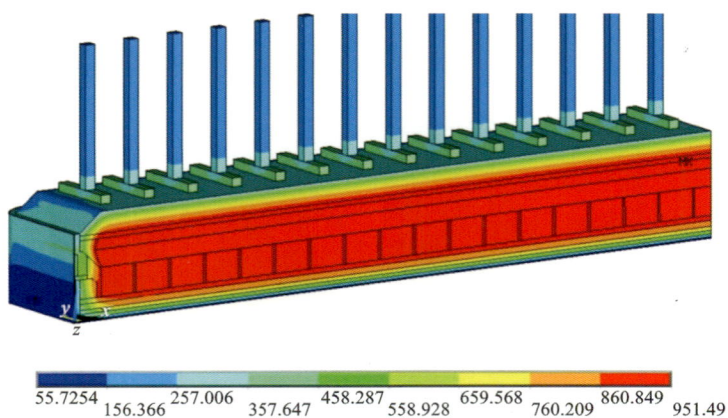

| 55.7254 | 156.366 | 257.006 | 357.647 | 458.287 | 558.928 | 659.568 | 760.209 | 860.849 | 951.49 |

彩图Ⅳ-7　1/4 槽温度场分布/℃

55.7254　92.2574　128.789　165.321　201.853　238.385　274.917　311.449　347.981　384.513

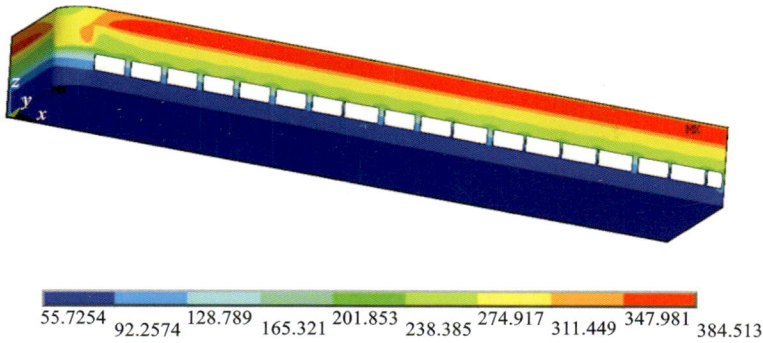

彩图Ⅳ - 8　1/4 槽的槽壳表面温度分布/℃

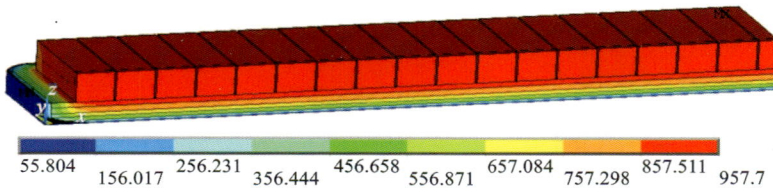

55.804　156.017　256.231　356.444　456.658　556.871　657.084　757.298　857.511　957.7

彩图Ⅳ - 9　1/4 槽的阴极及槽底保温结构温度场分布/℃

彩图Ⅴ：不同母线设计的铝电解槽物理场结果

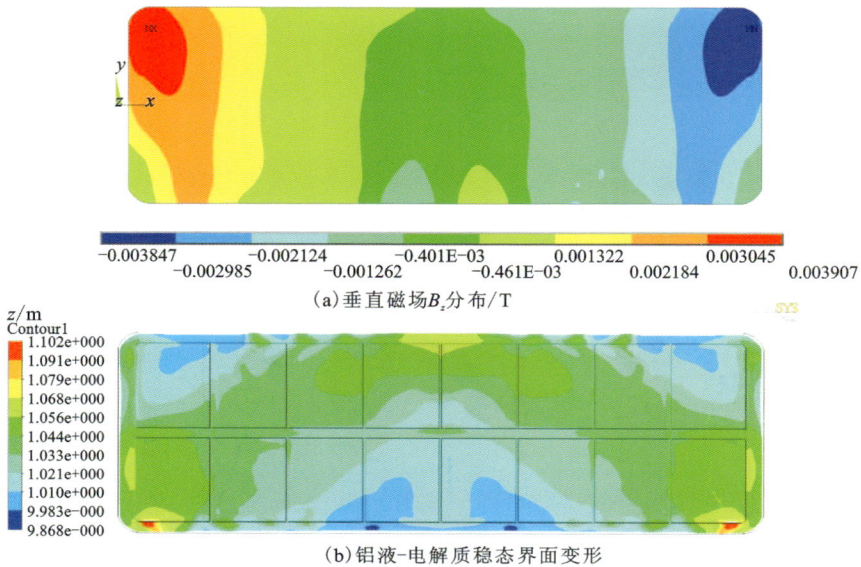

-0.003847　-0.002124　-0.401E-03　0.001322　0.003045
-0.002985　-0.001262　-0.461E-03　0.002184　0.003907

(a)垂直磁场B_z分布/T

z/m
Contour1
1.102e+000
1.091e+000
1.079e+000
1.068e+000
1.056e+000
1.044e+000
1.033e+000
1.021e+000
1.010e+000
9.983e-000
9.868e-000

(b)铝液-电解质稳态界面变形

彩图Ⅴ - 1　240 kA 铝电解槽的磁场与界面变形图

| −0.530E−05 | | 0.305E−04 | | 0.662E−04 | | 0.102E−03 | | 0.138E−03 | |
| | −0.126E−04 | | 0.483E−04 | | 0.841E−04 | | 0.120E−E | | 0.155E−03 |

B_x

| −0.149E−03 | | −0.108E−03 | | −0.676E−04 | | −0.268E−04 | | 0.140E−04 | |
| | −0.129E−03 | | −0.880E−04 | | −0.472E−04 | | −0.639E−05 | | 0.344E−04 |

B_y

| −0.127E−03 | | −0.838E−04 | | −0.406E−04 | | −0.263E−05 | | −0.458E−04 | |
| | −0.105E−03 | | −0.622E−04 | | −0.190E−04 | | −0.242E−04 | | −0.674E−04 |

B_z

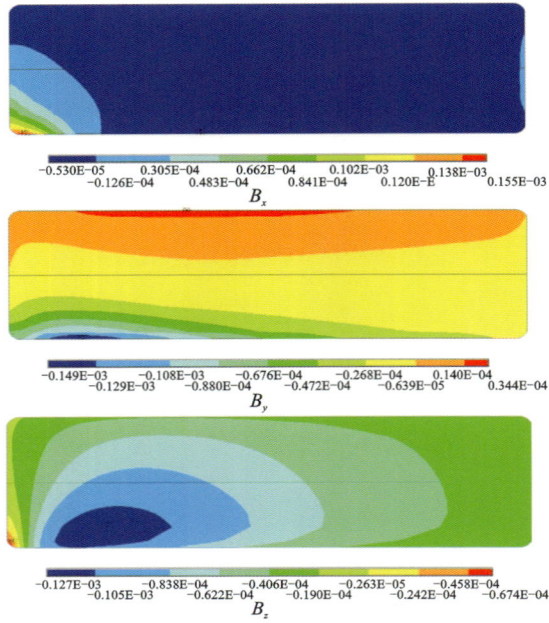

彩图 **V − 2**　端部回流母线产生的磁场特征图

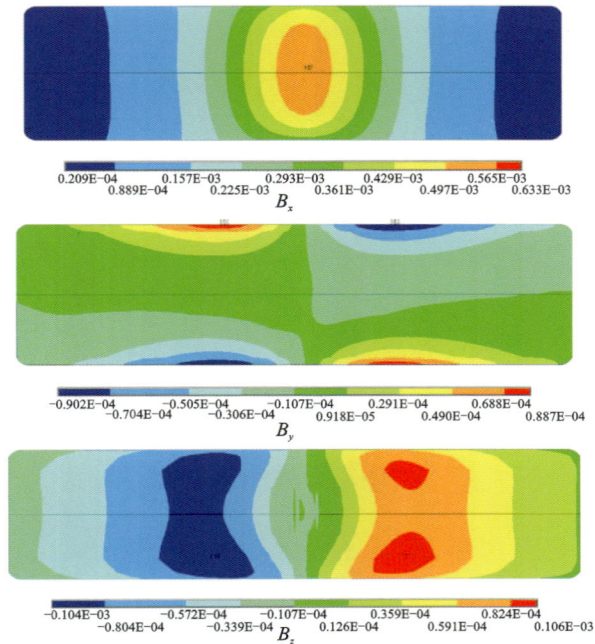

| 0.209E−04 | | 0.157E−03 | | 0.293E−03 | | 0.429E−03 | | 0.565E−03 | |
| | 0.889E−04 | | 0.225E−03 | | 0.361E−03 | | 0.497E−03 | | 0.633E−03 |

B_x

| −0.902E−04 | | −0.505E−04 | | −0.107E−04 | | 0.291E−04 | | 0.688E−04 | |
| | −0.704E−04 | | −0.306E−04 | | 0.918E−05 | | 0.490E−04 | | 0.887E−04 |

B_y

| −0.104E−03 | | −0.572E−04 | | −0.107E−04 | | 0.359E−04 | | 0.824E−04 | |
| | −0.804E−04 | | −0.339E−04 | | 0.126E−04 | | 0.591E−04 | | 0.106E−03 |

B_z

彩图 **V − 3**　槽底回流母线产生的磁场特征图

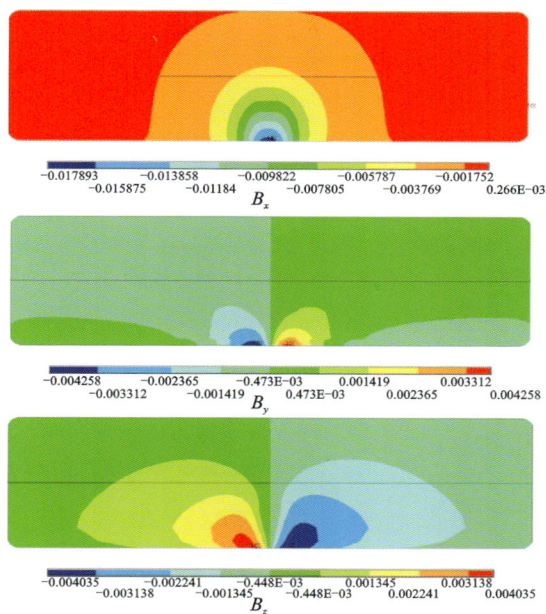

彩图 V −4　阳极立柱母线产生的磁场特征图/T

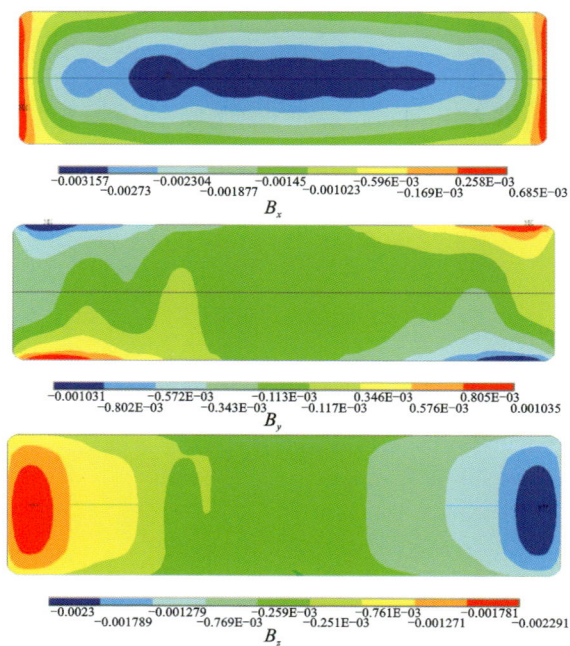

彩图 V −5　阳极横梁母线产生的磁场特征图/T

彩图Ⅵ：焙烧启动过程铝电解槽物理场结果

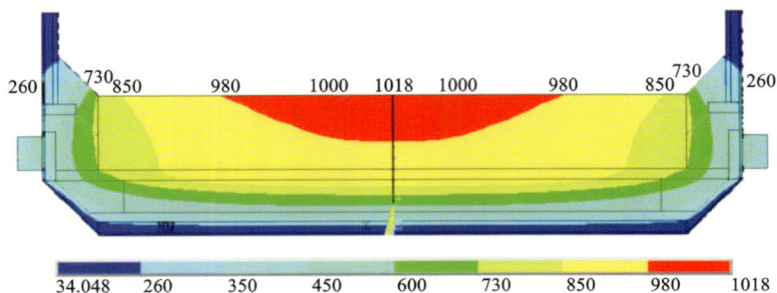

彩图Ⅵ-1　仿真计算的焙烧结束时温度场分布云图/℃

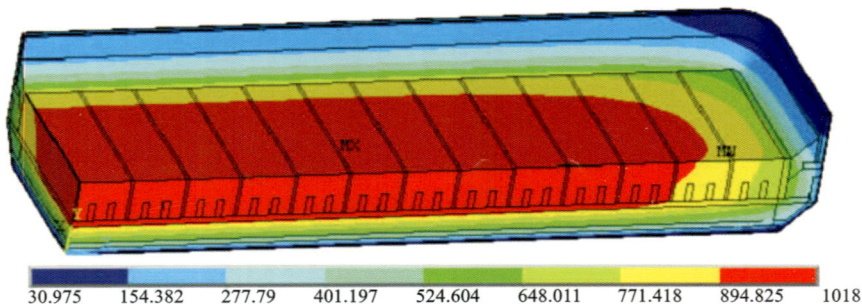

彩图Ⅵ-2　电解槽焙烧结束后内衬温度分布图/℃

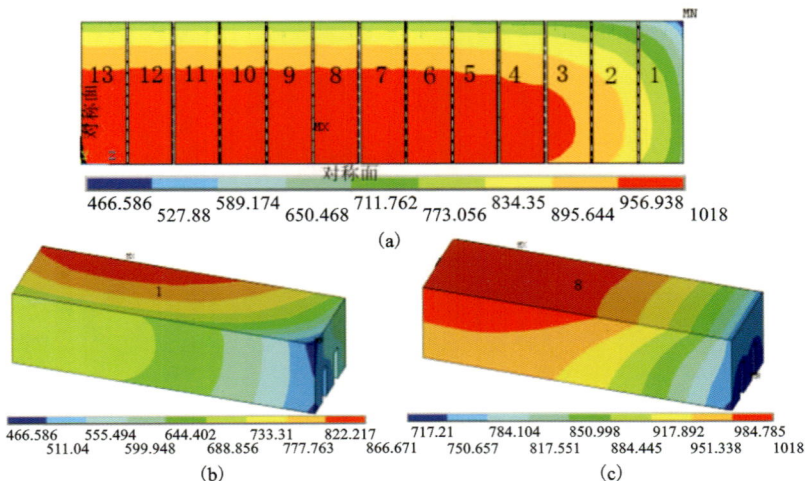

(a)

(b)　(c)

彩图Ⅵ-3　均匀一致的焦粒铺设焙烧 96 h 后的温度分布/℃

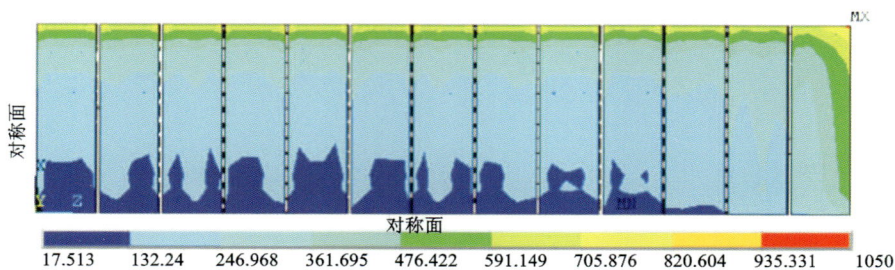

彩图Ⅵ-4　阴极炭块温度梯度/(℃·m⁻¹)

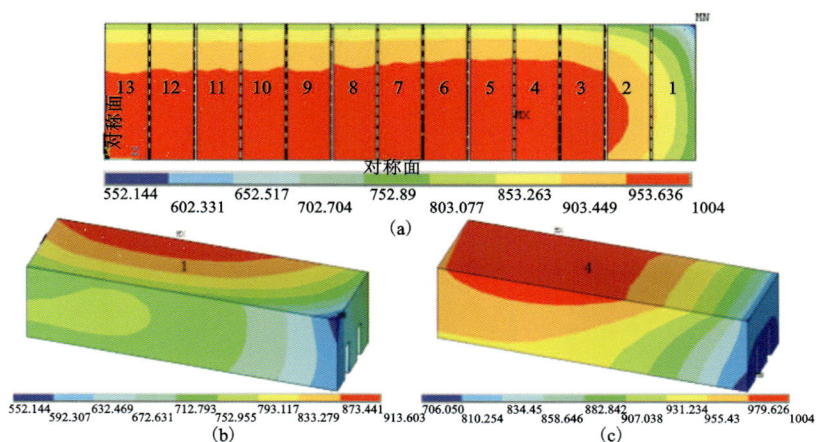

彩图Ⅵ-5　采用非均匀焦粒层焙烧96 h后阴极炭块的温度分布/℃

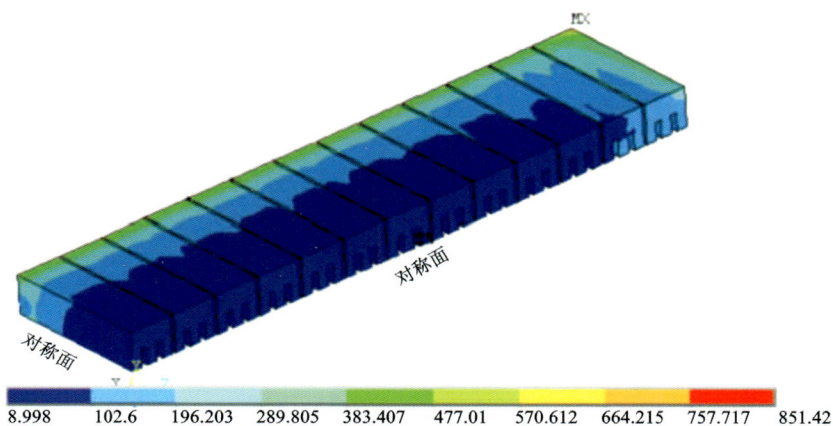

彩图Ⅵ-6　优化后阴极炭块温度梯度/(℃·m⁻¹)

彩图Ⅶ：氧化铝下料与浓度场仿真

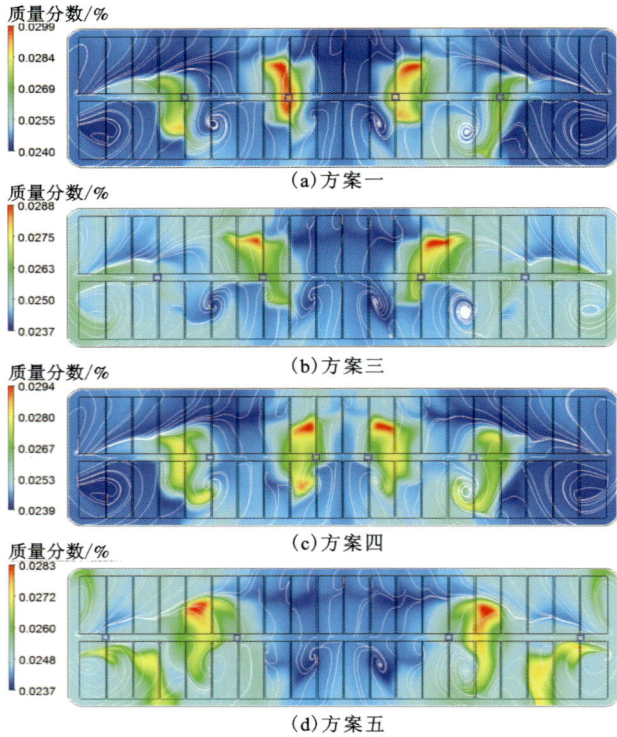

(a)方案一

(b)方案三

(c)方案四

(d)方案五

彩图Ⅶ-1 $t=20\ \mathrm{s}$ 时四种方案下极间水平截面上的氧化铝浓度分布及电解质流线图

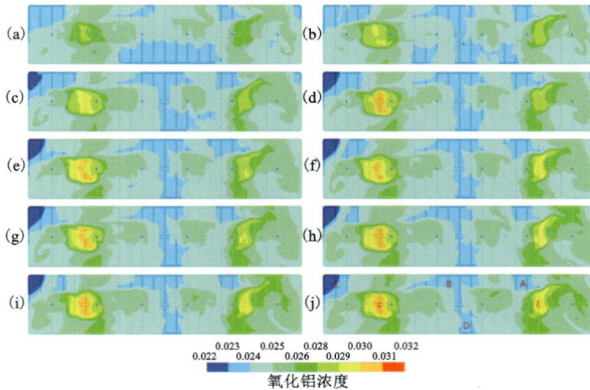

彩图Ⅶ-2 计算周期内极距区域水平截面的氧化铝浓度分布变化($Z=1.132\ \mathrm{m}$)

(a)136 s；(b)272 s；(c)408 s；(d)544 s；(e)680 s；(f)816 s；(g)952 s；(h)1088 s；(i)1224 s；(j)1360 s

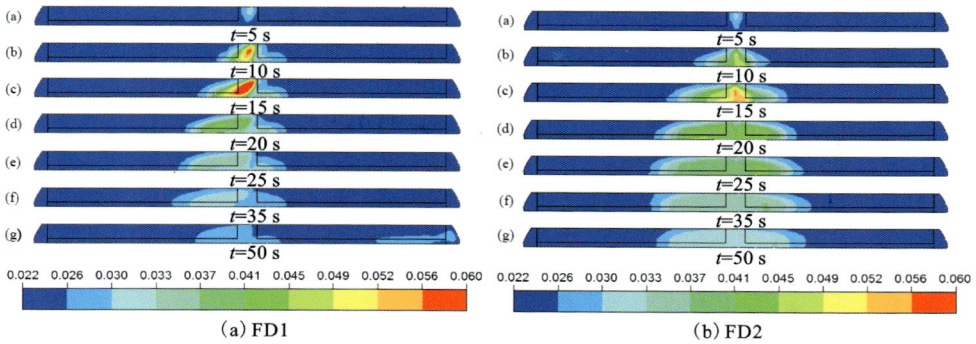

0.022 0.026 0.030 0.033 0.037 0.041 0.045 0.049 0.052 0.056 0.060

(a) FD1

0.022 0.026 0.030 0.033 0.037 0.041 0.045 0.049 0.052 0.056 0.060

(b) FD2

彩图Ⅶ-3 下料50 s 内氧化铝含量分布

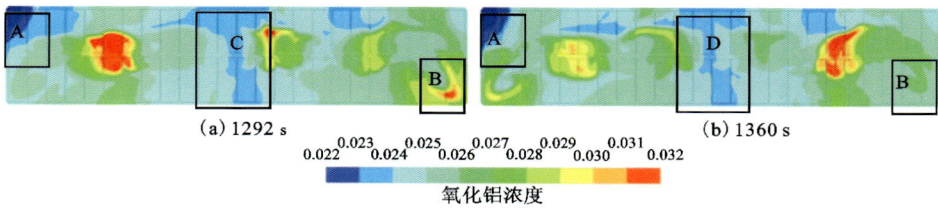

(a) 1292 s　　(b) 1360 s

0.022 0.023 0.024 0.025 0.026 0.027 0.028 0.029 0.030 0.031 0.032
氧化铝浓度

彩图Ⅶ-4 极距区域水平截面的氧化铝浓度分布变化(assem1, $Z = 1.132$ m)

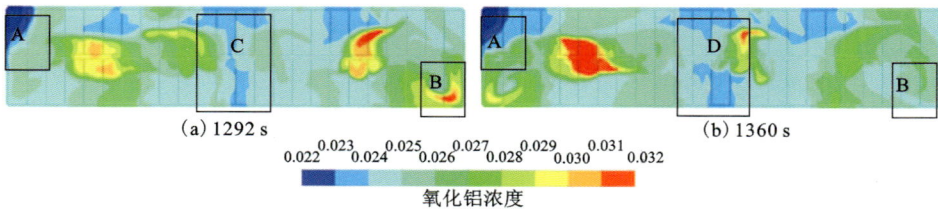

(a) 1292 s　　(b) 1360 s

0.022 0.023 0.024 0.025 0.026 0.027 0.028 0.029 0.030 0.031 0.032
氧化铝浓度

彩图Ⅶ-5 极距区域水平截面的氧化铝浓度分布变化(assem2, $Z = 1.132$ m)

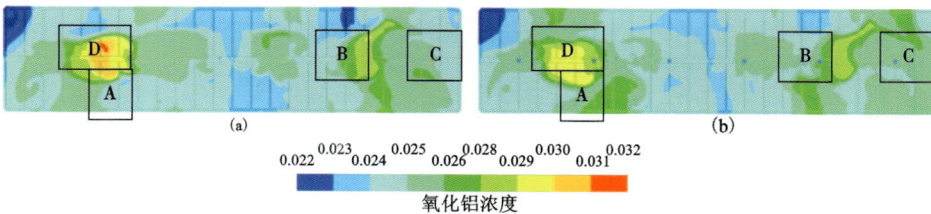

(a)　　(b)

0.022 0.023 0.024 0.025 0.026 0.028 0.029 0.030 0.031 0.032
氧化铝浓度

彩图Ⅶ-6 极距区域水平截面的氧化铝浓度分布云图($Z = 1.132$ m)

(a) 6×1.2 kg; (b) 6×2.0 kg

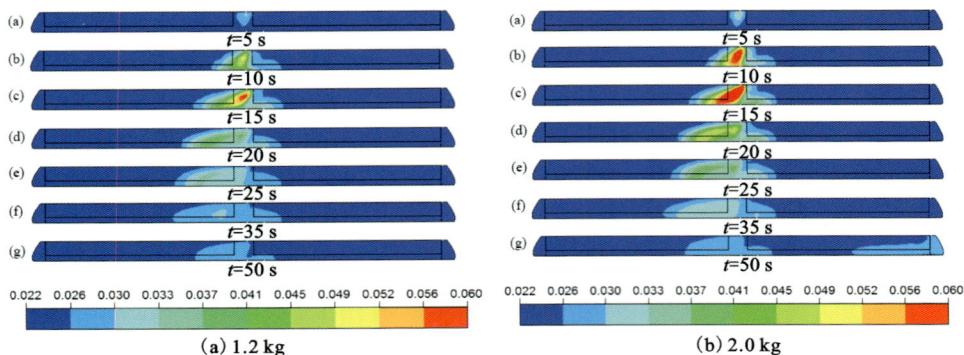

(a) 1.2 kg   (b) 2.0 kg

彩图Ⅶ-7 不同定容器大小下料 50 s 内氧化铝含量分布

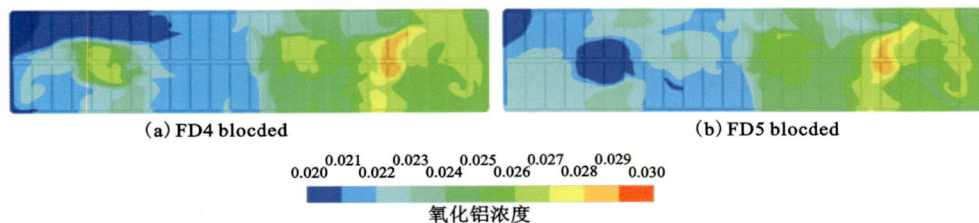

(a) FD4 blocded   (b) FD5 blocded

氧化铝浓度

彩图Ⅶ-8 极距区域水平截面的氧化铝浓度分布(Z = 1.132 m)

彩图Ⅷ：在线仿真所得电解槽物理场

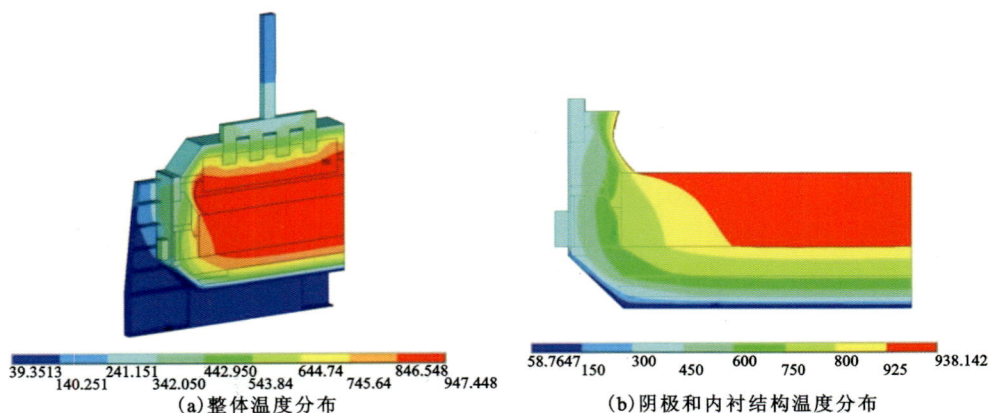

(a)整体温度分布   (b)阴极和内衬结构温度分布

彩图Ⅷ-1 阳极电流为理论设计值时的切片模型的热场分布/℃

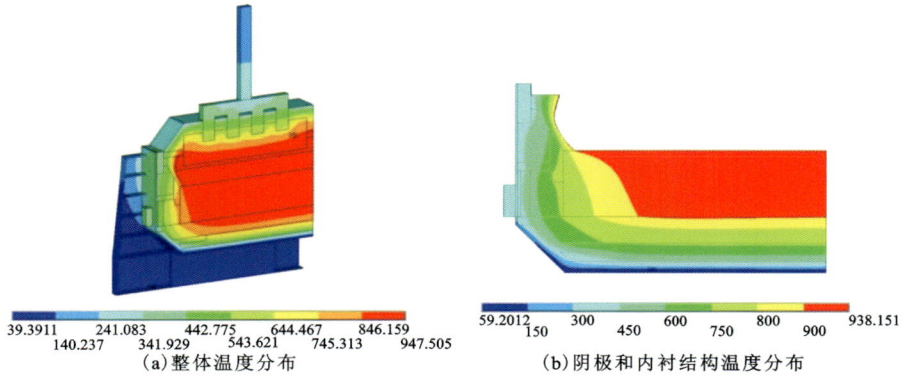

39.3911   241.083   442.775   644.467   846.159
   140.237   341.929   543.621   745.313   947.505

(a)整体温度分布

59.2012   300   600   800   938.151
      150   450   750   900

(b)阴极和内衬结构温度分布

彩图Ⅷ-2   阳极电流为110%时切片模型的热场分布/℃

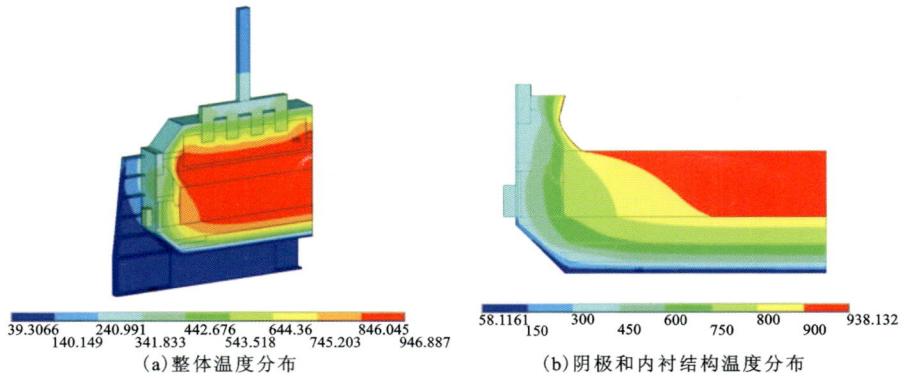

39.3066   240.991   442.676   644.36   846.045
   140.149   341.833   543.518   745.203   946.887

(a)整体温度分布

58.1161   300   600   800   938.132
      150   450   750   900

(b)阴极和内衬结构温度分布

彩图Ⅷ-3   阳极电流为90%时切片模型的热场分布/℃

彩图Ⅸ：惰性电极铝电解槽的物理场结果

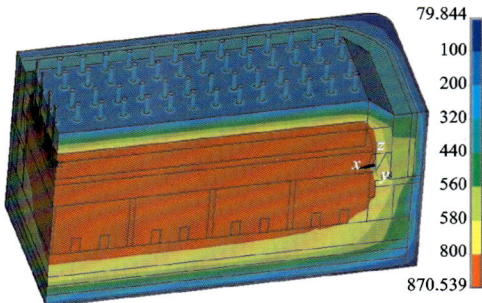

79.844
100
200
320
440
560
580
800
870.539

彩图Ⅸ-1   基准结构温度分布云图/℃

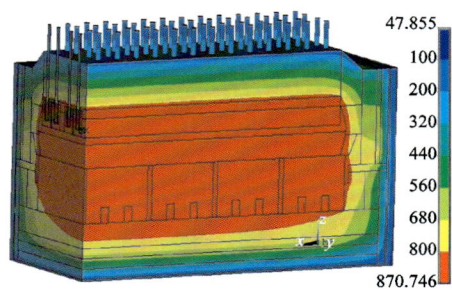

47.855
100
200
320
440
560
680
800
870.746

彩图Ⅸ-2   结构2温度分布云图/℃

(a) X方向

(b) Y方向

(c) Z方向

(d) 总位移

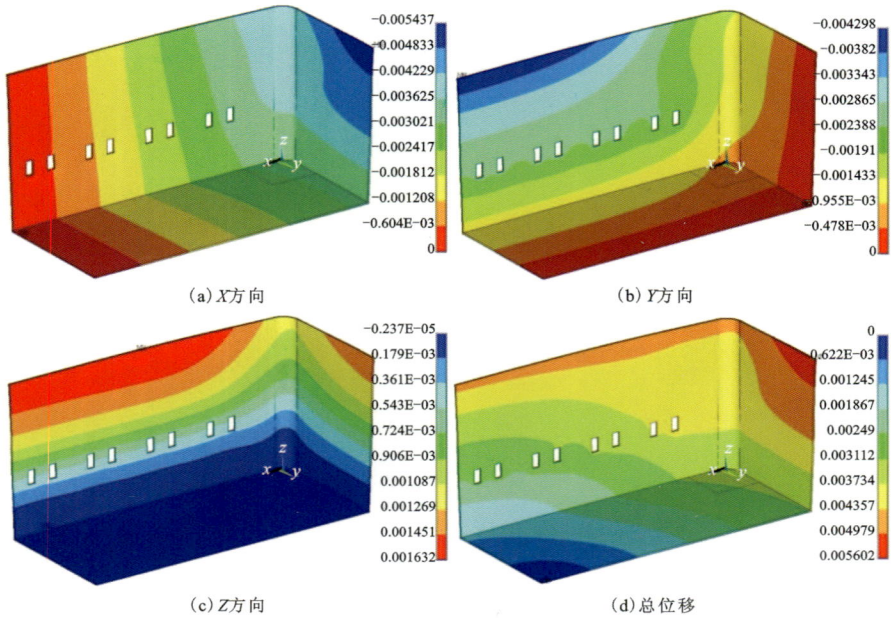

彩图Ⅸ-3 基准结构的槽壳位移分布云图/m

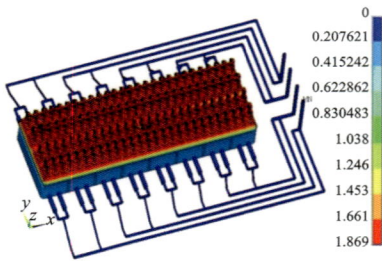

彩图Ⅸ-4 全槽电势分布云图/V

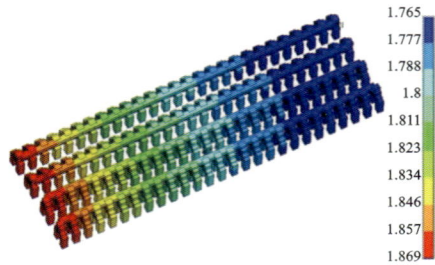

彩图Ⅸ-5 阳极横母线电势分布云图/V

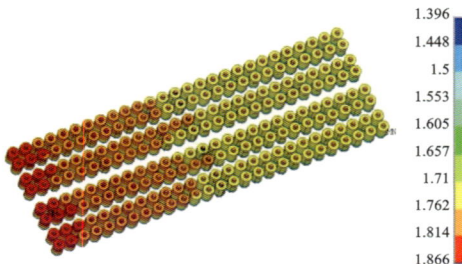

彩图Ⅸ-6 阳极电势分布云图/V

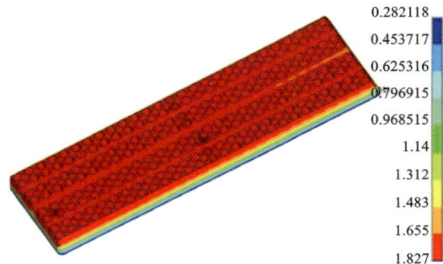

彩图Ⅸ-7 电解质电势分布云图/V

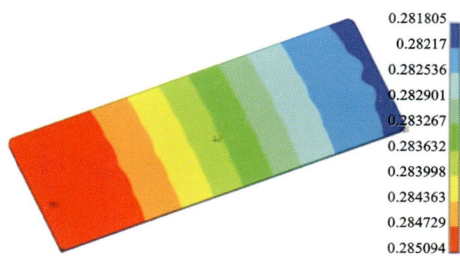

彩图IX-8 铝液电势分布云图/V

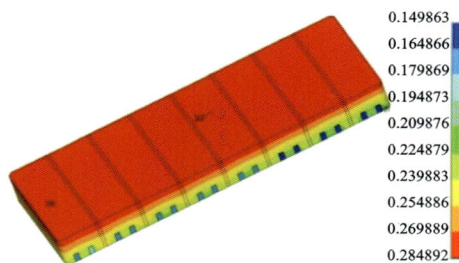

彩图IX-9 阴极电势分布云图/V

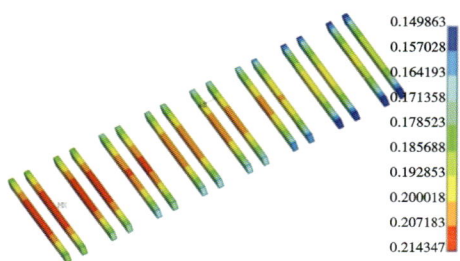

彩图IX-10 阴极钢棒电势分布云图/V

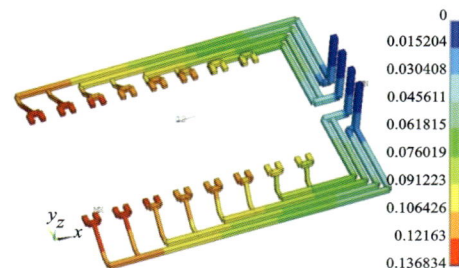

彩图IX-11 阴极母线电势分布云图/V

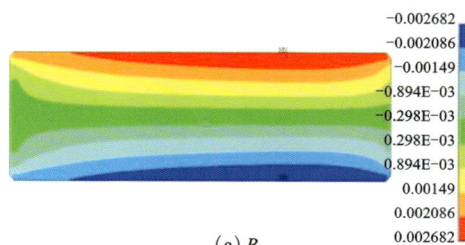

(a) B_x

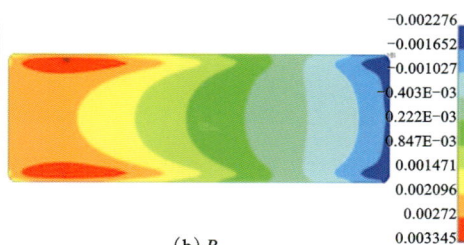

(b) B_y

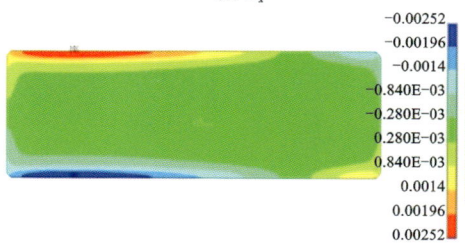

(c) B_z

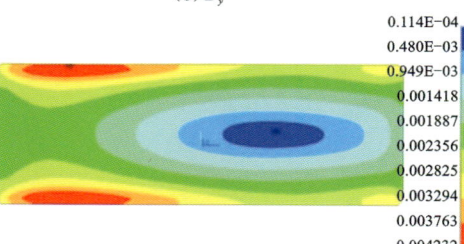

(d) B_{SUM}

彩图IX-12 铝液上表面的磁场分布云图/T

彩图 X: 铝电解槽三维炉帮的仿真研究结果

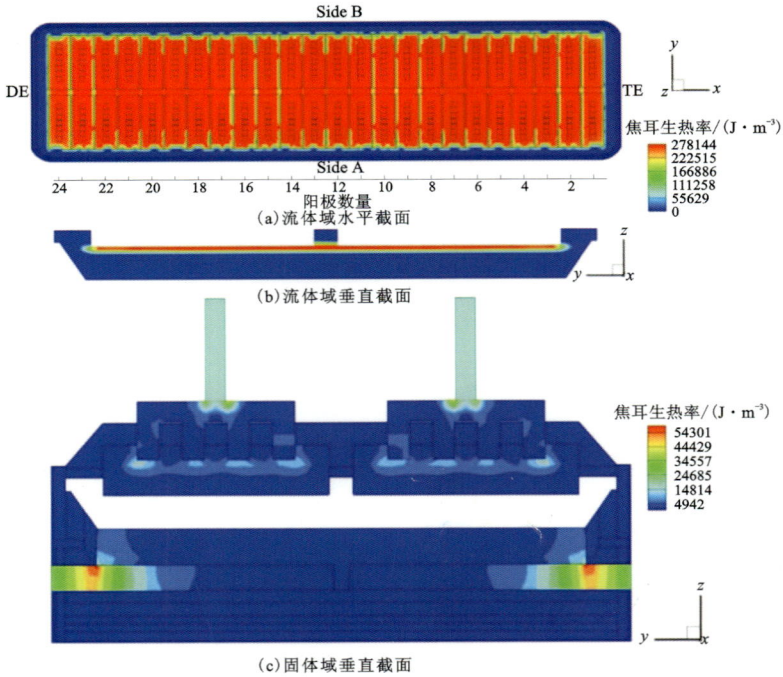

彩图 X-1 焦耳生热率分布

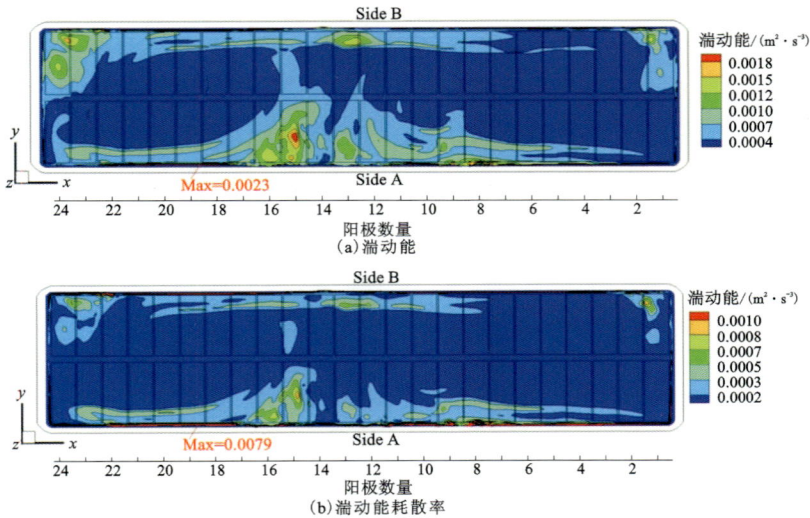

彩图 X-2 电解质层湍动能和湍动能耗散率分布云图

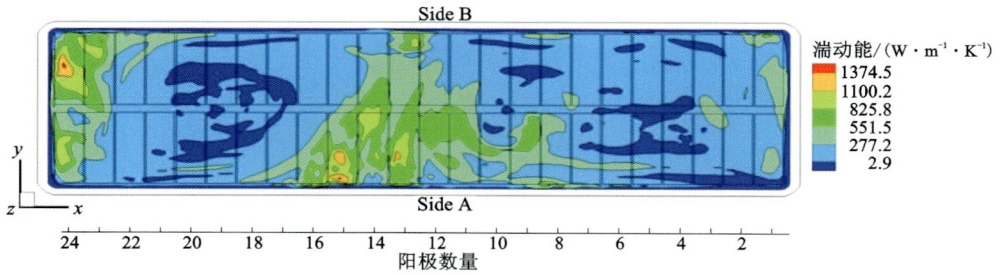

彩图 X -3　电解质层有效导热系数分布云图

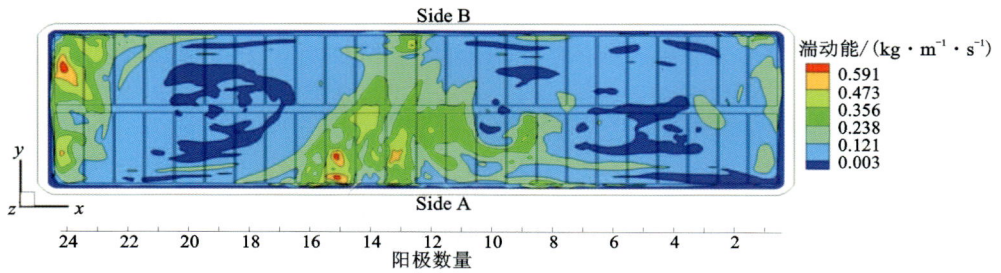

彩图 X -4　电解质层有效黏度分布云图

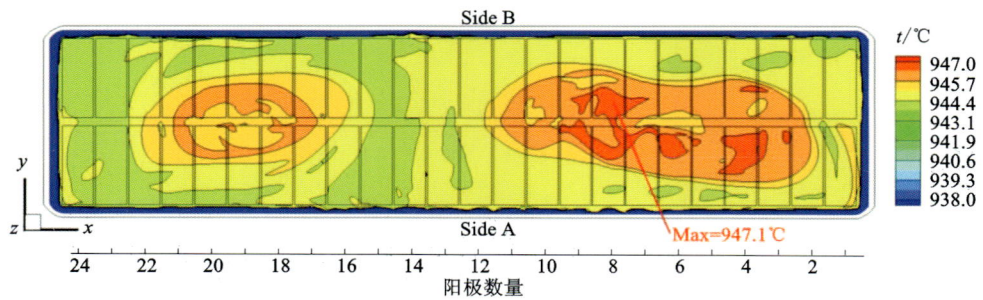

彩图 X -5　电解质层温度分布云图

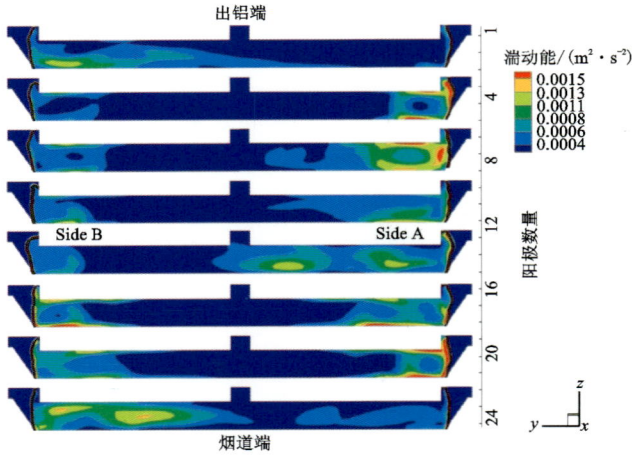

彩图 X - 6 槽宽度方向竖直截面的湍动能 k 分布

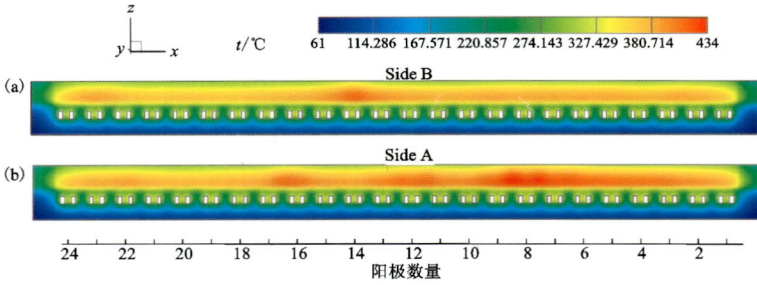

彩图 X - 7 大面槽壳温度分布

（a）Side B；（b）Side A

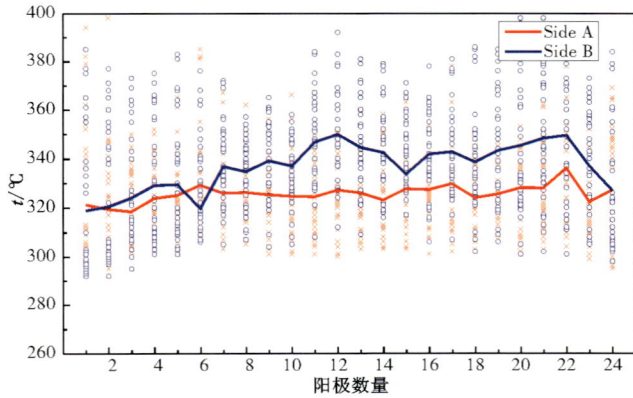

彩图 X - 8 钢窗温度测量数据

（○和×为测量数据点，实线为平均测量温度拟合所得）